“十三五”江苏省高等学校重点教材（编号：2020-1-037）

（修订版）

高等数学

GAODENG SHUXUE

朱永忠　郑苏娟　杨永富　曹海涛◎主编

下册

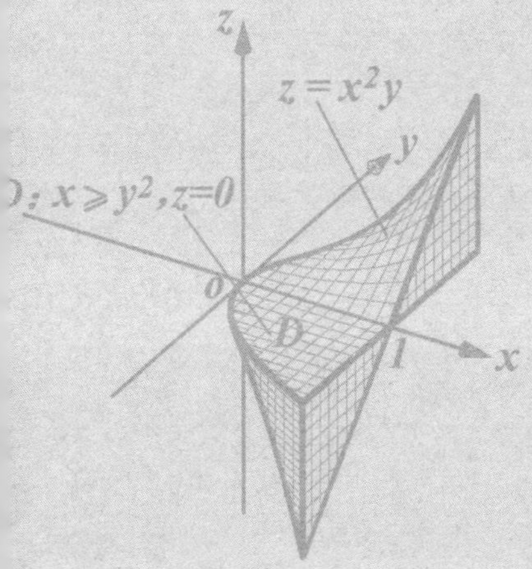

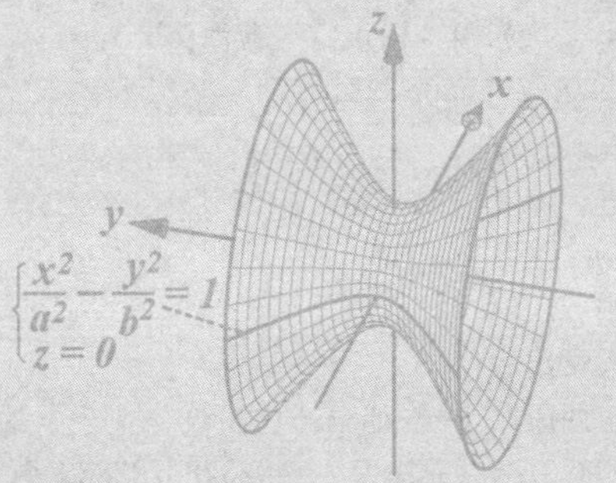

$$\begin{cases}\frac{\partial z}{\partial x}=\frac{\partial z}{\partial u}\frac{\partial u}{\partial x}+\frac{\partial z}{\partial v}\frac{\partial v}{\partial x}\\ \frac{\partial z}{\partial y}=\frac{\partial z}{\partial u}\frac{\partial u}{\partial y}+\frac{\partial z}{\partial v}\frac{\partial v}{\partial y}\end{cases}$$

$$\iiint_{\Omega} f(x,y,z)\mathrm{d}v=\iiint_{\Omega(r,\theta,\varphi)} f(r\cos\theta\sin\varphi, r\sin\theta\sin\varphi, r\cos\varphi)r^2\sin\varphi\,\mathrm{d}r\mathrm{d}\theta\mathrm{d}\varphi$$

河海大学出版社
HOHAI UNIVERSITY PRESS
·南京·

图书在版编目(CIP)数据

高等数学. 下册 / 朱永忠等主编. -- 修订本. --
南京 ：河海大学出版社，2021.12(2024.8 重印)

ISBN 978-7-5630-7384-9

Ⅰ. ①高… Ⅱ. ①朱… Ⅲ. ①高等数学－高等学校－
教材 Ⅳ. ①O13

中国版本图书馆 CIP 数据核字(2021)第 278725 号

书　　名 / 高等数学・下册(修订版)
主　　编 / 朱永忠　郑苏娟　杨永富　曹海涛
书　　号 / ISBN 978-7-5630-7384-9
责任编辑 / 谢业保
特约编辑 / 陈　进
特约校对 / 程　畅
封面设计 / 徐娟娟
出版发行 / 河海大学出版社
地　　址 / 南京市西康路 1 号(邮编:210098)
电　　话 / (025)83737852(总编室)　(025)83722833(营销部)
网　　址 / http://www.hhup.com
照　　排 / 南京布克文化发展有限公司
印　　刷 / 南京新世纪联盟印务有限公司
开　　本 / 787 毫米×1092 毫米　1/16
印　　张 / 21.5
字　　数 / 529 千字
版　　次 / 2021 年 12 月第 1 版　2024 年 8 月第 3 次印刷
定　　价 / 45.00 元

前　言

《高等数学》是理工农管医类本科专业一年级学生一门公共基础必修课，其理论性强，内容体系紧密，强调培养学生的数学基础知识和数学应用能力，为他们后续专业课程的学习提供数学支撑。本教材在河海大学出版社 2015 年出版的教材基础上修订，面向新时代大学生，充分吸收课程思政、新工科建设、工程教育专业认证和线上线下教学等元素，结合编者多年的教学实践经验和教学认识，在教材内容的组织上具有一定的创新性，获批“十三五”江苏省高等学校重点教材。教材的修订遵循国家教指委对课程提出的基本要求，突出如下特点：

1. 强调以学生为本，注重非数学类专业学生的特点，语言通俗易懂，例题丰富。数学课程内容抽象，本教材在内容叙述方面充分考虑学生对数学抽象的理解能力，语言通俗化，生活化，并配合大量的例题加以诠释，便于非数学类专业学生的理解。

2. 注重课程思政和文化素质教育。本教材在每章内容开始时的引言和每章内容之后的补充内容中，传递了讲科学、追求真理、家国情怀的课程思政元素和文化素质教育元素。

3. 注重课程知识对新工科和工程教育专业认证的重要作用。除了传统的知识背景介绍、基本原理外，每章专门添加了“本章应用知识简介”和课程知识的扩展内容，强化数学应用能力的培养，支撑新工科和工程教育专业认证的需求。

4. 借助课程网上资源，融入数字化内容。针对每章的每个典型例题制作了单独的例题讲解微视频，在教材中相应位置附有二维码，学习者只要扫码就可以直接观看相应典型例题的讲解视频。

本书共十二章内容，分为上下两册，由河海大学朱永忠、郑苏娟、杨永富、曹海涛共同完成，全书由朱永忠统稿。第四章、第六章、第七章、第十一章由朱永忠负责修订；第二章、第三章、第八章由郑苏娟负责修订；第一章、第九章、第十二章由杨永富负责修订；第五章、第十章由曹海涛负责修订。

由于编者水平有限，出版时间仓促，本教材中不妥之处在所难免，恳请专家、同行以及广大读者批评指正。

作者

2021 年 8 月 18 日

目　录

第七章　向量代数与空间解析几何初步

向量,最初被应用于物理学.很多物理量如力、速度、位移以及电场强度、磁感应强度等都是向量.大约公元前 350 年前,古希腊著名学者亚里士多德就知道了力可以表示成向量,两个力的组合作用可用著名的平行四边形法则来得到."向量"一词来自力学、解析几何中的有向线段.最先使用有向线段表示向量的是英国科学家牛顿.

从数学发展史来看,历史上很长一段时间,空间的向量结构并未被数学家们所认识,直到 19 世纪末 20 世纪初,人们才把空间的性质与向量运算联系起来,使向量成为具有一套优良运算性质的数学体系.

解析几何是微积分创立的先驱,是数学史上一个划时代的成就,也是线性代数思想的源泉.它通过点和坐标的对应关系,将几何图形与代数方程对应起来,从而可以用代数的方法来研究几何问题.它犹如黏合剂,把近代数学有机地联系在一起,使后续数学体系的开展变得必要而自然.

7.1　向量及其坐标表示

7.1.1　向量的概念

在现实生活中,有些量,比如:身高、体重、温度、质量等,只要知道了它们的大小就可以完全被确定.但还有些量,比如:速度、力等,不仅要知道它们的大小,还需要知道它们的方向等其他信息.像这种既有大小又有方向的量就是向量.

定义 1　既有大小又有方向的量称为**空间向量**,简称为**向量**(或**矢量**).

通常用一个带有方向的线段(有向线段)来表示向量,有向线段的长度表示向量的大小,有向线段的方向表示向量的方向.一般将由起点 A 到终点 B 的有向线段所确定的向量记作 $\overrightarrow{AB}$.为方便起见,有时用小写黑体字母,如 $\boldsymbol{a}$,$\boldsymbol{\alpha}$,$\boldsymbol{x}$ 等来表示向量.

定义 2　向量的大小称为向量的**长度**(或**模**).记为 $|\overrightarrow{AB}|$ 或 $|\boldsymbol{\alpha}|$.长度为 1 的向量称为**单位向量**.长度为零的向量称为**零向量**,记为 $\mathbf{0}$.在不引起混淆的情况下也写作 0.

事实上,零向量是起点与终点重合的向量,它的方向是不确定的,也可以说它的方向是任意的,可根据需要来选取它的方向.

由向量的定义可知,一个向量由它的模和方向完全确定,而与它的起点和终点的位置无关.

定义 3　(1) 若向量 $\boldsymbol{\alpha}$ 与 $\boldsymbol{\beta}$ 的大小相等、方向相同,则称它们**相等**.记为 $\boldsymbol{\alpha}=\boldsymbol{\beta}$.

(2) 与向量 $\boldsymbol{\alpha}$ 大小相等、方向相反的向量称为 $\boldsymbol{\alpha}$ 的**负向量**,记为 $-\boldsymbol{\alpha}$. 显然$\overrightarrow{AB}=-\overrightarrow{BA}$.

(3) 设 $\boldsymbol{\alpha}$ 与 $\boldsymbol{\beta}$ 为两个非零向量,若它们的方向相同或相反,则称 $\boldsymbol{\alpha}$ 与 $\boldsymbol{\beta}$ **平行**或**共线**,记为 $\boldsymbol{\alpha}\parallel\boldsymbol{\beta}$.

(4) 若向量 $\boldsymbol{\alpha}$ 与 $\boldsymbol{\beta}$ 的方向是相互垂直的,则称 $\boldsymbol{\alpha}$ 与 $\boldsymbol{\beta}$ **垂直**或**正交**,记为 $\boldsymbol{\alpha}\perp\boldsymbol{\beta}$.

7.1.2 向量的线性运算

1. 向量的加法

定义 4 从一点 O 作向量$\overrightarrow{OA}=\boldsymbol{\alpha}$,$\overrightarrow{OB}=\boldsymbol{\beta}$,以$\overrightarrow{OA}$,$\overrightarrow{OB}$为边作平行四边形 $OACB$,称向量$\overrightarrow{OC}=\boldsymbol{\gamma}$为向量$\overrightarrow{OA}$与$\overrightarrow{OB}$的**和**,记作$\overrightarrow{OA}+\overrightarrow{OB}=\overrightarrow{OC}$或$\boldsymbol{\alpha}+\boldsymbol{\beta}=\boldsymbol{\gamma}$(如图 7.1).

此定义称为向量加法的**平行四边形法则**. 与之等价的是向量加法的**三角形法则**,即

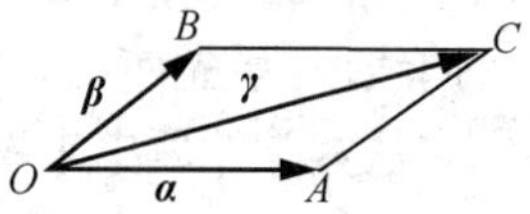

图 7.1

定义 5 从一点 O 作向量$\overrightarrow{OA}=\boldsymbol{\alpha}$,再由 A 点作向量$\overrightarrow{AC}=\boldsymbol{\beta}$,称向量$\overrightarrow{OC}=\boldsymbol{\gamma}$是向量$\overrightarrow{OA}$与$\overrightarrow{AC}$的**和**,记作$\overrightarrow{OA}+\overrightarrow{AC}=\overrightarrow{OC}$或$\boldsymbol{\alpha}+\boldsymbol{\beta}=\boldsymbol{\gamma}$(如图 7.1).

按照向量的加法定义,易有下列运算规律:

(1) (交换律)$\boldsymbol{\alpha}+\boldsymbol{\beta}=\boldsymbol{\beta}+\boldsymbol{\alpha}$;

(2) (结合律)$(\boldsymbol{\alpha}+\boldsymbol{\beta})+\boldsymbol{\gamma}=\boldsymbol{\alpha}+(\boldsymbol{\beta}+\boldsymbol{\gamma})$;

(3) $\boldsymbol{\alpha}+\mathbf{0}=\mathbf{0}+\boldsymbol{\alpha}=\boldsymbol{\alpha}$;

(4) $\boldsymbol{\alpha}+(-\boldsymbol{\alpha})=(-\boldsymbol{\alpha})+\boldsymbol{\alpha}=\mathbf{0}$.

由于向量的加法满足交换律和结合律,与相加的先后顺序无关,所以三个向量 $\boldsymbol{\alpha}$、$\boldsymbol{\beta}$、$\boldsymbol{\gamma}$ 的和就可以直接写成$\boldsymbol{\alpha}+\boldsymbol{\beta}+\boldsymbol{\gamma}$,而不需要再加上括号来表示运算次序. 相应地,$n$ 个向量相加可以写成 $\boldsymbol{\alpha}_1+\boldsymbol{\alpha}_2+\cdots+\boldsymbol{\alpha}_n$,按照三角形法则可得它们的和就是以向量 $\boldsymbol{\alpha}_i$ 的终点作为向量 $\boldsymbol{\alpha}_{i+1}$ 的起点($i=1,2,\cdots,n-1$),相继作出向量 $\boldsymbol{\alpha}_1,\boldsymbol{\alpha}_2,\cdots,\boldsymbol{\alpha}_n$,最后以 $\boldsymbol{\alpha}_1$ 的起点为起点,$\boldsymbol{\alpha}_n$ 的终点为终点的向量就是这 n 个向量的和.

由向量加法运算的三角形法则易有下列不等式:

$$\big||\boldsymbol{\alpha}|-|\boldsymbol{\beta}|\big|\leqslant|\boldsymbol{\alpha}\pm\boldsymbol{\beta}|\leqslant|\boldsymbol{\alpha}|+|\boldsymbol{\beta}|.$$

它的几何意义是三角形的两边长度之和大于等于第三边长度,两边长度之差小于等于第三边长度.

2. 向量的数乘运算

定义 6 设 $\boldsymbol{\alpha}$ 是向量,λ 是实数,则 $\boldsymbol{\alpha}$ 与 λ 的乘积是一个向量,记为 $\lambda\boldsymbol{\alpha}$,该向量的模为 $|\lambda\boldsymbol{\alpha}|=|\lambda||\boldsymbol{\alpha}|$,当 $\lambda>0$ 时,$\lambda\boldsymbol{\alpha}$ 的方向与 $\boldsymbol{\alpha}$ 一致,当 $\lambda<0$ 时,$\lambda\boldsymbol{\alpha}$ 的方向与 $\boldsymbol{\alpha}$ 相反,当 $\lambda=0$ 时,$\lambda\boldsymbol{\alpha}$ 是零向量,即 $\lambda\boldsymbol{\alpha}=\mathbf{0}$. 向量与数的乘法运算简称为向量的**数乘运算**.

特别,当 $\lambda=-1$ 时,得$(-1)\boldsymbol{\alpha}=-\boldsymbol{\alpha}$,由此,定义两个向量 $\boldsymbol{\alpha}$ 和 $\boldsymbol{\beta}$ 的差为:

$$\boldsymbol{\alpha}-\boldsymbol{\beta}=\boldsymbol{\alpha}+(-\boldsymbol{\beta}).$$

按照向量数乘运算的定义易有下列运算规律:

(1) (结合律)$\lambda(\mu\boldsymbol{\alpha})=\mu(\lambda\boldsymbol{\alpha})=(\lambda\mu)\boldsymbol{\alpha}$;

(2) (分配律)$(\lambda+\mu)\boldsymbol{\alpha}=\lambda\boldsymbol{\alpha}+\mu\boldsymbol{\alpha}$;

(3)(分配律)$\lambda(\boldsymbol{\alpha}+\boldsymbol{\beta})=\lambda\boldsymbol{\alpha}+\lambda\boldsymbol{\beta}$;

(4) $1\boldsymbol{\alpha}=\boldsymbol{\alpha}$.

若 $\boldsymbol{\alpha}$ 为非零向量,则 $\boldsymbol{\alpha}^0=\dfrac{\boldsymbol{\alpha}}{|\boldsymbol{\alpha}|}$ 为与 $\boldsymbol{\alpha}$ 同方向的单位向量.

向量的加法和数乘运算统称为向量的**线性运算**.

由向量数乘运算的定义,可知向量 $\lambda\boldsymbol{\alpha}$ 与 $\boldsymbol{\alpha}$ 平行,因此有如下定理.

定理 1　设向量 $\boldsymbol{\alpha}\neq\boldsymbol{0}$,则向量 $\boldsymbol{\beta}$ 平行于 $\boldsymbol{\alpha}$ 的充分必要条件是存在唯一的实数 λ,使

$$\boldsymbol{\beta}=\lambda\boldsymbol{\alpha}.$$

证　充分性:由向量数乘运算的定义易得.

必要性:已知 $\boldsymbol{\alpha}\parallel\boldsymbol{\beta}$,取 $\lambda=\pm\dfrac{|\boldsymbol{\beta}|}{|\boldsymbol{\alpha}|}$,当 $\boldsymbol{\beta}$ 与 $\boldsymbol{\alpha}$ 同向时,取正号,当 $\boldsymbol{\beta}$ 与 $\boldsymbol{\alpha}$ 反向时,取负号,此时 $\boldsymbol{\beta}$ 与 $\lambda\boldsymbol{\alpha}$ 同向,且 $|\lambda\boldsymbol{\alpha}|=|\lambda|\cdot|\boldsymbol{\alpha}|=\dfrac{|\boldsymbol{\beta}|}{|\boldsymbol{\alpha}|}\cdot|\boldsymbol{\alpha}|=|\boldsymbol{\beta}|$,所以 $\boldsymbol{\beta}=\lambda\boldsymbol{\alpha}$.

再证 λ 的唯一性,设 $\boldsymbol{\beta}=\lambda\boldsymbol{\alpha}$,且 $\boldsymbol{\beta}=\mu\boldsymbol{\alpha}$,两式相减,得 $(\lambda-\mu)\boldsymbol{\alpha}=\boldsymbol{0}$,即 $|\lambda-\mu|\cdot|\boldsymbol{\alpha}|=0$,又因为 $\boldsymbol{\alpha}\neq\boldsymbol{0}$,即 $|\boldsymbol{\alpha}|\neq0$,故 $|\lambda-\mu|=0$,因此 $\lambda=\mu$.

7.1.3　空间直角坐标系

代数运算的基本对象是数,几何图形的基本元素是点,它们两者原本是互不相关的,但坐标法促成了它们的相互联系.坐标系将向量与有序数组联系起来,从而把向量的运算转化为代数运算,用代数的方法来研究几何问题.

在空间任意选取一定点 O,过点 O 作相互垂直的三条数轴,它们有相同的原点和相同的长度单位,分别称为 $\boldsymbol{x}$ **轴**(横轴)、$\boldsymbol{y}$ **轴**(纵轴)和 $\boldsymbol{z}$ **轴**(竖轴),统称为**坐标轴**.它们的正方向按照右手法则确定,即以右手握住 z 轴,使当四个手指环 z 轴且从 z 轴正向看去按逆时针方向从 x 轴正向旋转 $90°$ 到 y 轴正向时,大拇指指向 z 轴的正向.这样的三个坐标轴就构成了一个空间直角坐标系,用 $Oxyz$ 来表示,点 O 称为**坐标原点**(如图 7.2 所示).通常将在 x 轴、y 轴、z 轴上分别与对应坐标轴同向的三个单位向量称为该坐标系的**基本单位向量**,分别记为 $\boldsymbol{i},\boldsymbol{j},\boldsymbol{k}$.

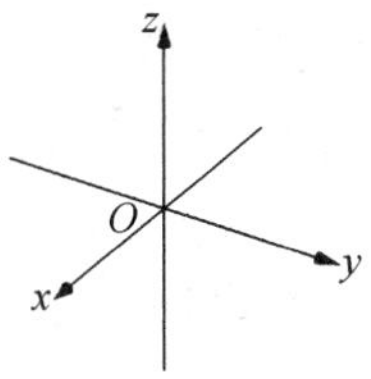

图 7.2

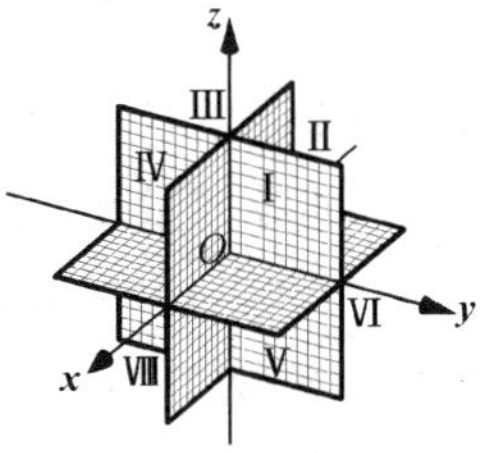

图 7.3

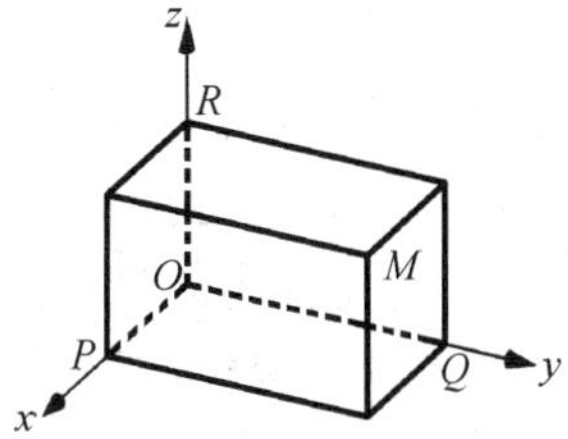

图 7.4

任意两个坐标轴确定的平面称为**坐标平面**,由 x 轴及 y 轴所确定的坐标平面称为 $\boldsymbol{xOy}$ **面**,由 y 轴及 z 轴和由 z 轴及 x 轴所确定的坐标平面,分别称为 $\boldsymbol{yOz}$ **面**和 $\boldsymbol{zOx}$ **面**,三个坐标平面相互垂直,且将空间分成八个部分,称为八个**卦限**.如图 7.3 所示,其中 $x>0,y>0,z>0$

部分为第Ⅰ卦限,第Ⅱ、Ⅲ、Ⅳ卦限在 xOy 面的上方,按逆时针方向确定.第Ⅴ、Ⅵ、Ⅶ、Ⅷ卦限在 xOy 面的下方,第Ⅰ卦限的正下方为第Ⅴ卦限,按逆时针方向确定.

定义了空间直角坐标系,就可以定义空间中任意一点的坐标.设 M 为空间中任意一点(如图7.4),过点 M 分别作垂直于 x 轴、y 轴、z 轴的平面,它们与 x 轴、y 轴、z 轴分别交于 P、Q、R 三点,这三个点在 x 轴、y 轴、z 轴上的坐标分别为 x,y,z.这样空间中的任一点 M 就唯一地确定了一个有序数组 x,y,z.反之,若给定一有序数组 x,y,z,就可以分别在 x 轴、y 轴、z 轴找到坐标分别为 x,y,z 的三点 P、Q、R,过这三点分别作垂直于 x 轴、y 轴、z 轴的平面,这三个平面的交点就是由有序数组 x,y,z 所确定的唯一的点 M.这样就建立了空间的点 M 与有序数组 x,y,z 之间的一一对应关系.这组数 x,y,z 称为点 M 的**坐标**,并依次称 x,y 和 z 为点 M 的**横坐标**、**纵坐标**和**竖坐标**,坐标为 x,y,z 的点 M 通常记为 $M(x,y,z)$.

7.1.4 向量的坐标

任一以原点为起点的非零向量 $\overrightarrow{OM}$ 称为点 M 的**向径**(或点 M 的**位置向量**).与前面自由向量能够平行移动不同,向径是一个起点固定在原点的特殊向量.由空间中向径的全体与向径终点的全体一一对应,从而可以用表示向径终点坐标的三元有序数组来表示向径.事实上,由图7.5可见,以原点 O 为起点,以向径 $\overrightarrow{OM}$ 的终点 M 在三个坐标轴上的投影 P、Q、R 为终点,分别作三个向量 $\overrightarrow{OP}$、$\overrightarrow{OQ}$、$\overrightarrow{OR}$.根据向量的加法运算,有

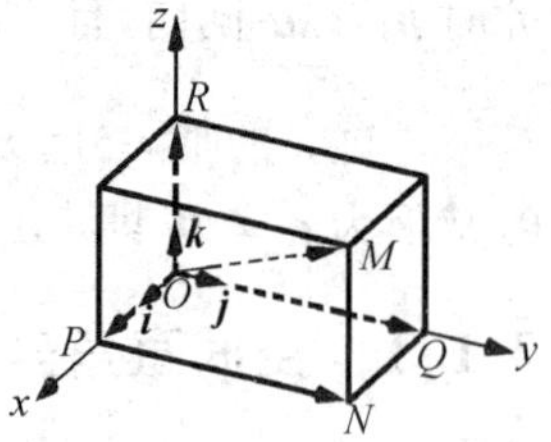

图 7.5

$$\overrightarrow{OM}=\overrightarrow{OP}+\overrightarrow{PN}+\overrightarrow{NM}=\overrightarrow{OP}+\overrightarrow{OQ}+\overrightarrow{OR}=x\boldsymbol{i}+y\boldsymbol{j}+z\boldsymbol{k},$$

其中 (x,y,z) 是向径 $\overrightarrow{OM}$ 终点 M 的坐标.上述表达式称为向径 $\overrightarrow{OM}$ 关于基本单位向量 $\boldsymbol{i},\boldsymbol{j},\boldsymbol{k}$ 的**分解式**.显然,当点 M 给定后,上述分解式是唯一的.反之,向径 $\overrightarrow{OM}$ 也由它的分解式唯一确定.称三元有序数组 (x,y,z) 为向径 $\overrightarrow{OM}$ 的坐标.易有向径 $\overrightarrow{OM}$ 的坐标就是它的终点 M 的坐标,反过来也成立.

特别,基本单位向量 $\boldsymbol{i},\boldsymbol{j},\boldsymbol{k}$ 的坐标分别为:$\boldsymbol{i}=(1,0,0)$,$\boldsymbol{j}=(0,1,0)$,$\boldsymbol{k}=(0,0,1)$.

若记 α、β、γ 分别为向径 $\overrightarrow{OM}$ 与基本单位向量 $\boldsymbol{i},\boldsymbol{j},\boldsymbol{k}$ 之间的夹角,称为向径 $\overrightarrow{OM}$ 的**方向角**,则易有 $x=|\overrightarrow{OM}|\cos\alpha$,$y=|\overrightarrow{OM}|\cos\beta$,$z=|\overrightarrow{OM}|\cos\gamma$,即向径 $\overrightarrow{OM}$ 的坐标 x,y,z 就是 $\overrightarrow{OM}$ 在 $\boldsymbol{i},\boldsymbol{j},\boldsymbol{k}$ 上的投影.

设 $\boldsymbol{\alpha}$ 为空间直角坐标系中任一非零向量,将向量 $\boldsymbol{\alpha}$ 平行移动使它的起点与原点 O 重合,终点用 $M(x,y,z)$ 表示,这样 $\boldsymbol{\alpha}=\overrightarrow{OM}$,即任一非零向量 $\boldsymbol{\alpha}$ 都能用一个向径 $\overrightarrow{OM}$ 来表示.因此,把向径 $\overrightarrow{OM}$ 的坐标定义为向量 $\boldsymbol{\alpha}$ 的坐标,用 $\boldsymbol{\alpha}=(x,y,z)$ 来表示,并且称 x,y,z 分别为向量 $\boldsymbol{\alpha}$ 的**第一、第二和第三坐标**(或分量),称 $\boldsymbol{\alpha}=x\boldsymbol{i}+y\boldsymbol{j}+z\boldsymbol{k}$ 为向量 $\boldsymbol{\alpha}$ 的**坐标分解式**.为明确起见,常用 a_x,a_y,a_z 来表示向量 $\boldsymbol{\alpha}$ 的三个坐标,则有 $\boldsymbol{\alpha}=(a_x,a_y,a_z)$,即 $\boldsymbol{\alpha}=a_x\boldsymbol{i}+a_y\boldsymbol{j}+a_z\boldsymbol{k}$.

有了向量的坐标表示之后,就可以利用坐标来进行向量之间的运算.设向量 $\boldsymbol{\alpha}=a_x\boldsymbol{i}+a_y\boldsymbol{j}+a_z\boldsymbol{k}=(a_x,a_y,a_z)$,$\boldsymbol{\beta}=b_x\boldsymbol{i}+b_y\boldsymbol{j}+b_z\boldsymbol{k}=(b_x,b_y,b_z)$,则由向量的运算规律可得

(1) $\boldsymbol{\alpha}\pm\boldsymbol{\beta}=(a_x\pm b_x)\boldsymbol{i}+(a_y\pm b_y)\boldsymbol{j}+(a_z\pm b_z)\boldsymbol{k}$,即 $\boldsymbol{\alpha}\pm\boldsymbol{\beta}=(a_x\pm b_x,a_y\pm b_y,a_z\pm b_z)$,因此向量的加减就是它们对应的坐标的加减.

(2) $\lambda\boldsymbol{\alpha}=(\lambda a_x)\boldsymbol{i}+(\lambda a_y)\boldsymbol{j}+(\lambda a_z)\boldsymbol{k}$，即$\lambda\boldsymbol{\alpha}=(\lambda a_x,\lambda a_y,\lambda a_z)$，因此数与向量的乘积就是用这个数去乘向量的各个坐标所得的结果.

(3) $\boldsymbol{\alpha}=\boldsymbol{\beta}$等价于$a_x=b_x,a_y=b_y,a_z=b_z$，即两个向量相等等价于其对应坐标相等.

(4) $\boldsymbol{\beta}$平行于$\boldsymbol{\alpha}$等价于存在唯一的实数λ，使$\boldsymbol{\beta}=\lambda\boldsymbol{\alpha}$，即$(b_x,b_y,b_z)=(\lambda a_x,\lambda a_y,\lambda a_z)$，从而$\frac{b_x}{a_x}=\frac{b_y}{a_y}=\frac{b_z}{a_z}$，即两向量平行等价于其对应坐标分量成比例.

7.1.5　向量的模和方向余弦

利用上述向量的坐标描述，就可以用代数的方法来研究向量了. 首先用坐标来表示向量的模和方向. 由于向量的模和方向都与该向量的起点位置无关，因此，可以将向量平移至对应的向径，用向径的模和方向作为该向量的模和方向.

设$\boldsymbol{\alpha}=\overrightarrow{OM}=a_x\boldsymbol{i}+a_y\boldsymbol{j}+a_z\boldsymbol{k}$，如图7.5，连续两次应用勾股定理可得：

$$|\overrightarrow{OM}|^2=|\overrightarrow{ON}|^2+|\overrightarrow{NM}|^2=|\overrightarrow{OP}|^2+|\overrightarrow{OQ}|^2+|\overrightarrow{OR}|^2=a_x^2+a_y^2+a_z^2,$$

从而有$|\boldsymbol{\alpha}|=\sqrt{a_x^2+a_y^2+a_z^2}$，这就是向量的模的坐标表达式.

由前面分析，向量的坐标就是向量在各坐标轴上的投影，于是有

$$a_x=|\boldsymbol{\alpha}|\cos\alpha,a_y=|\boldsymbol{\alpha}|\cos\beta,a_z=|\boldsymbol{\alpha}|\cos\gamma,$$

其中α、β、γ分别为向量$\boldsymbol{\alpha}$的方向角，即向量$\boldsymbol{\alpha}$与基本单位向量$\boldsymbol{i},\boldsymbol{j},\boldsymbol{k}$之间的夹角.

当$\boldsymbol{\alpha}\neq\boldsymbol{0}$时，$|\boldsymbol{\alpha}|=\sqrt{a_x^2+a_y^2+a_z^2}\neq 0$，因此

$$\cos\alpha=\frac{a_x}{\sqrt{a_x^2+a_y^2+a_z^2}},\cos\beta=\frac{a_y}{\sqrt{a_x^2+a_y^2+a_z^2}},\cos\gamma=\frac{a_z}{\sqrt{a_x^2+a_y^2+a_z^2}},$$

此即为向量的坐标表示的方向余弦公式. 进一步易有

$$\boldsymbol{\alpha}^0=\frac{\boldsymbol{\alpha}}{|\boldsymbol{\alpha}|}=\left(\frac{a_x}{\sqrt{a_x^2+a_y^2+a_z^2}},\frac{a_y}{\sqrt{a_x^2+a_y^2+a_z^2}},\frac{a_z}{\sqrt{a_x^2+a_y^2+a_z^2}}\right)=(\cos\alpha,\cos\beta,\cos\gamma),$$

即一个非零向量$\boldsymbol{\alpha}$的方向余弦构成的向量正好为与向量$\boldsymbol{\alpha}$同向的单位向量.

若向量$\overrightarrow{AB}$的起点A和终点B的坐标分别为$A(x_1,y_1,z_1)$、$B(x_2,y_2,z_2)$，则

$$\begin{aligned}\overrightarrow{AB}&=\overrightarrow{OB}-\overrightarrow{OA}=(x_2\boldsymbol{i}+y_2\boldsymbol{j}+z_2\boldsymbol{k})-(x_1\boldsymbol{i}+y_1\boldsymbol{j}+z_1\boldsymbol{k})\\&=(x_2-x_1)\boldsymbol{i}+(y_2-y_1)\boldsymbol{j}+(z_2-z_1)\boldsymbol{k},\end{aligned}$$

即$\overrightarrow{AB}=(x_2-x_1,y_2-y_1,z_2-z_1)$. 从而向量$\overrightarrow{AB}$的坐标等于终点$B$的坐标减去起点$A$的对应坐标. 继而可得空间两点$A(x_1,y_1,z_1)$与$B(x_2,y_2,z_2)$之间的距离公式为

$$\mathrm{d}(A,B)=|\overrightarrow{AB}|=\sqrt{(x_2-x_1)^2+(y_2-y_1)^2+(z_2-z_1)^2}.$$

例1　已知两点$A(2,2,0)$、$B(1,3,\sqrt{2})$，求向量$\overrightarrow{AB}$的模、方向余弦和方向角.

解　由于$\overrightarrow{AB}=(1-2,3-2,\sqrt{2}-0)=(-1,1,\sqrt{2})$，所以它的模$|\overrightarrow{AB}|=$

$\sqrt{(-1)^2+1^2+(\sqrt{2})^2}=2$,它的方向余弦为 $\cos\alpha=-\frac{1}{2}$,$\cos\beta=\frac{1}{2}$,$\cos\gamma=\frac{\sqrt{2}}{2}$,方向角分别为 $\alpha=\frac{2\pi}{3}$,$\beta=\frac{\pi}{3}$,$\gamma=\frac{\pi}{4}$.

例2 设 $A(x_1,y_1,z_1)$ 和 $B(x_2,y_2,z_2)$ 是两个给定的点,在线段 AB 上求一点 C,使 $\overrightarrow{AC}=\lambda\overrightarrow{CB}(\lambda\neq-1)$.

解 令 C 点坐标为 (x,y,z),则 $\overrightarrow{AC}=(x-x_1,y-y_1,z-z_1)$,$\overrightarrow{CB}=(x_2-x,y_2-y,z_2-z)$,又由 $\overrightarrow{AC}=\lambda\overrightarrow{CB}$,有 $(x-x_1,y-y_1,z-z_1)=\lambda(x_2-x,y_2-y,z_2-z)$,从而有

$$x-x_1=\lambda(x_2-x),y-y_1=\lambda(y_2-y),z-z_1=\lambda(z_2-z),$$

解得
$$x=\frac{x_1+\lambda x_2}{1+\lambda},y=\frac{y_1+\lambda y_2}{1+\lambda},z=\frac{z_1+\lambda z_2}{1+\lambda},$$

从而得 C 点的坐标为 $\left(\frac{x_1+\lambda x_2}{1+\lambda},\frac{y_1+\lambda y_2}{1+\lambda},\frac{z_1+\lambda z_2}{1+\lambda}\right)$.

题中的点 C 又称为有向线段 $\overrightarrow{AB}$ 的**定比分点**.特别,当 $\lambda=1$ 时,即得线段 $\overrightarrow{AB}$ 的中点坐标为 $\left(\frac{x_1+x_2}{2},\frac{y_1+y_2}{2},\frac{z_1+z_2}{2}\right)$.

习题 7.1

1. 向量 $\boldsymbol{\alpha}=\boldsymbol{i}+2\boldsymbol{j}-2\boldsymbol{k}$ 是单位向量吗?若不是,试求出与 $\boldsymbol{\alpha}$ 同向的单位向量.

2. 方向角分别为 $\frac{\pi}{4},\frac{\pi}{4},\frac{\pi}{3}$ 的向量是否存在?

3. 已知向量 $\boldsymbol{\alpha}$ 的方向角相等且都为锐角,求 $\boldsymbol{\alpha}$ 的方向余弦.若又已知 $|\boldsymbol{\alpha}|=2$,求 $\boldsymbol{\alpha}$ 的坐标.

4. 一向量的终点为 $B(1,-2,4)$,它在三个坐标轴上的投影分别为 $4,3,-5$,求这个向量的起点 A 的坐标.

5. 判断下列向量中哪些向量共线:

$\boldsymbol{\alpha}_1=(2,1,3)$,$\boldsymbol{\alpha}_2=(3,-2,5)$,$\boldsymbol{\alpha}_3=(-2,3,0)$,$\boldsymbol{\alpha}_4=(-6,4,-10)$,$\boldsymbol{\alpha}_5=(-4,-2,-6)$,$\boldsymbol{\alpha}_6=\left(\frac{1}{2},\frac{1}{4},\frac{3}{4}\right)$,$\boldsymbol{\alpha}_7=\left(-\frac{2}{3},1,0\right)$,$\boldsymbol{\alpha}_8=\left(1,-\frac{2}{3},\frac{5}{3}\right)$.

6. 设已知点 $A(3,-2,1)$ 和 $B(-5,6,5)$,在线段 AB 上取一点 M,使 $\overrightarrow{AM}=3\overrightarrow{MB}$,求 M 点的坐标以及 OM 的长度.

7. 已知向量 $\boldsymbol{\alpha}=a\boldsymbol{i}+4\boldsymbol{j}-2\boldsymbol{k}$ 与向量 $\boldsymbol{\beta}=5\boldsymbol{i}-2\boldsymbol{j}+b\boldsymbol{k}$ 共线,求 a,b 的值,并求向量 $\boldsymbol{\alpha}$ 的长度和方向余弦.

8. 已知两点 $A(4,0,-3)$ 和 $B(2,-3,1)$,求向量 $\overrightarrow{AB}$ 的长度、方向余弦以及平行于向量 $\overrightarrow{AB}$ 的单位向量.

9. 已知点 B 到点 $A(1,-1,3)$ 的距离是 7，$\overrightarrow{AB}$ 的方向余弦是 $\frac{2}{7}, \frac{3}{7}, -\frac{6}{7}$，求点 B 的坐标.

10. 已知点 $A(1,1,1)$ 和点 $B(1,2,0)$，若点 P 将线段 AB 划分为两段的比是 $2:1$，求点 P 的坐标.

11. 设向量 $\boldsymbol{\alpha}=(x,y,z)$，$\boldsymbol{\alpha}_0=(x_0,y_0,z_0)$，试指出满足等式 $|\boldsymbol{\alpha}-\boldsymbol{\alpha}_0|=1$ 的所有点 (x,y,z) 形成的空间图形的名称，并写出其方程.

7.2 向量的乘法运算

7.2.1 数量积

1. 数量积的定义与性质

一物体在常力 $\boldsymbol{F}$ 作用下沿直线从点 A 移动到点 B，若力 $\boldsymbol{F}$ 与位移 $\overrightarrow{AB}$ 之间的夹角为 θ，则力 $\boldsymbol{F}$ 所作的功为 $W=|\boldsymbol{F}||\overrightarrow{AB}|\cos\theta$.

将上述概念抽象出来，引入了数学上向量的一种乘法运算.

定义 1 设 $\boldsymbol{\alpha}$ 和 $\boldsymbol{\beta}$ 为两个向量，它们的夹角为 θ，记作 $(\widehat{\boldsymbol{\alpha},\boldsymbol{\beta}})$，则称实数 $|\boldsymbol{\alpha}||\boldsymbol{\beta}|\cos\theta$ 为向量 $\boldsymbol{\alpha}$ 与 $\boldsymbol{\beta}$ 的**数量积**，记为 $\boldsymbol{\alpha}\cdot\boldsymbol{\beta}$，即 $\boldsymbol{\alpha}\cdot\boldsymbol{\beta}=|\boldsymbol{\alpha}||\boldsymbol{\beta}|\cos\theta$. 向量 $\boldsymbol{\alpha}$ 与 $\boldsymbol{\beta}$ 的数量积也称为**点积**或**内积**.

由定义可知，上述力 $\boldsymbol{F}$ 所作的功 W 就等于 $\boldsymbol{F}$ 与位移 $\overrightarrow{AB}$ 的数量积，即 $W=\boldsymbol{F}\cdot\overrightarrow{AB}$.

根据上述定义，不难证明数量积具有下列性质：

(1) 非负性 $\boldsymbol{\alpha}\cdot\boldsymbol{\alpha}=|\boldsymbol{\alpha}|^2\geqslant 0$，且 $\boldsymbol{\alpha}\cdot\boldsymbol{\alpha}=0$ 当且仅当 $\boldsymbol{\alpha}=\boldsymbol{0}$；

(2) 交换律 $\boldsymbol{\alpha}\cdot\boldsymbol{\beta}=\boldsymbol{\beta}\cdot\boldsymbol{\alpha}$；

(3) 关于数乘的结合律 $(k\boldsymbol{\alpha})\cdot\boldsymbol{\beta}=k(\boldsymbol{\alpha}\cdot\boldsymbol{\beta})$；

(4) 分配律 $(\boldsymbol{\alpha}+\boldsymbol{\beta})\cdot\boldsymbol{\gamma}=\boldsymbol{\alpha}\cdot\boldsymbol{\gamma}+\boldsymbol{\beta}\cdot\boldsymbol{\gamma}$.

2. 数量积的坐标表达

由于基本单位向量 $\boldsymbol{i},\boldsymbol{j},\boldsymbol{k}$ 相互垂直，则由数量积的性质有

$$\boldsymbol{i}\cdot\boldsymbol{i}=1,\boldsymbol{j}\cdot\boldsymbol{j}=1,\boldsymbol{k}\cdot\boldsymbol{k}=1,\boldsymbol{i}\cdot\boldsymbol{j}=\boldsymbol{j}\cdot\boldsymbol{k}=\boldsymbol{k}\cdot\boldsymbol{i}=0.$$

设 $\boldsymbol{\alpha}=a_x\boldsymbol{i}+a_y\boldsymbol{j}+a_z\boldsymbol{k}$，$\boldsymbol{\beta}=b_x\boldsymbol{i}+b_y\boldsymbol{j}+b_z\boldsymbol{k}$，那么由数量积的性质易得

$$\boldsymbol{\alpha}\cdot\boldsymbol{\beta}=(a_x\boldsymbol{i}+a_y\boldsymbol{j}+a_z\boldsymbol{k})\cdot(b_x\boldsymbol{i}+b_y\boldsymbol{j}+b_z\boldsymbol{k})=a_xb_x+a_yb_y+a_zb_z,$$

即两个向量的数量积等于它们对应坐标的乘积之和.

利用数量积的非负性，可得向量 $\boldsymbol{\alpha}=a_x\boldsymbol{i}+a_y\boldsymbol{j}+a_z\boldsymbol{k}$ 的模为

$$|\boldsymbol{\alpha}|=\sqrt{\boldsymbol{\alpha}\cdot\boldsymbol{\alpha}}=\sqrt{a_x^2+a_y^2+a_z^2},$$

与前面得到的结果一致.

设 $\boldsymbol{\alpha}=(a_x,a_y,a_z)$ 和 $\boldsymbol{\beta}=(b_x,b_y,b_z)$ 为两个非零向量,则它们的夹角 θ 的余弦为

$$\cos\theta=\frac{\boldsymbol{\alpha}\cdot\boldsymbol{\beta}}{|\boldsymbol{\alpha}||\boldsymbol{\beta}|}=\frac{a_xb_x+a_yb_y+a_zb_z}{\sqrt{a_x^2+a_y^2+a_z^2}\sqrt{b_x^2+b_y^2+b_z^2}}.$$

由此可得下述结论:

定理 1 若 $\boldsymbol{\alpha}=(a_x,a_y,a_z)$ 与 $\boldsymbol{\beta}=(b_x,b_y,b_z)$ 均为非零向量,则 $\boldsymbol{\alpha}$ 与 $\boldsymbol{\beta}$ 垂直的充要条件为 $\boldsymbol{\alpha}\cdot\boldsymbol{\beta}=0$,即 $a_xb_x+a_yb_y+a_zb_z=0$.

例 1 已知点 $A(2,2,4)$,$B(1,1,8)$,$C(3,0,1)$,$D(2,2,-1)$,求 $\overrightarrow{AB}$ 和 $\overrightarrow{CD}$ 的夹角 θ.

解 由题目条件易有 $\overrightarrow{AB}=(-1,-1,4)$,$\overrightarrow{CD}=(-1,2,-2)$,于是

$$\cos\theta=\frac{\overrightarrow{AB}\cdot\overrightarrow{CD}}{|\overrightarrow{AB}||\overrightarrow{CD}|}=\frac{(-1)\times(-1)+(-1)\times 2+4\times(-2)}{\sqrt{(-1)^2+(-1)^2+4^2}\sqrt{(-1)^2+2^2+(-2)^2}}=-\frac{\sqrt{2}}{2},$$

因此 $\theta=\dfrac{3}{4}\pi$.

例 2 在 yOz 面上求一单位向量,使它与向量 $\boldsymbol{\alpha}=3\boldsymbol{i}-2\boldsymbol{j}+5\boldsymbol{k}$ 垂直.

解 设所求 yOz 面上的向量 $\boldsymbol{\beta}=b_y\boldsymbol{j}+b_z\boldsymbol{k}$,使 $\boldsymbol{\alpha}\perp\boldsymbol{\beta}$,所以 $\boldsymbol{\alpha}\cdot\boldsymbol{\beta}=0$,即 $-2b_y+5b_z=0$,取 $b_y=5$,$b_z=2$,或 $b_y=-5$,$b_z=-2$,则 $\boldsymbol{\beta}_1=(0,5,2)$ 或 $\boldsymbol{\beta}_2=(0,-5,-2)$,再单位化,故所求单位向量为 $\boldsymbol{\beta}_1^0=\dfrac{5}{\sqrt{29}}\boldsymbol{j}+\dfrac{2}{\sqrt{29}}\boldsymbol{k}$ 或 $\boldsymbol{\beta}_2^0=-\dfrac{5}{\sqrt{29}}\boldsymbol{j}-\dfrac{2}{\sqrt{29}}\boldsymbol{k}$.

例 3 设 $a_i,b_i\in\mathbf{R}(i=1,2,3)$,证明不等式:

$$\left|\sum_{i=1}^{3}a_ib_i\right|\leqslant\left(\sum_{i=1}^{3}a_i^2\right)^{\frac{1}{2}}\left(\sum_{i=1}^{3}b_i^2\right)^{\frac{1}{2}}.$$

证 记向量 $\boldsymbol{\alpha}=(a_1,a_2,a_3)$,$\boldsymbol{\beta}=(b_1,b_2,b_3)$,因为 $\boldsymbol{\alpha}\cdot\boldsymbol{\beta}=|\boldsymbol{\alpha}||\boldsymbol{\beta}|\cos\theta$,所以 $|\boldsymbol{\alpha}\cdot\boldsymbol{\beta}|\leqslant|\boldsymbol{\alpha}||\boldsymbol{\beta}|$. 又 $\boldsymbol{\alpha}\cdot\boldsymbol{\beta}=\sum\limits_{i=1}^{3}a_ib_i$,$|\boldsymbol{\alpha}|=\left(\sum\limits_{i=1}^{3}a_i^2\right)^{\frac{1}{2}}$,$|\boldsymbol{\beta}|=\left(\sum\limits_{i=1}^{3}b_i^2\right)^{\frac{1}{2}}$,代入上式即得结论.

上述不等式也叫 **Cauchy 不等式**,其结论可以推广到更一般的情形.

7.2.2 向量积

1. 向量积的定义与性质

在物理学的很多分支中还提出了向量的另一类乘法运算. 比如力 $\boldsymbol{F}$ 对于定点 O 的力矩的描述就是用一个向量 $\boldsymbol{\tau}$ 来表示的,它是用来度量物体转动效应的. 设 O 是杠杆 L 的支点,力 $\boldsymbol{F}$ 作用于杠杆 L 上点 P 处,$\boldsymbol{F}$ 与 $\overrightarrow{OP}$ 的夹角为 θ(如图 7.6). 定义力 $\boldsymbol{F}$ 对支点 O 的力矩 $\boldsymbol{\tau}$ 是一向量,它的大小为 $|\boldsymbol{\tau}|=|\boldsymbol{F}||\overrightarrow{OP}|\sin\theta$,它的方向垂直于 $\overrightarrow{OP}$ 与 $\boldsymbol{F}$ 所确定的平面,且 $\boldsymbol{\tau}$ 的指向按右手法则,即若用右手四指从 $\overrightarrow{OP}$ 旋转一个小于 π 的角度到 $\boldsymbol{F}$,则大拇指就指向 $\boldsymbol{\tau}$ 的方向.

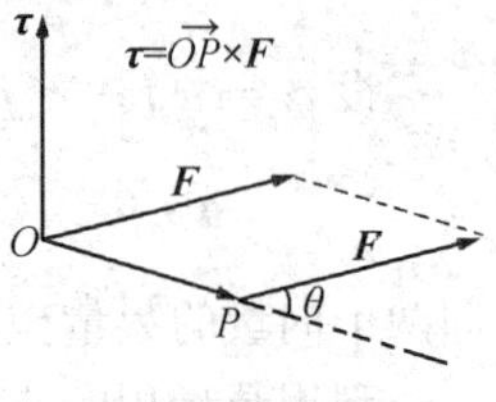

图 7.6

剔除物理上的具体含义,从数学上抽象出两向量的向量积的概念.

定义 2 设 $\boldsymbol{\alpha}$ 和 $\boldsymbol{\beta}$ 为两个向量,它们的夹角为 θ,定义 $\boldsymbol{\alpha}$ 与 $\boldsymbol{\beta}$ 的向量积为一个向量,记作

$\boldsymbol{\alpha}\times\boldsymbol{\beta}$,它的模为 $|\boldsymbol{\alpha}\times\boldsymbol{\beta}|=|\boldsymbol{\alpha}||\boldsymbol{\beta}|\sin\theta$,它的方向与 $\boldsymbol{\alpha}$ 和 $\boldsymbol{\beta}$ 均垂直,且使 $\boldsymbol{\alpha},\boldsymbol{\beta},\boldsymbol{\alpha}\times\boldsymbol{\beta}$ 遵守右手法则. 向量 $\boldsymbol{\alpha}$ 与 $\boldsymbol{\beta}$ 的向量积也称为**叉积或外积**.

由定义可知力矩 $\boldsymbol{\tau}=\overrightarrow{OP}\times\boldsymbol{F}$.

如图 7.7,从几何上,向量积 $\boldsymbol{\alpha}\times\boldsymbol{\beta}$ 的模 $|\boldsymbol{\alpha}||\boldsymbol{\beta}|\sin\theta$ 等于由 $\boldsymbol{\alpha}$ 和 $\boldsymbol{\beta}$ 为邻边的平行四边形的面积.

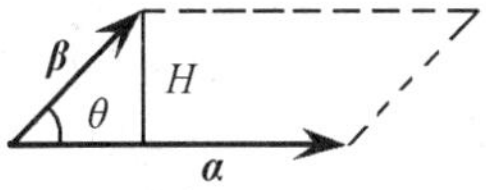

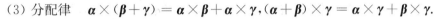

图 7.7

根据上述定义,不难知道向量积具有下列性质:

(1) 反交换律　$\boldsymbol{\alpha}\times\boldsymbol{\beta}=-\boldsymbol{\beta}\times\boldsymbol{\alpha}$;

(2) 关于数乘的结合律　$(k\boldsymbol{\alpha})\times\boldsymbol{\beta}=\boldsymbol{\alpha}\times(k\boldsymbol{\beta})=k(\boldsymbol{\alpha}\times\boldsymbol{\beta})$;

(3) 分配律　$\boldsymbol{\alpha}\times(\boldsymbol{\beta}+\boldsymbol{\gamma})=\boldsymbol{\alpha}\times\boldsymbol{\beta}+\boldsymbol{\alpha}\times\boldsymbol{\gamma},(\boldsymbol{\alpha}+\boldsymbol{\beta})\times\boldsymbol{\gamma}=\boldsymbol{\alpha}\times\boldsymbol{\gamma}+\boldsymbol{\beta}\times\boldsymbol{\gamma}$.

2. 向量积的坐标表达

根据向量积的定义,易得

$$\boldsymbol{i}\times\boldsymbol{i}=\boldsymbol{j}\times\boldsymbol{j}=\boldsymbol{k}\times\boldsymbol{k}=\boldsymbol{0},\boldsymbol{i}\times\boldsymbol{j}=\boldsymbol{k},\boldsymbol{j}\times\boldsymbol{k}=\boldsymbol{i},\boldsymbol{k}\times\boldsymbol{i}=\boldsymbol{j},$$
$$\boldsymbol{j}\times\boldsymbol{i}=-\boldsymbol{k},\boldsymbol{k}\times\boldsymbol{j}=-\boldsymbol{i},\boldsymbol{i}\times\boldsymbol{k}=-\boldsymbol{j}.$$

设 $\boldsymbol{\alpha}=a_x\boldsymbol{i}+a_y\boldsymbol{j}+a_z\boldsymbol{k},\boldsymbol{\beta}=b_x\boldsymbol{i}+b_y\boldsymbol{j}+b_z\boldsymbol{k}$,那么由向量积的性质易得

$$\begin{aligned}\boldsymbol{\alpha}\times\boldsymbol{\beta}&=(a_x\boldsymbol{i}+a_y\boldsymbol{j}+a_z\boldsymbol{k})\times(b_x\boldsymbol{i}+b_y\boldsymbol{j}+b_z\boldsymbol{k})\\&=(a_yb_z-a_zb_y)\boldsymbol{i}+(a_zb_x-a_xb_z)\boldsymbol{j}+(a_xb_y-a_yb_x)\boldsymbol{k}.\end{aligned}$$

为了便于记忆,利用行列式,上式可写成

$$\boldsymbol{\alpha}\times\boldsymbol{\beta}=\begin{vmatrix}\boldsymbol{i}&\boldsymbol{j}&\boldsymbol{k}\\a_x&a_y&a_z\\b_x&b_y&b_z\end{vmatrix}=\begin{vmatrix}a_y&a_z\\b_y&b_z\end{vmatrix}\boldsymbol{i}-\begin{vmatrix}a_x&a_z\\b_x&b_z\end{vmatrix}\boldsymbol{j}+\begin{vmatrix}a_x&a_y\\b_x&b_y\end{vmatrix}\boldsymbol{k}.$$

根据向量积,可以得到两个向量平行(共线)的另一个充要条件.

定理 2　两个非零向量 $\boldsymbol{\alpha}$ 与 $\boldsymbol{\beta}$ 平行(共线)当且仅当 $\boldsymbol{\alpha}\times\boldsymbol{\beta}=\boldsymbol{0}$.

例 4　求同时垂直于向量 $\boldsymbol{\alpha}=(2,1,-1)$ 与 $\boldsymbol{\beta}=(1,-1,2)$ 的单位向量.

解　根据向量积的定义,$\boldsymbol{\alpha}\times\boldsymbol{\beta}$ 同时垂直于 $\boldsymbol{\alpha}$ 和 $\boldsymbol{\beta}$,故求出 $\boldsymbol{\alpha}\times\boldsymbol{\beta}$ 后再单位化即可.

$$\boldsymbol{\alpha}\times\boldsymbol{\beta}=\begin{vmatrix}\boldsymbol{i}&\boldsymbol{j}&\boldsymbol{k}\\2&1&-1\\1&-1&2\end{vmatrix}=\boldsymbol{i}-5\boldsymbol{j}-3\boldsymbol{k},$$

又 $|\boldsymbol{\alpha}\times\boldsymbol{\beta}|=\sqrt{1^2+(-5)^2+(-3)^2}=\sqrt{35}$,所以 $\pm\dfrac{\sqrt{35}}{35}(1,-5,-3)$ 就是同时垂直于 $\boldsymbol{\alpha}$ 与 $\boldsymbol{\beta}$ 的单位向量.

例 5　求顶点为 $A(1,-2,2)$,$B(4,1,3)$ 和 $C(3,5,1)$ 的三角形的面积.

解　因为 $\triangle ABC$ 的面积 S 等于以 AB 和 AC 为邻边的平行四边形的面积的一半,即 $S=\dfrac{1}{2}|\overrightarrow{AB}\times\overrightarrow{AC}|$,又 $\overrightarrow{AB}=(3,3,1)$,$\overrightarrow{AC}=(2,7,-1)$,所以

$$\overrightarrow{AB}\times\overrightarrow{AC}=\begin{vmatrix}\boldsymbol{i}&\boldsymbol{j}&\boldsymbol{k}\\3&3&1\\2&7&-1\end{vmatrix}=5(-2,1,3).$$

于是 $S=\dfrac{1}{2}|\overrightarrow{AB}\times\overrightarrow{AC}|=\dfrac{5}{2}\sqrt{(-2)^2+1^2+3^2}=\dfrac{5}{2}\sqrt{14}$.

7.2.3 混合积

1. 混合积的定义与性质

定义 3 设 $\boldsymbol{\alpha}$、$\boldsymbol{\beta}$、$\boldsymbol{\gamma}$ 为三个向量,先作向量积 $\boldsymbol{\alpha}\times\boldsymbol{\beta}$,再作 $\boldsymbol{\alpha}\times\boldsymbol{\beta}$ 与 $\boldsymbol{\gamma}$ 的数量积 $(\boldsymbol{\alpha}\times\boldsymbol{\beta})\cdot\boldsymbol{\gamma}$,则称所得的数 $(\boldsymbol{\alpha}\times\boldsymbol{\beta})\cdot\boldsymbol{\gamma}$ 为三个向量的**混合积**,记作 $[\boldsymbol{\alpha}\ \ \boldsymbol{\beta}\ \ \boldsymbol{\gamma}]=(\boldsymbol{\alpha}\times\boldsymbol{\beta})\cdot\boldsymbol{\gamma}$.

由混合积的定义可知,混合积是先进行向量积,然后再进行数量积,最终结果是数量积的结果,即混合积是一个数.从而利用向量积和数量积的性质易得混合积的下述性质:

(1) $(\boldsymbol{\alpha}\times\boldsymbol{\beta})\cdot\boldsymbol{\gamma}=(\boldsymbol{\gamma}\times\boldsymbol{\alpha})\cdot\boldsymbol{\beta}=(\boldsymbol{\beta}\times\boldsymbol{\gamma})\cdot\boldsymbol{\alpha}$,即 $[\boldsymbol{\alpha}\ \ \boldsymbol{\beta}\ \ \boldsymbol{\gamma}]=[\boldsymbol{\gamma}\ \ \boldsymbol{\alpha}\ \ \boldsymbol{\beta}]=[\boldsymbol{\beta}\ \ \boldsymbol{\gamma}\ \ \boldsymbol{\alpha}]$;

(2) $[\boldsymbol{\beta}\ \ \boldsymbol{\alpha}\ \ \boldsymbol{\gamma}]=-[\boldsymbol{\alpha}\ \ \boldsymbol{\beta}\ \ \boldsymbol{\gamma}]$.

混合积的几何意义:

设三向量 $\boldsymbol{\alpha}$、$\boldsymbol{\beta}$、$\boldsymbol{\gamma}$ 符合右手系,$\boldsymbol{\alpha}\times\boldsymbol{\beta}$ 与 $\boldsymbol{\gamma}$ 的夹角为 φ,现考察以 $\boldsymbol{\alpha}$、$\boldsymbol{\beta}$、$\boldsymbol{\gamma}$ 为三邻边的平行六面体,如图 7.8. 由数量积的定义可知

$$(\boldsymbol{\alpha}\times\boldsymbol{\beta})\cdot\boldsymbol{\gamma}=|\boldsymbol{\alpha}\times\boldsymbol{\beta}||\boldsymbol{\gamma}|\cos\varphi,$$

其中 $|\boldsymbol{\alpha}\times\boldsymbol{\beta}|$ 等于以 $\boldsymbol{\alpha}$ 和 $\boldsymbol{\beta}$ 为邻边的平行四边形的面积,数 $h=|\boldsymbol{\gamma}|\cos\varphi$ 是该平行六面体的高,于是此时混合积 $[\boldsymbol{\alpha}\ \ \boldsymbol{\beta}\ \ \boldsymbol{\gamma}]$ 就是该平行六面体的体积 V.

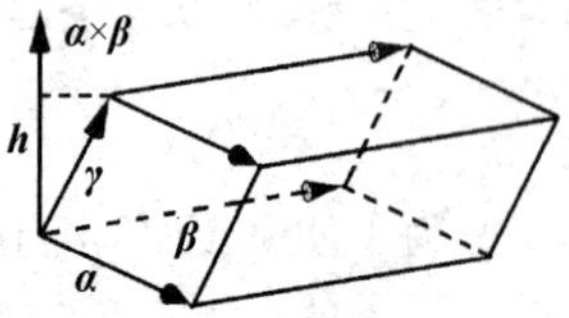

图 7.8

若 $\boldsymbol{\alpha}$、$\boldsymbol{\beta}$、$\boldsymbol{\gamma}$ 符合左手系,则由混合积的性质易得 $V=-[\boldsymbol{\alpha}\ \ \boldsymbol{\beta}\ \ \boldsymbol{\gamma}]$.

综上,无论三向量 $\boldsymbol{\alpha}$、$\boldsymbol{\beta}$、$\boldsymbol{\gamma}$ 符合何种关系,以 $\boldsymbol{\alpha}$、$\boldsymbol{\beta}$、$\boldsymbol{\gamma}$ 为三邻边的平行六面体的体积 $V=|[\boldsymbol{\alpha}\ \ \boldsymbol{\beta}\ \ \boldsymbol{\gamma}]|$.

2. 混合积的坐标表达

设 $\boldsymbol{\alpha}=a_x\boldsymbol{i}+a_y\boldsymbol{j}+a_z\boldsymbol{k}$,$\boldsymbol{\beta}=b_x\boldsymbol{i}+b_y\boldsymbol{j}+b_z\boldsymbol{k}$,$\boldsymbol{\gamma}=c_x\boldsymbol{i}+c_y\boldsymbol{j}+c_z\boldsymbol{k}$,则

$$\boldsymbol{\alpha}\times\boldsymbol{\beta}=\begin{vmatrix}\boldsymbol{i}&\boldsymbol{j}&\boldsymbol{k}\\a_x&a_y&a_z\\b_x&b_y&b_z\end{vmatrix}=\begin{vmatrix}a_y&a_z\\b_y&b_z\end{vmatrix}\boldsymbol{i}-\begin{vmatrix}a_x&a_z\\b_x&b_z\end{vmatrix}\boldsymbol{j}+\begin{vmatrix}a_x&a_y\\b_x&b_y\end{vmatrix}\boldsymbol{k}.$$

因此有

$$[\boldsymbol{\alpha}\ \ \boldsymbol{\beta}\ \ \boldsymbol{\gamma}]=(\boldsymbol{\alpha}\times\boldsymbol{\beta})\cdot\boldsymbol{\gamma}=\begin{vmatrix}a_y&a_z\\b_y&b_z\end{vmatrix}c_x-\begin{vmatrix}a_x&a_z\\b_x&b_z\end{vmatrix}c_y+\begin{vmatrix}a_x&a_y\\b_x&b_y\end{vmatrix}c_z=\begin{vmatrix}a_x&a_y&a_z\\b_x&b_y&b_z\\c_x&c_y&c_z\end{vmatrix}.$$

由混合积的几何意义有:

定理 3　三个向量 $\boldsymbol{\alpha}$、$\boldsymbol{\beta}$、$\boldsymbol{\gamma}$ 共面的充要条件为 $[\boldsymbol{\alpha}\quad\boldsymbol{\beta}\quad\boldsymbol{\gamma}]=0$，即 $\begin{vmatrix} a_x & a_y & a_z \\ b_x & b_y & b_z \\ c_x & c_y & c_z \end{vmatrix}=0$.

例 6　求以 $A(0,0,2)$，$B(3,0,5)$，$C(1,1,0)$，$D(4,1,2)$ 为顶点的四面体的体积.

解　由几何可知以 $\overrightarrow{AB}$、$\overrightarrow{AC}$、$\overrightarrow{AD}$ 为邻边的平行六面体的体积是以 A,B,C,D 为顶点的四面体体积 $V_{D\text{-}ABC}$ 的 6 倍，所以 $V_{D\text{-}ABC}=\dfrac{1}{6}\left|[\overrightarrow{AB}\quad\overrightarrow{AC}\quad\overrightarrow{AD}]\right|$. 又 $\overrightarrow{AB}=(3,0,3)$，$\overrightarrow{AC}=(1,1,-2)$，$\overrightarrow{AD}=(4,1,0)$，于是

$$[\overrightarrow{AB}\quad\overrightarrow{AC}\quad\overrightarrow{AD}]=\begin{vmatrix} 3 & 0 & 3 \\ 1 & 1 & -2 \\ 4 & 1 & 0 \end{vmatrix}=-3.$$

所以 $V_{D\text{-}ABC}=\dfrac{1}{6}\times 3=\dfrac{1}{2}$.

习题 7.2

1. 设 $\boldsymbol{\alpha}=(1,1,-1)$，$\boldsymbol{\beta}=(0,3,4)$. 求(1) $\boldsymbol{\alpha}\cdot\boldsymbol{\beta}$ 及 $\boldsymbol{\alpha}\times\boldsymbol{\beta}$；(2) $(3\boldsymbol{\alpha})\times(-4\boldsymbol{\beta})$；(3) $\boldsymbol{\alpha}$，$\boldsymbol{\beta}$ 的夹角的余弦.

2. 设向量 $\boldsymbol{\beta}$ 与 $\boldsymbol{\alpha}=2\boldsymbol{i}-\boldsymbol{j}+2\boldsymbol{k}$ 共线，并且 $\boldsymbol{\alpha}\cdot\boldsymbol{\beta}=18$，求 $\boldsymbol{\beta}$.

3. 设 $|\boldsymbol{\alpha}|=4$，$|\boldsymbol{\beta}|=2$，$|\boldsymbol{\alpha}-\boldsymbol{\beta}|=2\sqrt{7}$，求 $\boldsymbol{\alpha}$ 与 $\boldsymbol{\beta}$ 之间的夹角.

4. 设 $\boldsymbol{\alpha}$、$\boldsymbol{\beta}$、$\boldsymbol{\gamma}$ 为单位向量，且满足 $\boldsymbol{\alpha}+\boldsymbol{\beta}+\boldsymbol{\gamma}=\boldsymbol{0}$，求 $\boldsymbol{\alpha}\cdot\boldsymbol{\beta}+\boldsymbol{\beta}\cdot\boldsymbol{\gamma}+\boldsymbol{\gamma}\cdot\boldsymbol{\alpha}$.

5. 已知 $A(1,-1,2)$，$B(3,3,1)$ 和 $C(3,1,3)$，求与 $\overrightarrow{AB}$，$\overrightarrow{BC}$ 同时垂直的单位向量.

6. 设 $\boldsymbol{\alpha}=(3,4,-2)$，$\boldsymbol{\beta}=(-2,-6,3)$. (1) 求以 $\boldsymbol{\alpha}$，$\boldsymbol{\beta}$ 为邻边的平行四边形两条对角线的长度；(2) 求以 $\boldsymbol{\alpha}$，$\boldsymbol{\beta}$ 为邻边的平行四边形的面积；(3) 问这平行四边形的对角线是否垂直.

7. 设 $\boldsymbol{\alpha}=(3,-2,4)$，$\boldsymbol{\beta}=(2,2,-3)$，问 λ 与 μ 满足什么关系时，$\lambda\boldsymbol{\alpha}+\mu\boldsymbol{\beta}$ 与 $\boldsymbol{\gamma}=(1,1,1)$ 垂直？

8. 已知向量 $\boldsymbol{\alpha}=2\boldsymbol{i}-3\boldsymbol{j}+\boldsymbol{k}$，$\boldsymbol{\beta}=\boldsymbol{i}-\boldsymbol{j}+3\boldsymbol{k}$，$\boldsymbol{\gamma}=\boldsymbol{i}-2\boldsymbol{j}$，计算：

(1) $(\boldsymbol{\alpha}\cdot\boldsymbol{\beta})\boldsymbol{\gamma}-(\boldsymbol{\alpha}\cdot\boldsymbol{\gamma})\boldsymbol{\beta}$；　(2) $(\boldsymbol{\alpha}+\boldsymbol{\beta})\times(\boldsymbol{\beta}+\boldsymbol{\gamma})$；　(3) $(\boldsymbol{\alpha}\times\boldsymbol{\beta})\cdot\boldsymbol{\gamma}$.

9. 试用向量证明柯西不等式：$\sqrt{a_1^2+a_2^2+a_3^2}\sqrt{b_1^2+b_2^2+b_3^2}\geqslant|a_1b_1+a_2b_2+a_3b_3|$，其中 a_1,a_2,a_3,b_1,b_2,b_3 为任意实数并指出等号成立的条件.

10. 判断 $\boldsymbol{\alpha}$、$\boldsymbol{\beta}$、$\boldsymbol{\gamma}$ 是否共面：

(1) $\boldsymbol{\alpha}=(4,0,2)$，$\boldsymbol{\beta}=(6,-9,8)$，$\boldsymbol{\gamma}=(6,-3,3)$；

(2) $\boldsymbol{\alpha}=(1,-2,3)$，$\boldsymbol{\beta}=(3,3,1)$，$\boldsymbol{\gamma}=(1,7,-5)$；

(3) $\boldsymbol{\alpha}=(1,-2,2)$，$\boldsymbol{\beta}=(2,4,5)$，$\boldsymbol{\gamma}=(3,9,8)$.

11. 已知四点 $A(2,3,-1)$，$B(5,4,-3)$，$C(-2,3,2)$，$D(3,8,1)$，试问：这四点是否在同一平面内；若不在同一平面内，求以这四点为顶点的四面体体积.

12. 证明平行四边形公式 $|\boldsymbol{\alpha}+\boldsymbol{\beta}|^2+|\boldsymbol{\alpha}-\boldsymbol{\beta}|^2=2(|\boldsymbol{\alpha}|^2+|\boldsymbol{\beta}|^2)$，并说明它的几何意义.

7.3 平面与空间直线

与平面解析几何类似,建立了空间直角坐标系后,就可以利用向量来研究空间图形的方程和利用空间图形的方程来研究它们的形状和性质.本节将讨论空间中两种最简单的图形:平面和直线.

7.3.1 平面方程及其位置关系

1. 平面方程

可以根据多种不同的几何条件确定一个平面的方程,下面将利用不同的几何条件建立几种常用的不同形式的平面方程.

(1) 平面的点法式方程

设 π 是一个给定的平面.如果非零向量 $\boldsymbol{n}=(A,B,C)$ 与 π 垂直,则称向量 $\boldsymbol{n}$ 为平面 π 的**法向量**.显然,仅仅具有给定法向量的平面有无穷多个,但若要求通过空间给定点 $M_0(x_0,y_0,z_0)$,则该平面便被唯一确定.

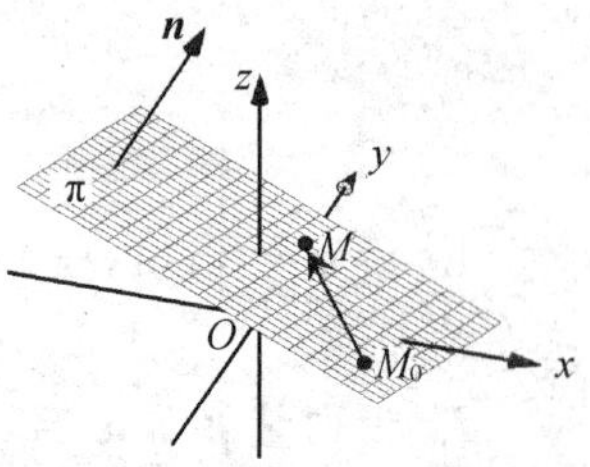

图 7.9

设 $M(x,y,z)$ 为平面 π 上任一点,非零向量 $\boldsymbol{n}=(A,B,C)$ 为平面 π 的法向量,则 $\overrightarrow{M_0M}\perp\boldsymbol{n}$,如图 7.9,从而 $\overrightarrow{M_0M}\cdot\boldsymbol{n}=0$,又 $\overrightarrow{M_0M}=(x-x_0,y-y_0,z-z_0)$,所以有

$$A(x-x_0)+B(y-y_0)+C(z-z_0)=0. \tag{7.1}$$

显然平面 π 上所有点的坐标都满足方程(7.1).反之,若点 M 不在平面 π 上,则 $\overrightarrow{M_0M}$ 与 $\boldsymbol{n}$ 不垂直,从而式 $\overrightarrow{M_0M}\cdot\boldsymbol{n}=0$ 不成立,故点 M 的坐标就不满足方程(7.1).因此方程(7.1)就是过点 $M_0(x_0,y_0,z_0)$ 且以 $\boldsymbol{n}=(A,B,C)$ 为法向量的平面方程,该方程也称为平面 π 的**点法式方程**.

(2) 平面的三点式方程

我们知道,不在同一条直线上的三点可以确定一平面.设不在同一条直线上的三点坐标分别为 $M_1(x_1,y_1,z_1)$、$M_2(x_2,y_2,z_2)$ 和 $M_3(x_3,y_3,z_3)$,它们所确定的平面为 π.

设 $M(x,y,z)$ 为平面 π 上任一点,则 $\overrightarrow{M_1M},\overrightarrow{M_1M_2},\overrightarrow{M_1M_3}$ 都在平面 π 上,即 3 个向量共面,于是 $[\overrightarrow{M_1M}\ \ \overrightarrow{M_1M_2}\ \ \overrightarrow{M_1M_3}]=0$,又因为 $\overrightarrow{M_1M}=(x-x_1,y-y_1,z-z_1)$,$\overrightarrow{M_1M_2}=(x_2-x_1,y_2-y_1,z_2-z_1)$,$\overrightarrow{M_1M_3}=(x_3-x_1,y_3-y_1,z_3-z_1)$,所以

$$[\overrightarrow{M_1M}\ \ \overrightarrow{M_1M_2}\ \ \overrightarrow{M_1M_3}]=\begin{vmatrix} x-x_1 & y-y_1 & z-z_1 \\ x_2-x_1 & y_2-y_1 & z_2-z_1 \\ x_3-x_1 & y_3-y_1 & z_3-z_1 \end{vmatrix}=0. \tag{7.2}$$

此即为平面的**三点式方程**.

特别,若三点分别为三坐标轴上的三点 $A(a,0,0)$、$B(0,b,0)$ 和 $C(0,0,c)$,其中 $abc\neq 0$,则它们所确定的平面方程为

$$\begin{vmatrix} x-a & y-0 & z-0 \\ 0-a & b-0 & 0-0 \\ 0-a & 0-0 & c-0 \end{vmatrix} = \begin{vmatrix} x-a & y & z \\ -a & b & 0 \\ -a & 0 & c \end{vmatrix} = 0,$$

化简得

$$\frac{x}{a}+\frac{y}{b}+\frac{z}{c}=1. \tag{7.3}$$

方程(7.3)称为平面的**截距式方程**.

(3) 平面的一般式方程

若将平面的点法式方程(7.1)展开即得一个三元一次方程式

$$Ax+By+Cz+D=0, \tag{7.4}$$

其中 $D=-(Ax_0+By_0+Cz_0)$. 这表明平面方程必是一个三元一次方程式. 反之,任给一个三元一次方程式(7.4),任取其一组解 (x_0,y_0,z_0),即

$$Ax_0+By_0+Cz_0+D=0. \tag{7.5}$$

用(7.4)式减(7.5)式得

$$A(x-x_0)+B(y-y_0)+C(z-z_0)=0. \tag{7.6}$$

这是通过点 $M_0(x_0,y_0,z_0)$,法向量为 $\boldsymbol{n}=(A,B,C)$ 的平面**点法式方程**.

因此,方程(7.4)就是平面方程的另一种表示形式,称为平面的**一般式方程**,其中 x,y,z 前面的系数就是该平面的法向量 $\boldsymbol{n}$ 的坐标,即 $\boldsymbol{n}=(A,B,C)$.

利用平面的一般式方程容易得到一些具有特殊几何位置的平面方程.

当 $D=0$ 时,方程(7.4)为 $Ax+By+Cz=0$,它表示平面过原点.

当 $A=0$ 时,方程(7.4)为 $By+Cz+D=0$,其法线向量为 $\boldsymbol{n}=(0,B,C)$ 垂直于 x 轴,所以该平面平行于 x 轴.

同理,方程 $Ax+Cz+D=0$ 和 $Ax+By+D=0$ 分别表示平面平行于 y 轴和 z 轴.

当 $A=B=0$ 时,方程(7.4)为 $Cz+D=0$ 或 $z=-\dfrac{D}{C}$,法向量为 $\boldsymbol{n}=(0,0,C)$ 垂直于 xOy 面,因此该平面平行于 xOy 面.

同理,方程 $Ax+D=0$ 和 $By+D=0$ 分别表示平面平行于 yOz 面和 zOx 面.

例 1　求通过 z 轴和点 $(3,-2,5)$ 的平面方程.

解　因为平面通过 z 轴,所以原点在平面上,于是 $D=0$,又由于平面通过 z 轴,从而平面平行 z 轴,所以 $C=0$,可设平面方程为 $Ax+By=0$.

又已知平面过点 $(3,-2,5)$,所以有 $3A-2B=0$,即 $B=\dfrac{3}{2}A$. 代入平面方程可得 $Ax+\dfrac{3}{2}Ay=0$,取 $A=2$,可得所求方程为 $2x+3y=0$.

例 2 求通过三点 $A(1,1,1)$,$B(2,0,1)$ 和 $C(1,2,3)$ 的平面方程.

解 **法 1** 利用三点式方程可得

$$\begin{vmatrix} x-1 & y-1 & z-1 \\ 2-1 & 0-1 & 1-1 \\ 1-1 & 2-1 & 3-1 \end{vmatrix} = 0,$$

化简即得 $2x+2y-z-3=0$.

法 2 利用点法式方程需要求解平面的法向量和平面经过的一个点,显然平面经过的点的坐标可以从 A、B、C 中任意取一个即可,下求平面的法向量. 由于向量 $\overrightarrow{AB}=(1,-1,0)$ 与 $\overrightarrow{AC}=(0,1,2)$ 均在该平面上,所以 $\overrightarrow{AB}\times\overrightarrow{AC}$ 垂直于该平面,故可取 $\overrightarrow{AB}\times\overrightarrow{AC}$ 作为平面的法向量 $\boldsymbol{n}$,于是

$$\boldsymbol{n}=\overrightarrow{AB}\times\overrightarrow{AC}=\begin{vmatrix} \boldsymbol{i} & \boldsymbol{j} & \boldsymbol{k} \\ 1 & -1 & 0 \\ 0 & 1 & 2 \end{vmatrix}=(-2,-2,1).$$

从三个点中任取一点,比如取 A 点,则利用点法式方程可得平面的方程为

$$-2(x-1)-2(y-1)+(z-1)=0,$$

化简得 $2x+2y-z-3=0$.

法 3 利用平面的一般式方程进行求解. 设平面的一般式方程为

$$Ax+By+Cz+D=0,$$

由平面经过三点,于是代入三个点的坐标有

$$\begin{cases} A+B+C+D=0, \\ 2A+C+D=0, \\ A+2B+3C+D=0, \end{cases} \Rightarrow \begin{cases} A=-\dfrac{2}{3}D, \\ B=-\dfrac{2}{3}D, \\ C=\dfrac{1}{3}D, \end{cases}$$

取 $D=-3$,则得 $A=2$,$B=2$,$C=-1$,从而得平面方程为

$$2x+2y-z-3=0.$$

例 3 求平行于向量 $\boldsymbol{\alpha}=(1,1,-1)$ 且过点 $M_1(4,2,-3)$ 和 $M_2(-1,3,-2)$ 的平面方程.

解 由于平面平行于向量 $\boldsymbol{\alpha}$,所以其法向量 $\boldsymbol{n}$ 垂直于 $\boldsymbol{\alpha}$. 又因为平面过点 M_1 和 M_2,因此其法向量 $\boldsymbol{n}$ 又垂直于向量 $\overrightarrow{M_1M_2}$,从而取 $\boldsymbol{n}=\boldsymbol{\alpha}\times\overrightarrow{M_1M_2}$,又 $\overrightarrow{M_1M_2}=(-5,1,1)$,于是

$$\boldsymbol{n}=\boldsymbol{\alpha}\times\overrightarrow{M_1M_2}=\begin{vmatrix} \boldsymbol{i} & \boldsymbol{j} & \boldsymbol{k} \\ 1 & 1 & -1 \\ -5 & 1 & 1 \end{vmatrix}=2\boldsymbol{i}+4\boldsymbol{j}+6\boldsymbol{k}=2(1,2,3).$$

于是可取法向量为 $\boldsymbol{n}_1=(1,2,3)$，由平面的点法式方程可得 $x-4+2(y-2)+3(z+3)=0$，即 $x+2y+3z+1=0$.

2. 两平面间的位置关系

设平面 π_1、π_2 的方程分别为

$$A_1x+B_1y+C_1z+D_1=0, A_2x+B_2y+C_2z+D_2=0,$$

因此它们的法向量分别为 $\boldsymbol{n}_1=(A_1,B_1,C_1)$ 和 $\boldsymbol{n}_2=(A_2,B_2,C_2)$.

两平面的法向量的夹角（通常取锐角）称为**两平面的夹角**. 如图 7.10，则由两向量夹角的余弦公式可知两平面夹角 θ 可由下式确定：

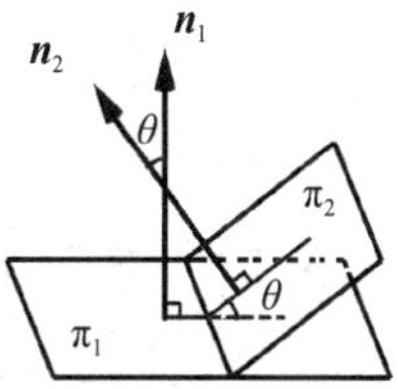

图 7.10

$$\cos\theta=\frac{|\boldsymbol{n}_1\cdot\boldsymbol{n}_2|}{|\boldsymbol{n}_1||\boldsymbol{n}_2|}=\frac{|A_1A_2+B_1B_2+C_1C_2|}{\sqrt{A_1^2+B_1^2+C_1^2}\sqrt{A_2^2+B_2^2+C_2^2}}.$$

进一步有：

(1) $\pi_1 /\!/ \pi_2 \Leftrightarrow \boldsymbol{n}_1 /\!/ \boldsymbol{n}_2 \Leftrightarrow \dfrac{A_1}{A_2}=\dfrac{B_1}{B_2}=\dfrac{C_1}{C_2}$；

(2) $\pi_1\perp\pi_2\Leftrightarrow\boldsymbol{n}_1\perp\boldsymbol{n}_2\Leftrightarrow\boldsymbol{n}_1\cdot\boldsymbol{n}_2=0\Leftrightarrow A_1A_2+B_1B_2+C_1C_2=0$.

例 4　求通过点 $(1,-2,0)$ 且平行于平面 $\frac{1}{2}x+3y-4z+6=0$ 的平面方程.

解　设所求平面的法向量为 $\boldsymbol{n}$，由题意知 $\boldsymbol{n}$ 必平行于已知平面的法向量 $\left(\frac{1}{2},3,-4\right)$. 于是可以取 $\boldsymbol{n}=(1,6,-8)$，从而可得所求平面的方程为 $(x-1)+6(y+2)-8(z-0)=0$，即 $x+6y-8z+11=0$.

例 5　求过点 $(5,-3,0)$ 且垂直于平面 $x-y+2z-3=0$ 和 $2x+3y-2z+5=0$ 的平面方程.

解　设所求平面的法向量为 $\boldsymbol{n}$，因为所求平面与两个已知平面垂直，所以 $\boldsymbol{n}$ 与两个已知平面的法向量 $\boldsymbol{n}_1=(1,-1,2)$ 和 $\boldsymbol{n}_2=(2,3,-2)$ 均垂直，所以 $\boldsymbol{n} /\!/ (\boldsymbol{n}_1\times\boldsymbol{n}_2)$，又

$$\boldsymbol{n}_1\times\boldsymbol{n}_2=\begin{vmatrix}\boldsymbol{i} & \boldsymbol{j} & \boldsymbol{k}\\ 1 & -1 & 2\\ 2 & 3 & -2\end{vmatrix}=-4\boldsymbol{i}+6\boldsymbol{j}+5\boldsymbol{k}=-(4,-6,-5).$$

于是可取 $\boldsymbol{n}=(4,-6,-5)$，从而所求平面方程为 $4(x-5)-6(y+3)-5z=0$，即 $4x-6y-5z-38=0$.

3. 点到平面的距离

设 $M_0(x_0,y_0,z_0)$ 是平面 $\pi: Ax+By+Cz+D=0$ 外一点（如图 7.11）. 在平面 π 上任取一点 $P(x_1,y_1,z_1)$，则 M_0 与已知平面 π 的距离就是向量 $\overrightarrow{PM_0}=(x_0-x_1,y_0-y_1,z_0-z_1)$ 在法向量 $\boldsymbol{n}$ 上的投影 NM_0 的绝对值，即

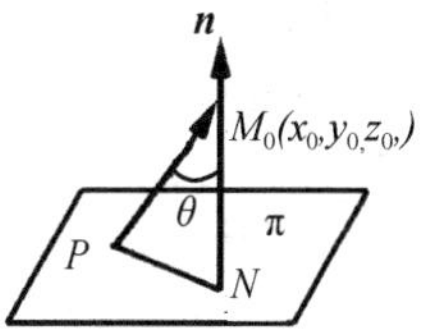

图 7.11

$$d=|NM_0|=|\overrightarrow{PM_0}||\cos\theta|=\frac{|\overrightarrow{PM_0}\cdot\boldsymbol{n}|}{|\boldsymbol{n}|}$$

$$= \frac{|A(x_0-x_1)+B(y_0-y_1)+C(z_0-z_1)|}{\sqrt{A^2+B^2+C^2}}$$
$$= \frac{|Ax_0+By_0+Cz_0-(Ax_1+By_1+Cz_1)|}{\sqrt{A^2+B^2+C^2}}.$$

由于点 $P(x_1,y_1,z_1)$ 在平面 π 上，所以 $Ax_1+By_1+Cz_1+D=0$，即 $D=-(Ax_1+By_1+Cz_1)$，由此得点 $M_0(x_0,y_0,z_0)$ 到平面 π 的距离公式为

$$d=\frac{|Ax_0+By_0+Cz_0+D|}{\sqrt{A^2+B^2+C^2}}.$$

7.3.2 空间直线方程及其位置关系

1. 空间直线方程

与平面类似，也可以根据多种不同的几何条件来确定空间直线方程，下面将利用不同的几何条件建立几种常用的不同形式的直线方程.

(1) 空间直线的一般式方程

空间直线可以看成两相交平面的交线(如图 7.12). 设两相交平面方程分别为 $\pi_1: A_1x+B_1y+C_1z+D_1=0$ 和 $\pi_2: A_2x+B_2y+C_2z+D_2=0$，则它们的交线 l 上任一点的坐标应同时满足这两个平面的方程，即满足方程组

$$\begin{cases} A_1x+B_1y+C_1z+D_1=0, \\ A_2x+B_2y+C_2z+D_2=0. \end{cases} \tag{7.7}$$

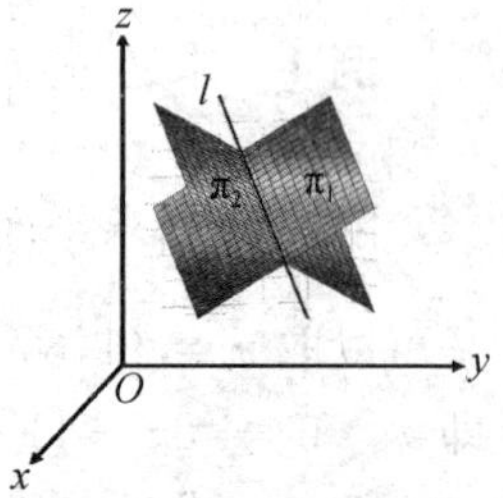

图 7.12

反之，如果点 M 不在直线 l 上，那么它不可能同时在平面 π_1 与 π_2 上，所以它的坐标不满足方程组(7.7)，因此方程组(7.7) 就是直线 l 的方程，称为空间直线的**一般式方程**.

通过空间直线 l 的平面有无数多个，只要在这无数多个平面中任意取两个(不重叠的)平面，把它们的方程联立起来，所得的方程组就表示空间直线 l，因此空间直线 l 的一般方程在形式上不唯一.

(2) 空间直线的对称式方程和参数方程

设 l 是一给定的空间直线，称任一与 l 平行的非零向量 $\boldsymbol{s}=(m,n,p)$ 为直线 l 的**方向向量**. 显然具有给定方向向量的空间直线有无穷多条，但若要求通过空间给定点 $M_0(x_0,y_0,z_0)$，则该直线便被唯一确定.

设 $M(x,y,z)$ 是直线 l 上任一点，如图 7.13，则有 $\overrightarrow{M_0M} \parallel \boldsymbol{s}$，又 $\overrightarrow{M_0M}=(x-x_0,y-y_0,z-z_0)$，从而可得

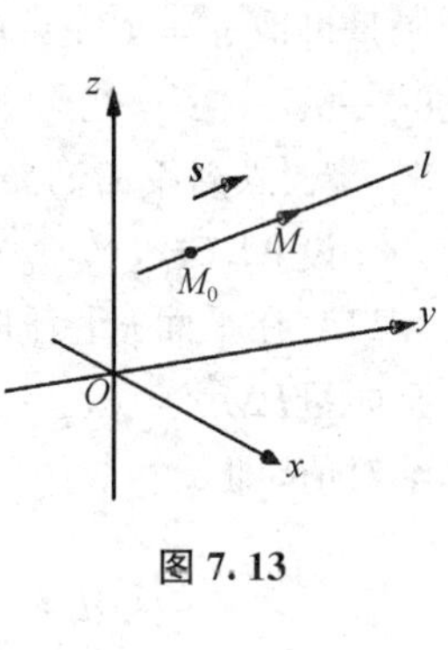

图 7.13

$$\frac{x-x_0}{m}=\frac{y-y_0}{n}=\frac{z-z_0}{p}, \tag{7.8}$$

方程(7.8)称为直线的**对称式方程**,也叫**点向式方程**.

当 m,n,p 中有一个为零时,例如 $m=0$,而 $n\neq 0,p\neq 0$,方程(7.8)应理解为 $\begin{cases}x-x_0=0,\\ \dfrac{y-y_0}{n}=\dfrac{z-z_0}{p};\end{cases}$ 当 m,n,p 中有两个为零时,例如 $m=n=0$,而 $p\neq 0$,方程(7.8)应理解为 $\begin{cases}x-x_0=0,\\ y-y_0=0.\end{cases}$ 直线 l 的任一方向向量 $\boldsymbol{s}=(m,n,p)$ 的方向余弦称为直线 l 的**方向余弦**,$\boldsymbol{s}$ 的坐标 m,n,p 又称为直线 l 的**方向数**.

在方程(7.8)中,若设 $\dfrac{x-x_0}{m}=\dfrac{y-y_0}{n}=\dfrac{z-z_0}{p}=t$,可得

$$\begin{cases}x=x_0+mt,\\ y=y_0+nt,\\ z=z_0+pt.\end{cases}\tag{7.9}$$

方程(7.9)式称为直线的**参数方程**.

直线的三种方程表达形式:一般式方程、对称式方程和参数方程之间经常需要进行相互转换.显然,对称式方程和参数方程之间的转换非常简单.将对称式方程的两个等号分别拆开来就转换成了两个联立的平面方程,从而就变成了一般式方程.下面通过具体例子来说明如何将一般式方程转换成对称式方程.

例 6　设直线 l 的一般式方程为 $\begin{cases}x-2y+3z-3=0,\\ 2x+y-4z-1=0,\end{cases}$ 求 l 的对称式方程和参数方程.

解　先在直线 l 上取一点,在直线一般式方程中令 $z=0$ 得 $\begin{cases}x-2y=3,\\ 2x+y=1,\end{cases}$ 解之得 $x=1$, $y=-1$,于是得直线 l 上一点 $(1,-1,0)$.下求直线 l 的一个方向向量 $\boldsymbol{s}$.由于两平面的交线 l 与这两平面的法向量 $\boldsymbol{n}_1=(1,-2,3)$ 和 $\boldsymbol{n}_2=(2,1,-4)$ 都垂直,所以 $\boldsymbol{s}\parallel(\boldsymbol{n}_1\times\boldsymbol{n}_2)$,又

$$\boldsymbol{n}_1\times\boldsymbol{n}_2=\begin{vmatrix}\boldsymbol{i} & \boldsymbol{j} & \boldsymbol{k}\\ 1 & -2 & 3\\ 2 & 1 & -4\end{vmatrix}=5\boldsymbol{i}+10\boldsymbol{j}+5\boldsymbol{k}=5(1,2,1).$$

因此取 $\boldsymbol{s}=(1,2,1)$,从而所求直线 l 的对称式方程为 $x-1=\dfrac{y+1}{2}=z$,参数方程为

$$\begin{cases}x=1+t,\\ y=-1+2t,\\ z=t.\end{cases}$$

例 7　求直线 $\dfrac{x+1}{2}=\dfrac{y-3}{-1}=\dfrac{z-2}{3}$ 与平面 $x+2y-3z+19=0$ 的交点.

解　把直线方程写成参数方程 $\begin{cases}x=-1+2t,\\ y=3-t,\\ z=2+3t,\end{cases}$ 代入平面方程,得

$$-1+2t+2(3-t)-3(2+3t)+19=0,$$

解得 $t=2$. 从而代入直线的参数方程得 $x=3,y=1,z=8$,故所求直线与平面的交点为(3,1,8).

(3) 空间直线的两点式方程

由几何可知,不重合的两点决定一条直线. 设直线经过两点 $M_1(x_1,y_1,z_1)$ 和 $M_2(x_2,y_2,z_2)$,所以向量$\overrightarrow{M_1M_2}$ 在直线上,可取直线的方向向量 $\boldsymbol{s}=\overrightarrow{M_1M_2}=(x_2-x_1,y_2-y_1,z_2-z_1)$,于是可得直线方程为

$$\frac{x-x_1}{x_2-x_1}=\frac{y-y_1}{y_2-y_1}=\frac{z-z_1}{z_2-z_1}. \tag{7.10}$$

方程(7.10) 称为直线的**两点式方程**.

设直线 l 是平面 $\pi_1:A_1x+B_1y+C_1z+D_1=0$ 和平面 $\pi_2:A_2x+B_2y+C_2z+D_2=0$ 的交线. 通过直线 l 的平面有无穷多个,下列方程可以表达通过直线 l 的无穷多个平面.

$$t(A_1x+B_1y+C_1z+D_1)+\mu(A_2x+B_2y+C_2z+D_2)=0. \tag{7.11}$$

其中实数 t,μ 满足 $t^2+\mu^2\neq 0$. 不难说明,当 t,μ 取不同值时,方程(7.11) 表示了所有通过直线 l 的平面方程,方程(7.11) 称为过直线 l 的**平面束方程**. 利用平面束方程可以很方便地解决与直线和平面相关的某些问题. 另一方面,当 $t=0,\mu\neq 0$ 时,即为平面 π_2 的方程;当 $t\neq 0$ 时,令 $\lambda=\dfrac{\mu}{t}$,则方程(7.11) 变为

$$A_1x+B_1y+C_1z+D_1+\lambda(A_2x+B_2y+C_2z+D_2)=0. \tag{7.12}$$

方程(7.12) 表示的平面束方程缺少一个平面 π_2,但它只含一个任意参数 λ. 于是也可以将平面束方程改写为

$$\begin{cases}A_1x+B_1y+C_1z+D_1+\lambda(A_2x+B_2y+C_2z+D_2)=0,\\A_2x+B_2y+C_2z+D_2=0.\end{cases} \tag{7.13}$$

例 8 求经过两平面 $x+5y+z=0$ 与 $x-z+4=0$ 的交线,且与平面 $x-4y-8z+12=0$ 的夹角为$\dfrac{\pi}{4}$ 的平面方程.

解 设经过两平面交线的平面束方程为 $x+5y+z+\lambda(x-z+4)=0$,其法向量为 $\boldsymbol{n}=(1+\lambda,5,1-\lambda)$,又平面 $x-4y-8z+12=0$ 的法向量为 $\boldsymbol{n}_1=(1,-4,-8)$,由题意 $(\widehat{\boldsymbol{n},\boldsymbol{n}_1})=\dfrac{\pi}{4}$,于是

$$\frac{|\boldsymbol{n}\cdot\boldsymbol{n}_1|}{|\boldsymbol{n}||\boldsymbol{n}_1|}=\frac{|1+\lambda-20-8(1-\lambda)|}{\sqrt{(1+\lambda)^2+5^2+(1-\lambda)^2}\sqrt{1^2+(-4)^2+(-8)^2}}=\cos\frac{\pi}{4}=\frac{\sqrt{2}}{2},$$

解得 $\lambda=-\dfrac{3}{4}$,代入平面束方程中得所求平面方程为 $x+20y+7z=12$.

注意,上述平面束方程并不包括原来的平面 $x-z+4=0$,所以需要将平面 $x-z+4=0$ 单独验证是否满足题目要求.平面 $x-z+4=0$ 的法向量为 $\boldsymbol{n}_2=(1,0,-1)$,从而有

$$\cos(\boldsymbol{n}_1\hat{,}\boldsymbol{n}_2)=\frac{|\boldsymbol{n}_1\cdot\boldsymbol{n}_2|}{|\boldsymbol{n}_1||\boldsymbol{n}_2|}=\frac{9}{\sqrt{1^2+(-4)^2+(-8)^2}\sqrt{1^2+0^2+(-1)^2}}=\frac{\sqrt{2}}{2},$$

从而 $(\boldsymbol{n}_1\hat{,}\boldsymbol{n}_2)=\dfrac{\pi}{4}$,即平面 $x-z+4=0$ 也满足题目要求.

例 9　求直线 $\dfrac{x-1}{4}=\dfrac{y+2}{2}=z-2$ 在平面 $2x-3y-z-12=0$ 上的投影直线方程.

解　将直线方程写成一般方程 $\begin{cases}x-2y-5=0,\\y-2z+6=0,\end{cases}$ 设过此直线的平面束方程为 $x-2y-5+\lambda(y-2z+6)=0$,即 $x+(-2+\lambda)y-2\lambda z-5+6\lambda=0$,其中 λ 为待定常数.由题意,该平面与平面 $2x-3y-z-12=0$ 垂直,因而有 $(1,-2+\lambda,-2\lambda)\cdot(2,-3,-1)=0$,即 $1\times2+(-2+\lambda)\times(-3)+(-2\lambda)\times(-1)=0$,解得 $\lambda=8$.代入平面束方程,整理得 $x+6y-16z+43=0$,所以所求投影直线方程为

$$\begin{cases}x+6y-16z+43=0,\\2x-3y-z-12=0.\end{cases}$$

2. 两直线间的位置关系

设直线 l_1、l_2 的方程分别为

$$\frac{x-x_1}{m_1}=\frac{y-y_1}{n_1}=\frac{z-z_1}{p_1},\frac{x-x_2}{m_2}=\frac{y-y_2}{n_2}=\frac{z-z_2}{p_2},$$

因此它们的方向向量分别是 $\boldsymbol{s}_1=(m_1,n_1,p_1)$ 和 $\boldsymbol{s}_2=(m_2,n_2,p_2)$.

两直线方向向量的夹角(通常取锐角)称为两直线的**夹角**,则由两向量夹角的余弦公式可得两直线的夹角 θ 可由下式确定:

$$\cos\theta=\frac{|m_1m_2+n_1n_2+p_1p_2|}{\sqrt{m_1^2+n_1^2+p_1^2}\sqrt{m_2^2+n_2^2+p_2^2}}.\tag{7.14}$$

进一步有:

(1) $l_1 /\!/ l_2 \Leftrightarrow \boldsymbol{s}_1 /\!/ \boldsymbol{s}_2 \Leftrightarrow \dfrac{m_1}{m_2}=\dfrac{n_1}{n_2}=\dfrac{p_1}{p_2}$;

(2) $l_1\perp l_2\Leftrightarrow\boldsymbol{s}_1\perp\boldsymbol{s}_2\Leftrightarrow\boldsymbol{s}_1\cdot\boldsymbol{s}_2=0\Leftrightarrow m_1m_2+n_1n_2+p_1p_2=0$.

例 10　求过点 $(2,-4,-3)$ 且垂直于直线 l_1:$\dfrac{x}{3}=\dfrac{y-1}{2}=\dfrac{z+3}{-2}$ 和直线 l_2:$\dfrac{x-1}{4}=\dfrac{y+1}{-2}=\dfrac{z-4}{3}$ 的直线方程.

解　直线 l_1 和 l_2 的方向向量分别为 $\boldsymbol{s}_1=(3,2,-2)$ 和 $\boldsymbol{s}_2=(4,-2,3)$,由题意,所求

直线的方向向量 $\boldsymbol{s}$ 必同时垂直于 $\boldsymbol{s}_1$ 和 $\boldsymbol{s}_2$，因此取 $\boldsymbol{s}=\boldsymbol{s}_1\times\boldsymbol{s}_2=\begin{vmatrix}\boldsymbol{i} & \boldsymbol{j} & \boldsymbol{k}\\ 3 & 2 & -2\\ 4 & -2 & 3\end{vmatrix}=(2,-17,-14)$. 又直线过点 $(2,-4,-3)$，所以所求直线方程为 $\frac{x-2}{2}=\frac{y+4}{-17}=\frac{z+3}{-14}$.

7.3.3　平面与直线的位置关系

设直线 l 和平面 π 的方程分别为

$$l:\frac{x-x_0}{m}=\frac{y-y_0}{n}=\frac{z-z_0}{p};\pi:Ax+By+Cz+D=0.$$

因此，直线 l 的方向向量为 $\boldsymbol{s}=(m,n,p)$，平面 π 的法向量为 $\boldsymbol{n}=(A,B,C)$.

直线 l 与它在平面 π 上的投影直线(即平面 π 与通过 l 并垂直于 π 的平面的交线)之间的夹角 φ(通常取锐角)称为**直线 l 与平面 π 的夹角**. 于是有 $\boldsymbol{s}$ 与 $\boldsymbol{n}$ 的夹角 $\theta=\frac{\pi}{2}-\varphi$ 或 $\theta=\frac{\pi}{2}+\varphi$. 从而有

$$\sin\varphi=\left|\cos\left(\frac{\pi}{2}\pm\varphi\right)\right|=|\cos(\widehat{\boldsymbol{s},\boldsymbol{n}})|=\frac{|Am+Bn+Cp|}{\sqrt{A^2+B^2+C^2}\sqrt{m^2+n^2+p^2}}.$$

进一步有：

(1) $l\parallel\pi\Leftrightarrow\boldsymbol{s}\perp\boldsymbol{n}\Leftrightarrow\boldsymbol{s}\cdot\boldsymbol{n}=0\Leftrightarrow Am+Bn+Cp=0$；

(2) $l\perp\pi\Leftrightarrow\boldsymbol{s}\parallel\boldsymbol{n}\Leftrightarrow\frac{m}{A}=\frac{n}{B}=\frac{p}{C}$.

例 11　求通过点 $(-1,0,4)$，且平行于平面 $3x-4y+z-10=0$，又与直线 $\frac{x+1}{3}=\frac{y-3}{1}=\frac{z}{2}$ 相交的直线方程.

解　记点 A 为 $(-1,0,4)$，由题意，平面 $3x-4y+z-10=0$ 的法向量为 $\boldsymbol{n}=(3,-4,1)$，直线 $l:\frac{x+1}{3}=\frac{y-3}{1}=\frac{z}{2}$ 过点 $P(-1,3,0)$，方向向量为 $\boldsymbol{s}=(3,1,2)$. 设所求直线 l_1 的方向向量为 $\boldsymbol{s}_1=(m,n,p)$，则 $\boldsymbol{s}_1\perp\boldsymbol{n}$，即

$$3m-4n+p=0,\tag{7.15}$$

又由直线 l_1 与 l 相交，所以三向量 $\boldsymbol{s}_1$、$\boldsymbol{s}$、$\overrightarrow{AP}$ 共面，故

$$\begin{vmatrix}m & n & p\\ 3 & 1 & 2\\ 0 & 3 & -4\end{vmatrix}=0,$$

即

$$-10m+12n+9p=0.\tag{7.16}$$

联立(7.15)和(7.16)解得$\dfrac{m}{48}=\dfrac{n}{37}=\dfrac{p}{4}$，从而所求直线方程为$\dfrac{x+1}{48}=\dfrac{y}{37}=\dfrac{z-4}{4}$.

习题 7.3

1. 求满足下列条件的平面方程：

(1) 过点 $M(2,9,-6)$ 且与 $\overrightarrow{OM}$ 垂直；

(2) 过点 $M(2,-3,0)$ 且与平面 $3x-5y-2z+8=0$ 平行；

(3) 过点 $A(2,-1,-1)$，$B(3,-2,2)$ 和 $C(1,2,-3)$；

(4) 过点 $M(3,4,-2)$ 且在三个坐标轴上的截距相等；

(5) 过点 $A(1,2,-1)$ 和 $B(3,-2,2)$，且在 x 轴上的截距为 -2；

(6) 平行于向量 $\boldsymbol{\alpha}=(2,-1,2)$，且在 x 轴，z 轴上的截距分别是 3 和 -2；

(7) 通过 x 轴和点 $M(4,5,-2)$；

(8) 通过原点和 $M(3,4,-6)$，并与平面 $2x+5y-3z-7=0$ 垂直.

2. 求两平面 $2x-y+z-7=0$，$x+y+2z-11=0$ 之间的夹角.

3. 求点 $M(3,-2,5)$ 到平面 $x-2y+2z-5=0$ 的距离.

4. 已知两个平面 $x-2y+3z+D=0$，$-2x+4y+Cz+5=0$，问 C,D 为何值时，(1) 两平面平行？(2) 两平面重合？(3) 两平面垂直？

5. 求满足下列条件的直线方程：

(1) 过两点 $M_1(4,3,-2)$ 和 $M_2(-2,1,0)$；

(2) 平行于 y 轴且经过点 $M(2,6,-5)$；

(3) 过点 $M(0,2,4)$ 且与平面 $x+2z-1=0$ 和 $y-3z-2=0$ 平行；

(4) 过点 $M(2,0,-1)$ 且与直线$\begin{cases}2x-3y+z-6=0,\\4x-2y+3z+9=0\end{cases}$平行；

(5) 过点 $M(1,2,-1)$ 且垂直于 x 轴及直线 $x=z,y=-2z$；

(6) 过点 $M(3,-2,5)$ 且垂直于平面 $2x+3y-z-4=0$；

(7) 过点 $M(1,2,4)$ 且与直线$\dfrac{x+1}{3}=\dfrac{y-1}{2}=z+2$ 垂直相交；

(8) 过点 $M(-3,5,9)$，且与直线 L_1：$\begin{cases}y=3x+5\\z=2x-3\end{cases}$和 L_2：$\begin{cases}y=4x-7\\z=5x+10\end{cases}$都相交.

6. 求过点 $M(3,1,-2)$ 且通过直线$\dfrac{x-4}{5}=\dfrac{y+3}{2}=z$ 的平面方程.

7. 求直线 $x-1=\dfrac{y-5}{-2}=z+8$ 与$\begin{cases}x-y=6\\2y+z=3\end{cases}$的夹角.

8. 试确定下列各组中的直线和平面间的位置关系：

(1) $\dfrac{x+3}{2}=\dfrac{y+4}{7}=\dfrac{z}{-3}$ 和 $4x-2y-2z-3=0$；

(2) $\dfrac{x}{3}=\dfrac{y}{-2}=\dfrac{z}{7}$ 和 $3x-2y+7z-8=0$；

(3) $\frac{x-2}{3}=y+2=\frac{z-3}{-4}$ 和 $x+y+z-3=0$；

(4) $\begin{cases}x+y+3z=0,\\x-y-z=0\end{cases}$ 和 $x-y-z+1=0$.

9. 求原点关于平面 $6x+2y-9z+121=0$ 的对称点.

10. 求点 $M_0(3,-1,2)$ 到直线 $\begin{cases}x+y-z+1=0,\\2x-y+z-4=0\end{cases}$ 的距离.

11. 求直线 $\begin{cases}2x-4y+z=0,\\3x-y-2z-9=0\end{cases}$ 在平面 $4x-y+z-1=0$ 的投影直线方程.

7.4 曲面与空间曲线

本节将利用空间直角坐标系建立空间曲面与空间曲线方程,进而介绍常见的曲面方程及其图形.

7.4.1 曲面方程

1. 曲面方程

在平面解析几何中将平面曲线看成动点的轨迹,在空间中也可以将空间曲面看成一个动点或一条动曲线按照某种给定的条件运动所产生的轨迹. 设点 $M(x,y,z)$ 为曲面 Σ 上一动点,那么点 M 的坐标 (x,y,z) 必定满足给定的条件. 一般情况下,由这些条件能够得到一个关于变量 x,y 和 z 的方程

$$F(x,y,z)=0. \tag{7.17}$$

若点 M 在曲面 Σ 上,则它的坐标 (x,y,z) 必定满足方程(7.17)；反之,若变量 x,y,z 满足方程(7.17),则坐标为 (x,y,z) 的点 M 必定在曲面 Σ 上. 因此可以用方程(7.17)来表示曲面 Σ,并称方程(7.17)为**曲面 Σ 的方程**,曲面 Σ 称为方程(7.17)的**图形**. 如图7.14.

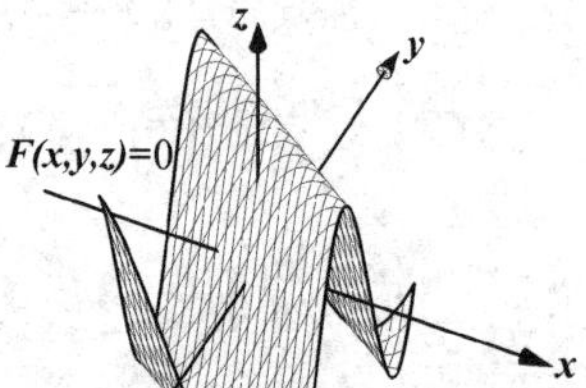

图 7.14

一般对曲面的研究主要归结为下列两个基本问题:

(1) 已知曲面的几何特征,建立该曲面的方程;

(2) 已知曲面的方程,研究该曲面的几何特征.

例 1 求以 $M_0(x_0,y_0,z_0)$ 为球心,R 为半径的球面方程.

解 设 $M(x,y,z)$ 是球面上任一点,则 M 点应满足条件 $|M_0M|=R$. 由两点间距离公式有 $|M_0M|^2=(x-x_0)^2+(y-y_0)^2+(z-z_0)^2=R^2$,因此,所求球面方程为 $(x-x_0)^2+(y-y_0)^2+(z-z_0)^2=R^2$.

特别地,当 $x_0=y_0=z_0=0$ 时,即球心在原点,半径为 R 的球面方程为 $x^2+y^2+z^2=R^2$.

例 2　求与原点 O 及 $M_0(2,3,4)$ 的距离之比为 $1:2$ 的点组成的曲面方程.

解　设 $M(x,y,z)$ 是所求曲面上任一点,由题意有 $|MO|:|MM_0|=1:2$,即

$$\frac{\sqrt{x^2+y^2+z^2}}{\sqrt{(x-2)^2+(y-3)^2+(z-4)^2}}=\frac{1}{2},$$

化简得所求曲面方程为 $\left(x+\frac{2}{3}\right)^2+(y+1)^2+\left(z+\frac{4}{3}\right)^2=\frac{116}{9}$.

例 3　曲面方程 $z=(x-1)^2+(y-2)^2-1$ 表示怎样的图形.

解　根据题意有 $z\geqslant -1$. 用平面 $z=c$ 去截图形得

$$(x-1)^2+(y-2)^2=1+c(c\geqslant -1).$$

这是一个圆. 当平面 $z=c$ 上下移动时,得到一系列圆,圆心在 $(1,2,c)$,半径为 $\sqrt{1+c}$,半径随 c 的增大而增大,图形上不封顶,下封底,底的顶点为 $(1,2,-1)$. 如图 7.15.

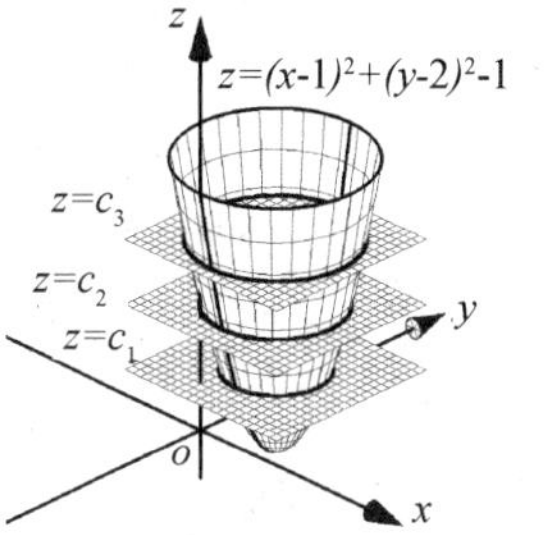

图 7.15

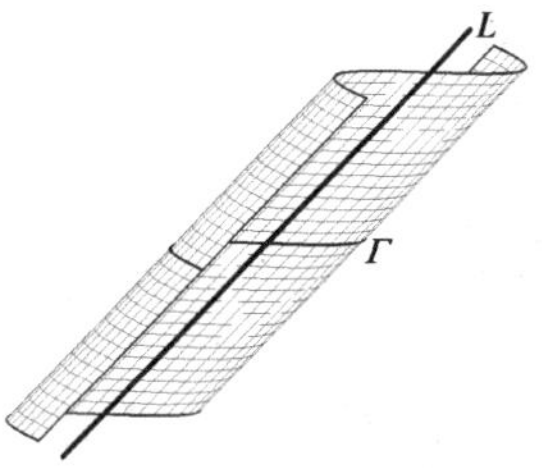

图 7.16

2. 柱面

柱面是一类常见的曲面,大家熟知的圆柱面就是其中的一种. 圆柱面可以看成过圆周上每一点作垂直于圆周面的直线族所形成. 一般地,过空间曲线 C 上每一点作平行于定直线 L 的直线族所形成的曲面称为**柱面**. 动直线族称为柱面的**母线**,定直线 L 的方向称为柱面的**母线方向**,定曲线 Γ 称为该柱面的**准线**(如图 7.16).

易见平面就是柱面,其准线是一直线. 由柱面的定义可知,柱面的准线不是唯一的.

设柱面 Σ 的准线为 xOy 坐标平面上的曲线 $\begin{cases}F(x,y)=0,\\ z=0,\end{cases}$ 其母线平行于 z 轴,设点 $M(x,y,z)$ 为柱面 Σ 上的任一点,则 M 点必在某条母线上,设该母线与准线 Γ 的交点为 $M_0(x_0,y_0,0)$,因此 $M_0(x_0,y_0,0)$ 的坐标满足方程 $F(x_0,y_0)=0$.

又因为母线平行于 z 轴,所以过 M、M_0 的直线平行于 z 轴,因此 M 与 M_0 有相同的横坐标与纵坐标,故点 M 的坐标满足方程 $F(x,y)=F(x_0,y_0)=0$.

反之,若空间一点 $M(x,y,z)$ 的坐标满足 $F(x,y)=0$,则 $(x,y,0)$ 在准线 Γ 上,故 $M(x,y,z)$ 必在过准线 Γ 上的点 $(x,y,0)$ 而平行于 z 轴的直线上,因此 M 点在柱面 Σ 上.

综上,方程 $F(x,y)=0$ 在空间表示母线平行于 z 轴,准线是 $\begin{cases}F(x,y)=0,\\ z=0\end{cases}$ 的柱面方程.

同理,只含 y,z 而缺 x 的方程 $F(y,z)=0$ 表示母线平行于 x 轴,准线为 $\begin{cases}F(y,z)=0,\\x=0\end{cases}$ 的柱面方程. 只含 x,z 而缺 y 的方程 $F(x,z)=0$ 表示母线平行于 y 轴,准线为 $\begin{cases}F(x,z)=0,\\y=0\end{cases}$ 的柱面方程.

例 4 研究下列柱面:

(1) $x^2+y^2=R^2$; (2) $y^2+4z=0$; (3) $\dfrac{x^2}{a^2}-\dfrac{y^2}{b^2}=1$.

解 (1) $x^2+y^2=R^2$ 是圆柱面,准线是 xOy 平面上的圆 $\begin{cases}x^2+y^2=R^2,\\z=0,\end{cases}$ 其母线平行于 z 轴,如图 7.17.

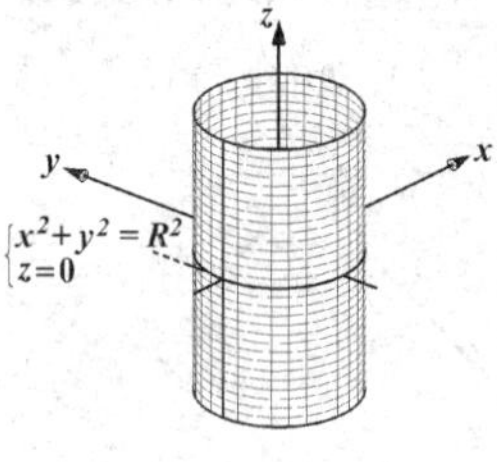

图 7.17

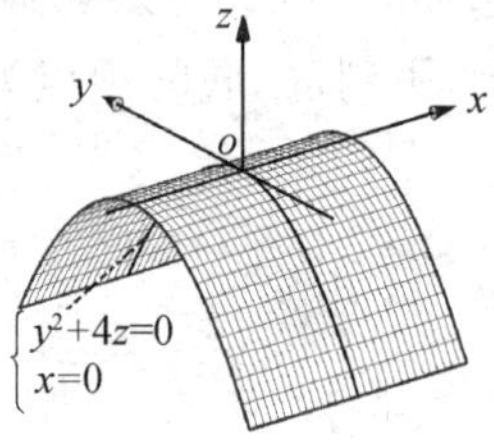

图 7.18

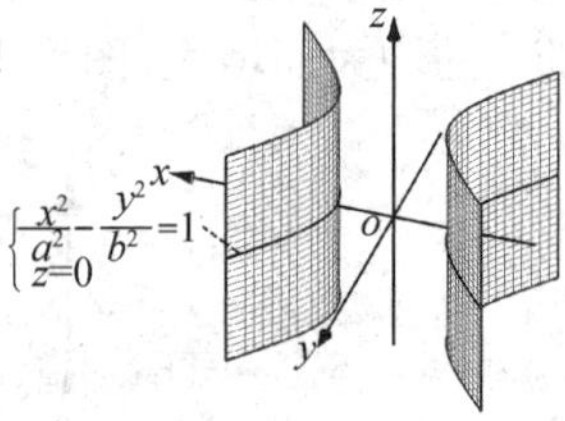

图 7.19

(2) $y^2+4z=0$ 是抛物柱面,准线是 yOz 平面上的抛物线 $\begin{cases}y^2+4z=0,\\x=0,\end{cases}$ 其母线平行于 x 轴,如图 7.18.

(3) $\dfrac{x^2}{a^2}-\dfrac{y^2}{b^2}=1$ 是双曲柱面,其准线是 xOy 平面上的双曲线 $\begin{cases}\dfrac{x^2}{a^2}-\dfrac{y^2}{b^2}=1,\\z=0,\end{cases}$ 母线平行于 z 轴,如图 7.19.

3. 旋转曲面

设 Γ 是平面 π 内的一条曲线,l 是 π 内的一条定直线. 由曲线 Γ 绕定直线 l 旋转一周所形成的曲面称为**旋转曲面**,曲线 Γ 称为该旋转曲面的**母线**,定直线 l 称为该旋转曲面的**旋转轴**.

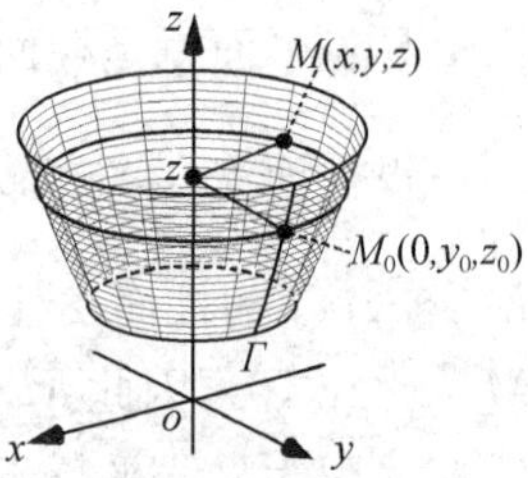

图 7.20

不妨设母线 Γ 为 yOz 坐标面的曲线,其方程为 $\begin{cases}F(y,z)=0,\\x=0,\end{cases}$ 绕 z 轴旋转一周,得到一个以 z 轴为旋转轴的旋转曲面(图 7.20). 任取曲线 Γ 上一点 $M_0(0,y_0,z_0)$,则其坐标满足 $F(y_0,z_0)=0$. 当曲线 Γ 绕 z 轴旋转一周时,点 M_0 绕 z 轴旋转一周形成一个圆,设 $M(x,y,z)$ 点是该圆上任一点,因此 M 点到 z 轴的距离与 M_0 点到 z 轴的距离相等,这样 M 点的坐标满足 $z=z_0$,$\sqrt{x^2+y^2}=|y_0|$,将 $z=z_0$,$y_0=\pm\sqrt{x^2+y^2}$ 代入 $F(y_0,z_0)=0$ 得旋转曲面方程为

$$F(\pm\sqrt{x^2+y^2},z)=0. \tag{7.18}$$

由上可得，yOz 坐标平面曲线 $\Gamma:\begin{cases}F(y,z)=0,\\x=0\end{cases}$ 绕 z 轴旋转一周所形成的旋转曲面方程，只要在方程 $F(y,z)=0$ 中将 y 换成 $\pm\sqrt{x^2+y^2}$ 就可以了. 同理，若要求曲线 Γ 绕 y 轴旋转一周所成的旋转曲面方程，就只要将 $F(y,z)=0$ 中的 z 换成 $\pm\sqrt{x^2+z^2}$ 即可，于是得相应旋转曲面方程为

$$F(y,\pm\sqrt{x^2+z^2})=0.$$

其他坐标平面内的曲线绕该坐标平面内坐标轴旋转所成的旋转曲面方程也可类似得到，请读者自己完成.

例 5　研究下列旋转曲面方程：

(1) zOx 平面上曲线 $\begin{cases}z=x^2-1,\\y=0,\end{cases}$ 绕 z 轴旋转一周所得曲面；

(2) xOy 平面上曲线 $\begin{cases}\dfrac{x^2}{a^2}-\dfrac{y^2}{b^2}=1,\\z=0,\end{cases}$ 分别绕 x 轴和 y 轴旋转一周所得曲面；

(3) yOz 平面上曲线 $\begin{cases}\dfrac{y^2}{b^2}+\dfrac{z^2}{c^2}=1,\\x=0,\end{cases}$ 绕 y 轴旋转一周所得曲面.

解　(1) 绕 z 轴旋转一周而成的曲面方程为

$$z=x^2+y^2-1,$$

其曲面称为**旋转抛物面**，如图 7.21.

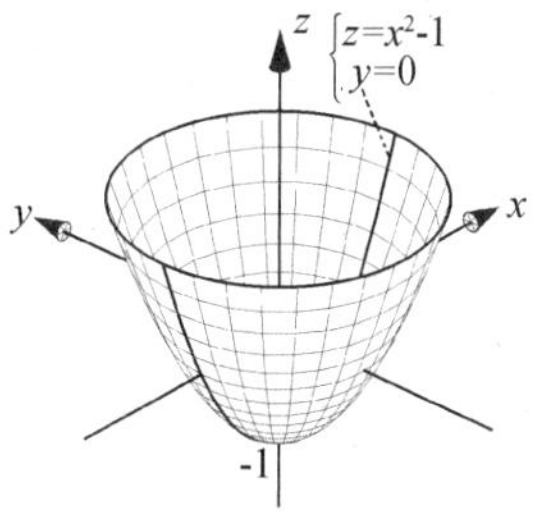

图 7.21

(2) 绕 x 轴旋转一周而成的旋转曲面方程为

$$\frac{x^2}{a^2}-\frac{y^2+z^2}{b^2}=1,$$

该曲面称为**旋转双叶双曲面**，如图 7.22.

绕 y 轴旋转一周所成的旋转曲面方程为

$$\frac{x^2+z^2}{a^2}-\frac{y^2}{b^2}=1,$$

该曲面称为**旋转单叶双曲面**，如图 7.23.

(3) 绕 y 轴旋转一周所得的曲面方程为

$$\frac{y^2}{b^2}+\frac{x^2+z^2}{c^2}=1,$$

该曲面称为**旋转椭球面**，如图 7.24.

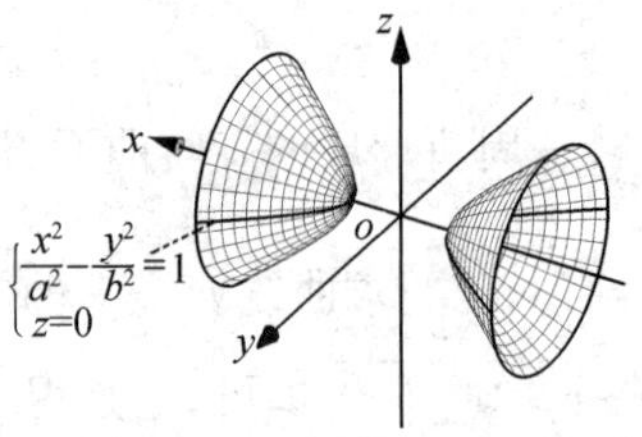

图 7.22

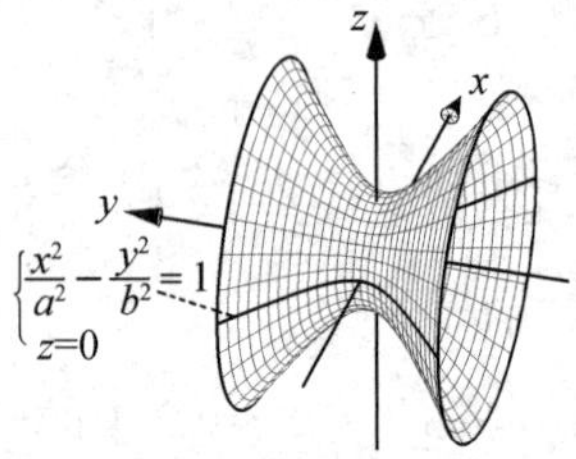

图 7.23

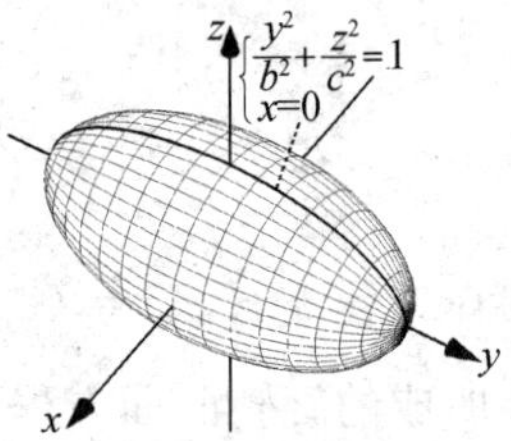

图 7.24

7.4.2 二次曲面

由三元二次方程所表示的曲面称为**二次曲面**. 像前面讲过的球面、旋转抛物面、旋转双曲面、圆柱面、旋转椭球面等都是二次曲面. 对二次曲面的讨论一般很复杂,在这儿仅讨论三类典型的二次曲面. 主要根据它们的方程研究其几何特征,采用的方法为**截痕法**,即用平行于坐标面的平面去截曲面,通过研究其交线(即截痕)的形状,来分析曲面图形的全貌.

1. 椭球面

标准方程为$\frac{x^2}{a^2}+\frac{y^2}{b^2}+\frac{z^2}{c^2}=1$的曲面称为**椭球面**.

由椭球面方程可知$|x|\leqslant a$, $|y|\leqslant b$, $|z|\leqslant c$,且椭球面关于 yOz、zOx 和 xOy 坐标平面对称,还关于三个坐标轴及原点对称.

下面利用截痕法来讨论椭球面的几何特性. 它与三个坐标平面的截线均是椭圆,方程分别为:

$$\begin{cases}\frac{x^2}{a^2}+\frac{y^2}{b^2}=1,\\ z=0,\end{cases}\quad \begin{cases}\frac{y^2}{b^2}+\frac{z^2}{c^2}=1,\\ x=0,\end{cases}\quad \begin{cases}\frac{x^2}{a^2}+\frac{z^2}{c^2}=1,\\ y=0.\end{cases}$$

其次,它与平行于 xOy 平面的水平平面 $z=z_1(|z|<c)$ 的交线为

$$\begin{cases}\dfrac{x^2}{\frac{a^2}{c^2}(c^2-z_1^2)}+\dfrac{y^2}{\frac{b^2}{c^2}(c^2-z_1^2)}=1,\\ z=z_1,\end{cases}$$

这是平面 $z=z_1$ 上的椭圆,两半轴分别为$\frac{a}{c}\sqrt{c^2-z_1^2}$和$\frac{b}{c}\sqrt{c^2-z_1^2}$,中心在 z 轴上,当$|z_1|$由 0 增加到 c 时,所截得椭圆逐渐变小,最后缩成一点.

它与平行于 yOz 平面和 zOx 平面的平面截线的结果类似. 由此不难得出椭球面的几何形状如图 7.25 所示.

如果 $a=b$,则椭球面方程变为$\frac{x^2}{a^2}+\frac{y^2}{a^2}+\frac{z^2}{c^2}=1$. 这个方程表示的曲面可以看成是 zOx

平面上的椭圆$\begin{cases}\dfrac{x^2}{a^2}+\dfrac{z^2}{c^2}=1\\ y=0\end{cases}$绕 z 轴旋转一周所成的旋转椭球面.

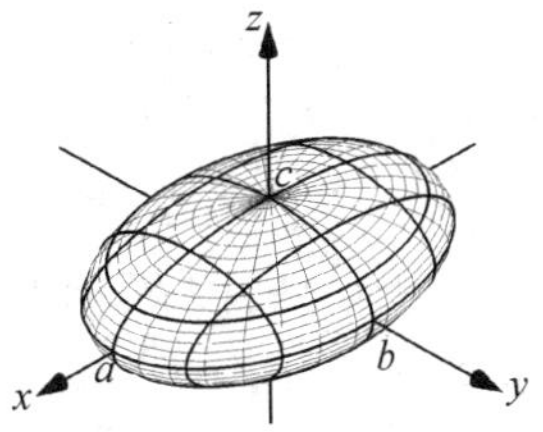

图 7.25

进一步,如果 $a=b=c$,则椭球面方程变为 $x^2+y^2+z^2=a^2$,这个方程表示球心在原点,半径为 a 的球面. 所以旋转椭球面与球面都是椭球面的特殊情况.

2. 双曲面

双曲面分为单叶双曲面和双叶双曲面两类.

(1) 单叶双曲面

标准方程为$\dfrac{x^2}{a^2}+\dfrac{y^2}{b^2}-\dfrac{z^2}{c^2}=1$($a,b,c$ 为正常数)的曲面称为**单叶双曲面.**

显然,它关于每个坐标平面、每个坐标轴和坐标原点都对称.

它与 xOy 平面的截线为

$$\begin{cases}\dfrac{x^2}{a^2}+\dfrac{y^2}{b^2}=1,\\ z=0,\end{cases}$$

这是 xOy 面上一个中心在原点的椭圆. 若用平行于 xOy 平面的平面 $z=z_1$ 去截曲面所得的截线为

$$\begin{cases}\dfrac{x^2}{a^2}+\dfrac{y^2}{b^2}=1+\dfrac{z_1^2}{c^2},\\ z=z_1,\end{cases}$$

这是中心在 z 轴上的椭圆,它的两个半轴分别为$\dfrac{a}{c}\sqrt{c^2+z_1^2}$与$\dfrac{b}{c}\sqrt{c^2+z_1^2}$,随着 $|z_1|$ 的增大,椭圆也不断变大.

它与 zOx 平面和 yOz 平面的截线分别为

$$\begin{cases}\dfrac{x^2}{a^2}-\dfrac{z^2}{c^2}=1,\\ y=0,\end{cases}\quad \begin{cases}\dfrac{y^2}{b^2}-\dfrac{z^2}{c^2}=1,\\ x=0,\end{cases}$$

它们都是双曲线. 用平行于 zOx 平面的平面 $y=y_1$ 去截曲面所得的截线为

$$\begin{cases}\dfrac{x^2}{a^2}-\dfrac{z^2}{c^2}=1-\dfrac{y_1^2}{b^2},\\ y=y_1.\end{cases}$$

当 $y_1^2<b^2$ 时,该截线为双曲线,实轴平行于 x 轴,虚轴平行于 z 轴;当 $y_1^2>b^2$ 时,该截线也是双曲线,但其实轴平行于 z 轴,虚轴平行于 x 轴;当 $y_1^2=b^2$ 时,所得的截线是两条相交于点$(0,\pm b,0)$的直线

$$\begin{cases}\dfrac{x}{a}-\dfrac{z}{c}=0,\\ y=\pm b,\end{cases}\quad \begin{cases}\dfrac{x}{a}+\dfrac{z}{c}=0,\\ y=\pm b.\end{cases}$$

类似地,读者可以自己给出用平行于 yOz 平面的平面 $x=x_1$ 去截曲面所得的截线.如图 7.26.

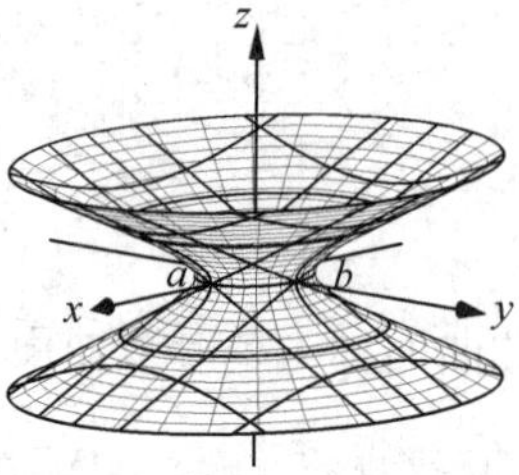

图 7.26

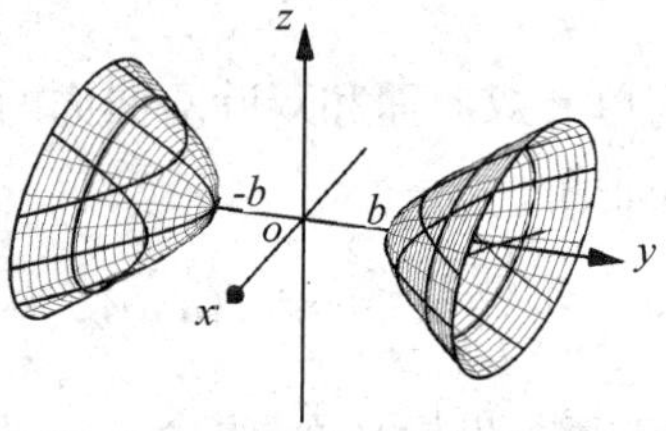

图 7.27

特别,若 $a=b$,则单叶双曲面方程变为 $\dfrac{x^2}{a^2}+\dfrac{y^2}{a^2}-\dfrac{z^2}{c^2}=1$,这是旋转单叶双曲面,它可以看作是由双曲线 $\begin{cases}\dfrac{x^2}{a^2}-\dfrac{z^2}{c^2}=1\\ y=0\end{cases}$ 绕 z 轴旋转而成.

(2) 双叶双曲面

标准方程为 $\dfrac{x^2}{a^2}-\dfrac{y^2}{b^2}+\dfrac{z^2}{c^2}=-1$ 的曲面称为**双叶双曲面**.

显然,它关于每个坐标平面、每个坐标轴和坐标原点都对称.

读者可以类似地用截痕法研究其几何特征,其图形如图 7.27.

3. 抛物面

抛物面分为椭圆抛物面和双曲抛物面.

(1) 椭圆抛物面

标准方程为 $\dfrac{x^2}{p}+\dfrac{y^2}{q}=2z$($p,q$ 为同号常数)的曲面称为**椭圆抛物面**.下设 $p>0,q>0$.

显然,它关于 zOx 坐标面和 yOz 坐标面对称,也关于 z 轴对称.该曲面与对称轴的交点是原点,称为它的**顶点**.该曲面与 zOx 平面、yOz 平面的截线方程分别为

$$\begin{cases}x^2=2pz,\\ y=0,\end{cases}\quad \begin{cases}y^2=2qz,\\ x=0,\end{cases}$$

它们都是抛物线,且有共同的顶点和对称轴.

用水平平面 $z=z_1(z_1>0)$ 截曲面的截线方程为

$$\begin{cases}\dfrac{x^2}{2pz_1}+\dfrac{y^2}{2qz_1}=1,\\ z=z_1,\end{cases}$$

这是平面 $z=z_1$ 上的椭圆，且当 z_1 无限增大时，椭圆的两个半轴的长度也无限增大，曲面沿 z 轴的正向无限延伸下去. 如图 7.28 所示.

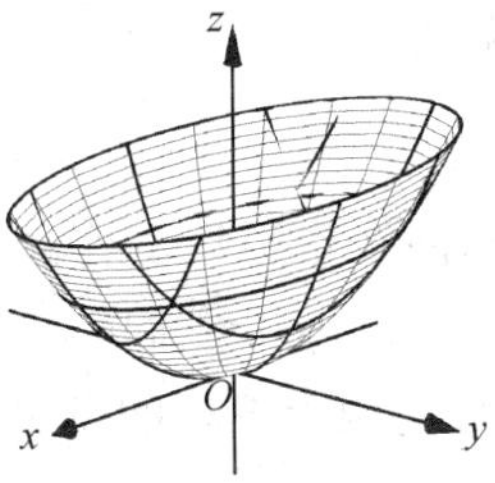

图 7.28

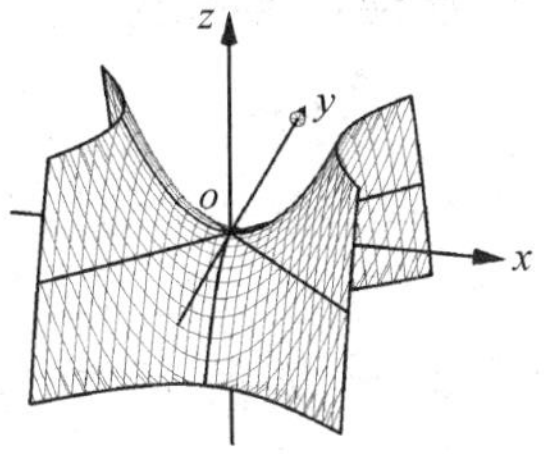

图 7.29

（2）双曲抛物面

标准方程为$\frac{x^2}{p}-\frac{y^2}{q}=2z$（$p,q$ 为同号常数）的曲面称为**双曲抛物面**，也称为**马鞍面**. 下设 $p>0,q>0$.

与椭圆抛物面一样，双曲抛物面也关于 zOx 平面和 yOz 平面对称，进一步关于 z 轴对称. 该曲面与 xOy 平面的截线方程分别为

$$\begin{cases}\frac{x}{\sqrt{p}}+\frac{y}{\sqrt{q}}=0,\\ z=0,\end{cases}\quad \begin{cases}\frac{x}{\sqrt{p}}-\frac{y}{\sqrt{q}}=0,\\ z=0.\end{cases}$$

这是两条交于原点的直线. 该曲面与 zOx 平面、yOz 平面的截线分别为

$$\begin{cases}x^2=2pz,\\ y=0,\end{cases}\quad \begin{cases}y^2=-2qz,\\ x=0,\end{cases}$$

这是两条以 z 轴为对称轴，以原点为顶点，一个开口向上，一个开口向下的抛物线.

用水平平面 $z=z_1(z_1\neq 0)$ 截曲面的截线方程为

$$\begin{cases}\frac{x^2}{2pz_1}-\frac{y^2}{2qz_1}=1,\\ z=z_1,\end{cases}$$

这是平面 $z=z_1(z_1\neq 0)$ 上的双曲线，当 $|z_1|$ 无限增大时，曲面向四周无限伸展. 当 $z_1>0$ 时，双曲线的实轴和虚轴分别在 zOx 平面和 yOz 平面内与 x 轴和 y 轴平行；但当 $z_1<0$ 时，双曲线的实轴和虚轴分别在 yOz 平面和 zOx 平面内与 y 轴和 x 轴平行.

曲面与平行于 zOx 平面的平面 $y=y_1$ 的截线方程为

$$\begin{cases}x^2=2p\left(z+\frac{y_1^2}{2q}\right),\\ y=y_1,\end{cases}$$

这是平面 $y=y_1$ 上的抛物线,其顶点 $\left(0,y_1,-\dfrac{y_1^2}{2q}\right)$ 在抛物线 $\begin{cases} y^2=-2qz \\ x=0 \end{cases}$ 上. 如图 7.29 所示.

7.4.3 空间曲线方程及其在坐标面上的投影

1. 空间曲线的一般式方程

空间直线可以看作是空间两平面相交而成,空间曲线也可以看作是空间两曲面相交而成. 设空间两曲面方程分别为 $F(x,y,z)=0$ 和 $G(x,y,z)=0$,它们的交线为 C,因而 C 上点的坐标必然同时满足这两个方程;反之,坐标同时满足这两个方程的点也一定在这两个曲面的交线 C 上. 因此,方程组

$$\begin{cases} F(x,y,z)=0, \\ G(x,y,z)=0 \end{cases} \tag{7.19}$$

即为空间曲线 C 的方程,称为空间曲线的**一般式方程**.

例如,$\begin{cases} x^2+y^2=1, \\ z=0 \end{cases}$ 表示 xOy 平面上以坐标原点为圆心的单位圆,它是圆柱面 $x^2+y^2=1$ 与 xOy 平面 $z=0$ 的交线.

球面 $x^2+y^2+z^2=1$ 与 xOy 平面 $z=0$ 的交线 $\begin{cases} x^2+y^2+z^2=1, \\ z=0 \end{cases}$ 也是 xOy 平面上以坐标原点为圆心的单位圆.

圆柱面 $x^2+y^2=1$ 与球面 $x^2+y^2+z^2=1$ 的交线 $\begin{cases} x^2+y^2=1, \\ x^2+y^2+z^2=1 \end{cases}$ 也是 xOy 平面上以坐标原点为圆心的单位圆.

由此可见,一条空间曲线可以由通过该曲线的任意两个曲面方程联立表示,故空间曲线的表示法不唯一.

2. 空间曲线的参数方程

同空间直线一样,空间曲线也可以用参数方程来表示. 例如上述曲线 $\begin{cases} x^2+y^2=1, \\ z=0 \end{cases}$ 可以表示成参数方程

$$\begin{cases} x=\cos t, \\ y=\sin t,\ 0\leqslant t<2\pi. \\ z=0, \end{cases}$$

一般地,空间曲线的参数方程表示为

$$\begin{cases} x=x(t), \\ y=y(t), \\ z=z(t), \end{cases}$$

其中 t 为参数.

例 6　方程组$\begin{cases} z=\sqrt{4-x^2-y^2}, \\ x^2+y^2=2x \end{cases}$表示怎样的曲线，写出它的参数方程.

解　方程组中第一个方程表示球心在原点，半径为 2 的上半球面；第二个方程表示母线平行于 z 轴的圆柱面，其准线是 xOy 面上的圆，圆心在点(1,0,0) 处，半径为 1. 方程组表示这上半球面与圆柱面的交线，如图 7.30.

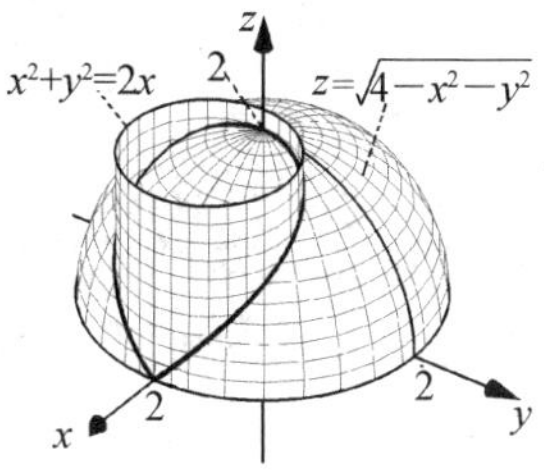

图 7.30

由第二个方程，可令 $x=1+\cos t, y=\sin t, t\in\left[-\frac{\pi}{2},\frac{\pi}{2}\right]$，代入第一个方程，得 $z=\sqrt{2-2\cos t}$，于是可得此曲线的参数方程为

$$\begin{cases} x=1+\cos t, \\ y=\sin t, \\ z=\sqrt{2-2\cos t}, \end{cases} \quad t\in\left[-\frac{\pi}{2},\frac{\pi}{2}\right].$$

3. 空间曲线在坐标面上的投影

在多元函数积分学中常常要用到空间曲线在某坐标面上的投影曲线.

已知空间曲线 Γ 和平面 π，过曲线 Γ 作母线垂直于平面 π 的柱面 Σ 与平面 π 的交线为 Γ'，称曲线 Γ' 为曲线 Γ 在平面 π 上的**投影曲线**，简称**投影**，柱面 Σ 称为曲线 Γ 关于 π 的**投影柱面**(如图 7.31).

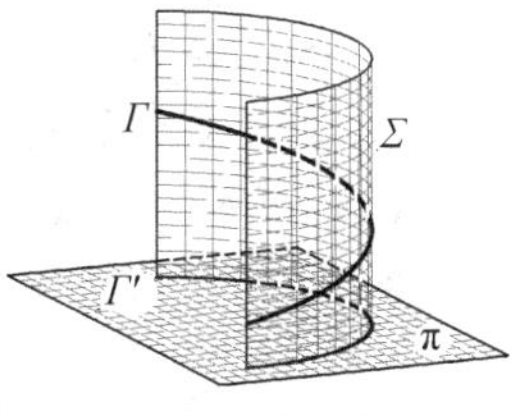

图 7.31

下面讨论空间曲线在坐标面上的投影曲线方程. 设空间曲线 Γ 的一般式方程为

$$\begin{cases} F(x,y,z)=0, \\ G(x,y,z)=0. \end{cases} \tag{7.20}$$

下求其在 xOy 坐标面上的投影曲线方程. 由投影曲线的定义可知，其关键在于求出以 Γ 为准线、母线平行于 z 轴的柱面. 由方程组(7.20) 中消去 z 得

$$H(x,y)=0. \tag{7.21}$$

方程(7.21) 表示的就是以 Γ 为准线、母线平行于 z 轴的柱面，此柱面称为曲线 Γ 在 xOy 坐标面上的**投影柱面**. 从而可得 Γ 在 xOy 坐标面上的投影曲线方程为

$$\begin{cases} H(x,y)=0, \\ z=0. \end{cases}$$

类似地，从 Γ 的方程中分别消去 x 或 y，就可分别得到 Γ 在 yOz 坐标面或 zOx 坐标面上的投影曲线方程.

例 7　求曲线$\begin{cases} z=\sqrt{4-x^2-y^2}, \\ x^2+y^2=2x \end{cases}$在 xOy 坐标面和 zOx 坐标面上的投影曲线方程.

解　由于曲线在垂直于 xOy 坐标面的圆柱面 $x^2+y^2=2x$ 上，且该方程不含变量 z，故

它就是曲线在 xOy 坐标面上的投影柱面方程,从而所求曲线在 xOy 坐标面上的投影曲线方程为

$$\begin{cases} x^2+y^2=2x, \\ z=0. \end{cases}$$

由曲线方程中消去变量 y 得其在 zOx 坐标面上的投影柱面方程为 $z=\sqrt{4-2x}$,从而曲线在 zOx 坐标面上的投影曲线方程为

$$\begin{cases} z=\sqrt{4-2x}, \\ y=0. \end{cases}$$

习题 7.4

1. 求与点 $A(1,3,-1)$ 和 $B(-2,4,3)$ 等距离的点的轨迹方程.

2. 求到点 $A(1,2,1)$ 的距离为 3,到点 $B(2,0,1)$ 的距离为 2 的点的轨迹方程.

3. 求经过点 $A(1-2,0)$,$B(1,0,2)$,$C(3,-2,2)$,$D(1,-2,4)$ 的球面方程.

4. 求以点 $P(1,-2,4)$ 为球心,且通过点 $M(1,1,1)$ 的球面方程.

5. 下列方程表示什么曲面:

(1) $x^2+y^2+z^2+2x-4y-3=0$;　　(2) $x^2+y^2+z^2-x+2y-2z=0$.

6. 求下列旋转曲面的方程并说出其名称:

(1) xOy 平面上的曲线 $\begin{cases} 3x^2-2y^2=6, \\ z=0 \end{cases}$ 分别绕 x 轴、y 轴旋转一周;

(2) yOz 平面上的曲线 $\begin{cases} 2y^2+1=z, \\ x=0 \end{cases}$ 绕 z 轴旋转一周;

(3) zOx 平面上的曲线 $\begin{cases} 4x^2+9z^2=36, \\ y=0 \end{cases}$ 分别绕 x 轴、z 轴旋转一周.

7. 将下列曲线的一般式方程化为参数方程:

(1) $\begin{cases} x^2+y^2+z^2=10, \\ x-2y=0; \end{cases}$　　(2) $\begin{cases} (x-1)^2+y^2+(z+1)^2=4, \\ z=-1. \end{cases}$

8. 求下列曲线在各坐标面上的投影曲线方程:

(1) $\begin{cases} z=2x^2+y^2, \\ z=2y; \end{cases}$　　(2) $\begin{cases} x^2+y^2+z^2=16, \\ x^2+y^2+(z-4)^2=9. \end{cases}$

9. 证明平面 $2x+12y-z+16=0$ 与曲面 $x^2-4y^2=2z$ 的交线是直线,并求其方程.

*10. 已知柱面的准线为 $\begin{cases} xy=2, \\ z=1, \end{cases}$ 母线垂直于平面 $2x-y+3z-1=0$,求柱面方程.

*11. 求准线为 $\begin{cases} \dfrac{x^2}{4}-\dfrac{y^2}{9}=1, \\ z=0, \end{cases}$ 母线平行于直线 $x=\dfrac{y+1}{-1}=z$ 的柱面方程.

7.5 本章知识应用简介

例 1 空间解析几何在矿山测量中的应用

矿山测量工作者的重要任务之一就是解决矿体几何问题.确定巷道与巷道、巷道与矿体的关系及矿体要素等问题,都属于矿体几何学范围.

下面利用空间解析几何的知识来解决斜巷贯通,设计通向煤层的开拓巷道及求解煤层走向、倾角等日常遇到的矿山测量基本问题.

1. *矿山测量中应用的空间直线方程和平面方程*

(1) 巷道方程

空间解析几何中的直线方程可作为巷道方程.结合矿山测量特点的方程是

$$\frac{x-x_0}{\cos\alpha_0}=\frac{y-y_0}{\sin\alpha_0}=\frac{z-z_0}{\tan\delta_0},$$

其中:α_0 为巷道方向;δ_0 为巷道倾角.

(2) 煤层层面方程

① 由空间解析几何可知,任何一个三元一次方程都表示一个平面,煤层层面方程为:

$$Mx+Ny+Pz+Q=0,$$

在平面通过原点的情况下,常数 Q 为零.

② 已知层面上三点坐标的层面方程(三点式)

设已知三点坐标为:(x_1,y_1,z_1)、(x_2,y_2,z_2)、(x_3,y_3,z_3),则过三点的层面方程为

$$\begin{vmatrix} x-x_1 & y-y_1 & z-z_1 \\ x_2-x_1 & y_2-y_1 & z_2-z_1 \\ x_3-x_1 & y_3-y_1 & z_3-z_1 \end{vmatrix}=0.$$

③ 一点两线层面方程(点线式)

设过煤层面上的两直线方程为

$$\frac{x-x_0}{\cos\alpha_1}=\frac{y-y_0}{\sin\alpha_1}=\frac{z-z_0}{\tan\delta_1},\frac{x-x_0}{\cos\alpha_2}=\frac{y-y_0}{\sin\alpha_2}=\frac{z-z_0}{\tan\delta_2},$$

层面方程为 $Ax+By+Cz+D=0$.

当已知点为原点时,平面上任一点必须满足:

$$\frac{x}{\cos\alpha_1}=\frac{y}{\sin\alpha_1}=\frac{z}{\tan\delta_1},\frac{x}{\cos\alpha_2}=\frac{y}{\sin\alpha_2}=\frac{z}{\tan\delta_2},Ax+By+Cz=0$$

参数方程为:

$$x = t_1\cos\alpha_1 = t_2\cos\alpha_2,\ y = t_1\sin\alpha_1 = t_2\sin\alpha_2,\ z = t_1\tan\delta_1 = t_2\tan\delta_2$$

代入化简得 $Mx+Ny+Pz=0$,其中

$$M = \sin\alpha_1\tan\delta_2 - \sin\alpha_2\tan\delta_1,$$
$$N = \cos\alpha_2\tan\delta_1 - \cos\alpha_1\tan\delta_2,$$
$$P = \cos\alpha_1\sin\alpha_2 - \sin\alpha_1\cos\alpha_2 = \sin(\alpha_2-\alpha_1)$$

④ 层面标准方程(标准式)

包含有煤层面内一点坐标,煤层走向(α),倾角(δ)的平面方程称为层面标准方程. 当层面上的点为原点时,标准方程就是上述点线式方程的特殊情况. 即走向线的 $\alpha_1=\alpha,\delta_1=0$,倾向线的方向为 $\alpha_2=\alpha+90^\circ$,倾角为 $\delta_2=-\delta$,代入点线式得:

$$M = \sin\alpha(-\tan\delta) - \sin(\alpha+90^\circ)\tan 0^\circ = -\sin\alpha\tan\delta,$$
$$N = \cos(\alpha+90^\circ)\tan 0^\circ - \cos\alpha(-\tan\delta) = \cos\alpha\tan\delta,$$
$$P = \sin(\alpha+90^\circ-\alpha) = 1,$$

则标准层面方程为 $Mx+Ny+z=0$.

2. 煤层走向、倾角的计算

在研究煤层空间位态和设计开拓巷道前,要计算煤层的走向、倾角. 当已知煤层层面方程为 $Mx+Ny+Pz=0$ 时,走向公式为 $\tan\alpha=-\dfrac{M}{N}$,倾角公式为 $\tan\delta=\dfrac{\sqrt{M^2+N^2}}{P}$,$\cos\delta=\dfrac{P}{\sqrt{M^2+N^2+P^2}}$. δ 为锐角,式中 $\tan\delta$ 和 $\cos\delta$ 取正值.

平面方程 $Mx+Ny+Pz=0$ 中的系数 M、N、P 就是平面的法向量的三个方向数. 法向量与 z 轴夹角是平面最大倾角. 法向量在水平面上的投影与 x 轴所成的角是最大倾斜方向角,减去 90° 就是走向角.

〔本节内容参考文献:王德华. 空间解析几何在矿山测量中的应用. 矿山测量. 1983(02)〕

例 2 向量代数在固定和跟踪平面太阳能计算中的应用

(1) 赤道坐标系中的向量表示

如图 7.32 所示,建立一个赤道坐标系 $O\text{-}XYZ$,Z 轴指向北极. X 轴、Y 轴在赤道平面内,X 轴指向正南,Y 轴指向正东. 在赤道坐标系里,用赤纬角 δ 和时角 ω 来描述太阳的位置. 太阳通过当地子午线时 $\omega=0$(太阳中午),偏西(下午)为"+". 赤纬角 δ 是日地连线和赤道平面的夹角,太阳在赤道以北为"+",太阳在赤道以南为"—",太阳在赤道上为 0. δ 计算公式为 $\sin\delta=\sin 23.45^\circ\cos\left[\dfrac{360^\circ(N+10)}{365.25}\right]$,其中 N 为 1 月 1 日起的第 N 天.

在赤道坐标系里,地心指至太阳的单位向量 $\boldsymbol{n}_s$ 可表示为 $\boldsymbol{n}_s=(\cos\delta\cos\omega,-\cos\delta\sin\omega,\sin\delta)$. 在维度为 λ 的地区,朝向正南且倾角为 β 的平板接收器表面法线的单位向量 $\boldsymbol{n}_c$ 可以表示为 $\boldsymbol{n}_c=(\cos(\lambda-\beta),0,-\sin(\lambda-\beta))$. 在维度为 λ 的地区,水平面法线的单位向量 $\boldsymbol{n}_h$ 可以表示为 $\boldsymbol{n}_h=(\cos\lambda,0,\sin\lambda)$.

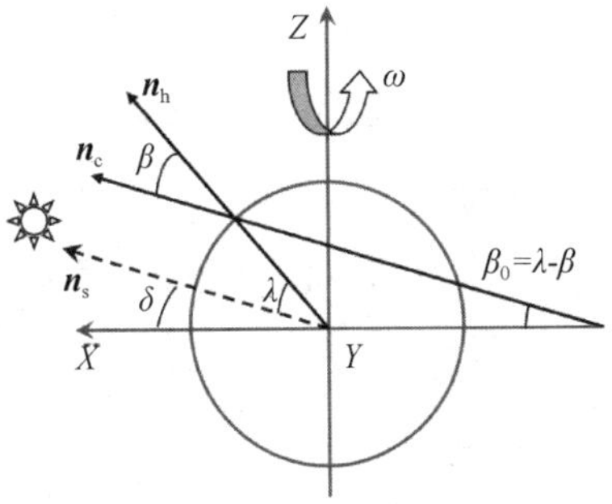

图 7.32　赤道坐标系

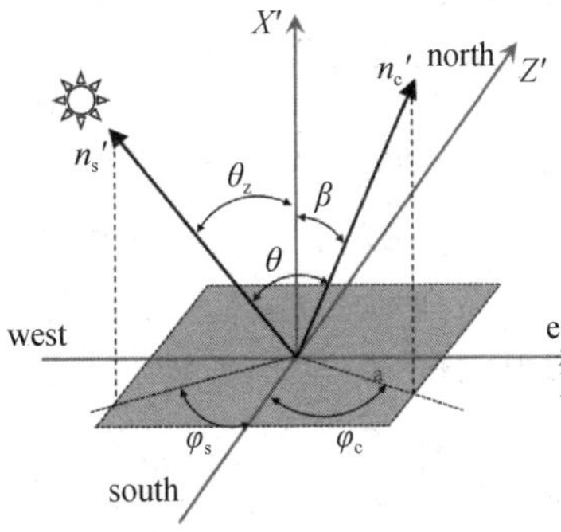

图 7.33　太阳和太阳板在地平面坐标系中的单位向量

(2) 水平面坐标系的向量表示

地面坐标系 O'-$X'Y'Z'$ 是将赤道坐标系 O-XYZ 绕 Y 轴顺时针方向旋转 λ 的结果. 如图 7.33 所示, $Y'O'Z'$ 坐标面位于水平面, X' 轴垂直地面指向天顶, Y' 指向正东, Z' 指向北面天空, 太阳的方位角 φ_s 为太阳向量在水平面上的投影与正南方向的夹角. X'、Z' 轴在 O-XYZ 坐标系中的单位向量分别为 $\boldsymbol{X}'=(\cos\lambda,0,\sin\lambda)$, $\boldsymbol{Z}'=(-\sin\lambda,0,\cos\lambda)$, 因此太阳在 $X'Y'Z'$ 坐标系中的单位向量 $\boldsymbol{n}_s'$ 的坐标分量为 $n_x'=\boldsymbol{n}_s\cdot\boldsymbol{X}'=n_x\cos\lambda+n_z\sin\lambda$, $n_y'=n_y$, $n_z'=\boldsymbol{n}_s\cdot\boldsymbol{Z}'=-n_x\sin\lambda+n_z\cos\lambda$.

可见利用向量代数进行坐标转换更简单、直接, 而传统的坐标转换是先分别将 n_x 和 n_z 投影到 X'、Z' 轴上再求出 n_x' 和 n_z', 转换过程繁琐.

在地面坐标系里, 对于倾角为 β(电池板平面与水平面的夹角)、方位角为 φ_c(电池板表面法线的地面投影线与正南方的夹角) 的接收平面, 其表面法线单位向量 $\boldsymbol{n}_c'$ 表示为

$$\boldsymbol{n}_c'=(\cos\beta,-\sin\beta\sin\varphi_c,-\sin\beta\cos\varphi_c)$$

(3) 太阳光线在固定面上的入射角及日出、日落时角

在分析太阳在固定面上的入射角时, 先选择一个合适的坐标系以方便确定固定平面法线的向量, 然后利用太阳和太阳板法线向量的点积 $\cos\theta=\boldsymbol{n}_s\cdot\boldsymbol{n}_c=\boldsymbol{n}_s'\cdot\boldsymbol{n}_c'$ 推导出入射角 θ 的计算表达式. 为了求解太阳在太阳板上的日升、日落时角, 需要先计算入射角等于 90° 时所对应的时角, 然后结合地面日升、日落时角来确定.

例如, 在水平面坐标系中, 地面法线的向量为 $\boldsymbol{n}_h'=(1,0,0)$, 因此太阳在地面的入射角 (又称天顶角) 为

$$\cos\theta_z=(n_x',n_y',n_z')\cdot(1,0,0)=n_x'=\cos\lambda\cos\delta\cos\omega+\sin\lambda\sin\delta,$$

令 $\theta_z=90°$, 可以得到太阳在地面的日升、日落时角为 $\cos\omega_0=-\tan\delta\tan\lambda$.

建筑物南面立墙法线的向量为 $(0,0,-1)$, 太阳在南面立墙上的入射角为

$$\cos\theta_{sw}=(n_x',n_y',n_z')\cdot(0,0,-1)=-n_z'=-\sin\lambda\cos\delta\cos\omega+\cos\lambda\sin\delta,$$

令 $\theta_{sw}=90°$, 结合地面日落时角 ω_0, 可得南面立墙的日升 (ω_{ss})、日落时角 (ω_{sr}) 为

$$\omega_{sw,ss}=-\min(\omega_{sw},\omega_0),\omega_{sw,sr}=\min(\omega_{sw},\omega_0),$$

其中$\cos\omega_{sw}=\tan\delta/\tan\lambda$. 又如，在赤道平面坐标系中，安装在纬度为$\lambda$处的面向正南且倾角为$\beta$的太阳板的太阳入射角为

$$\cos\theta_{in}=\boldsymbol{n}_{\mathrm{s}}\cdot\boldsymbol{n}_{\mathrm{c}}=\cos(\lambda-\beta)\cos\delta\cos\omega+\sin(\lambda-\beta)\sin\delta,$$

令$\theta_{in}=90°$，可以得到太阳在太阳板上的日升、日落时角为$\cos\omega_c=-\tan\delta\tan(\lambda-\beta)$.

由于太阳板装在地面上，太阳在倾斜太阳板上的日升(ω_{ss})、日落(ω_{sr})时角还应参考当地水平面的日升、日落时角(ω_0)，即

$$\omega_{ss}=-\min(\omega_c,\omega_0),\omega_{sr}=\min(\omega_c,\omega_0).$$

如图7.33所示，在地面坐标系中，太阳在倾角为β、方位角为φ_c(西偏南为正)的太阳板上的入射角为

$$\cos\theta_{\mathrm{c}}=\boldsymbol{n}'_{\mathrm{s}}\cdot\boldsymbol{n}'_{\mathrm{c}}=n'_x\cos\beta-n'_y\sin\beta\sin\varphi_{\mathrm{c}}-n'_z\sin\beta\cos\varphi_{\mathrm{c}},$$

令$\theta_{\mathrm{c}}=90°$，可求得数值解ω_1和ω_2，然后结合地面日落时角ω_0确定太阳在倾斜面上的日升、日落时角.

〔本节内容参考文献：吴茂刚等. 向量代数在固定和跟踪平面太阳能计算中的应用. 光学学报. 2021,41(15)〕

例3 向量代数在核辐射危险评估中的应用

(1) 问题提出

2011年3月11日，日本本州岛发生了9.0级大地震，随之，日本福岛核电站发生起火、爆炸事故，核电站冷却系统在地震后失灵，核电站内检测到的核辐射量为每小时1 015毫希(mSv). 核电站受损释出辐射物质，首先会释放危险性较低的气体，如氚、氪和氙，它们通常会在大气中消散，对人类不会构成威胁，但是过热的燃料棒释出的气态易挥发放射性元素碘-131，锶-90以及铯-137，它们往往在上升时黏附尘埃，变成如1/4砂粒大小的微粒，这些核污染物进入空气当中，会随着空气的流动扩散，我们通常称之为辐射尘埃. 风速是影响辐射尘埃扩散的重要条件，如果一个地方的风较弱，大气较稳定，辐射尘埃基本上不容易扩散，容易聚集在本地，如果风速较大，风速流动较快，辐射尘埃会随着风向扩散. 地球自传是由西向东转的，热带气温高，寒带气温低，所以除了一般的风以外，有一个空气在低纬度上升、到高纬度下降的大气对流过程. 高空气流向北流动的过程中，由于低纬度线速度高，流向会偏东，形成固定西风带. 在日本上空，常年都是“西风带”，这种西风带非常稳定，所谓西风或西南风，即风向向东方或东北方向刮，这样辐射尘埃会随着风扩散到日本以东的太平洋区域，直接对美国西部沿海加利福尼亚州、俄勒冈州和华盛顿州构成威胁，因为空气是三维的，并不是完全按照水平方向走，在大气中会有一些湍流运动，还有上下空气的流动，这样空气在向外扩散的时候，可能还会有一些上升或者下降，也就是说会有一些污染物的粒子发生一些沉降，降落到地面，还有一些污染物会随着空气的上升运动，当辐射尘埃从核电站排放出来之后，基本上离地面比较近，随着它向外扩散的距离越远，它会随着风的运动上升到一定的高度，从而会降低对扩散地居民的辐射.

美国与日本的距离大约是8 660 km，3月24日测得风的速率为40 km/h，风向为西南风，正好通过太平洋刮向美国. 假设当无风时，辐射粉尘以4 km/h的速率向天空漂浮，能否预测

一下美国会有辐射的危险吗?

(2) 解答过程

日本福岛的地理位置为北纬 37°25′,东经 141°2′,美国加州的纬度大约在 32°30′ 和 42° 之间,经度大约在 114°8′ 和 124°24′ 之间,俄勒冈州的纬度大约在 42° 和 46°15′ 之间,华盛顿州的纬度大约在 46° 和 49° 之间,经度在 116°57′ 和 124°48′ 之间.

现以北纬 32°30′,东经 141°2′ 的地方为原点,此处正东为 x 轴正向,此处正北为 y 轴正向,垂直于地面方向指向天空为 z 轴正向,建立空间直角坐标系.这样,日本福岛在 y 轴上,加州最南部的纬度为 32°30′,所以加州最南部在 x 轴上.

测得的西南风的速率为 40 km/h,风的方向角分别为

$$\alpha=\frac{\pi}{9},\beta=\frac{71\pi}{10\,800},\gamma=\frac{17\pi}{36}.$$

辐射粉尘的速率为 4 km/h,方向为 z 轴正向.

风速是既有大小又有方向的向量.风的速度 $\boldsymbol{v}_1$ 和辐射粉尘的速度 $\boldsymbol{v}_2$ 方向不一致,故风速和辐射粉尘速度的和是两个向量的和,因为

$$\boldsymbol{v}_1=40\cos\alpha\boldsymbol{i}+40\cos\beta\boldsymbol{j}+40\cos\gamma\boldsymbol{k}=37.588\boldsymbol{i}+39.991\boldsymbol{j}+3.486\boldsymbol{k},\quad \boldsymbol{v}_2=4\boldsymbol{k},$$

所以 $\boldsymbol{v}_1+\boldsymbol{v}_2=37.588\boldsymbol{i}+39.991\boldsymbol{j}+7.486\boldsymbol{k}$,合成后的风速大小为 $|\boldsymbol{v}_1+\boldsymbol{v}_2|=55.391$ km/h.

风速在水平面的投影为

$$|\boldsymbol{v}_1+\boldsymbol{v}_2|\cos\left(\frac{\pi}{2}-\frac{17\pi}{36}\right)=55.18\ \text{km/h}.$$

由于美国与日本的距离大约是 8 660 km,辐射粉尘刮到美国的时间约为 156.94 h,约合 6.5 d.这时辐射粉尘升入高空的距离约为 1 174.85 km.这个距离已远远大于日本政府规定的安全距离(80 km),所以当辐射粉尘刮到美国时,对美国居民来说是安全的,但如果有雨、雪天气,飘在高空的辐射粉尘会沉降到地面,会对农作物和河流造成一定程度的污染.

〔本节内容参考文献:李冬香,侯吉成.向量代数在核辐射危险评估中的应用.高等数学研究.2013,16(01)〕

7.6 综合例题

例 1 若向量 $\boldsymbol{\alpha}+3\boldsymbol{\beta}$ 垂直于向量 $7\boldsymbol{\alpha}-5\boldsymbol{\beta}$,向量 $\boldsymbol{\alpha}-4\boldsymbol{\beta}$ 垂直于向量 $7\boldsymbol{\alpha}-2\boldsymbol{\beta}$,求向量 $\boldsymbol{\alpha}$ 与 $\boldsymbol{\beta}$ 的夹角.

解 由题目条件可知

$$(\boldsymbol{\alpha}+3\boldsymbol{\beta})\cdot(7\boldsymbol{\alpha}-5\boldsymbol{\beta})=0,(\boldsymbol{\alpha}-4\boldsymbol{\beta})\cdot(7\boldsymbol{\alpha}-2\boldsymbol{\beta})=0,$$

即

$$7|\boldsymbol{\alpha}|^2+16\boldsymbol{\alpha}\cdot\boldsymbol{\beta}-15|\boldsymbol{\beta}|^2=0,7|\boldsymbol{\alpha}|^2-30\boldsymbol{\alpha}\cdot\boldsymbol{\beta}+8|\boldsymbol{\beta}|^2=0,$$

解出 $\boldsymbol{\alpha}\cdot\boldsymbol{\beta}=\frac{1}{2}|\boldsymbol{\beta}|^2$，$|\boldsymbol{\alpha}|=|\boldsymbol{\beta}|$. 于是 $\cos(\widehat{\boldsymbol{\alpha},\boldsymbol{\beta}})=\frac{\boldsymbol{\alpha}\cdot\boldsymbol{\beta}}{|\boldsymbol{\alpha}||\boldsymbol{\beta}|}=\frac{\frac{1}{2}|\boldsymbol{\beta}|^2}{|\boldsymbol{\beta}|^2}=\frac{1}{2}$，从而 $(\widehat{\boldsymbol{\alpha},\boldsymbol{\beta}})=\arccos\frac{1}{2}=\frac{\pi}{3}$.

例 2 证明向量 $\boldsymbol{\gamma}=\frac{|\boldsymbol{\alpha}|\boldsymbol{\beta}+|\boldsymbol{\beta}|\boldsymbol{\alpha}}{|\boldsymbol{\alpha}|+|\boldsymbol{\beta}|}$ 表示非零向量 $\boldsymbol{\alpha}$ 与 $\boldsymbol{\beta}$ 的夹角平分线的方向.

证 $\boldsymbol{\alpha}^0=\frac{\boldsymbol{\alpha}}{|\boldsymbol{\alpha}|}$、$\boldsymbol{\beta}^0=\frac{\boldsymbol{\beta}}{|\boldsymbol{\beta}|}$ 分别为与 $\boldsymbol{\alpha}$、$\boldsymbol{\beta}$ 同方向的单位向量，由 $\boldsymbol{\alpha}^0$、$\boldsymbol{\beta}^0$ 为邻边构成的平行四边形为菱形，其对角线平分顶角，于是

$$\boldsymbol{\tau}=\boldsymbol{\alpha}^0+\boldsymbol{\beta}^0=\frac{\boldsymbol{\alpha}}{|\boldsymbol{\alpha}|}+\frac{\boldsymbol{\beta}}{|\boldsymbol{\beta}|}=\frac{|\boldsymbol{\alpha}|\boldsymbol{\beta}+|\boldsymbol{\beta}|\boldsymbol{\alpha}}{|\boldsymbol{\alpha}||\boldsymbol{\beta}|}$$

为平行于 $\boldsymbol{\alpha}$ 与 $\boldsymbol{\beta}$ 的夹角平分线的向量，又

$$\boldsymbol{\gamma}=\frac{|\boldsymbol{\alpha}|\boldsymbol{\beta}+|\boldsymbol{\beta}|\boldsymbol{\alpha}}{|\boldsymbol{\alpha}|+|\boldsymbol{\beta}|}=\frac{|\boldsymbol{\alpha}||\boldsymbol{\beta}|}{|\boldsymbol{\alpha}|+|\boldsymbol{\beta}|}\cdot\frac{|\boldsymbol{\alpha}|\boldsymbol{\beta}+|\boldsymbol{\beta}|\boldsymbol{\alpha}}{|\boldsymbol{\alpha}||\boldsymbol{\beta}|}=\lambda\boldsymbol{\tau},$$

其中 $\lambda=\frac{|\boldsymbol{\alpha}||\boldsymbol{\beta}|}{|\boldsymbol{\alpha}|+|\boldsymbol{\beta}|}>0$，故 $\boldsymbol{\gamma}$ 表示非零向量 $\boldsymbol{\alpha}$ 与 $\boldsymbol{\beta}$ 的夹角平分线的方向.

例 3 求与两直线 $\begin{cases}x=1,\\y=-1+t,\\z=2+t\end{cases}$ 及 $\frac{x+1}{1}=\frac{y+2}{2}=\frac{z-1}{1}$ 都平行，且过原点的平面方程.

解 由题意两直线的方向向量分别为 $\boldsymbol{s}_1=(0,1,1)$，$\boldsymbol{s}_2=(1,2,1)$，令所求平面的法向量为 $\boldsymbol{n}$，则由题意有 $\boldsymbol{n}\perp\boldsymbol{s}_1$，$\boldsymbol{n}\perp\boldsymbol{s}_2$，故取 $\boldsymbol{n}=\boldsymbol{s}_1\times\boldsymbol{s}_2$，即

$$\boldsymbol{n}=\begin{vmatrix}\boldsymbol{i}&\boldsymbol{j}&\boldsymbol{k}\\0&1&1\\1&2&1\end{vmatrix}=-\boldsymbol{i}+\boldsymbol{j}-\boldsymbol{k},$$

又平面过原点，所以所求平面方程为 $-x+y-z=0$ 即 $x-y+z=0$.

例 4 求过点 $A(-3,5,-9)$，且与两直线 $L_1:\begin{cases}y=3x+5,\\z=2x-3\end{cases}$ 和 $L_2:\begin{cases}y=4x-7,\\z=5x+10\end{cases}$ 相交的直线方程.

解 设所求直线方程为 $L:\begin{cases}x=-3+mt,\\y=5+nt,\\z=-9+pt,\end{cases}$ 由直线 L 与直线 L_1，L_2 相交有

$$\begin{cases}5+nt=3(-3+mt)+5,\\-9+pt=2(-3+mt)-3,\end{cases}\begin{cases}5+nt=4(-3+mt)-7,\\-9+pt=5(-3+mt)+10.\end{cases}$$

化简得

$$\begin{cases}(n-3m)t=-9,\\p=2m,\end{cases}\begin{cases}(n-4m)t=-24,\\(p-5m)t=4,\end{cases}$$

解得 $p=2m,n=22m$. 取 $m=1$ 得 $p=2,n=22$,于是所求直线方程为 $L:\begin{cases}x=-3+t,\\y=5+22t,\\z=-9+2t.\end{cases}$

例 5　判断两直线 $L_1:\dfrac{x}{2}=\dfrac{y+3}{3}=\dfrac{z}{4}$ 和 $L_2:\dfrac{x-1}{1}=\dfrac{y+2}{1}=\dfrac{z-2}{2}$ 是否在同一平面内,若是求其交点.

解　两直线的方向向量分别为 $\boldsymbol{s}_1=(2,3,4)$,$\boldsymbol{s}_2=(1,1,2)$,并且它们分别过点 $M_1=(0,-3,0)$,$M_2=(1,-2,2)$,则$\overrightarrow{M_1M_2}=(1,1,2)$. 又由直线 L_1 与 L_2 共面的充要条件为 $\boldsymbol{s}_1$,$\boldsymbol{s}_2$,$\overrightarrow{M_1M_2}$ 共面,即它们的混合积为 0. 又$[\boldsymbol{s}_1\ \ \boldsymbol{s}_2\ \ \overrightarrow{M_1M_2}]=\begin{vmatrix}2&3&4\\1&1&2\\1&1&2\end{vmatrix}=0$,故直线 L_1 与 L_2 共面.

令$\dfrac{x}{2}=\dfrac{y+3}{3}=\dfrac{z}{4}=t$,即 $x=2t,y=-3+3t,z=4t$,代入 L_2 中,得

$$\frac{2t-1}{1}=\frac{(-3+3t)+2}{1}=\frac{4t-2}{2},$$

解得 $t=0$,于是 $x=0,y=-3,z=0$,即$(0,-3,0)$ 为直线 L_1 与 L_2 的交点.

例 6　求曲线$\begin{cases}2x^2+4y+z^2=4z,\\x^2-8y+3z^2=12z\end{cases}$在三个坐标面上的投影曲线方程.

解　通过配方将上述方程变形为

$$\begin{cases}2x^2+4y+(z-2)^2=4,\\x^2-8y+3(z-2)^2=12.\end{cases}$$

消去变量 z 得 $x^2+4y=0$,于是曲线在 xOy 坐标面上的投影曲线方程为$\begin{cases}x^2+4y=0,\\z=0.\end{cases}$

类似地可以求出曲线在 zOx 和 yOz 坐标面上的投影曲线方程分别为$\begin{cases}x^2+z^2=4z,\\y=0\end{cases}$和$\begin{cases}z^2-4y=4z,\\x=0.\end{cases}$

例 7　求准线方程为 $C:\begin{cases}x^2+y^2+z^2=1,\\2x^2+2y^2+z^2=2,\end{cases}$ 母线方向为 $\boldsymbol{s}=(-1,0,1)$ 的柱面方程.

解　设 $M(x,y,z)$ 为所求柱面上任意一点,过该点作直线平行于母线方向,设其与准线的交点为 $M_0(x_0,y_0,z_0)$,于是$\overrightarrow{M_0M}=(x-x_0,y-y_0,z-z_0)$,且$\overrightarrow{M_0M}\parallel\boldsymbol{s}$,故

$$\frac{x-x_0}{-1}=\frac{y-y_0}{0}=\frac{z-z_0}{1}=t,$$

即 $x_0=x+t, y_0=y, z_0=z-t$. 又点 $M_0(x_0, y_0, z_0)$ 在准线上,故

$$\begin{cases}(x+t)^2+y^2+(z-t)^2=1,\\ 2(x+t)^2+2y^2+(z-t)^2=2,\end{cases}$$

消去 t 得 $(x+z)^2+y^2=1$,此即为所求柱面方程.

例 8 求曲线 $\begin{cases}x^2+z^2=3,\\ y=1\end{cases}$ 绕 z 轴旋转一周所得曲面方程.

解 将曲线方程写成参数方程的形式为 $\begin{cases}x=\sqrt{3}\cos t,\\ y=1,\\ z=\sqrt{3}\sin t,\end{cases}$ 于是由曲线绕 z 轴旋转一周可知 $x^2+y^2=x^2(t)+y^2(t)$,即 $x^2+y^2=3\cos^2 t+1$,由 $\begin{cases}x^2+y^2=3\cos^2 t+1,\\ z=\sqrt{3}\sin t\end{cases}$ 消去参数 t 得 $x^2+y^2=4-z^2$,此即为所求旋转曲面方程.

总习题七

1. 设向量 $\boldsymbol{\alpha}, \boldsymbol{\beta}$ 不共线,求其角平分线上的单位向量.

2. 在 x 轴上求与点 $M_1(2,3,-4)$ 和点 $M_2(-4,6,3)$ 等距离的点.

3. 已知 $\triangle ABC$ 的顶点 $A(3,2,-1)$, $B(5,-4,7)$ 和 $C(-1,1,2)$,求从顶点 C 所引中线的长度.

4. 设 $|2\boldsymbol{\alpha}+\boldsymbol{\beta}|=|2\boldsymbol{\alpha}-\boldsymbol{\beta}|$, $\boldsymbol{\alpha}=(x,4,-2)$, $\boldsymbol{\beta}=(2,-5,6)$,求 x.

5. 设 $\boldsymbol{\alpha}=(2,-1,-2)$, $\boldsymbol{\beta}=(1,1,z)$,问 z 为何值时 $(\widehat{\boldsymbol{\alpha},\boldsymbol{\beta}})$ 最小?并求出此最小值.

6. 设 $|\boldsymbol{\alpha}|=5$, $|\boldsymbol{\beta}|=2$, $(\widehat{\boldsymbol{\alpha},\boldsymbol{\beta}})=\frac{\pi}{6}$,求以 $2\boldsymbol{\alpha}+5\boldsymbol{\beta}$, $\boldsymbol{\alpha}-4\boldsymbol{\beta}$ 为边的平行四边形的面积.

7. $\boldsymbol{\alpha}=(2,-1,3)$, $\boldsymbol{\beta}=(1,-3,3)$, $\boldsymbol{\gamma}=(3,2,-4)$,求满足 $\boldsymbol{\omega}\cdot\boldsymbol{\alpha}=-5$, $\boldsymbol{\omega}\cdot\boldsymbol{\beta}=-11$, $\boldsymbol{\omega}\cdot\boldsymbol{\gamma}=20$ 的向量 $\boldsymbol{\omega}$.

8. 已知四边形的顶点为 $A(2,-3,1)$, $B(1,4,0)$, $C(-4,1,1)$ 和 $D(-5,-5,3)$,试证它的两条对角线相互垂直.

9. 求通过点 $M(6,3,-2)$ 且平行于向量 $\boldsymbol{\alpha}=(2,-1,-1)$ 和 $\boldsymbol{\beta}=(3,2,-4)$ 的平面方程.

10. 求通过 $A(0,-4,0)$ 和 $B(0,0,3)$ 且与 yOz 面成 $\frac{\pi}{3}$ 角的平面方程.

11. 设一平面垂直于 xOy 面,并通过从点 $M(1,-1,1)$ 到直线 $\begin{cases}y-z+1=0,\\ x=0\end{cases}$ 的垂线,求此平面方程.

12. 求过点 $M(-1,0,4)$,且平行于平面 $3x-4y+z-10=0$,又与直线 $x+1=y-3=$

$\frac{z}{2}$ 相交的直线方程.

13. 如果直线 $\begin{cases}3x-y+2z-6=0,\\x+4y-3z+D=0\end{cases}$ 与 z 轴相交,求 D 的值,并求直线的对称式方程.

14. 求平行平面 $6x-18y-9z-28=0$ 与 $4x-12y-6z-7=0$ 间的距离.

15. 判别下列各组直线是否共面,若共面且不平行,求它们的交点及它们所在平面的方程;若异面,求它们间的距离.

(1) $\frac{x-7}{3}=\frac{y-2}{2}=\frac{z-1}{-2}$ 和 $x=1+2t, y=-2-2t, z=5+4t$;

(2) $x=\frac{y}{2}=\frac{z}{3}$ 和 $x-1=y+1=z-2$.

16. 求曲线 $\begin{cases}z=2-x^2-y^2,\\z=(x-1)^2+(y-1)^2\end{cases}$ 在 3 个坐标面上的投影曲线方程.

补充内容:

微积分的发展简史

一、微积分思想萌芽

微积分的思想萌芽部分可以追溯到古代.在古代希腊、中国和印度数学家的著作中,已不乏用朴素的极限思想,即无穷小过程计算特别形状的面积、体积和曲线长的例子.在中国,公元前 5 世纪,战国时期名家的代表作《庄子・天下篇》中记载了惠施的一段话:"一尺之棰,日取其半,万世不竭",是我国较早出现的极限思想.但把极限思想运用于实践,即利用极限思想解决实际问题的典范却是魏晋时期的数学家刘徽.他的"割圆术"开创了圆周率研究的新纪元.刘徽首先考虑圆内接正六边形面积,接着是正十二边形面积,然后依次加倍边数,则正多边形面积愈来愈接近圆面积.用他的话说,就是:"割之弥细,所失弥少.割之又割,以至于不可割,则与圆合体,而无所失矣."按照这种思想,他从圆的内接正六边形面积一直算到内接正 192 边形面积,得到圆周率的近似值 3.14.大约两个世纪之后,南北朝时期的著名科学家祖冲之(公元 429—500 年)、祖暅父子推进和发展了刘徽的数学思想,首先算出了圆周率介于 3.141 592 6 与 3.141 592 7 之间,这是我国古代最伟大的成就之一.其次明确提出了下面的原理:"幂势既同,则积不容异."我们称之为"祖暅原理",即西方所谓的"卡瓦列利原理".并应用该原理成功地解决了刘徽未能解决的球体积计算问题.

欧洲古希腊时期也有极限思想,并用极限方法解决了许多实际问题.较为重要的当数安提芬(Antiphon, B. C. 420 年左右)的"穷竭法".他在研究化圆为方问题时,提出用圆内接正多边形的面积穷竭圆面积,从而求出圆面积.但他的方法并没有被数学家们所接受.后来,安提芬的穷竭法在欧多克斯(Eudoxus, B. C. 409—B. C. 356)那里得到补充和完善.之后,阿基米德(Archimedes, B. C. 287—B. C. 212)借助于穷竭法解决了一系列几何图形的面积、体积计算问题.他的方法通常被称为"平衡法",实质上是一种原始的积分法.他将需要求积的量分成许多微小单元,再利用另一组容易计算总和的微小单元来进行比较.但他的两组微小单元的比较是借助于力学上的杠杆平衡原理来实现的.平衡法体现了近代积分法的基本思想,是定积分概念的雏形.

与积分学相比,微分学研究的例子相对少多了.刺激微分学发展的主要科学问题是求曲线的切线、求瞬时变化率以及求函数的极大值、极小值等问题.阿基米德、阿波罗尼奥斯(Apollonius, B. C. 262—B. C. 190)等均曾作过尝试,但他们都是基于静态的观点.古代与中世纪的中国学者在天文历法研究中也曾涉及天体运动的不均匀性及有关的极大、极小值问题，但多以惯用的数值手段(即有限差分计算)来处理，从而回避了连续变化率.

二、十七世纪微积分的酝酿

微积分思想真正的迅速发展与成熟是在16世纪以后.1400年至1600年欧洲文艺复兴，使得整个欧洲全面觉醒.一方面，社会生产力迅速提高，科学和技术得到迅猛发展；另一方面，社会需求急需增长，也为科学研究提出了大量的问题.这一时期，对运动与变化的研究已变成自然科学的中心问题，以常量为主要研究对象的古典数学已不能满足要求，科学家们开始由以常量为主要研究对象的研究转移到以变量为主要研究对象的研究上来，自然科学开始迈入综合与突破的阶段.

微积分的创立，首先是为了处理17世纪的一系列主要的科学问题.有四种主要类型的科学问题：

(1) 已知物体移动的距离表为时间的函数公式，求物体在任意时刻的速度和加速度，使瞬时变化率问题的研究成为当务之急；

(2) 望远镜的光程设计使得求曲线的切线问题变得不可回避；

(3) 确定炮弹的最大射程以及求行星离开太阳的最远和最近距离等涉及的函数极大值、极小值问题也急待解决；

(4) 求行星沿轨道运动的路程、行星矢径扫过的面积以及物体重心与引力等，又使面积、体积、曲线长、重心和引力等微积分基本问题的计算被重新研究.

在17世纪上半叶，几乎所有的科学大师都致力于寻求解决这些问题的数学工具.这里我们只简单介绍在微积分酝酿阶段最具代表性的几位科学大师的工作.

开普勒(J. Kepler，1571—1630)与无限小元法.德国天文学家、数学家开普勒在1615年发表的《测量酒桶的新立体几何》中，论述了其利用无限小元求旋转体体积的积分法.他的无限小元法的要旨是用无数个同维无限小元素之和来确定曲边形的面积和旋转体的体积，如他认为球的体积是无数个顶点在球心、底面在球面上的小圆锥的体积的和.

卡瓦列里(B. Cavalieri，1598—1647)与不可分量法.意大利数学家卡瓦列里在其著作《用新方法推进的连续的不可分量的几何学》(1635)中系统地发展了不可分量法.他认为点运动形成线，线运动形成面，体则是由无穷多个平行平面组成，并分别把这些元素叫做线、面和体的不可分量.他建立了一条关于这些不可分量的一般原理(后称卡瓦列里原理，即我国的祖暅原理)：如果在等高处的横截面有相同的面积，则两个同高的立体有相同的体积.利用这个原理他取得了等价于积分的基本结果，并解决了开普勒的旋转体体积计算的问题.

巴罗(I. Barrow，1630—1677)与“微分三角形”.巴罗是英国的数学家，在1669年出版的著作《几何讲义》中，他利用微分三角形(也称特征三角形)求出了曲线的斜率.他的方法的实质是把切线看作割线的极限位置，并利用忽略高阶无限小来取极限.巴罗是牛顿的老师，英国剑桥大学的第一任“卢卡斯数学教授”，也是英国皇家学会的首批会员.当他发现和认识到牛顿的杰出才能时，便于1669年辞去卢卡斯教授的职位，举荐自己的学生——当时才27岁的牛顿来担任.巴罗让贤已成为科学史上的佳话.

笛卡儿(R. Descartes，1596—1650)、费马(P. de Fermat，1601—1665)和坐标方法.笛卡儿和费马是将坐标方法引进微分学问题研究的前锋.笛卡儿在《几何学》中提出的求切线的“圆法”以及费马手稿中给出的求极大值与极小值的方法，实质上都是代数的方法.代数方法对推动微积分的早期发展起了很大的作用，牛顿就是以笛卡儿的圆法为起点而踏上微积分的研究道路.

沃利斯(J. Wallis，1616—1703)的“无穷算术”.沃利斯是在牛顿和莱布尼茨之前，将分析方法引入微积分贡献最突出的数学家.在其著作《无穷算术》中，他利用算术不可分量方法获得了一系列重要结果.其中就有将卡瓦列里的幂函数积分公式推广到分数幂，以及计算四分之一圆的面积等.

17世纪上半叶一系列先驱性的工作，沿着不同的方向向微积分的大门逼近，但所有这些努力还不足以标志微积分作为一门独立科学的诞生.前驱者对于求解各类微积分问题确实作出了宝贵的贡献，但他们的方法仍缺乏足够的一般性.虽然有人注意到这些问题之间的某些联系，但没有人将这些联系作为一般规律明确提出来，作为微积分基本特征的积分和微分的互逆关系也没有引起足够的重视. 因此，在更高的层面将以往个别的贡献和分散的努力综合为统一的理论，成为17世纪中叶数学家们面临的艰巨任务.

三、微积分的创立 —— 牛顿和莱布尼茨的工作

1. 牛顿的“流数术”

牛顿(I. Newton，1643—1727)1642年生于英格兰伍尔索普村的一个农民家庭，少年时成绩并不突出，但却酷爱读书. 17岁时，牛顿被他的母亲从中学召回务农，后来，牛顿的母亲在牛顿就读的格兰瑟姆中学校长史托克斯和牛顿的舅父埃斯库的竭力劝说下，又允许牛顿重返学校. 史托克斯的劝说词中的一句话：“在繁杂的农务中埋没这样一位天才，对世界来说将是多么巨大的损失”，可以说是科学史上最幸运的预言. 1661年牛顿进入剑桥大学三一学院，受教于巴罗. 对牛顿的数学思想影响最深的要数笛卡儿的《几何学》和沃利斯的《无穷算术》，正是这两部著作引导牛顿走上了创立微积分之路.

1665年，牛顿刚结束他的大学课程，学校就因为流行瘟疫而关闭，牛顿离校返乡. 在家乡躲避瘟疫的两年，成为牛顿科学生涯中的黄金岁月，微积分的创立、万有引力以及颜色理论的发现等都是牛顿在这两年完成的.

牛顿于1664年秋开始研究微积分问题，但在家乡躲避瘟疫期间取得了突破性进展. 1666年牛顿将其前两年的研究成果整理成一篇总结性论文 ——《流数简论》，这也是历史上第一篇系统的微积分文献. 在简论中，牛顿以运动学为背景提出了微积分的基本问题，发明了“正流数术”(微分)；从确定面积的变化率入手通过反微分计算面积，又建立了“反流数术”；并将面积计算与求切线问题的互逆关系作为一般规律明确地揭示出来，将其作为微积分普遍算法的基础论述了“微积分基本定理”.“微积分基本定理”也称为牛顿-莱布尼茨定理，牛顿和莱布尼茨各自独立地发现了这一定理. 微积分基本定理是微积分中最重要的定理，它建立了微分和积分之间的联系，指出微分和积分互为逆运算.

这样，牛顿就以正、反流数术亦即微分和积分，将自古以来求解无穷小问题的各种方法和特殊技巧有机地统一起来. 正是在这种意义下，我们说牛顿创立了微积分.

《流数简论》标志着微积分的诞生，但它有许多不成熟的地方. 1667年，牛顿回到剑桥，并未发表他的《流数简论》. 在以后20余年的时间里，牛顿始终不渝地努力改进、完善自己的微积分学说，先后完成三篇微积分论文：《运用无穷多项方程的分析学》(简称《分析学》，1669)，《流数法与无穷级数》(简称《流数法》，1671)，《曲线求积术》(1691)，它们反映了牛顿微积分学说的发展过程. 在《分析学》中，牛顿回避了《流数简论》中的运动学背景，将变量的无穷小增量叫做该变量的“瞬”，看成是静止的无限小量，有时直接令其为零，带有浓厚的不可分量色彩. 在论文《流数法》中，牛顿又恢复了运动学观点. 他把变量叫做“流”，变量的变化率叫做“流数”，指出变量的瞬是随时间的瞬而连续变化的. 在《流数法》中，牛顿更清楚地表述了微积分的基本问题：“已知两个流之间的关系，求它们的流数之间的关系”，以及反过来“已知表示量的流数间的关系的方程，求流之间的关系”. 在《流数法》和《分析学》中，牛顿所使用的方法间并无本质的区别，都是以无限小量作为微积分算法的论证基础，所不同的是：在《流数法》中以动力学连续变化的观点代替了《分析学》的静力学不可分量法.

牛顿最成熟的微积分著述《曲线求积术》，有关微积分的基础在观念上发生了新的变革，它提出了“首末比方法”. 牛顿批评自己过去随意扔掉无限小瞬的做法，他说“在数学中，最微小的误差也不能忽略 …… 在这里，我认为数学的量并不是由非常小的部分组成的，而是用连续的运动来描述的”. 在此基础上牛顿定义了流数概念，继而认为“流数之比非常接近于尽可能小的等时间间隔内产生的流量的增量比，确切地说，它们构成增量的最初比”，并借助于几何解释把流数理解为增量消逝时获得的最终比. 可以看出，牛顿的所谓“首末比方法”相当于求函数自变量与因变量变化之比的极限，这成为极限方法的先导.

牛顿对于发表自己的科学著作持非常谨慎的态度. 1687年，牛顿出版了他的力学巨著《自然哲学的数学原理》，这部著作中包含他的微积分学说，也是牛顿微积分学说的最早的公开表述，因此该巨著成为数学史上划时代的著作. 而他的微积分论文直到18世纪初才在朋友的再三催促下相继发表.

2. 莱布尼茨的微积分工作

莱布尼茨(W. Leibniz, 1646—1716)出生于德国莱比锡一个教授家庭,青少年时期受到良好的教育. 1672 年至 1676 年,莱布尼茨作为梅因茨选帝侯的大使在巴黎工作. 这四年成为莱布尼茨科学生涯的最宝贵时间,微积分的创立等许多重大的成就都是在这一时期完成或奠定了基础. 然而,这位博学多才的时代巨人,由于官场的失意、与牛顿关于微积分优先权争论的困扰以及多种病痛的折磨,晚年生活颇为凄凉. 据说莱布尼茨的葬礼只有他忠实的秘书参加.

在巴黎期间,莱布尼茨结识了荷兰数学家、物理学家惠更斯(C. Huygens, 1629—1695),在惠更斯的私人影响下,开始更深入地研究数学,研究笛卡儿和帕斯卡(B. Pascal, 1623—1662)等人的著作. 与牛顿的切入点不同,莱布尼茨创立微积分首先是出于几何问题的思考,尤其是特征三角形的研究. 特征三角形在帕斯卡和巴罗等人的著作中都曾出现过. 1684 年,莱布尼茨整理、概括自己 1673 年以来微积分研究的成果,在《教师学报》上发表了第一篇微分学论文《一种求极大值与极小值以及求切线的新方法》(简称《新方法》),它包含了微分记号以及函数和、差、积、商、乘幂与方根的微分法则,还包含了微分法在求极值、拐点以及光学等方面的广泛应用. 1686 年,莱布尼茨又发表了他的第一篇积分学论文,这篇论文初步论述了积分或求积问题与微分或切线问题的互逆关系,给出积分符号并提出了摆线方程. 莱布尼茨对微积分学基础的解释和牛顿一样也是含混不清的,有时他指的是有穷量,有时又是小于任何指定的量然而不是零.

牛顿和莱布尼茨都是他们时代的巨人,两位学者也从未怀疑过对方的科学才能. 就微积分的创立而言,尽管二者在背景、方法和形式上存在差异、各有特色,但二者的功绩是相当的. 然而,一个局外人的一本小册子却引起了"科学史上最不幸的一章":微积分发明优先权的争论. 瑞士数学家德丢勒在这本小册子中认为,莱布尼茨的微积分工作从牛顿那里有所借鉴,进一步莱布尼茨又被英国数学家指责为剽窃者. 这样就造成了支持莱布尼茨的欧陆数学家和支持牛顿的英国数学家两派的不和,甚至互相尖锐地攻击对方. 这件事的结果,使得两派数学家在数学的发展上分道扬镳,停止了思想交流.

在牛顿和莱布尼茨二人死后很久,事情终于得到澄清,调查证实两人确实是相互独立地完成了微积分的发明,就发明时间而言,牛顿早于莱布尼茨;就发表时间而言,莱布尼茨先于牛顿. 虽然牛顿在微积分应用方面的辉煌成就极大地促进了科学的发展,但这场发明优先权的争论却极大地影响了英国数学的发展,由于英国数学家固守牛顿的传统近一个世纪,从而使自己逐渐远离了分析数学的主流,落在欧陆数学家的后面.

3. 18 世纪微积分的发展

在牛顿和莱布尼茨之后,从 17 世纪到 18 世纪的过渡时期,法国数学家罗尔(M. Rolle, 1652—1719)在其论文《任意次方程一个解法的证明》中给出了微分学的一个重要定理,也就是我们现在所说的罗尔微分中值定理. 微积分的两个重要奠基者是伯努利兄弟即雅各布(Jacob Bernoulli, 1654—1705)和约翰(John Bernoulli, 1667—1748),他们的工作构成了现今初等微积分的大部分内容. 其中,约翰给出了求$\frac{0}{0}$型的待定型极限的一个定理,这个定理后由约翰的学生罗必达(L'Hospital, 1661—1704)编入其微积分著作《无穷小分析》,现在通称为罗必达法则.

18 世纪,微积分得到进一步深入发展. 1715 年数学家泰勒(B. Taylor, 1685—1731)在其著作《正的和反的增量方法》中陈述了他获得的著名定理,即现在以他的名字命名的泰勒定理. 后来麦克劳林(C. Maclaurin, 1698—1746)研究泰勒公式在 $x = 0$ 时的特殊情况,现代微积分教材中一直将这一特殊情形的泰勒级数称为"麦克劳林级数".

雅各布、法尼亚诺(G. C. Fagnano, 1682—1766)、欧拉(L. Euler, 1707—1783)、拉格朗日(J. L. Lagrange, 1736—1813)和勒让德(A. M. Legendre, 1752—1833)等数学家在考虑无理函数的积分时,发现一些积分既不能用初等函数,也不能用初等超越函数表示出来,这就是我们现在所说的"椭圆积分",他们还就特殊类型的椭圆积分积累了大量的研究成果.

18 世纪的数学家还将微积分算法推广到多元函数而建立了偏导数理论和多重积分理论. 这方面的贡

献主要应归功于尼古拉·伯努利(Nicholas Bernoulli，1687—1759)、欧拉和拉格朗日等数学家.

另外，函数概念在18世纪进一步深化，微积分被看作是建立在微分基础上的函数理论，将函数放在中心地位，是18世纪微积分发展的一个历史性转折.在这方面，贡献最突出的当数欧拉.他明确区分了代数函数与超越函数、显函数与隐函数、单值函数与多值函数等，并在《无限小分析引论》中明确宣布："数学分析是关于函数的科学".而18世纪微积分最重大的进步也是由欧拉作出的.他的《无限小分析引论》(1748)、《微分学原理》(1755)与《积分学原理》(1768—1770)都是微积分史上里程碑式的著作，在很长时间内被当作标准教材而广泛使用.

四、微积分中注入严密性

微积分学创立以后，由于运算的完整性和应用的广泛性，使微积分学成了研究自然科学的有力工具.但微积分学中的许多概念都没有精确的定义，特别是对微积分的基础——无穷小概念的解释不明确，在运算中时而为零，时而非零，出现了逻辑上的困境.正因为如此，这一学说从一开始就受到多方面的怀疑和批评.最令人震撼的抨击是来自英国克罗因的主教伯克莱.他认为当时的数学家以归纳代替了演绎，没有为他们的方法提供合法性证明.伯克莱集中攻击了微积分中关于无限小量的混乱假设，他说："这些消失的增量究竟是什么?它们既不是有限量，也不是无限小，又不是零，难道我们不能称它们为消失量的鬼魂吗?"伯克莱的许多批评切中要害，客观上揭露了早期微积分的逻辑缺陷，引起了当时不少数学家的恐慌.这也就是我们所说的数学发展史上的第二次"危机".

多方面的批评和攻击没有使数学家们放弃微积分，相反却激起了数学家们为确立微积分的严密性而努力，从而也掀起了微积分乃至整个分析数学的严格化运动.18世纪，欧陆数学家们力图以代数化的途径来克服微积分基础的困难，这方面的主要代表人物是达朗贝尔(d'Alembert，1717—1783)、欧拉和拉格朗日.达朗贝尔定性地给出了极限的定义，并将它作为微积分的基础，他认为微分运算"仅仅在于从代数上确定我们已通过线段来表达的比的极限"；欧拉提出了关于无限小的不同阶零的理论；拉格朗日也承认微积分可以在极限理论的基础上建立起来，但他主张用泰勒级数来定义导数，并由此给出我们现在所谓的拉格朗日中值定理.欧拉和拉格朗日在分析中引入了形式化观点，而达朗贝尔的极限观点则为微积分的严格化提供了合理内核.

微积分的严格化工作经过近一个世纪的尝试，到19世纪初已开始见成效.首先是捷克数学家波尔察诺(B. Bolzano，1781—1848)1817年发表论文《纯粹分析证明》，其中包含了函数连续性、导数等概念的合适定义、有界实数集的确界存在性定理、序列收敛的条件以及连续函数中值定理的证明等内容.然而，波尔察诺的工作被长期淹没而无闻，没有引起数学家们的注意.

对19世纪分析的严密性真正有影响的先驱则是伟大的法国数学家柯西(A. L. Cauchy，1789—1857).柯西关于分析基础的最具代表性的著作是他的《分析教程》(1821)、《无穷小计算教程》(1823)以及《微分计算教程》(1829)，它们以分析的严格化为目标，对微积分的一系列基本概念给出了明确的定义，在此基础上，柯西严格地表述并证明了微积分基本定理、中值定理等一系列重要定理，定义了级数的收敛性，研究了级数收敛的条件等，他的许多定义和论述已经非常接近于微积分的现代形式.柯西的工作在一定程度上澄清了微积分基础问题上长期存在的混乱，向分析的全面严格化迈出了关键的一步.

柯西的研究结果一开始就引起了科学界的很大轰动，就连柯西自己也认为他已经把分析的严格化进行到底了.然而，柯西的理论只能说是"比较严格"，不久人们便发现柯西的理论实际上也存在漏洞.比如柯西定义极限为："当同一变量逐次所取的值无限趋向于一个固定的值，最终使它的值与该定值的差可以随意小，那么这个定值就称为所有其他值的极限"，其中"无限趋向于""可以随意小"等语言只是极限概念的直觉的、定性的描述，缺乏定量的分析，这种语言在其他概念和结论中也多次出现.另外，微积分计算是在实数领域中进行的，但到19世纪中叶，实数仍没有明确的定义，对实数系仍缺乏充分的理解，而在微积分的计算中，数学家们却依靠了假设：任何无理数都能用有理数来任意逼近.当时，还有一个普遍持有的错误观念就是认为凡是连续函数都是可微的.基于此，柯西时代就不可能真正为微积分奠定牢固的基础.所有这些问题都摆在当时的数学家们面前.

另一位为微积分的严密性作出卓越贡献的是德国数学家魏尔斯特拉斯(W. Weierstrass, 1815—1897),他曾在波恩大学学习法律和财政,后因转学数学而未完成博士工作,得到许可当了一名中学教员.魏尔斯特拉斯是一个有条理而又苦干的人,在中学教书的同时,他以惊人的毅力进行数学研究.由于他在数学上做出的突出成就,1864年他被聘为柏林大学教授.魏尔斯特拉斯定量地给出了极限概念的定义,这就是今天极限论中的"ε-δ"方法.魏尔斯特拉斯用他创造的一套语言重新定义了微积分中的一系列重要概念,特别地,他引进的一致收敛性概念消除了以往微积分中不断出现的各种异议和混乱.另外,魏尔斯特拉斯认为实数是全部分析的本源,而要使分析严格化,就首先要使实数系本身严格化.而实数又可按照严密的推理归结为整数(有理数).因此,分析的所有概念便可由整数导出.这就是魏尔斯特拉斯所倡导的"分析算术化"纲领.基于魏尔斯特拉斯在分析严格化方面的贡献,在数学史上,他获得了"现代分析之父"的称号.

1857年,魏尔斯特拉斯在课堂上给出了第一个严格的实数定义,但他没有发表.1872年,戴德金(R. Dedekind, 1831—1916)、康托尔(G. Cantor, 1845—1918)几乎同时发表了他们的实数理论,并用各自的实数定义严格地证明了实数系的完备性.这标志着由魏尔斯特拉斯倡导的分析算术化运动大致宣告完成.

五、微积分的应用与新分支的形成

18世纪的数学家们一方面努力探索在微积分中注入严密性的途径,一方面又不顾基础问题的困难而大胆前进,极大地扩展了微积分的应用范围,尤其是与力学的有机结合,其紧密程度是数学史上任何时期都无法比拟的,它已成为18世纪数学的鲜明特征之一.微积分的这种广泛应用成为新思想的源泉,从而也使数学本身大大受益,一系列新的数学分支在18世纪逐渐成长起来.

1. 常微分方程与动力系统

常微分方程是伴随着微积分一起发展起来的.从17世纪末开始,摆的运动、弹性理论以及天体力学等实际问题的研究引出了一系列常微分方程,这些问题在当时以挑战的形式被提出而在数学家之间引起激烈的争论.牛顿、莱布尼茨和伯努利兄弟等都曾讨论过低阶常微分方程,到1740年左右,几乎所有的求解一阶方程的初等方法都已经知道.

1728年,欧拉的一篇论文引进了著名的指数代换将二阶常微分方程化为一阶方程,开始了对二阶常微分方程的系统研究.1743年,欧拉给出了高阶常系数线性齐次方程的完整解法,这是高阶常微分方程的重要突破.1774—1775年间,拉格朗日用参数变易法解出了一般高阶变系数非齐次常微分方程,这一工作是18世纪常微分方程求解的最高成就.在18世纪,常微分方程已成为有自己的目标和方向的新数学分支.

18世纪,在处理更为复杂的物理现象时出现了偏微分方程,到了19世纪,数学家们求解偏微分方程的努力导致出新的求解常微分方程的问题,且所得到的常微分方程大都是陌生的.对这些微分方程,数学家们便采用无穷级数解,即现在所谓的特殊函数或高级超越函数.

对18、19世纪建立起来的众多的微分方程,数学家们求显式解的努力往往归于失败,这种情况促使他们转向证明解的存在性,这也是微分方程发展史上的一个重要转折点.最先考虑微分方程解的存在性问题的数学家是柯西.

19世纪后半叶,常微分方程的研究在两个大的方向上开拓了新局面.第一个方向是与奇点问题相联系的常微分方程解析理论,它是由柯西开创的.柯西之后,解析理论的重点向大范围转移,到庞加莱(J. H. Poincare, 1854—1912)与克莱因(F. Klein, 1849—1925)的自守函数理论而臻于颠峰.庞加莱在1824—1884年间建立了这类函数的一般理论.另一个崭新的方向,也可以说是微分方程发展史上的又一个转折点,就是定性理论,它完全是庞加莱的独创.庞加莱由对三体问题的研究而被引导到常微分方程定性理论的创立.

庞加莱关于常微分方程定性理论的一系列课题,成为微分动力系统的出发点.美国数学家伯克霍夫(D. Birkhoff, 1884—1944)从1912年起以三体问题为背景,扩展了动力系统的研究.1937年,庞特里亚金提出结构稳定性概念,要求在微小扰动下保持相图不变,使动力系统的研究向大范围转化.动力系统的研究由于拓扑方法和分析方法的有力结合而取得了重要进步,借助于现代计算机模拟又引发具有异常复杂性的混沌、分叉、分形理论，这方面的研究涉及众多的数学分支.

2. 偏微分方程

微积分对力学问题的应用引导出另一门新的数学分支——偏微分方程. 1747 年，达朗贝尔发表的论文《张紧的弦振动时形成的曲线的研究》被看作是偏微分方程论的开端. 论文中，达朗贝尔明确导出了弦的振动所满足的偏微分方程，并给出了其通解. 1749 年，欧拉发表的论文《论弦的振动》讨论了同样的问题，并沿用达朗贝尔的方法，引进了初始形状为正弦级数的特解. 18 世纪，由计算两个物体之间的引力问题，引出另一类重要的偏微分方程——位势方程，它是 1785 年拉普拉斯(P. S. Laplace，1749—1827) 在论文《球状物体的引力理论与行星形状》中导出的，现在通常称为“拉普拉斯方程”.

随着物理学所研究的现象从力学向电学以及电磁学的扩展，到 19 世纪，偏微分方程的求解成为数学家和物理学家关注的重心. 1822 年，法国数学家傅立叶(J. Fourier，1768—1830) 发表的论文《热的解析理论》，研究了吸热或放热物体内部任何点处的温度变化随时间和空间的变化规律，导出了三维空间的热传导方程. 傅立叶解决了特殊条件下的热传导问题，也就是满足边界条件和初始条件的偏微分方程的求解. 同时得到重要结论：可以将区间上的任何函数表示为我们通常所称的傅立叶级数. 但他没有给出任何完全的证明.

英国数学家格林(G. Green，1793—1841) 是 19 世纪研究偏微分方程中位势方程的重要代表人物. 他用奇异点方法研究了位势方程，并在 1828 年出版的小册子《关于数学分析应用于电磁学理论的一篇论文》中建立了许多对于推动位势理论的进一步发展极为关键的定理和概念，其中以格林公式和作为一种带奇异性的特殊位势的格林函数概念影响最为深远.

19 世纪导出的著名偏微分方程还有麦克斯韦电磁场方程、黏性流体运动的纳维-司托克斯方程以及弹性介质的柯西方程等，所有这些方程都不存在普遍解法.

和常微分方程一样，求偏微分方程显式解的失败，促使数学家们考虑偏微分方程解的存在性问题. 柯西也是研究偏微分方程解的存在性的第一人. 柯西的工作后被俄国女数学家柯瓦列夫斯卡娅发展为非常一般的形式，现代文献中称有关的偏微分方程解的存在唯一性定理为“柯西-柯瓦列夫斯卡娅定理”. 柯瓦列夫斯卡娅是历史上第一位女数学博士，历史上为数不多的杰出女数学家之一，也是历史上第一位女科学院院士，为此俄国科学院还专门修改了院章中不接纳女性院士的规定.

3. 变分法

变分法起源于“最速降线”和其他一些类似的问题. “最速降线”问题最早是约翰·伯努利 1696 年 6 月在《教师学报》上提出来向其他数学家挑战的. 问题提出后半年没有回音，1697 年元旦他发表公告再次向“全世界最有才能的数学家”挑战. 牛顿、莱布尼茨、罗必达和伯努利兄弟几乎同时得到了正确答案，所有这些解法都发表在 1697 年 5 月的《教师学报》上. 他们的这些工作与同时期出现的等周问题、测地线问题等一道标志着一门新数学分支——变分法的诞生.

19 世纪，起源于动力学的“最小作用原理”刺激了变分法的进一步发展，这一时期，雅可比、魏尔斯特拉斯以及希尔伯特等都为变分法作出了重要贡献.

在 18 世纪，微分方程、变分法等一些新的分支和微积分本身一起，形成了被称为“分析”的广大领域.

4. 分析的扩展与更高的抽象

复变函数论. 19 世纪分析的严格化成为这个时代的特点，但是，加固基础的工作并没有影响到 19 世纪的分析学家们进一步拓广自己的领域. 早在 18 世纪，达朗贝尔和欧拉等数学家在他们的工作中已经大量使用复数和复变量，并由此发现了复函数的一些重要性质.

直到 19 世纪初，复数的“合法性”仍是一个未解决的问题. 复分析真正成为现代分析的一个研究领域，主要是 19 世纪通过柯西、黎曼(B. Riemann，1826—1866) 和魏尔斯特拉斯等人的工作建立和发展起来的. 1825 年，柯西出版的小册子《关于积分限为虚数的定积分的报告》可以看作是复分析发展史上的一个里程碑，其后他又发表了一系列关于复变函数的论文，得到了复变函数的许多重要结果. 1851 年，黎曼的博士论文《单复变函数的一般理论的基础》是复变函数论的一篇基本论文，其中最主要的特征是它的几何观点，这里黎曼引入了一个全新的几何概念,即黎曼曲面.这篇论文不仅包含了现代复变函数论主要部分的萌芽,而且开启了拓扑学的系统研究,并为黎曼自己的微分几何研究铺平了道路.当柯西在由解析式表示的函数的导数和积分的基础上建立函数论的同时,魏尔斯特拉斯却为复变函数开辟了一条新的研究途径,他在幂级数的基础上建立起解析函数的理论,并建立起解析开拓的方法.后来,柯西、黎曼和魏尔斯特拉斯的思想被融合在一起,三种传统得到统一.

20世纪,单复变函数论由于新工具的引入取得了长足的进展,并由单变量推广到多变量的情形.20世纪下半叶,由于综合运用拓扑学、微分几何、偏微分方程论以及抽象代数等领域的概念与方法,多复变函数论的研究取得了重大突破.1953年,中国数学家华罗庚建立了多个复变数典型域上的调和分析理论,并揭示了其与微分几何、群表示论、微分方程以及群上调和分析等领域的深刻联系,形成了中国数学家在多复变函数论研究方面的特色.

微分几何. 18世纪,分析方法应用于几何开拓了一个崭新的几何分支 —— 微分几何.欧拉是微分几何的重要奠基人,他的《关于曲面上曲线的研究》(1760) 被公认为微分几何史上的一个里程碑.而蒙日(G. Monge, 1746—1818) 的工作使18世纪微分几何的发展臻于颠峰.1795年,他发表的《关于分析的几何应用的活页论文》是第一部系统论述微分几何的著述,极大地推进了克莱洛(A. C. Clairaut, 1713—1765) 和欧拉的空间曲线与曲面理论,其最大特点是与微分方程的紧密结合.

古典微分几何多是局部性即小范围的.到了20世纪,微分几何开始经历从局部到整体的转移,整体微分几何成为研究的重心.中国数学家陈省身在这方面作了奠基性的贡献,并因此获得1984年的沃尔夫奖.另一位中国数学家丘成桐也因为解决了微分几何领域里著名的"卡拉比猜想"、解决了一系列与非线性微分方程有关的其他几何问题,以及证明了广义相对论中的正质量猜想等杰出工作,而荣获1982年的菲尔兹奖.

实变函数论. 19世纪末,分析的严格化迫使许多数学家认真考虑所谓的"病态函数",特别是不连续函数和不可微函数,并研究这样一个问题:积分的概念可以怎样推广到更广泛的函数类上去.1902年,法国数学家勒贝格(H. L. Lebesgue, 1875—1941) 在其发表的论文《积分,长度与面积》中利用以集合论为基础的"测度" 概念而建立了所谓的"勒贝格积分",使一些原先在黎曼意义下不可积的函数按勒贝格的意义变得可积.在勒贝格积分的基础上进一步推广导数等其他微积分基本概念,并重建微积分基本定理等,从而形成了一门新的数学分支 —— 实变函数论.

实变函数论是普通微积分的推广,它使微积分的适用范围大大扩展,引起数学分析的深刻变化.作为分水岭,人们往往把勒贝格以前的分析学称为经典分析,而把由勒贝格积分引出的实变函数论为基础而开拓出来的分析学称为现代分析.

泛函分析. 数学中许多领域处理的往往是作用在函数上的变换或算子,这些可以看作是"函数的函数",也就是所谓的"泛函".泛函分析的抽象理论是19世纪末20世纪初由意大利数学家和法国数学家阿达马(J. S. Hadamard, 1865—1963) 在变分法的研究中开始的,而第一个为此做出卓越成果的是法国数学家弗雷歇(M. R. Frechet, 1878—1973),在1906年的博士论文中,弗雷歇给出了泛函分析的一些基本概念,并在将普通的微积分演算推广到函数空间方面做了大量先驱性工作,因此,弗雷歇是本世纪抽象泛函分析理论的奠基人之一.

20世纪初数学家希尔伯特、里斯(F. Riesz) 以及费舍尔(E. Fisher) 等都为泛函分析的发展作出了重要贡献.而抽象空间理论与泛函分析在20世纪上半叶的巨大发展则是由波兰数学家巴拿赫(S. Banach, 1892—1945) 推进的,1922年,他提出了比希尔伯特空间更一般的赋范空间 —— 巴拿赫空间,极大地拓广了泛函分析的疆域.巴拿赫还建立了巴拿赫空间上的线性算子理论,证明了一批泛函分析基础性的重要定理.巴拿赫无疑也是现代泛函分析的奠基人.泛函分析有力地推动了其他分析分支的发展,使整个分析领域的面貌发生了巨大变化.泛函分析的观点与方法还广泛地渗透到其他科学和技术领域.

第八章　多元函数微分学及其应用

多元函数微分学是在一元函数微分学理论的基础上进一步来研究的.从一元的极限到二重极限,从一元的导数到多元的偏导数再到方向导数,从一元的微分到多元的全微分,从一元的极值到多元的极值再到条件极值,从一元的泰勒公式到多元的泰勒公式,等等,说明科学是一步步发展、一步步继承的,不能凭空想象和捏造.同学们在学习过程中一定要有科学、严谨、脚踏实地的学习态度.

8.1　多元函数的基本概念

一元函数的定义域是数轴上的点集.二元函数的定义域是平面上的点集合,因此首先介绍与平面点集相关的一些概念.

8.1.1　平面点集

坐标平面上具有某种性质 P 的点的全体称为**平面点集**,记作

$$E=\{(x,y)\mid (x,y)\text{ 具有性质 }P\}.$$

例如平面点集 $\{(x,y)\mid a\leqslant x\leqslant b,c\leqslant y\leqslant d\}$ 表示的是矩形内(包括边界)的点的全体.

平面点集

$$U(P_0,\delta)=\{(x,y)\mid \sqrt{(x-x_0)^2+(y-y_0)^2}<\delta\}$$

称为点 $P_0(x_0,y_0)$ 的 δ **邻域**,简记为 $U(P_0)$. $\overset{0}{U}(P_0)$ 表示 P_0 的**去心邻域**,即

$$\overset{0}{U}(P_0)=\{(x,y)\mid 0<\sqrt{(x-x_0)^2+(y-y_0)^2}<\delta\}.$$

设 E 是一平面点集,P 是平面上的一个点.

如果存在点 P 的某一邻域 $U(P)\subset E$,则称 P 为 E 的**内点**.显然,E 的内点属于 E.

如果点 P 的任一邻域内既有属于 E 的点,也有不属于 E 的点(点 P 本身可以属于 E,也可以不属于 E),则称 P 为 E 的**边界点**. E 的边界点的全体称为 E 的**边界**.

如果点 P 的任一邻域内含有 E 的无穷多个点,则称点 P 为 E 的**聚点**.

显然,E 的内点一定是 E 的聚点. E 的聚点可能在集合 E 内,也可能不在.

例 1　平面点集

$$E_1=\{(x,y)\mid 0<x^2+y^2\leqslant 4\}$$

满足不等式 $0<x^2+y^2<4$ 的点 (x,y) 都是 E_1 的内点. 点 $(0,0)$ 与满足方程 $x^2+y^2=4$ 的点 (x,y) 都是 E_1 的聚点,也是 E_1 的边界点. 显然 $(0,0)\notin E_1$,满足方程 $x^2+y^2=4$ 的点 $(x,y)\in E_1$.

如果平面点集 E 中任一点都是 E 的内点,则称 E 为**开集**.

如果对于 E 内任何两点,都可用一条完全在 E 内的折线连结起来,则称点集 E 是**连通集**.

连通的开集称为**开区域**,简称**区域**.

开区域连同它的边界一起所构成的点集,称为**闭区域**.

例 2　平面点集 $\{(x,y)\mid xy>0\}$ 是开集但不是开区域.

例 3　平面点集 $\{(x,y)\mid x+y>0\}$ 是开区域.

例 4　平面点集 $E_2=\{(x,y)\mid 0\leqslant x^2+y^2\leqslant 4\}$ 及 $E_3=\{(x,y)\mid x+y\geqslant 0\}$ 都是闭区域.

对于平面点集 E,如果存在某一正数 r,使得

$$E\subset U(O,r)$$

其中 O 是坐标原点,则称 E 为**有界点集**,否则称为**无界点集**. 例 4 中的 E_2 是有界闭区域,E_3 是无界闭区域.

8.1.2　n 维空间

由 n 元有序实数组 $(x_1,x_2,\cdots,x_n)$ 的全体构成的集合称为 n **维空间,记为 $\mathbf{R}^n$**. 其中每一个 n 元有序实数组 $(x_1,x_2,\cdots,x_n)$ 称为 n 维空间的点,数 x_i 称为该点的第 i 个坐标 $(i=1,2,\cdots n)$.

$\mathbf{R}^n$ 中两点 $P(x_1,x_2,\cdots,x_n)$ 和 $Q(y_1,y_2,\cdots,y_n)$ 间的距离定义为

$$d(P,Q)=\sqrt{(y_1-x_1)^2+(y_2-x_2)^2+\cdots+(y_n-x_n)^2}.$$

显然,数轴是一维空间 $\mathbf{R}^1$,平面是二维空间 $\mathbf{R}^2$. 在 $\mathbf{R}^n$ 中,读者不难将平面点集中有关邻域、内点、外点、边界点、聚点、区域等概念推广到 $\mathbf{R}^n$ 中去,这里就不一一叙述了.

8.1.3　多元函数的概念

在很多自然现象以及实际问题中,经常遇到多个变量之间的依赖关系,例如:

例 5　圆柱体的体积 V 和它的底半径 r、高 h 之间具有关系

$$V=\pi r^2 h.$$

这里,当 r、h 在集合 $\{(r,h)\mid r>0,h>0\}$ 内取定一对值 (r,h) 时,V 的对应值就惟一确定.

例 6　电流所产生的热量 Q 取决于电压 E、电流强度 I 和时间 t,它们之间具有关系式

$$Q=0.24IEt,$$

这里，当 I、E、t 在集合 $\{(I,E,t) \mid I>0,E>0,t>0\}$ 内取定一对值 (I,E,t) 时，Q 的对应值就随之确定.

定义1　设 D 是一个平面非空点集. 如果对于 D 内每个点 $P(x,y)$，都有惟一的实数 z 按照某一确定的对应法则 f 与之对应，则称 f 是定义在 D 上的**二元函数**，记为

$$z=f(x,y),(x,y)\in D(\text{或 } z=f(P),P\in D).$$

平面点集 D 称为该函数的**定义域**，x、y 称为**自变量**，z 称为**因变量**. 数集

$$\{z \mid z=f(x,y),(x,y)\in D\}$$

称为该函数的**值域**.

z 是 x,y 的函数也可记为 $z=z(x,y)$，$z=\varphi(x,y)$ 等等.

类似地可以定义三元函数 $u=f(x,y,z)$ 以及三元以上的函数. 一般地，把定义1中的平面点集 D 换成 n 维空间内的点集 D，则可类似地定义 n 元函数 $u=f(x_1,x_2,\cdots,x_n)$. n 元函数也可简记为 $u=f(P)$，这里点 $P(x_1,x_2,\cdots,x_n)\in D$.

二元及二元以上的函数统称为**多元函数**.

与一元函数类似，多元函数定义域是使得其函数有意义的所有点集合. 特别地，二元函数定义域是使得 $f(x,y)$ 有意义的平面点集合.

例7　求下列函数的定义域并作出定义域的图形.

(1) $z=\ln(x+y)$；　　(2) $z=\arcsin(x^2+y^2)$.

解　(1) 该函数的定义域为 $\{(x,y) \mid x+y>0\}$ 是一个无界开区域，如图 8.1(a).

(2) 该函数的定义域为 $\{(x,y) \mid x^2+y^2\leqslant 1\}$，是一个有界闭区域，如图 8.1(b).

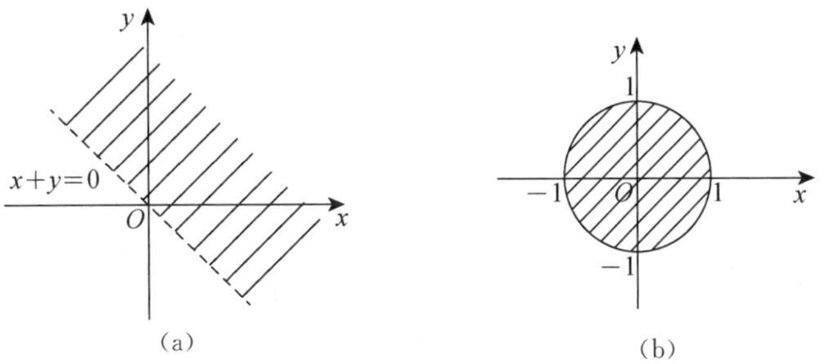

图 8.1

设函数 $z=f(x,y)$ 的定义域为 D，二元函数可以看成三维空间的一个点集合

$$\{(x,y,z) \mid z=f(x,y),(x,y)\in D\},$$

这个点集合在三维空间中所描绘的图形称为**二元函数 $z=f(x,y)$ 的图像**. 它表示了空间的一张曲面，该曲面在 xOy 平面上的投影区域就是该函数的定义域.

例8　指出下列函数的定义域以及所表示的图像.

(1) $z=\sqrt{4-x^2-y^2}$；(2) $z=\sqrt{x^2+y^2}$；(3) $z=-3x^2-4y^2+1$；(4) $z=3x+5y$.

解　(1) 该函数的定义域为 $D=\{(x,y) \mid x^2+y^2\leqslant 4\}$. 它的图像是以原点为球心，半径为2的上半球. 如图 8.2.

(2) 该函数的定义域为整个 xOy 平面. 它的图像是顶点在原点且在 xOy 平面上方的圆锥面. 如图 8.3.

(3) 该函数的定义域为整个 xOy 平面. 它的图像是顶点在(0,0,1)的开口向下的抛物面. 如图 8.4.

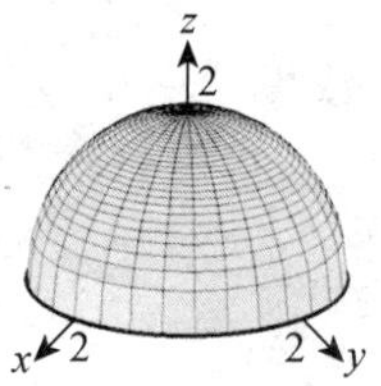

图 8.2

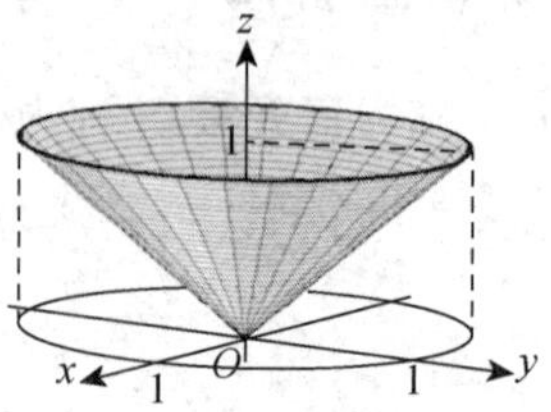

图 8.3

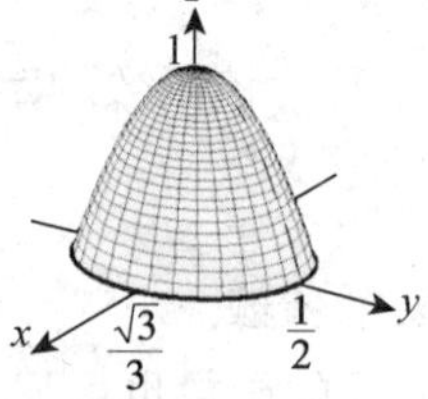

图 8.4

(4) 该函数的定义域为整个 xOy 平面. 它的图像是一个过原点的平面.

8.1.4 多元函数的极限

这里只就二元函数来讨论多元函数的极限问题. 对于二元及以上的函数,类似可得相应的概念和性质.

定义 2 设二元函数 $f(x,y)$ 的定义域为 D,$P_0(x_0,y_0)$ 是 D 的聚点. 如果存在常数 A,对于任意给定的正数 ε,总存在正数 δ,使得 D 中适合不等式 $0<|PP_0|=\sqrt{(x-x_0)^2+(y-y_0)^2}<\delta$ 的一切点 $P(x,y)$,都有 $|f(x,y)-A|<\varepsilon$ 成立,则称常数 A 为函数 $f(x,y)$ 当 $(x,y)\to(x_0,y_0)$ 时的**二重极限**,记作

$$\lim_{(x,y)\to(x_0,y_0)} f(x,y)=A \quad 或 \quad f(x,y)\to A((x,y)\to(x_0,y_0)),$$

也可记作

$$\lim_{\substack{x\to x_0\\ y\to y_0}} f(x,y)=A \quad 或 \quad \lim_{P\to P_0} f(P)=A.$$

例 9 用二重极限的定义证明 $\lim\limits_{\substack{x\to 0\\ y\to 0}}\dfrac{x^2y}{x^2+y^2}=0$.

证 因为 $\left|\dfrac{x^2y}{x^2+y^2}-0\right|\leqslant|y|\leqslant\sqrt{x^2+y^2}$,所以对 $\forall\varepsilon>0$,取 $\delta=\varepsilon$,则当 $0<\sqrt{x^2+y^2}<\delta=\varepsilon$ 时,便有 $\left|\dfrac{x^2y}{x^2+y^2}-0\right|<\varepsilon$,因此 $\lim\limits_{\substack{x\to 0\\ y\to 0}}\dfrac{x^2y}{x^2+y^2}=0$.

注: 所谓二重极限存在,是指当动点 $P(x,y)$ 以任何方式趋于定点 $P_0(x_0,y_0)$ 时,函数都无限接近于一个确定的常数 A. 如果 $P(x,y)$ 以某一种特殊方式或多种特殊方式趋于 $P_0(x_0,y_0)$ 时,即使函数都无限接近于某一确定值,也不能由此断定函数的极限存在. 但是如果当 $P(x,y)$ 以不同方式趋于 $P_0(x_0,y_0)$ 时,函数趋于不同的值,那么就可以断定这函数的极限不存在.

例 10 考察下列函数的二重极限是否存在,若存在求出其值.

(1) $\lim\limits_{\substack{x\to0\\y\to0}}\dfrac{\sin(x^2y)}{x^2+y^2}$；　(2) $\lim\limits_{\substack{x\to0\\y\to0}}\dfrac{3-\sqrt{xy+9}}{\sin xy}$；　(3) $\lim\limits_{\substack{x\to0\\y\to0}}\dfrac{xy}{x^2+y^2}$.

解　(1) 因为 $0\leqslant\left|\dfrac{\sin(x^2y)}{x^2+y^2}\right|\leqslant\left|\dfrac{x^2y}{x^2+y^2}\right|$，由例 9 知 $\lim\limits_{\substack{x\to0\\y\to0}}\dfrac{x^2y}{x^2+y^2}=0$. 所以由夹逼定理可得 $\lim\limits_{\substack{x\to0\\y\to0}}\dfrac{\sin(x^2y)}{x^2+y^2}=0$.

(2) $\lim\limits_{\substack{x\to0\\y\to0}}\dfrac{3-\sqrt{xy+9}}{\sin xy}=\lim\limits_{\substack{x\to0\\y\to0}}\dfrac{-xy}{(3+\sqrt{xy+9})\sin xy}=\lim\limits_{\substack{x\to0\\y\to0}}\dfrac{-1}{3+\sqrt{xy+9}}\cdot\lim\limits_{\substack{x\to0\\y\to0}}\dfrac{xy}{\sin xy}=-\dfrac{1}{6}$.

(3) 显然，当点 $P(x,y)$ 沿 x 轴趋于点(0,0) 时，即 $\lim\limits_{\substack{x\to0\\y\to0\\y=0}}f(x,y)=\lim\limits_{x\to0}f(x,0)=0$；又当点 $P(x,y)$ 沿 y 轴趋于点(0,0) 时，即 $\lim\limits_{\substack{x\to0\\y\to0\\x=0}}f(x,y)=\lim\limits_{y\to0}f(0,y)=0$；虽然点 $P(x,y)$ 以上述两种特殊方式趋于原点时函数的极限存在并且相等，但是不能断定 $\lim\limits_{(x,y)\to(0,0)}f(x,y)$ 就存在. 实际上当点 $P(x,y)$ 沿着直线 $y=kx$ 趋于点(0,0) 时，有

$$\lim_{\substack{(x,y)\to(0,0)\\y=kx}}\frac{xy}{x^2+y^2}=\lim_{x\to0}\frac{kx^2}{x^2+k^2x^2}=\frac{k}{1+k^2},$$

随着 k 值的不同该极限不同，所以 $\lim\limits_{\substack{x\to0\\y\to0}}\dfrac{xy}{x^2+y^2}$ 不存在.

由于二重极限的定义与一元函数的极限定义类似，所以一元函数极限具有的一些性质和运算法则对多元函数也成立. 如例 10 中的(1) 用到夹逼定理，(2) 用到等价无穷小以及极限的乘法运算法则.

例 11　求下列极限：

(1) $\lim\limits_{(x,y)\to(2,0)}\dfrac{\sin(xy)}{y}$；　(2) $\lim\limits_{(x,y)\to(0,0)}(x+y)\sin\dfrac{1}{x}\sin\dfrac{1}{y}$.

解　(1) 当 $(x,y)\to(2,0)$ 时，$xy\to0$，$\sin(xy)\sim xy$，因此

$$\lim_{(x,y)\to(2,0)}\frac{\sin(xy)}{y}=\lim_{(x,y)\to(2,0)}\frac{xy}{y}=2.$$

(2) 由有限个无穷小的和仍然是无穷小知 $\lim\limits_{(x,y)\to(0,0)}(x+y)=0$，而 $\left|\sin\dfrac{1}{x}\sin\dfrac{1}{y}\right|\leqslant1$，再由无穷小与有界量的乘积仍然是无穷小，所以 $\lim\limits_{(x,y)\to(0,0)}(x+y)\sin\dfrac{1}{x}\sin\dfrac{1}{y}=0$.

8.1.5　多元函数的连续性

定义 3　设二元函数 $f(x,y)$ 的定义域为 D，$P_0(x_0,y_0)$ 是 D 聚点，且 $P_0\in D$. 如果

$$\lim_{(x,y)\to(x_0,y_0)} f(x,y)=f(x_0,y_0),$$

则称函数 $f(x,y)$ 在点 $P_0(x_0,y_0)$ 处**连续**.

如果函数 $f(x,y)$ 在 D 的每一点都连续,那么就称函数 $f(x,y)$ 在 D 上连续,或者称 $f(x,y)$ 是 D 上的**连续函数**.

若函数 $f(x,y)$ 在点 $P_0(x_0,y_0)$ 不连续,则称 P_0 为函数 $f(x,y)$ 的**间断点**.

例如函数

$$f(x,y)=\begin{cases}\dfrac{xy}{x^2+y^2}, & x^2+y^2\neq 0,\\ 0, & x^2+y^2=0,\end{cases}$$

当 $(x,y)\to(0,0)$ 时的极限不存在,所以点 $(0,0)$ 是该函数的一个间断点. 二元函数的间断点可以是一条曲线,如函数

$$z=\frac{1}{x^2+y^2-1}$$

在圆周 $x^2+y^2=1$ 上没有定义,所以该圆周上各点都是间断点.

与一元初等函数定义类似,多元初等函数是由常数和多元基本初等函数经过有限次的四则运算和复合运算并可用一个式子所表示的函数. 例如,$\sin(xy)$,$\dfrac{xy+yz+zx}{x^2+y^2+z^2}$ 分别是二元与三元初等函数.

多元连续函数的和、差、积、商(分母不为零时)均为连续函数. 多元连续函数的复合函数也是连续函数. 再由多元基本初等函数的连续性可以得到:**一切多元初等函数在其定义区域内都是连续的.**

例 12 求 $\lim\limits_{\substack{x\to1\\ y\to0}}\dfrac{\ln(x+e^y)}{\sqrt{x^2+y^2}}$.

解 函数 $f(x,y)=\dfrac{\ln(x+e^y)}{\sqrt{x^2+y^2}}$ 是初等函数,它的定义域为 $D=\{(x,y)\mid x+e^y>0\}\backslash\{(0,0)\}$. 因为 $P_0(1,0)\in D$,$f(x,y)$ 在 $P_0(1,0)$ 处连续,故

$$\lim_{\substack{x\to1\\ y\to0}}\frac{\ln(x+e^y)}{\sqrt{x^2+y^2}}=f(1,0)=\ln 2.$$

与闭区间上一元连续函数的性质相类似,在有界闭区域上多元连续函数也有如下性质.

定理 1(最大值和最小值定理) 在有界闭区域 D 上的多元连续函数必有最大值和最小值.

定理 2(介值定理) 在有界闭区域 D 上的多元连续函数,如果在 D 上取得两个不同的函数值,则该函数必能取得介于这两个值之间的任何值至少一次. 特别地能取到介于最大值和最小值之间的任何值.

习题 8.1

1. 已知 $f\left(x+y,\dfrac{y}{x}\right)=x^2-y^2$,求 $f(x,y)$.

2. 已知 $F(x,y)=\dfrac{1}{2x}f(y-x)$,$F(1,y)=\dfrac{1}{2}y^2-y+5$,求 $f(x)$ 的表达式.

3. 求下列函数的定义域:

(1) $z=y\sqrt{\cos x}$;　　(2) $z=\ln(y-x^2)+\sqrt{1-x^2-y^2}$;

(3) $z=\sqrt{\log_a(x^2+y^2)}$　($a>0$ 且 $a\neq 1$);

(4) $z=\arcsin\dfrac{x}{y^2}$;

(5) $u=\sqrt{x^2+y^2+z^2-a^2}\ln(b^2-x^2-y^2-z^2)$;

(6) $u=\arccos\dfrac{z}{\sqrt{x^2+y^2}}$.

4. 用定义证明:$\lim\limits_{\substack{x\to 0\\ y\to 0}}(x^2+y^2)^{\alpha}=0$,$\alpha>0$.

5. 求下列各极限:

(1) $\lim\limits_{\substack{x\to 2\\ y\to 0}}\dfrac{x^2y^2}{x^2y^2+(x+y)^2}$;　　(2) $\lim\limits_{\substack{x\to 0\\ y\to 0}}\dfrac{\sin xy}{\sqrt{x^2+y^2}}$;

(3) $\lim\limits_{\substack{x\to 0\\ y\to 3}}(1+xy^2)^{\frac{1}{x^7+xy}}$;　　(4) $\lim\limits_{\substack{x\to 0\\ y\to 0}}\dfrac{1-\cos(x^2+y^2)}{(x^2+y^2)(1+\mathrm{e}^{xy})}$;

(5) $\lim\limits_{\substack{x\to +\infty\\ y\to +\infty}}(x^2+y^2)\mathrm{e}^{-(x+y)}$;　　(6) $\lim\limits_{\substack{x\to 1\\ y\to 1}}\dfrac{xy-1}{x^2y^2-1}$.

6. 考虑下列二重极限是否存在,若存在求其值.

(1) $\lim\limits_{\substack{x\to 0\\ y\to 0}}\dfrac{x^2-y^2}{x^2+y^2}$;　　(2) $\lim\limits_{\substack{x\to 0\\ y\to 0}}x^2\ln(x^2+y^2)$;　　(3) $\lim\limits_{\substack{x\to 0\\ y\to 0}}\dfrac{x-y+x^2+y^2}{x+y}$.

7. 写出下列函数的不连续点集:

(1) $z=\dfrac{2x+xy+y^2}{y^2+2x-1}$;　　(2) $z=\dfrac{\sqrt{4-x^2-y^2}}{\ln(x+y)}$.

8. 下列函数在(0,0)连续吗?

(1) $f(x,y)=\begin{cases}\dfrac{x^2y}{x^4+y^2}, & x^2+y^2\neq 0,\\ 0, & x^2+y^2=0;\end{cases}$

(2) $f(x,y)=\begin{cases}\dfrac{\sin(x^2y)}{x^2+y^2}, & x^2+y^2\neq 0,\\ 0, & x^2+y^2=0.\end{cases}$

8.2 偏导数

8.2.1 偏导数的概念及其计算

在一元函数中,通过研究函数的变化率引入了导数的概念. 对于多元函数同样需要研究函数的变化率. 例如上节中提到的烧热的铁块中每点的温度 T 与该点的位置 (x,y,z) 和时间 t 有关. 如果要考虑铁块中某点的温度 T 随着时间 t 的变化率,或者在某一时刻 t_0,铁块中的一点 (x,y,z) 关于 x 或 y 或 z 的温度变化率,这就是多元函数中关于某一自变量的变化率问题.

以二元函数 $z=f(x,y)$ 为例,如果只有自变量 x 变化,而自变量 y 固定(即看作常量),则它就是 x 的一元函数,这时函数对 x 的导数就称为二元函数 z 对于 x 的偏导数,具体定义如下:

定义 1 设函数 $z=f(x,y)$ 在点 (x_0,y_0) 的某一邻域内有定义,当 y 固定在 y_0,一元函数 $f(x,y_0)$ 在 x_0 处可导,即极限

$$\lim_{\Delta x\to 0}\frac{f(x_0+\Delta x,y_0)-f(x_0,y_0)}{\Delta x}$$

存在,则称此极限为函数 $z=f(x,y)$ 在点 (x_0,y_0) 处**对 x 的偏导数**,记作

$$\left.\frac{\partial z}{\partial x}\right|_{\substack{x=x_0\\ y=y_0}} \text{或} \left.\frac{\partial f}{\partial x}\right|_{\substack{x=x_0\\ y=y_0}} \text{或} z_x\Big|_{\substack{x=x_0\\ y=y_0}} \text{或} z'_x\Big|_{\substack{x=x_0\\ y=y_0}} \text{或 } f_x(x_0,y_0) \text{ 或 } f'_x(x_0,y_0)$$

即

$$f_x(x_0,y_0)=\lim_{\Delta x\to 0}\frac{f(x_0+\Delta x,y_0)-f(x_0,y_0)}{\Delta x}.$$

类似地,函数 $z=f(x,y)$ 在点 (x_0,y_0) 处**对 y 的偏导数**定义为

$$\lim_{\Delta y\to 0}\frac{f(x_0,y_0+\Delta y)-f(x_0,y_0)}{\Delta y}.$$

记作 $\left.\frac{\partial z}{\partial y}\right|_{\substack{x=x_0\\ y=y_0}}$ 或 $\left.\frac{\partial f}{\partial y}\right|_{\substack{x=x_0\\ y=y_0}}$ 或 $z_y\Big|_{\substack{x=x_0\\ y=y_0}}$ 或 $z'_y\Big|_{\substack{x=x_0\\ y=y_0}}$ 或 $f_y(x_0,y_0)$ 或 $f'_y(x_0,y_0)$.

如果函数 $z=f(x,y)$ 在区域 D 内每一点 (x,y) 处对 x 的偏导数都存在,那么这个偏导数就是 x、y 的函数,称为函数 $z=f(x,y)$ **对自变量 x 的偏导函数**,记作

$$\frac{\partial z}{\partial x} \text{ 或 } \frac{\partial f}{\partial x} \text{ 或 } z_x \text{ 或 } z'_x \text{ 或 } f_x(x,y) \text{ 或 } f'_x(x,y).$$

类似地,可以定义函数 $z=f(x,y)$ **对自变量 y 的偏导函数**,记作

$$\frac{\partial z}{\partial y} \text{或} \frac{\partial f}{\partial y} \text{或} z_y \text{或} z'_y \text{或} f_y(x,y) \text{或} f'_y(x,y).$$

偏导函数也简称为**偏导数**.

注:$f_x(x_0,y_0)$ 就是对一元函数 $f(x,y_0)$ 在 x_0 处求导数;$f_y(x_0,y_0)$ 就是对一元函数 $f(x_0,y)$ 在 y_0 处求导数.

类似地,可以定义三元及以上的函数的偏导数. 例如三元函数 $u=f(x,y,z)$ 在点(x,y,z) 处对 x 的偏导数定义为

$$f_x(x,y,z)=\lim_{\Delta x\to 0}\frac{f(x+\Delta x,y,z)-f(x,y,z)}{\Delta x}.$$

例 1　求 $z=x^3+\dfrac{1}{y^3}-xy^2$ 在点(1,2) 处的偏导数.

解　把 y 看作常量,对 x 求导得

$$\frac{\partial z}{\partial x}=3x^2-y^2.$$

把 x 看作常量,对 y 求导得

$$\frac{\partial z}{\partial y}=-3y^{-4}-2xy.$$

将(1,2) 代入上面的结果,就得

$$\left.\frac{\partial z}{\partial x}\right|_{\substack{x=1\\y=2}}=-1,\quad \left.\frac{\partial z}{\partial y}\right|_{\substack{x=1\\y=2}}=-\frac{67}{16}.$$

例 2　求 $z=x^2y^3\sin(2xy)$ 的偏导数.

解　把 y 看作常量,对 x 求导得

$$\frac{\partial z}{\partial x}=2xy^3\sin(2xy)+2x^2y^4\cos(2xy),$$

把 x 看作常量,对 y 求导得

$$\frac{\partial z}{\partial y}=3x^2y^2\sin(2xy)+2x^3y^3\cos(2xy).$$

例 3　设 $z=x^y(x>0,x\neq 1)$,求证:

$$\frac{x}{y}\frac{\partial z}{\partial x}+\frac{1}{\ln x}\frac{\partial z}{\partial y}=2z.$$

证　因为$\dfrac{\partial z}{\partial x}=yx^{y-1}$,$\dfrac{\partial z}{\partial y}=x^y\ln x$,所以

$$\frac{x}{y}\frac{\partial z}{\partial x}+\frac{1}{\ln x}\frac{\partial z}{\partial y}=\frac{x}{y}yx^{y-1}+\frac{1}{\ln x}x^y\ln x=x^y+x^y=2z.$$

例 4　求 $u=x\cos\left(x+\frac{1}{y}-\mathrm{e}^z\right)$偏导数.

解　把 y 和 z 都看作常量,得

$$\frac{\partial u}{\partial x}=\cos\left(x+\frac{1}{y}-\mathrm{e}^z\right)-x\sin\left(x+\frac{1}{y}-\mathrm{e}^z\right),$$

把 x 和 z 都看作常量,得

$$\frac{\partial u}{\partial y}=\frac{x}{y^2}\sin\left(x+\frac{1}{y}-\mathrm{e}^z\right),$$

把 x 和 y 都看作常量,得

$$\frac{\partial u}{\partial z}=x\mathrm{e}^z\sin\left(x+\frac{1}{y}-\mathrm{e}^z\right).$$

例 5　热力学里理想气体的状态方程为 $pV=RT$(R 为常数),求证:

$$\frac{\partial p}{\partial V}\cdot\frac{\partial V}{\partial T}\cdot\frac{\partial T}{\partial p}=-1.$$

证　因为

$$p=\frac{RT}{V},\qquad \frac{\partial p}{\partial V}=-\frac{RT}{V^2};$$

$$V=\frac{RT}{p},\qquad \frac{\partial V}{\partial T}=\frac{R}{p};$$

$$T=\frac{pV}{R},\qquad \frac{\partial T}{\partial p}=\frac{V}{R}.$$

所以

$$\frac{\partial p}{\partial V}\cdot\frac{\partial V}{\partial T}\cdot\frac{\partial T}{\partial p}=-\frac{RT}{V^2}\cdot\frac{R}{p}\cdot\frac{V}{R}=-\frac{RT}{pV}=-1.$$

注:一元函数的导数$\frac{\mathrm{d}y}{\mathrm{d}x}$可以看成两个微分的商,但偏导数$\frac{\partial p}{\partial V},\frac{\partial V}{\partial T},\frac{\partial T}{\partial p}$不能看成是微商.例 5 中,这三个偏导数的乘积是 -1,而不是 1.

例 6　求函数 $z=f(x,y)=\begin{cases}\frac{xy}{x^2+y^2}, & x^2+y^2\neq 0,\\ 0, & x^2+y^2=0\end{cases}$在点$(0,0)$的偏导数.

解　由偏导数定义有

$$f_x(0,0)=\lim_{\Delta x\to 0}\frac{f(0+\Delta x,0)-f(0,0)}{\Delta x}=0,$$

$$f_y(0,0)=\lim_{\Delta y\to 0}\frac{f(0,0+\Delta y)-f(0,0)}{\Delta y}=0.$$

注:对于一元函数,可导必连续.但对于多元函数,该性质不成立.例 6 中的函数在点(0,

0) 处各偏导数都存在,但该函数在点(0,0) 并不连续. 这是因为各偏导数存在只能保证点 P 沿着平行于坐标轴的方向趋于 P_0 时,函数值 $f(P)$ 趋于 $f(P_0)$,但不能保证点 P 按任何方式趋于 P_0 时,函数值 $f(P)$ 都趋于 $f(P_0)$,因此不能保证函数在 P_0 点连续.

8.2.2　二元函数偏导数的几何意义

如图 8.5,函数 $z=f(x,y)$ 表示空间的一个曲面. 设 $M_0(x_0,y_0,f(x_0,y_0))$ 为曲面 $z=f(x,y)$ 上的一点,过 M_0 作平面 $y=y_0$,截此曲面得一曲线 $\Gamma_1:\begin{cases}z=f(x,y)\\y=y_0\end{cases}$,此曲线在平面 $y=y_0$ 上的方程为 $z=f(x,y_0)$. 偏导数 $f_x(x_0,y_0)$ 就是一元函数 $z=f(x,y_0)$ 在 $x=x_0$ 的导数,从而是曲线 Γ_1 在点 M_0 处的切线 M_0T_x 对 x 轴的斜率. 即 M_0T_x 与 x 轴正向所成倾斜角的正切. 同样,偏导数 $f_y(x_0,y_0)$ 就是曲面被平面 $x=x_0$ 所截得的曲线 Γ_2: $\begin{cases}z=f(x,y)\\x=x_0\end{cases}$ 在点 M_0 处的切线 M_0T_y 对 y 轴的斜率,即 M_0T_y 与 y 轴正向所成倾斜角的正切.

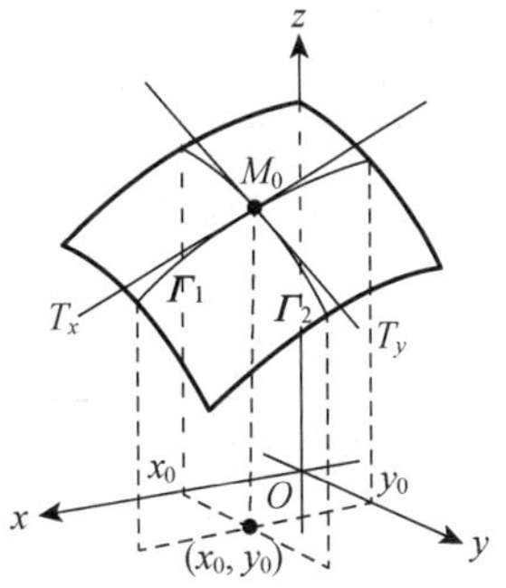

图 8.5

例 7　求曲面 $z=\frac{1}{4}(x^2+y^2)$ 与平面 $x=4$ 的交线在点(4,−2,5) 处的切线与 Oy 轴正向的倾斜角.

解　由偏导数的几何意义,$z_y=\frac{y}{2}$,因此 $z_y(4,-2)=-1$,所以过点(4,−2,5) 处的切线与 Oy 轴正向的倾斜角 α 满足 $\tan\alpha=-1$,由此得 $\alpha=\frac{3\pi}{4}$,即所求倾斜角为 $\frac{3\pi}{4}$.

8.2.3　高阶偏导数

设函数 $z=f(x,y)$ 在区域 D 内具有偏导数 $\frac{\partial z}{\partial x}=f_x(x,y)$,$\frac{\partial z}{\partial y}=f_y(x,y)$,那么在 D 内 $f_x(x,y)$,$f_y(x,y)$ 都是 x,y 的函数. 如果这两个函数的偏导数也存在,则称它们是函数 $z=f(x,y)$ 的**二阶偏导数**. 二阶偏导数有下列四种情形:

$$\frac{\partial}{\partial x}\left(\frac{\partial z}{\partial x}\right)=\frac{\partial^2 z}{\partial x^2}=f_{xx}(x,y),\qquad \frac{\partial}{\partial y}\left(\frac{\partial z}{\partial x}\right)=\frac{\partial^2 z}{\partial x\partial y}=f_{xy}(x,y),$$

$$\frac{\partial}{\partial x}\left(\frac{\partial z}{\partial y}\right)=\frac{\partial^2 z}{\partial y\partial x}=f_{yx}(x,y),\qquad \frac{\partial}{\partial y}\left(\frac{\partial z}{\partial y}\right)=\frac{\partial^2 z}{\partial y^2}=f_{yy}(x,y).$$

其中 $f_{xy}(x,y)$,$f_{yx}(x,y)$ 称为**二阶混合偏导数**.

一般地,$n-1$ 阶偏导函数的偏导数称为 ***n* 阶偏导数**. 例如 $f_{xy}(x,y)$ 再对 x 求偏导数,得

$$f_{xyx}(x,y)=\frac{\partial}{\partial x}\left(\frac{\partial^2 f}{\partial x\partial y}\right)=\frac{\partial^3 f}{\partial x\partial y\partial x}.$$

二阶及二阶以上的偏导数统称为**高阶偏导数**.高阶偏导数的运算实质上就是一元函数的导数运算.

例 8 设 $z=\arctan\frac{x}{y}$,求$\frac{\partial^2 z}{\partial x^2}$、$\frac{\partial^2 z}{\partial y\partial x}$、$\frac{\partial^2 z}{\partial x\partial y}$、$\frac{\partial^2 z}{\partial y^2}$及$\frac{\partial^3 z}{\partial x^2\partial y}$.

解
$$\frac{\partial z}{\partial x}=\frac{y}{x^2+y^2},\qquad \frac{\partial z}{\partial y}=-\frac{x}{x^2+y^2},$$
$$\frac{\partial^2 z}{\partial x^2}=\frac{\partial}{\partial x}\left(\frac{y}{x^2+y^2}\right)=-\frac{2xy}{(x^2+y^2)^2},$$
$$\frac{\partial^2 z}{\partial y\partial x}=\frac{\partial}{\partial x}\left(-\frac{x}{x^2+y^2}\right)=\frac{x^2-y^2}{(x^2+y^2)^2},$$
$$\frac{\partial^2 z}{\partial x\partial y}=\frac{\partial}{\partial y}\left(\frac{y}{x^2+y^2}\right)=\frac{x^2-y^2}{(x^2+y^2)^2},$$
$$\frac{\partial^2 z}{\partial y^2}=\frac{\partial}{\partial y}\left(-\frac{x}{x^2+y^2}\right)=\frac{2xy}{(x^2+y^2)^2},$$
$$\frac{\partial^3 z}{\partial x^2\partial y}=\frac{\partial}{\partial y}\left(-\frac{2xy}{(x^2+y^2)^2}\right)=\frac{2x(3y^2-x^2)}{(x^2+y^2)^3}.$$

例 8 中两个二阶混合偏导数是相等的,即$\frac{\partial^2 z}{\partial y\partial x}=\frac{\partial^2 z}{\partial x\partial y}$.但一般来讲混合偏导数并不是总相等.$f_{xy}$ 与 f_{yx} 的求导顺序是不同的.那么多元函数满足什么条件,它的混合偏导数就与求导顺序无关呢?有下面定理:

定理 1 如果函数 $z=f(x,y)$ 的两个二阶混合偏导数$\frac{\partial^2 z}{\partial y\partial x}$及$\frac{\partial^2 z}{\partial x\partial y}$在区域$D$内连续,那么在该区域内这两个二阶混合偏导数必相等,即二阶混合偏导数与求导顺序无关.

这一结论可以推广至更高阶的混合偏导数的情形.例如,如果三元函数 $u=f(x,y,z)$ 在点 P 处的所有三阶偏导数连续,则在点 P 处有 $f_{xxy}=f_{xyx}=f_{yxx}$.

例 9 验证函数 $z=\ln\sqrt{x^2+y^2}$ 满足方程$\frac{\partial^2 z}{\partial x^2}+\frac{\partial^2 z}{\partial y^2}=0$.

证 因为 $z=\ln\sqrt{x^2+y^2}=\frac{1}{2}\ln(x^2+y^2)$,所以
$$\frac{\partial z}{\partial x}=\frac{x}{x^2+y^2},\qquad \frac{\partial z}{\partial y}=\frac{y}{x^2+y^2},$$
$$\frac{\partial^2 z}{\partial x^2}=\frac{(x^2+y^2)-x\cdot 2x}{(x^2+y^2)^2}=\frac{y^2-x^2}{(x^2+y^2)^2},$$
$$\frac{\partial^2 z}{\partial y^2}=\frac{(x^2+y^2)-y\cdot 2y}{(x^2+y^2)^2}=\frac{x^2-y^2}{(x^2+y^2)^2},$$

因此
$$\frac{\partial^2 z}{\partial x^2}+\frac{\partial^2 z}{\partial y^2}=\frac{y^2-x^2}{(x^2+y^2)^2}+\frac{x^2-y^2}{(x^2+y^2)^2}=0.$$

例 10 证明函数 $u=\dfrac{1}{r}$,满足方程$\dfrac{\partial^2 u}{\partial x^2}+\dfrac{\partial^2 u}{\partial y^2}+\dfrac{\partial^2 u}{\partial z^2}=0$,其中 $r=\sqrt{x^2+y^2+z^2}$.

证
$$\frac{\partial u}{\partial x}=-\frac{1}{r^2}\frac{\partial r}{\partial x}=-\frac{1}{r^2}\cdot\frac{x}{r}=-\frac{x}{r^3},$$
$$\frac{\partial^2 u}{\partial x^2}=-\frac{1}{r^3}+\frac{3x}{r^4}\cdot\frac{\partial r}{\partial x}=-\frac{1}{r^3}+\frac{3x^2}{r^5}.$$

由于函数关于自变量的对称性,所以
$$\frac{\partial^2 u}{\partial y^2}=-\frac{1}{r^3}+\frac{3y^2}{r^5},\qquad \frac{\partial^2 u}{\partial z^2}=-\frac{1}{r^3}+\frac{3z^2}{r^5}.$$

因此
$$\frac{\partial^2 u}{\partial x^2}+\frac{\partial^2 u}{\partial y^2}+\frac{\partial^2 u}{\partial z^2}=-\frac{3}{r^3}+\frac{3(x^2+y^2+z^2)}{r^5}=-\frac{3}{r^3}+\frac{3r^2}{r^5}=0.$$

例 9 和例 10 中的方程称为**拉普拉斯(Laplace) 方程**,它是数学物理方程中很重要的方程.

习题 8.2

1. 求下列函数的偏导数:

(1) $z=\sqrt{x^2+y^2}$;　　(2) $S=\sqrt{\ln(u^2 v)}$;

(3) $z=\ln\tan\dfrac{x}{y}$;　　(4) $z=(1+xy)^y$;

(5) $u=(s+t^2)^{2s}$;　　(6) $u=\arctan(2x-3y)^z$;

(7) $z=\tan(x^2 y)+\cos^2(xy)$.

2. 设 $f(x,y)=x^2 y+(y+1)\arcsin\sqrt{\dfrac{x}{y}}$,求 $f_x(x,1)$,$f_y(0,y)$.

3. 已知函数 $f(x,y)=\begin{cases}\dfrac{x^3 y}{x^6+y^2}, & x^2+y^2\neq 0,\\ 0, & x^2+y^2=0,\end{cases}$ 证明:$f(x,y)$ 在(0,0) 不连续,但在(0,0) 处偏导存在.

4. 求曲线$\begin{cases}z=\sqrt{1+x^2+y^2}\\ x=1\end{cases}$在点$(1,-1,\sqrt{3})$处的切线与 y 轴正向的倾角.

5. 求函数 $u=\displaystyle\int_{xz}^{yz}\frac{\sin t}{t}\mathrm{d}t$ 的偏导数.

6. 求下列函数的二阶偏导数:

(1) $z=\ln(x^2+y)$;　　(2) $u=\arctan\dfrac{x}{y}$;

(3) $z = e^x(\cos y + x\sin y)$；　　　　(4) $z = y^x$.

7. 设 $f(x,y,z) = 2xy^3 + y^2z^2 - 2zx^3$，求 $f_{xx}(1,0,-1)$，$f_{xz}(1,0,-1)$，$f_{yyz}(1,1,2)$.

8. 验证：(1) $z = x\ln\dfrac{y}{x}$ 满足 $x\dfrac{\partial z}{\partial x} + y\dfrac{\partial z}{\partial y} = z$；

(2) $u = z + \dfrac{x-y}{x+y}$ 满足 $x\dfrac{\partial u}{\partial x} + y\dfrac{\partial u}{\partial y} + \dfrac{\partial u}{\partial z} = 1$；

(3) $z = e^{-\cos(x+at)}$ 满足 $a^2\dfrac{\partial^2 z}{\partial x^2} = \dfrac{\partial^2 z}{\partial t^2}$；

(4) $u = x\arctan\dfrac{z}{y}$ 满足 Laplace 方程 $\Delta u = \dfrac{\partial^2 u}{\partial x^2} + \dfrac{\partial^2 u}{\partial y^2} + \dfrac{\partial^2 u}{\partial z^2} = 0$.

8.3　全微分

8.3.1　全微分的概念

在一元函数中，我们研究过函数的微分. 函数的微分是函数改变量的线性主部，即

$$f(x+\Delta x) - f(x) = A\Delta x + o(\Delta x).$$

若 A 与 Δx 无关，则称 $A\Delta x$ 为函数 $f(x)$ 在 x 处的微分，记为 $dy = A\Delta x$.

对于多元函数，也可以相应地讨论多元函数改变量的线性主部.

定义 1　设函数 $z = f(x,y)$ 在点 $P(x,y)$ 的某一邻域内有定义，并设 $P(x+\Delta x, y+\Delta y)$ 为这邻域内的任意一点，称 $f(x+\Delta x, y+\Delta y) - f(x,y)$ 为函数在点 P 的**全增量**，记作 Δz，即

$$\Delta z = f(x+\Delta x, y+\Delta y) - f(x,y).$$

一般说来，计算全增量 Δz 比较复杂，我们希望像一元函数一样用自变量的增量 Δx、Δy 的线性函数来近似代替函数的全增量 Δz，从而引入全微分的定义.

定义 2　如果函数 $z = f(x,y)$ 在点 $P(x,y)$ 的全增量

$$\Delta z = f(x+\Delta x, y+\Delta y) - f(x,y)$$

可表示为

$$\Delta z = A\Delta x + B\Delta y + o(\rho),$$

其中 A、B 仅依赖于 x、y 而与 Δx、Δy 无关，$\rho = \sqrt{(\Delta x)^2 + (\Delta y)^2}$，则称函数 $z = f(x,y)$ 在点 $P(x,y)$ **可微分**，而 $A\Delta x + B\Delta y$ 称为函数 $z = f(x,y)$ 在点 $P(x,y)$ 的**全微分**，记作 dz，即 $dz = A\Delta x + B\Delta y$.

从定义 2 中可以看出，全微分 dz 是 Δx、Δy 的线性函数，与 Δz 仅相差一个比 ρ 高阶的无穷小量. 当 A、B 不同时为零时，也称 dz 是 Δz 的**线性主部**. 因此，当 $|\Delta x|$、$|\Delta y|$ 很小时，全

微分 $\mathrm{d}z$ 可以作为全增量 Δz 的近似值.

如果函数在区域 D 内处处可微,则称此函数在 D 内可微分.

在 8.2 节中曾指出,多元函数在某点的各个偏导数即使都存在,都不能保证函数在该点连续.那么如果函数 $z=f(x,y)$ 在点 $P(x,y)$ 可微分,函数在该点是否连续呢?下面来讨论可微与连续、偏导数之间的关系.

8.3.2　可微与连续、偏导数之间的关系

定理 1(可微的必要条件)　如果函数 $z=f(x,y)$ 在点 $P(x,y)$ 可微分,则

(1) 函数 $z=f(x,y)$ 在点 $P(x,y)$ 处连续;

(2) 函数 $z=f(x,y)$ 在点 $P(x,y)$ 处的偏导数 $\frac{\partial z}{\partial x}$、$\frac{\partial z}{\partial y}$ 都存在,且全微分为

$$\mathrm{d}z=\frac{\partial z}{\partial x}\Delta x+\frac{\partial z}{\partial y}\Delta y.$$

证　因为函数 $z=f(x,y)$ 在点 $P(x,y)$ 可微分,所以有

$$\Delta z=A\Delta x+B\Delta y+o(\rho). \tag{8.1}$$

(1) 在(8.1)式中令 $\Delta x\to 0,\Delta y\to 0$,可得

$$\lim_{(\Delta x,\Delta y)\to 0}\Delta z=0,$$

因此函数 $z=f(x,y)$ 在点 $P(x,y)$ 处连续.

(2) 由于(8.1)式对任意的 $\Delta x,\Delta y$ 都成立.当取 $\Delta y=0$ 时(8.1)式也成立,这时有

$$\Delta z=f(x+\Delta x,y)-f(x,y)=A\cdot\Delta x+o(|\Delta x|),$$

上式两边各除以 Δx,再令 $\Delta x\to 0$,就得

$$\lim_{\Delta x\to 0}\frac{f(x+\Delta x,y)-f(x,y)}{\Delta x}=A,$$

从而偏导数 $\frac{\partial z}{\partial x}$ 存在,且 $\frac{\partial z}{\partial x}=A$.同理可证 $\frac{\partial z}{\partial y}=B$.从而 $\mathrm{d}z=\frac{\partial z}{\partial x}\Delta x+\frac{\partial z}{\partial y}\Delta y$.

特别地,当 $z=f(x,y)=x$ 时,可得 $\mathrm{d}x=\Delta x$;当 $z=f(x,y)=y$ 时,可得 $\mathrm{d}y=\Delta y$.

因此全微分又可表示为 $\mathrm{d}z=\frac{\partial z}{\partial x}\mathrm{d}x+\frac{\partial z}{\partial y}\mathrm{d}y$.

例 1　计算函数 $z=x^2y^2$ 在点$(2,-1)$处当 $\Delta x=0.02,\Delta y=-0.01$ 时的全微分 $\mathrm{d}z$ 和全增量 Δz.

解　因为 $\left.\frac{\partial z}{\partial x}\right|_{(2,-1)}=2xy^2|_{(2,-1)}=4,\left.\frac{\partial z}{\partial y}\right|_{(2,-1)}=2x^2y|_{(2,-1)}=-8$,所以

$$\mathrm{d}z(2,-1)=\left.\left(\frac{\partial z}{\partial x}\Delta x+\frac{\partial z}{\partial y}\Delta y\right)\right|_{\substack{\Delta x=0.02\\ \Delta y=-0.01}}=4\times 0.02+(-8)\times(-0.01)=0.16,$$

$$\Delta z=(2+0.02)^2(-1-0.01)^2-2^2(-1)^2=0.1624.$$

可见全增量与全微分的差 $\Delta z - \mathrm{d}z = 0.0024$ 很小.

注:一元函数在某点的可微与可导是等价的.但对于多元函数来说,偏导数存在只是全微分存在的必要条件而不是充分条件.例如函数

$$f(x,y)=\begin{cases}\dfrac{xy}{x^2+y^2}, & x^2+y^2\neq 0,\\ 0, & x^2+y^2=0,\end{cases}$$

在8.2节例6中知 $f_x(0,0)=0, f_y(0,0)=0$. 在8.1节例10中又知道该函数在点(0,0)不连续,因此在点(0,0)不可微.

例2 讨论函数 $z=f(x,y)=\begin{cases}\dfrac{xy}{\sqrt{x^2+y^2}}, & x^2+y^2\neq 0,\\ 0, & x^2+y^2=0\end{cases}$ 在原点的连续性、偏导数的存在性以及可微性.

解 因为 $0\leqslant\left|\dfrac{xy}{\sqrt{x^2+y^2}}\right|\leqslant\dfrac{1}{2}\sqrt{x^2+y^2}\to 0(x\to 0,y\to 0)$,所以

$$\lim_{\substack{x\to 0\\ y\to 0}}\frac{xy}{\sqrt{x^2+y^2}}=0=f(0,0),$$

故函数在原点连续.

由偏导数定义 $f_x(0,0)=\lim\limits_{x\to 0}\dfrac{f(x,0)-f(0,0)}{x}=0$,同理 $f_y(0,0)=0$,所以函数在原点偏导存在.

若函数在原点可微,则 $\mathrm{d}z(0,0)=fx(0,0)\cdot\Delta x+fy(0,0)\cdot\Delta y=0$,因此

$$(\Delta z-\mathrm{d}z)\big|_{(0,0)}=f(\Delta x,\Delta y)-f(0,0)-0=\frac{\Delta x\cdot\Delta y}{\sqrt{(\Delta x)^2+(\Delta y)^2}}=o(\rho),$$

即

$$\lim_{\substack{\Delta x\to 0\\ \Delta y\to 0}}\frac{\dfrac{\Delta x\cdot\Delta y}{\sqrt{(\Delta x)^2+(\Delta y)^2}}}{\rho}=\lim_{\substack{\Delta x\to 0\\ \Delta y\to 0}}\frac{\Delta x\cdot\Delta y}{(\Delta x)^2+(\Delta y)^2}=0.$$

实际上,如果考虑动点 $P'(x+\Delta x,y+\Delta y)$ 沿着直线 $y=x$ 趋于原点时,有

$$\lim_{\substack{(\Delta x,\Delta y)\to(0,0)\\ \Delta y=\Delta x}}\frac{\Delta x\cdot\Delta y}{(\Delta x)^2+(\Delta y)^2}=\lim_{\Delta x\to 0}\frac{\Delta x\cdot\Delta x}{(\Delta x)^2+(\Delta x)^2}=\frac{1}{2}\neq 0,$$

因此函数在原点是不可微的.

由定理1及例2可知,偏导数存在只是函数可微的必要条件.如果再假定函数的各个偏导数连续,则有如下的充分条件.

定理2(可微的充分条件) 如果二元函数 $z=f(x,y)$ 的两个偏导数在点 $P(x,y)$ 的某邻域内存在,且在点 $P(x,y)$ 连续,则二元函数在该点可微分.

证 因为偏导数在点 $P(x,y)$ 的某一邻域内存在.设点 $P(x+\Delta x,y+\Delta y)$ 为这邻域内

任意一点,考察函数的全增量

$$\begin{aligned}\Delta z &= f(x+\Delta x, y+\Delta y)-f(x,y)\\ &=[f(x+\Delta x, y+\Delta y)-f(x, y+\Delta y)]+[f(x, y+\Delta y)-f(x,y)].\end{aligned}$$

对于第一个方括号内的表达式,由于 $y+\Delta y$ 不变,因而可以看作是 x 的一元函数 $f(x, y+\Delta y)$ 的增量. 于是,应用拉格朗日中值定理,得到

$$f(x+\Delta x, y+\Delta y)-f(x, y+\Delta y)=f_x(x+\theta_1\Delta x, y+\Delta y)\Delta x,(0<\theta_1<1) \tag{8.2}$$

同理对于第二个方括号内的表达式,应用拉格朗日中值定理,得到

$$f(x, y+\Delta y)-f(x,y)=f_y(x, y+\theta_2\Delta y)\Delta y,(0<\theta_2<1) \tag{8.3}$$

由题设,偏导数在点 $P(x,y)$ 连续,所以有

$$f_x(x+\theta_1\Delta x, y+\Delta y)=f_x(x,y)+\varepsilon_1, \tag{8.4}$$

$$f_y(x, y+\theta_2\Delta y)=f_y(x,y)+\varepsilon_2, \tag{8.5}$$

其中

$$\lim_{(\Delta x,\Delta y)\to(0,0)}\varepsilon_1=0,\quad \lim_{(\Delta x,\Delta y)\to(0,0)}\varepsilon_2=0.$$

将(8.4)、(8.5)分别带入到(8.2)、(8.3)中,得到全增量 Δz 可以表示为

$$\Delta z=f_x(x,y)\Delta x+f_y(x,y)\Delta y+\varepsilon_1\Delta x+\varepsilon_2\Delta y. \tag{8.6}$$

又

$$\left|\frac{\varepsilon_1\Delta x+\varepsilon_2\Delta y}{\rho}\right|\leqslant|\varepsilon_1|+|\varepsilon_2|\to 0,(\rho\to 0)$$

即有

$$\varepsilon_1\Delta x+\varepsilon_2\Delta y=o(\rho),$$

于是

$$\Delta z=f_x(x,y)\Delta x+f_y(x,y)\Delta y+o(\rho),$$

这就证明了 $z=f(x,y)$ 在点 $P(x,y)$ 是可微分的.

以上关于二元函数全微分的定义及微分的必要条件和充分条件,完全可以推广到三元及以上的多元函数.

关于 n 元函数 $z=f(P)$ 在 P 处连续、可微、偏导数存在以及偏导数连续的关系如下:

偏导数均连续 → 可微 → 函数连续

可微 → 偏导数均存在

例 3　计算函数 $u=x+\sin\dfrac{y}{2}+\mathrm{e}^{yz}$ 的全微分.

解　因为 $\dfrac{\partial u}{\partial x}=1, \dfrac{\partial u}{\partial y}=\dfrac{1}{2}\cos\dfrac{y}{2}+z\mathrm{e}^{yz}, \dfrac{\partial u}{\partial z}=y\mathrm{e}^{yz}$,所以

$$du=dx+\left(\frac{1}{2}\cos\frac{y}{2}+ze^{yz}\right)dy+ye^{yz}dz.$$

*8.3.3 全微分在近似计算中的应用

当二元函数 $z=f(x,y)$ 在点 $P(x_0,y_0)$ 是可微的,且 $|\Delta x|$,$|\Delta y|$ 都较小时,可以利用近似等式

$$\Delta z=f(x,y)-f(x_0,y_0)\approx dz=f_x(x_0,y_0)\Delta x+f_y(x_0,y_0)\Delta y$$

即

$$f(x,y)\approx f(x_0,y_0)+f_x(x_0,y_0)\Delta x+f_y(x_0,y_0)\Delta y \tag{8.7}$$

近似计算函数值.

例 4 求$(1.08)^{3.96}$的近似值.

解 设 $f(x,y)=x^y$,令 $x_0=1,y_0=3,\Delta x=0.08,\Delta y=-0.04$,则

$$f_x(1,4)=yx^{y-1}|_{(1,4)}=4,\quad f_y(1,4)=x^y\ln x|_{((1,4))}=0,$$

由公式(8.7)得

$$(1.08)^{3.96}\approx f(1,4)+f_x(1,4)\Delta x+f_y(1,4)\Delta y=1.32.$$

还可以利用公式(8.7)估计 P 处的绝对误差:

$$\begin{aligned}|\Delta z|\approx|dz|&=|fx(x_0,y_0)\Delta x+fy(x_0,y_0)\Delta y|\\&\leqslant|f_x(x_0,y_0)||\Delta x|+|f_y(x_0,y_0)||\Delta y|\\&\leqslant|f_x(x_0,y_0)||\delta_x|+|f_y(x_0,y_0)||\delta_y|,\end{aligned}$$

因此 z 在 P 处的绝对误差为

$$\delta_z=|f_x(x_0,y_0)||\delta_x|+|f_y(x_0,y_0)||\delta_y|.$$

相对误差为

$$\frac{\delta_z}{z_0}=\left|\frac{f_x(x_0,y_0)}{f(x_0,y_0)}\right|\delta_x+\left|\frac{f_y(x_0,y_0)}{f(x_0,y_0)}\right|\delta_y.$$

例 5 肾的一个重要功能是清除血液中的尿素.临床上用公式 $C=\frac{\sqrt{V}}{P}u$ 来计算尿素标准清除率,其中 u 表示尿中的尿素浓度(单位:mg/L),V 表示每分钟排出的尿量(单位:mL/min),P 表示血液中的尿素浓度(单位:mg/L).某病人的实际测量值为 $u=5\,000,V=1.44,P=200$,从而算得 $C=30$(正常人的 C 值约为 54).如果该测量值 u,V,P 的绝对误差分别为 50,0.014 4,2,试估计由测量值的误差对 C 值所带来的绝对误差与相对误差.

解 由 $C=\frac{\sqrt{V}}{P}u$ 可得$\frac{\partial C}{\partial u}=\frac{\sqrt{V}}{P},\frac{\partial C}{\partial V}=\frac{u}{2P\sqrt{V}},\frac{\partial C}{\partial P}=-\frac{u\sqrt{V}}{P^2}$,于是当 $u=5\,000,V=1.44,P-200$ 时,

$$\frac{\partial C}{\partial u}=0.006,\quad \frac{\partial C}{\partial V}=\frac{125}{12},\quad \frac{\partial C}{\partial P}=-0.15,$$

因而 C 值的绝对误差为

$$\begin{aligned}\delta_C&=\left|\frac{\partial C}{\partial u}\right|\delta_u+\left|\frac{\partial C}{\partial V}\right|\delta_V+\left|\frac{\partial C}{\partial P}\right|\delta_P\\&=0.006\times 50+\frac{125}{12}\times 0.0144+0.15\times 2=0.75,\end{aligned}$$

C 值的相对误差为 $\frac{\delta_C}{|C|}=\frac{0.75}{30}=2.5\%$.

习题 8.3

1. 求下列函数的全微分：

(1) $z=e^x\cos(x+y)$；　　(2) $z=\arcsin\frac{x}{y}$；

(3) $u=\ln(xy^2z^3)$；　　(4) $z=(x^2+y^2-x+1)^{\frac{1}{2}}$；

(5) $z=2^{x-y}$；　　(6) $u=\ln(x^3+2^y+\tan 3z)$.

2. 求函数 $z=e^{xy^2}$，当 $x=1,y=-1,\Delta x=0.02,\Delta y=-0.01$ 时的全微分.

3. 设函数 $f(x,y,z)=\frac{z}{x^2+y^2}$，求 $df(1,2,1)$.

4. 选择题：

(1) 若 $z=f(x,y)$ 在点 P 的全微分存在，则偏导数 $\frac{\partial z}{\partial x}$ 和 $\frac{\partial z}{\partial y}$ 在点 P(　　).

(A) 一定连续　　(B) 不一定连续　　(C) 一定不连续　　(D) 不一定存在

(2) 下列命题正确的是(　　).

(A) 若函数 $f(x,y_0)$ 和 $f(x_0,y)$ 分别在 x_0 和 y_0 处连续，则函数 $f(x,y)$ 在点 (x_0,y_0) 处必连续

(B) 若函数 $f(x,y)$ 在点 (x_0,y_0) 处可微，则 $f(x,y)$ 在点 (x_0,y_0) 处两个偏导数都存在且连续

(C) 若函数 $f(x,y)$ 在点 (x_0,y_0) 的偏导数都存在，则函数 $f(x,y)$ 在点 (x_0,y_0) 处必连续

(D) 若函数 $f(x,y)$ 的偏导数 $f'_x(x,y),f'_y(x,y)$ 在点 (x_0,y_0) 处连续，则 $f(x,y)$ 在点 (x_0,y_0) 处可微.

(3) 函数 $f(x,y)=\begin{cases}\frac{xy}{x^2+y^2}, & x^2+y^2\neq 0,\\ 0, & x^2+y^2=0\end{cases}$ 在原点处(　　).

(A) 不连续、偏导数不存在、不可微　　(B) 连续、偏导数存在、不可微

(C) 不连续、偏导数存在、不可微　　　　(D) 连续、偏导数存在、可微

5. 证明函数 $f(x,y)=\begin{cases}\dfrac{x^2y}{x^2+y^2}, & x^2+y^2\neq 0,\\ 0, & x^2+y^2=0\end{cases}$ 在点(0,0) 连续且偏导数存在，但不可微.

*6. 计算下列近似值：

(1) $1.04^{2.02}$；　　　　(2) $\sqrt{(1.02)^3+(1.97)^3}$.

*7. 设有已无盖圆柱形容器，容器的壁与底的厚度均为 0.1 cm，内高为 20 cm，内半径为 4 cm，求容器外壳体积的近似值.

*8. 设有直角三角形，测得其两直角边的长分别为 7 ± 0.1 cm 和 24 ± 0.1 cm，试利用上述两个值来计算斜边长度时的绝对误差.

*9. 试证在原点(0,0) 的充分小领域内，有 $\arctan\dfrac{x+y}{1+xy}\approx x+y$.

*10. 利用全微分证明：

(1) 乘积的相对误差限等于各因子相对误差限之和；

(2) 商的相对误差限等于分子和分母相对误差限之和；

(3) 测得一物体的体积 $V_0=3.54\text{ cm}^3$，其绝对误差是 0.01 cm^3，重量 $W_0=29.70$ g，其绝对误差为 0.01 g，求此物体的密度 D_0，并利用(2) 估计其绝对误差与相对误差.

8.4　多元复合函数的求导法则

本节将一元复合函数的求导法则推广到多元函数.

8.4.1　链式法则

定理 1　如果函数 $u=\varphi(t)$ 及 $v=\psi(t)$ 都在点 t 可导，函数 $z=f(u,v)$ 在对应点(u,v) 处可微，则复合函数 $z=f[\varphi(t),\psi(t)]$ 在点 t 处可导，且其导数为

$$\frac{\mathrm{d}z}{\mathrm{d}t}=\frac{\partial z}{\partial u}\frac{\mathrm{d}u}{\mathrm{d}t}+\frac{\partial z}{\partial v}\frac{\mathrm{d}v}{\mathrm{d}t}. \tag{8.8}$$

证　设 t 获得增量 Δt，这时 $u=\varphi(t)$、$v=\psi(t)$ 的对应增量为 Δu、Δv，由此，函数 $z=f(u,v)$ 对应地获得增量 Δz. 由于函数 $z=f(u,v)$ 在点(u,v) 处可微，则有

$$\begin{aligned}\Delta z&=\frac{\partial z}{\partial u}\Delta u+\frac{\partial z}{\partial v}\Delta v+o(\sqrt{\Delta u^2+\Delta v^2})\\&=\frac{\partial z}{\partial u}\Delta u+\frac{\partial z}{\partial v}\Delta v+o(1)\cdot\sqrt{\Delta u^2+\Delta v^2}\end{aligned}$$

这里，$\lim\limits_{\substack{\Delta u\to 0\\ \Delta v\to 0}} o(1)=0$.

将上式两边同除以 Δt，得

$$\frac{\Delta z}{\Delta t}=\frac{\partial z}{\partial u}\frac{\Delta u}{\Delta t}+\frac{\partial z}{\partial v}\frac{\Delta v}{\Delta t}+o(1)\cdot\sqrt{\left(\frac{\Delta u}{\Delta t}\right)^2+\left(\frac{\Delta v}{\Delta t}\right)^2}.$$

当 $\Delta t\to 0$ 时，由于 $u=\varphi(t)$ 及 $v=\psi(t)$ 都在点 t 可导，所以 $\Delta u\to 0$ 且 $\Delta v\to 0$，因此有 $\lim\limits_{\Delta t\to 0} o(1)=0$，$\lim\limits_{\Delta t\to 0}\frac{\Delta u}{\Delta t}=\frac{\mathrm{d}u}{\mathrm{d}t}$，$\lim\limits_{\Delta t\to 0}\frac{\Delta v}{\Delta t}=\frac{\mathrm{d}v}{\mathrm{d}t}$，于是有

$$\lim_{\Delta t\to 0}\frac{\Delta z}{\Delta t}=\frac{\partial z}{\partial u}\frac{\mathrm{d}u}{\mathrm{d}t}+\frac{\partial z}{\partial v}\frac{\mathrm{d}v}{\mathrm{d}t}.$$

这就证明了复合函数 $z=f[\varphi(t),\psi(t)]$ 在点 t 可导，且其导数可用公式(8.8)计算.

上述定理1(即链式法则)可以推广到多个函数的复合函数的情形. 例如，设 $z=f(u,v,w)$ 与 $u=\varphi(t)$、$v=\psi(t)$，$\omega=\omega(t)$ 复合而得的复合函数为

$$z=f[\varphi(t),\psi(t),\omega(t)],$$

则在与定理1类似的条件下，该复合函数在点 t 处可导，且其导数可用下列公式计算

$$\frac{\mathrm{d}z}{\mathrm{d}t}=\frac{\partial z}{\partial u}\frac{\mathrm{d}u}{\mathrm{d}t}+\frac{\partial z}{\partial v}\frac{\mathrm{d}v}{\mathrm{d}t}+\frac{\partial z}{\partial \omega}\frac{\mathrm{d}\omega}{\mathrm{d}t}.$$

例1　设 $z=uv+v\cos t$，而 $u=\mathrm{e}^{2t}$，$v=\sin t$. 求导数 $\frac{\mathrm{d}z}{\mathrm{d}t}$.

解　$$\frac{\mathrm{d}z}{\mathrm{d}t}=\frac{\partial z}{\partial u}\frac{\mathrm{d}u}{\mathrm{d}t}+\frac{\partial z}{\partial v}\frac{\mathrm{d}v}{\mathrm{d}t}+\frac{\partial z}{\partial t}=2v\mathrm{e}^{2t}+u\cos t+\cos^2 t-v\sin t$$
$$=2\mathrm{e}^{2t}\sin t+\mathrm{e}^{2t}\cos t+\cos 2t.$$

定理1又可以推广至中间变量是多元函数的情形.

推论　如果 $u=\varphi(x,y)$ 及 $v=\psi(x,y)$ 在点 (x,y) 都存在偏导数，函数 $z=f(u,v)$ 在对应点 (u,v) 处可微，则复合函数 $z=f[\varphi(x,y),\psi(x,y)]$ 在点 (x,y) 的两个偏导数存在，且有下列公式计算：

$$\frac{\partial z}{\partial x}=\frac{\partial z}{\partial u}\frac{\partial u}{\partial x}+\frac{\partial z}{\partial v}\frac{\partial v}{\partial x},\tag{8.9}$$

$$\frac{\partial z}{\partial y}=\frac{\partial z}{\partial u}\frac{\partial u}{\partial y}+\frac{\partial z}{\partial v}\frac{\partial v}{\partial y}.\tag{8.10}$$

证　由于对多元函数的某个变量求偏导，是将其它变量看成常数，因此将 y 看成常数，应用定理1就得到(8.9). 将 x 看成常数，再由定理1就得到(8.10).

例2　设 $u=f(x,y,z)=\mathrm{e}^{x^2+y+z^2}$，而 $z=x^2\sin y$. 求 $\frac{\partial u}{\partial x}$ 和 $\frac{\partial u}{\partial y}$.

解　$$\frac{\partial u}{\partial x}=\frac{\partial f}{\partial x}+\frac{\partial f}{\partial z}\frac{\partial z}{\partial x}=2x\mathrm{e}^{x^2+y+z^2}+2z\mathrm{e}^{x^2+y+z^2}\cdot 2x\sin y$$

$$= 2x(1+2x^2\sin^2 y)e^{x^2+y+z^2\sin^2 y}.$$

$$\frac{\partial u}{\partial y} = \frac{\partial f}{\partial y} + \frac{\partial f}{\partial z}\frac{\partial z}{\partial y} = 2ye^{x^2+y+z^2} + 2ze^{x^2+y+z^2}\cdot x^2\cos y$$

$$= 2(y+x^4\sin y\cos y)e^{x^2+y+x^4\sin^2 y}.$$

从例 2 看出,$\frac{\partial u}{\partial x}\neq\frac{\partial f}{\partial x}$,$\frac{\partial u}{\partial x}$是把$u=f(x,y,z(x,y))$中的$y$看成常数对$x$求偏导,$\frac{\partial f}{\partial x}$是把$f(x,y,z)$中的$y$及$z$看成常数对$x$求偏导. 同理$\frac{\partial u}{\partial y}\neq\frac{\partial f}{\partial y}$.

例 3 设$z=e^u\sin v^2$而$u=\frac{x}{y}$,$v=2x+y$. 求$\frac{\partial z}{\partial x}$和$\frac{\partial z}{\partial y}$.

解

$$\frac{\partial z}{\partial x} = \frac{\partial z}{\partial u}\frac{\partial u}{\partial x} + \frac{\partial z}{\partial v}\frac{\partial v}{\partial x} = e^u\sin v^2\cdot\frac{1}{y} + e^u\cdot 2v\cdot\cos v^2\cdot 2$$

$$= e^{\frac{x}{y}}\left[\frac{1}{y}\sin(2x+y)^2 + 4(2x+y)\cos(2x+y)^2\right],$$

$$\frac{\partial z}{\partial y} = \frac{\partial z}{\partial u}\frac{\partial u}{\partial y} + \frac{\partial z}{\partial v}\frac{\partial v}{\partial y} = -\frac{x}{y^2}e^u\sin v^2 + e^u\cdot 2v\cos v^2\cdot 1$$

$$= e^{\frac{x}{y}}\left[-\frac{x}{y^2}\sin(2x+y)^2 + 2(2x+y)\cos(2x+y)^2\right].$$

在计算复合函数的偏导数时,有时将中间变量用 1,2,3 等来标记,这样可以使表达式看起来更简洁.

例 4 设$w=f(x+y+z,xyz)$,f具有二阶连续偏导数,求$\frac{\partial w}{\partial x}$及$\frac{\partial^2 w}{\partial x\partial z}$.

解 令$u=x+y+z$,$v=xyz$,则$w=f(u,v)$.

为表达简便起见,引入以下记号:

$$f'_1=\frac{\partial f(u,v)}{\partial u}, f''_{12}=\frac{\partial^2 f(u,v)}{\partial u\partial v},$$

这里下标 1 表示对第一个变量u求偏导数,下标 2 表示对第二个变量v求偏导数. 同理有f'_2、f''_{11}、f''_{22}等等.

因所给函数由$w=f(u,v)$及$u=x+y+z$,$v=xyz$复合而成,根据复合函数求导公式(8.9),有

$$\frac{\partial w}{\partial x} = \frac{\partial f}{\partial u}\frac{\partial u}{\partial x} + \frac{\partial f}{\partial v}\frac{\partial v}{\partial x} = f'_1 + yzf'_2,$$

$$\frac{\partial^2 w}{\partial x\partial z} = \frac{\partial}{\partial z}(f'_1+yzf'_2) = \frac{\partial f'_1}{\partial z} + yf'_2 + yz\frac{\partial f'_2}{\partial z}.$$

求$\frac{\partial f'_1}{\partial z}$及$\frac{\partial f'_2}{\partial z}$时,应注意$f'_1$及$f'_2$仍旧是复合函数,根据复合函数求导法则,有

$$\frac{\partial f'_1}{\partial z} = \frac{\partial f'_1}{\partial u}\frac{\partial u}{\partial z} + \frac{\partial f'_1}{\partial v}\frac{\partial v}{\partial z} = f''_{11} + xyf''_{12},$$

$$\frac{\partial f'_2}{\partial z}=\frac{\partial f'_2}{\partial u}\frac{\partial u}{\partial z}+\frac{\partial f'_2}{\partial v}\frac{\partial v}{\partial z}=f''_{21}+xyf''_{22},$$

于是

$$\begin{aligned}\frac{\partial^2 w}{\partial x\partial z}&=f''_{11}+xyf''_{12}+yf'_2+yzf''_{21}+xy^2zf''_{22}\\&=f''_{11}+y(x+z)f''_{12}+xy^2zf''_{22}+yf'_2.\end{aligned}$$

例 5　设 $z=f(x,\mathrm{e}^{-xy},x^2-y^2)+g(x^2y)$，$f$ 具有二阶连续偏导数，g 具有连续的二阶导数，求$\frac{\partial^2 z}{\partial x\partial y}$.

解　$\frac{\partial z}{\partial x}=f'_1-y\mathrm{e}^{-xy}f'_2+2xf'_3+2xyg'$；

$$\begin{aligned}\frac{\partial^2 z}{\partial x\partial y}&=-x\mathrm{e}^{-xy}f''_{12}-2yf''_{13}-\mathrm{e}^{-xy}f'_2+xy\mathrm{e}^{-xy}f'_2-y\mathrm{e}^{-xy}(-x\mathrm{e}^{-xy}f''_{22}-2yf''_{23})\\&\quad+2x(-x\mathrm{e}^{-xy}f''_{32}-2yf''_{33})+2xg'+2x^3yg''\\&=-x\mathrm{e}^{-xy}f''_{12}-2yf''_{13}-\mathrm{e}^{-xy}(1-xy)f'_2+xy\mathrm{e}^{-2xy}f''_{22}+2(y^2-x^2)\mathrm{e}^{-xy}f''_{23}\\&\quad-4xyf''_{33}+2xg'+2x^3yg''.\end{aligned}$$

例 6　设用变换 $\xi=x-2y,\eta=x+ay$ 把方程 $6\frac{\partial^2 z}{\partial x^2}+\frac{\partial^2 z}{\partial x\partial y}-\frac{\partial^2 z}{\partial y^2}=0$ 化简为$\frac{\partial^2 z}{\partial\xi\partial\eta}=0$，其中 $z=f(x,y)$ 具有二阶偏导数连续，求 a.

解　可以把函数 $z=f(x,y)$ 看成是 $z=f(\xi,\eta)$ 与 $\xi=x-2y,\eta=x+ay$ 复合而成. 应用复合函数求导法则，得：

$$\frac{\partial z}{\partial x}=\frac{\partial z}{\partial\xi}\frac{\partial\xi}{\partial x}+\frac{\partial z}{\partial\eta}\frac{\partial\eta}{\partial x}=\frac{\partial z}{\partial\xi}+\frac{\partial z}{\partial\eta},$$

$$\frac{\partial z}{\partial y}=\frac{\partial z}{\partial\xi}\frac{\partial\xi}{\partial y}+\frac{\partial z}{\partial\eta}\frac{\partial\eta}{\partial y}=-2\frac{\partial z}{\partial\xi}+a\frac{\partial z}{\partial\eta},$$

因此

$$\frac{\partial^2 z}{\partial x^2}=\frac{\partial}{\partial x}\left(\frac{\partial z}{\partial\xi}+\frac{\partial z}{\partial\eta}\right)=\frac{\partial^2 z}{\partial\xi^2}+\frac{\partial^2 z}{\partial\xi\partial\eta}+\frac{\partial^2 z}{\partial\eta\partial\xi}+\frac{\partial^2 z}{\partial\eta^2}=\frac{\partial^2 z}{\partial\xi^2}+2\frac{\partial^2 z}{\partial\xi\partial\eta}+\frac{\partial^2 z}{\partial\eta^2},$$

$$\begin{aligned}\frac{\partial^2 z}{\partial x\partial y}&=\frac{\partial}{\partial y}\left(\frac{\partial z}{\partial\xi}+\frac{\partial z}{\partial\eta}\right)=-2\frac{\partial^2 z}{\partial\xi^2}+a\frac{\partial^2 z}{\partial\xi\partial\eta}-2\frac{\partial^2 z}{\partial\eta\partial\xi}+a\frac{\partial^2 z}{\partial\eta^2}\\&=-2\frac{\partial^2 z}{\partial\xi^2}+(a-2)\frac{\partial^2 z}{\partial\xi\partial\eta}+a\frac{\partial^2 z}{\partial\eta^2},\end{aligned}$$

$$\begin{aligned}\frac{\partial^2 z}{\partial y^2}&=\frac{\partial}{\partial y}\left(-2\frac{\partial z}{\partial\xi}+a\frac{\partial z}{\partial\eta}\right)=-2\left(-2\frac{\partial^2 z}{\partial\xi^2}+a\frac{\partial^2 z}{\partial\xi\partial\eta}\right)+a\left(-2\frac{\partial^2 z}{\partial\eta\partial\xi}+a\frac{\partial^2 z}{\partial\eta^2}\right)\\&=4\frac{\partial^2 z}{\partial\xi^2}-4a\frac{\partial^2 z}{\partial\xi\partial\eta}+a^2\frac{\partial^2 z}{\partial\eta^2}.\end{aligned}$$

将上面三式代入方程 $6\frac{\partial^2 z}{\partial x^2}+\frac{\partial^2 z}{\partial x\partial y}-\frac{\partial^2 z}{\partial y^2}=0$ 中,整理得

$$(5a+10)\frac{\partial^2 z}{\partial\xi\partial\eta}+(6+a-a^2)\frac{\partial^2 z}{\partial\eta^2}=0.$$

若要方程化简为$\frac{\partial^2 z}{\partial\xi\partial\eta}=0$,则有 $6+a-a^2=0$ 且 $5a+10\neq 0$,所以 $a=3$.

8.4.2 一阶全微分形式不变性

一元函数具有一阶微分形式不变性,同样地多元函数也具有一阶全微分形式不变性.

一阶全微分形式不变性 设函数 $z=f(u,v)$ 可微,则无论 z 是自变量 u、v 的函数或者是中间变量 u、v 的函数,它的全微分形式都是

$$\mathrm{d}z=\frac{\partial z}{\partial u}\mathrm{d}u+\frac{\partial z}{\partial v}\mathrm{d}v.$$

实际上,如果 z 是自变量 u、v 的函数,则由 8.3 节定理 1 知 $\mathrm{d}z=\frac{\partial z}{\partial u}\mathrm{d}u+\frac{\partial z}{\partial v}\mathrm{d}v$.

如果 u、v 是中间变量,不妨设 $u=\varphi(x,y)$、$v=\psi(x,y)$,且这两个函数也可微,则复合函数

$$z=f[\varphi(x,y),\psi(x,y)]$$

的全微分为

$$\mathrm{d}z=\frac{\partial z}{\partial x}\mathrm{d}x+\frac{\partial z}{\partial y}\mathrm{d}y,$$

将$\frac{\partial z}{\partial x}=\frac{\partial z}{\partial u}\frac{\partial u}{\partial x}+\frac{\partial z}{\partial v}\frac{\partial v}{\partial x}$,$\frac{\partial z}{\partial y}=\frac{\partial z}{\partial u}\frac{\partial u}{\partial y}+\frac{\partial z}{\partial v}\frac{\partial v}{\partial y}$ 代入上式,得

$$\begin{aligned}\mathrm{d}z&=\left(\frac{\partial z}{\partial u}\frac{\partial u}{\partial x}+\frac{\partial z}{\partial v}\frac{\partial v}{\partial x}\right)\mathrm{d}x+\left(\frac{\partial z}{\partial u}\frac{\partial u}{\partial y}+\frac{\partial z}{\partial v}\frac{\partial v}{\partial y}\right)\mathrm{d}y\\&=\frac{\partial z}{\partial u}\left(\frac{\partial u}{\partial x}\mathrm{d}x+\frac{\partial u}{\partial y}\mathrm{d}y\right)+\frac{\partial z}{\partial v}\left(\frac{\partial v}{\partial x}\mathrm{d}x+\frac{\partial v}{\partial y}\mathrm{d}y\right)\\&=\frac{\partial z}{\partial u}\mathrm{d}u+\frac{\partial z}{\partial v}\mathrm{d}v.\end{aligned}$$

由此可见,全微分具有形式不变性.

例 7 利用全微分具有形式不变性求 $z=f\left(\frac{x}{y},\frac{y}{x}\right)$ 的偏导数,其中 f 可微.

解 令 $u=\frac{x}{y}$,$v=\frac{y}{x}$,由全微分具有形式不变性得

$$\mathrm{d}z=f'_u\mathrm{d}u+f'_v\mathrm{d}v=f'_u d\left(\frac{x}{y}\right)+f'_v d\left(\frac{y}{x}\right)=f'_u\frac{y\mathrm{d}x-x\mathrm{d}y}{y^2}+f'_v\frac{x\mathrm{d}y-y\mathrm{d}x}{x^2}$$

$$= \left(\frac{1}{y}f'_u - \frac{y}{x^2}f'_v\right)dx + \left(-\frac{x}{y^2}f'_u + \frac{1}{x}f'_v\right)dy,$$

从而

$$\frac{\partial z}{\partial x} = \frac{1}{y}f'_u - \frac{y}{x^2}f'_v, \qquad \frac{\partial z}{\partial y} = -\frac{x}{y^2}f'_u + \frac{1}{x}f'_v.$$

习题 8.4

1. 设 $z = e^{x-2y}$，而 $x = \sin t, y = t^3$，求 $\frac{dz}{dt}$.

2. 设 $z = \arctan(e^{xy})$，而 $y = x^2$，求 $\frac{dz}{dx}$.

3. 设 $u = \frac{e^{ax}(y-z)}{a^2+1}$，而 $y = a\sin x, z = \cos x$，求 $\frac{du}{dx}$.

4. 设 $z = u\sin(uv)$，而 $u = \frac{x}{y}, v = 3x-2y$，求 $\frac{\partial z}{\partial x}, \frac{\partial z}{\partial y}$.

5. 已知 $z = \ln(e^x + e^y), y = \frac{1}{3}x^3 + x$，求 $\frac{dz}{dx}$.

6. 求下列函数的一阶偏导数，(其中 f, g 可微)：

(1) $z = f(x+y^2, y+x^2)$；　　(2) $z = f\left(x, e^{-xy}, \frac{y}{x}\right)$；

(3) $u = xf(x+y) + yg(x+y)$.

7. 验证：

(1) $z = e^y\varphi\left(ye^{\frac{x^2}{2y^2}}\right)$，其中 φ 可微，证明：$(x^2-y^2)\frac{\partial z}{\partial x} + xy\frac{\partial z}{\partial y} = xyz$；

(2) $u = x^n f\left(\frac{y}{x^\alpha}, \frac{z}{x^\beta}\right)$，其中 f 可微，证明：$x\frac{\partial u}{\partial x} + \alpha y\frac{\partial u}{\partial y} + \beta z\frac{\partial u}{\partial z} = nu$；

(3) $z = \frac{y}{f(x^2-y^2)}$，其中 f 可微，证明 $\frac{1}{x}\frac{\partial z}{\partial x} + \frac{1}{y}\frac{\partial z}{\partial y} = \frac{z}{y^2}$.

8. 求下列函数的二阶偏导数，其中 f 具有连续的二阶偏导数或二阶导数.

(1) $z = f(x^2+y^2)$；　　(2) $z = f\left(x, y, \frac{x}{y}\right)$.

9. 设 $z = f(u,v)$ 对 u, v 具有二阶连续偏导数，且 $u = x^y, v = y+3$，求 dz 和 $\frac{\partial^2 z}{\partial x\partial y}$.

10. 设 $u = f(x,y)$ 具有二阶连续偏导数，而 $x = \frac{1}{2}(s-\sqrt{3}t), y = \frac{1}{2}(\sqrt{3}s+t)$，

证明：$\left(\frac{\partial u}{\partial x}\right)^2 + \left(\frac{\partial u}{\partial y}\right)^2 = \left(\frac{\partial u}{\partial s}\right)^2 + \left(\frac{\partial u}{\partial t}\right)^2$.

11. 设 $z = f(x - y^2, xy)$，f 可微. 利用一阶全微分形式不变性求 $\mathrm{d}z, \dfrac{\partial z}{\partial x}, \dfrac{\partial z}{\partial y}$.

8.5 隐函数的存在性及其求导公式

在一元函数微分学中，我们引入了隐函数的概念，并且给出了不经过显化而直接由方程 $F(x,y) = 0$ 求出它所确定的隐函数的导数. 对于多元函数，也有相应的隐函数的求导方法. 下面的定理既给出了隐函数存在的充分条件，同时通过多元复合函数的微分法推导出了隐函数的求导公式.

8.5.1 由一个方程 $F(x,y) = 0$ 所确定的一元隐函数的导数

隐函数存在定理 1 设函数 $F(x,y)$ 满足：

(i) 在点 $P(x_0, y_0)$ 的某一邻域内具有连续的偏导数；

(ii) $F(x_0, y_0) = 0$；

(iii) $F_y(x_0, y_0) \neq 0$.

则方程 $F(x,y) = 0$ 在点 $P(x_0, y_0)$ 的某一邻域内能唯一确定一个单值连续且具有连续导数的一元函数 $y = f(x)$，使得 $y_0 = f(x_0)$ 及 $F(x, f(x)) \equiv 0$，并有

$$\frac{\mathrm{d}y}{\mathrm{d}x} = -\frac{F_x(x,y)}{F_y(x,y)}. \tag{8.11}$$

该定理我们不给出证明. 仅给出(8.11)式隐函数的求导公式的推导.

将方程 $F(x,y) = 0$ 确定的函数 $y = f(x)$ 代入，得恒等式

$$F(x, f(x)) \equiv 0,$$

其左端是 x 的多元复合函数，对 x 求导，得到

$$\frac{\partial F}{\partial x} + \frac{\partial F}{\partial y}\frac{\mathrm{d}y}{\mathrm{d}x} = 0,$$

由定理 1 条件(i)、(iii)知，在 $P(x_0, y_0)$ 的某邻域内，F_y 连续，且 $F_y(x_0, y_0) \neq 0$，所以存在 $P(x_0, y_0)$ 的一个邻域，在此邻域内 $F_y \neq 0$，于是有

$$\frac{\mathrm{d}y}{\mathrm{d}x} = -\frac{F_x(x,y)}{F_y(x,y)}.$$

注：定理 1 的条件(iii)是关键条件. 若改为 $F_x(x_0, y_0) \neq 0$，这时结论则是存在唯一单值连续且有连续导数的一元隐函数 $x = g(y)$.

隐函数也可以求高阶导数. 假定 $F(x,y)$ 有相应阶数的连续的高阶偏导数. 在式(8.11)中对 x 求导，此时把 y 看成 x 的函数，应用复合函数的导数公式，得

$$\frac{d^2y}{dx^2}=-\frac{\left(F_{xx}+F_{xy}\cdot\frac{dy}{dx}\right)\cdot F_y-F_x\cdot\left(F_{yx}+F_{yy}\cdot\frac{dy}{dx}\right)}{F_y^2},$$

将(8.11)式代入,得

$$\frac{d^2y}{dx^2}=\frac{2F_{xy}F_xF_y-F_{xx}F_y^2-F_{yy}F_x^2}{F_y^3}.$$

例 1　求由方程 $y=x^2-\frac{1}{2}\sin y$ 确定的隐函数 $y=y(x)$ 的一阶和二阶导数.

解　设 $F(x,y)=y-x^2+\frac{1}{2}\sin y, F_x=-2x, F_y=1+\frac{1}{2}\cos y>0$. 因此由定理 1 知,方程 $y=x^2-\frac{1}{2}\sin y$ 能确定一个定义在 $(-\infty,+\infty)$ 上的单值且有连续导函数的隐函数 $y=f(x)$. 据公式(8.11),其一阶导数为

$$\frac{dy}{dx}=-\frac{F_x}{F_y}=\frac{2x}{1+\frac{1}{2}\cos y}=\frac{4x}{2+\cos y},$$

$$\frac{d^2y}{dx^2}=\frac{d}{dx}\left(\frac{4x}{2+\cos y}\right)=4\cdot\frac{2+\cos y+x\sin y\cdot\frac{dy}{dx}}{(2+\cos y)^2}$$

$$=\frac{4(4+4\cos y+\cos^2 y+4x^2\sin y)}{(2+\cos y)^3}.$$

隐函数存在定理 1 可以推广到更多个变量的情形,我们以三元方程 $F(x,y,z)=0$ 为例,给出下面类似的定理.

8.5.2　由一个方程 $F(x,y,z)=0$ 所确定的二元隐函数的偏导数

隐函数存在定理 2　设函数 $F(x,y,z)$ 满足

(i) 在点 $P(x_0,y_0,z_0)$ 的某一邻域内具有连续的偏导数;

(ii) $F(x_0,y_0,z_0)=0$;

(iii) $F_z(x_0,y_0,z_0)\neq 0$.

则方程 $F(x,y,z)=0$ 在点 $P(x_0,y_0,z_0)$ 的某一邻域内能唯一确定一个单值连续且具有连续偏导数的二元函数 $z=f(x,y)$,使得 $z_0=f(x_0,y_0)$,及 $F(x,y,f(x,y))\equiv 0$,并有

$$\frac{\partial z}{\partial x}=-\frac{F_x(x,y,z)}{F_z(x,y,z)},\quad \frac{\partial z}{\partial y}=-\frac{F_y(x,y,z)}{F_z(x,y,z)}. \tag{8.12}$$

证明从略. 在此仅给出公式(8.12)的推导.

由于 $F(x,y,f(x,y))\equiv 0$,应用多元复合函数的微分法,将该式两端分别对 x 和 y 求导,得

$$F_x+F_z\frac{\partial z}{\partial x}=0,\quad F_y+F_z\frac{\partial z}{\partial y}=0.$$

由定理 2 条件(i)、(iii) 知 F_z 连续,且 $F_z(x_0,y_0,z_0)\neq 0$,所以存在点 $P(x_0,y_0,z_0)$ 的一个邻域,在此邻域内 $F_z\neq 0$,于是有

$$\frac{\partial z}{\partial x}=-\frac{F_x}{F_z},\quad \frac{\partial z}{\partial y}=-\frac{F_y}{F_z}.$$

例 2 设 $e^z-xyz=0$,求$\frac{\partial z}{\partial x},\frac{\partial z}{\partial y},\frac{\partial x}{\partial y}$及$\frac{\partial^2 z}{\partial x\partial y}$.

解 设 $F(x,y,z)=e^z-xyz$,则 $F_x=-yz,F_y=-xz,F_z=e^z-xy$. 据隐函数存在定理 2,得

$$\frac{\partial z}{\partial x}=-\frac{F_x}{F_z}=\frac{yz}{e^z-xy},\quad \frac{\partial z}{\partial y}=-\frac{F_y}{F_z}=\frac{xz}{e^z-xy},\quad \frac{\partial x}{\partial y}=-\frac{F_y}{F_x}=-\frac{x}{y}.$$

$$\begin{aligned}\frac{\partial^2 z}{\partial x\partial y}=\frac{\partial}{\partial y}\left(\frac{yz}{e^z-xy}\right)&=\frac{\left(z+y\frac{\partial z}{\partial y}\right)(e^z-xy)-yz\left(e^z\frac{\partial z}{\partial y}-x\right)}{(e^z-xy)^2}\\&=\frac{\left(z+y\frac{xz}{e^z-xy}\right)(e^z-xy)-yz\left(e^z\frac{xz}{e^z-xy}-x\right)}{(e^z-xy)^2}\\&=\frac{z(e^{2z}-x^2y^2-xyze^z)}{(e^z-xy)^3}.\end{aligned}$$

例 3 设 $z=z(x,y)$ 由方程 $F\left(\frac{x}{y},y+\frac{z}{x}\right)=0$ 所确定,证明:$x\frac{\partial z}{\partial x}+y\frac{\partial z}{\partial y}=z-xy$.

解 设 $G(x,y,z)=F\left(\frac{x}{y},y+\frac{z}{x}\right)$,则

$$G_z=F'_2\cdot\left(\frac{1}{x}\right),\quad G_x=F'_1\cdot\left(\frac{1}{y}\right)+F'_2\cdot\left(-\frac{z}{x^2}\right),\quad G_y=F'_1\cdot\left(-\frac{x}{y^2}\right)+F'_2.$$

$$\frac{\partial z}{\partial x}=-\frac{G_x}{G_z}=\frac{-x^2F'_1+yzF'_2}{xyF'_2},\quad \frac{\partial z}{\partial y}=-\frac{G_y}{G_z}=\frac{x^2F'_1-xy^2F'_2}{y^2F'_2}$$

所以
$$x\frac{\partial z}{\partial x}+y\frac{\partial z}{\partial y}=\frac{1}{yF'_2}(yzF'_2-xy^2F'_2)=z-xy.$$

8.5.3 由方程组$\begin{cases}F(x,y,u,v)=0\\G(x,y,u,v)=0\end{cases}$所确定的隐函数组的偏导数

上面讨论的是由一个方程确定的一个隐函数的情形,本节讨论由方程组所确定的隐函数组的情形. 考察方程组

$$\begin{cases}F(x,y,u,v)=0,\\G(x,y,u,v)=0.\end{cases}$$

该方程组在满足一定条件时，可以确定两个二元函数. 下面的隐函数存在定理 3 给出了这两个二元函数存在的条件及其偏导数的求导公式.

隐函数存在定理 3　设函数 $F(x,y,u,v)$、$G(x,y,u,v)$ 满足

(i) 在点 $P(x_0,y_0,u_0,v_0)$ 的某一邻域内有一阶连续偏导数；

(ii) $F(x_0,y_0,u_0,v_0)=0, G(x_0,y_0,u_0,v_0)=0$；

(iii) 偏导数所组成的函数行列式(或称**雅可比(Jacobi) 式**)：

$$J=\left.\frac{\partial(F,G)}{\partial(u,v)}\right|_P=\begin{vmatrix} F_u & F_v \\ G_u & G_v \end{vmatrix}_P \neq 0$$

则方程组 $F(x,y,u,v)=0, G(x,y,u,v)=0$ 在点 $P(x_0,y_0,u_0,v_0)$ 的某一邻域内能唯一确定一组单值连续且具有连续偏导数的二元函数 $u=u(x,y), v=v(x,y)$，使得 $u_0=u(x_0,y_0), v_0=v(x_0,y_0)$，以及 $F(x,y,u(x,y),v(x,y))\equiv 0, G(x,y,u(x,y),v(x,y))\equiv 0$，并有

$$\begin{aligned}
\frac{\partial u}{\partial x}&=-\frac{1}{J}\frac{\partial(F,G)}{\partial(x,v)}=-\frac{\begin{vmatrix} F_x & F_v \\ G_x & G_v \end{vmatrix}}{\begin{vmatrix} F_u & F_v \\ G_u & G_v \end{vmatrix}}, \quad \frac{\partial v}{\partial x}=-\frac{1}{J}\frac{\partial(F,G)}{\partial(u,x)}=-\frac{\begin{vmatrix} F_u & F_x \\ G_u & G_x \end{vmatrix}}{\begin{vmatrix} F_u & F_v \\ G_u & G_v \end{vmatrix}}, \\
\frac{\partial u}{\partial y}&=-\frac{1}{J}\frac{\partial(F,G)}{\partial(y,v)}=-\frac{\begin{vmatrix} F_y & F_v \\ G_y & G_v \end{vmatrix}}{\begin{vmatrix} F_u & F_v \\ G_v & G_v \end{vmatrix}}, \quad \frac{\partial v}{\partial y}=-\frac{1}{J}\frac{\partial(F,G)}{\partial(u,y)}=-\frac{\begin{vmatrix} F_u & F_y \\ G_u & G_y \end{vmatrix}}{\begin{vmatrix} F_u & F_v \\ G_u & G_v \end{vmatrix}}.
\end{aligned} \tag{8.13}$$

证明从略，在此仅给出公式(8.13) 的推导.

对恒等式 $F(x,y,u(x,y),v(x,y))\equiv 0, G(x,y,u(x,y),v(x,y))\equiv 0$ 两端分别关于 x 求导，得到关于 $\frac{\partial u}{\partial x},\frac{\partial v}{\partial x}$ 的线性方程组

$$\begin{cases} F_x+F_u\dfrac{\partial u}{\partial x}+F_v\dfrac{\partial v}{\partial x}=0, \\ G_x+G_u\dfrac{\partial u}{\partial x}+G_v\dfrac{\partial v}{\partial x}=0, \end{cases}$$

由定理 3 条件(iii) 其系数行列式 $J=\begin{vmatrix} F_u & F_v \\ G_u & G_v \end{vmatrix}_P \neq 0$，又 $F(x,y,u,v)$、$G(x,y,u,v)$ 有连续的偏导函数，故 $J=\begin{vmatrix} F_u & F_v \\ G_u & G_v \end{vmatrix}_P$ 在点 $P(x_0,y_0,u_0,v_0)$ 的某一邻域内都不等于零. 根据克莱姆法则，可唯一解出

$$\frac{\partial u}{\partial x}=-\frac{1}{J}\frac{\partial(F,G)}{\partial(x,v)}=-\frac{\begin{vmatrix} F_x & F_v \\ G_x & G_v \end{vmatrix}}{\begin{vmatrix} F_u & F_v \\ G_u & G_v \end{vmatrix}}, \quad \frac{\partial v}{\partial x}=-\frac{1}{J}\frac{\partial(F,G)}{\partial(u,x)}=-\frac{\begin{vmatrix} F_u & F_x \\ G_u & G_x \end{vmatrix}}{\begin{vmatrix} F_u & F_v \\ G_u & G_v \end{vmatrix}}.$$

同理可得

$$\frac{\partial u}{\partial y}=-\frac{1}{J}\frac{\partial(F,G)}{\partial(y,v)}=-\frac{\begin{vmatrix}F_y & F_v\\ G_y & G_v\end{vmatrix}}{\begin{vmatrix}F_u & F_v\\ G_v & G_v\end{vmatrix}},\quad \frac{\partial v}{\partial y}=-\frac{1}{J}\frac{\partial(F,G)}{\partial(u,y)}=-\frac{\begin{vmatrix}F_u & F_y\\ G_u & G_y\end{vmatrix}}{\begin{vmatrix}F_u & F_v\\ G_u & G_v\end{vmatrix}}.$$

例 4 设$\begin{cases}xu^2-2yv^2=0,\\ y^2u+3x^2v=3,\end{cases}$求$\frac{\partial u}{\partial x},\frac{\partial u}{\partial y},\frac{\partial v}{\partial x}$和$\frac{\partial v}{\partial y}$.

解 设$F(x,y,u,v)=xu^2-2yv^2,G(x,y,u,v)=y^2u+3x^2v-3$.
由公式(8.13),$J=\frac{\partial(F,G)}{\partial(u,v)}=\begin{vmatrix}2xu & -4yv\\ y^2 & 3x^2\end{vmatrix}=2(3x^3u+2y^3v)$,因此

$$\frac{\partial u}{\partial x}=-\frac{1}{J}\frac{\partial(F,G)}{\partial(x,v)}=-\frac{1}{2(3x^3u+2y^3v)}\begin{vmatrix}u^2 & -4yv\\ 6xv & 3x^2\end{vmatrix}=-\frac{3x^2u^2+24xyv^2}{2(3x^3u+2y^3v)},$$

$$\frac{\partial v}{\partial x}=-\frac{1}{J}\frac{\partial(F,G)}{\partial(u,x)}=-\frac{1}{2(3x^3u+2y^3v)}\begin{vmatrix}2xu & u^2\\ y^2 & 6xv\end{vmatrix}=-\frac{12x^2uv-y^2u^2}{2(3x^3u+2y^3v)},$$

$$\frac{\partial u}{\partial y}=-\frac{1}{J}\frac{\partial(F,G)}{\partial(y,v)}=-\frac{1}{2(3x^3u+2y^3v)}\begin{vmatrix}-2v^2 & -4yv\\ 2yu & 3x^2\end{vmatrix}=\frac{3x^2v^2-8y^2uv}{2(3x^3u+2y^3v)},$$

$$\frac{\partial v}{\partial y}=-\frac{1}{J}\frac{\partial(F,G)}{\partial(u,y)}=-\frac{1}{2(3x^3u+2y^3v)}\begin{vmatrix}2xu & -2v^2\\ y^2 & 2yu\end{vmatrix}=-\frac{2xyu^2+y^2v^2}{3x^3u+2y^3v}.$$

同学们也可以将u和v看成x,y的二元函数,对方程组$\begin{cases}xu^2-2yv^2=0\\ y^2u+3x^2v=3\end{cases}$两边同时对$x$(或$y$)求导,得到关于$\frac{\partial u}{\partial x},\frac{\partial v}{\partial x}\left(或\frac{\partial u}{\partial y},\frac{\partial v}{\partial y}\right)$的线性方程组,解出$\frac{\partial u}{\partial x},\frac{\partial v}{\partial x},\frac{\partial u}{\partial y},\frac{\partial v}{\partial y}$即可.

例 5 设$\begin{cases}z=x^2+y^2,\\ x+2y+3z=9,\end{cases}$求$\frac{\mathrm{d}y}{\mathrm{d}x},\frac{\mathrm{d}z}{\mathrm{d}x}$.

解 对方程组的两边关于x求导,y和z均为x的一元函数,得

$$\begin{cases}\frac{\mathrm{d}z}{\mathrm{d}x}=2x+2y\frac{\mathrm{d}y}{\mathrm{d}x},\\ 1+2\frac{\mathrm{d}y}{\mathrm{d}x}+3\frac{\mathrm{d}z}{\mathrm{d}x}=0,\end{cases}$$

解得

$$\begin{cases}\frac{\mathrm{d}y}{\mathrm{d}x}=-\frac{1+6x}{2+6y},\\ \frac{\mathrm{d}z}{\mathrm{d}x}=\frac{2x-y}{1+3y}.\end{cases}$$

同学们也可以直接利用公式(8.13)来求解例5.

习题 8.5

1. 求由下列方程所确定的函数 $y=y(x)$ 的导数$\dfrac{dy}{dx}$：

(1) $\sin y+e^{x}-x^{2}y^{3}=0$；　(2) $\ln\sqrt{x^{2}+y^{2}}=\arctan\dfrac{y}{x}$；　(3) $x^{y}=y^{x}$.

2. 设 $x^{2}+y^{2}+xy=4$，求$\dfrac{d^{2}y}{dx^{2}}$.

3. 对下列方程确定的函数 $z=z(x,y)$，求$\dfrac{\partial z}{\partial x},\dfrac{\partial z}{\partial y}$.

(1) $x^{3}+2y^{3}+z^{3}-3xyz-2y+3=0$；　(2) $\dfrac{x}{z}=\ln\dfrac{z}{y}$.

4. 设 $F(x+y+z,x^{2}+y^{2}+z^{2})=0$，其中 F 具有一阶连续偏导数，求$\dfrac{\partial z}{\partial x},\dfrac{\partial z}{\partial y}$.

5. 设 $F(ax-bz,ay-cz)=0$，其中 F 具有一阶连续偏导数，证明 $b\dfrac{\partial z}{\partial x}+c\dfrac{\partial z}{\partial y}=a$，($a$，$b$，$c$ 为常数).

6. 设由方程 $x^{2}+y^{2}+z^{2}-yf\left(\dfrac{z}{y}\right)=0$ 所确定的隐函数 $z=z(x,y)$，且 f 可微，求$\dfrac{\partial z}{\partial x}$，$\dfrac{\partial z}{\partial y}$.

7. 设 $x=x(y,z)$，$y=y(x,z)$，$z=z(x,y)$ 都是由方程 $F(x,y,z)=0$ 所确定的具有连续偏导数的函数，证明：$\dfrac{\partial z}{\partial y}\cdot\dfrac{\partial y}{\partial x}\cdot\dfrac{\partial x}{\partial z}=-1$.

8. 设 $x^{5}+y^{5}+z^{5}=5z$，求$\dfrac{\partial^{2}z}{\partial x\partial y}$.

9. 设 $e^{z}-xyz=0$，求$\dfrac{\partial^{2}z}{\partial x^{2}}$.

10. 求由下列方程组所确定的隐函数的导数或偏导数：

(1) 设$\begin{cases}x^{2}+y^{2}+z^{2}=50,\\x+2y+3z=4,\end{cases}$求$\dfrac{dy}{dx},\dfrac{dz}{dx}$；

(2) 设$\begin{cases}z^{2}=2x^{2}+y^{2},\\x^{2}+y^{2}+2z=1,\end{cases}$求$\dfrac{dy}{dx},\dfrac{dz}{dx}$；

(3) 设$\begin{cases}u=f(ux,v+y),\\v=g(u-x,v^{2}y),\end{cases}$其中 f，g 具有一阶连续偏导数，求$\dfrac{\partial u}{\partial x},\dfrac{\partial v}{\partial x}$；

(4) 设$\begin{cases}x=e^{u}+u\sin v,\\y=e^{u}-u\cos v,\end{cases}$求$\dfrac{\partial u}{\partial x},\dfrac{\partial u}{\partial y},\dfrac{\partial v}{\partial x},\dfrac{\partial v}{\partial y}$.

11. 设函数 $z=f(u+v)+\varphi(v)$，而 f,φ 可微，且 $x=u^2+v^2, y=u^3-v^3$，求$\frac{\partial z}{\partial x}$.

12. 设 $y=f(x,t)$，而 t 是由方程 $F(x,y,t)=0$ 所确定的 x,y 的函数，其中 f,F 具有一阶连续偏导数，证明：$\frac{\mathrm{d}y}{\mathrm{d}x}=\frac{\frac{\partial f}{\partial x}\frac{\partial F}{\partial t}-\frac{\partial f}{\partial t}\frac{\partial F}{\partial x}}{\frac{\partial f}{\partial t}\frac{\partial F}{\partial y}+\frac{\partial F}{\partial t}}$.

8.6 方向导数与梯度

偏导数 f_x, f_y 分别是函数在某点 P 沿着平行于 x 轴方向与 y 轴方向的变化率. 实际应用中，要求知道函数 $z=f(x,y)$ 在点 P 沿任一给定方向的变化率. 如在气象学中要研究大气温度沿某一方向的变化率，或究竟在哪一方向的变化率最大，这就涉及方向导数与梯度的求解问题.

8.6.1 方向导数

定义 1 设函数 $z=f(x,y)$ 在点 $P(x,y)$ 的某一邻域 $U(P)$ 内有定义. 自点 P 引射线 $\boldsymbol{l}$，设 $P'(x+\Delta x, y+\Delta y)$ 为 $\boldsymbol{l}$ 上的另一点且 $P'\in U(P)$. 记 P、P' 两点间的距离为 $\rho=\sqrt{(\Delta x)^2+(\Delta y)^2}$，如果极限

$$\lim_{\rho\to 0^+}\frac{f(x+\Delta x, y+\Delta y)-f(x,y)}{\rho}.$$

存在，则称这极限为**函数 $f(x,y)$ 在点 P 沿方向 $\boldsymbol{l}$ 的方向导数**，记作$\left.\frac{\partial f}{\partial \boldsymbol{l}}\right|_P$.

设射线 $\boldsymbol{l}$ 的方向余弦是 $\boldsymbol{l}=(\cos\varphi,\sin\varphi)$(如图 8.6)，则函数 $f(x,y)$ 在点 P 沿方向 $\boldsymbol{l}$ 的方向导数也可表为极限

$$\left.\frac{\partial f}{\partial \boldsymbol{l}}\right|_P=\lim_{\rho\to 0^+}\frac{f(x+\rho\cos\varphi, y+\rho\sin\varphi)-f(x,y)}{\rho}.$$

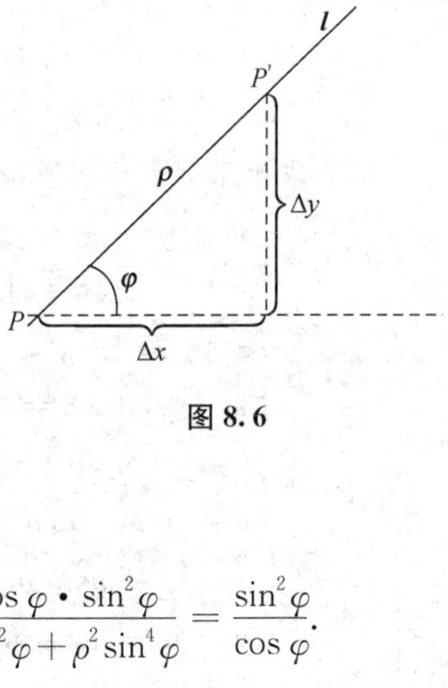

图 8.6

例 1 设二元函数 $f(x,y)=\begin{cases}\frac{xy^2}{x^2+y^4}, & x^2+y^2\neq 0,\\ 0, & x^2+y^2=0,\end{cases}$ 求 f 在点$(0,0)$ 沿任意方向的方向导数.

解 设$(\cos\varphi,\sin\varphi)$ 是任意方向 $\boldsymbol{l}$ 的方向余弦.
当 $\cos\varphi\neq 0$ 时，由方向导数定义得

$$\left.\frac{\partial f}{\partial \boldsymbol{l}}\right|_{(0,0)}=\lim_{\rho\to 0^+}\frac{f(\rho\cos\varphi,\rho\sin\varphi)-f(0,0)}{\rho}=\lim_{\rho\to 0^+}\frac{\cos\varphi\cdot\sin^2\varphi}{\cos^2\varphi+\rho^2\sin^4\varphi}=\frac{\sin^2\varphi}{\cos\varphi}.$$

当 $\cos\varphi = 0$ 时，由于 $f(\rho\cos\varphi, \rho\sin\varphi) = 0$，所以 $\left.\dfrac{\partial f}{\partial \boldsymbol{l}}\right|_{(0,0)} = 0$.

下面我们来思考以下两个问题：

问题一：方向导数与偏导数有怎样的关系？

设 $f_x(x,y)$ 存在，$\boldsymbol{i}$ 是 x 轴正向的单位向量，即 $\boldsymbol{i} = (1,0)$，$\varphi = 0$，则

$$\left.\frac{\partial f}{\partial \boldsymbol{i}}\right|_P = \lim_{\rho\to 0^+}\frac{f(x+\rho, y) - f(x,y)}{\rho} = \left.\frac{\partial f}{\partial x}\right|_P.$$

这说明 $f(x,y)$ 在点 P 沿 x 轴正向的方向导数就等于 $f_x(x,y)$. 同理，$f(x,y)$ 在点 P 沿 x 轴负方向的方向导数就等于 $-f_x(x,y)$. 可见 $f_x(x,y)$ 存在的充分必要条件是 $f(x,y)$ 在点 $P(x,y)$ 沿 x 轴正向的方向导数与沿 x 轴负方向的方向导数存在且 $\left.\dfrac{\partial f}{\partial \boldsymbol{i}}\right|_P = -\left.\dfrac{\partial f}{\partial(-\boldsymbol{i})}\right|_P$.

同理，$f_y(x,y)$ 存在的充分必要条件是 $f(x,y)$ 在点 $P(x,y)$ 沿 y 轴正向的方向导数与沿 y 轴负方向的方向导数存在且 $\left.\dfrac{\partial f}{\partial \boldsymbol{j}}\right|_P = -\left.\dfrac{\partial f}{\partial(-\boldsymbol{j})}\right|_P$.

问题二：方向导数与可微又有怎样的关系？有下面的定理.

定理 1　如果函数 $z = f(x,y)$ 在点 $P(x,y)$ 是可微的，那末函数在该点沿任一方向的方向导数都存在，且有

$$\frac{\partial f}{\partial \boldsymbol{l}} = \frac{\partial f}{\partial x}\cos\varphi + \frac{\partial f}{\partial y}\sin\varphi,$$

其中 $(\cos\varphi, \sin\varphi)$ 为方向 $\boldsymbol{l}$ 的方向余弦.

证　由于函数 $z = f(x,y)$ 在点 $P(x,y)$ 可微，则函数的增量可以表示为

$$f(x+\Delta x, y+\Delta y) - f(x,y) = \frac{\partial f}{\partial x}\Delta x + \frac{\partial f}{\partial y}\Delta y + o(\rho).$$

两边各除以 ρ，得到

$$\frac{f(x+\Delta x, y+\Delta y) - f(x,y)}{\rho} = \frac{\partial f}{\partial x}\cdot\frac{\Delta x}{\rho} + \frac{\partial f}{\partial y}\cdot\frac{\Delta y}{\rho} + \frac{o(\rho)}{\rho} = \frac{\partial f}{\partial x}\cdot\cos\varphi + \frac{\partial f}{\partial x}\cdot\sin\varphi + \frac{o(\rho)}{\rho},$$

所以 $\displaystyle\lim_{\rho\to 0^+}\frac{f(x+\Delta x, y+\Delta y) - f(x,y)}{\rho} = \frac{\partial f}{\partial x}\cos\varphi + \frac{\partial f}{\partial y}\sin\varphi$.

这就证明了方向导数存在且其值为

$$\frac{\partial f}{\partial \boldsymbol{l}} = \frac{\partial f}{\partial x}\cos\varphi + \frac{\partial f}{\partial y}\sin\varphi.$$

注 1：定理 1 给出了求方向导数的一个方法.

例 2　求函数 $z = \ln(x^2 + y^2)$ 在点 $P(3,4)$ 处沿从点 $P(3,4)$ 到点 $Q(4,3)$ 方向的方向导数.

解　这里方向 $\boldsymbol{l}$ 即向量 $\overrightarrow{PQ} = (1, -1)$ 的方向，于是 $\overrightarrow{PQ}$ 的方向余弦为 $\left(\dfrac{\sqrt{2}}{2}, -\dfrac{\sqrt{2}}{2}\right)$，

因为$\frac{\partial z}{\partial x}=\frac{2x}{x^2+y^2},\frac{\partial z}{\partial y}=\frac{2y}{x^2+y^2}$,所以$\left.\frac{\partial z}{\partial x}\right|_{(3,4)}=\frac{6}{25},\left.\frac{\partial z}{\partial y}\right|_{(3,4)}=\frac{8}{25}$. 由定理 2 得

$$\left.\frac{\partial z}{\partial \boldsymbol{l}}\right|_{P}=\frac{6}{25}\times\frac{\sqrt{2}}{2}+\frac{8}{25}\times\left(-\frac{\sqrt{2}}{2}\right)=-\frac{\sqrt{2}}{25}.$$

注 2:定理 1 的条件可微只是结论成立的充分条件. 即函数在 P 点沿任一方向的方向导数都存在,函数在 P 处未必可微. 如例 1,由于

$$\lim_{\substack{(x,y)\to(0,0)\\ x=y^2}} f(x,y)=\frac{1}{2}\neq f(0,0)$$

所以函数在(0,0) 不连续,因此不可微. 但由例 1 知,函数在(0,0) 沿任意方向的方向导数都存在.

注 3:方向导数的定义与定理1可以推广至三元函数. 设三元函数 $u=f(x,y,z)$,它在空间一点 $P(x,y,z)$ 沿着方向 $\boldsymbol{l}=(\cos\alpha,\cos\beta,\cos\gamma)$ 的方向导数定义为

$$\begin{aligned}\frac{\partial f}{\partial \boldsymbol{l}}&=\lim_{\rho\to 0^+}\frac{f(x+\Delta x,y+\Delta y,z+\Delta z)-f(x,y,z)}{\rho}\\&=\lim_{\rho\to 0^+}\frac{f(x+\rho\cos\alpha,y+\rho\cos\beta,z+\rho\cos\gamma)-f(x,y,z)}{\rho}\end{aligned}$$

其中 $\rho=\sqrt{(\Delta x)^2+(\Delta y)^2+(\Delta z)^2}$.

如果函数在点 P 处可微分,那末函数在该点沿着方向 $\boldsymbol{l}$ 的方向导数为

$$\frac{\partial f}{\partial \boldsymbol{l}}=\frac{\partial f}{\partial x}\cos\alpha+\frac{\partial f}{\partial y}\cos\beta+\frac{\partial f}{\partial z}\cos\gamma.$$

例 3 求函数 $u=\frac{x}{\sqrt{x^2+y^2+z^2}}$ 在点 $P(1,2,-2)$ 沿方向 $\boldsymbol{l}=(1,4,-8)$ 上的方向导数.

解 $\boldsymbol{l}$ 的方向余弦为 $\cos\alpha=\frac{1}{9},\cos\beta=\frac{4}{9},\cos\gamma=-\frac{8}{9}$.

$$\left.\frac{\partial u}{\partial x}\right|_{(1,2,-2)}=\left.\frac{y^2+z^2}{(x^2+y^2+z^2)^{\frac{3}{2}}}\right|_{(1,2,-2)}=\frac{8}{27},$$

$$\left.\frac{\partial u}{\partial y}\right|_{(1,2,-2)}=\left.\frac{-xy}{(x^2+y^2+z^2)^{\frac{3}{2}}}\right|_{(1,2,-2)}=-\frac{2}{27},$$

$$\left.\frac{\partial u}{\partial z}\right|_{(1,2,-2)}=\left.\frac{-xz}{(x^2+y^2+z^2)^{\frac{3}{2}}}\right|_{(1,2,-2)}=\frac{2}{27}$$

于是,函数在 P 处的方向导数. 为

$$\left.\frac{\partial u}{\partial \boldsymbol{l}}\right|_{(1,2,-2)}=\frac{8}{27}\times\frac{1}{9}+\left(-\frac{2}{27}\right)\times\frac{4}{9}+\frac{2}{27}\times\left(-\frac{8}{9}\right)=-\frac{16}{243}.$$

8.6.2　梯度

方向导数研究的是函数在某点沿任意方向上变化率的大小.实际问题中,有时候需要知道函数究竟在哪个方向的变化率最大?最大变化率又是多少?这就是梯度.

定义 2　设函数 $z=f(x,y)$ 在点 $P(x,y)$ 处存在偏导数 $f'_x(x,y)$ 和 $f'_y(x,y)$,则向量 $(f'_x(x,y),f'_y(x,y))$ 称为函数 $f(x,y)$ 在点 $P(x,y)$ 处的**梯度**,记作 $\mathbf{grad}f(x,y)$ 或 $\mathbf{grad}f\,|_P$,即

$$\mathbf{grad}\boldsymbol{f}(x,y)=(f'_x(x,y),f'_y(x,y)).$$

定理 2　若函数 $z=f(x,y)$ 在点 $P(x,y)$ 处可微,则函数在点 $P(x,y)$ 处的梯度方向就是函数 $f(x,y)$ 在该点方向导数取最大值的方向,而梯度的模就是函数在该点的方向导数的最大值.

证　因为函数 $z=f(x,y)$ 在点 $P(x,y)$ 处可微,由定理 1 知它在 P 处沿任意方向上的方向导数都存在,设 $\boldsymbol{l}=(\cos\varphi,\sin\varphi)$ 是在 P 处任意给定的方向,则由定理 1 得

$$\begin{aligned}\left.\frac{\partial f}{\partial \boldsymbol{l}}\right|_P&=\frac{\partial f}{\partial x}\cos\varphi+\frac{\partial f}{\partial y}\sin\varphi=\left(\frac{\partial f}{\partial x},\frac{\partial f}{\partial y}\right)\cdot(\cos\varphi,\sin\varphi)\\&=\mathbf{grad}f(x,y)\cdot\boldsymbol{l}=|\,\mathbf{grad}f(x,y)\,|\cos(\mathbf{grad}f(x,y)\hat{,}\boldsymbol{l}),\end{aligned}$$

因此当 $(\mathbf{grad}f(x,y)\hat{,}\boldsymbol{l})=0$ 时,即方向 $\boldsymbol{l}$ 与梯度 $\mathbf{grad}f(x,y)$ 的方向一致时,$\dfrac{\partial f}{\partial \boldsymbol{l}}$ 有最大值 $|\,\mathbf{grad}f(x,y)\,|$.这就说明了梯度的方向就是函数 $f(x,y)$ 在 P 处方向导数取最大值的方向,梯度的模就是方向导数的最大值.即为

$$|\,\mathbf{grad}f(x,y)\,|=\sqrt{\left(\frac{\partial f}{\partial x}\right)^2+\left(\frac{\partial f}{\partial y}\right)^2}.$$

注 4:当函数在 P 处沿着 $-\mathbf{grad}f(x,y)$ 方向的变化率为最小,最小值为 $-|\,\mathbf{grad}f(x,y)\,|$.

例 4　求 $\mathbf{grad}\dfrac{1}{x^2+y^2}$.

解　这里 $f(x,y)=\dfrac{1}{x^2+y^2}$.因为

$$\frac{\partial f}{\partial x}=-\frac{2x}{(x^2+y^2)^2},\quad \frac{\partial f}{\partial y}=-\frac{2y}{(x^2+y^2)^2},$$

所以 $\mathbf{grad}\dfrac{1}{x^2+y^2}=-\dfrac{2x}{(x^2+y^2)^2}\boldsymbol{i}-\dfrac{2y}{(x^2+y^2)^2}\boldsymbol{j}$.

类似地,可以将梯度的概念推广至三元及三元以上的函数.

例 5　求函数 $u=x^2yz+z^3$ 在点 $M_0(2,-1,1)$ 处沿 $\boldsymbol{l}=2\boldsymbol{i}-2\boldsymbol{j}+\boldsymbol{k}$ 方向的方向导数,并求函数在点 M_0 处取最大方向导数的值及其方向.

解　$\left.\dfrac{\partial u}{\partial x}\right|_{M_0}=(2xyz)\,|_{M_0}=-4,\left.\dfrac{\partial u}{\partial y}\right|_{M_0}=(x^2z)\,|_{M_0}=4,\left.\dfrac{\partial u}{\partial z}\right|_{M_0}=(x^2y+3z^2)\,|_{M_0}=$

-1,$\boldsymbol{l}$的方向余弦为$\boldsymbol{l}^0=\dfrac{\boldsymbol{l}}{|\boldsymbol{l}|}=\left(\dfrac{2}{3},-\dfrac{2}{3},\dfrac{1}{3}\right)$,由定理1得

$$\frac{\partial u}{\partial \boldsymbol{l}}\Big|_{M_0}=(-4)\times\frac{2}{3}+4\times\left(-\frac{2}{3}\right)\times(-1)\times\frac{1}{3}=-\frac{17}{3}.$$

由定理2得函数在点M_0处取最大方向导数的方向就是$\mathbf{grad}u(M_0)=(u_x,u_y,u_z)|_{M_0}=(-4,4,-1)$.最大方向导数的值为梯度的模,即

$$|\mathbf{grad}u(M_0)|=\sqrt{(-4)^2+4^2+(-1)^2}=\sqrt{33}.$$

例6 鲨鱼在发现血腥味时,总是沿血腥味最浓的方向追寻.在海面上进行试验表明,如果把坐标原点取在血源处,在海平面上建立直角坐标系,则在点(x,y)处血液的浓度C(每百万份水中所含血的份数)的近似值为$C=\mathrm{e}^{\frac{-x^2-2y^2}{10^4}}$.求鲨鱼从点$(x_0,y_0)$出发向血源前进的路线.

解 设鲨鱼前进的路线为曲线Γ:$y=f(x)$.由于鲨鱼是沿血腥味最浓的方向追寻,也就是按血液浓度变化最快的方向追寻,即C的梯度方向前进.由梯度的计算公式得

$$\mathbf{grad}C=\left(\frac{\partial C}{\partial x},\frac{\partial C}{\partial y}\right)=10^{-4}\mathrm{e}^{\frac{-x^2-2y^2}{10^4}}(-2x,-4y).$$

取鲨鱼前进的方向为曲线Γ的正向,相应方向的切线为正切线τ(图8.7),则曲线Γ在点(x,y)处的正切线的斜率为$\dfrac{\mathrm{d}y}{\mathrm{d}x}$.

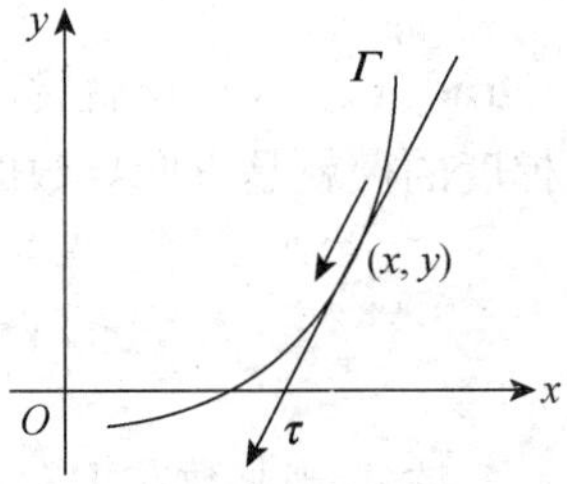

图8.7

显然$\tau\,/\!/\,\mathbf{grad}C$,从而有$\dfrac{\mathrm{d}y}{\mathrm{d}x}=\dfrac{-4y}{-2x}=2\dfrac{y}{x}$.即$\dfrac{\mathrm{d}y}{y}=2\dfrac{\mathrm{d}x}{x}$,两边积分得解为$\ln y=2\ln x+C$,即$y=\mathrm{e}^Cx^2$,记$A=\mathrm{e}^C$,则有$y=Ax^2$,将初始条件$y(x_0)=y_0$代入得$A=\dfrac{y_0}{x_0^2}$.

于是鲨鱼从点(x_0,y_0)出发向血源前进的路线是:$y=\dfrac{y_0}{x_0^2}x^2$.

8.6.3 梯度的几何意义

如果对于空间区域G内的任一点M,都有一个确定的数量$f(M)$,则称在这空间区域G内确定了一个**数量场.**(例如大气的温度场,流体的密度场等).如果与点M对应的是一个向量$\boldsymbol{F}(M)$,则称在这空间区域G内确定了一个**向量场.**(例如速度场,电场强度等).一个数量场可用一个数量函数$f(M)$来表示.而一个向量场可用一个向量函数$\boldsymbol{F}(M)$来确定,即$\boldsymbol{F}(M)=(P(M),Q(M),R(M))$,其中$P(M)$,$Q(M)$,$R(M)$是点$M$的数量场.所有的向量函数$\mathbf{grad}f(M)$确定了一个向量场,称为**梯度场.**$f(M)$又称为这个向量场的势.这个向量场又称为**势场.**

设平面区域D上的数量场是由二元函数$z=f(x,y)$确定,在几何上它表示一个曲面,

这曲面被平面 $z=C$(C 是常数) 所截得的曲线 L 的方程为

$$\begin{cases} z=f(x,y), \\ z=C, \end{cases}$$

这条曲线 L 在 xOy 面上的投影是一条平面曲线 L^*，它在 xOy 平面直角坐标系中的方程为

$$f(x,y)=C,$$

称它为函数 $z=f(x,y)$ 的**等高线**(图 8.8).

当$\dfrac{\partial f}{\partial x}$不为零时，由于等高线 $f(x,y)=C$ 上任一点(x,y)处的法线的斜率为

$$-\frac{1}{\frac{\mathrm{d}y}{\mathrm{d}x}}=-\frac{\mathrm{d}x}{\mathrm{d}y}=\frac{f_y}{f_x}.$$

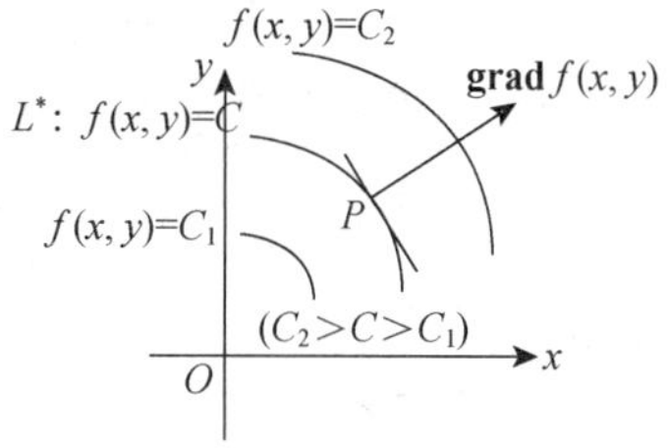

图 8.8

设法线的方向余弦为$(\cos\theta,\sin\theta)$，则有

$$\tan\theta=\frac{\sin\theta}{\cos\theta}=\frac{f_y}{f_x},$$

这说明梯度$\dfrac{\partial f}{\partial x}\boldsymbol{i}+\dfrac{\partial f}{\partial y}\boldsymbol{j}$ 与法线是共线的.

梯度的几何描述：函数 $z=f(x,y)$ 在点 $P(x,y)$ 的梯度的方向与过点 P 的等高线 $f(x,y)=C$ 在这点的法线的一个方向相同，且从数值较低的等高线指向数值较高的等高线(图 8.8). 而梯度的模等于函数在这个法线方向的方向导数，这个法线方向就是方向导数取最大值的方向.

类似地，对于空间区域 G 上的数量场 $u=f(x,y,z)$，可以引进曲面

$$f(x,y,z)=C$$

为函数 $u=f(x,y,z)$ 的**等量面**. 设 P 为该等量面上的任一点，则在 P 处等量面的一个法向量 $\boldsymbol{n}=(f_x,f_y,f_z)$ 就是 $u=f(x,y,z)$ 在点 P 处的梯度.

同样可以得到：$u=f(x,y,z)$ 在 P 点处的梯度的方向与过点 P 的等量面 $f(x,y,z)=C$ 在这点的法向量的一个方向相同，且从数值较低的等量面指向数值较高的等量面. 而梯度的模等于函数在这个法线方向的方向导数，这个法线方向就是方向导数取最大值的方向.

例 7　求 $z=x^2+4y^2-7$ 在点$(-2,1)$处沿曲线$\dfrac{x^2}{8}+\dfrac{y^2}{2}=1$ 在该点的外法线方向的方向导数.

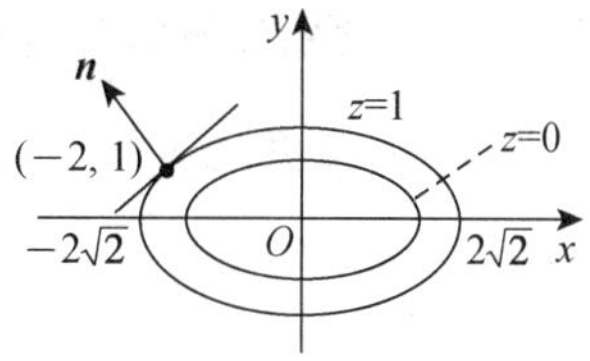

图 8.9

解　曲线$\dfrac{x^2}{8}+\dfrac{y^2}{2}=1$ 恰是曲面 $z=x^2+4y^2-7$ 的等高线 $z=1$. 而在点$(-2,1)$处沿曲线的外法线方向恰是 z 在点$(-2,1)$处的梯度方向(图 8.9).

因此由梯度的几何意义得：z 在点$(-2,1)$处沿曲线外法线方向的方向导数等于 z 在该点的梯度的模，即

$$\left.\frac{\partial z}{\partial \boldsymbol{n}}\right|_{(-2,1)}=|\,\mathbf{grad}z(-2,1)\,|=|\,(2x,8y)\,|_{(-2,1)}\,|=|\,(-4,8)\,|=\sqrt{(-4)^2+8^2}=4\sqrt{5}.$$

当然例 7 也可以利用定理 1 来求.

习题 8.6

1. 求函数 $u=x^2y+y^2z+z^2x$ 在点 $M_0(1,1,1)$ 处沿 $\boldsymbol{l}=\boldsymbol{i}-2\boldsymbol{j}+\boldsymbol{k}$ 的方向的方向导数.

2. 求函数 $u=xy^3+z^3-xyz$ 在点$(1,1,2)$处沿方向角是$\frac{\pi}{3},\frac{\pi}{4},\frac{\pi}{3}$的方向上的方向导数.

3. 求函数 $u=z^{xy}(z>0)$ 在点$(-2,1,2)$处，沿从点$(-2,1,2)$到点$(3,-3,4)$的方向的方向导数.

4. 求函数 $z=1-\left(\frac{x^2}{a^2}+\frac{y^2}{b^2}\right)$在点$\left(\frac{a}{\sqrt{2}},\frac{b}{\sqrt{2}}\right)$处沿曲线$\frac{x^2}{a^2}+\frac{y^2}{b^2}=1$在这点的内法线方向的方向导数.

5. 求函数 $u=\ln(x^2+y^2+z^2)$ 在点 $M(1,2,-2)$ 处的梯度. 是否存在使得梯度等于零向量的点?

6. 函数 $u=xy^2+\mathrm{e}^{xz}$ 在点 $P(2,-1,0)$ 处沿什么方向的方向导数最大?并求此方向导数的最大值.

7. 研究函数 $z=|\,2x-3y\,|$ 在点$(0,0)$处偏导数的存在性与可微性以及沿任何方向的方向导数是否存在.

8.7 微分学的几何应用

在一元函数中，可以利用导数求平面曲线在一点处的切线方程与法线方程. 本节利用多元函数微分学的知识，来研究空间曲线的切线与法平面，以及空间曲面的切平面与法线.

8.7.1 空间曲线的切线与法平面

1. 设空间曲线 Γ 的参数方程是

$$x=x(t),y=y(t),z=z(t),\quad (\alpha\leqslant t\leqslant\beta)$$

并假设 $x(t),y(t),z(t)$ 都可导，且导数不同时为零.

在曲线上取对应于参数 t_0 的点 $M(x_0,y_0,z_0)$ 及对应于参数 $t_0+\Delta t$ 的点 $M'(x_0+\Delta x,y_0+\Delta y,z_0+\Delta z)$. 这两点的连线 MM' 称为曲线的割线.

割线 MM' 的方程为

$$\frac{x-x_0}{\Delta x}=\frac{y-y_0}{\Delta y}=\frac{z-z_0}{\Delta z}.$$

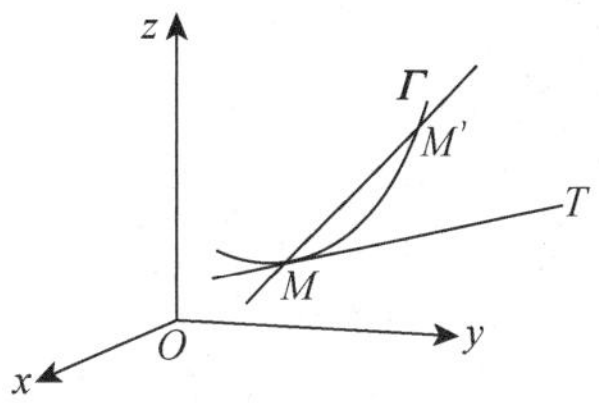

图 8.10

当 M' 沿着 Γ 趋向于 M 时，割线 MM' 的极限位置 MT 称为曲线 Γ 在点 M 处的**切线**(图 8.10).

如何来求这切线的方程呢?用 Δt 除上式的所有分母，得

$$\frac{x-x_0}{\frac{\Delta x}{\Delta t}}=\frac{y-y_0}{\frac{\Delta y}{\Delta t}}=\frac{z-z_0}{\frac{\Delta z}{\Delta t}},$$

$M'\to M$ 相当于 $\Delta t\to 0$，由于 $x(t),y(t),z(t)$ 的导数都存在且不同时为零，因此当 $\Delta t\to 0$ 时，各分母的极限对应于 $x(t),y(t),z(t)$ 的各导数，所以曲线在点 M 处的切线 MT 方程为

$$\frac{x-x_0}{x'(t_0)}=\frac{y-y_0}{y'(t_0)}=\frac{z-z_0}{z'(t_0)}.$$

切线 MT 的方向向量称为曲线 Γ 在点 M 处的**切向量**，切向量为

$$\boldsymbol{T}=(x'(t_0),y'(t_0),z'(t_0)).$$

通过点 M 而与切线垂直的平面称为曲线在点 M 处的**法平面**，其方程为

$$x'(t_0)(x-x_0)+y'(t_0)(y-y_0)+z'(t_0)(z-z_0)=0.$$

例 1　求螺旋线 $x=a\cos t,y=bt,z=a\sin t$ 在点 $\left(0,\frac{\pi}{2}b,a\right)$ 处的切线与法平面方程.

解　点 $\left(0,\frac{\pi}{2}b,a\right)$ 对应于参数 $t=\frac{\pi}{2}$，又 $\frac{\mathrm{d}x}{\mathrm{d}t}=-a\sin t,\frac{\mathrm{d}y}{\mathrm{d}t}=b,\frac{\mathrm{d}z}{\mathrm{d}t}=a\cos t$，在点 $\left(0,\frac{\pi}{2}b,a\right)$ 即 $t=\frac{\pi}{2}$ 处，切向量为 $\boldsymbol{T}(-a,b,0)$. 所以，切线方程为

$$\frac{x}{-a}=\frac{y-\frac{\pi}{2}b}{b}=\frac{z-a}{0},$$

法平面方程为

$$-ax+b\left(y-\frac{\pi}{2}b\right)+0(z-a)=0,$$

即

$$ax-by+\frac{\pi}{2}b^2=0.$$

注:如果空间曲线 Γ 的方程为

$$\begin{cases}y=y(x),\\z=z(x),\end{cases}$$

则取 x 为参数,它就可以表示为参数方程的形式

$$\begin{cases}x=x,\\y=y(x),\\z=z(x).\end{cases}$$

若 $y(x),z(x)$ 都在 $x=x_0$ 处可导,则切向量为 $\boldsymbol{T}=(1,y'(t_0),z'(t_0))$,曲线在点 $M(x_0,y_0,z_0)$ 处的切线方程为

$$\frac{x-x_0}{1}=\frac{y-y_0}{y'(x_0)}=\frac{z-z_0}{z'(x_0)},$$

在点 $M(x_0,y_0,z_0)$ 处的法平面方程为

$$(x-x_0)+y'(x)(y-y_0)+z'(x)(z-z_0)=0.$$

2. 如果空间曲线 Γ 是用方程组给出

$$\begin{cases}F(x,y,z)=0,\\G(x,y,z)=0\end{cases}$$

$M(x_0,y_0,z_0)$ 是曲线 Γ 上的一个点,又该如何来求曲线在这点的切线方程呢?

由隐函数存在定理的条件,不妨设 F,G 具有一阶连续偏导数,且 $J=\left.\frac{\partial(F,G)}{\partial(y,z)}\right|_M\neq 0$,则方程组在点 $M(x_0,y_0,z_0)$ 的某一邻域内唯一确定了可导的一元函数 $y=y(x),z=z(x)$,其导数为

$$\frac{\mathrm{d}y}{\mathrm{d}x}=\frac{\dfrac{\partial(F,G)}{\partial(z,x)}}{\dfrac{\partial(F,G)}{\partial(y,z)}},\qquad \frac{\mathrm{d}z}{\mathrm{d}x}=\frac{\dfrac{\partial(F,G)}{\partial(x,y)}}{\dfrac{\partial(F,G)}{\partial(y,z)}},$$

于是,切向量为:$\boldsymbol{T}_1=(1,y'(t_0),z'(t_0))=\left.\left(1,\dfrac{\dfrac{\partial(F,G)}{\partial(z,x)}}{\dfrac{\partial(F,G)}{\partial(y,z)}},\dfrac{\dfrac{\partial(F,G)}{\partial(x,y)}}{\dfrac{\partial(F,G)}{\partial(y,z)}}\right)\right|_M$,该向量与向量 $\boldsymbol{T}=\left.\left(\dfrac{\partial(F,G)}{\partial(y,z)},\dfrac{\partial(F,G)}{\partial(z,x)},\dfrac{\partial(F,G)}{\partial(x,y)}\right)\right|_M$ 共线,因此它也是曲线在点 M 处的切向量.

于是曲线 Γ 在点 $M(x_0,y_0,z_0)$ 处的切线方程为

$$\frac{x-x_0}{\left.\dfrac{\partial(F,G)}{\partial(y,z)}\right|_M}=\frac{y-y_0}{\left.\dfrac{\partial(F,G)}{\partial(z,x)}\right|_M}=\frac{z-z_0}{\left.\dfrac{\partial(F,G)}{\partial(x,y)}\right|_M}.$$

曲线 Γ 在点 $M(x_0,y_0,z_0)$ 处的法平面方程为

$$\left.\frac{\partial(F,G)}{\partial(y,z)}\right|_M(x-x_0)+\left.\frac{\partial(F,G)}{\partial(z,x)}\right|_M(y-y_0)+\left.\frac{\partial(F,G)}{\partial(x,y)}\right|_M(z-z_0)=0.$$

若$\left.\frac{\partial(F,G)}{\partial(y,z)}\right|_M=0$,则$\left.\frac{\partial(F,G)}{\partial(z,x)}\right|_M$,$\left.\frac{\partial(F,G)}{\partial(x,y)}\right|_M$ 中至少有一个不等于零. 用同样的方法可求切线方程和法平面方程.

例 2　求曲线 $z=x^2-y^2, x^2+2y^2+3z^2=3$ 在点 $M(1,1,0)$ 处的切线及法平面方程.

解一　令 $F(x,y,z)=x^2-y^2-z, G(x,y,z)=x^2+2y^2+3z^2-3$,则

$$\left.\frac{\partial(F,G)}{\partial(y,z)}\right|_M=\left.\begin{vmatrix}-2y & -1\\ 4y & 6z\end{vmatrix}\right|_M=4,$$

$$\left.\frac{\partial(F,G)}{\partial(z,x)}\right|_M=\left.\begin{vmatrix}-1 & 2x\\ 6z & 2x\end{vmatrix}\right|_M=-2,$$

$$\left.\frac{\partial(F,G)}{\partial(x,y)}\right|_M=\left.\begin{vmatrix}2x & -2y\\ 2x & 4y\end{vmatrix}\right|_M=12.$$

所以切向量为 $\boldsymbol{T}=(4,-2,12)\,/\!/\,(2,-1,6)$,故所求切线方程为

$$\frac{x-1}{2}=\frac{y-1}{-1}=\frac{z}{6},$$

法平面方程为

$$2(x-1)-(y-1)+6z=0,$$

即

$$2x-y+6z=1.$$

解二　方程组两边对 x 求导,得

$$\begin{cases}\dfrac{\mathrm{d}z}{\mathrm{d}x}=2x-2y\dfrac{\mathrm{d}y}{\mathrm{d}x},\\[2ex] 2x+4y\dfrac{\mathrm{d}y}{\mathrm{d}x}+6z\dfrac{\mathrm{d}z}{\mathrm{d}x}=0.\end{cases}$$

在点 $M(1,1,0)$ 处有$\begin{cases}\dfrac{\mathrm{d}z}{\mathrm{d}x}=2-2\dfrac{\mathrm{d}y}{\mathrm{d}x},\\[2ex] 2+4\dfrac{\mathrm{d}y}{\mathrm{d}x}=0.\end{cases}$由此得:$\left.\dfrac{\mathrm{d}y}{\mathrm{d}x}\right|_M=-\dfrac{1}{2}$,$\left.\dfrac{\mathrm{d}z}{\mathrm{d}x}\right|_M=3$.

从而切向量为 $\boldsymbol{T}=\left(1,-\dfrac{1}{2},3\right)/\!/\,(2,-1,6)$,故所求切线方程为

$$\frac{x-1}{2}=\frac{y-1}{-1}=\frac{z}{6},$$

法平面方程为

$$2(x-1)-(y-1)+6z=0,$$

即

$$2x-y+6z=1.$$

8.7.2 空间曲面的切平面与法线

1. 设空间曲面 Σ 的方程为 $F(x,y,z)=0$

$M(x_0,y_0,z_0)$ 是曲面 Σ 上的一点,并设函数 $F(x,y,z)$ 在该点的偏导数连续且不同时为零.

在曲面 Σ 上,过 M 点任意引一条曲线 Γ(如图 8.11). 设曲线 Γ 的方程为

$$x=x(t),y=y(t),z=z(t),$$

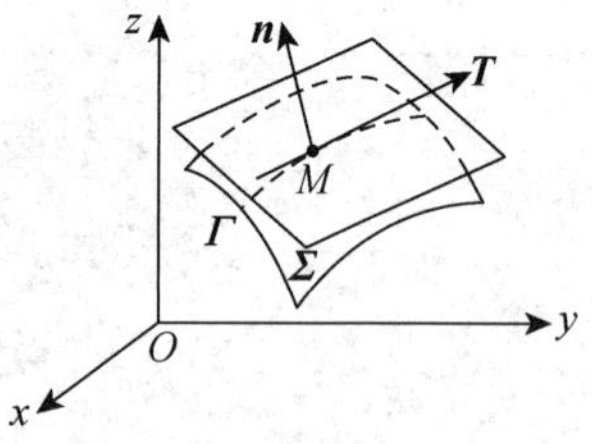

图 8.11

点 $M(x_0,y_0,z_0)$ 对应的参数为 t_0,且 $x'(t_0),y'(t_0),z'(t_0)$ 不全为零,则这曲线在 M 处的切向量为 $\boldsymbol{T}=(x'(t_0),y'(t_0),z'(t_0))$. 由于曲线 Γ 完全在曲面 Σ 上,所以,$F[x(t),y(t),z(t)]\equiv 0$,两端对 t 求导数,并令 $t=t_0$,得

$$\frac{\mathrm{d}}{\mathrm{d}t}F[x(t),y(t),z(t)]\big|_{t=t_0}=0.$$

由多元复合函数的微分法有

$$F_x(x_0,y_0,z_0)x'(t_0)+F_y(x_0,y_0,z_0)y'(t_0)+F_z(x_0,y_0,z_0)z'(t_0)=0.$$

令向量 $\boldsymbol{n}=(F_x(x_0,y_0,z_0),F_y(x_0,y_0,z_0),F_z(x_0,y_0,z_0))$,则上式即为

$$\boldsymbol{n}\cdot\boldsymbol{T}=0$$

这表明曲线 Γ 在点 M 处的切向量 $\boldsymbol{T}$ 与向量 $\boldsymbol{n}$ 垂直,亦即 $\boldsymbol{n}$ 与曲线 Γ 过点 M 的切线垂直. 又由于曲线 Γ 是曲面 Σ 上过点 M 的任意一条曲线,所以所有过点 M 的曲线在 M 处的切线都垂直于同一个向量 $\boldsymbol{n}$,从而这些切线一定是共面的,这个平面就称为曲面 Σ 在点 M 的**切平面**. 该切平面法向量就是 $\boldsymbol{n}$,于是,切平面的方程为

$$F_x(x_0,y_0,z_0)(x-x_0)+F_y(x_0,y_0,z_0)(y-y_0)+F_z(x_0,y_0,z_0)(z-z_0)=0.$$

过点 $M(x_0,y_0,z_0)$ 且垂直于切平面的直线称为曲面在点 M 的**法线**. 法线方程是

$$\frac{x-x_0}{F_x(x_0,y_0,z_0)}=\frac{y-y_0}{F_y(x_0,y_0,z_0)}=\frac{z-z_0}{F_z(x_0,y_0,z_0)}.$$

切平面的法向量 $\boldsymbol{n}=(F_x(x_0,y_0,z_0),F_y(x_0,y_0,z_0),F_z(x_0,y_0,z_0))$ 也称为**曲面在点 M 处的法向量**.

2. 如果空间曲面方程表示为 $z=f(x,y)$

此时令

$$F(x,y,z)=f(x,y)-z=0,$$

当函数 $f(x,y)$ 的偏导数 $f_x(x,y)$、$f_y(x,y)$ 在点 (x_0,y_0) 连续时,曲面在点 $M(x_0,y_0,z_0)$ 处的法向量为 $\boldsymbol{n}=(f_x(x_0,y_0),f_y(x_0,y_0),-1)$,所以曲面在 M 处的切平面方程为

$$f_x(x_0,y_0)(x-x_0)+f_y(x_0,y_0)(y-y_0)-(z-z_0)=0$$

或

$$z-z_0=f_x(x_0,y_0)(x-x_0)+f_y(x_0,y_0)(y-y_0).$$

注：全微分 $dz|_{(x_0,y_0)}$ 的几何意义：上式右端是函数 $z=(x,y)$ 在点(x_0,y_0) 的全微分，而左端是切平面上点的竖坐标的增量. 因此，函数 $z=(x,y)$ 在点(x_0,y_0) 的全微分，在几何上表示曲面 $z=(x,y)$ 在点(x_0,y_0,z_0) 处的切平面上点的竖坐标的增量.

曲面在点 M 处法线方程为

$$\frac{x-x_0}{f_x(x_0,y_0)}=\frac{y-y_0}{f_y(x_0,y_0)}=\frac{z-z_0}{-1}.$$

设曲面在点 M 的法向量 $\boldsymbol{n}$ 的方向角为 α、β、γ，并假定法向量的方向是向上的，即它与 z 轴的正向所成的角 γ 是锐角，则法向量 $\boldsymbol{n}$ 的方向余弦为

$$\cos\alpha=\frac{-f_x}{\sqrt{1+f_x^2+f_y^2}},\cos\beta=\frac{-f_y}{\sqrt{1+f_x^2+f_y^2}},\cos\gamma=\frac{1}{\sqrt{1+f_x^2+f_y^2}},$$

其中 $f_x(x_0,y_0)$，$f_y(x_0,y_0)$ 分别简记为 f_x，f_y.

例 3　求曲面 $x^2-2y^2+3z^2=4$ 在点$(3,2,-1)$ 处的切平面及法线方程.

解　令 $F(x,y,z)=x^2-2y^2+3z^2-4$，则

$$\boldsymbol{n}=(F_x,F_y,F_z)=(2x,-4y,6z)$$

在点$(3,2,-1)$ 处，$\boldsymbol{n}=(6,-8,-6)\,/\!/\,(3,-4,-3)$.

所以在点$(3,2,-1)$ 处的切平面方程为

$$3(x-3)-4(y-2)-3(z+1)=0,$$

即

$$3x-4y-3z-4=0,$$

法线方程为
$$\frac{x-3}{3}=\frac{y-2}{-4}=\frac{z+1}{-3}.$$

例 4　求马鞍面 $z=xy$ 在点$(2,3,6)$ 处的切平面及法线方程.

解　令 $F(x,y,z)=xy-z$，则 $\boldsymbol{n}=(f_x,f_y,-1)=(y,x,-1)$，在点$(2,3,6)$ 处，$\boldsymbol{n}=(3,2,-1)$. 所以在点$(2,3,6)$ 处的切平面方程为

$$3(x-2)+2(y-3)-(z-6)=0,$$

即

$$3x+2y-z-6=0,$$

法线方程为
$$\frac{x-2}{3}=\frac{y-3}{2}=\frac{z-6}{-1}.$$

习题 8.7

1. 求下列曲线在指定点处的切线与平面方程:

(1) $x=t-\sin t, y=1-\cos t, z=4\sin\frac{t}{2}, M_0\left(\frac{\pi}{2}-1,1,2\sqrt{2}\right)$;

(2) $x=a\cos^2 t, y=b\sin t\cos t, z=c\sin t$,对应于 $t=\frac{\pi}{4}$ 的点,其中 a,b,c 是不为零的常数.

2. 求曲线 $\begin{cases}x^2+y^2+z^2=4a^2,\\(x-a)^2+y^2=a^2\end{cases}$ 在点 $(a,a,\sqrt{2}a)$ 处的切线方程与法平面方程.

3. 求曲线 $\begin{cases}x^2=3y,\\2xy=9z\end{cases}$ 上的点,使在该点的切线平行于平面 $4x+3y-9z-1=0$.

4. 求下列曲面在指定点处的切平面与法线方程:

(1) $xy-e^{2x-z}=0$ 在点 $(1,1,2)$;

(2) $2x^3y-xy^2e^z+\ln(z+1)=0$ 在点 $(-1,2,0)$.

5. 求函数 $u=\frac{x}{\sqrt{x^2+y^2+z^2}}$ 在点 $P(1,2,-2)$ 沿曲线 $x=t, y=2t^2, z=-2t^4$ 在此点的切线方向上的方向导数.

6. 求函数 $u=xy^2z^3$ 在点 $(-1,2,2)$ 沿椭圆抛物面 $z=3x^2+2y^2-9$ 在该点外法向量的方向导数.

7. 已知椭球面 $S: x^2+2y^2+z^2=\frac{5}{2}$ 和平面 $\pi: x-y+z+4=0$,

(1) 求 S 的与平面 π 平行的切平面方程;

(2) 求 S 上距离平面 π 的最近和最远的距离.

8. 试证曲面 $\sqrt{x}+\sqrt{y}+\sqrt{z}=\sqrt{a}\,(a>0)$ 上任何点处的切平面在各坐标轴上的截距之和等于 a.

9. 证明:曲面 $xyz=a^3\,(a>0)$ 上任何点处的切平面与坐标面所围成的四面体的体积是常数.

10. 设 $F(u,v)$ 具有一阶连续偏导数,求证:曲面 $F(ax+bz, by+cz)=0$ 的任一切平面都平行于某固定的直线.(其中 a,b,c 是不为零的常数).

8.8　二元函数的极值

与一元函数的情形一样,在实际应用中经常会遇到多元函数的极值和最值问题.本节讨论二元函数的极值和最值.

8.8.1 二元函数极值的概念及其求法

定义 1 设函数 $z=f(x,y)$ 在点 (x_0,y_0) 的某邻域内有定义,若对该邻域内任何点 (x,y) 都有

$$f(x,y)\leqslant f(x_0,y_0)(\text{或 } f(x,y)\geqslant f(x_0,y_0))$$

则称 $f(x_0,y_0)$ 为函数 $f(x,y)$ 的极大值(或极小值),这时点 (x_0,y_0) 称为 $f(x,y)$ 的极大值点(或极小值点).

函数的极大值、极小值统称为极值,极大值点、极小值点统称为极值点.

例 1 讨论下列函数在点 $(0,0)$ 处是否取得极值?

(1) $z=5x^2+6y^2$; (2) $z=1-\sqrt{x^2+y^2}$; (3) $z=xy$.

解 (1) 函数 $z=5x^2+6y^2$ 为开口向上的椭圆抛物面,其顶点在 $(0,0,0)$(如图 8.12).其所有函数值均非负,又 $z(0,0)=0$,故函数 $z=5x^2+6y^2$ 在点 $(0,0)$ 处取得极小值 0.

(2) 函数 $z=1-\sqrt{x^2+y^2}$ 为开口向下的圆锥面,其顶点在 $(0,0,1)$(如图 8.13),故函数 $z=1-\sqrt{x^2+y^2}$ 在点 $(0,0)$ 处取得极大值 1.

(3) 函数 $z=xy$ 为马鞍面(如图 8.14),在 $\overset{0}{U}(0,0)$ 内,$z(x,x)=x^2>0$,$z(x,-x)=-x^2<0$,而 $z(0,0)=0$,故函数 $z=xy$ 在点 $(0,0)$ 处不取极值.

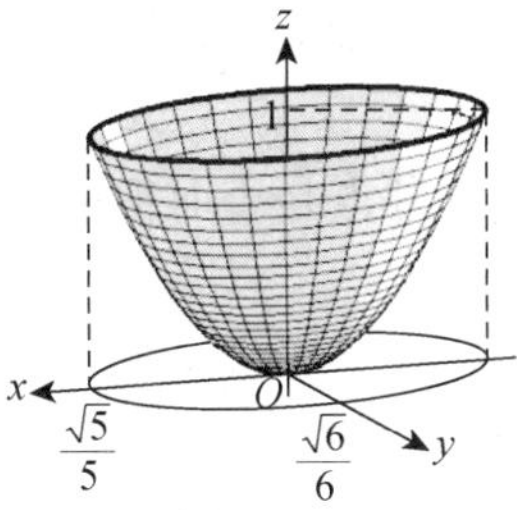

图 8.12

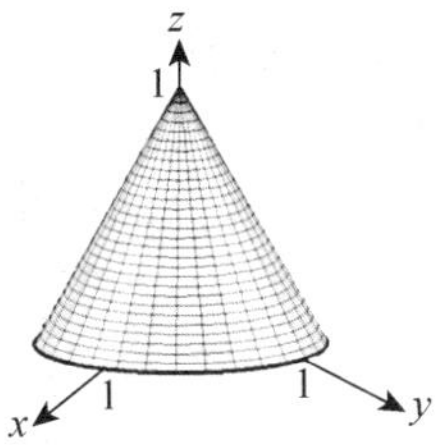

图 8.13

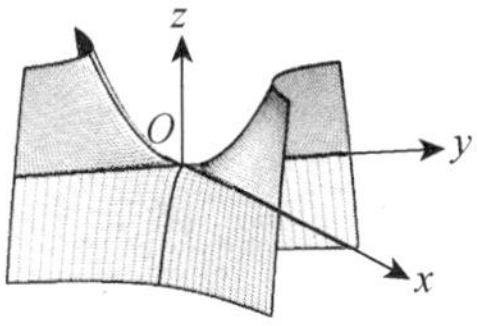

图 8.14

究竟哪些点可能是函数的极值点呢?与一元函数取极值的必要条件类似,二元函数也有取极值的必要条件.

定理 1(必要条件) 设函数 $z=f(x,y)$ 在点 (x_0,y_0) 存在偏导数,且在点 (x_0,y_0) 处取得极值,则有

$$f_x(x_0,y_0)=0,f_y(x_0,y_0)=0.$$

证 不妨设 $z=f(x,y)$ 在点 (x_0,y_0) 取得极大值,则对于点 (x_0,y_0) 的某一邻域内的点 (x,y) 都有

$$f(x,y)\leqslant f(x_0,y_0).$$

特别地,若在该邻域内取 $y=y_0$ 而 $x\neq x_0$ 的点,同样成立不等式

$$f(x,y_0)\leqslant f(x_0,y_0)$$

这说明一元函数 $f(x,y_0)$ 在 $x=x_0$ 处取得极大值，又因为 $z=f(x,y)$ 在点 (x_0,y_0) 存在偏导数，由一元函数取极值的必要条件得有 $f_x(x_0,y_0)=0$；同理可得 $f_y(x_0,y_0)=0$.

注：(1) 定理1的几何意义：如果曲面 $z=f(x,y)$ 在点 (x_0,y_0) 取得极值，且曲面在该点存在切平面，则该切平面必平行于 xOy 坐标面.

(2) 使得 $f_x(x,y)=0$，$f_y(x,y)=0$ 同时成立的点称为函数 $z=f(x,y)$ 的驻点. 要注意的是函数的驻点并不一定是极值点，如例1(3)中的马鞍面 $z=xy$，$(0,0)$ 为其驻点但非极值点.

那么如何判定一个驻点是否是极值点呢?下面定理2给出了一个判定方法.

定理2(充分条件) 设函数 $z=f(x,y)$ 在点 (x_0,y_0) 的某邻域内连续且具有一阶和二阶连续偏导数，又 $f_x(x_0,y_0)=0$，$f_y(x_0,y_0)=0$. 记 $A=f_{xx}(x_0,y_0)$，$B=f_{xy}(x_0,y_0)$，$C=f_{yy}(x_0,y_0)$，则 $f(x,y)$ 在点 (x_0,y_0) 是否取得极值有如下结论：

(1) $AC-B^2>0$ 时，函数 $f(x,y)$ 在点 (x_0,y_0) 取得极值，且当 $A<0$ 时取极大值，当 $A>0$ 时取极小值；

(2) $AC-B^2<0$ 时，点 (x_0,y_0) 不是函数 $f(x,y)$ 的极值点；

(3) $AC-B^2=0$ 时，不能断定函数 $f(x,y)$ 在点 (x_0,y_0) 处是否取得极值，函数 $f(x,y)$ 在点 (x_0,y_0) 可能取得极值，也可能不取极值.

定理2的证明将在下一节给出.

由此可得出求解二元函数 $z=f(x,y)$ 极值的方法，步骤如下：

第一步　解方程组 $f_x(x,y)=0$，$f_y(x,y)=0$，求得一切驻点；

第二步　对每个驻点求出二阶偏导数的值 A、B 和 C；

第三步　计算 $AC-B^2$ 的值，根据定理2判定 $f(x,y)$ 在驻点是否取得极值.

例2　求函数 $f(x,y)=2y^2-x(x-1)^2$ 的极值.

解　解方程组

$$\begin{cases} f_x(x,y)=-(3x-1)(x-1)=0, \\ f_y(x,y)=4y=0, \end{cases}$$

求得驻点 $\left(\frac{1}{3},0\right)$ 和 $(1,0)$. 进一步计算得

$$f_{xx}(x,y)=4-6x, f_{xy}(x,y)=0, f_{yy}(x,y)=4$$

在点 $\left(\frac{1}{3},0\right)$ 处，$AC-B^2=8>0$，$A=2>0$，所以函数在 $\left(\frac{1}{3},0\right)$ 有极小值 $f\left(\frac{1}{3},0\right)=-\frac{4}{27}$；在点 $(1,0)$ 处，$AC-B^2=-8<0$，所以 $f(1,0)$ 不是极值.

注：定理2仅给出了对于驻点是否是极值点的一个充分条件的判定. 对于偏导数不存在的点也有可能是极值点，如例1(2)中函数 $z=1-\sqrt{x^2+y^2}$ 在点 $(0,0)$ 处偏导数不存在，但点 $(0,0)$ 为其极大值点，这时一般只能用极值的定义去判定.

对于二元函数，也可以求它的**最值**. 由连续函数的性质有，在有界闭区域 D 上的连续函数 $f(x,y)$ 必在区域 D 上取得最大值和最小值. 与一元函数的情形类似，若函数 $z=f(x,y)$

在区域D内只有有限个可能的极值点(驻点和偏导数不存在的点)，则把函数$f(x,y)$在这些点处的函数值与$f(x,y)$在区域D的边界上的最大值和最小值相互比较，其中最大的就是最大值，最小的就是最小值. 这里需求解函数$f(x,y)$在区域D的边界上的最大值和最小值，往往非常复杂. 但在实际问题中，如果根据问题的实际性质可知$f(x,y)$在D内一定取得最值，而$f(x,y)$在D内又只有一个极值点，则函数$f(x,y)$在该极值点处一定取得最值.

例 3　在周长为p的三角形中求出这样的三角形，当它绕着自己的一边旋转时，所得的立体体积最大.

解　设三角形的边长为x、y和$p-x-y$，设绕边长为x的边旋转，则所得旋转体体积为

$$V=\frac{1}{3}\pi h^2 x(h\text{ 为 }x\text{ 边上的高}),$$

且三角形面积为

$$S=\frac{1}{2}xh.$$

由海伦公式，三角形面积也为

$$\begin{aligned}S&=\sqrt{\frac{1}{2}p\left(\frac{1}{2}p-x\right)\left(\frac{1}{2}p-y\right)\left[\frac{1}{2}p-(p-x-y)\right]}\\&=\frac{1}{4}\sqrt{p(p-2x)(p-2y)(2x+2y-p)},0<x<\frac{p}{2},0<y<\frac{p}{2}\end{aligned}$$

由此解出h代入旋转体体积表达式中得

$$V=\frac{1}{12x}\pi p(p-2x)(p-2y)(2x+2y-p),0<x<\frac{p}{2},0<y<\frac{p}{2}$$

令$V_x=\dfrac{\pi p(p^2-2py-4x^2)}{12x^2}(p-2y)=0,V_y=\dfrac{\pi p(-4x-8y+4p)}{12x}(p-2x)=0$可得$x=\dfrac{p}{4},y=\dfrac{3p}{8}$. 根据问题的实际意义，最大值一定存在且在$0<x<\dfrac{p}{2},0<y<\dfrac{p}{2}$内取得，又函数在$0<x<\dfrac{p}{2},0<y<\dfrac{p}{2}$内只有惟一的驻点，故当三角形三边长分别为$\dfrac{p}{4},\dfrac{3p}{8},\dfrac{3p}{8}$，且绕边长为$\dfrac{p}{4}$的边旋转时体积最大.

例 4　求函数$f(x,y)=x^3+y^3-xy+1$在有界区域$D=\{(x,y)\mid x\geqslant 0,y\geqslant 0,x+y\leqslant 1\}$上的最大值.

解　由于$f(x,y)$在有界闭区域D上连续，则必有最大、小值. 因此只需求出函数在区域D内的驻点与不可导点的函数值，再与边界上的最值比较即可.

(1) 区域D内显然没有不可导点，故只需求驻点. 由方程组

$$\begin{cases}f_x=3x^2-y=0\\f_y=3y^2-x=0\end{cases}$$

可得驻点$\left(\frac{1}{3},\frac{1}{3}\right)$,其对应的函数值为 $f\left(\frac{1}{3},\frac{1}{3}\right)=\frac{26}{27}$.

(2) 再求 D 的边界上的最大和最小值.

D 的边界由三段组成(如图 8.15),分别讨论如下:

i) 在边界 $y=0,0\leqslant x\leqslant 1$ 上,问题变为求一元函数 $g(x)=x^3+1,0\leqslant x\leqslant 1$ 的最大和最小值. 由于

$$g'(x)=3x^2>0,$$

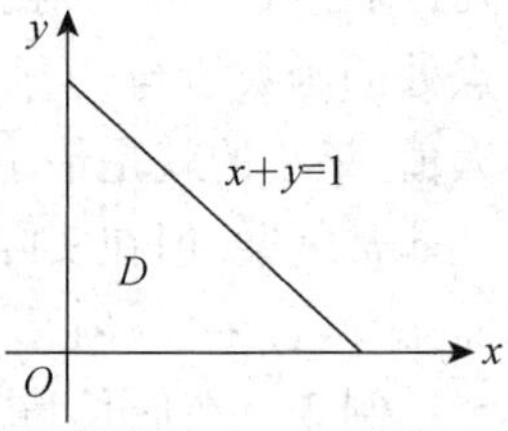

图 8.15

$g(0)=1$ 是最小值,$g(1)=2$ 是最大值. 它们对应于 $f(0,0)=1$ 和 $f(1,0)=2$.

ii) 在边界 $x=0,0\leqslant y\leqslant 1$ 上,由于 x、y 地位相当,情况与 i) 一样,在这段边界上 $f(0,0)=1$ 是最小值,$f(0,1)=2$ 是最大值.

iii) 在边界 $x+y=1(0\leqslant x\leqslant 1)$ 上,将 $y=1-x$ 代入到 $f(x,y)$ 中,得到

$$\varphi(x)=f(x,1-x)=2-4x+4x^2,$$

问题变为求一元函数 $\varphi(x)$ 在$[0,1]$上的最大和最小值. 易得 $\varphi(x)$ 在$(0,1)$内驻点 $x=\frac{1}{2}$,对应的函数值为 $\varphi\left(\frac{1}{2}\right)=f\left(\frac{1}{2},\frac{1}{2}\right)=1$. 在端点 $x=0,x=1$ 处,$\varphi(0)=f(0,1)=2,\varphi(1)=f(1,0)=2$,所以 $f(x,y)$ 在 $x+y=1(0\leqslant x\leqslant 1)$ 上的最大值是 2,最小值是 1.

综上所述,函数 $z=f(x,y)$ 在区域 D 上的最小值点是$\left(\frac{1}{3},\frac{1}{3}\right)$,最小值为 $f\left(\frac{1}{3},\frac{1}{3}\right)=\frac{26}{27}$;最大值点是$(1,0)$ 和$(0,1)$,最大值为 2.

8.8.2 条件极值

上面例 2 中讨论的极值问题,函数的自变量在函数的定义域内各自独立变化,不受其他条件的约束,这种极值问题也称为**无条件极值**. 但在例 3 中,实际上是求解体积在满足三边长度之和为一定的条件下的极值;例 4 中,求边界极值时,也是对自变量加以约束条件,这种对自变量附加约束条件的极值称为**条件极值**.

求解条件极值,往往是将条件极值化为无条件极值,然后利用前面介绍的方法求解. 例如在例 4 中,要求边界极值,通过条件,解出一个变元代入到函数中,这样将条件极值化为无条件极值. 基于这个思想,对于一般函数

$$z=f(x,y),$$

下面来寻求它在条件

$$\varphi(x,y)=0$$

下取得极值的条件.

不妨设点(x_0,y_0)为条件极值点,在(x_0,y_0)的一个邻域内 $f(x,y)$ 与 $\varphi(x,y)$ 均具有连续的一阶偏导数,且 $\varphi_x(x_0,y_0)$ 与 $\varphi_y(x_0,y_0)$ 不同时为零. 不妨设 $\varphi_y(x_0,y_0)\neq 0$,则由隐函数

存在定理,方程 $\varphi(x,y)=0$ 在 x_0 的某一邻域内确定了 y 是 x 的单值函数 $y=y(x)$,代入目标函数 $z=f(x,y)$ 中,便有

$$z=f[x,y(x)]$$

为 x 的一元函数,且其在点 $x=x_0$ 处取得极值,因此由一元函数取极值的必要条件,有

$$\left.\frac{\mathrm{d}z}{\mathrm{d}x}\right|_{x=x_0}=f_x(x_0,y_0)+f_y(x_0,y_0)y'(x_0)=0,$$

又由隐函数微分法有 $\left.\frac{\mathrm{d}y}{\mathrm{d}x}\right|_{x=x_0}=-\frac{\varphi_x(x_0,y_0)}{\varphi_y(x_0,y_0)}$,代入上式中可得

$$f_x(x_0,y_0)-\frac{\varphi_x(x_0,y_0)}{\varphi_y(x_0,y_0)}f_y(x_0,y_0)=0,$$

令 $\lambda=-\frac{f_y(x_0,y_0)}{\varphi_y(x_0,y_0)}$,于是有 $f_x(x_0,y_0)+\lambda\varphi_x(x_0,y_0)=0$,$f_y(x_0,y_0)+\lambda\varphi_y(x_0,y_0)=0$,从而得到点 (x_0,y_0) 为条件极值点的必要条件为

$$\begin{cases}f_x(x_0,y_0)+\lambda\varphi_x(x_0,y_0)=0,\\ f_y(x_0,y_0)+\lambda\varphi_y(x_0,y_0)=0,\\ \varphi(x,y)=0.\end{cases}$$

容易看出,上式方程组前两式说明点 (x_0,y_0) 是函数

$$L(x,y,\lambda)=f(x,y)+\lambda\varphi(x,y)$$

的驻点,其中 λ 是一个待定常数.

因此,求函数 $z=f(x,y)$ 在条件 $\varphi(x,y)=0$ 下的可能极值点,可按如下方法,该方法也称为**拉格朗日乘数法**.

(1) 构造拉格朗日辅助函数

$$L(x,y,\lambda)=f(x,y)+\lambda\varphi(x,y),$$

其中,λ 称为拉格朗日乘数.

(2) 求函数 L 的驻点,即令

$$\begin{cases}L_x=f_x(x,y)+\lambda\varphi_x(x,y)=0,\\ L_y=f_y(x,y)+\lambda\varphi_y(x,y)=0,\\ L_\lambda=\varphi(x,y)=0\end{cases}$$

由此方程组解出 x,y,λ,则 (x,y) 就是函数 $f(x,y)$ 在附加条件 $\varphi(x,y)=0$ 下的可能极值点.

(3) 判断所求的点 (x,y) 是否为极值点,一般是不容易判断的. 可以根据实际问题本身的性质来判定.

拉格朗日乘数法还可以推广到自变量多于两个和附加条件多于一个的情形. 例如,要求

函数

$$u = f(x,y,z)$$

在约束条件

$$\varphi(x,y,z) = 0, \psi(x,y,z) = 0$$

下的极值,可以作拉格朗日辅助函数

$$L(x,y,z,\lambda,\mu) = f(x,y,z) + \lambda\varphi(x,y,z) + \mu\psi(x,y,z),$$

再求该拉格朗日函数 L 的驻点,这样就可以得到函数在约束条件下的可能极值点.

例 5 证明体积一定的长方体中以正方体的表面积为最小.

证 设长方体的体积为 V,长、宽、高分别为 x、y、z,于是所求问题变为在条件 $xyz = V$ 下求表面积函数 $A(x,y,z) = 2xy + 2yz + 2zx$ 的最小值. 构造拉格朗日辅助函数

$$L(x,y,z,\lambda) = 2xy + 2yz + 2zx + \lambda(xyz - V),$$

解下列方程组

$$\begin{cases} L_x = 2(y+z) + \lambda yz = 0, \\ L_y = 2(x+z) + \lambda xz = 0, \\ L_z = 2(x+y) + \lambda xy = 0, \\ L_\lambda = xyz - V = 0, \end{cases}$$

求出驻点 $x = \sqrt[3]{V}, y = \sqrt[3]{V}, z = \sqrt[3]{V}$. 这是惟一可能的极值点. 由问题本身可知最小值一定存在,所以最小值就在这个可能的极值点处取得. 也就是说,体积一定的长方体中以长宽高相等时正方体的表面积最小.

例 6 求椭圆抛物面 $z = x^2 + 2y^2$ 与平面 $3x + 6y + 2z = 27$ 的交线上与 xOy 平面距离最短的点的坐标.

解 设所求点为 $P_0(x,y,z)$,该点到 xOy 平面的距离为 $|z|$. 为计算方便,考虑求函数 z^2 在条件 $x^2 + 2y^2 - z = 0$ 和 $3x + 6y + 2z - 27 = 0$ 下的最小值问题. 构造拉格朗日辅助函数

$$L(x,y,z,\lambda,\mu) = z^2 + \lambda(x^2 + 2y^2 - z) + \mu(3x + 6y + 2z - 27)$$

解下列方程组

$$\begin{cases} L_x = 2\lambda x + 3\mu = 0, \\ L_y = 4\lambda y + 6\mu = 0, \\ L_z = 2z - \lambda + 2\mu = 0, \\ L_\lambda = x^2 + 2y^2 - z = 0, \\ L_\mu = 3x + 6y + 2z - 27 = 0, \end{cases}$$

求出驻点 $\left(\frac{3}{2}, \frac{3}{2}, \frac{27}{4}\right)$ 和 $(-3, -3, 27)$. 由实际问题,最小值是存在的,比较这两驻点可知点

$\left(\frac{3}{2},\frac{3}{2},\frac{27}{4}\right)$是与 xOy 平面距离最短的点.

习题 8.8

1. 求下列函数的极值：

(1) $z=3axy-x^3-y^3$；　(2) $z=e^{2x}(x+y^2+2y)$；

(3) $z=x^2+5y^2-6x+10y+6$；　(4) $z=(2x-x^2)(6y+y^2)$.

2. 求下列函数在指定范围内的最大值与最小值：

(1) $z=x^2-y^2, D=\{(x,y)\mid x^2+y^2\leqslant 4\}$；

(2) $z=x^2-xy+y^2, D=\{(x,y)\mid |x|+|y|\leqslant 1\}$；

(3) $z=\sin x+\sin y-\sin(x+y), D=\{(x,y)\mid x\geqslant 0, y\geqslant 0, x+y\leqslant 2\pi\}$.

3. 在已知周长为 $2p$ 的一切三角形中，求出面积最大的三角形.

4. 在 xOy 平面上求一点，使它到三直线 $x=0$，$y=0$ 及 $x+2y-16=0$ 的距离平方和最小.

5. 求函数 $z=xy$ 在约束条件 $x+y=1$ 下的极大值.

6. 造一个容积等于 a 的长方体无盖水池，应如何选择水池的尺寸，方可使它的表面积最小.

7. 抛物面 $z=x^2+y^2$ 被平面 $x+y+z=1$ 截成一椭圆，求原点到这椭圆的最长和最短距离.

8. 求原点到曲面 $z^2=xy+x-y+4$ 的最短距离.

9. 在直线 $\begin{cases} y+2=0, \\ x+2z-7=0 \end{cases}$ 上找一点，使其到点 $(0,-1,1)$ 的距离最短，并求这最短距离.

10. 求抛物线 $y^2=4x$ 上的点，使它与直线 $x-y+4=0$ 相距最近，并求最短距离.

11. 求椭圆 $x^2+3y^2=12$ 的内接等腰三角形，使其底边平行椭圆的长轴，而面积最大，求最大面积.

*8.9　二元函数的泰勒公式

本节首先将一元函数的泰勒(Taylor)公式推广到二元函数，然后利用二元函数的泰勒公式证明二元函数极值的充分条件.

8.9.1　二元函数的泰勒公式

一元函数的泰勒公式为：

$$f(x)=f(x_0)+f'(x_0)(x-x_0)+\frac{1}{2!}f''(x_0)(x-x_0)^2+\cdots+\frac{1}{n!}f^{(n)}(x_0)(x-x_0)^n+R_n(x)$$

即在 x_0 的邻域内可以用一个 n 次多项式逼近函数 $f(x)$,其中余项 $R_n(x)$ 可分别取拉格朗日(Lagrange) 型余项或皮亚诺(Peano) 型余项两种形式.

那么对于二元函数 $f(x,y)$ 在点 (x_0,y_0) 的邻域内,能否用一个二元多项式去逼近它呢?这就引出二元函数的泰勒公式,具体内容如下.

定理 1 设二元函数 $f(x,y)$ 在点 (x_0,y_0) 的某个邻域内有直到 $(n+1)$ 阶的连续偏导数,则对该邻域内任一点 $(x_0+\Delta x,y_0+\Delta y)$,存在 $\theta\in(0,1)$ 使得

$$f(x_0+\Delta x,y_0+\Delta y)=f(x_0,y_0)+\left(\Delta x\frac{\partial}{\partial x}+\Delta y\frac{\partial}{\partial y}\right)f(x_0,y_0)+$$

$$\frac{1}{2!}\left(\Delta x\frac{\partial}{\partial x}+\Delta y\frac{\partial}{\partial y}\right)^2 f(x_0,y_0)+\cdots+\frac{1}{n!}\left(\Delta x\frac{\partial}{\partial x}+\Delta y\frac{\partial}{\partial y}\right)^n f(x_0,y_0)+R_n \tag{8.14}$$

其中余项 $R_n=\dfrac{1}{(n+1)!}\left(\Delta x\dfrac{\partial}{\partial x}+\Delta y\dfrac{\partial}{\partial y}\right)^{n+1}f(x_0+\theta\Delta x,y_0+\theta\Delta y)$ 称为拉格朗日余项,记号

$$\left(\Delta x\frac{\partial}{\partial x}+\Delta y\frac{\partial}{\partial y}\right)f(x_0,y_0)=f_x(x_0,y_0)\Delta x+f_y(x_0,y_0)\Delta y,$$

$$\left(\Delta x\frac{\partial}{\partial x}+\Delta y\frac{\partial}{\partial y}\right)^2 f(x_0,y_0)=f_{xx}(x_0,y_0)\Delta x^2+2f_{xy}(x_0,y_0)\Delta x\Delta y+f_{yy}(x_0,y_0)\Delta y^2,$$

$$\left(\Delta x\frac{\partial}{\partial x}+\Delta y\frac{\partial}{\partial y}\right)^m f(x_0,y_0)=\sum_{k=0}^{m}C_m^k\frac{\partial^m f}{\partial x^k\partial y^{m-k}}\bigg|_{(x_0,y_0)}\Delta x^k\Delta y^{m-k}.$$

证 引入辅助函数,令 $\Phi(t)=f(x_0+t\Delta x,y_0+t\Delta y)$, $0\leqslant t\leqslant 1$,显然 $\Phi(t)$ 在 $[0,1]$ 上满足一元函数泰勒定理的条件,于是由麦克劳林(Maclaurin) 公式有

$$\Phi(1)=\Phi(0)+\Phi'(0)+\frac{\Phi''(0)}{2!}+\cdots+\frac{\Phi^{(n)}(0)}{n!}+\frac{\Phi^{(n+1)}(\theta)}{(n+1)!},0<\theta<1 \tag{8.15}$$

又由 $\Phi(t)$ 的定义可知 $\Phi(0)=f(x_0,y_0)$, $\Phi(1)=f(x_0+\Delta x,y_0+\Delta y)$,由复合函数的求导法则可得 $\Phi(t)$ 的直到 $n+1$ 阶的导数

$$\Phi^{(m)}(t)=\left(\Delta x\frac{\partial}{\partial x}+\Delta y\frac{\partial}{\partial y}\right)^m f(x_0+t\Delta x,y_0+t\Delta y),m=1,2,\cdots,n+1$$

于是

$$\Phi^{(m)}(0)=\left(\Delta x\frac{\partial}{\partial x}+\Delta y\frac{\partial}{\partial y}\right)^m f(x_0,y_0),m=1,2,\cdots,n,$$

$$\Phi^{(n+1)}(\theta)=\left(\Delta x\frac{\partial}{\partial x}+\Delta y\frac{\partial}{\partial y}\right)^{n+1} f(x_0+\theta\Delta x,y_0+\theta\Delta y),$$

将这些都代入到(8.15) 式,就得到所要证明的(8.14) 式.

注:(1) 在公式(8.14) 中,若取 $n=0$,则得到**二元函数的拉格朗日中值公式**:

$$f(x_0+\Delta x,y_0+\Delta y)=f(x_0,y_0)+f_x(x_0+\theta\Delta x,y_0+\theta\Delta y)\Delta x+f_y(x_0+\theta\Delta x,y_0+\theta\Delta y)\Delta y.$$

(2) 在公式(8.14) 中,若取 $x_0=0$, $y_0=0$,则得到**二元函数的 n 阶麦克劳林公式**:

$$f(x,y)=f(0,0)+\left(x\frac{\partial}{\partial x}+y\frac{\partial}{\partial y}\right)f(0,0)+\frac{1}{2!}\left(x\frac{\partial}{\partial x}+y\frac{\partial}{\partial y}\right)^2 f(0,0)+$$

$$+\cdots+\frac{1}{n!}\left(x\frac{\partial}{\partial x}+y\frac{\partial}{\partial y}\right)^n f(0,0)+\frac{1}{(n+1)!}\left(x\frac{\partial}{\partial x}+y\frac{\partial}{\partial y}\right)^{n+1} f(\theta x,\theta y),0<\theta<1.$$

例 1 求函数 $f(x,y)=e^{2x+3y}$ 的三阶麦克劳林公式.

解

$$f_x(x,y)=2e^{2x+3y},\quad f_y(x,y)=3e^{2x+3y},$$

$$f_{xx}(x,y)=4e^{2x+3y},\quad f_{xy}(x,y)=6e^{2x+3y},\quad f_{yy}(x,y)=9e^{2x+3y},$$

$$\frac{\partial^3}{\partial x^k\partial y^{3-k}}f(x,y)=2^k3^{3-k}e^{2x+3y},k=0,1,2,3,$$

$$\frac{\partial^4}{\partial x^k\partial y^{4-k}}f(x,y)=2^k3^{4-k}e^{2x+3y},k=0,1,2,3,4,$$

所以

$$\left(x\frac{\partial}{\partial x}+y\frac{\partial}{\partial y}\right)f(0,0)=2x+3y,$$

$$\left(x\frac{\partial}{\partial x}+y\frac{\partial}{\partial y}\right)^2 f(0,0)=4x^2+12xy+9y^2=(2x+3y)^2,$$

$$\left(x\frac{\partial}{\partial x}+y\frac{\partial}{\partial y}\right)^3 f(0,0)=8x^3+36x^2y+54xy^2+27y^3=(2x+3y)^3,$$

$$\left(x\frac{\partial}{\partial x}+y\frac{\partial}{\partial y}\right)^4 f(\theta x,\theta y)=(2x+3y)^4e^{2\theta x+3\theta y},$$

又 $f(0,0)=1$,所以

$$e^{2x+3y}=1+2x+3y+\frac{1}{2}(2x+3y)^2+\frac{1}{3!}(2x+3y)^3+\frac{1}{4!}(2x+3y)^4e^{2\theta x+3\theta y},0<\theta<1.$$

8.9.2 利用泰勒公式证明极值的充分条件

现在来证明 8.8 节中的定理 2.

设函数 $z=f(x,y)$ 在点 (x_0,y_0) 的某邻域内连续且具有一阶和二阶连续偏导数,又 $f_x(x_0,y_0)=0,f_y(x_0,y_0)=0,A=f_{xx}(x_0,y_0),B=f_{xy}(x_0,y_0),C=f_{yy}(x_0,y_0)$. 由二元函数的泰勒公式有

$$\begin{aligned}\Delta z&=f(x_0+\Delta x,y_0+\Delta y)-f(x_0,y_0)\\&=\frac{1}{2}[f_{xx}(x_0+\theta\Delta x,y_0+\theta\Delta y)\Delta x^2+\\&\quad 2f_{xy}(x_0+\theta\Delta x,y_0+\theta\Delta y)\Delta x\Delta y+f_{yy}(x_0+\theta\Delta x,y_0+\theta\Delta y)\Delta y^2],0<\theta<1.\end{aligned}$$

由 $f(x,y)$ 在点 (x_0,y_0) 的某邻域内具有二阶连续偏导数,所以

$$f_{xx}(x_0+\theta\Delta x, y_0+\theta\Delta y)=A+\alpha,$$
$$f_{xy}(x_0+\theta\Delta x, y_0+\theta\Delta y)=B+\beta,$$
$$f_{yy}(x_0+\theta\Delta x, y_0+\theta\Delta y)=C+\gamma.$$

其中 α,β,γ 为当 $\Delta x\to 0,\Delta y\to 0$ 时的无穷小量，于是

$$\Delta z=\frac{1}{2}(A\Delta x^2+2B\Delta x\Delta y+C\Delta y^2)+\frac{1}{2}(\alpha\Delta x^2+2\beta\Delta x\Delta y+\gamma\Delta y^2).$$

显然 $\alpha\Delta x^2+2\beta\Delta x\Delta y+\gamma\Delta y^2$ 是比 ρ^2 高阶的无穷小($\rho=\sqrt{\Delta x^2+\Delta y^2}$). 因此，当 $\Delta x\to 0$，$\Delta y\to 0$ 时，Δz 的符号是由 $A\Delta x^2+2B\Delta x\Delta y+C\Delta y^2$ 的符号决定的，由于

$$A\Delta x^2+2B\Delta x\Delta y+C\Delta y^2=\Delta y^2\left[A\left(\frac{\Delta x}{\Delta y}\right)^2+2B\left(\frac{\Delta x}{\Delta y}\right)+C\right],$$

令 $t=\dfrac{\Delta x}{\Delta y}$，则 Δz 的符号是由

$$D=At^2+2Bt+C,$$

的符号决定. 由一元二次方程根的判别式，得

(1) 若判别式 $\Delta=B^2-AC<0$，即 $AC-B^2>0$ 时，若 $A>0$，则 $D>0$，所以 $\Delta z>0$，$f(x,y)$ 在点 (x_0,y_0) 处取极小值. 若 $A<0$，则 $D<0$，所以 $\Delta z<0$，$f(x,y)$ 在点 (x_0,y_0) 处取极大值.

(2) 若判别式 $\Delta=B^2-AC>0$，即 $AC-B^2<0$ 时，方程 $D=0$ 有两个不同的实根 t_1，t_2，故 $D=A(t-t_1)(t-t_2)$，显然 D 的符号可正可负，即 Δz 的符号可正可负，所以点 (x_0,y_0) 不是 $f(x,y)$ 的极值点.

(3) 若 $AC-B^2=0$，则 (x_0,y_0) 可能是 $f(x,y)$ 的极值点，也可能不是.

例如考察三个函数 $f(x,y)=xy^2$，$g(x,y)=(x^2+y^2)^2$，$w(x,y)=-(x^2+y^2)^2$，原点都是它们的驻点，且在原点这三个函数的值均满足 $AC-B^2=0$，但是 g 在原点取得极小值，w 在原点取得极大值，而 f 在原点不取极值.

习题 8.9

1. 求函数 $f(x,y)=x^3+2x^2y+2x^2-3y^2+4x-3y+5$ 在点 $(1,-2)$ 处的泰勒公式.
2. 求函数 $f(x,y)=e^x\ln(1+y)$ 的三阶麦克劳林公式.
3. 利用二阶泰勒公式近似计算 $\sqrt{(4.02)^2+(3.03)^2}$.

*8.10 本章知识应用简介

多元微分学在许多专业中有着重要的应用，下面摘自河海大学赵振兴、何建京两位老师

主编，清华大学出版社出版的《土力学》(第二版）中的两个重要方程，都和偏导数、全微分有关.

一、液体微团速度分解定理(Cauchy-Helmholtz 方程)

在某时刻 t，在液体内任取一液体微团，在其中选取基点 $M(x,y,z)$，在 t 时刻 M 点的速度为 u，它在三个坐标轴上的分量分别为 u_x,u_y,u_z，距 M 点 $\mathrm{d}s$ 处 p 点的流速 u_p 在三个坐标轴的分量分别为 u_{px},u_{py},u_{pz}，则 $u_{px}=u_x+\mathrm{d}u_x,u_{py}=u_y+\mathrm{d}u_y,u_{pz}=u_z+\mathrm{d}u_z$. 按泰勒级数将 $\mathrm{d}u_x,\mathrm{d}u_y,\mathrm{d}u_z$ 展开，略去高阶无穷小，即只保留全微分部分，可得

$$\begin{cases}u_{px}=u_x+\dfrac{\partial u_x}{\partial x}\mathrm{d}x+\dfrac{\partial u_x}{\partial y}\mathrm{d}y+\dfrac{\partial u_x}{\partial z}\mathrm{d}z,\\ u_{py}=u_y+\dfrac{\partial u_y}{\partial x}\mathrm{d}x+\dfrac{\partial u_y}{\partial y}\mathrm{d}y+\dfrac{\partial u_y}{\partial z}\mathrm{d}z,\\ u_{pz}=u_z+\dfrac{\partial u_z}{\partial x}\mathrm{d}x+\dfrac{\partial u_z}{\partial y}\mathrm{d}y+\dfrac{\partial u_z}{\partial z}\mathrm{d}z.\end{cases}$$

对上式进行配项整理，可得

$$\begin{cases}u_{px}=u_x+\dfrac{\partial u_x}{\partial x}\mathrm{d}x+\dfrac{1}{2}\left(\dfrac{\partial u_x}{\partial y}+\dfrac{\partial u_y}{\partial x}\right)\mathrm{d}y+\dfrac{1}{2}\left(\dfrac{\partial u_x}{\partial z}+\dfrac{\partial u_z}{\partial x}\right)\mathrm{d}z\\ \qquad -\dfrac{1}{2}\left(\dfrac{\partial u_y}{\partial x}-\dfrac{\partial u_x}{\partial y}\right)\mathrm{d}y+\dfrac{1}{2}\left(\dfrac{\partial u_x}{\partial z}-\dfrac{\partial u_z}{\partial x}\right)\mathrm{d}z,\\ u_{py}=u_y+\dfrac{\partial u_y}{\partial y}\mathrm{d}y+\dfrac{1}{2}\left(\dfrac{\partial u_y}{\partial x}+\dfrac{\partial u_x}{\partial y}\right)\mathrm{d}x+\dfrac{1}{2}\left(\dfrac{\partial u_z}{\partial y}+\dfrac{\partial u_y}{\partial z}\right)\mathrm{d}z\\ \qquad -\dfrac{1}{2}\left(\dfrac{\partial u_z}{\partial y}-\dfrac{\partial u_y}{\partial z}\right)\mathrm{d}z+\dfrac{1}{2}\left(\dfrac{\partial u_y}{\partial x}-\dfrac{\partial u_x}{\partial y}\right)\mathrm{d}x,\\ u_{pz}=u_z+\dfrac{\partial u_z}{\partial z}\mathrm{d}z+\dfrac{1}{2}\left(\dfrac{\partial u_z}{\partial y}+\dfrac{\partial u_y}{\partial z}\right)\mathrm{d}y+\dfrac{1}{2}\left(\dfrac{\partial u_x}{\partial z}+\dfrac{\partial u_z}{\partial x}\right)\mathrm{d}x\\ \qquad -\dfrac{1}{2}\left(\dfrac{\partial u_x}{\partial z}-\dfrac{\partial u_z}{\partial x}\right)\mathrm{d}x+\dfrac{1}{2}\left(\dfrac{\partial u_z}{\partial y}-\dfrac{\partial u_y}{\partial z}\right)\mathrm{d}y.\end{cases}\tag{8.16}$$

将微团运动的基本关系式代入上式，可化简为

$$\begin{cases}u_{px}=u_x+\varepsilon_{xx}\mathrm{d}x+\varepsilon_{xy}\mathrm{d}y+\varepsilon_{xz}\mathrm{d}z+\omega_y\mathrm{d}z-\omega_z\mathrm{d}y,\\ u_{py}=u_y+\varepsilon_{yy}\mathrm{d}y+\varepsilon_{yz}\mathrm{d}z+\varepsilon_{yx}\mathrm{d}x+\omega_z\mathrm{d}x-\omega_x\mathrm{d}z,\\ u_{pz}=u_z+\varepsilon_{zz}\mathrm{d}z+\varepsilon_{zx}\mathrm{d}x+\varepsilon_{zy}\mathrm{d}y+\omega_x\mathrm{d}y-\omega_y\mathrm{d}x.\end{cases}\tag{8.17}$$

式(8.16)及(8.17)均称为**柯西(Cauchy)-海姆霍尔兹(Helmholtz)方程**，即**速度分解定理**，它给出了液体微团上任意两点速度关系的一般形式.

式(8.17)三个分式右边第一项为平移速度，第二、三、四项分别为线变形和角变形引起的速度增量，第五、六项表示转动引起的速度增量.

速度分解定理把旋转从一般运动中分解出来，可把液体运动分为有旋与无旋运动，$\boldsymbol{\omega}=0$ 表示无旋运动，$\boldsymbol{\omega}\neq 0$ 表示有旋运动或有涡运动.

二、运动微分方程(Navier-Stokes 方程)

称方程

$$\boldsymbol{f}-\frac{1}{\rho}\nabla \boldsymbol{p}+v\nabla^2\boldsymbol{u}=\frac{\mathrm{d}\boldsymbol{u}}{\mathrm{d}t}$$

为不可压缩黏性液体的**运动微分方程**.式中左边分别表示单位质量流体的质量力、压力和黏性力,ρ 为液体的密度,v 为液体的运动黏度,右边为加速度.该方程首先由纳维(Navier)于1827 年提出,斯托克斯(Stokes)于1845 年完善,因此也称为 **Navier-Stokes 方程**,简称 N-S 方程,具体写出就是

$$\begin{cases} f_x-\dfrac{1}{\rho}\dfrac{\partial p}{\partial x}+\nu\left(\dfrac{\partial^2 u_x}{\partial x^2}+\dfrac{\partial^2 u_x}{\partial y^2}+\dfrac{\partial^2 u_x}{\partial z^2}\right)=\dfrac{\mathrm{d}u_x}{\mathrm{d}t}, \\ f_y-\dfrac{1}{\rho}\dfrac{\partial p}{\partial y}+\nu\left(\dfrac{\partial^2 u_y}{\partial x^2}+\dfrac{\partial^2 u_y}{\partial y^2}+\dfrac{\partial^2 u_y}{\partial z^2}\right)=\dfrac{\mathrm{d}u_y}{\mathrm{d}t}, \\ f_z-\dfrac{1}{\rho}\dfrac{\partial p}{\partial z}+\nu\left(\dfrac{\partial^2 u_z}{\partial x^2}+\dfrac{\partial^2 u_z}{\partial y^2}+\dfrac{\partial^2 u_z}{\partial z^2}\right)=\dfrac{\mathrm{d}u_z}{\mathrm{d}t}. \end{cases}$$

对于理想液体,即忽略黏性效应,N-S 方程可简化为

$$\begin{cases} f_x-\dfrac{1}{\rho}\dfrac{\partial p}{\partial x}=\dfrac{\mathrm{d}u_x}{\mathrm{d}t}, \\ f_y-\dfrac{1}{\rho}\dfrac{\partial p}{\partial y}=\dfrac{\mathrm{d}u_y}{\mathrm{d}t}, \\ f_z-\dfrac{1}{\rho}\dfrac{\partial p}{\partial z}=\dfrac{\mathrm{d}u_z}{\mathrm{d}t}. \end{cases}$$

该方程由欧拉(Euler)于1775 年推出,因此也称为**欧拉运动方程**.对于相对平衡或静止液体,欧拉运动方程变为**欧拉平衡方程**

$$\begin{cases} f_x-\dfrac{1}{\rho}\dfrac{\partial p}{\partial x}=0, \\ f_y-\dfrac{1}{\rho}\dfrac{\partial p}{\partial y}=0, \\ f_z-\dfrac{1}{\rho}\dfrac{\partial p}{\partial z}=0. \end{cases}$$

N-S 方程是研究液体运动的最基本方程之一.方程组中的密度 ρ、运动黏度 v 及单位质量力 f_x,f_y,f_z 一般都是已知量.未知量有 p,u_x,u_y,u_z,N-S 方程由 3 个方程,再加上连续性方程,共 4 个方程,理论上是可以求解的.但实际上,N-S 方程是一个二阶非线性非齐次的偏微分方程,求通解是困难的,只是对于某些简单问题才能求得解析解,例如平板间和圆管中的层流问题.但随着计算流体力学的发展,解决工程实际问题的能力已大幅度提高.

8.11　综合例题

例 1　求下列函数的二重极限：

(1) $\lim\limits_{\substack{x\to 0\\ y\to 0}}\dfrac{e^{xy}-2}{\cos^2 x+\sin^2 y}$；　(2) $\lim\limits_{\substack{x\to 0\\ y\to 0}}(\sqrt[3]{x}+y)\sin\dfrac{1}{x}\cos\dfrac{1}{y}$；

(3) $\lim\limits_{\substack{x\to 0\\ y\to 0}}\dfrac{x^3+y^3}{x^2+y^2}$；　(4) $\lim\limits_{\substack{x\to 0\\ y\to 0}}\dfrac{\sin(x^2y)}{x^2+y^2}$；　(5) $\lim\limits_{\substack{x\to k\\ y\to \infty}}\left(1+\dfrac{x}{y}\right)^{2y}$.

解　(1) 由二元初等函数在定义域内是连续的，可得

$$\lim_{\substack{x\to 0\\ y\to 0}}\frac{e^{xy}-2}{\cos^2 x+\sin^2 y}=-1.$$

(2) 因为$\lim\limits_{\substack{x\to 0\\ y\to 0}}(\sqrt[3]{x}+y)=0$，$\left|\sin\dfrac{1}{x}\cos\dfrac{1}{y}\right|\leqslant 1$，由无穷小与有界量的乘积仍为无穷小，得

$$\lim_{\substack{x\to 0\\ y\to 0}}(\sqrt[3]{x}+y)\sin\frac{1}{x}\cos\frac{1}{y}=0.$$

(3) 因为 $0\leqslant\left|\dfrac{x^3+y^3}{x^2+y^2}\right|\leqslant\left|\dfrac{x^3}{x^2+y^2}\right|+\left|\dfrac{y^3}{x^2+y^2}\right|\leqslant|x|+|y|$，由夹逼定理，得

$$\lim_{\substack{x\to 0\\ y\to 0}}\frac{x^2+y^2}{|x|+|y|}=0.$$

(4) $\lim\limits_{\substack{x\to 0\\ y\to 0}}\dfrac{\sin(x^2y)}{x^2+y^2}=\lim\limits_{\substack{x\to 0\\ y\to 0}}\dfrac{\sin(x^2y)}{x^2y}\cdot\dfrac{x^2y}{x^2+y^2}$，由一元函数$\lim\limits_{t\to 0}\dfrac{\sin t}{t}=1$，知

$$\lim_{\substack{x\to 0\\ y\to 0}}\frac{\sin(x^2y)}{x^2y}=1.$$

而

$$0\leqslant\left|\frac{x^2y}{x^2+y^2}\right|\leqslant\frac{1}{2}|x|\to 0(x\to 0),$$

所以

$$\lim_{\substack{x\to 0\\ y\to 0}}\frac{\sin(x^2y)}{x^2+y^2}=0.$$

(5) $\lim\limits_{\substack{x\to k\\ y\to \infty}}\left(1+\dfrac{x}{y}\right)^{2y}=\lim\limits_{\substack{x\to k\\ y\to \infty}}\left(1+\dfrac{x}{y}\right)^{\frac{y}{x}\cdot 2x}=e^{2k}$.

例 2　判断下列极限是否存在：

(1) $\lim\limits_{\substack{x\to 0\\ y\to 0}}\dfrac{\sqrt{x^2y^2+1}-1}{x^2+y^2}$；　(2) $\lim\limits_{\substack{x\to 0\\ y\to 0}}\dfrac{\sqrt{xy+1}-1}{x+y}$.

解 (1) $\lim\limits_{\substack{x\to0\\y\to0}}\dfrac{\sqrt{x^2y^2+1}-1}{x^2+y^2}=\lim\limits_{\substack{x\to0\\y\to0}}\dfrac{x^2y^2}{(x^2+y^2)(\sqrt{x^2y^2+1}+1)}$,由于

$$0\leqslant\frac{x^2y^2}{x^2+y^2}\leqslant x^2\to0(x\to0,y\to0),$$

所以
$$\lim_{\substack{x\to0\\y\to0}}\frac{\sqrt{x^2y^2+1}-1}{x^2+y^2}=0.$$

(2) $\lim\limits_{\substack{x\to0\\y\to0}}\dfrac{\sqrt{xy+1}-1}{x+y}=\lim\limits_{\substack{x\to0\\y\to0}}\dfrac{xy}{(x+y)(\sqrt{xy+1}+1)}$,由于

$$\lim_{\substack{(x,y)\to(0,0)\\y=0}}\frac{xy}{(x+y)(\sqrt{xy+1}+1)}=0,\quad \lim_{\substack{(x,y)\to(0,0)\\y=x^2-x}}\frac{xy}{(x+y)(\sqrt{xy+1}+1)}=-\frac{1}{2},$$

所以$\lim\limits_{\substack{x\to0\\y\to0}}\dfrac{\sqrt{xy+1}-1}{x+y}$不存在.

例 3 设函数 $f(x,y)$ 在(0,0)处连续,下面命题正确的是( ).

(A) 若极限$\lim\limits_{\substack{x\to0\\y\to0}}\dfrac{f(x,y)}{|x|+|y|}$存在,则 $f(x,y)$ 在(0,0)处可微

(B) 若极限$\lim\limits_{\substack{x\to0\\y\to0}}\dfrac{f(x,y)}{x^2+y^2}$存在,则 $f(x,y)$ 在(0,0)处可微

(C) 若 $f(x,y)$ 在(0,0)处可微,则极限$\lim\limits_{\substack{x\to0\\y\to0}}\dfrac{f(x,y)}{|x|+|y|}$存在

(D) 若 $f(x,y)$ 在(0,0)处可微,则极限$\lim\limits_{\substack{x\to0\\y\to0}}\dfrac{f(x,y)}{x^2+y^2}$存在

解 (B) 正确. 这是因为若极限$\lim\limits_{\substack{x\to0\\y\to0}}\dfrac{f(x,y)}{x^2+y^2}$存在,由 $f(x,y)$ 在(0,0)处连续知 $f(0,0)=0$. 设$\lim\limits_{\substack{x\to0\\y\to0}}\dfrac{f(x,y)}{x^2+y^2}=A$,则有

$$\frac{f(x,y)}{x^2+y^2}=A+o(1),$$

其中$\lim\limits_{\substack{x\to0\\y\to0}}o(1)=0$. 所以

$$f(x,y)-f(0,0)=A(x^2+y^2)+o(x^2+y^2)=o(\sqrt{x^2+y^2}),(x\to0,y\to0).$$

即有

$$f(x,y)-f(0,0)=0+o(\sqrt{x^2+y^2}),(x\to0,y\to0),$$

由可微定义知函数 $f(x,y)$ 在(0,0)处可微,且 $\mathrm{d}f(0,0)=0$. 因此(B)正确.

(A) 反例：$f(x,y)=|x|+|y|$；(C)、(D) 反例：$f(x,y)=x$.

例 4　设

$$f(x,y)=\begin{cases}(x-y)\arctan\dfrac{1}{x^2+y^2}, & x^2+y^2\neq 0,\\ 0, & x^2+y^2=0.\end{cases}$$

(1) 证明：$f(x,y)$ 在 $(0,0)$ 处可微；(2) $f(x,y)$ 在 $(0,0)$ 是否具有连续的偏导数？

(1) **证**　因为

$$f_x(0,0)=\lim_{x\to 0}\frac{f(x,0)-f(0,0)}{x}=\lim_{x\to 0}\arctan\frac{1}{x^2}=\frac{\pi}{2},$$

$$f_y(0,0)=\lim_{y\to 0}\frac{f(0,y)-f(0,0)}{y}=-\lim_{y\to 0}\arctan\frac{1}{y^2}=-\frac{\pi}{2}.$$

所以

$$\begin{aligned}&\lim_{\substack{x\to 0\\ y\to 0}}\frac{f(x,y)-f(0,0)-xf_x(0,0)-yf_y(0,0)}{\sqrt{x^2+y^2}}\\ =&\lim_{\substack{x\to 0\\ y\to 0}}\frac{(x-y)\arctan\dfrac{1}{x^2+y^2}-\dfrac{\pi}{2}x+\dfrac{\pi}{2}y}{\sqrt{x^2+y^2}}\\ =&\lim_{\substack{x\to 0\\ y\to 0}}\frac{(x-y)\left(\arctan\dfrac{1}{x^2+y^2}-\dfrac{\pi}{2}\right)}{\sqrt{x^2+y^2}}.\end{aligned}$$

由于

$$\lim_{\substack{x\to 0\\ y\to 0}}\arctan\frac{1}{x^2+y^2}=\frac{\pi}{2},\ \left|\frac{x-y}{\sqrt{x^2+y^2}}\right|\leqslant\frac{|x|}{\sqrt{x^2+y^2}}+\frac{|y|}{\sqrt{x^2+y^2}}\leqslant 2,$$

所以

$$\lim_{\substack{x\to 0\\ y\to 0}}\frac{f(x,y)-f(0,0)-xf_x(0,0)-yf_y(0,0)}{\sqrt{x^2+y^2}}=0,$$

可见 $f(x,y)$ 在 $(0,0)$ 处可微.

(2) 当 $(x,y)\neq(0,0)$ 时，

$$f_x(x,y)=\arctan\frac{1}{x^2+y^2}+(x-y)\frac{-2x}{1+(x^2+y^2)^2},$$

由于

$$0\leqslant\left|(x-y)\frac{-2x}{1+(x^2+y^2)^2}\right|\leqslant 2|x|(|x|+|y|)\to 0,(x\to 0,y\to 0),$$

所以

$$\lim_{(x,y)\to(0,0)} f_x(x,y)=\lim_{(x,y)\to(0,0)}\left[\arctan\frac{1}{x^2+y^2}+(x-y)\frac{-2x}{1+(x^2+y^2)^2}\right]=\frac{\pi}{2}=f_x(0,0).$$

可见 $f_x(x,y)$ 在(0,0)连续. 同理, $f_y(x,y)$ 在(0,0)连续. 因此, $f(x,y)$ 在(0,0)具有连续的偏导数.

例 5 设函数 $z=f(x,y)$ 在(1,1)处可微,且 $f(1,1)=1, f_x(1,1)=2, f_y(1,1)=3$, $\varphi(x)=f(x,f(x,x))$,求 $\left.\frac{\mathrm{d}}{\mathrm{d}x}\varphi^3(x)\right|_{x=1}$.

解 $\frac{\mathrm{d}}{\mathrm{d}x}\varphi^3(x)=3\varphi^2(x)\cdot\varphi'(x)=3\varphi^2(x)[f_1'(x,f(x,x))+f_2'(x,f(x,x))\cdot(f_1'(x,x)+f_2'(x,x))]$,将 $x=1$ 代入,由题所给条件,可得

$$\left.\frac{\mathrm{d}}{\mathrm{d}x}\varphi^3(x)\right|_{x=1}=51.$$

例 6 设函数 $f(x,y)$ 可微, $f(x+1,\mathrm{e}^x)=x(x+1)^2, f(x,x^2)=2x^2\ln x$,求 $\mathrm{d}f(1,1)$.

解 对方程 $f(x+1,\mathrm{e}^x)=x(x+1)^2$ 与 $f(x,x^2)=2x^2\ln x$ 两边分别对 x 求导,由复合函数求导公式,得

$$f_1'(x+1,\mathrm{e}^x)+\mathrm{e}^x f_2'(x+1,\mathrm{e}^x)=(x+1)^2+2x(x+1),$$
$$f_1'(x,x^2)+2xf_2'(x,x^2)=4x\ln x+2x.$$

对前一式令 $x=0$,后一式令 $x=1$,分别得到

$$f_1'(1,1)+f_2'(1,1)=1,$$
$$f_1'(1,1)+2f_2'(1,1)=2,$$

由此推出 $f_1'(1,1)=0, f_2'(1,1)=1$,所以 $\mathrm{d}f(1,1)=\mathrm{d}y$.

例 7 设函数 $f(u,v)$ 具有二阶连续偏导数, $f(1,1)=2$ 是函数 $f(u,v)$ 的极值,且 $z=f(x+y,f(x,y))$,求 $\left.\frac{\partial^2 z}{\partial x\partial y}\right|_{(1,1)}$.

解
$$\frac{\partial z}{\partial x}=f_1'(x+y,f(x,y))+f_2'(x+y,f(x,y))\cdot f_1'(x,y),$$
$$\begin{aligned}\frac{\partial^2 z}{\partial x\partial y}=&f_{11}''(x+y,f(x,y))+f_{12}''(x+y,f(x,y))\cdot f_2'(x,y)+\\&[f_{21}''(x+y,f(x,y))+f_{22}''(x+y,f(x,y))\cdot f_2'(x,y)]\cdot f_1'(x,y)+\\&f_2'(x+y,f(x,y))\cdot f_{12}''(x,y).\end{aligned}$$

由题意知 $f_1'(1,1)=0, f_2'(1,1)=0$,从而 $\left.\frac{\partial^2 z}{\partial x\partial y}\right|_{(1,1)}=f_{11}''(2,2)+f_2'(2,2)f_{12}''(1,1)$.

例 8 设函数 $z=z(x,y)$ 是由方程

$$F\left(x+\frac{z}{y},y+\frac{z}{x}\right)=0$$

确定，这里 F 可微，求 $x\frac{\partial z}{\partial x}+y\frac{\partial z}{\partial y}-z$.

解　设 $G(x,y,z)=F\left(x+\frac{z}{y},y+\frac{z}{x}\right)$，由隐函数与复合函数求导公式，得

$$\frac{\partial z}{\partial x}=-\frac{G_x}{G_z}=-\frac{F_1'+F_2'\cdot\left(-\frac{z}{x^2}\right)}{\frac{1}{y}F_1'+\frac{1}{x}F_2'}=\frac{y(zF_2'-x^2F_1')}{x(xF_1'+yF_2')},$$

$$\frac{\partial z}{\partial y}=-\frac{G_y}{G_z}=-\frac{F_1'\cdot\left(-\frac{z}{y^2}\right)+F_2'}{\frac{1}{y}F_1'+\frac{1}{x}F_2'}=\frac{x(zF_1'-y^2F_2')}{y(xF_1'+yF_2')},$$

于是

$$x\frac{\partial z}{\partial x}+y\frac{\partial z}{\partial y}-z=-xy.$$

例 9　求由方程组 $\begin{cases}u=f(x,u,v+y^2)\\ v=g(y,v,u+2x)\end{cases}$ 所确定的隐函数的偏导数 $\frac{\partial u}{\partial x}$ 和 $\frac{\partial v}{\partial y}$，其中 f,g 是可微函数，且 $1+f_2'g_2'-f_3'g_3'-f_2'-g_2'\neq 0$.

解　设 $F(x,y,u,v)=f(x,u,v+y^2)-u$，$G(x,y,u,v)=g(y,v,u+2x)-v$，由隐函数组与复合函数求导公式，得

$$\frac{\partial u}{\partial x}=-\frac{\frac{\partial(F,G)}{\partial(x,v)}}{\frac{\partial(F,G)}{\partial(u,v)}}=-\frac{\begin{vmatrix}f_1' & f_3'\\ 2g_3' & g_2'-1\end{vmatrix}}{\begin{vmatrix}f_2'-1 & f_3'\\ g_3' & g_2'-1\end{vmatrix}}=\frac{2f_3'g_3'-f_1'g_2'+f_1'}{1+f_2'g_2'-f_3'g_3'-f_2'-g_2'},$$

$$\frac{\partial v}{\partial y}=-\frac{\frac{\partial(F,G)}{\partial(u,y)}}{\frac{\partial(F,G)}{\partial(u,v)}}=-\frac{\begin{vmatrix}f_2'-1 & 2yf_3'\\ g_3' & g_1'\end{vmatrix}}{\begin{vmatrix}f_2'-1 & f_3'\\ g_3' & g_2'-1\end{vmatrix}}=\frac{2yf_3'g_3'-f_2'g_1'+g_1'}{1+f_2'g_2'-f_3'g_3'-f_2'-g_2'}.$$

例 10　设函数 $f(u)$ 具有二阶连续导数，$z=f(\mathrm{e}^x\cos y)$ 满足方程 $\frac{\partial^2 z}{\partial x^2}+\frac{\partial^2 z}{\partial y^2}=\mathrm{e}^{2x}(4z+\mathrm{e}^x\cos y)$，若 $f(0)=0,f'(0)=0$，求 $f(u)$.

解　因为

$$\frac{\partial z}{\partial x}=f'(\mathrm{e}^x\cos y)\cdot\mathrm{e}^x\cos y,\quad \frac{\partial^2 z}{\partial x^2}=f''(\mathrm{e}^x\cos y)\cdot\mathrm{e}^{2x}\cos^2 y+f'(\mathrm{e}^x\cos y)\cdot\mathrm{e}^x\cos y,$$

$$\frac{\partial z}{\partial y}=-f'(\mathrm{e}^x\cos y)\cdot\mathrm{e}^x\sin y,\quad \frac{\partial^2 z}{\partial y^2}=f''(\mathrm{e}^x\cos y)\cdot\mathrm{e}^{2x}\sin^2 y-f'(\mathrm{e}^x\cos y)\cdot\mathrm{e}^x\cos y,$$

所以$\dfrac{\partial^2 z}{\partial x^2}+\dfrac{\partial^2 z}{\partial y^2}=e^{2x}(4z+e^x\cos y)$化为

$$f''(e^x\cos y)=4f(e^x\cos y)+e^x\cos y$$

即 $f(u)$ 满足 $f''(u)-4f(u)=u$,该方程齐次通解为$Y=C_1e^{2u}+C_2e^{-2u}$,非齐次的一个特解形式为 $y^*=Au+B$,代入方程中,解得 $y^*=-\dfrac{1}{4}u$. 所以 $f(u)=C_1e^{2u}+C_2e^{-2u}-\dfrac{1}{4}u$. 由 $f(0)=0,f'(0)=0$,得 $C_1=\dfrac{1}{16},C_2=-\dfrac{1}{16}$,故 $f(u)=\dfrac{1}{16}e^{2u}-\dfrac{1}{16}e^{-2u}-\dfrac{1}{4}u$.

例 11 椭球面$\dfrac{x^2}{a^2}+\dfrac{y^2}{b^2}+\dfrac{z^2}{c^2}=1$上哪点的法线与三个坐标轴的夹角相等?

解 椭球面在任意点的法向量为

$$\left(\frac{x}{a^2},\frac{y}{b^2},\frac{z}{c^2}\right),$$

若要法线与三个坐标轴的夹角相等,则有

$$\frac{x}{a^2}=\frac{y}{b^2}=\frac{z}{c^2}\overset{令}{=}t.$$

将 $x=a^2t,y=b^2t,z=c^2t$ 代入到椭球面方程$\dfrac{x^2}{a^2}+\dfrac{y^2}{b^2}+\dfrac{z^2}{c^2}=1$中,得到

$$t=\pm\frac{1}{\sqrt{a^2+b^2+c^2}},$$

因此所求点为

$$\left(\frac{a^2}{\sqrt{a^2+b^2+c^2}},\frac{b^2}{\sqrt{a^2+b^2+c^2}},\frac{c^2}{\sqrt{a^2+b^2+c^2}}\right)$$

$$和\left(-\frac{a^2}{\sqrt{a^2+b^2+c^2}},-\frac{b^2}{\sqrt{a^2+b^2+c^2}},-\frac{c^2}{\sqrt{a^2+b^2+c^2}}\right).$$

例 12 设函数 $f(x,y)$ 具有二阶连偏导数,满足 $f_{xy}(x,y)=2(y+1)e^x,f_x(x,0)=(x+1)e^x,f(0,y)=y^2+2y$,求 $f(x,y)$ 的极值.

解 将 $f_{xy}(x,y)=2(y+1)e^x$ 对 y 积分,可得 $f_x(x,y)=(y^2+2y)e^x+C(x)$. 由 $f_x(x,0)=(x+1)e^x$ 得 $C(x)=(x+1)e^x$,因此 $f_x(x,y)=(y^2+2y)e^x+(x+1)e^x$,再对 x 积分,得 $f(x,y)=(y^2+2y)e^x+xe^x+C_2(y)$,由 $f(0,y)=y^2+2y$ 得 $C_2(y)=0$,所以 $f(x,y)=(y^2+2y)e^x+xe^x$.

令

$$\begin{cases}f'_x(x,y)=(y^2+2y)e^x+e^x+xe^x=0,\\ f'_y(x,y)=(2y+2)e^x=0,\end{cases}$$

解得驻点为 $P(0,-1)$. 又

$$A=f_{xx}=(y^2+2y)\mathrm{e}^x+2\mathrm{e}^x+x\mathrm{e}^x,\quad B=f_{xy}=(2y+2)\mathrm{e}^x,\quad C=f_{yy}=2\mathrm{e}^x,$$

在 $P(0,-1)$ 处,$A=1,B=0,C=2,\Delta=AC-B^2=2>0$,又 $A=1>0$,所以 $P(0,-1)$ 是函数的极小值点,极小值为 $f(0,-1)=-1$.

例 13　设 n 个正数 $x_1,x_2\cdots,x_n$ 之和为 a,求函数 $u=\sqrt[n]{x_1x_2\cdots x_n}$ 的最大值.

解　构造拉格朗日辅助函数

$$L=\ln x_1+\ln x_2+\cdots+\ln x_n+\lambda(x_1+x_2+\cdots+x_n-a),$$

令
$$\frac{\partial L}{\partial x_i}=\frac{1}{x_i}+\lambda x_i=0,\quad i=1,2\cdots,n$$

解得 $x_1=x_2=\cdots=x_n=\dfrac{a}{n}$. 显然,在和一定时,$u$ 的最大值是存在的. 所以函数在点 $\left(\dfrac{a}{n},\dfrac{a}{n},\cdots,\dfrac{a}{n}\right)$取到最大值,最大值为$\dfrac{a}{n}$.

从例 13 可以得到重要不等式:

$$\sqrt[n]{x_1x_2\cdots x_n}\leqslant\frac{a}{n}=\frac{x_1+x_2+\cdots+x_n}{n},$$

即 n 个正数的几何平均值不超过它们的算术平均值.

例 14　已知曲面 $4x^2+4y^2-z^2=1$ 与平面 $x+y-z=0$ 的交线在 xOy 平面上的投影为一椭圆,求该椭圆面积.

解　椭圆方程为 $3x^2+3y^2-2xy=1$,要求椭圆的面积,关键要求出椭圆的长、短半轴. 由于椭圆的中心在原点,问题就变成求 $d=x^2+y^2$ 在条件 $3x^2+3y^2-2xy=1$ 下的条件极值.

构造拉格朗日辅助函数

$$L=x^2+y^2+\lambda(3x^2+3y^2-2xy-1),$$

令
$$\frac{\partial L}{\partial x}=0,\quad \frac{\partial L}{\partial y}=0,$$

得到方程组$\begin{cases}(3\lambda+1)x-\lambda y=0,\\ \lambda x-(3\lambda+1)y=0\end{cases}$要有非零解,因此$\begin{vmatrix}3\lambda+1 & -\lambda\\ \lambda & -(3\lambda+1)\end{vmatrix}=0$,解得 $\lambda=-\dfrac{1}{2},y=x$ 或 $\lambda=-\dfrac{1}{4},y=-x$. 由此求得 $d_1=\dfrac{1}{2}$ 或 $d_2=\dfrac{1}{4}$. 所以椭圆的长、短半轴分别为$\dfrac{1}{\sqrt{2}},\dfrac{1}{2}$,面积为 $S=\pi\cdot\dfrac{1}{\sqrt{2}}\cdot\dfrac{1}{2}=\dfrac{\sqrt{2}}{4}\pi$.

例 15　设一座山的方程为 $z(x,y)=75-x^2-y^2+xy$,其山脚所占的区域 D 为:$x^2+y^2-xy\leqslant 75$. (1) 若 $M(x_0,y_0)$ 为山脚处的某一点,问 $z(x,y)$ 在 $M(x_0,y_0)$ 处沿什么方向的增长率最大?并求出此增长率;(2) 攀岩活动要在山脚处找一最陡的位置作为攀岩的起点,试确定攀岩起点的位置.

解 (1) 函数 $z(x,y)$ 在 $M(x_0,y_0)$ 处沿梯度 $\mathbf{grad}z(M_0)=(-2x_0+y_0,-2y_0+x_0)$ 方向增长率最大,为 $|\mathbf{grad}z(M_0)|=\sqrt{(-2x_0+y_0)^2+(-2y_0+x_0)^2}=\sqrt{5x_0^2+5y_0^2-8x_0y_0}$.

(2) 构造拉格朗日辅助函数 $L=5x^2+5y^2-8xy+\lambda(x^2+y^2-xy-75)$,
令 $L_x=10x-8y+\lambda(2x-y)=0$,$L_y=10y-8x+\lambda(2y-x)=0$,方程组要有非零解,则
$\begin{vmatrix}10+2\lambda & -8-\lambda\\ -8-\lambda & 10+2\lambda\end{vmatrix}=(2+\lambda)(18+3\lambda)=0$,解得 $\lambda=-2,y=x$ 或 $\lambda=-6,y=-x$.
于是驻点为

$$(5\sqrt{3},5\sqrt{3}),(-5\sqrt{3},-5\sqrt{3}),(5,-5),(-5,5),$$

令 $g(x,y)=\sqrt{5x^2+5y^2-8xy}$,由于 $g(\pm5\sqrt{3},\pm5\sqrt{3})=5\sqrt{6}<g(\pm5,\mp5)=15\sqrt{2}$,所以最陡起点位置为:$(5,-5)$ 或 $(-5,5)$.

总习题八

1. 在“充分”、“必要”、“充分必要”三者中选择一个正确的填入下列空格内:

(1) $f(x,y)$ 在点 (x,y) 可微分是 $f(x,y)$ 在该点连续的________条件;$f(x,y)$ 在点 (x,y) 连续是 $f(x,y)$ 在该点可微分的________条件.

(2) $z=f(x,y)$ 在点 (x,y) 的偏导数 $\dfrac{\partial z}{\partial x}$ 及 $\dfrac{\partial z}{\partial y}$ 存在是 $f(x,y)$ 在该点可微分的________条件;$z=f(x,y)$ 在点 (x,y) 可微分是函数 $f(x,y)$ 在该点的偏导数 $\dfrac{\partial z}{\partial x}$ 及 $\dfrac{\partial z}{\partial y}$ 存在的________条件.

(3) $z=f(x,y)$ 的偏导数 $\dfrac{\partial z}{\partial x}$ 及 $\dfrac{\partial z}{\partial y}$ 在点 (x,y) 连续是 $f(x,y)$ 在该点可微分的________条件.

(4) 函数 $z=f(x,y)$ 的两个混合偏导数 $\dfrac{\partial^2 z}{\partial x\partial y}$ 及 $\dfrac{\partial^2 z}{\partial y\partial x}$ 在区域 D 内连续是这两个二阶混合偏导数在 D 内相等的________条件.

(5) 函数 $z=f(x,y)$ 在点 (x,y) 可微分是在该点沿任何方向的方向导数均存在的________条件.

2. 选择题:

(1) 设函数 $f(x,y)=\mathrm{e}^{\sqrt{x^2+y^4}}$ 在 $(0,0)$ 处(　　).

(A) $f_x(0,0)$ 不存在,$f_y(0,0)$ 存在　　(B) $f_x(0,0)$ 不存在,$f_y(0,0)$ 不存在

(C) $f_x(0,0)$ 存在,$f_y(0,0)$ 存在　　(D) $f_x(0,0)$ 存在,$f_y(0,0)$ 不存在

(2) 设函数 $z=f(x,y)$ 在 $(0,1)$ 处连续,且满足 $\lim\limits_{\substack{x\to0\\y\to1}}\dfrac{f(x,y)-2x+y-2}{\sqrt{x^2+(y-1)^2}}=0$,则 $\mathrm{d}z|_{(0,1)}=$(　　).

(A) $-2\mathrm{d}x-\mathrm{d}y$　(B) $2\mathrm{d}x-\mathrm{d}y$　(C) $2\mathrm{d}x+\mathrm{d}y$　(D) $-2\mathrm{d}x+\mathrm{d}y$

(3) 设 $f(u,v)$ 满足 $f\left(x+y,\dfrac{y}{x}\right)=x^2-y^2$，则 $\left.\dfrac{\partial f}{\partial u}\right|_{(1,1)}$ 与 $\left.\dfrac{\partial f}{\partial v}\right|_{(1,1)}$ 分别为(　　).

(A) $\dfrac{1}{2},0$　(B) $0,\dfrac{1}{2}$　(C) $-\dfrac{1}{2},0$　(D) $0,-\dfrac{1}{2}$

(4) 设函数 $z=f(x,y)$ 在点 $(0,0)$ 处有定义，且 $f_x(0,0)=3, f_y(0,0)=1$，则(　　).

(A) $\mathrm{d}z\mid_{(0,0)}=3\mathrm{d}x+\mathrm{d}y$

(B) 曲面 $z=f(x,y)$ 在点 $(0,0,f(0,0))$ 的法向量为 $\{3,1,1\}$

(C) 曲线 $\begin{cases} z=f(x,y) \\ y=0 \end{cases}$ 在点 $(0,0,f(0,0))$ 的切向量为 $\{1,0,3\}$

(D) 曲线 $\begin{cases} z=f(x,y) \\ y=0 \end{cases}$ 在点 $(0,0,f(0,0))$ 的切向量为 $\{3,0,1\}$

(5) 设函数 $z=f(x,y)$ 的全微分为 $\mathrm{d}z=x\mathrm{d}x+y\mathrm{d}y$，则点 $(0,0)$(　　).

(A) 不是 $f(x,y)$ 的极值点　(B) 是 $f(x,y)$ 的极大值点

(C) 是 $f(x,y)$ 的极小值点　(D) 不是 $f(x,y)$ 的连续点.

3. 设 $f(x,y)=\begin{cases} \dfrac{\sin(x^2y)}{x^2+y^2}, & x^2+y^2\neq 0, \\ 0, & x^2+y^2=0, \end{cases}$ 求 $f_x(x,y)$ 和 $f_y(x,y)$.

4. 求下列函数的一阶和二阶偏导数：

(1) $z=x\arcsin\dfrac{y}{x}$；　(2) $z=y\ln(x^3+y)$.

5. 讨论 $f(x,y)=\begin{cases} \dfrac{x^2y^2}{x^2+y^2}, & x^2+y^2\neq 0, \\ 0, & x^2+y^2=0 \end{cases}$ 在点 $(0,0)$ 的连续性、偏导数的存在性以及可微性.

6. 设 $f(x,y)=\begin{cases} (x^2+y^2)\sin\dfrac{1}{x^2+y^2}, & x^2+y^2\neq 0, \\ 0, & x^2+y^2=0, \end{cases}$ 证明：$f(x,y)$ 在点 $(0,0)$ 处偏导数存在，但偏导数在点 $(0,0)$ 不连续，而 $f(x,y)$ 在点 $(0,0)$ 可微分.

7. 设 $z=f(x,y,\mathrm{e}^x\cos y)$，其中 f 具有连续的二阶偏导数，求 $\dfrac{\partial^2 z}{\partial x^2}$ 和 $\dfrac{\partial^2 z}{\partial x\partial y}$.

8. 设 $z=z(x,y)$ 由方程 $x^3+y^2+z^2=yf\left(\dfrac{z}{y}\right)$ 所确定，其中 f 可微分，求 $\dfrac{\partial z}{\partial x}$ 和 $\dfrac{\partial z}{\partial y}$.

9. 设 $u=f(x,y,z)$ 且 $z=\varphi\left(\dfrac{x}{y},x^2y\right)$，其中 f,φ 可微分，求 $\dfrac{\partial u}{\partial x}$ 和 $\dfrac{\partial u}{\partial y}$.

10. 设 $z=z(x,y)$ 为由方程 $z\mathrm{e}^{xz}+4x+y^2=y+1$ 所确定的隐函数，求 $\dfrac{\partial z}{\partial x}$ 和 $\dfrac{\partial z}{\partial y}$ 在点 $(0,0)$ 处的值.

11. 设变换 $u=x+ay, v=x+by$ 把方程 $2\frac{\partial^2 z}{\partial x^2}+\frac{\partial^2 z}{\partial x\partial y}-\frac{\partial^2 z}{\partial y^2}=0$ 化简为 $\frac{\partial^2 z}{\partial u\partial v}=0$，其中 $z=f(x,y)$ 具有二阶连续偏导数，求 a,b.

12. 在曲面 $z=x^2-xy+2y^2$ 上求一点，使这点处的法线垂直于平面 $2x-3y+z-1=0$，并写出此点处的法线及切平面方程.

13. 求曲线 $\begin{cases} xyz=1, \\ y=2x^2-z^2 \end{cases}$ 在点 $(1,1,1)$ 处的切线和法平面方程.

14. 求函数 $u=x^2-3yz+5$ 在点 $(1,2,-1)$ 沿与各坐标轴构成等角的方向的方向导数.

15. 求函数 $z=\ln(x+2y)$ 在抛物线 $x^2=4y$ 上点 $(2,1)$ 处，沿在该点处与 x 轴正向的夹角小于 $\frac{\pi}{2}$ 的切线方向的方向导数.

16. 设 $\boldsymbol{n}$ 是曲面 $2x^2+3y^2+z^2=6$ 在点 $P(1,1,1,)$ 处指向外侧的法向量，求函数 $u=\frac{\sqrt{6x^2+8y^2}}{z}$ 在点 P 处沿方向 $\boldsymbol{n}$ 的方向导数.

17. 求 $u=\frac{x}{x^2+y^2+z^2}$ 在点 $(1,2,2)$ 及点 $(-3,1,0)$ 的梯度之间的夹角 θ.

18. 求函数 $f(x,y)=2(y-x^2)^2-\frac{1}{7}x^7-y^2$ 的极值.

19. 平面 $2x-y+2z-4=0$ 截曲面 $z=10-x^2-y^2$ 成上下两部分，求在上面部分曲面上的点到平面的最大距离.

20. 求平面 $\frac{x}{3}+\frac{y}{4}+\frac{z}{5}=1$ 和柱面 $x^2+y^2=1$ 的交线上与 xOy 平面距离最短的点.

补充内容：

数学家——祖冲之和刘徽

祖冲之(公元 429—500 年) 是我国南北朝时期范阳郡遒县(今河北涞水县) 人. 我国古代杰出的数学家、天文学家.

在中国古代，人们从实践中认识到，圆的周长是“圆径一而周三有余”，也就是圆的周长是圆直径的三倍多，但是多多少，意见不一. 在祖冲之之前，中国数学家刘徽提出了计算圆周率的科学方法——“割圆术”，用圆内接正多边形的周长来逼近圆周长，用这种方法，刘徽计算圆周率到小数点后 4 位数.

在数学方面，祖冲之在前人的基础上，经过刻苦钻研，反复演算，将圆周率推算至小数点后 7 位数(即 3. 141 592 6 与 3. 141 592 7 之间). 他成为世界上第一个把圆周率的准确数值计算到小数点以后七位数字的人. 这一纪录直到 15 世纪才由阿拉伯数学家卡西打破. 祖冲之还给出 π 的两个分数形式：22/7(约率) 和 355/113(密率)，其中密率精确到小数第 7 位，在西方直到 16 世纪才由荷兰数学家奥托重新发现.

祖冲之还和儿子祖暅一起圆满地利用“牟合方盖” 解决了球体积的计算问题，得到正确的球体积公式：

球体积 $=\frac{4}{3}\pi r^3$. 在导出球体积公式的过程中，祖氏父子总结出了所谓的“祖氏原理”. 在西方这一原理被称为“卡瓦列里原理”，但它的发现者意大利数学家卡瓦列里(B. Cavalieri 1598—1647) 比祖氏父子要晚 1 100 多年.

在天文历法方面，祖冲之编制了《大明历》及为大明历编写了驳议. 在祖冲之之前，人们使用的历法是天文学家何承天编制的《元嘉历》. 祖冲之经过多年的观测和推算，发现《元嘉历》存在很大的差误. 于是祖冲之着手制定新的历法，宋孝武帝大明六年(公元 462 年) 他编制成了《大明历》.《大明历》在祖冲之生前始终没能采用，直到梁武帝天监九年(公元 510 年) 才正式颁布施行.《大明历》的主要成就如下：

(1) 区分了回归年和恒星年，首次把岁差引进历法，测得岁差为 45 年 11 月差一度(今测约为 70.7 年差一度). 岁差的引入是中国历法史上的重大进步.

(2) 定一个回归年为 365.242 814 81 日(今测为 365.242 198 78 日)，直到南宋宁宗庆元五年(公元 1199 年) 杨忠辅制统天历以前，它一直是最精确的数据.

(3) 采用 391 年置 144 闰的新闰周，比以往历法采用的 19 年置 7 闰的闰周更加精密.

(4) 定交点月日数为 27.212 23 日(今测为 27.212 22 日). 交点月日数的精确测得使得准确的日月食预报成为可能，祖冲之曾用大明历推算了从元嘉十三年(公元 436 年) 到大明三年(公元 459 年)，23 年间发生的 4 次月食时间，结果与实际完全符合.

(5) 得出木星每 84 年超辰一次的结论，即定木星公转周期为 11.858 年(今测为 11.862 年).

(6) 给出了更精确的五星会合周期，其中水星和木星的会合周期也接近现代的数值.

(7) 提出了用圭表测量正午太阳影长以定冬至时刻的方法.

在机械学方面，他设计制造过水碓磨、铜制机件传动的指南车、千里船、定时器等.

为纪念这位伟大的古代科学家，人们将月球背面的一座环形山命名为祖冲之环形山，将小行星 1 888 命名为祖冲之小行星.

刘徽(生于公元250年左右)，魏晋时期山东人，是中国数学史上一个非常伟大的数学家，在世界数学史上，也占有杰出的地位. 他的著作《九章算术注》和《海岛算经》，是我国最宝贵的数学遗产.

刘徽的数学成就大致为两方面：

一是清理中国古代数学体系并奠定了它的理论基础. 这方面集中体现在《九章算术注》中. 它实已形成为一个比较完整的理论体系：

(1) 在数系理论方面：用数的同类与异类阐述了通分、约分、四则运算，以及繁分数化简等的运算法则；在开方术的注释中，他从开方不尽的意义出发，论述了无理方根的存在，并引进了新数，创造了用十进分数无限逼近无理根的方法.

(2) 在筹式演算理论方面：先给率以比较明确的定义，又以遍乘、通约、齐同等三种基本运算为基础，建立了数与式运算的统一的理论基础，他还用“率” 来定义中国古代数学中的“方程”，即现代数学中线性方程组的增广矩阵.

(3) 在勾股理论方面：逐一论证了有关勾股定理与解勾股形的计算原理，建立了相似勾股形理论，发展了勾股测量术，通过对“勾中容横” 与“股中容直” 之类的典型图形的论析，形成了中国特色的相似理论.

(4) 在面积与体积理论方面：用出入相补、以盈补虚的原理及“割圆术” 的极限方法提出了刘徽原理，并解决了多种几何形、几何体的面积、体积计算问题. 这些方面的理论价值至今仍闪烁着余辉.

二是在继承的基础上提出了自己的创见. 这方面主要体现为以下几项有代表性的创见：

(1) 割圆术与圆周率：他在《九章算术 · 圆田术》注中，用割圆术证明了圆面积的精确公式，并给出了计算圆周率的科学方法. 他首先从圆内接六边形开始割圆，每次边数倍增，算到 192 边形的面积，得到 $\pi =$

157/50 = 3.14，又算到 3 072 边形的面积，得到 $\pi = 3\,927/1\,250 = 3.141\,6$，称为“徽率”.

(2) 刘徽原理：在《九章算术·阳马术》注中，他在用无限分割的方法解决锥体体积时，提出了关于多面体体积计算的刘徽原理.

(3) “牟合方盖”说：在《九章算术·开立圆术》注中，他指出了球体积公式 $V = 9D^3/16$（D 为球直径）的不精确性，并引入了“牟合方盖”这一著名的几何模型.“牟合方盖”是指正方体的两个轴互相垂直的内切圆柱体的贯交部分.

(4) 方程新术：在《九章算术·方程术》注中，他提出了解线性方程组的新方法，运用了比率算法的思想.

(5) 重差术：在白撰《海岛算经》中，他提出了重差术，采用了重表、连索和累矩等测高测远方法.他还运用“类推衍化”的方法，使重差术由两次测望，发展为“三望”“四望”.而印度在 7 世纪，欧洲在 15 ~ 16 世纪才开始研究两次测望的问题.

刘徽的工作，不仅对中国古代数学发展产生了深远影响，而且在世界数学史上也确立了他崇高的历史地位.鉴于刘徽的巨大贡献，所以不少书上把他称作“中国数学史上的牛顿”.

第九章　重积分

人类文明的早期阶段，出于生产实践的需要，人们需要处理几何图形的面积和体积的问题. 希腊化时代的阿基米德(Archimedes)能够用穷竭法巧妙地计算抛物弓形的面积，我国三国时期的数学家刘徽对圆盘上的弓形也做过类似的计算. 据《九章算术》记载，我国南北朝时期的祖暅(祖冲之之子)在求出球的体积的同时，得到一个重要的结论(后人称之为"祖暅原理")："夫叠棋成立积，缘幂(截面积)势(高)既同，则积不容异."也就是说，两个同高的立体，如果在等高处的截面积恒相等，则两立体的体积必然相等. 意大利数学家卡瓦列里(Cavalieri)在1635年得到了同样的结论，但比祖暅迟了一千多年. 追溯起来，这些都是积分学思想的萌芽. 在近现代科学技术发展中，常常会碰到许多展布在平面或空间区域上的量的求和问题. 这就需要将一元函数定积分的概念推广到多元函数的情形，由此得到多元函数的积分，简称为重积分. 重积分的发展，主要是18世纪的事情. 本章将介绍二重积分和三重积分的概念、性质和计算方法以及它们的应用.

9.1　二重积分

9.1.1　二重积分的基本概念

先讨论几何与物理中的两个实际问题，由此引入二重积分的概念.

1. 曲顶柱体的体积

设函数 $z=f(x,y)$ 在有界闭区域 D 上连续，且 $f(x,y)\geqslant 0$，$(x,y)\in D$. 以曲面 $z=f(x,y)$，$(x,y)\in D$ 为顶，区域 D 为底，且以母线平行于 z 轴，准线为 D 的边界的柱面为侧面的立体，称为曲顶柱体(图9.1). 求该曲顶柱体的体积.

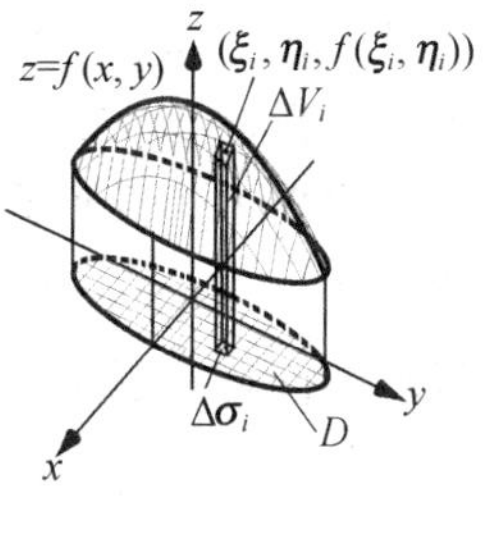

图 9.1

第一步　用曲线将区域 D 任意分割为 n 个小区域：$\Delta\sigma_1,\Delta\sigma_2,\cdots,\Delta\sigma_n$，其中 $\Delta\sigma_i$ 既表示分割的第 i 块小区域，又表示该区域的面积. 这样相应地把曲顶柱体分割成 n 个小曲顶柱体：$\Delta V_1,\Delta V_2,\cdots,\Delta V_n$，其中 ΔV_i 既表示第 i 个小曲顶柱体，又表示其体积.

第二步　在每个小区域 $\Delta\sigma_i$ 内任取一点 $(\xi_i,\eta_i)\in\Delta\sigma_i$. 因为 f 连续，所以当 $\Delta\sigma_i$ 足够小时，f 在 $\Delta\sigma_i$ 上变化不大，则第 i 个小曲顶柱体的体积 ΔV_i 近似等于平顶柱体的体积：

$$f(\xi_i,\eta_i)\Delta\sigma_i,\ i=1,2,\cdots,n;$$

第三步　作和式$\sum_{i=1}^{n} f(\xi_i,\eta_i)\Delta\sigma_i = f(\xi_1,\eta_1)\Delta\sigma_1 + f(\xi_2,\eta_2)\Delta\sigma_2 + \cdots + f(\xi_n,\eta_n)\Delta\sigma_n$，于是曲顶柱体的体积$V$可以近似地表示为$V = \sum_{i=1}^{n}\Delta V_i \approx \sum_{i=1}^{n} f(\xi_i,\eta_i)\Delta\sigma_i$.

第四步　用d_i表示$\Delta\sigma_i$中任意两点间距离的最大值(称d_i为$\Delta\sigma_i$的直径)，记$\lambda = \max\{d_i \mid i=1,2,\cdots,n\}$. 由于$f$在$D$上连续，故当$\lambda$越小，计算$\Delta V_i$所引起的误差就越小. 因此曲顶柱体的体积可表示为$V = \lim_{\lambda\to 0}\sum_{i=1}^{n} f(\xi_i,\eta_i)\Delta\sigma_i$.

2. 平面薄片的质量

设有一平面薄片占有区域D，其面密度是连续函数$\rho=\rho(x,y)$，$(x,y)\in D$，求该薄片的质量.

第一步　用曲线将区域D任意分割为n个小区域：$\Delta\sigma_1,\Delta\sigma_2,\cdots,\Delta\sigma_n$，其中$\Delta\sigma_i$既表示第$i$块小区域，又表示该区域的面积.

第二步　求每个小区域的近似质量. 在每个小区域内任取一点$(\xi_i,\eta_i)\in\Delta\sigma_i$. 因为$\rho$连续，所以当$\Delta\sigma_i$足够小时，第$i$个小区域$\Delta\sigma_i$的质量$\Delta m_i$近似等于$\rho(\xi_i,\eta_i)\Delta\sigma_i$，$i=1,2,\cdots,n$.

第三步　作和式$\sum_{i=1}^{n}\rho(\xi_i,\eta_i)\Delta\sigma_i$，因此平面薄片$D$的质量$M$可以近似地表示为

$$M = \sum_{i=1}^{n}\Delta m_i \approx \sum_{i=1}^{n}\rho(\xi_i,\eta_i)\Delta\sigma_i.$$

第四步　设d_i为$\Delta\sigma_i$的直径，记$\lambda=\max\{d_i \mid i=1,2,\cdots,n\}$. 由于$\rho$在$D$上连续，故当$\lambda$越小，计算$\Delta m_i$引起的误差就越小. 因此平面薄片$D$的质量$M$为

$$M = \lim_{\lambda\to 0}\sum_{i=1}^{n}\rho(\xi_i,\eta_i)\Delta\sigma_i.$$

可见上面两个问题都可归结为同一形式和的极限. 在科学技术中还有大量类似的问题都可以看成是分布在某一平面区域上可加量的求和问题，从而可化为同一形式和的极限. 为了从数量关系上给出解决这类问题的一般方法，我们抛开它们的实际意义，保留其数学结构上的特征，给出二重积分的概念.

定义 1　设函数$z=f(x,y)$是定义在平面上可求面积的有界闭区域D上的有界函数，将区域D任意分割为n个小区域：$\Delta\sigma_1,\Delta\sigma_2,\cdots,\Delta\sigma_n$，其中$\Delta\sigma_i$既表示第$i$块小区域，又表示该区域的面积. 在每个小区域$\Delta\sigma_i$内任取一点$(\xi_i,\eta_i)\in\Delta\sigma_i$，$i=1,2,\cdots,n$，作和式

$$\sum_{i=1}^{n} f(\xi_i,\eta_i)\Delta\sigma_i = f(\xi_1,\eta_1)\Delta\sigma_1 + f(\xi_2,\eta_2)\Delta\sigma_2 + \cdots + f(\xi_n,\eta_n)\Delta\sigma_n.$$

以d_i表示$\Delta\sigma_i$中任意两点间距离的最大值(称d_i为$\Delta\sigma_i$的直径)，记$\lambda=\max\{d_1,d_2,\cdots,d_n\}$. 如果不论怎样分割$D$，以及在$\Delta\sigma_i$中怎样选取$(\xi_i,\eta_i)$，当$\lambda\to 0$时，和式都趋于同一极限值，则称此极限值为函数$f(x,y)$在区域$D$上的二重积分，记做$\iint\limits_D f(x,y)\mathrm{d}\sigma$，即

$$\iint_D f(x,y)\mathrm{d}\sigma = \lim_{\lambda\to 0}\sum_{i=1}^{n} f(\xi_i,\eta_i)\Delta\sigma_i,$$

并称函数 $f(x,y)$ 在区域 D 上可积. 其中 $f(x,y)$ 称为被积函数，$f(x,y)\mathrm{d}\sigma$ 称为被积表达式，D 称为积分区域，x,y 称为积分变量，$\mathrm{d}\sigma$ 称为积分面积微元.

由此可见二重积分的几何意义就是曲顶柱体的体积，即当 $z=f(x,y)\geqslant 0,(x,y)\in D$ 时，

$$V=\iint_D f(x,y)\mathrm{d}\sigma.$$

特别地，当被积函数 $f(x,y)\equiv 1,(x,y)\in D$ 时，$\iint\limits_D 1\cdot\mathrm{d}\sigma = A(D)$，其中 $A(D)$ 为 D 的面积.

平面薄片的质量亦可表为 $M=\iint\limits_D \rho(x,y)\mathrm{d}\sigma$，其中 $\rho=\rho(x,y)$ 是其面密度.

将定积分存在的某充分条件推广到二重积分，可得以下定理 1，证明省略.

定理 1(二重积分存在定理)　若函数 $z=f(x,y)$ 在有界闭区域 D 上连续，则 $f(x,y)$ 在 D 上可积.

例 1　计算下列二重积分：

(1) $I=\iint\limits_D \sqrt{a^2-x^2-y^2}\mathrm{d}\sigma, D: x^2+y^2\leqslant a^2$;

(2) $I=\iint\limits_D x^2y\mathrm{d}\sigma, D: x\geqslant y^2, 0\leqslant x\leqslant 1$.

解　(1) 因为被积函数 $f(x,y)=\sqrt{a^2-x^2-y^2}$ 的图像是半径为 a 的上半球面，积分区域是半径为 a 的圆盘，如图 9.2 所示，所以由二重积分的几何意义可知积分值为上半球的体积，即

$$I=\iint_D \sqrt{a^2-x^2-y^2}\mathrm{d}\sigma = \frac{2}{3}\pi a^3.$$

(2) 因为积分区域关于 x 轴对称(图 9.3)，被积函数 $f(x,y)=x^2y$ 关于变量 y 是奇函数，所以由曲面 $z=x^2y$，抛物柱面 $x=y^2$，平面 $x=1$ 及坐标平面 $z=0$ 所围成的立体在 xOy 坐标面上方与下方的体积相等，故 $I=\iint\limits_D x^2y\mathrm{d}\sigma=0$.

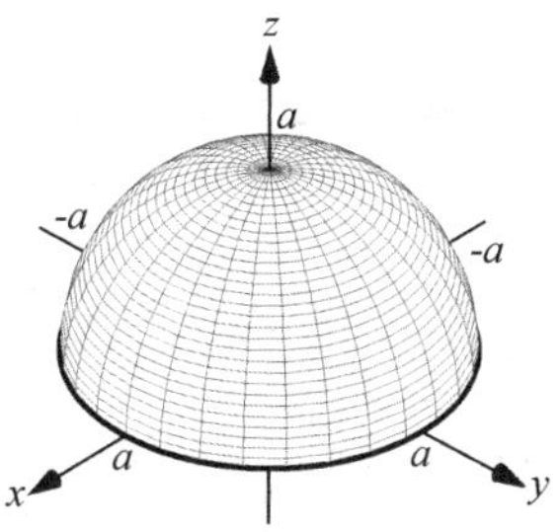

图 9.2

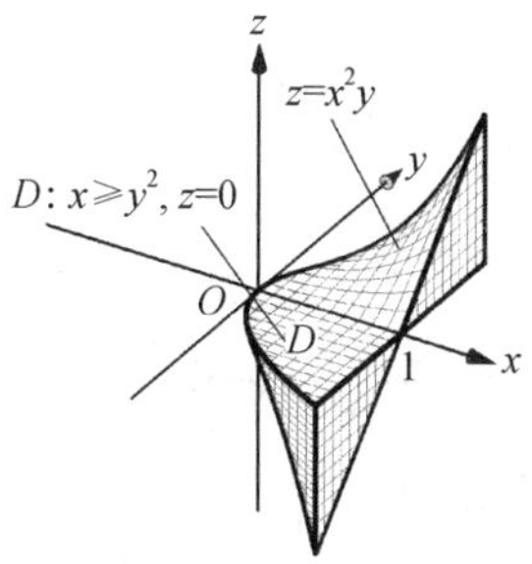

图 9.3

由于二重积分与定积分类似,都是某种特定形式的和式极限,因此二重积分具有与定积分类似的性质.下面不加证明列出二重积分的性质.读者可以作为练习自行证明.

性质1(线性性) 若 $f(x,y),g(x,y)$ 在区域 D 上都可积,$\alpha,\beta\in\mathbb{R}$,则 $\alpha f(x,y)+\beta g(x,y)$ 在 D 上也可积,且

$$\iint_D[\alpha f(x,y)+\beta g(x,y)]\mathrm{d}\sigma=\alpha\iint_D f(x,y)\mathrm{d}\sigma+\beta\iint_D g(x,y)\mathrm{d}\sigma.$$

性质2(积分区域的有限可加性) 若 $f(x,y)$ 在区域 D 上可积,用曲线将 D 分割为有限个区域 $D_1,D_2,\cdots,D_m$,则 $\iint\limits_D f(x,y)\mathrm{d}\sigma=\sum\limits_{i=1}^{m}\iint\limits_{D_i}f(x,y)\mathrm{d}\sigma$.

性质3(单调性) 若 $f(x,y),g(x,y)$ 在区域 D 上都可积,且

$$f(x,y)\leqslant g(x,y),(x,y)\in D,$$

则 $\iint\limits_D f(x,y)\mathrm{d}\sigma\leqslant\iint\limits_D g(x,y)\mathrm{d}\sigma$.

特别地,当 $f(x,y),g(x,y)$ 在 D 上都连续,且 $f(x,y)$ 不恒等于 $g(x,y)$,上面积分不等式为严格的不等式.

由此可得下面的推论.

推论1 若 $f(x,y)$ 在区域 D 上可积,则 $|f(x,y)|$ 在 D 上也可积,且

$$\left|\iint_D f(x,y)\mathrm{d}\sigma\right|\leqslant\iint_D|f(x,y)|\mathrm{d}\sigma.$$

推论2(估值定理) 若 $f(x,y)$ 在区域 D 上可积,且 $m\leqslant f(x,y)\leqslant M,(x,y)\in D$,则 $mA(D)\leqslant\iint\limits_D f(x,y)\mathrm{d}\sigma\leqslant MA(D)$,其中 $A(D)$ 为 D 的面积.

性质4(积分中值定理) 若 $f(x,y)$ 在区域 D 上连续,则存在 $(\xi,\eta)\in D$,使得

$$\iint_D f(x,y)\mathrm{d}\sigma=f(\xi,\eta)A(D).$$

证 因为 $f(x,y)$ 在区域 D 上连续,由连续函数在有界闭区域上的最大最小值定理,可得 $m\leqslant f(x,y)\leqslant M$,其中 m,M 分别是 $f(x,y)$ 在 D 上的最小值与最大值;在性质3的推论2的不等式两边除以 $A(D)$,得到 $m\leqslant\dfrac{1}{A(D)}\iint\limits_D f(x,y)\mathrm{d}\sigma\leqslant M$;即数值 $\dfrac{1}{A(D)}\iint\limits_D f(x,y)\mathrm{d}\sigma$ 介于最小值 m 与最大值 M 之间.由连续函数在有界闭区域上的介值定理,至少存在一点 $(\xi,\eta)\in D$,使得 $f(\xi,\eta)=\dfrac{1}{A(D)}\iint\limits_D f(x,y)\mathrm{d}\sigma$.

上式两端各乘以 $A(D)$,即得所需证明的公式.

例2 估计积分 $\iint\limits_D(x-y+5)\mathrm{d}\sigma$ 的大小,其中 D 是由圆 $x^2+y^2=4$ 所围成的圆盘.

解 令 $f(x,y)=x-y+5$,先求 $f(x,y)$ 在闭区域 $D:x^2+y^2\leqslant4$ 上的最大与最小值.

$f_x(x,y)=1, f_y(x,y)=-1$，故 $f(x,y)$ 无驻点；令 $L=x-y+5+\lambda(x^2+y^2-4)$，

$\begin{cases} L_x=1+2\lambda x=0 & (1) \\ L_y=-1+2\lambda y=0 & (2) \\ L_\lambda=x^2+y^2-4=0 & (3) \end{cases}$，　由(1)，(2)式得：$x=-y$，代入(3)式得：

$\begin{cases} x=\sqrt{2} \\ y=-\sqrt{2} \end{cases}, \begin{cases} x=-\sqrt{2} \\ y=\sqrt{2} \end{cases}$. $f(\sqrt{2},-\sqrt{2})=2\sqrt{2}+5, f(-\sqrt{2}-\sqrt{2})=-2\sqrt{2}+5$. 比较得：$f(x,y)$ 在闭区域 $D: x^2+y^2\leqslant 4$ 上的最大值为 $2\sqrt{2}+5$，最小值为 $-2\sqrt{2}+5$. 由估值定理得：

$$(-2\sqrt{2}+5)A(D)\leqslant\iint_D(x-y+5)\mathrm{d}\sigma\leqslant(2\sqrt{2}+5)A(D),\quad A(D)=4\pi,$$

即

$$4(-2\sqrt{2}+5)\pi\leqslant\iint_D(x-y+5)\mathrm{d}\sigma\leqslant 4(2\sqrt{2}+5)\pi.$$

例 3　求极限 $\lim\limits_{R\to+\infty}\dfrac{1}{R^2}\iint\limits_{\substack{R\leqslant|x|\leqslant 2R\\ R\leqslant|y|\leqslant 2R}}(x^2+y^2)\sin\dfrac{1}{x^2+y^2}\mathrm{d}\sigma$.

首先说明：$\iint\limits_{\substack{R\leqslant|x|\leqslant 2R\\ R\leqslant|y|\leqslant 2R}}(x^2+y^2)\sin\dfrac{1}{x^2+y^2}\mathrm{d}\sigma$ 表示 $\iint\limits_D(x^2+y^2)\sin\dfrac{1}{x^2+y^2}\mathrm{d}\sigma$，其中 $D: R\leqslant|x|\leqslant 2R, R\leqslant|y|\leqslant 2R$.

解　$f(x,y)=(x^2+y^2)\sin\dfrac{1}{x^2+y^2}$ 在闭区域 $D: R\leqslant|x|\leqslant 2R, R\leqslant|y|\leqslant 2R$ 上连续，由积分中值定理，存在 $(\xi,\eta)\in D$，使得：

$$\iint\limits_{\substack{R\leqslant|x|\leqslant 2R\\ R\leqslant|y|\leqslant 2R}}(x^2+y^2)\sin\frac{1}{x^2+y^2}\mathrm{d}\sigma=(\xi^2+\eta^2)\sin\frac{1}{\xi^2+\eta^2}A(D),$$

其中 $A(D)=4R^2$ 是 D 的面积，$R\leqslant|\xi|\leqslant 2R, R\leqslant|\eta|\leqslant 2R$. 当 $R\to+\infty$ 时，$\xi^2+\eta^2\to+\infty$，$r=\dfrac{1}{\xi^2+\eta^2}\to 0$，则

$$\lim_{R\to+\infty}\frac{1}{R^2}\iint\limits_{\substack{R\leqslant|x|\leqslant 2R\\ R\leqslant|y|\leqslant 2R}}(x^2+y^2)\sin\frac{1}{x^2+y^2}\mathrm{d}\sigma=\lim_{R\to+\infty}\frac{1}{R^2}\frac{\sin r}{r}4R^2=4\lim_{r\to 0+0}\frac{\sin r}{r}=4.$$

9.1.2　直角坐标系下二重积分的计算

如果二重积分 $\iint\limits_D f(x,y)\mathrm{d}\sigma=\lim\limits_{\lambda\to 0+0}\sum\limits_{i=1}^{n}f(\xi_i,\eta_i)\Delta\sigma_i$ 存在，那么积分值与区域 D 的分法和各小区域 $\Delta\sigma_i$ 上点 (ξ_i,η_i) 的取法无关，因此可以选择一种便于计算的划分方式. 在直角坐标系下，采用平行于坐标轴的直线族分割区域 D，除了含 D 边界的小区域是不规则的外，其余都是矩形区域. 设矩形小区域 $\Delta\sigma_i$ 的边长为 Δx_j 和 Δy_k，其面积可以写成 $\Delta\sigma_i=\Delta x_j\Delta y_k$，因此在

直角坐标系下，积分面积微元 $d\sigma$ 可记为 $dxdy$，则二重积分可写为 $\iint\limits_D f(x,y)d\sigma=\iint\limits_D f(x,y)dxdy$.

二重积分的几何意义是曲顶柱体的体积，通过推导曲顶柱体的体积，可得出二重积分的计算方法. 设函数 $z=f(x,y)$ 在有界闭区域 D 上连续，且 $f(x,y)\geqslant 0,(x,y)\in D$.

注意到，二重积分 $\iint\limits_D f(x,y)dxdy$ 中，除了被积函数外，积分区域的各种复杂的形状也给实际计算带来困难. 为此，选择一种所谓 X- 型区域 D 作为积分区域来进行积分讨论. X- 型区域可表达为 D: $a\leqslant x\leqslant b,\varphi_1(x)\leqslant y\leqslant \varphi_2(x)$（如图 9.4），所求积分 $\iint\limits_D f(x,y)dxdy$ 就是如图 9.5 空间立体的体积.

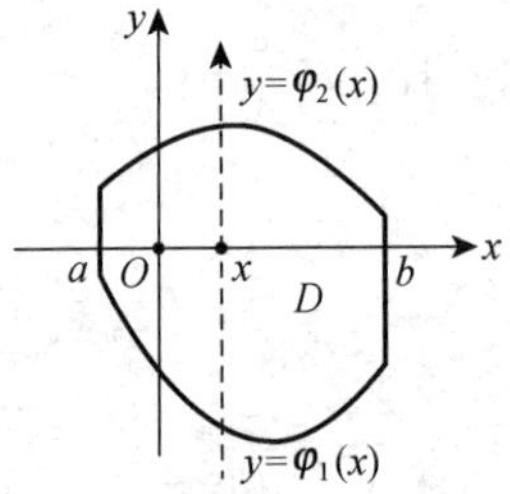

图 9.4

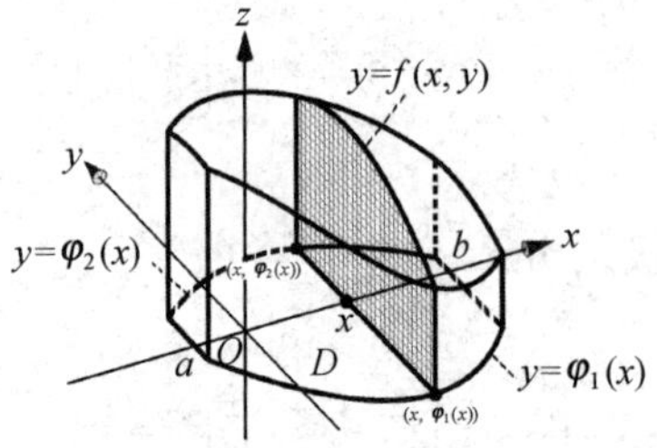

图 9.5

下面利用“平行截面面积为已知的立体体积”的计算方法计算其体积. 为此，在区间 $[a,b]$ 上任意固定一点 x，考察曲顶柱体与平面 $x=x$ 的截面面积 $S(x)$，如图 9.5 阴影部分所示. 这一截面是曲线 $\begin{cases} z=f(x,y) \\ x=x \end{cases}$，在区间 $[\varphi_1(x),\varphi_2(x)]$ 上所形成的曲边梯形，它的面积可用定积分表示为

$$S(x)=\int_{\varphi_1(x)}^{\varphi_2(x)} f(x,y)dy.$$

由平行截面面积为已知的立体体积的计算方法，可得所求曲顶柱体的体积为

$$V=\int_a^b S(x)dx=\int_a^b\left[\int_{\varphi_1(x)}^{\varphi_2(x)} f(x,y)dy\right]dx.$$

这个体积也就是所求二重积分的值，从而有

$$\iint\limits_D f(x,y)dxdy=\int_a^b\left[\int_{\varphi_1(x)}^{\varphi_2(x)} f(x,y)dy\right]dx.$$

称上式右端的积分为先对 y 后对 x 的二次积分. 即先把 x 视作常数，把 $f(x,y)$ 只看作 y 的函数，对 y 从 $\varphi_1(x)$ 至 $\varphi_2(x)$ 计算定积分（亦称为单积分），所得结果是 x 的函数，再对 x 计算在区间 $[a,b]$ 上的定积分. 这个二次积分通常记做

$$\iint\limits_D f(x,y)dxdy=\int_a^b dx\int_{\varphi_1(x)}^{\varphi_2(x)} f(x,y)dy. \tag{9.1}$$

类似地，如果区域 D 是所谓 Y- 型区域，即可用不等式表示为 $D: c \leqslant y \leqslant d, \psi_1(y) \leqslant x \leqslant \psi_2(y)$，其中 $\psi_1(y), \psi_2(y)$ 均在区间 $[c,d]$ 上连续（如图 9.6），则可得如下的公式

$$\iint_D f(x,y)\mathrm{d}x\mathrm{d}y = \int_c^d \mathrm{d}y \int_{\psi_1(y)}^{\psi_2(y)} f(x,y)\mathrm{d}x, \tag{9.2}$$

称上式右端的积分为先对 x 后对 y 的二次积分.

在上述讨论中，假定了 $f(x,y) \geqslant 0, (x,y) \in D$，但实际上公式(9.1)(9.2) 的成立不受此条件的限制.

一般地，有界闭区域都可以分解为有限个除了有公共边界点而无公共内点的 X- 型区域或 Y- 型区域. 比如图 9.7 所示的区域可分为三个区域，其中 D_1, D_3 为 X- 型区域，D_2 为 Y- 型区域. 因而，由于积分区域的有限可加性，解决了 X- 型区域与 Y- 型区域上的二重积分的计算，则一般区域上的二重积分计算也就得到了解决.

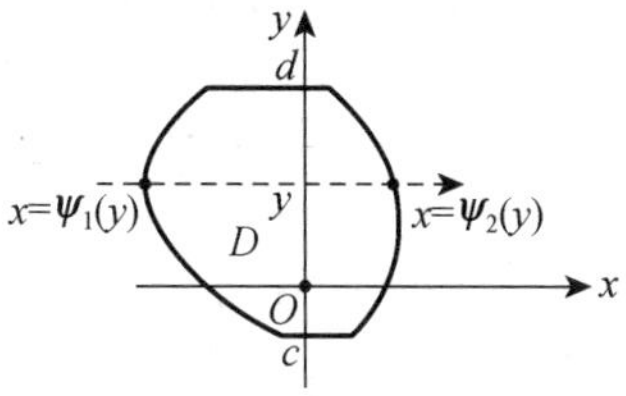

图 9.6

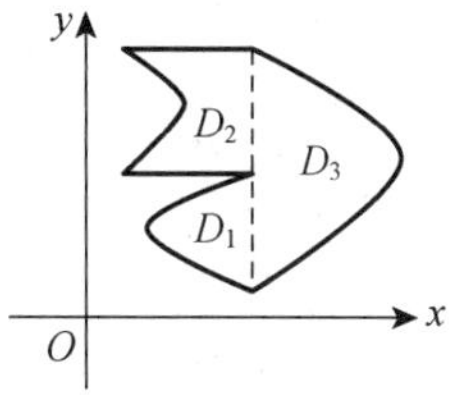

图 9.7

例 1　计算 $\iint_D (2-x-y)\mathrm{d}x\mathrm{d}y$，其中 D 为直线 $y=x$ 与抛物线 $y=x^2$ 所围成的区域.

解　法一　区域 D 的图形如图 9.8 所示，先对 y 后对 x 积分，得

$$\iint_D (2-x-y)\mathrm{d}x\mathrm{d}y = \int_0^1 \mathrm{d}x \int_{x^2}^{x} (2-x-y)\mathrm{d}y$$
$$= \int_0^1 \left(2y - xy - \frac{y^2}{2}\right)\Big|_{x^2}^{x} \mathrm{d}x$$
$$= \int_0^1 \left(2x - \frac{7x^2}{2} + x^3 + \frac{x^4}{2}\right)\mathrm{d}x$$
$$= \frac{11}{60}.$$

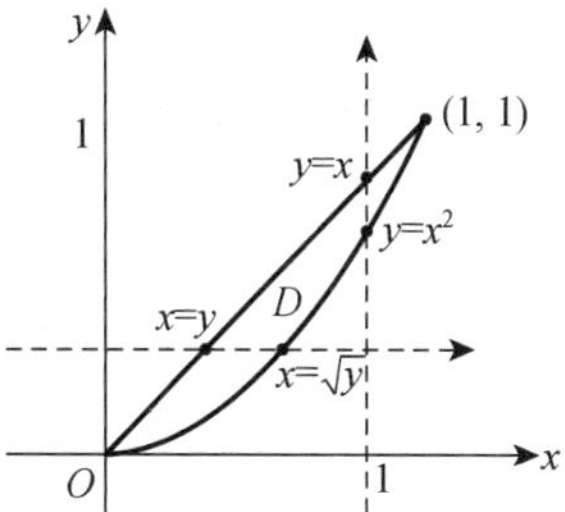

图 9.8

法二　区域 D 的图形如图 9.8 所示，先对 x 后对 y 积分，得

$$\iint_D (2-x-y)\mathrm{d}x\mathrm{d}y = \int_0^1 \mathrm{d}y \int_y^{\sqrt{y}} (2-x-y)\mathrm{d}x = \int_0^1 \left(2x - \frac{x^2}{2} - yx\right)\Big|_y^{\sqrt{y}} \mathrm{d}y$$
$$= \int_0^1 \left(2y^{\frac{1}{2}} - \frac{5y}{2} - y^{\frac{3}{2}} + \frac{3y^2}{2}\right)\mathrm{d}y = \frac{11}{60}.$$

例 2　计算 $\iint_D xy^2\mathrm{d}x\mathrm{d}y$，其中 D 为直线 $y=x-2$ 与抛物线 $y^2=x$ 所围成的区域.

解 区域D的图形如图9.9所示,求出直线与抛物线的交点$A(4,2)$与$B(1,-1)$.先对x后对y积分,得$\iint\limits_D xy^2\mathrm{d}x\mathrm{d}y=\int_{-1}^{2}y^2\mathrm{d}y\int_{y^2}^{y+2}x\mathrm{d}x=\frac{1}{2}\int_{-1}^{2}y^2[(y+2)^2-y^4]\mathrm{d}y=\frac{531}{70}$.如果先对$y$后对$x$积分,则要用直线$x=1$把区域$D$分成两部分,如图9.10所示,即$\iint\limits_D xy^2\mathrm{d}x\mathrm{d}y=\int_0^1\mathrm{d}x\int_{-\sqrt{x}}^{\sqrt{x}}xy^2\mathrm{d}y+\int_1^4\mathrm{d}x\int_{x-2}^{\sqrt{x}}xy^2\mathrm{d}y$.显然这种方法要麻烦一些.

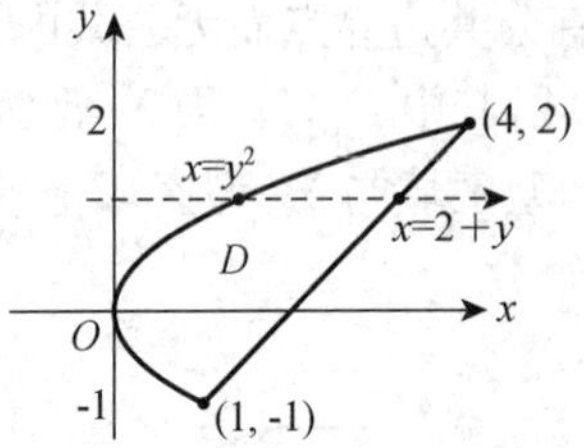

图 9.9

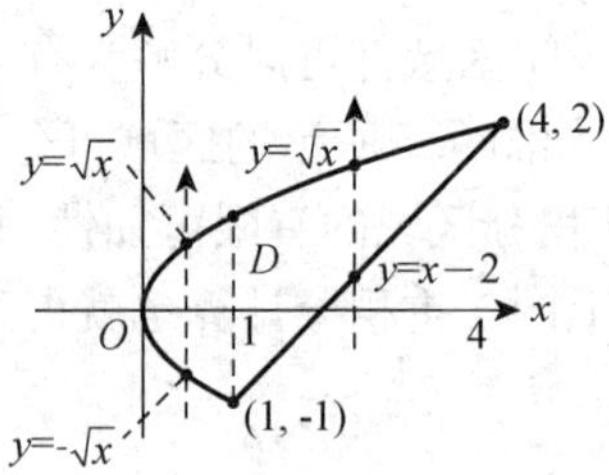

图 9.10

例 3 计算二重积分$\iint\limits_D\frac{x}{\sqrt{x^2+y^2}}\mathrm{d}x\mathrm{d}y$,其中$D$是由$x=0$与$x=\sqrt{2ay-y^2}\,(a>0)$所围成的闭区域.

解 区域D的图形如图9.11所示,比较$\int\frac{x}{\sqrt{x^2+y^2}}\mathrm{d}x$与$\int\frac{x}{\sqrt{x^2+y^2}}\mathrm{d}y$的计算难度,决定选择$Y$-型区域定限形式.

$$\iint\limits_D\frac{x}{\sqrt{x^2+y^2}}\mathrm{d}x\mathrm{d}y=\int_0^{2a}\mathrm{d}y\int_0^{\sqrt{2ay-y^2}}\frac{x}{\sqrt{x^2+y^2}}\mathrm{d}x=\int_0^{2a}(\sqrt{x^2+y^2})\Big|_0^{\sqrt{2ay-y^2}}\mathrm{d}y$$

$$=\int_0^{2a}(\sqrt{2ay}-y)\mathrm{d}y=\left(\sqrt{2a}\times\frac{2}{3}y^{\frac{3}{2}}-\frac{1}{2}y^2\right)\Big|_0^{2a}=\frac{2}{3}a^2.$$

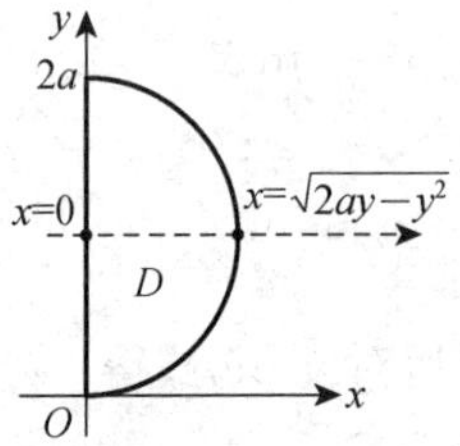

图 9.11

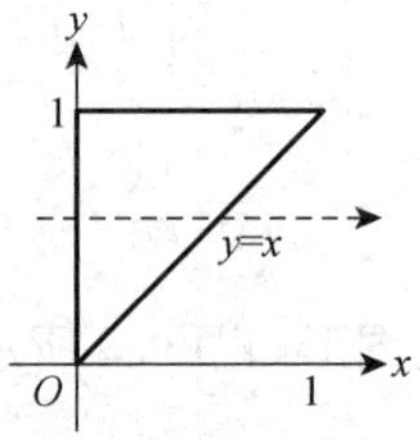

图 9.12

例 4 计算二次积分$I=\int_0^1\mathrm{d}x\int_x^1\mathrm{e}^{-y^2}\mathrm{d}y$.

解 如图9.12所示,积分区域既是X-型区域又是Y-型区域,若采用先对y后对x积分,由于e^{-y^2}的原函数不能用初等函数表示,因而无法继续进行计算,故改为先对x后对y积分,得

$$I=\int_0^1 e^{-y^2}dy\int_0^y dx=\int_0^1 ye^{-y^2}dy=-\frac{e^{-y^2}}{2}\Big|_0^1=\frac{1}{2}(1-e^{-1}).$$

例 5　交换下列积分顺序：

(1) $I=\int_0^a dy\int_{\sqrt{a^2-y^2}}^{y+a}f(x,y)dx$；

(2) $I=\int_{-\sqrt{2}}^0 dx\int_0^{2-x^2}f(x,y)dy+\int_0^1 dx\int_x^{2-x^2}f(x,y)dy$.

解　(1) 这是先对 x 后对 y 积分. 由积分上下限可知积分区域为 D：$\sqrt{a^2-y^2}\leqslant x\leqslant y+a,0\leqslant y\leqslant a$. 区域如图 9.13 所示. 把原积分化为先对 y 后对 x 的积分，为此用直线 $x=a$ 把区域分成两部分，得

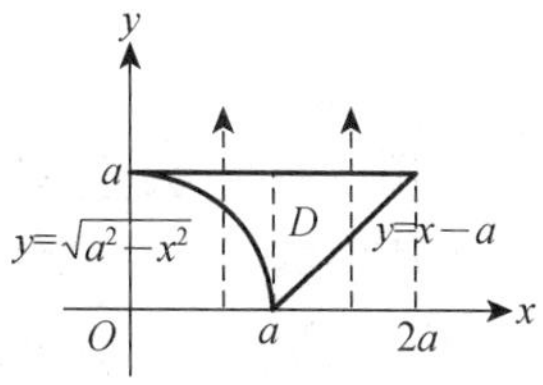

图 9.13

$$I=\int_0^a dx\int_{\sqrt{a^2-x^2}}^a f(x,y)dy+\int_a^{2a}dx\int_{x-a}^a f(x,y)dy.$$

(2) 这是先对 y 后对 x 的积分，由两部分组成，其积分区域分别为 D_1：$0\leqslant y\leqslant 2-x^2,-\sqrt{2}\leqslant x\leqslant 0$，$D_2$：$x\leqslant y\leqslant 2-x^2,0\leqslant x\leqslant 1$，见图 9.14. 把原积分化为先对 x 后对 y 的积分，得

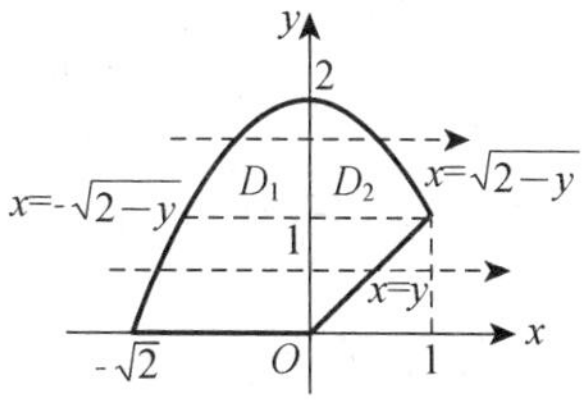

图 9.14

$$I=\int_0^1 dy\int_{-\sqrt{2-y}}^y f(x,y)dx+\int_1^2 dy\int_{-\sqrt{2-y}}^{\sqrt{2-y}}f(x,y)dx.$$

例 6　计算二重积分 $I=\iint\limits_D\sqrt{y^2-2x^2y+x^4}\,dxdy$，其中

$$D:-1\leqslant x\leqslant 1,-1\leqslant y\leqslant 1.$$

解　由于被积函数 $\sqrt{y^2-2x^2y+x^4}=\sqrt{(y-x^2)^2}=|y-x^2|$ 含有绝对值符号，为了去掉绝对值符号，作辅助曲线 $y-x^2=0$ 把区域分成两部分，如图 9.15 所示；

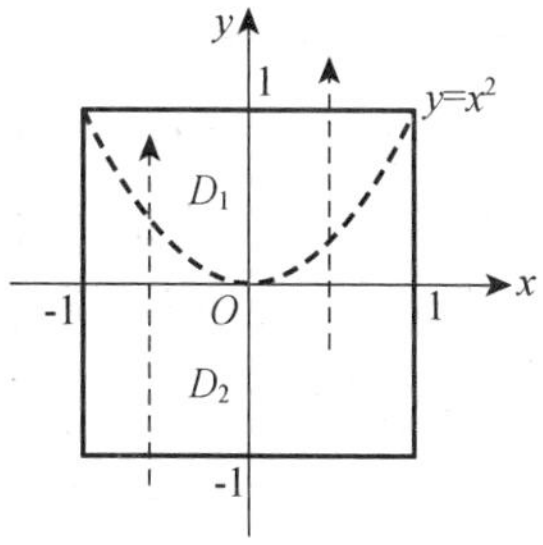

图 9.15

$$\begin{aligned}
I&=\iint\limits_{D_1}|y-x^2|dxdy+\iint\limits_{D_2}|y-x^2|dxdy\\
&=\iint\limits_{D_1}(y-x^2)dxdy+\iint\limits_{D_2}(x^2-y)dxdy\\
&=\int_{-1}^1 dx\int_{x^2}^1(y-x^2)dy+\int_{-1}^1 dx\int_{-1}^{x^2}(x^2-y)dy\\
&=\int_{-1}^1\frac{1}{2}(y-x^2)^2\Big|_{x^2}^1dx-\int_{-1}^1\frac{1}{2}(x^2-y)^2\Big|_{-1}^{x^2}dx\\
&=\frac{1}{2}\int_{-1}^1(1-x^2)^2dx+\frac{1}{2}\int_{-1}^1(1+x^2)^2dx\\
&=\int_0^1(1-x^2)^2dx+\int_0^1(1+x^2)^2dx=2\int_0^1(1+x^4)dx=\frac{12}{5}.
\end{aligned}$$

9.1.3 极坐标系下二重积分的计算

由二重积分定义$\iint\limits_D f(x,y)\mathrm{d}\sigma=\lim\limits_{\lambda\to 0}\sum\limits_{i=1}^{n}f(\xi_i,\eta_i)\Delta\sigma_i$，设被积函数在积分区域上可积，若积分区域 D 与被积函数 $f(x,y)$ 用极坐标表示更为简便，则应考虑在极坐标系中计算二重积分. 以直角坐标系的原点为极点，X 轴的正半轴为极轴，则直角坐标与极坐标间有关系式

$$\begin{cases}x=r\cos\theta\\ y=r\sin\theta\end{cases},0\leqslant r<+\infty,0\leqslant\theta\leqslant 2\pi.$$

用以极点为圆心的一族同心圆：$r=$ 常数，和从极点出发的一族射线：$\theta=$ 常数，把区域 D 分割成 n 个小区域（图 9.16)，则第 i 块小区域的面积 $\Delta\sigma_i$ 为

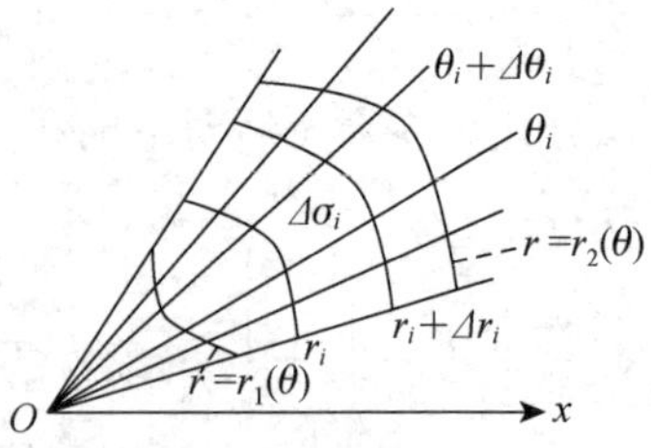

图 9.16

$$\Delta\sigma_i=\frac{1}{2}(r_i+\Delta r_i)^2\Delta\theta_i-\frac{1}{2}r_i^2\Delta\theta_i=\left(r_i+\frac{\Delta r_i}{2}\right)\Delta r_i\Delta\theta_i=$$
$$\tilde{r}_i\Delta r_i\Delta\theta_i,i=1,2,\cdots,n,$$

其中 $\tilde{r}_i=\frac{1}{2}[r_i+(r_i+\Delta r_i)]$ 是相邻两圆弧半径的平均值. 在小区域 $\Delta\sigma_i$ 内且在圆周 $r=\tilde{r}_i$ 上任取一点$(\tilde{r}_i,\tilde{\theta}_i)$，设该点的直角坐标为$(\xi_i,\eta_i)$，于是有 $\xi_i=\tilde{r}_i\cos\tilde{\theta}_i,\eta_i=\tilde{r}_i\sin\tilde{\theta}_i$，于是

$$\lim_{\lambda\to 0}\sum_{i=1}^{n}f(\xi_i,\eta_i)\Delta\sigma_i=\lim_{\lambda\to 0}\sum_{i=1}^{n}f(\tilde{r}_i\cos\tilde{\theta}_i,\tilde{r}_i\sin\tilde{\theta}_i)\tilde{r}_i\Delta r_i\Delta\theta_i,$$

即
$$\iint\limits_D f(x,y)\mathrm{d}x\mathrm{d}y=\iint\limits_D f(r\cos\theta,r\sin\theta)r\mathrm{d}r\mathrm{d}\theta. \tag{9.3}$$

这就是二重积分从直角坐标变换为极坐标的变换公式，其中区域 D 的边界曲线由极坐标方程给出，在极坐标系下的面积微元为 $\mathrm{d}x\mathrm{d}y=r\mathrm{d}r\mathrm{d}\theta$.

极坐标系中的二重积分，同样可以化为二次积分. 为此不妨设从极点 O 作的穿过区域 D 内部的射线与 D 的边界曲线至多交于两点，即积分区域 D 可以表示为

$$D:\varphi_1(\theta)\leqslant r\leqslant\varphi_2(\theta),\alpha\leqslant\theta\leqslant\beta,$$

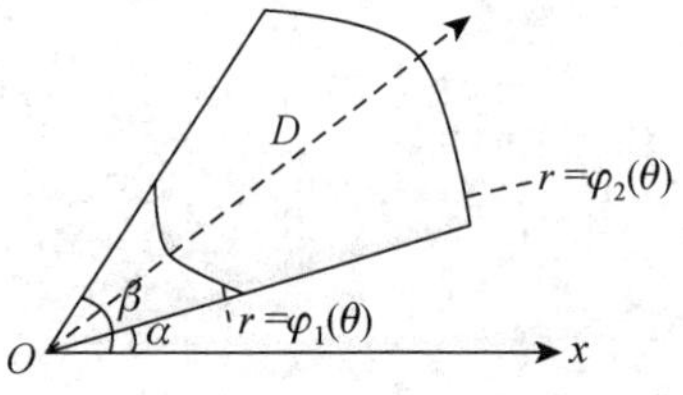

图 9.17

其中 $\varphi_1(\theta),\varphi_2(\theta)$ 均在区间$[\alpha,\beta]$上连续(图 9.17)，称 D 为θ-型区域. 与前面相仿，这时二重积分可化为先对 r 后对 θ 的二次积分，此时常写为

$$\iint\limits_D f(r\cos\theta,r\sin\theta)r\mathrm{d}r\mathrm{d}\theta=\int_\alpha^\beta\mathrm{d}\theta\int_{\varphi_1(\theta)}^{\varphi_2(\theta)}f(r\cos\theta,r\sin\theta)r\mathrm{d}r.$$

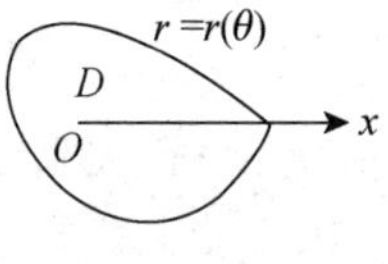

图 9.18

特别地，若极点 O 在积分区域 D 内时(图 9.18)，上式右边应为 $\int_0^{2\pi}\mathrm{d}\theta\int_0^{r(\theta)}f(r\cos\theta,r\sin\theta)r\mathrm{d}r$，其中 $r=r(\theta),\theta\in[0,2\pi]$ 为区域 D 的边界

曲线方程.

例 7　计算二重积分$\iint\limits_D \frac{\sin(\sqrt{x^2+y^2})}{\sqrt{x^2+y^2}}\mathrm{d}x\mathrm{d}y$,其中$D$:$\pi^2/4 \leqslant x^2+y^2 \leqslant \pi^2$.

解　积分区域(如图 9.19)为一个圆环,

$$\iint\limits_D \frac{\sin(\sqrt{x^2+y^2})}{\sqrt{x^2+y^2}}\mathrm{d}x\mathrm{d}y = \int_0^{2\pi}\mathrm{d}\theta\int_{\frac{\pi}{2}}^{\pi}\frac{\sin r}{r}r\mathrm{d}r = 2\pi\int_{\frac{\pi}{2}}^{\pi}\sin r\mathrm{d}r = -2\pi\cos r\Big|_{\frac{\pi}{2}}^{\pi} = 2\pi.$$

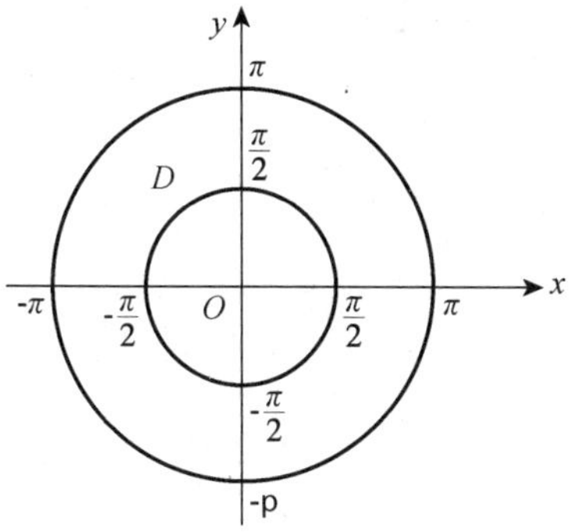

图 9.19

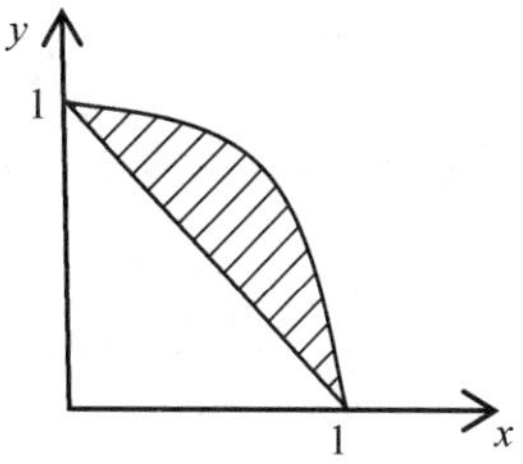

图 9.20

例 8　计算二次积分$I = \int_0^1\mathrm{d}x\int_{1-x}^{\sqrt{1-x^2}}\frac{x+y}{x^2+y^2}\mathrm{d}y$.

解　在直角坐标系下计算较为繁琐(读者可自行尝试进行比较),这里改用极坐标系,为此先将积分化为二重积分,得$I = \iint\limits_D \frac{x+y}{x^2+y^2}\mathrm{d}x\mathrm{d}y$,其中积分区域$D$如图 9.20,于是

$$I = \int_0^{\pi/2}\mathrm{d}\theta\int_{1/(\cos\theta+\sin\theta)}^{1}\frac{\cos\theta+\sin\theta}{r}r\mathrm{d}r = \int_0^{\pi/2}(\cos\theta+\sin\theta-1)\mathrm{d}\theta = 2-\frac{\pi}{2}.$$

例 9　(1) 计算$\iint\limits_D \mathrm{e}^{-(x^2+y^2)}\mathrm{d}x\mathrm{d}y$,$D$:$x^2+y^2 \leqslant a^2$;

(2) 计算概率积分$\int_0^{+\infty}\mathrm{e}^{-x^2}\mathrm{d}x$.

解　(1) 在极坐标系下计算:

$$\iint\limits_D \mathrm{e}^{-(x^2+y^2)}\mathrm{d}x\mathrm{d}y = \int_0^{2\pi}\mathrm{d}\theta\int_0^a \mathrm{e}^{-r^2}r\mathrm{d}r = 2\pi\left[-\frac{1}{2}\mathrm{e}^{-r^2}\right]_0^a = \pi(1-\mathrm{e}^{-a^2}).$$

(2) 由于$\int_0^{+\infty}\mathrm{e}^{-x^2}\mathrm{d}x = \lim\limits_{A\to+\infty}\int_0^A \mathrm{e}^{-x^2}\mathrm{d}x$,故考虑$I(A) = \int_0^A \mathrm{e}^{-x^2}\mathrm{d}x$,于是

$$I^2(A) = \int_0^A \mathrm{e}^{-x^2}\mathrm{d}x\int_0^A \mathrm{e}^{-x^2}\mathrm{d}x = \int_0^A \mathrm{e}^{-x^2}\mathrm{d}x\int_0^A \mathrm{e}^{-y^2}\mathrm{d}y = \iint\limits_{D(A)} \mathrm{e}^{-(x^2+y^2)}\mathrm{d}x\mathrm{d}y,$$

其中$D(A)$:$0 \leqslant x \leqslant A, 0 \leqslant y \leqslant A$;如图 9.21 所示,作

$$D_1(A): x^2+y^2\leqslant A^2, x\geqslant 0, y\geqslant 0;$$
$$D_2(A): x^2+y^2\leqslant 2A^2, x\geqslant 0, y\geqslant 0.$$

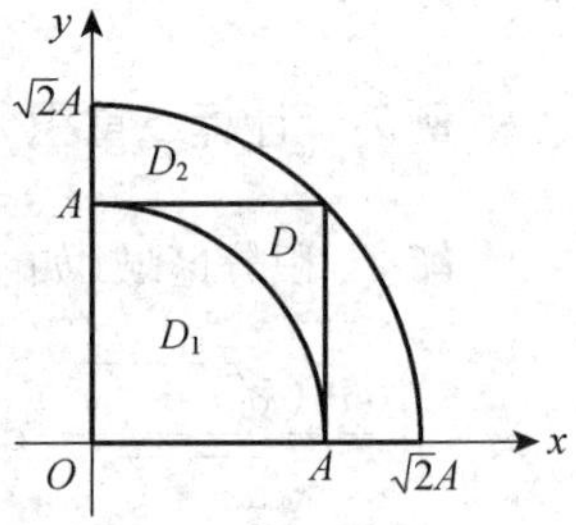

图 9.21

因为被积函数非负，且 $D_1(A)\subset D(A)\subset D_2(A)$，所以

$$\iint\limits_{D_1(A)} e^{-(x^2+y^2)}dxdy<\iint\limits_{D(A)} e^{-(x^2+y^2)}dxdy<\iint\limits_{D_2(A)} e^{-(x^2+y^2)}dxdy.$$

由(1) 的结果有

$$\lim_{A\to+\infty}\iint\limits_{D_1(A)} e^{-(x^2+y^2)}dxdy=\lim_{A\to+\infty}\frac{\pi}{4}(1-e^{-A^2})=\frac{\pi}{4};$$

$$\lim_{A\to+\infty}\iint\limits_{D_2(A)} e^{-(x^2+y^2)}dxdy=\lim_{A\to+\infty}\frac{\pi}{4}(1-e^{-2A^2})=\frac{\pi}{4}.$$

故由夹逼定理可得

$$\lim_{A\to+\infty}\iint\limits_{D(A)} e^{-(x^2+y^2)}dxdy=\lim_{A\to+\infty}I^2(A)=\frac{\pi}{4},$$

于是

$$\int_0^{+\infty}e^{-x^2}dx=\lim_{A\to+\infty}I(A)=\frac{\sqrt{\pi}}{2}.$$

例 10 将二次积分 $I=\int_{-1}^1 dx\int_{x^2}^1 f(x,y)dy$ 化为极坐标系中的二次积分.

解 这是先对 y 后对 x 的积分，积分区域为：

$$D: x^2\leqslant y\leqslant 1,\ -1\leqslant x\leqslant 1,$$

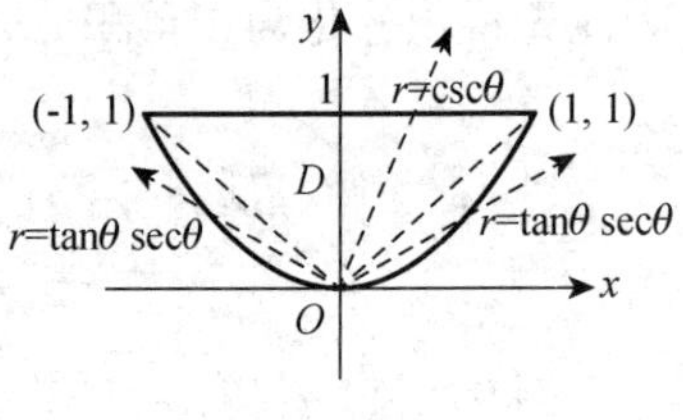

图 9.22

如图 9.22 所示，则

$$\begin{aligned}I&=\int_{-1}^1 dx\int_{x^2}^1 f(x,y)dy\\&=\int_0^{\frac{\pi}{4}}d\theta\int_0^{\tan\theta\sec\theta} rf(r\cos\theta,r\sin\theta)dr+\\&\quad\int_{\frac{\pi}{4}}^{\frac{3}{4}\pi}d\theta\int_0^{\csc\theta} rf(r\cos\theta,r\sin\theta)dr+\int_{\frac{3}{4}\pi}^{\pi}d\theta\int_0^{\tan\theta\sec\theta} rf(r\cos\theta,r\sin\theta)dr.\end{aligned}$$

如读者学有余力，可自行思考如何在极坐标下做二次积分换序的问题，这里不赘述. 仅再给出直角坐标与**广义极坐标**的变换公式

$$\begin{cases}x=ar\cos\theta\\y=br\sin\theta\end{cases}, a>0, b>0, 0\leqslant r<+\infty, 0\leqslant\theta\leqslant 2\pi.$$

这样得到二重积分从直角坐标变换为广义极坐标的变换公式，而在广义极坐标系下的面积微元为 $dxdy=abr\,drd\theta$，于是

$$\iint_D f(x,y)\mathrm{d}x\mathrm{d}y = \iint_D f(r\cos\theta, r\sin\theta)abr\,\mathrm{d}r\mathrm{d}\theta. \tag{9.4}$$

这个公式可以用后面的二重积分的换元公式推导出来,这里就不证明了.

例 11　计算二重积分$\iint\limits_D\left(1+\frac{x^2}{a^2}+\frac{y^2}{b^2}\right)\mathrm{d}x\mathrm{d}y, D: \frac{x^2}{a^2}+\frac{y^2}{b^2}\leqslant 1$.

解　利用广义极坐标计算,得

$$\iint_D\left(1+\frac{x^2}{a^2}+\frac{y^2}{b^2}\right)\mathrm{d}x\mathrm{d}y = \int_0^{2\pi}\mathrm{d}\theta\int_0^1(1+r^2)abr\,\mathrm{d}r = 2ab\pi\left[\frac{1}{4}(1+r^2)^2\right]_0^1 = \frac{3ab\pi}{2}.$$

*9.1.4　二重积分的换元法

前面运用极坐标变换有时可以使二重积分的计算简化,但极坐标变换只是一种特殊的坐标变换. 下面介绍在一般的坐标变换下计算二重积分的公式. 先回想一下定积分的换元公式:设 $f(x)$ 在$[a,b]$上可积,$x=\varphi(t)$ 将区间$[\alpha,\beta]$变化到$[a,b]$,即 $a=\varphi(\alpha)$,$b=\varphi(\beta)$,$\varphi(t)$ 在区间$[\alpha,\beta]$上有连续导数,则$\int_a^b f(x)\mathrm{d}x = \int_\alpha^\beta f(\varphi(t))\varphi'(t)\mathrm{d}t$. 由此可以看出变换后的变化有:(1) 积分区间改变了,由$[a,b]\to[\alpha,\beta]$;(2) 被积函数由 $f(x)$ 改变为 $f(\varphi(t))$;(3) 特别是 $\mathrm{d}x$ 的变化为:$\mathrm{d}x=\varphi'(t)\mathrm{d}t$,$\varphi'(t)$ 可以看作是从 $\mathrm{d}x$ 变化到 $\mathrm{d}t$ 的"放大"系数. 类似地二重积分的换元法也要解决这些问题:(1) 积分区域的变换;(2) 被积函数的变换;(3) 特别是面积微元的变换.

作坐标变换$\begin{cases}x=x(u,v)\\y=y(u,v)\end{cases}$,设变换使 uOv 平面上的区域 $\tilde{D}$ 变换为 xOy 平面上的区域 D 且区域 $\tilde{D}$ 与区域 D 上的点是一一对应的. 这样把积分区域 D 变换为区域 $\tilde{D}$,被积函数化成 $f(x,y)=f[x(u,v),y(u,v)]$. 下面主要来解决面积微元的变换.

为此设函数 $x=x(u,v)$,$y=y(u,v)$ 在区域 $\tilde{D}$ 上具有一阶连续偏导数,且 Jacobi 行列式在 $\tilde{D}$ 上不等于零,即$\frac{\partial(x,y)}{\partial(u,v)}\neq 0$. 设 uOv 平面上面积微元 $\Delta\tilde{\sigma}=\Delta u\Delta v$ 经过坐标变换变为 xOy 平面上的面积微元 $\Delta\sigma$,设 $\Delta\tilde{\sigma}$ 的四个顶点为

$$\tilde{M}_1(u,v), \tilde{M}_2(u+\Delta u,v), \tilde{M}_3(u+\Delta u,v+\Delta v), \tilde{M}_4(u,v+\Delta v),$$

$\Delta\sigma$ 的四个对应顶点分别为 $M_1(x_1,y_1)$,$M_2(x_2,y_2)$,$M_3(x_3,y_3)$,$M_4(x_4,y_4)$,如图 9.23.

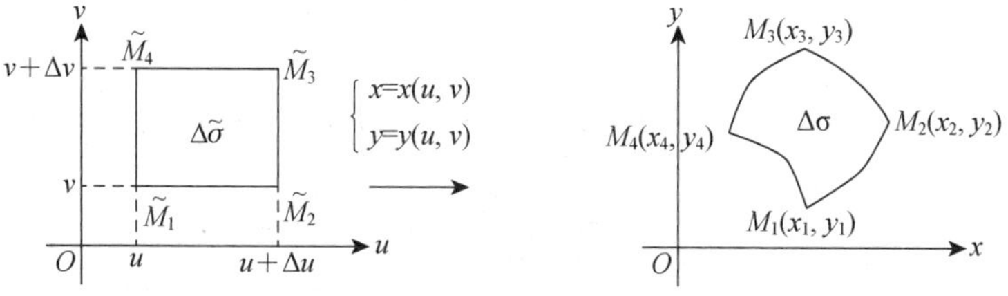

图 9.23

在分割足够细时,曲边四边形 $\Delta\sigma$ 可以近似地看作以$\overrightarrow{M_1M_2}$ 与$\overrightarrow{M_1M_4}$ 为边的平行四边形.由坐标变换可得

$$\begin{aligned}\overrightarrow{M_1M_2}&=(x_2-x_1)\boldsymbol{i}+(y_2-y_1)\boldsymbol{j}\\&=[x(u+\Delta u,v)-x(u,v)]\boldsymbol{i}+[y(u+\Delta u,v)-y(u,v)]\boldsymbol{j}.\end{aligned}$$

对上式右端向量的两个坐标分别用一元函数的微分去近似并予以取代,仍记为

$$\overrightarrow{M_1M_2}=x_u\Delta u\boldsymbol{i}+y_u\Delta u\boldsymbol{j}.$$

同理可得$\overrightarrow{M_1M_4}=x_v\Delta v\boldsymbol{i}+y_v\Delta v\boldsymbol{j}$. 于是面积微元 $\Delta\sigma$ 可近似地等于 $\|\overrightarrow{M_1M_2}\times\overrightarrow{M_1M_4}\|$,即

$$\Delta\sigma\approx\left\|\begin{vmatrix}i&j&k\\x_u\Delta u&y_u\Delta u&0\\x_v\Delta v&y_v\Delta v&0\end{vmatrix}\right\|=\left|\frac{\partial(x,y)}{\partial(u,v)}\right|\Delta u\Delta v.$$

这样,再把二重积分的定义简化地写为

$$\iint\limits_D f(x,y)\mathrm{d}\sigma=\lim_{\lambda\to0}\sum_D f(x,y)\Delta\sigma=\lim_{\tilde{\lambda}\to0}\sum_{\tilde{D}}f[x(u,v),y(u,v)]\left|\frac{\partial(x,y)}{\partial(u,v)}\right|\Delta u\Delta v,$$

即得

$$\iint\limits_D f(x,y)\mathrm{d}\sigma=\iint\limits_{\tilde{D}}f[x(u,v),y(u,v)]\left|\frac{\partial(x,y)}{\partial(u,v)}\right|\mathrm{d}u\mathrm{d}v.$$

因此有下面的二重积分的换元定理.

定理 2 设函数 $f(x,y)$ 在 xOy 平面的有界闭区域 D 上可积,坐标变换 $x=x(u,v)$, $y=y(u,v)$ 将 uOv 平面上的有界闭区域$\tilde{D}$ 变换为 xOy 平面上的有界闭区域D, $x=x(u,v)$, $y=y(u,v)$ 在 $\tilde{D}$ 上一阶偏导数连续,且在 $\tilde{D}$ 上 Jacobi 行列式 $J=\dfrac{\partial(x,y)}{\partial(u,v)}\neq0$;则

$$\iint\limits_D f(x,y)\mathrm{d}\sigma=\iint\limits_{\tilde{D}}f[x(u,v),y(u,v)]\left|\frac{\partial(x,y)}{\partial(u,v)}\right|\mathrm{d}u\mathrm{d}v. \tag{9.5}$$

上述公式就是二重积分的变量换元公式,另一方面亦可得

$$\iint\limits_D f(x,y)\mathrm{d}\sigma=\iint\limits_{\tilde{D}}f[x(u,v),y(u,v)]\frac{\mathrm{d}u\mathrm{d}v}{\left|\dfrac{\partial(u,v)}{\partial(x,y)}\right|}. \tag{9.6}$$

在极坐标变换 $x=r\cos\theta, y=r\sin\theta$ 的特殊情况下,其 Jacobi 行列式为

$$J=\frac{\partial(x,y)}{\partial(r,\theta)}=\begin{vmatrix}\cos\theta&-r\sin\theta\\\sin\theta&r\cos\theta\end{vmatrix}=r,$$

它仅在 $r=0$ 处为零,可以证明不论闭区域 D 是否含有极点,相应的换元公式都成立,即

$$\iint_D f(x,y)\mathrm{d}x\mathrm{d}y=\iint_D f(r\cos\theta,r\sin\theta)r\mathrm{d}r\mathrm{d}\theta.$$

用定理 2 可以证明以下结论：

推论 1　设函数 $f(x,y)$ 在 xOy 平面的有界闭区域 D 上可积，$D=D_1+D_2$，

(1) 若 D_1 与 D_2 关于 x 轴对称，则：当 $f(x,y)$ 关于 y 是奇函数时，$\iint_D f(x,y)\mathrm{d}x\mathrm{d}y=0$；

当 $f(x,y)$ 关于 y 是偶函数时，$\iint_D f(x,y)\mathrm{d}x\mathrm{d}y=2\iint_{D_1} f(x,y)\mathrm{d}x\mathrm{d}y=2\iint_{D_2} f(x,y)\mathrm{d}x\mathrm{d}y$.

(2) 若 D_1 与 D_2 关于 y 轴对称，则：当 $f(x,y)$ 关于 x 是奇函数时，$\iint_D f(x,y)\mathrm{d}x\mathrm{d}y=0$；

当 $f(x,y)$ 关于 x 是偶函数时，$\iint_D f(x,y)\mathrm{d}x\mathrm{d}y=2\iint_{D_1} f(x,y)\mathrm{d}x\mathrm{d}y=2\iint_{D_2} f(x,y)\mathrm{d}x\mathrm{d}y$.

推论 2　设函数 $f(x,y)$ 在 xOy 平面的有界闭区域 D 上可积，且区域 D 关于直线 $y=x$ 对称，则 $\iint_D f(x,y)\mathrm{d}x\mathrm{d}y=\iint_D f(y,x)\mathrm{d}x\mathrm{d}y$.

例 12　计算二重积分 $\iint_D \sqrt{xy}\mathrm{d}x\mathrm{d}y$，其中 D 为由曲线 $xy=1$，$xy=4$，$y=x$，$y=2x(x>0,y>0)$ 围成的闭区域.

解　由图 9.24 可见，如果在直角坐标系中求解，计算较为复杂，可采用换元法. 令 $u=xy$，$v=\dfrac{y}{x}$，在此变换下区域 D 变为 $\tilde{D}$：$1\leqslant u\leqslant 4$，$1\leqslant v\leqslant 2$（图 9.25），

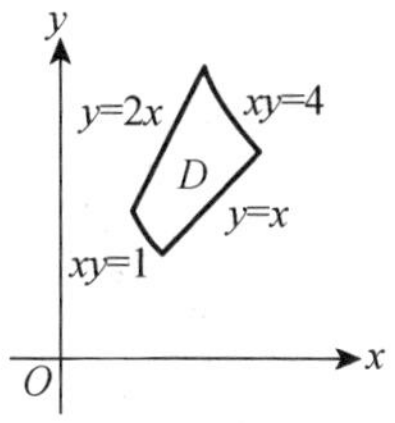

图 9.24

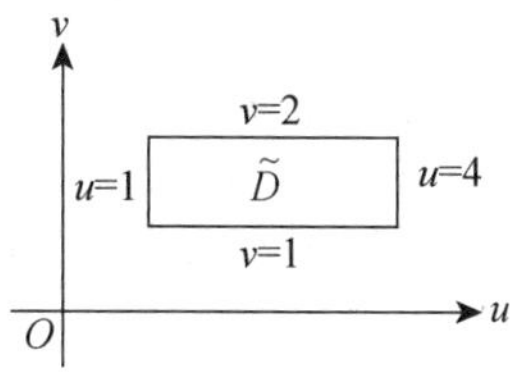

图 9.25

且 $\dfrac{\partial(u,v)}{\partial(x,y)}=\begin{vmatrix} y & x \\ -\dfrac{y}{x^2} & \dfrac{1}{x}\end{vmatrix}=2\dfrac{y}{x}=2v$，由换元公式(9.6)，得

$$\iint_D \sqrt{xy}\mathrm{d}x\mathrm{d}y=\iint_{\tilde{D}}\sqrt{u}\frac{1}{2v}\mathrm{d}u\mathrm{d}v=\frac{1}{2}\int_1^2\frac{\mathrm{d}v}{v}\int_1^4\sqrt{u}\mathrm{d}u=\frac{7\ln 2}{3}.$$

例 13　计算二重积分 $\iint_D \cos\dfrac{y-x}{y+x}\mathrm{d}x\mathrm{d}y$，其中 D 是由 x 轴，y 轴及直线 $x+y=1$，$x+y=2$ 围成的区域.

解　对给定被积函数，对应的积分难以计算，故采用换元法.

令 $u=y-x$，$v=y+x$，则 $x=\dfrac{v-u}{2}$，$y=\dfrac{v+u}{2}$. 通过变换把 xOy 平面上的区域 D（图

9.26)变换为 uOv 平面上的区域 $\widetilde{D}$(图 9.27),其 Jacobi 行列式为

$$\frac{\partial(x,y)}{\partial(u,v)}=\begin{vmatrix}-\frac{1}{2} & \frac{1}{2}\\ \frac{1}{2} & \frac{1}{2}\end{vmatrix}=-\frac{1}{2}.\text{利用公式(9.5),得}\iint_D\cos\frac{y-x}{y+x}\mathrm{d}x\mathrm{d}y$$

$$=\iint_{\widetilde{D}}\cos\frac{u}{v}\left|-\frac{1}{2}\right|\mathrm{d}u\mathrm{d}v=\frac{1}{2}\int_1^2\mathrm{d}v\int_{-v}^{v}\cos\frac{u}{v}\mathrm{d}u=\sin 1\int_1^2 v\mathrm{d}v=\frac{3\sin 1}{2}.$$

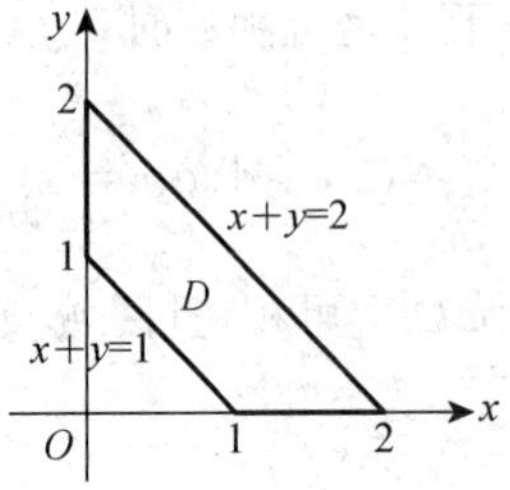

图 9.26

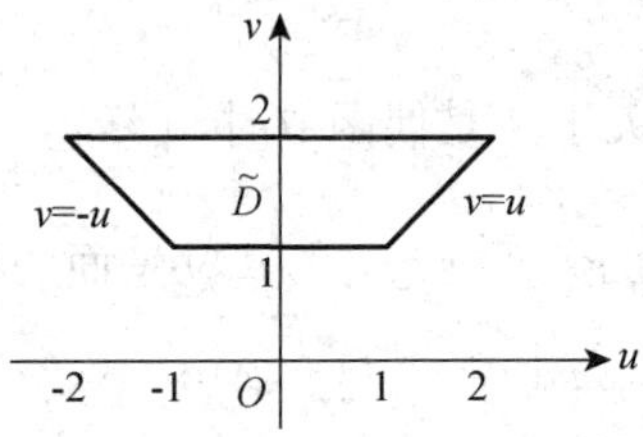

图 9.27

例 14 求由椭圆

$$(a_1x+b_1y+c_1)^2+(a_2x+b_2y+c_2)^2=1$$

所包围的面积,假设 $\delta=a_1b_2-a_2b_1\neq 0$.

解 记椭圆所围区域为 D,则所求面积 $A=\iint_D\mathrm{d}x\mathrm{d}y$. 引入坐标变换

$$u=a_1x+b_1y+c_1,v=a_2x+b_2y+c_2,$$

则在 uOv 平面内对应的区域 D' 是单位圆盘:$u^2+v^2\leqslant 1$. 注意到 $\frac{\partial(u,v)}{\partial(x,y)}=\delta$,知 $\frac{\partial(x,y)}{\partial(u,v)}=\delta^{-1}$,故由二重积分的换元公式 $A=|\delta^{-1}|\iint_{D'}\mathrm{d}u\mathrm{d}v=\pi|\delta^{-1}|$.

习题 9.1

1. 试用二重积分的定义计算 $\iint_D xy\mathrm{d}\sigma$,其中 $D:0\leqslant x\leqslant 1,0\leqslant y\leqslant 1$.

2. 根据二重积分的性质,比较下列积分的大小:

(1) $I_1=\iint_D(x+y)^3\mathrm{d}\sigma$ 与 $I_2=\iint_D(x+y)^4\mathrm{d}\sigma$,其中 D 由 $x=0,y=0$ 和 $x+y=1$ 围成.

(2) $I_1=\iint_D(x+y)^3\mathrm{d}\sigma$ 与 $I_2=\iint_D(x+y)^4\mathrm{d}\sigma$,其中 $D:(x-1)^2+(y-2)^2\leqslant 2$.

(3) $I_1=\iint_D\ln(x+y)\mathrm{d}\sigma$ 与 $I_2=\iint_D[\ln(x+y)]^4\mathrm{d}\sigma$,其中 D 是以 $(1,0),(1,1),(2,0)$ 为顶

点的三角形区域.

(4) $I_1=\iint\limits_D \ln(x+y)\mathrm{d}\sigma$ 与 $I_2=\iint\limits_D [\ln(x+y)]^4\mathrm{d}\sigma$，其中 $D:3\leqslant x\leqslant 5,0\leqslant y\leqslant 1$.

(5) $I_1=\iint\limits_D (2x+3y^2)\mathrm{d}\sigma$ 与 $I_2=\iint\limits_D (3x^2+4y)\mathrm{d}\sigma$，其中 $D:|x|+|y|\leqslant 1$.

3. 利用二重积分的性质估计下列积分的值：

(1) $\iint\limits_D xy(x+y)^2\mathrm{d}\sigma$，其中 $D:0\leqslant x\leqslant 1,0\leqslant y\leqslant 1$.

(2) $\iint\limits_D \sin^2 x\sin^2 y\mathrm{d}\sigma$，其中 $D:0\leqslant x\leqslant \pi,0\leqslant y\leqslant \pi$.

(3) $\iint\limits_D (x+y+2)\mathrm{d}\sigma$，其中 $D:x^2+y^2\leqslant 4$.

(4) $\iint\limits_D \sqrt{4+xy}\mathrm{d}\sigma$，其中 $D:0\leqslant x\leqslant 2,0\leqslant y\leqslant 2$.

4. 证明：若函数 $f(x,y)$ 在有界闭区域 D 上连续，函数 $g(x,y)$ 在 D 上可积，且 $g(x,y)\geqslant 0$，$(x,y)\in D$，则至少存在一点 $(\xi,\eta)\in D$，使得 $\iint\limits_D f(x,y)g(x,y)\mathrm{d}\sigma=f(\xi,\eta)\iint\limits_D g(x,y)\mathrm{d}\sigma$.

5. 化二重积分 $\iint\limits_D f(x,y)\mathrm{d}\sigma$ 为两种顺序的二次积分，其中积分区域 D 如下：

(1) $D:x\geqslant 0,y\geqslant 0,x+2y\leqslant 4$；

(2) $D:y-x\geqslant 2,x^2+y^2\leqslant 4$；

(3) D 是由 $xy=1,y=x$ 与 $x=2$ 所围成的区域；

(4) $D:x^2+y^2\leqslant 2y$.

6. 交换下列二次积分的积分顺序：

(1) $\int_0^1 \mathrm{d}y\int_{\sqrt{y}}^1 f(x,y)\mathrm{d}x$；　　(2) $\int_0^1 \mathrm{d}x\int_0^{x^2} f(x,y)\mathrm{d}y+\int_1^3 \mathrm{d}x\int_0^{\frac{3-x}{2}} f(x,y)\mathrm{d}y$；

(3) $\int_{-1}^1 \mathrm{d}x\int_{-\sqrt{1-x^2}}^{1-x^2} f(x,y)\mathrm{d}y$；　　(4) $\int_0^{\sqrt{2}} \mathrm{d}x\int_{\frac{x^2}{2}}^{\sqrt{3-x^2}} f(x,y)\mathrm{d}y$.

7. 计算下列积分：

(1) $\iint\limits_D xy(x+y)^2\mathrm{d}\sigma$，其中 $D:0\leqslant x\leqslant 1,0\leqslant y\leqslant 1$；

(2) $\iint\limits_D \sin(x+y)\mathrm{d}\sigma$，其中 $D:0\leqslant x\leqslant \frac{\pi}{2},0\leqslant y\leqslant \frac{\pi}{2}$；

(3) $\iint\limits_D x\cos(x+y)\mathrm{d}\sigma$，其中 D 是以 $(0,0)$，$(\pi,0)$ 和 (π,π) 为顶点的三角形区域；

(4) $\iint\limits_D xy\mathrm{d}\sigma$，其中 D 由抛物线 $y^2=x$ 与直线 $y=x-2$ 围成.

8. 画出积分区域并计算下列二重积分：

(1) $\iint\limits_D x\sqrt{y}\mathrm{d}\sigma$，$D$ 由抛物线 $x^2=y$ 与 $y=\sqrt{x}$ 围成；

(2) $\iint\limits_D (x+y+e^{x+y})d\sigma$,$D$：$|x|+|y|\leqslant 1$；

(3) $\iint\limits_D (x^2+y^2-x)d\sigma$,$D$ 是直线 $y=x$,$y=2$ 和 $y=2x$ 围成；

(4) $\iint\limits_D x e^{\frac{x^2}{y}}d\sigma$,$D$ 是直线 $y=x$,$y=2$ 和抛物线 $x^2=y$ 所围区域中 $x\geqslant\sqrt{y}$ 的部分；

(5) $\iint\limits_D \frac{dxdy}{\sqrt{2a-x}}(a>0)$,其中 D:$(x-a)^2+(y-a)^2\geqslant a^2$,$x\geqslant 0$,$y\geqslant 0$；

(6) $\iint\limits_D \sqrt{|y-x^2|}dxdy$,$D$:$0\leqslant|x|\leqslant 1$,$0\leqslant y\leqslant 1$.

9. 计算下列积分：

(1) $\int_1^2 dy\int_y^2 \frac{\sin x}{x-1}dx$；　　(2) $\int_0^1 dy\int_{\sqrt[3]{y}}^1 \sqrt[3]{y}\cos x^5 dx$；

(3) $\int_0^1 dx\int_{\sqrt{x}}^1 \sqrt{1+y^3}dy$；　　(4) $\int_1^2 dx\int_{\sqrt{x}}^x \sin\frac{\pi x}{2y}dy+\int_2^4 dx\int_{\sqrt{x}}^2 \sin\frac{\pi x}{2y}dy$.

10. 画出积分区域,将二重积分 $\iint\limits_D f(x,y)d\sigma$ 化为极坐标系下的二次积分：

(1) D:$1\leqslant x^2+y^2\leqslant 4$,$x\geqslant 0$；　　(2) D:$x^2+y^2\leqslant 2y$；

(3) D:$x+y\geqslant 2$,$x^2+y^2\leqslant 4$；　　(4) D:$x+y\leqslant 1$,$x^2+y^2\leqslant 1$,$y\geqslant 0$.

11. 将下列积分化为极坐标系下的二次积分并计算积分值：

(1) $\int_0^a dx\int_0^{\sqrt{a^2-x^2}}(x^2+y^2)dy$；　　(2) $\int_0^a dx\int_0^x \sqrt{x^2+y^2}dy$；

(3) $\int_0^1 dx\int_{x^2}^x (x^2+y^2)^{-\frac{1}{2}}dy$；　　(4) $\int_0^{2a} dx\int_0^{\sqrt{2ax-x^2}}(x^2+y^2)dy$.

12. 利用极坐标计算下列积分：

(1) $\iint\limits_D \sqrt{a^2-x^2-y^2}dxdy$,$D$:$x^2+y^2\leqslant ax$；

(2) $\iint\limits_D \sin\sqrt{x^2+y^2}dxdy$,$D$:$\pi^2\leqslant x^2+y^2\leqslant 4\pi^2$；

(3) $\iint\limits_D (x^2+y^2)dxdy$,$D$:$(x^2+y^2)^2\leqslant a^2(x^2-y^2)$；

(4) $\iint\limits_D \arctan\frac{y}{x}dxdy$,$D$:$1\leqslant x^2+y^2\leqslant 4$,$0\leqslant y\leqslant x$；

(5) $\iint\limits_D (x+y)dxdy$,D:$x^2+y^2\leqslant x+y$；

(6) $\iint\limits_D \sqrt{1-\frac{x^2}{a^2}-\frac{y^2}{b^2}}dxdy$,$D$:$\frac{x^2}{a^2}+\frac{y^2}{b^2}\leqslant 1$,$y\geqslant x$；

13. 求下列各组曲线所围成图形的面积：

(1) $(x^2+y^2)^2\leqslant 2a^2(x^2-y^2)$,$x^2+y^2\geqslant a^2(a>0)$；

(2) $r=a(1+\sin\theta)(a>0)$.

14. 求由坐标平面及平面 $x=2,y=1,x+y+z=4$ 所围成的立体的体积.

15. 计算以 xOy 平面上的圆 $x^2+y^2\leqslant ax(a>0)$ 为底,曲面 $z=x^2+y^2$ 为顶的曲顶柱体的体积.

16. 求由曲面 $z=x^2+2y^2$ 及 $z=6-x^2-y^2$ 所围成的立体体积.

17. 计算 $\iint\limits_D x[1+yf(x^2+y^2)]\mathrm{d}x\mathrm{d}y$. 其中 D 是由 $y=x^3,y=1,x=-1$ 所围区域,f 是连续函数.

*18. 作适当的变换,计算下列二重积分:

(1) $\iint\limits_D (x-y)^2\sin^2(x+y)\mathrm{d}x\mathrm{d}y$,其中 D 是以 $(\pi,0),(2\pi,\pi),(\pi,2\pi)$ 和 $(0,\pi)$ 为顶点的平行四边形区域;

(2) $\iint\limits_D x^2y^2\mathrm{d}x\mathrm{d}y$,其中 D 是由 $xy=1,xy=2$ 与 $y=x,y=4x$ 围成的在第一象限内的区域;

(3) $\iint\limits_D \mathrm{e}^{\frac{x-y}{x+y}}\mathrm{d}\sigma$,其中 D 是由 x 轴,y 轴和直线 $y+x=2$ 围成的三角形区域;

(4) $\iint\limits_D x\mathrm{d}\sigma$,其中 D 是由 $y=ax^3,y=bx^3$ 与 $y^2=px,y^2=qx$ 围成的区域($0<a<b$,$0<p<q$).

*19. 利用二重积分的换元法证明:若积分区域 D 关于 y 轴对称,则

(1) 当 $f(x,y)$ 是 x 的奇函数时,二重积分 $\iint\limits_D f(x,y)\mathrm{d}\sigma=0$;

(2) 当 $f(x,y)$ 是 x 的偶函数时,二重积分 $\iint\limits_D f(x,y)\mathrm{d}\sigma=2\iint\limits_{D_1} f(x,y)\mathrm{d}\sigma$,其中 D_1 是 D 在右半平面 $x\geqslant 0$ 中的部分区域.

20. 设 $f(x)$ 在 $[a,b]$ 上连续,证明 $\left(\int_a^b f(x)\mathrm{d}x\right)^2\leqslant(b-a)\int_a^b f^2(x)\mathrm{d}x$.

21. 设 $f(x)$ 具有连续导数,证明 $\int_0^a\mathrm{d}x\int_0^x\frac{f'(y)}{\sqrt{(a-x)(x-y)}}\mathrm{d}y=\pi[f(a)-f(0)]$.

9.2 三重积分

三重积分是定积分、二重积分在三维空间的推广.积分从一维推广至二维时,其变化是实质性的,由二维推广至三维乃至 n 维时,出现的变化仅仅是形式上的维数与变量个数的增加,而没有实质性的改变.

9.2.1 三重积分的基本概念

在物理学中,求一个体密度为 $\rho=\rho(x,y,z)$、占据的空间立体为 Ω 的物体的质量,就是

典型的三重积分的问题.

第一步　用曲面将区域Ω任意分割为n个小区域:$\Delta v_1,\Delta v_2,\cdots,\Delta v_n$,其中$\Delta v_i$既表示第$i$块小区域,又表示该区域的体积.

第二步　求每个小区域的近似质量.在每个小区域内任取一点$(\xi_i,\eta_i,\zeta_i)\in\Delta v_i$,假设$\rho$连续,则当$\Delta v_i$足够小时,第$i$个小区域$\Delta v_i$的质量$\Delta m_i$近似等于$\rho(\xi_i,\eta_i,\zeta_i)\Delta v_i,i=1,2,\cdots,n$;

第三步　作和式$\sum\limits_{i=1}^{n}\rho(\xi_i,\eta_i,\zeta_i)\Delta v_i$,因此物体$\Omega$的质量$M$可以近似地表示为

$$M=\sum_{i=1}^{n}\Delta m_i\approx\sum_{i=1}^{n}\rho(\xi_i,\eta_i,\zeta_i)\Delta v_i.$$

第四步　设d_i为Δv_i的直径,记$\lambda=\max\{d_i\mid i=1,2,\cdots,n\}$.由于$\rho$在$\Omega$上连续,故当$\lambda$越小,计算$\Delta m_i$引起的误差就越小.因此物体$\Omega$的质量$M$为

$$M=\lim_{\lambda\to 0}\sum_{i=1}^{n}\rho(\xi_i,\eta_i,\zeta_i)\Delta v_i.$$

在科学技术中还有大量类似的问题都可以看成是分布在某一区域上可加量的求和问题,从而可化为同一形式和的极限.为了从数量关系上给出解决这类问题的一般方法,我们抛开它们的实际意义,保留其数学结构上的特征,给出三重积分的概念.

定义1　设$f(x,y,z)$是定义在空间有界闭区域Ω上的有界函数,将区域Ω任意分割为n个小区域:$\Delta v_1,\Delta v_2,\cdots,\Delta v_n$,其中$\Delta v_i$既表示第$i$块小区域,又表示该区域的体积,在每个小区域$\Delta v_i$内任取一点$(\xi_i,\eta_i,\zeta_i)\in\Delta v_i,i=1,2,\cdots,n$,作和式

$$\sum_{i=1}^{n}f(\xi_i,\eta_i,\zeta_i)\Delta v_i=f(\xi_1,\eta_1,\zeta_1)\Delta v_1+f(\xi_2,\eta_2,\zeta_2)\Delta v_2+\cdots+f(\xi_n,\eta_n,\zeta_n)\Delta v_n.$$

以d_i表示Δv_i中任意两点间距离的最大值(称d_i为Δv_i的直径),记$\lambda=\max\{d_1,d_2,\cdots,d_n\}$.如果不论怎样分割$\Omega$,及在$\Delta v_i$中怎样选取点$(\xi_i,\eta_i,\zeta_i)$,当$\lambda\to 0$时,和式$\sum\limits_{i=1}^{n}f(\xi_i,\eta_i,\zeta_i)\Delta v_i$都趋于同一极限值,则称此极限值为函数$f(x,y,z)$在区域$\Omega$上的三重积分,记做$\iiint\limits_{\Omega}f(x,y,z)\mathrm{d}v$,即

$$\iiint_{\Omega}f(x,y,z)\mathrm{d}v=\lim_{\lambda\to 0}\sum_{i=1}^{n}f(\xi_i,\eta_i,\zeta_i)\Delta v_i,$$

并称函数$f(x,y,z)$在区域Ω上可积,其中$f(x,y,z)$称为被积函数,$f(x,y,z)\mathrm{d}v$称为被积表达式,Ω称为积分区域,x,y,z称为积分变量,$\mathrm{d}v$称为积分体积微元.

由三重积分的定义可知,它与二重积分类似,是某种形式的和式极限,因此三重积分具有与二重积分完全类似的性质,这里就不一一列举.下面着重讨论三重积分的计算方法.

9.2.2　直角坐标系下三重积分的计算

与二重积分类似,在直角坐标系中,当被积函数$f(x,y,z)$在区域Ω上可积时,用平行于

坐标面的平面来分割 Ω，这样积分体积微元为 $\mathrm{d}v=\mathrm{d}x\mathrm{d}y\mathrm{d}z$，因此在直角坐标系中三重积分常记为 $\iiint\limits_{\Omega}f(x,y,z)\mathrm{d}x\mathrm{d}y\mathrm{d}z$.

下面讨论三重积分在直角坐标系中的计算方法. 三重积分也可化为三次积分来处理，这里仅限于叙述三重积分化为三次积分的方法.

前面已经知道定积分与二重积分的计算法，因此如能把 $\iiint\limits_{\Omega}f(x,y,z)\mathrm{d}x\mathrm{d}y\mathrm{d}z$ 化为单积分与二重积分的累次积分，则它的计算问题也就得到了解决. 为此先把 Ω 垂直投影到 xOy 坐标平面，所得投影区域记为 D_{xy}，设过 D_{xy} 内部任一点且平行于 z 轴的直线至多与 Ω 的边界曲面交于两点(如若不是这样，总可以把 Ω 划分成若干部分，使每一部分有这样的性质). 由此不妨设 Ω 的下面的边界曲面为 $\Sigma_1:z=z_1(x,y)$，上面的边界曲面为 $\Sigma_2:z=z_2(x,y)$，其中 $z_1(x,y)$，$z_2(x,y)$ 是在 D_{xy} 上连续的函数，亦即区域 Ω 可用不等式表示为

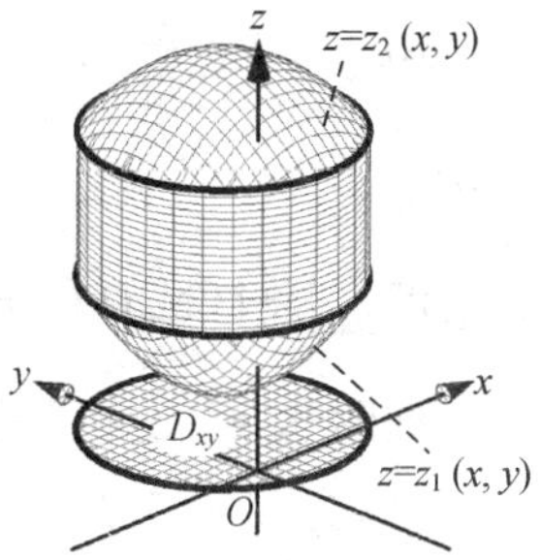

图 9.28

$$\Omega:z_1(x,y)\leqslant z\leqslant z_2(x,y),(x,y)\in D_{xy},$$

如图 9.28 所示(称为 xy- 型区域). 则三重积分可表示为

$$\iiint\limits_{\Omega}f(x,y,z)\mathrm{d}x\mathrm{d}y\mathrm{d}z=\iint\limits_{D_{xy}}\mathrm{d}x\mathrm{d}y\int_{z_1(x,y)}^{z_2(x,y)}f(x,y,z)\mathrm{d}z. \tag{9.7}$$

公式(9.7)就把三重积分化为单积分与二重积分的累次积分，这样一种积分顺序简称为**“先一后二”**. 另一方面，若 D_{xy} 可用不等式表示为

$$D_{xy}:y_1(x)\leqslant y\leqslant y_2(x),a\leqslant x\leqslant b,$$

则可再将其中的二重积分化为二次积分，于是得到三重积分的计算公式

$$\iiint\limits_{\Omega}f(x,y,z)\mathrm{d}x\mathrm{d}y\mathrm{d}z=\int_a^b\mathrm{d}x\int_{y_1(x)}^{y_2(x)}\mathrm{d}y\int_{z_1(x,y)}^{z_2(x,y)}f(x,y,z)\mathrm{d}z. \tag{9.8}$$

公式(9.8)是把三重积分化为先对 z，再对 y，后对 x 的三次积分.

类似地，如果平行于 x 轴或 y 轴且穿过区域 Ω 内部的直线与 Ω 的边界曲面至多交于两点，就把 Ω 投影到 yOz 面上或 xOz 面上(这时分别称 Ω 为 yz- 型区域或 zx- 型区域)，这样就可以把三重积分化为其他顺序的累次积分或三次积分.

例 1　计算 $\iiint\limits_{\Omega}xyz\mathrm{d}v$，其中 Ω 由坐标面 $x=0,y=0,z=0$ 和平面 $x+y+z=1$ 所围成.

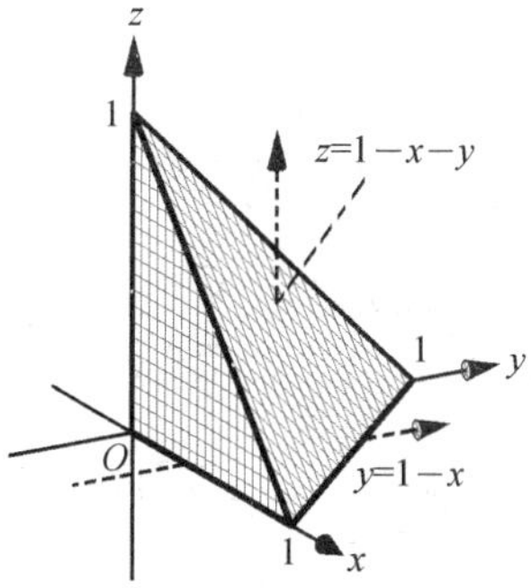

图 9.29

解　积分区域 Ω 可视为 xy- 型区域，如图 9.29 所示，区域 Ω 满足不等式

$$0\leqslant z\leqslant 1-x-y,0\leqslant y\leqslant 1-x,0\leqslant x\leqslant 1;$$

因此由公式(9.8)得

$$\iiint_{\Omega} xyz\,dv=\int_0^1 dx\int_0^{1-x}dy\int_0^{1-x-y}xyz\,dz=\frac{1}{2}\int_0^1 dx\int_0^{1-x}xy(1-x-y)^2dy$$

$$=\frac{1}{24}\int_0^1 x(1-x)^4dx=\frac{1}{720}.$$

例 2 计算$\iiint_{\Omega} y\cos(x+z)\,dxdydz$,其中$\Omega$由平面$y=x$,$x+z=\frac{\pi}{2}$及坐标面$y=0$,$z=0$所围成.

解 将区域Ω向xOy平面投影,得投影区域D_{xy}:$0\leqslant y\leqslant x$,$0\leqslant x\leqslant\frac{\pi}{2}$,如图9.30,故由公式(9.7)有

$$\iiint_{\Omega} y\cos(x+z)\,dxdydz=\iint_{D_{xy}} y\,dxdy\int_0^{\frac{\pi}{2}-x}\cos(x+z)\,dz$$

$$=\int_0^{\frac{\pi}{2}}(1-\sin x)\,dx\int_0^x y\,dy$$

$$=\frac{1}{2}\int_0^{\frac{\pi}{2}}x^2(1-\sin x)\,dx$$

$$=\frac{\pi^2}{48}-\frac{\pi}{2}+1.$$

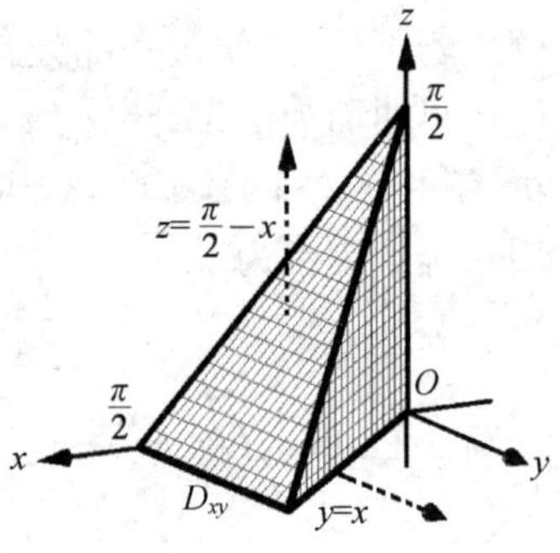

图 9.30

例 3 计算$I=\iiint_{\Omega} z\,dv$,其中Ω是以原点为球心,a为半径的上半球体.

解 区域Ω满足Ω:$0\leqslant z\leqslant\sqrt{a^2-x^2-y^2}$,$x^2+y^2\leqslant a^2$,而它在$xOy$平面的投影区域是$D_{xy}$:$x^2+y^2\leqslant a^2$,由公式(9.7)有

$$I=\iint_{D_{xy}} dxdy\int_0^{\sqrt{a^2-x^2-y^2}}z\,dz=\frac{1}{2}\iint_{D_{xy}}(a^2-x^2-y^2)\,dxdy.$$

对这个二重积分,用极坐标计算比较方便,于是

$$I=\frac{1}{2}\int_0^{2\pi}d\theta\int_0^a(a^2-r^2)r\,dr=\frac{\pi a^4}{4}.$$

例 4 已知锥面$\frac{z^2}{c^2}=\frac{x^2}{a^2}+\frac{y^2}{b^2}$,$\Omega$为该锥面与平面$z=c$围成的锥体在第一卦限的部分,计算积分$I=\iiint_{\Omega}\frac{xy}{\sqrt{z}}\,dxdydz$.

解 区域Ω可以写成Ω:$c\sqrt{\frac{x^2}{a^2}+\frac{y^2}{b^2}}\leqslant z\leqslant c$,$x\geqslant 0$,$y\geqslant 0$,其在$xOy$平面的投影为1/4椭圆:$\frac{x^2}{a^2}+\frac{y^2}{b^2}\leqslant 1$,$x\geqslant 0$,$y\geqslant 0$,由公式(9.7)有

$$I=\iint_{D_{xy}} xy\,\mathrm{d}x\mathrm{d}y\int_{c\sqrt{\frac{x^2}{a^2}+\frac{y^2}{b^2}}}^{c}\frac{\mathrm{d}z}{\sqrt{z}}=2\sqrt{c}\iint_{D_{xy}} xy\left[1-\left(\frac{x^2}{a^2}+\frac{y^2}{b^2}\right)^{1/4}\right]\mathrm{d}x\mathrm{d}y,$$

使用广义极坐标计算余下的二重积分

$$I=2a^2b^2\sqrt{c}\int_0^{\frac{\pi}{2}}\sin\theta\cos\theta\mathrm{d}\theta\int_0^1 r^3(1-r^{\frac{1}{2}})\mathrm{d}r=\frac{1}{36}a^2b^2\sqrt{c}.$$

下面再介绍用平行截面法计算三重积分的方法，就是把三重积分化为先计算一个二重积分，再计算一个定积分的计算法. 为此设积分区域 Ω 可以表为(图 9.31)，即

$$\Omega:(x,y)\in D(z),c_1\leqslant z\leqslant c_2,$$

其中 $D(z)$ 是平面 $z=z$ 与 Ω 相交所得的截面在 xOy 面上的投影区域. 即得

$$\iiint_{\Omega} f(x,y,z)\mathrm{d}x\mathrm{d}y\mathrm{d}z=\int_{c_1}^{c_2}\mathrm{d}z\iint_{D(z)} f(x,y,z)\mathrm{d}x\mathrm{d}y. \tag{9.9}$$

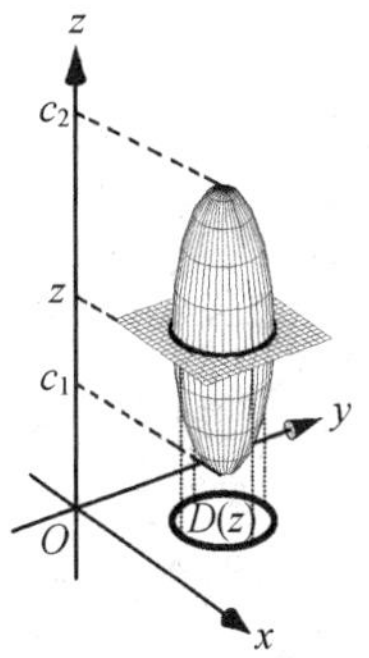

图 9.31

同样可得其他两种情况下的计算公式：

$$\iiint_{\Omega} f(x,y,z)\mathrm{d}x\mathrm{d}y\mathrm{d}z=\int_{b_1}^{b_2}\mathrm{d}y\iint_{D(y)} f(x,y,z)\mathrm{d}x\mathrm{d}z, \tag{9.10}$$

其中 $D(y)$ 是平面 $y=y$ 与 Ω 相交所得的截面在 xOz 平面上的投影区域；

$$\iiint_{\Omega} f(x,y,z)\mathrm{d}x\mathrm{d}y\mathrm{d}z=\int_{a_1}^{a_2}\mathrm{d}x\iint_{D(x)} f(x,y,z)\mathrm{d}y\mathrm{d}z, \tag{9.11}$$

其中 $D(x)$ 是平面 $x=x$ 与 Ω 相交所得的截面在 yOz 平面上的投影区域. 这种积分顺序简称为“先二后一”.

例 5　计算 $I=\iiint_{\Omega} x^3\mathrm{d}v$，其中 Ω 是椭球 $\frac{x^2}{a^2}+\frac{y^2}{b^2}+\frac{z^2}{c^2}\leqslant 1$ 在第一卦限的部分.

解　为计算方便，我们采用“先二后一”的方法，如图 9.32 所示，其中 $D(x)$ 是 Ω 被平行于 yOz 平面的平面 $x=x$ 所截的截面在 yOz 平面的投影区域，其面积为 $\frac{bc\pi}{4}\left(1-\frac{x^2}{a^2}\right)$. 由公式(9.11)，得

$$I=\iiint_{\Omega} x^3\mathrm{d}v=\int_0^a x^3\mathrm{d}x\iint_{D(x)}\mathrm{d}y\mathrm{d}z$$

$$=\frac{bc\pi}{4}\int_0^a x^3\left(1-\frac{x^2}{a^2}\right)\mathrm{d}x=\frac{a^4bc\pi}{48}.$$

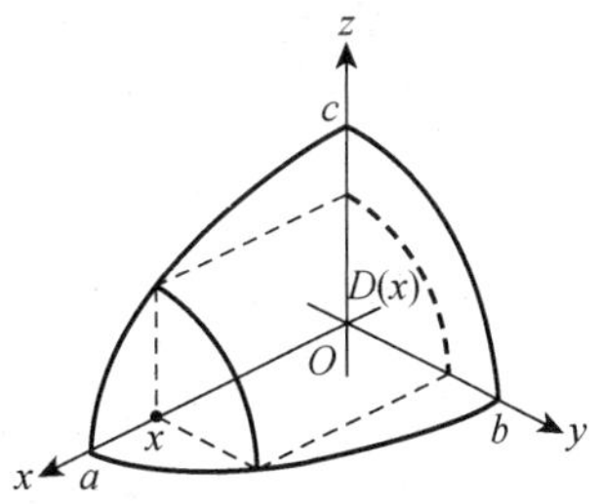

图 9.32

例 6　计算 $I=\iiint_{\Omega}\mathrm{e}^z\mathrm{d}v$，其中 Ω 是由曲面 $x^2+y^2-z^2=1$ 和平面 $z=0,z=2$ 所围成

的区域.

解 积分区域可表为 $\Omega: x^2+y^2 \leqslant 1+z^2, 0 \leqslant z \leqslant 2$，如图 9.33 所示. 由公式(9.9) 得

$$I = \iiint_{\Omega} e^z \mathrm{d}v = \int_0^2 e^z \mathrm{d}z \iint_{x^2+y^2 \leqslant 1+z^2} \mathrm{d}x\mathrm{d}y$$
$$= \pi\int_0^2 e^z(1+z^2)\mathrm{d}z = 3\pi(e^2-1).$$

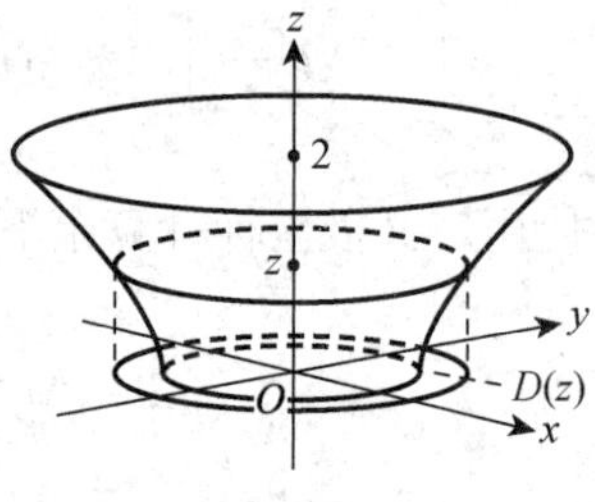

图 9.33

9.2.3 柱面坐标系与球面坐标系下三重积分的计算

与二重积分计算法引入极坐标系的理由相似，三重积分中某些积分区域及被积函数，用空间的另一些坐标系来表示会更方便一些，为此我们引入柱面坐标系及球面坐标系，再来讨论三重积分在这些坐标系下的计算方法.

1. 柱面坐标系下三重积分的计算

所谓柱面坐标系，是指在空间直角坐标系中将 xOy 坐标面的极坐标系与 z 轴相结合的空间坐标系.

设 $M(x,y,z)$ 为空间一点，点 M 在 xOy 平面上的投影点 P 的极坐标为 (r,θ)，则有序数组 (r,θ,z) 称为点 M 的柱面坐标，r,θ 的规定与平面上的极坐标相同. 因此，r,θ,z 的变化范围为

$$0 \leqslant r < +\infty, 0 \leqslant \theta \leqslant 2\pi, -\infty < z < +\infty.$$

由柱面坐标的定义易有柱面坐标与直角坐标之间的关系(图 9.34)

$$\begin{cases} x = r\cos\theta, \\ y = r\sin\theta, \\ z = z. \end{cases}$$

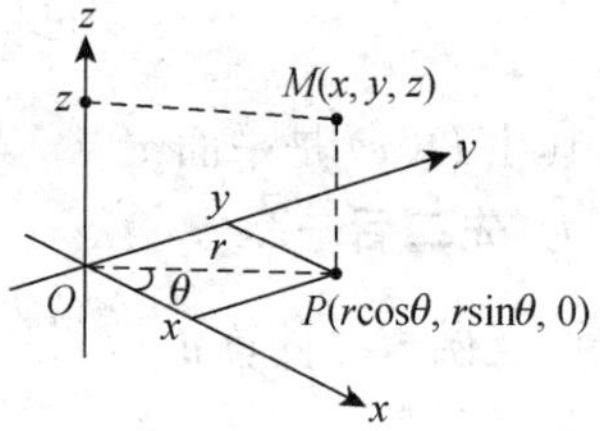

图 9.34

三组坐标(曲) 面分别是

$r=$ 常数，表示以 z 轴为对称轴的圆柱面；

$\theta=$ 常数，表示过 z 轴的半平面；

$z=$ 常数，表示平行于 xOy 平面的平面.

现在讨论三重积分在柱面坐标系中的计算法. 设 $f(x,y,z)$ 在区域 Ω 上可积，把 $\iiint_{\Omega} f(x,y,z)\mathrm{d}v$ 中的变量变换为柱面坐标，区域 Ω 的边界曲面方程用柱面坐标表示，因此主要问题在于体积微元的变化. 由可积性知，积分值与区域 Ω 的分法及小区域上点的取法无关，可取特殊的方法分割区域 Ω.

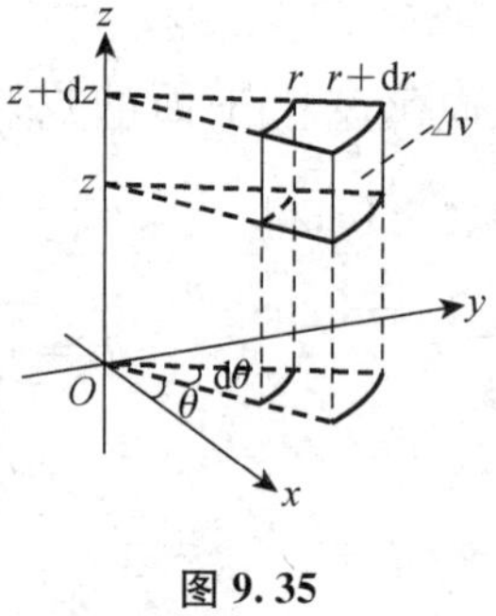

图 9.35

用三组坐标面 $r=$ 常数，$\theta=$ 常数，$z=$ 常数分割区域 Ω，这样除了含 Ω 边界的小区域是不规则的外，其他都是小的柱体；因此考虑由 $r=r, r=r+\mathrm{d}r; \theta=\theta, \theta=\theta+\mathrm{d}\theta; z=z, z=z+\mathrm{d}z$ 所围微元的体积(图 9.35)，这个体

积等于高 dz 与底面积的乘积，底面积在不计高阶无穷小时近似等于 $r\mathrm{d}r\mathrm{d}\theta$（正是极坐标系中的面积微元），于是得 $\mathrm{d}v=r\mathrm{d}r\mathrm{d}\theta\mathrm{d}z$，并称之为柱面坐标系中的体积微元. 从而可得三重积分的从直角坐标变换为柱面坐标的公式

$$\iiint_{\Omega}f(x,y,z)\mathrm{d}v=\iiint_{\Omega}f(r\cos\theta,r\sin\theta,z)r\mathrm{d}r\mathrm{d}\theta\mathrm{d}z. \tag{9.12}$$

它的计算方法与直角坐标系类似，先对 z 积分，将空间区域 Ω 向 xOy 坐标面投影得平面区域 D_{xy}，Ω 上面的边界曲面与下面的边界曲面，分别对应着 z 积分的上限与下限，注意把曲面方程用柱面坐标来表示，然后在 D_{xy} 上用极坐标系计算即可.

例 7　计算 $\iiint_{\Omega}z\mathrm{d}x\mathrm{d}y\mathrm{d}z$，其中 Ω：$x^2+y^2+z^2\leqslant 4$，$x^2+y^2\leqslant 3z$.

解　Ω 如图 9.36 所示，Ω 在 xOy 坐标面上的投影域为 D_{xy}：$x^2+y^2\leqslant 3$，从而 Ω 的柱面坐标的表达形式为：

$$0\leqslant\theta\leqslant 2\pi,0\leqslant r\leqslant\sqrt{3},\frac{1}{3}r^2\leqslant z\leqslant\sqrt{4-r^2}.$$

$$\iiint_{\Omega}z\mathrm{d}x\mathrm{d}y\mathrm{d}z=\int_0^{2\pi}\mathrm{d}\theta\int_0^{\sqrt{3}}r\mathrm{d}r\int_{\frac{r^2}{3}}^{\sqrt{4-r^2}}z\mathrm{d}z=\frac{1}{2}\int_0^{2\pi}\mathrm{d}\theta\int_0^{\sqrt{3}}r\left(4-r^2-\frac{r^4}{9}\right)\mathrm{d}r=\frac{13\pi}{4}.$$

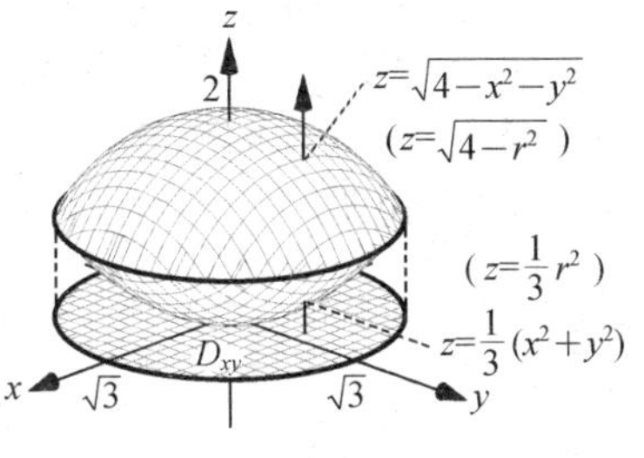

图 9.36

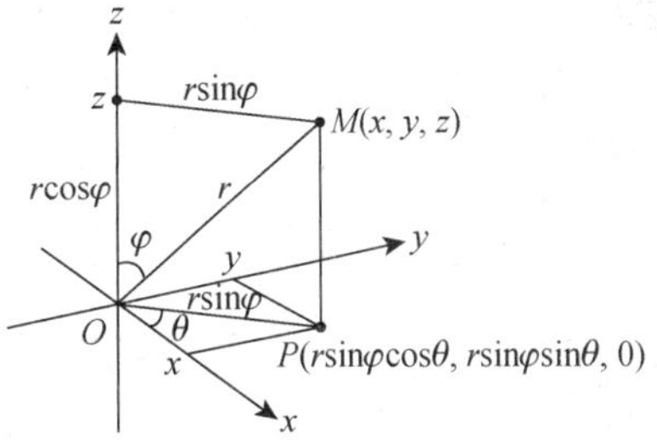

图 9.37

2. 球面坐标系下三重积分的计算

在直角坐标系中，设空间一点 M 在 xOy 平面上的投影点为 P，连接 OM，OP. 设 M 点到原点 O 的距离为 r；OM 与 z 轴正向的夹角为 φ；OP 与 x 轴正向的夹角为 θ. 这样空间点 M 就有一组有序数组 (r,θ,φ) 与之对应，如此确定的坐标系称为球面坐标系.

球面坐标与直角坐标之间的关系是（图 9.37）：

$$\begin{cases}x=r\cos\theta\sin\varphi,\\ y=r\sin\theta\sin\varphi, & 0\leqslant r<+\infty,0\leqslant\theta\leqslant 2\pi,0\leqslant\varphi\leqslant\pi.\\ z=r\cos\varphi.\end{cases}$$

三组坐标（曲）面分别是

$r=$ 常数，表示以原点为球心的球面；

$\theta=$ 常数，表示过 z 轴的半平面；

$\varphi=$ 常数,表示以原点为顶点,z 轴为对称轴,半顶角为 φ 的圆锥面.

类似柱面坐标系中的讨论,主要考虑体积微元的变化.为此考虑由 $r=r,r=r+\mathrm{d}r;\theta=\theta,\theta=\theta+\mathrm{d}\theta;\varphi=\varphi,\varphi=\varphi+\mathrm{d}\varphi$ 所围微元的体积,如图 9.38 所示.微元 Δv 可近似地看成以 AB,AC 及 AD 为边长的长方体的体积,即有

$$\Delta v\approx|AB|\cdot|AC|\cdot|AD|,$$

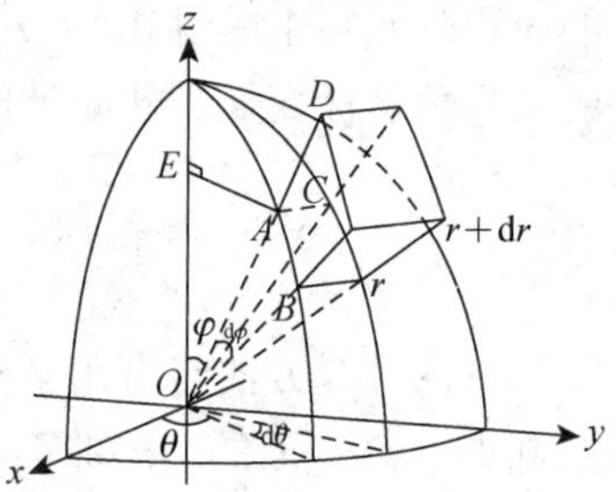

图 9.38

而 $|AB|=r\mathrm{d}\varphi$, $|AC|=|AE|\,\mathrm{d}\theta=r\sin\varphi\mathrm{d}\theta$, $|AD|=\mathrm{d}r$,故有 $\Delta v\approx\mathrm{d}v=r^2\sin\varphi\mathrm{d}r\mathrm{d}\theta\mathrm{d}\varphi$,称之为球面坐标系中的体积微元.于是可得三重积分从直角坐标变换为球面坐标的公式为

$$\iiint_\Omega f(x,y,z)\mathrm{d}v=\iiint_\Omega f(r\cos\theta\sin\varphi,r\sin\theta\sin\varphi,r\cos\varphi)r^2\sin\varphi\mathrm{d}r\mathrm{d}\theta\mathrm{d}\varphi.\tag{9.13}$$

特别,如果原点在区域 Ω 的内部,而边界曲面的球面坐标方程为 $r=r(\theta,\varphi)$ 时,则

$$\iiint_\Omega f(x,y,z)\mathrm{d}v=\int_0^{2\pi}\mathrm{d}\theta\int_0^{\pi}\mathrm{d}\varphi\int_0^{r(\theta,\varphi)}f(r\cos\theta\sin\varphi,r\sin\theta\sin\varphi,r\cos\varphi)r^2\sin\varphi\mathrm{d}r.$$

如果原点不在区域 Ω 的内部,则先对 r 积分,从原点作一射线交区域 Ω 的边界曲面于两点,其 r 坐标分别是 $r_1(\theta,\varphi),r_2(\theta,\varphi)$,并设 $r_1(\theta,\varphi)\leqslant r_2(\theta,\varphi)$,则 $r_1(\theta,\varphi),r_2(\theta,\varphi)$ 分别是对 r 积分的下限与上限;然后再根据区域 Ω 的具体形状化为先对 φ 后对 θ 的积分.这样就可以在球面坐标系中把三重积分化为三次积分,下面用具体例子加以说明.

例 8 求 $\iiint_\Omega\sqrt{x^2+y^2+z^2}\mathrm{d}v$,其中 Ω 为:$x^2+y^2+z^2\leqslant 4z$ 与 $x^2+y^2\leqslant 3z^2$ 所围立体(包含 z 轴的部分).

解 由题意可知立体如图 9.39 所示,选用球面坐标系计算,此时立体表示为

$$\Omega:0\leqslant r\leqslant 4\cos\varphi,0\leqslant\varphi\leqslant\frac{\pi}{3},0\leqslant\theta\leqslant 2\pi.$$

$$\iiint_\Omega\sqrt{x^2+y^2+z^2}\mathrm{d}v=\int_0^{2\pi}\mathrm{d}\theta\int_0^{\frac{\pi}{3}}\sin\varphi\mathrm{d}\varphi\int_0^{4\cos\varphi}r^3\mathrm{d}r$$

$$=2\pi\times 4^3\int_0^{\frac{\pi}{3}}\sin\varphi\cos^4\varphi\mathrm{d}\varphi=-\frac{2\times 4^3}{5}\pi\cos^5\varphi\Big|_0^{\frac{\pi}{3}}=\frac{124}{5}\pi.$$

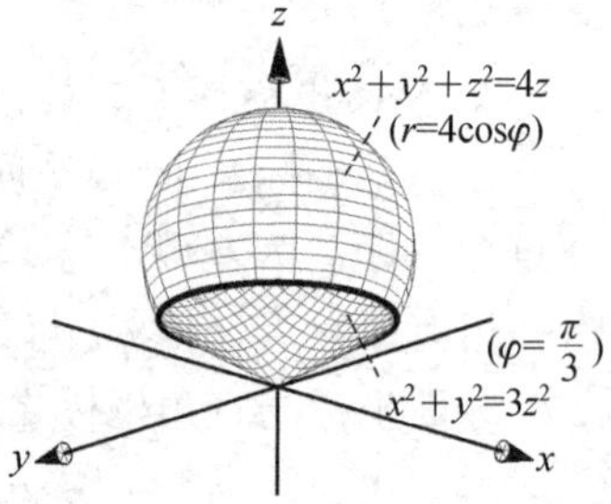

图 9.39

例 9 计算 $I=\iiint_\Omega(x+y+z)^2\mathrm{d}x\mathrm{d}y\mathrm{d}z$,其中 $\Omega:x^2+y^2+z^2\leqslant a^2$.

解 $I=\iiint_\Omega(x+y+z)^2\mathrm{d}x\mathrm{d}y\mathrm{d}z=\iiint_\Omega(x^2+y^2+z^2+2xy+2xz+2yz)\mathrm{d}x\mathrm{d}y\mathrm{d}z$,而积分

区域$\Omega: x^2+y^2+z^2 \leqslant a^2$关于三个坐标面都对称，被积函数中$2xy$，$2xz$关于$x$是奇函数，$2yz$关于$y$为奇函数，故$\iiint\limits_{\Omega}(2xy+2xz+2yz)\mathrm{d}x\mathrm{d}y\mathrm{d}z=0$，这样

$$I=\iiint\limits_{\Omega}(x^2+y^2+z^2)\mathrm{d}x\mathrm{d}y\mathrm{d}z=\int_0^{2\pi}\mathrm{d}\theta\int_0^{\pi}\sin\varphi\mathrm{d}\varphi\int_0^a r^4\mathrm{d}r=\frac{4\pi a^5}{5}.$$

例 10 计算如下的累次积分

$$I=\int_0^1\mathrm{d}x\int_0^{\sqrt{1-x^2}}\mathrm{d}y\int_{\sqrt{x^2+y^2}}^{\sqrt{2-x^2-y^2}}z^2\mathrm{d}z.$$

解 先将累次积分化为直角坐标系下的三重积分. 按照积分限的写法，可知相应的三重积分的积分区域Ω可以写成

$$\sqrt{x^2+y^2}\leqslant z\leqslant\sqrt{2-x^2-y^2},(x,y)\in D,$$

其中D是xOy平面内单位圆盘在第一象限内的部分. Ω的形状如图 9.40. 下面给出两种计算办法.

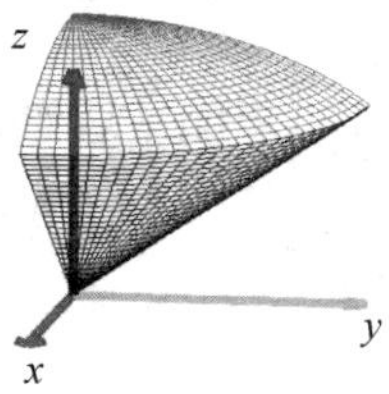

图 9.40

法一：按照先二后一的积分顺序，将对z的积分放在最后完成，则

$$I=\frac{\pi}{4}\int_0^1 z^4\mathrm{d}z+\frac{\pi}{4}\int_1^{\sqrt{2}}z^2(2-z^2)\mathrm{d}z=\frac{\pi}{15}(2\sqrt{2}-1).$$

法二：使用球面坐标系来计算，则

$$I=\int_0^{\frac{\pi}{2}}\mathrm{d}\theta\int_0^{\frac{\pi}{4}}\sin\varphi\cos^2\varphi\mathrm{d}\varphi\int_0^{\sqrt{2}}r^4\mathrm{d}r=\frac{\pi}{15}(2\sqrt{2}-1).$$

这里再给出直角坐标与**广义球面坐标**的变换公式：

$$\begin{cases}x=ar\cos\theta\sin\varphi,\\ y=br\sin\theta\sin\varphi,\quad 0\leqslant r<+\infty,0\leqslant\theta\leqslant 2\pi,0\leqslant\varphi\leqslant\pi.\\ z=cr\cos\varphi.\end{cases}$$

可以由此得到三重积分从直角坐标变换为广义球面坐标的变换公式. 在广义球面坐标系下的体积微元为$\mathrm{d}v=abcr^2\sin\varphi\mathrm{d}r\mathrm{d}\theta\mathrm{d}\varphi$，于是可得三重积分从直角坐标变换为广义球面坐标的公式为

$$\iiint\limits_{\Omega}f(x,y,z)\mathrm{d}v=\iiint\limits_{\Omega}f(r\cos\theta\sin\varphi,r\sin\theta\sin\varphi,r\cos\varphi)abcr^2\sin\varphi\mathrm{d}r\mathrm{d}\theta\mathrm{d}\varphi.\tag{9.14}$$

例 11 计算$\iiint\limits_{\Omega}\sqrt{\frac{x^2}{a^2}+\frac{y^2}{b^2}+\frac{z^2}{c^2}}\mathrm{d}x\mathrm{d}y\mathrm{d}z$，其中$\Omega$：

$$\frac{x^2}{a^2}+\frac{y^2}{b^2}+\frac{z^2}{c^2}\leqslant 1,y\leqslant x.$$

解 由题意可知立体如图 9.41 所示，选用广义球面坐标系计算，此时立体表示为

$$\Omega: -\pi+\arctan\frac{a}{b}\leqslant\theta\leqslant\arctan\frac{a}{b},0\leqslant\varphi\leqslant\pi,0\leqslant r\leqslant 1.$$

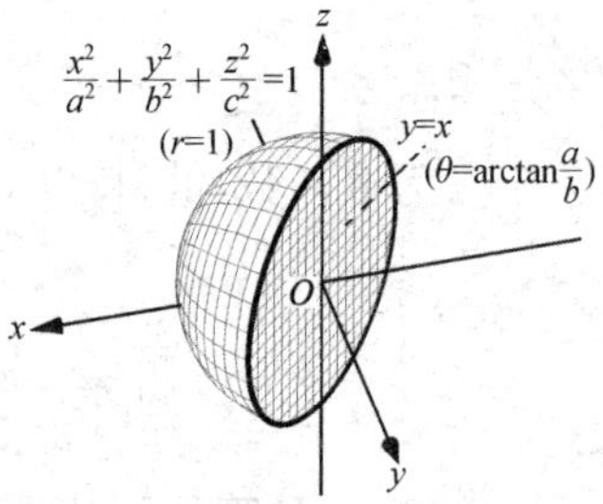

图 9.41

在广义球面坐标系下计算，由公式(9.14)，得

$$\iiint_{\Omega}\sqrt{\frac{x^2}{a^2}+\frac{y^2}{b^2}+\frac{z^2}{c^2}}\mathrm{d}x\mathrm{d}y\mathrm{d}z=abc\int_{-\pi+\arctan\frac{a}{b}}^{\arctan\frac{a}{b}}\mathrm{d}\theta\int_0^{\pi}\sin\varphi\mathrm{d}\varphi\int_0^1 r^3\mathrm{d}r=\frac{\pi}{2}abc.$$

*9.2.4 三重积分的换元法

与二重积分的换元法类似，下面给出三重积分的换元公式. 设坐标变换

$$\begin{cases}x=x(u,v,w),\\ y=y(u,v,w),\quad (u,v,w)\in\Omega^*,\\ z=z(u,v,w),\end{cases}$$

将空间有界闭区域 Ω^* 变换为 Ω，函数 $x=x(u,v,w)$，$y=y(u,v,w)$，$z=z(u,v,w)$ 在 Ω^* 上有连续的一阶偏导数，且 Jacobi 行列式

$$J=\frac{\partial(x,y,z)}{\partial(u,v,w)}=\begin{vmatrix}\frac{\partial x}{\partial u}&\frac{\partial x}{\partial v}&\frac{\partial x}{\partial w}\\ \frac{\partial y}{\partial u}&\frac{\partial y}{\partial v}&\frac{\partial y}{\partial w}\\ \frac{\partial z}{\partial u}&\frac{\partial z}{\partial v}&\frac{\partial z}{\partial w}\end{vmatrix}\neq 0,\quad (u,v,w)\in\Omega^*,$$

于是三重积分换元公式为

$$\iiint_{\Omega}f(x,y,z)\mathrm{d}v=\iiint_{\Omega}f(x(u,v,w),y(u,v,w),z(u,v,w))\left|\frac{\partial(x,y,z)}{\partial(u,v,w)}\right|\mathrm{d}u\mathrm{d}v\mathrm{d}w,$$

其中体积微元是 $\mathrm{d}v=\left|\frac{\partial(x,y,z)}{\partial(u,v,w)}\right|\mathrm{d}u\mathrm{d}v\mathrm{d}w$.

对于柱面坐标系有 $\begin{cases}x=r\cos\theta,\\ y=r\sin\theta,\\ z=z.\end{cases}$ 于是

$$\frac{\partial(x,y,z)}{\partial(r,\theta,z)}=\begin{vmatrix}\cos\theta&-r\sin\theta&0\\ \sin\theta&r\cos\theta&0\\ 0&0&1\end{vmatrix}=r,$$

故体积微元为 $\mathrm{d}v=r\mathrm{d}r\mathrm{d}\theta\mathrm{d}z$.

对于球面坐标系有 $\begin{cases}x=r\cos\theta\sin\varphi,\\ y=r\sin\theta\sin\varphi,\\ z=r\cos\varphi.\end{cases}$ 于是

$$\frac{\partial(x,y,z)}{\partial(r,\theta,\varphi)}=\begin{vmatrix}\cos\theta\sin\varphi & -r\sin\theta\sin\varphi & r\cos\theta\cos\varphi\\ \sin\theta\sin\varphi & r\cos\theta\sin\varphi & r\sin\theta\cos\varphi\\ \cos\varphi & 0 & -r\sin\varphi\end{vmatrix}=r^2\sin\varphi,$$

故其体积微元为 $\mathrm{d}v=r^2\sin\varphi\mathrm{d}r\mathrm{d}\theta\mathrm{d}\varphi$. 这些与前面推导的结果一致.

例 12　求由平面 $a_ix+b_iy+c_iz=\pm h_i,i=1,2,3,(h_i>0)$ 所围成的平行六面体的体积,假设行列式

$$\Delta=\begin{vmatrix}a_1 & b_1 & c_1\\ a_2 & b_2 & c_2\\ a_3 & b_3 & c_3\end{vmatrix}\neq 0.$$

解　记题中平行六面体为 Ω,则所求体积即 $\iiint\limits_{\Omega}\mathrm{d}x\mathrm{d}y\mathrm{d}z$. 作换元 $u_i=a_ix+b_iy+c_iz,i=1,2,3$,则在 u_1,u_2,u_3 的坐标系内,对应的区域是长方体

$$\Omega'=[-h_1,h_1]\times[-h_2,h_2]\times[-h_3,h_3].$$

这时 $\dfrac{\partial(x,y,z)}{\partial(u_1,u_2,u_3)}=\dfrac{1}{\dfrac{\partial(u_1,u_2,u_3)}{\partial(x,y,z)}}=\Delta^{-1}$. 由三重积分的换元公式

$$\iiint\limits_{\Omega}\mathrm{d}x\mathrm{d}y\mathrm{d}z=\iiint\limits_{\Omega'}|\Delta^{-1}|\mathrm{d}u_1\mathrm{d}u_2\mathrm{d}u_3=|\Delta^{-1}|\int_{-h_1}^{h_1}\mathrm{d}u_1\int_{-h_2}^{h_2}\mathrm{d}u_2\int_{-h_3}^{h_3}\mathrm{d}u_3=8h_1h_2h_3|\Delta^{-1}|.$$

习题 9.2

1. 将三重积分 $\iiint\limits_{\Omega}f(x,y,z)\mathrm{d}v$ 化为直角坐标系下的三次积分,其中积分区域 Ω 如下:

(1) 由曲面 $z=x^2+2y^2$ 及 $z=2-x^2$ 所围成的区域;

(2) 由曲面 $x=\sqrt{y-z^2}$ 和 $y=1$ 所围成的区域;

(3) 由曲面 $z=1-\sqrt{x^2+y^2}$ 及平面 $z=x(x>0),x=0$ 所围成的区域;

(4) 由曲面 $z=x^2+y^2,y=x^2$ 及平面 $y=1,z=0$ 所围成的区域.

2. 计算下列三重积分:

(1) $\iiint\limits_{\Omega}xy^2z^3\mathrm{d}v$,其中 Ω 是由曲面 $z=xy$ 及平面 $y=x,x=1$ 和 $z=0$ 所围成的区域;

(2) $\iiint\limits_{\Omega}2y^2\mathrm{e}^{xy}\mathrm{d}x\mathrm{d}y\mathrm{d}z$,其中 Ω 是由平面 $x=0,y=1,y=x$ 和 $z=0,z=1$ 所围成的区域;

(3) $\iiint\limits_{\Omega}xz\mathrm{d}x\mathrm{d}y\mathrm{d}z$,其中 Ω 是由平面 $z=0,y=1,z=y$ 与柱面 $y=x^2$ 所围成的区域.

3. 计算下列三重积分:

(1) $\iiint\limits_{\Omega}\sin y^2\mathrm{d}v$,其中 Ω 是由曲面 $y=\dfrac{x^2}{3}+\dfrac{z^2}{4}$ 与平面 $y=\sqrt{\pi}$,$y=\sqrt{2\pi}$ 所围成的区域;

(2) $\iiint\limits_{\Omega}y\cos(x+z)\mathrm{d}v$,其中 Ω 是由曲面 $y=\sqrt{x}$ 与 $y=0$,$z=0$ 和 $x+z=\dfrac{\pi}{2}$ 所围成的区域.

4. 计算下列三重积分:

(1) $\iiint\limits_{\Omega}xy\mathrm{d}v$,其中 Ω 是由曲面 $x^2+y^2=1$ 及 $x\geqslant 0$,$y\geqslant 0$,$z=0$ 和 $z=1$ 所围区域;

(2) $\iiint\limits_{\Omega}\dfrac{\mathrm{e}^z}{\sqrt{x^2+y^2}}\mathrm{d}v$,其中 Ω 由曲面 $z=\sqrt{x^2+y^2}$ 及平面 $z=1$ 所围成;

(3) $\iiint\limits_{\Omega}(x^2+y^2)\mathrm{d}v$,其中 Ω:$x^2+y^2+z^2\leqslant 2$,$z\geqslant x^2+y^2$;

(4) $\iiint\limits_{\Omega}(x^2+y^2)\mathrm{d}v$,其中 Ω 是由曲线 $\begin{cases}y^2=2z\\x=0\end{cases}$ 绕 z 轴旋转一周而成的曲面与平面 $z=2$,$z=8$ 所围成的区域.

5. 选择适当的坐标系,计算下列三重积分:

(1) $\iiint\limits_{\Omega}xy\mathrm{d}v$,其中 Ω:$x^2+y^2+z^2\leqslant 4$,$x^2+y^2\leqslant z^2$,$x\geqslant 0$,$y\geqslant 0$,$z\geqslant 0$;

(2) $\iiint\limits_{\Omega}(x^2+y^2)\mathrm{d}v$,其中 Ω 是由曲面 $z=\sqrt{a^2-x^2-y^2}$,$z=\sqrt{b^2-x^2-y^2}$ 与平面 $z=0$ 所围成的区域($0<a<b$).

(3) $\iiint\limits_{\Omega}\dfrac{x^2+y^2}{z^2}\mathrm{d}x\mathrm{d}y\mathrm{d}z$,其中 Ω:$x^2+y^2+z^2\geqslant 1$,$x^2+y^2+z^2\leqslant 2z$;

(4) $\iiint\limits_{\Omega}\sqrt{1-\dfrac{x^2}{a^2}-\dfrac{y^2}{b^2}-\dfrac{z^2}{c^2}}\mathrm{d}x\mathrm{d}y\mathrm{d}z$,其中 Ω:$\dfrac{x^2}{a^2}+\dfrac{y^2}{b^2}+\dfrac{z^2}{c^2}\leqslant 1$.

6. 设 $F(t)=\iiint\limits_{\Omega(t)}f(x^2+y^2+z^2)\mathrm{d}x\mathrm{d}y\mathrm{d}z$,其中 $\Omega(t)$:$x^2+y^2+z^2\leqslant t^2$,$f(u)$ 是可微函数,求 $F'(t)$.

7. 设 $f(x,y,z)$ 是连续函数,$\Omega(t)$:$x^2+y^2+z^2\leqslant t^2$,求 $\lim\limits_{t\to 0^+}\dfrac{3}{t^3}\iiint\limits_{\Omega(t)}f(x,y,z)\mathrm{d}x\mathrm{d}y\mathrm{d}z$.

*8. 利用三重积分的换元法证明:若积分区域 Ω 关于 xOy 平面对称,则

(1) 当 $f(x,y,z)$ 是 z 的奇函数时,三重积分 $\iiint\limits_{\Omega}f(x,y,z)\mathrm{d}v=0$;

(2) 当 $f(x,y,z)$ 是 z 的偶函数时,三重积分 $\iiint\limits_{\Omega}f(x,y,z)\mathrm{d}v=2\iiint\limits_{\Omega_1}f(x,y,z)\mathrm{d}v$,其中 Ω_1 是 Ω 在 $z\geqslant 0$ 中的部分区域.

9.3 重积分的应用

9.3.1 几何应用

1. 立体的体积

由二重积分的定义知可用二重积分求空间立体的体积，另一方面，当在区域 Ω 上令 $f(x,y,z)\equiv 1$ 时，则 $\iiint\limits_{\Omega} \mathrm{d}v = V(\Omega)$ 就是 Ω 的体积.

例 1 求由曲面 $z=x^2+y^2$ 与 $z=x+y$ 所围立体的体积.

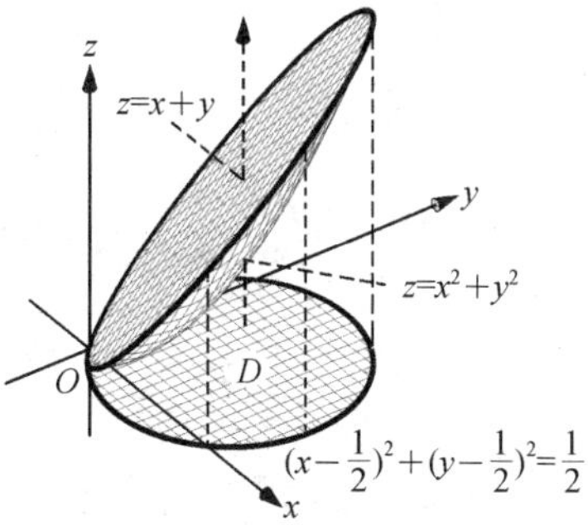

图 9.42

解 将立体向 xOy 平面投影，即 $\begin{cases} z=x^2+y^2, \\ z=x+y, \end{cases}$ 消去 z，得投影区域 D：$\left(x-\dfrac{1}{2}\right)^2+\left(y-\dfrac{1}{2}\right)^2\leqslant\dfrac{1}{2}$（图 9.42），故

$$V=\iint\limits_{D}(x+y-x^2-y^2)\mathrm{d}x\mathrm{d}y.$$

令 $\begin{cases} x=\dfrac{1}{2}+r\cos\theta \\ y=\dfrac{1}{2}+r\sin\theta \end{cases}$，$0\leqslant\theta\leqslant 2\pi$，即把极点置于圆心 $\left(\dfrac{1}{2},\dfrac{1}{2}\right)$ 上，则

$$V=\iint\limits_{D}(x+y-x^2-y^2)\mathrm{d}x\mathrm{d}y=\int_0^{2\pi}\mathrm{d}\theta\int_0^{\frac{\sqrt{2}}{2}}\left(\frac{1}{2}-r^2\right)r\mathrm{d}r=\frac{\pi}{8}.$$

若用三重积分计算，即

$$V=\iiint\limits_{\Omega}\mathrm{d}v=\iint\limits_{D}\mathrm{d}x\mathrm{d}y\int_{x^2+y^2}^{x+y}\mathrm{d}z=\iint\limits_{D}(x+y-x^2-y^2)\mathrm{d}x\mathrm{d}y,$$

与上式一样.

例 2 求由不等式 $x^2+y^2+z^2\leqslant 4a^2$ 与 $x^2+y^2\leqslant 2ay\ (a>0)$ 所确定的立体的体积.

解 两个不等式表示的立体为位于球面与圆柱面内的公共部分的立体，其图形如图 9.43，

由对称性知所求立体的体积是它在第一卦限部分体积的 4 倍，而第一卦限部分的立体是以球面 $z=\sqrt{4a^2-x^2-y^2}$ 为顶，半圆盘 D（图 9.44）为底的曲顶柱体. 在极坐标系下计算：

$$V=4\iint\limits_{D}\sqrt{4a^2-x^2-y^2}\mathrm{d}x\mathrm{d}y=4\int_0^{\frac{\pi}{2}}\mathrm{d}\theta\int_0^{2a\sin\theta}\sqrt{4a^2-r^2}\,r\mathrm{d}r$$

$$=-\frac{4}{3}\int_0^{\frac{\pi}{2}}(4a^2-r^2)^{\frac{3}{2}}\Big|_0^{2a\sin\theta}\mathrm{d}\theta=\frac{32a^3}{3}\int_0^{\frac{\pi}{2}}(1-\cos^3\theta)\mathrm{d}\theta$$

$$=\frac{16a^3}{9}(3\pi-4).$$

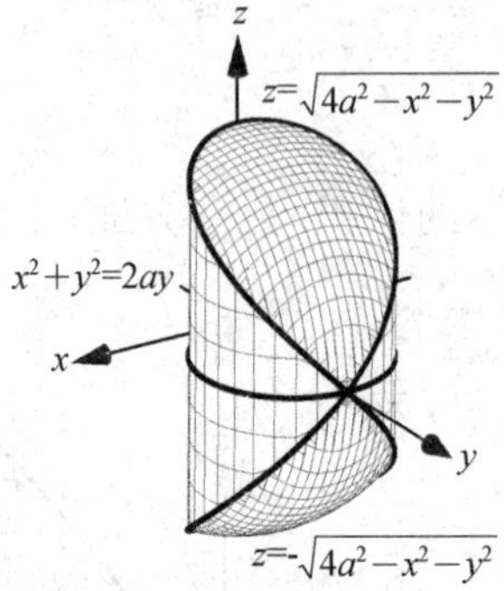

图 9.43

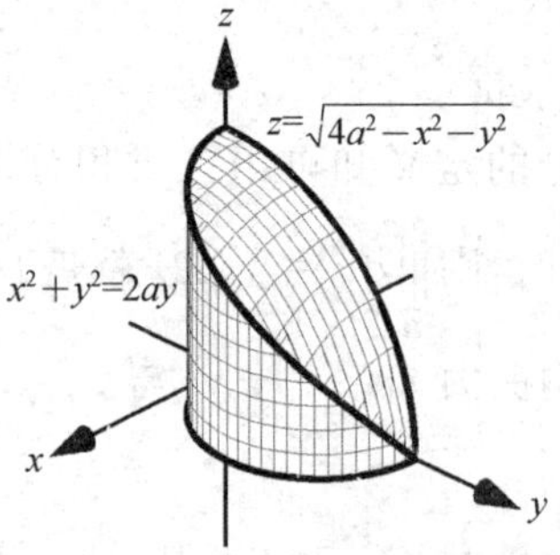

图 9.44

2. 面积

(1) 平面区域的面积

在平面区域 D 上,被积函数 $f(x,y)\equiv 1$ 时的二重积分 $\iint\limits_D \mathrm{d}\sigma$,就是 D 的面积.

例 3 求 Bernoulli 双纽线 $(x^2+y^2)^2\leqslant 2a^2(x^2-y^2)$,$a>0$ 所围区域的面积.

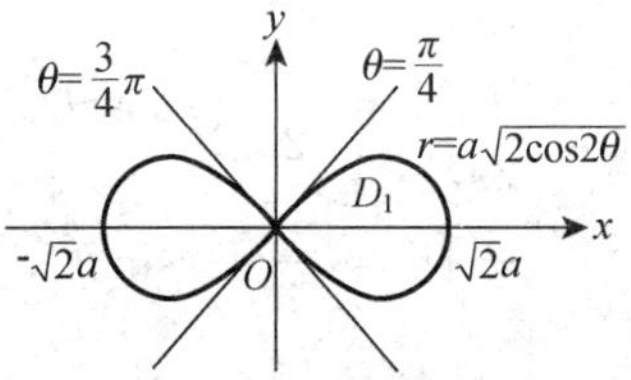

图 9.45

解 显然在直角坐标系下计算较困难,故采用极坐标系进行计算. 双纽线的极坐标方程是 $r^2=2a^2\cos 2\theta$,由于 $r^2\geqslant 0$,故 $\theta\in\left[-\frac{\pi}{4},\frac{\pi}{4}\right]\cup\left[\frac{3\pi}{4},\frac{5\pi}{4}\right]$,其图形见图 9.45. 由对称性,只需考虑第一象限内的部分 D_1 即可,因此得

$$A=4\iint\limits_{D_1}\mathrm{d}\sigma=4\iint\limits_{D_1}r\mathrm{d}r\mathrm{d}\theta=4\int_0^{\frac{\pi}{4}}\mathrm{d}\theta\int_0^{a\sqrt{2\cos 2\theta}}r\mathrm{d}r=2\int_0^{\frac{\pi}{4}}2a^2\cos 2\theta\mathrm{d}\theta=2a^2.$$

(2) 空间曲面的面积

设曲面 Σ 的方程为 $\Sigma: z=f(x,y),(x,y)\in D_{xy}$,其中 D_{xy} 为曲面 Σ 在 xOy 平面上的投影域,且函数 $f(x,y)$ 在 D_{xy} 上具有连续的偏导数. 将 D_{xy} 分割成 n 个小区域,用 $\mathrm{d}\sigma$ 记典型小区域(既表示区域,又表示其面积),在直角坐标系中其面积微元为 $\mathrm{d}\sigma=\mathrm{d}x\mathrm{d}y$;在 $\mathrm{d}\sigma$ 上任取一点 $P(x,y)$,过 P 点作 xOy 平面的垂线,交曲面 Σ 于点 $M(x,y,z)$,其中 $z=f(x,y)$. 过点 M 作曲面的切平面 π,再作以 $\mathrm{d}\sigma$ 的边界为准线、母线平行于 z 轴的柱面. 该柱面在曲面 Σ 上截得一片小曲面,记为 ΔS(既表示小曲面片,又表示其面积),在切平面 π 上截得一小平面,记为 ΔA(既表示小平面块,又表示其面积),如图 9.46 所示. 当分割足够细时,ΔS 的面积可用 ΔA 的面积近似(图 9.47).

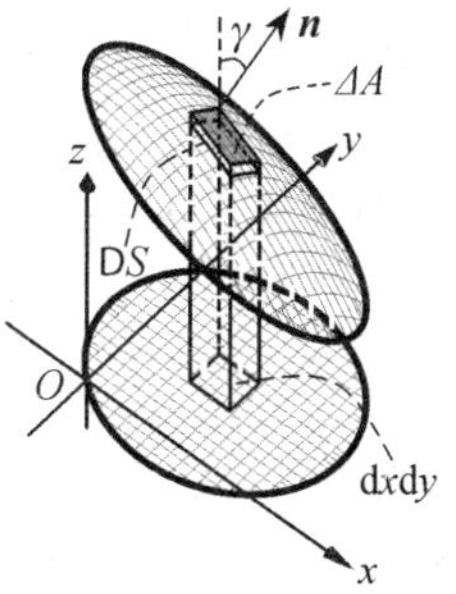

图 9.46

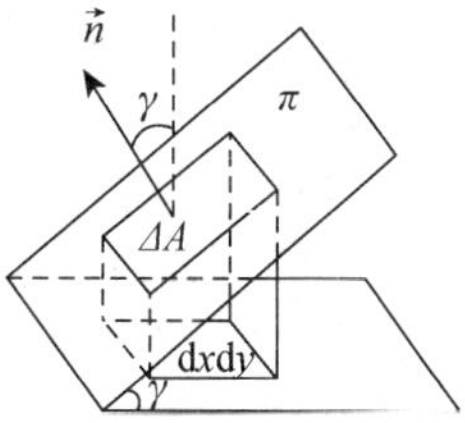

图 9.47

曲面Σ在点M的法向量是$\boldsymbol{n}=\pm(f_x(x,y),f_y(x,y),-1)$，设$\boldsymbol{n}$与$z$轴之间的夹角为$\gamma$，这样就有$\Delta S\approx \mathrm{d}S=\Delta A=\dfrac{\mathrm{d}x\mathrm{d}y}{|\cos\gamma|}$，而$|\cos\gamma|=\dfrac{1}{\sqrt{f_x^2(x,y)+f_y^2(x,y)+1}}$，于是曲面$\Sigma$的面积微元为$\mathrm{d}S=\sqrt{f_x^2(x,y)+f_y^2(x,y)+1}\,\mathrm{d}x\mathrm{d}y$，积分便得曲面$\Sigma$的面积为

$$S=\iint_{D_{xy}}\sqrt{f_x^2(x,y)+f_y^2(x,y)+1}\,\mathrm{d}x\mathrm{d}y. \tag{9.15}$$

如果曲面Σ的方程为$\Sigma: y=f(x,z),(x,z)\in D_{zx}$，或者表为$\Sigma: x=f(y,z),(y,z)\in D_{yz}$，其中$D_{zx}$和$D_{yz}$分别为曲面$\Sigma$在$zOx$和$yOz$平面上的投影域. 这时曲面$\Sigma$的面积计算公式分别是

$$S=\iint_{D_{zx}}\sqrt{f_x^2(x,z)+f_z^2(x,z)+1}\,\mathrm{d}z\mathrm{d}x \tag{9.16}$$

与

$$S=\iint_{D_{yz}}\sqrt{f_y^2(y,z)+f_z^2(y,z)+1}\,\mathrm{d}y\mathrm{d}z. \tag{9.17}$$

例 2　求半径为a的球面的面积.

解　设球面方程为$x^2+y^2+z^2=a^2$，则上半球面的方程为$z=\sqrt{a^2-x^2-y^2}$，它在xOy平面上的投影$D: x^2+y^2\leqslant a^2$. 由于$\mathrm{d}S=\sqrt{z_x^2+z_y^2+1}\,\mathrm{d}x\mathrm{d}y=\dfrac{a\mathrm{d}x\mathrm{d}y}{\sqrt{a^2-x^2-y^2}}$，由公式(9.15)可得球面面积为

$$\begin{aligned}S&=2\iint_{x^2+y^2\leqslant a^2}\frac{a\mathrm{d}x\mathrm{d}y}{\sqrt{a^2-x^2-y^2}}=2a\int_0^{2\pi}\mathrm{d}\theta\int_0^a\frac{r\mathrm{d}r}{\sqrt{a^2-r^2}}\\&=4\pi\left(-\sqrt{a^2-r^2}\right)\Big|_0^a=4\pi a^2.\end{aligned}$$

例 3　求柱面$x^2+y^2=ax\,(a>0)$含在球面$x^2+y^2+z^2=a^2$内部的面积.

解　如图 9.48(a)(b)(c) 所示，由对称性知只需计算柱面在第一卦限部分Σ_1的面积.

$\Sigma_1: y=\sqrt{ax-x^2}$,将 Σ_1 向 zOx 平面投影,由$\begin{cases}x^2+y^2=ax\\x^2+y^2+z^2=a^2\end{cases}$消去 y 得

$$D_{zx}: z^2 \leqslant a^2-ax, 0 \leqslant x \leqslant a, 0 \leqslant z \leqslant a.$$

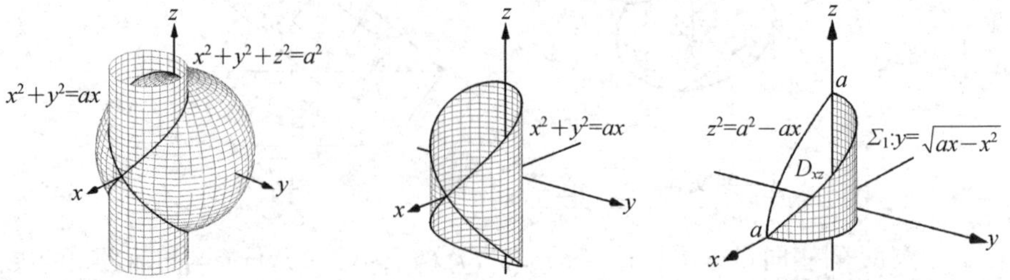

图 9.48(a)　　图 9.48(b)　　图 9.48(c)

由于 $\mathrm{d}S=\sqrt{y_x^2+y_z^2+1}\,\mathrm{d}z\mathrm{d}x=\dfrac{a\mathrm{d}z\mathrm{d}x}{2\sqrt{ax-x^2}}$,由公式(9.16)得

$$S=4\iint_{D_{zx}}\frac{a\,\mathrm{d}z\mathrm{d}x}{2\sqrt{ax-x^2}}=2a\int_0^a\frac{\mathrm{d}x}{\sqrt{ax-x^2}}\int_0^{\sqrt{a^2-ax}}\mathrm{d}z=2a\int_0^a\frac{\sqrt{a}}{\sqrt{x}}\mathrm{d}x=4a^2.$$

9.3.2 物理应用

1. 物体的质量

前面引入二重积分时,若平面薄片占有区域 D,且它的面密度为 $\rho=\rho(x,y)$,$(x,y)\in D$,则它的质量是 $M=\iint_D\rho(x,y)\mathrm{d}\sigma$. 同样地,若空间物体占有区域 Ω,且它的体密度为 $\rho=\rho(x,y,z)$,$(x,y,z)\in\Omega$,则它的质量亦可用三重积分表示:$M=\iiint_\Omega\rho(x,y,z)\mathrm{d}v$.

例 4　如果球体 $x^2+y^2+z^2\leqslant 2az\,(a>0)$ 上各点的密度与坐标原点到该点的距离成反比,求球体的质量.

解　由题意,体密度 $\rho=\dfrac{k}{\sqrt{x^2+y^2+z^2}}$,其中 k 为常数,则所求质量为

$$M=\iiint_\Omega\frac{k}{\sqrt{x^2+y^2+z^2}}\mathrm{d}v,$$

利用球面坐标系计算得

$$M=k\int_0^{2\pi}\mathrm{d}\theta\int_0^{\frac{\pi}{2}}\sin\varphi\mathrm{d}\varphi\int_0^{2a\cos\varphi}\frac{1}{r}\cdot r^2\mathrm{d}r=2\pi k\int_0^{\frac{\pi}{2}}2a^2\cos^2\varphi\sin\varphi\mathrm{d}\varphi=\frac{4ka^2\pi}{3}.$$

2. 物体的重心

先考察平面的情形,设 xOy 平面上有 n 个质点,它们的坐标分别为 (x_1,y_1),(x_2,y_2),

$\cdots,(x_n,y_n)$，质量分别为 $m_1,m_2,\cdots,m_n$. 根据静力学知识，该质点系关于 x 轴与 y 轴的静力矩和总质量分别是

$$M_x=\sum_{i=1}^{n}y_im_i, M_y=\sum_{i=1}^{n}x_im_i, M=\sum_{i=1}^{n}m_i.$$

因此该质点系的重心坐标$(\overline{x},\overline{y})$为

$$\overline{x}=\frac{M_y}{M}=\frac{\sum_{i=1}^{n}x_im_i}{\sum_{i=1}^{n}m_i},\overline{y}=\frac{M_x}{M}=\frac{\sum_{i=1}^{n}y_im_i}{\sum_{i=1}^{n}m_i}.$$

设平面薄片所在区域为 D，其面密度为 $\rho=\rho(x,y)$，$(x,y)\in D$，取区域 D 上的微元 $\mathrm{d}\sigma$(既表示小区域，又表示面积)，则 $\mathrm{d}\sigma$ 关于 x 轴与 y 轴的静力矩和总质量分别是

$$\mathrm{d}M_x=y\rho(x,y)\mathrm{d}\sigma,\mathrm{d}M_y=x\rho(x,y)\mathrm{d}\sigma,\mathrm{d}M=\rho(x,y)\mathrm{d}\sigma,$$

于是平面薄片关于 x 轴与 y 轴的静力矩和总质量分别是：

$$M_x=\iint_D y\rho(x,y)\mathrm{d}\sigma,M_y=\iint_D x\rho(x,y)\mathrm{d}\sigma,M=\iint_D\rho(x,y)\mathrm{d}\sigma.$$

则其重心坐标$(\overline{x},\overline{y})$为

$$\overline{x}=\frac{M_y}{M}=\frac{\iint_D x\rho(x,y)\mathrm{d}\sigma}{\iint_D\rho(x,y)\mathrm{d}\sigma},\overline{y}=\frac{M_x}{M}=\frac{\iint_D y\rho(x,y)\mathrm{d}\sigma}{\iint_D\rho(x,y)\mathrm{d}\sigma}.$$

特别，当物体为匀质时，即密度 $\rho=$ 常数，重心坐标$(\overline{x},\overline{y})$为

$$\overline{x}=\frac{\iint_D x\,\mathrm{d}\sigma}{\iint_D\mathrm{d}\sigma},\overline{y}=\frac{\iint_D y\,\mathrm{d}\sigma}{\iint_D\mathrm{d}\sigma}.$$

这就是几何上区域 D 的形心坐标.

上述重心坐标的计算公式可以推广到空间物体上，为此设空间物体占有区域 Ω，其体密度 $\rho=\rho(x,y,z)$，$(x,y,z)\in\Omega$，则重心坐标为：

$$\overline{x}=\frac{\iiint_\Omega x\rho(x,y,z)\mathrm{d}v}{\iiint_\Omega\rho(x,y,z)\mathrm{d}v},\overline{y}=\frac{\iiint_\Omega y\rho(x,y,z)\mathrm{d}v}{\iiint_\Omega\rho(x,y,z)\mathrm{d}v},\overline{z}=\frac{\iiint_\Omega z\rho(x,y,z)\mathrm{d}v}{\iiint_\Omega\rho(x,y,z)\mathrm{d}v}.$$

例 5　求介于两圆 $r=2\sin\theta$ 与 $r=4\sin\theta$ 之间部分的均匀薄片的重心.

解　由对称性(图 9.49) 知，$\overline{x}=0$，又

$$\overline{y}=\frac{\iint\limits_D y\,\mathrm{d}\sigma}{\iint\limits_D \mathrm{d}\sigma}=\frac{1}{4\pi-\pi}\int_0^{\pi}\mathrm{d}\theta\int_{2\sin\theta}^{4\sin\theta}r^2\sin\theta\mathrm{d}r$$

$$=\frac{56}{9\pi}\int_0^{\pi}\sin^4\theta\mathrm{d}\theta=\frac{7}{3}.$$

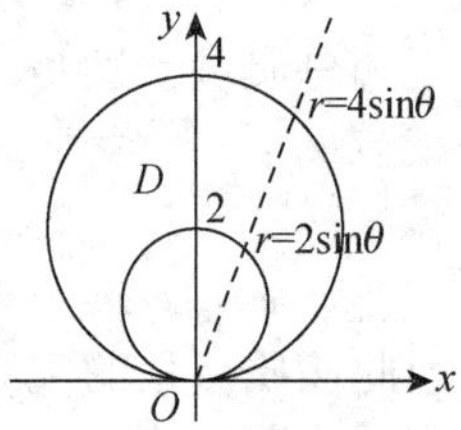

图 9.49

所以重心坐标是$\left(0,\dfrac{7}{3}\right)$.

例 6 如果球体 $x^2+y^2+z^2\leqslant 2az(a>0)$ 上各点的密度与坐标原点到该点的距离成反比,求球体的重心坐标.

解 球体的质量是$M=\dfrac{4ka^2\pi}{3}$. 由于立体关于 yOz 平面及 zOx 平面均对称,且其密度函数$\rho=\dfrac{k}{\sqrt{x^2+y^2+z^2}}$关于三个变量都是偶函数,故其重心坐标$(\overline{x},\overline{y},\overline{z})$ 中,$\overline{x}=0,\overline{y}=0$,又$\overline{z}=\dfrac{1}{M}\iiint\limits_{\Omega}\dfrac{kz\mathrm{d}v}{\sqrt{x^2+y^2+z^2}}$. 利用球面坐标系计算有

$$\iiint\limits_{\Omega}\frac{kz\mathrm{d}v}{\sqrt{x^2+y^2+z^2}}=k\int_0^{2\pi}\mathrm{d}\theta\int_0^{\frac{\pi}{2}}\mathrm{d}\varphi\int_0^{2a\cos\varphi}\frac{1}{r}\cdot r\cos\varphi\cdot r^2\sin\varphi\mathrm{d}r$$

$$=\frac{2k\pi}{3}\int_0^{\frac{\pi}{2}}8a^3\cos^4\varphi\sin\varphi\mathrm{d}\varphi=\frac{16ka^3\pi}{15},$$

所以$\overline{z}=\dfrac{4a}{5}$,即得球体的重心坐标为$\left(0,0,\dfrac{4a}{5}\right)$.

习题 9.3

1. 设平面薄片所占有的闭区域 D 是由直线 $x+y=2$,$y=x$ 和 x 轴围成,其面密度为 $\rho=x^2y$,求该薄片的质量与重心.

2. 设平面薄片由 $y=\mathrm{e}^x$,$x=0$,$x=2$,$y=0$ 围成,其密度 $\rho=xy$,求薄片关于 x 轴的转动惯量 I_x.

3. 一金属薄片,形如心脏线 $r=a(1+\cos\theta)(a>0)$,如果它在任一点的密度与原点到该点的距离成正比,求其质量.

4. 设平面薄片占有的闭区域 D 由螺线 $r=2\theta\left(0\leqslant\theta\leqslant\dfrac{\pi}{2}\right)$与直线 $\theta=\dfrac{\pi}{2}$ 围成,其面密度为 $\rho=x^2+y^2$,求该薄片的质量及关于极点的转动惯量.

5. 求球面 $x^2+y^2+z^2=a^2$ 含在柱面 $x^2+y^2=ax(a>0)$ 内部的面积.

6. 求柱面 $y^2=4x$ 被球面 $x^2+y^2+z^2=5x$ 截下部分的面积.

7. 设球体 $x^2+y^2+z^2\leqslant 2x$ 任一点的密度等于它到坐标原点的距离,求该球体的质量

及关于 x 轴的转动惯量.

8. 求以抛物柱面 $z=4-x^2$ 和平面 $x=0,y=0,y=6,z=0(x\geqslant 0)$ 所围成的均匀物体的重心.

*9.4 含参变量的积分

设 $f(x,y)$ 是定义在矩形区域 $D:a\leqslant x\leqslant b,c\leqslant y\leqslant d$ 上的二元函数,当 x 取$[a,b]$上某定值时,函数 $f(x,y)$ 即为$[c,d]$上以 y 为自变量的一元函数;若 $f(x,y)$ 在$[c,d]$上可积,则积分值是 x 在$[a,b]$上取值的函数,记为

$$\varphi(x)=\int_c^d f(x,y)\mathrm{d}y,x\in[a,b]. \tag{9.18}$$

一般地,设 $f(x,y)$ 是定义在区域 $D:\alpha(x)\leqslant y\leqslant\beta(x),a\leqslant x\leqslant b$ 上的二元函数,其中 $\alpha(x),\beta(x)$ 是$[a,b]$上的连续函数,对$[a,b]$上每一固定的 x,$f(x,y)$ 是 y 的一元函数,并且 $f(x,y)$ 在$[\alpha(x),\beta(x)]$上可积,则其积分值是 x 在$[a,b]$上取值的函数,记为

$$\Phi(x)=\int_{\alpha(x)}^{\beta(x)} f(x,y)\mathrm{d}y,x\in[a,b]. \tag{9.19}$$

用积分形式所定义的函数(9.18)与(9.19)通称为**含参变量 x 的积分**,简称为**含参积分**.

下面讨论含参积分的连续性、可微性与可积性.

定理 1(连续性) 若函数 $f(x,y)$ 在矩形区域 $D:a\leqslant x\leqslant b,c\leqslant y\leqslant d$ 上连续,则函数 $\varphi(x)=\int_c^d f(x,y)\mathrm{d}y$ 在$[a,b]$上连续.

证 设 $x\in[a,b]$,取 Δx,使得 $x+\Delta x\in[a,b]$,于是

$$\varphi(x+\Delta x)-\varphi(x)=\int_c^d[f(x+\Delta x,y)-f(x,y)]\mathrm{d}y. \tag{9.20}$$

由于 $f(x,y)$ 在有界闭区域 D 上连续,所以一致连续,即对任给 $\varepsilon>0$,总存在 $\delta>0$,对 D 内任意两点(x_1,y_1),(x_2,y_2),只要 $\sqrt{(x_2-x_1)^2+(y_2-y_1)^2}<\delta$,就有

$$|f(x_2,y_2)-f(x_1,y_1)|<\varepsilon,$$

于是对任何 $x\in[a,b]$ 及 $|\Delta x|<\delta$,有

$$|f(x+\Delta x,y)-f(x,y)|<\varepsilon, \tag{9.21}$$

所以由(9.20)及(9.21)式,可得

$$|\varphi(x+\Delta x)-\varphi(x)|\leqslant\int_c^d|f(x+\Delta x,y)-f(x,y)|\mathrm{d}y<\varepsilon(\mathrm{d}-c),$$

这就证得 $\varphi(x)$ 在$[a,b]$上连续.

这个定理的结论也可以写为

$$\lim_{x\to x_0}\int_c^d f(x,y)\mathrm{d}y=\int_c^d \lim_{x\to x_0}f(x,y)\mathrm{d}y=\int_c^d f(x_0,y)\mathrm{d}y.$$

定理 2(连续性) 设函数 $f(x,y)$ 在区域 $D:\alpha(x)\leqslant y\leqslant\beta(x),a\leqslant x\leqslant b$ 上连续,其中 $\alpha(x),\beta(x)$ 是$[a,b]$上的连续函数,则函数

$$\Phi(x)=\int_{\alpha(x)}^{\beta(x)}f(x,y)\mathrm{d}y \tag{9.22}$$

在$[a,b]$上连续.

证 对积分(9.22)用换元积分法,令 $y=\alpha(x)+t[\beta(x)-\alpha(x)]$,当 y 在$[\alpha(x),\beta(x)]$上取值时,$t\in[0,1]$,且 $\mathrm{d}y=[\beta(x)-\alpha(x)]\mathrm{d}t$,所以由(9.22)式,可得

$$\Phi(x)=\int_{\alpha(x)}^{\beta(x)}f(x,y)\mathrm{d}y=\int_0^1 f(x,\alpha(x)+t[\beta(x)-\alpha(x)])[\beta(x)-\alpha(x)]\mathrm{d}t.$$

由于被积函数

$$f(x,\alpha(x)+t[\beta(x)-\alpha(x)])[\beta(x)-\alpha(x)]$$

在矩形区域 $D:a\leqslant x\leqslant b,0\leqslant t\leqslant 1$ 上连续,由定理1得积分(9.22)所确定的函数 $\Phi(x)$ 在$[a,b]$上连续.

这样由定理1知,若函数 $f(x,y)$ 在矩形区域 $D:a\leqslant x\leqslant b,c\leqslant y\leqslant d$ 上连续,则函数 $\varphi(x)$ 在$[a,b]$上连续,那么 $\varphi(x)$ 在$[a,b]$上可积,即

$$\int_a^b\varphi(x)\mathrm{d}x=\int_a^b\left[\int_c^d f(x,y)\mathrm{d}y\right]\mathrm{d}x=\int_a^b\mathrm{d}x\int_c^d f(x,y)\mathrm{d}y. \tag{9.23}$$

同样地,令 $\psi(y)=\int_a^b f(x,y)\mathrm{d}x,y\in[c,d]$,则 $\psi(y)$ 在$[c,d]$上连续,在$[c,d]$上可积,亦有

$$\int_c^d\psi(y)\mathrm{d}y=\int_c^d\left[\int_a^b f(x,y)\mathrm{d}x\right]\mathrm{d}y=\int_c^d\mathrm{d}y\int_a^b f(x,y)\mathrm{d}x. \tag{9.24}$$

(9.23)式与(9.24)式正是函数 $f(x,y)$ 在矩形区域 $D:a\leqslant x\leqslant b,c\leqslant y\leqslant d$ 上的二重积分 $\iint\limits_D f(x,y)\mathrm{d}\sigma$ 在区域 D 上的两种顺序的二次积分. 可以证明下面的定理.

定理 3(可积性) 若函数 $f(x,y)$ 在矩形区域 $D:a\leqslant x\leqslant b,c\leqslant y\leqslant d$ 上连续,则

$$\int_a^b\mathrm{d}x\int_c^d f(x,y)\mathrm{d}y=\int_c^d\mathrm{d}y\int_a^b f(x,y)\mathrm{d}x.$$

下面来讨论积分(9.18)式的微分问题.

定理 4(可微性) 若函数 $f(x,y)$ 及其偏导数 $f_x(x,y)$ 在矩形区域 $D:a\leqslant x\leqslant b,c\leqslant y\leqslant d$ 上连续,则由积分(9.18)式确定的函数 $\varphi(x)$ 在$[a,b]$上可微,且

$$\varphi'(x)=\frac{\mathrm{d}}{\mathrm{d}x}\int_c^d f(x,y)\mathrm{d}y=\int_c^d f_x(x,y)\mathrm{d}y. \tag{9.25}$$

证 对任意 $x\in[a,b]$,且 $x+\Delta x\in[a,b]$(若 x 是端点就讨论单侧导数),于是

$$\frac{\varphi(x+\Delta x)-\varphi(x)}{\Delta x}=\int_c^d \frac{f(x+\Delta x,y)-f(x,y)}{\Delta x}\mathrm{d}y,$$

因为 $f(x,y)$ 及 $f_x(x,y)$ 在区域 D 上连续，由微分中值定理，

$$\frac{\varphi(x+\Delta x)-\varphi(x)}{\Delta x}=\int_c^d f_x(x+\theta\Delta x,y)\mathrm{d}y,0<\theta<1,$$

令 $\Delta x\to 0$，再利用定理 1 的结果于右端的积分，得

$$\varphi'(x)=\int_c^d f_x(x,y)\mathrm{d}y,$$

即得所要证明的结果.

定理 5(可微性) 若函数 $f(x,y)$ 及其偏导数 $f_x(x,y)$ 在矩形区域 $D:a\leqslant x\leqslant b,c\leqslant y\leqslant d$ 上连续，$\alpha(x)$，$\beta(x)$ 是$[a,b]$上的可微函数，并且 $c\leqslant\alpha(x)\leqslant d,c\leqslant\beta(x)\leqslant d,x\in[a,b]$，则由积分(9.19)式确定的函数 $\Phi(x)$ 在$[a,b]$上可微，且

$$\Phi'(x)=\frac{\mathrm{d}}{\mathrm{d}x}\int_{\alpha(x)}^{\beta(x)}f(x,y)\mathrm{d}y=\int_{\alpha(x)}^{\beta(x)}f_x(x,y)\mathrm{d}y+f(x,\beta(x))\beta'(x)-f(x,\alpha(x))\alpha'(x). \tag{9.26}$$

证 将 $\Phi(x)$ 看作复合函数，为此令

$$\Phi(x)=G(x,u,v)=\int_v^u f(x,y)\mathrm{d}y,u=\beta(x),v=\alpha(x),$$

由复合函数求导法则，有

$$\begin{aligned}\frac{\mathrm{d}\Phi}{\mathrm{d}x}&=\frac{\partial G}{\partial x}+\frac{\partial G}{\partial u}\cdot\frac{\mathrm{d}u}{\mathrm{d}x}+\frac{\partial G}{\partial v}\cdot\frac{\mathrm{d}v}{\mathrm{d}x}=\int_v^u f_x(x,y)\mathrm{d}y+f(x,u)\beta'(x)-f(x,v)\alpha'(x)\\&=\int_{\alpha(x)}^{\beta(x)}f_x(x,y)\mathrm{d}y+f(x,\beta(x))\beta'(x)-f(x,\alpha(x))\alpha'(x),\end{aligned}$$

即证.

公式(9.26)称为 Leibniz 公式.

例 1 求 $\lim\limits_{\alpha\to 0}\int_\alpha^{1+\alpha}\frac{\mathrm{d}x}{1+x^2+\alpha^2}$.

解 记 $\varphi(\alpha)=\int_\alpha^{1+\alpha}\frac{\mathrm{d}x}{1+x^2+\alpha^2}$，由于 $\alpha,1+\alpha,\frac{1}{1+x^2+\alpha^2}$ 都是连续函数，由定理 2 知 $\varphi(\alpha)$ 在 $\alpha=0$ 处连续，所以

$$\lim_{\alpha\to 0}\varphi(\alpha)=\lim_{\alpha\to 0}\int_\alpha^{1+\alpha}\frac{\mathrm{d}x}{1+x^2+\alpha^2}=\int_0^1\frac{\mathrm{d}x}{1+x^2}=\frac{\pi}{4}.$$

例 2 设 $\varphi(x)=\int_x^{x^2}\frac{\sin(xy)}{y}\mathrm{d}y$，求 $\varphi'(x)$.

解 由 Leibniz 公式(9.26)，得

$$\varphi'(x)=\int_x^{x^2}\cos(xy)\mathrm{d}y+\frac{\sin x^3}{x^2}\cdot 2x-\frac{\sin x^2}{x}$$
$$=\frac{1}{x}[\sin(xy)]_x^{x^2}+\frac{2\sin x^3-\sin x^2}{x}=\frac{3\sin x^3-2\sin x^2}{x}.$$

例 3 求 $I(\theta)=\int_0^{\pi}\ln(1+\theta\cos x)\mathrm{d}x$,其中 $|\theta|<1$.

解 令 $f(x,\theta)=\ln(1+\theta\cos x)$,则 $f_\theta(x,\theta)=\dfrac{\cos x}{1+\theta\cos x}$.因为 $f(x,\theta)$,$f_\theta(x,\theta)$ 在 D:$0\leqslant x\leqslant\pi$,$-1<\theta<1$ 上连续,由定理 4 可得

$$I'(\theta)=\int_0^{\pi}\frac{\cos x}{1+\theta\cos x}\mathrm{d}x=\frac{1}{\theta}\int_0^{\pi}\left(1-\frac{1}{1+\theta\cos x}\right)\mathrm{d}x=\frac{\pi}{\theta}-\frac{1}{\theta}\int_0^{\pi}\frac{\mathrm{d}x}{1+\theta\cos x},$$

利用万能代换,求不定积分

$$\int\frac{\mathrm{d}x}{1+\theta\cos x}=\int\frac{\frac{2}{1+t^2}}{1+\theta\frac{1-t^2}{1+t^2}}\mathrm{d}t=\int\frac{2\mathrm{d}t}{(1+\theta)+(1-\theta)t^2}$$
$$=\frac{2}{\sqrt{1-\theta^2}}\arctan\left(\sqrt{\frac{1-\theta}{1+\theta}}\tan\frac{x}{2}\right)+C,$$

所以

$$I'(\theta)=\frac{\pi}{\theta}-\frac{1}{\theta}\int_0^{\pi}\frac{\mathrm{d}x}{1+\theta\cos x}=\frac{\pi}{\theta}-\frac{2}{\theta\sqrt{1-\theta^2}}\cdot\frac{\pi}{2}=\pi\left(\frac{1}{\theta}-\frac{1}{\theta\sqrt{1-\theta^2}}\right),$$

再对 θ 积分,得

$$I(\theta)=\pi\int\left(\frac{1}{\theta}-\frac{1}{\theta\sqrt{1-\theta^2}}\right)\mathrm{d}\theta=\pi\left(\ln\theta+\ln\frac{1+\sqrt{1-\theta^2}}{\theta}\right)+C$$
$$=\pi\ln(1+\sqrt{1-\theta^2})+C,$$

又 $I(0)=0$,于是得 $C=-\pi\ln 2$,从而得 $I(\theta)=\pi\ln\dfrac{1+\sqrt{1-\theta^2}}{2}$.

习题 9.4

1. 求下列含参积分的极限:

(1) $\lim\limits_{y\to 0}\int_{-(1+y)}^{1+y}\dfrac{\mathrm{d}x}{1+x^2+y^2}$;　　(2) $\lim\limits_{y\to 0}\int_0^{1+y^2}\sqrt[3]{x^4+y^2}\,\mathrm{d}x$;

(3) $\lim\limits_{y\to 0}\int_1^2 x^3\cos(xy)\mathrm{d}x$;　　(4) $\lim\limits_{y\to 0}\dfrac{1}{y}\int_a^b[f(x+y)-f(x)]\mathrm{d}x$($f$ 可导).

2. 求下列函数的导数：

(1) $\varphi(x)=\int_0^{x^2}\frac{\ln(1+xy)}{y}\mathrm{d}y$；　　(2) $\varphi(x)=\int_{\sin x}^{\cos x}(y^2\sin x-y^3)\mathrm{d}y$；

(3) $\varphi(x)=\int_{x^2}^{x^3}\arctan\frac{y}{x}\mathrm{d}y$；　　(4) $\varphi(x)=\int_x^{x^2}\mathrm{e}^{-xy^2}\mathrm{d}y$.

3. 设 $F(x,y)=\int_{\frac{x}{y}}^{xy}(x-yz)f(z)\mathrm{d}z$，其中 $f(z)$ 是可微函数，求 $F_{xy}(x,y)$.

9.5　本章知识其他应用简介

虽然从微观层面看物质并非连续分布的，但如果处理的粒子数目非常庞大，则可以考虑做连续体的近似. 事实上，在日常生活的尺度乃至宏观尺度，忽略物质的微观结构而视其为连续体，是很普遍而自然的操作，因此而发展起连续介质的力学. 本章前面对于质量、重心的计算，均属于这个范围.

这里再举两个有关转动惯量计算的例子. 在处理刚体(物理上的理想化刚体，不会因为受力而发生几何形变)转动的力学问题时，转动惯量是基本的物理量. 我们知道物体的质量是物体运动惯性大小的量度，而在刚体转动的问题中，转动惯量起着和质点力学中质量类似的作用，因而才把这个量叫做“惯量”.

若质量为 m 的质点到 u 轴的距离为 d，则质点关于 u 轴的转动惯量为

$$I=d^2m.$$

假设 xOy 平面上有 n 个质点，它们的坐标分别为 $(x_1,y_1),(x_2,y_2),\cdots,(x_n,y_n)$，质量分别为 $m_1,m_2,\cdots,m_n$，则该质点系关于 x 轴与 y 轴的转动惯量就分别是：

$$I_x=\sum_{i=1}^n y_i^2m_i,\quad I_y=\sum_{i=1}^n x_i^2m_i.$$

若平面薄片所在区域为 D，其面密度为 $\rho=\rho(x,y)$，$(x,y)\in D$，取区域 D 上的微元 $\mathrm{d}\sigma$(既表示小区域，又表示其面积)，把 $\mathrm{d}\sigma$ 视为质点，这样 $\mathrm{d}\sigma$ 关于 x 轴与 y 轴的转动惯量分别为：

$$\mathrm{d}I_x=y^2\rho(x,y)\mathrm{d}\sigma,\quad \mathrm{d}I_y=x^2\rho(x,y)\mathrm{d}\sigma,$$

于是平面薄片关于 x 轴与 y 轴的转动惯量分别为：

$$I_x=\iint_D y^2\rho(x,y)\mathrm{d}\sigma,\quad I_y=\iint_D x^2\rho(x,y)\mathrm{d}\sigma.$$

关于原点的转动惯量是

$$I_0=I_x+I_y=\iint_D(x^2+y^2)\rho(x,y)\mathrm{d}\sigma.$$

上述公式可以推广到空间物体上.设空间物体占有区域Ω,体密度为$\rho=\rho(x,y,z)$,$(x,y,z)\in\Omega$,则该物体关于x轴、y轴以及z轴的转动惯量分别是:

$$I_z=\iiint_{\Omega}(x^2+y^2)\rho(x,y,z)\mathrm{d}v,$$

$$I_y=\iiint_{\Omega}(x^2+z^2)\rho(x,y,z)\mathrm{d}v,$$

$$I_x=\iiint_{\Omega}(y^2+z^2)\rho(x,y,z)\mathrm{d}v.$$

例 1　求半径为a的均匀半圆薄片对于其直径边的转动惯量.

解　如图 9.50 建立坐标系,则薄片所占区域D:$x^2+y^2\leqslant a^2$,$y\geqslant 0$;所求的转动惯量即是半圆薄片关于x轴的转动惯量,因为是均匀薄片,故面密度$\rho=$常数.

$$I_x=\rho\iint_D y^2\mathrm{d}\sigma=\rho\int_0^{\pi}\mathrm{d}\theta\int_0^a r^3\sin^2\theta\mathrm{d}r=\frac{a^4\rho}{4}\int_0^{\pi}\sin^2\theta\mathrm{d}\theta=\frac{a^4\pi\rho}{8}.$$

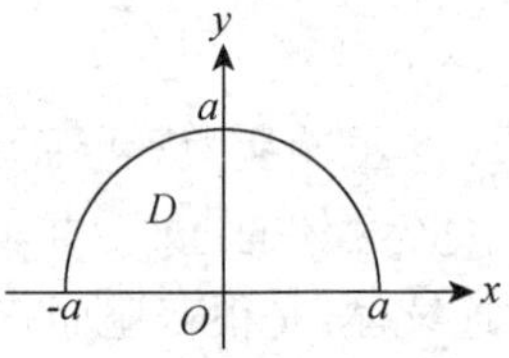

图 9.50

例 2　如果球体$x^2+y^2+z^2\leqslant 2az\,(a>0)$上各点的密度与坐标原点到该点的距离成反比,求球体关于z轴的转动惯量.

解　球体的体密度是$\rho=\dfrac{k}{\sqrt{x^2+y^2+z^2}}$,其中$k$为常数,所以由公式球体关于$z$轴的转动惯量为:

$$I_z=\iiint_{\Omega}\frac{k(x^2+y^2)}{\sqrt{x^2+y^2+z^2}}\mathrm{d}v,$$

利用球面坐标系计算得

$$\begin{aligned}I_z&=k\int_0^{2\pi}\mathrm{d}\theta\int_0^{\frac{\pi}{2}}\mathrm{d}\varphi\int_0^{2a\cos\varphi}\frac{r^2\sin^2\varphi}{r}\cdot r^2\sin\varphi\mathrm{d}r\\&=8ka^4\pi\int_0^{\frac{\pi}{2}}\cos^4\varphi\sin^3\varphi\mathrm{d}\varphi=\frac{16ka^4\pi}{35}.\end{aligned}$$

9.6　综合例题

例 1　设$p(x)$是$[a,b]$上的非负连续函数,$f(x)$,$g(x)$在$[a,b]$上连续,证明:

$$\left|\int_a^b p(x)f(x)g(x)\mathrm{d}x\right|^2\leqslant\left(\int_a^b p(x)f(x)^2\mathrm{d}x\right)\left(\int_a^b p(x)g(x)^2\mathrm{d}x\right).$$

证明　记不等式右侧为 I，则 $I=\iint_D p(x)p(y)f(x)^2g(y)^2\mathrm{d}x\mathrm{d}y$，其中 $D=[a,b]\times[a,b]$. 由于积分区域关于 $y=x$ 对称，故

$$I=\frac{1}{2}\iint_D p(x)p(y)[f(x)^2g(y)^2+f(y)^2g(x)^2]\mathrm{d}x\mathrm{d}y$$

$$\geqslant\iint_D p(x)p(y)\mid f(x)g(x)f(y)g(y)\mid \mathrm{d}x\mathrm{d}y$$

$$=\left(\int_a^b p(x)\mid f(x)g(x)\mid \mathrm{d}x\right)^2\geqslant\left|\int_a^b p(x)f(x)g(x)\mathrm{d}x\right|^2.$$

例 2　求二重积分 $I=\iint_D(\sin^2x+\cos^2y)\mathrm{d}x\mathrm{d}y$，其中 $D:x^2+y^2\leqslant 1$.

解　注意到积分区域关于直线 $y=x$ 对称，故而

$$I=\iint_D(\sin^2y+\cos^2x)\mathrm{d}x\mathrm{d}y=\frac{1}{2}\iint_D(\sin^2x+\cos^2y+\sin^2y+\cos^2x)\mathrm{d}x\mathrm{d}y$$

$$=\iint_D\mathrm{d}x\mathrm{d}y=\pi.$$

例 3　设 $f(x)$ 在 $[a,b]$ 上连续，$n>0$，证明：

$$\int_a^b\mathrm{d}y\int_a^y(y-x)^nf(x)\mathrm{d}x=\frac{1}{n+1}\int_a^b(b-x)^{n+1}f(x)\mathrm{d}x.$$

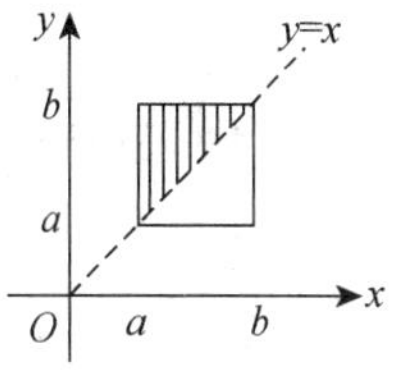

图 9.51

证明　如图 9.51，改变积分次序得

$$\int_a^b\mathrm{d}y\int_a^y(y-x)^nf(x)\mathrm{d}x=\int_a^bf(x)\mathrm{d}x\int_x^b(y-x)^n\mathrm{d}y$$

$$=\frac{1}{n+1}\int_a^b(b-x)^{n+1}f(x)\mathrm{d}x.$$

例 4　计算二重积分 $\iint_D xy\mathrm{d}x\mathrm{d}y$，其中 D 是由直线 $x+y=2$ 及曲线 $x^2+y^2=2y$ 所围成的弓形部分.

解　积分区域如图 9.52，

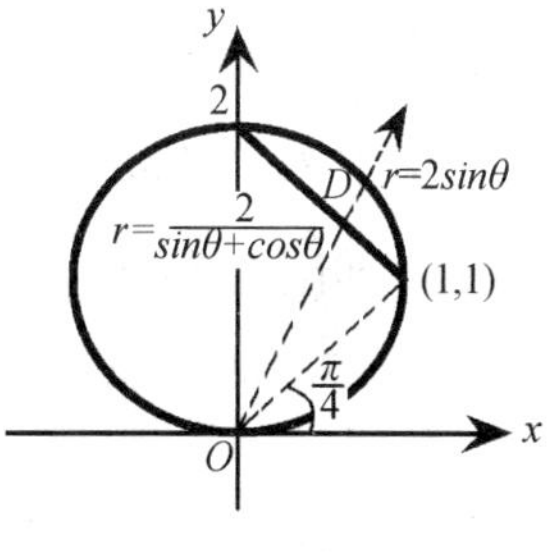

图 9.52

$$\iint_D xy\mathrm{d}x\mathrm{d}y=\int_{\frac{\pi}{4}}^{\frac{\pi}{2}}\mathrm{d}\theta\int_{\frac{2}{\sin\theta+\cos\theta}}^{2\sin\theta}r^3\sin\theta\cos\theta\mathrm{d}r$$

$$=\int_{\frac{\pi}{4}}^{\frac{\pi}{2}}\sin\theta\cos\theta\frac{1}{4}r^4\Big|_{\frac{2}{\sin\theta+\cos\theta}}^{2\sin\theta}\mathrm{d}\theta$$

$$=4\int_{\frac{\pi}{4}}^{\frac{\pi}{2}}\sin^5\theta\cos\theta\mathrm{d}\theta-4\int_{\frac{\pi}{4}}^{\frac{\pi}{2}}\frac{\sin\theta\cos\theta\mathrm{d}\theta}{(\sin\theta+\cos\theta)^4}$$

$$=\frac{2}{3}\sin^6\theta\Big|_{\frac{\pi}{4}}^{\frac{\pi}{2}}-4\int_{\frac{\pi}{4}}^{\frac{\pi}{2}}\frac{\tan\theta\mathrm{d}\tan\theta}{(1+\tan\theta)^4}$$

$$=\frac{7}{12}-4\int_{\frac{\pi}{4}}^{\frac{\pi}{2}}\frac{\mathrm{d}(1+\tan\theta)}{(1+\tan\theta)^3}+4\int_{\frac{\pi}{4}}^{\frac{\pi}{2}}\frac{\mathrm{d}(1+\tan\theta)}{(1+\tan\theta)^4}$$

$$=\frac{7}{12}+\frac{2}{(1+\tan\theta)^2}\bigg|_{\frac{\pi}{4}}^{\frac{\pi}{2}}-\frac{4}{3}\frac{1}{(1+\tan\theta)^3}\bigg|_{\frac{\pi}{4}}^{\frac{\pi}{2}}=\frac{1}{4}.$$

例 5 将极坐标下的二次积分 $I=\int_{-\frac{\pi}{4}}^{\frac{\pi}{2}}\mathrm{d}\theta\int_0^{2a\cos\theta}f(r\cos\theta,r\sin\theta)r\mathrm{d}r$ 交换积分次序,再把它化为直角坐标系下先对 x 再对 y 以及先对 y 再对 x 的两个累次积分.

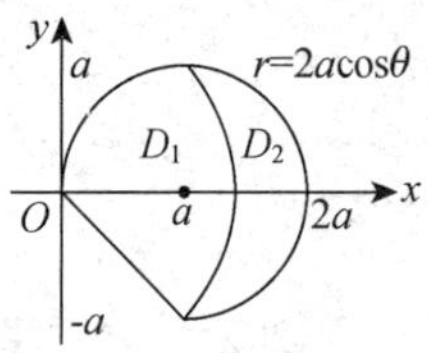

图 9.53

解 根据二次积分的限,可知如图 9.53 所示的积分区域,将其分成 $D=D_1+D_2$,

$$D_1:0\leqslant r\leqslant\sqrt{2}a,-\frac{\pi}{4}\leqslant\theta\leqslant\arccos\frac{r}{2a};$$

$$D_2:\sqrt{2}a\leqslant r\leqslant 2a,-\arccos\frac{r}{2a}\leqslant\theta\leqslant\arccos\frac{r}{2a}.$$

$$I=\int_0^{\sqrt{2}a}r\mathrm{d}r\int_{-\frac{\pi}{4}}^{\arccos\frac{r}{2a}}f(r\cos\theta,r\sin\theta)\mathrm{d}\theta+\int_{\sqrt{2}a}^{2a}r\mathrm{d}r\int_{-\arccos\frac{r}{2a}}^{\arccos\frac{r}{2a}}f(r\cos\theta,r\sin\theta)\mathrm{d}\theta.$$

在直角坐标系下,

$$D:-a\leqslant y\leqslant 0,-y\leqslant x\leqslant a+\sqrt{a^2-y^2};0\leqslant y\leqslant a,a-\sqrt{a^2-y^2}\leqslant x\leqslant a+\sqrt{a^2-y^2},$$

则 $$I=\int_{-a}^{0}\mathrm{d}y\int_{-y}^{a+\sqrt{a^2-y^2}}f(x,y)\mathrm{d}x+\int_0^a\mathrm{d}y\int_{a-\sqrt{a^2-y^2}}^{a+\sqrt{a^2-y^2}}f(x,y)\mathrm{d}x.$$

$$D:0\leqslant x\leqslant a,-x\leqslant y\leqslant\sqrt{2ax-x^2};a\leqslant x\leqslant 2a,-\sqrt{2ax-x^2}\leqslant y\leqslant\sqrt{2ax-x^2},$$

则 $$I=\int_0^a\mathrm{d}x\int_{-x}^{\sqrt{2ax-x^2}}f(x,y)\mathrm{d}y+\int_a^{2a}\mathrm{d}x\int_{-\sqrt{2ax-x^2}}^{\sqrt{2ax-x^2}}f(x,y)\mathrm{d}y.$$

例 6 计算 $\iint\limits_D[1+yf(x^2+y^2)]x\mathrm{d}x\mathrm{d}y$,其中 D 是由 $y=x^3$,$y=1$,$x=-1$ 围成的区域,f 为连续函数.

解法 1 因为 f 连续,所以 f 可积,令 $\int_0^x f(x)\mathrm{d}x=F(x)$,$D$ 的图形如图 9.54 所示,则

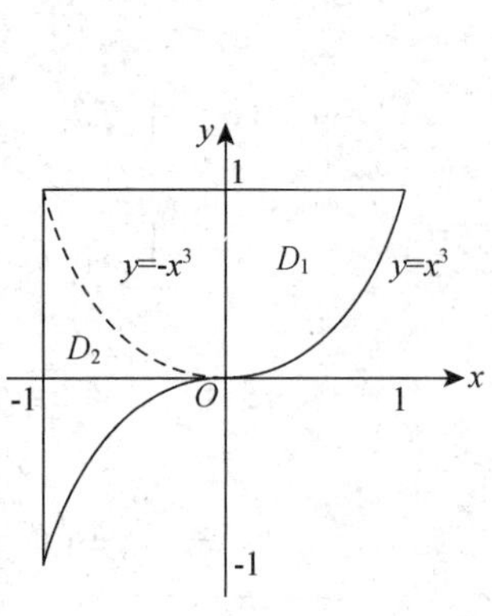

图 9.54

$$I=\iint\limits_D x\mathrm{d}x\mathrm{d}y+\iint\limits_D xyf(x^2+y^2)\mathrm{d}x\mathrm{d}y$$

$$=\int_{-1}^{1}\mathrm{d}x\int_{x^3}^{1}x\mathrm{d}y+\int_{-1}^{1}\mathrm{d}x\int_{x^3}^{1}xyf(x^2+y^2)\mathrm{d}y$$

$$=\int_{-1}^{1}x(1-x^3)\mathrm{d}x+\int_{-1}^{1}\frac{1}{2}xF(x^2+y^2)\bigg|_{x^3}^{1}\mathrm{d}x$$

$$=-\frac{2}{5}+\frac{1}{2}\int_{-1}^{1}x[F(1+x^2)-F(x^2+x^6)]\mathrm{d}x.$$

因为 $x[F(1+x^2)-F(x^2+x^6)]$ 是奇函数，所以 $\frac{1}{2}\int_{-1}^{1}x[F(1+x^2)-F(x^2+x^6)]\mathrm{d}x=0$，则 $I=-\frac{2}{5}$.

解法2　用曲线 $y=-x^3$ 将 D 分割为 D_1 与 D_2（如图 9.54 所示），则

$$I=\iint_{D_1}x\mathrm{d}x\mathrm{d}y+\iint_{D_2}x\mathrm{d}x\mathrm{d}y+\iint_{D_1}xyf(x^2+y^2)\mathrm{d}x\mathrm{d}y+\iint_{D_2}xyf(x^2+y^2)\mathrm{d}x\mathrm{d}y.$$

因为 D_1 关于 y 轴对称，函数 $x,xyf(x^2+y^2)$ 关于 x 为奇函数，所以 $\iint_{D_1}x\mathrm{d}x\mathrm{d}y=0$，$\iint_{D_1}xyf(x^2+y^2)\mathrm{d}x\mathrm{d}y=0$；因为 D_2 关于 x 轴对称，函数 $xyf(x^2+y^2)$ 关于 y 为奇函数，所以 $\iint_{D_2}xyf(x^2+y^2)\mathrm{d}x\mathrm{d}y=0$. 则 $I=\int_{-1}^{0}\mathrm{d}x\int_{x^3}^{-x^3}x\mathrm{d}y=\int_{-1}^{0}(-2x^4)\mathrm{d}x=-\frac{2}{5}$.

例7　证明：曲面 $(z-a)\varphi(x)+(z-b)\varphi(y)=0,x^2+y^2=c^2$ 和 $z=0$ 所围成的立体体积为 $V=\frac{\pi(a+b)c^2}{2}$，其中 $\varphi(t)$ 为任意正值连续函数，a,b,c 为正常数.

证明　$V=\iint_D z\mathrm{d}x\mathrm{d}y=\iint_D\frac{a\varphi(x)+b\varphi(y)}{\varphi(x)+\varphi(y)}\mathrm{d}x\mathrm{d}y$；$D:x^2+y^2\leqslant c^2$. D 关于 $y=x$ 对称，

则　$V=\iint_D\frac{a\varphi(y)+b\varphi(x)}{\varphi(y)+\varphi(x)}\mathrm{d}x\mathrm{d}y$，$2V=\iint_D\frac{a\varphi(x)+b\varphi(y)}{\varphi(x)+\varphi(y)}\mathrm{d}x\mathrm{d}y+\iint_D\frac{a\varphi(y)+b\varphi(x)}{\varphi(y)+\varphi(x)}\mathrm{d}x\mathrm{d}y$

$=\iint_D\frac{(a+b)[\varphi(x)+\varphi(y)]}{\varphi(x)+\varphi(y)}\mathrm{d}x\mathrm{d}y=(a+b)\pi c^2$，即 $V=\frac{\pi(a+b)c^2}{2}$.

例8　设 $f(x)$ 连续，$f(0)=k$，Ω_t 由 $0\leqslant z\leqslant k,x^2+y^2\leqslant t^2$ 确定，试求

$$\lim_{t\to0^+}\frac{F(t)}{t^2}，其中\ F(t)=\iiint_{\Omega_t}[z^2+f(x^2+y^2)]\mathrm{d}x\mathrm{d}y\mathrm{d}z.$$

解　记 $D:x^2+y^2\leqslant t^2$，则

$$F(t)=\iint_D\mathrm{d}x\mathrm{d}y\int_0^k z^2\mathrm{d}z+\iint_D\mathrm{d}x\mathrm{d}y\int_0^k f(x^2+y^2)\mathrm{d}z$$

$$=\frac{k^3}{3}\pi t^2+k\int_0^{2\pi}\mathrm{d}\theta\int_0^t f(r^2)r\mathrm{d}r\overset{u=r^2}{=}\frac{k^3}{3}\pi t^2+\pi k\int_0^{t^2}f(u)\mathrm{d}u,$$

$$\lim_{t\to0^+}\frac{F(t)}{t^2}=\frac{\pi}{3}k^3+\lim_{t\to0^+}\frac{\pi k\int_0^{t^2}f(u)\mathrm{d}u}{t^2}=\frac{\pi}{3}k^3+\lim_{t\to0^+}\frac{\pi k2tf(t^2)}{2t}=\frac{\pi}{3}k^3+\pi k^2.$$

例 9 Ω是曲线$\begin{cases}x^2=2z\\y=0\end{cases}$绕$z$轴旋转一周生成的曲面与平面$z=1,z=2$所围成的立体区域.

(1) 求$\iiint\limits_{\Omega}(x^2+y^2+z^2)\mathrm{d}x\mathrm{d}y\mathrm{d}z$；　　(2) 求$\iiint\limits_{\Omega}\dfrac{1}{x^2+y^2+z^2}\mathrm{d}x\mathrm{d}y\mathrm{d}z$.

解 (1) 旋转曲面方程为$x^2+y^2=2z$,

$$\iiint\limits_{\Omega}(x^2+y^2+z^2)\mathrm{d}x\mathrm{d}y\mathrm{d}z=\int_0^{2\pi}\mathrm{d}\theta\int_0^2 r\mathrm{d}r\int_{\frac{r^2}{2}}^2(r^2+z^2)\mathrm{d}z-\int_0^{2\pi}\mathrm{d}\theta\int_0^{\sqrt{2}}r\mathrm{d}r\int_{\frac{r^2}{2}}^1(r^2+z^2)\mathrm{d}z$$

$$=2\pi\int_0^2\left(2r^3-\frac{1}{2}r^5+\frac{8}{3}r-\frac{1}{24}r^7\right)\mathrm{d}r-2\pi\int_0^{\sqrt{2}}\left(r^3-\frac{r^5}{2}+\frac{1}{3}r-\frac{r^7}{24}\right)\mathrm{d}r=\frac{73}{6}\pi.$$

(2) 记$D(z):x^2+y^2\leqslant(\sqrt{2z})^2$.

$$\iiint\limits_{\Omega}\frac{1}{x^2+y^2+z^2}\mathrm{d}x\mathrm{d}y\mathrm{d}z=\int_1^2\mathrm{d}z\iint\limits_{D(z)}\frac{1}{x^2+y^2+z^2}\mathrm{d}x\mathrm{d}y=\int_1^2\mathrm{d}z\int_0^{2\pi}\mathrm{d}\theta\int_0^{\sqrt{2z}}\frac{r}{r^2+z^2}\mathrm{d}r$$

$$=2\pi\int_1^2\frac{1}{2}\ln(r^2+z^2)\Big|_0^{\sqrt{2z}}\mathrm{d}z=\pi\int_1^2\ln\left(1+\frac{2}{z}\right)\mathrm{d}z=\pi z\ln\left(1+\frac{2}{z}\right)\Big|_1^2+\pi\int_1^2\frac{2}{2+z}\mathrm{d}z$$

$$=\pi\ln\frac{4}{3}+2\pi\ln\frac{4}{3}=3\pi\ln\frac{4}{3}.$$

例 10 $f(x)$在区间$[0,1]$上连续,且$\int_0^1 f(x)\mathrm{d}x=m$,求$\int_0^1 f(x)\mathrm{d}x\int_x^1 f(y)\mathrm{d}y\int_x^y f(z)\mathrm{d}z$.

解法一 令$F(u)=\int_0^u f(t)\mathrm{d}t$,则$F(0)=0,F(1)=m,F'(u)=f(u)$.由于

$$\int_x^y f(z)\mathrm{d}z=F(u)\Big|_x^y=F(y)-F(x),\int_x^1 f(y)[F(y)-F(x)]\mathrm{d}y$$

$$=\int_x^1[F(y)-F(x)]\mathrm{d}F(y)=\int_x^1 F(y)\mathrm{d}F(y)-\int_x^1 F(x)\mathrm{d}F(y)$$

$$=\frac{1}{2}F^2(y)\Big|_x^1-F(x)F(y)\Big|_{y=x}^{y=1}=\frac{1}{2}m^2+\frac{1}{2}F^2(x)-mF(x).$$

则 $$\int_0^1 f(x)\mathrm{d}x\int_x^1 f(y)\mathrm{d}y\int_x^y f(z)\mathrm{d}z=\int_0^1 f(x)\left[\frac{1}{2}m^2+\frac{1}{2}F^2(x)-mF(x)\right]\mathrm{d}x$$

$$=\int_0^1\left[\frac{1}{2}m^2+\frac{1}{2}F^2(x)-mF(x)\right]\mathrm{d}F(x)=\left[\frac{1}{2}m^2F(x)+\frac{1}{6}F^3(x)-\frac{1}{2}mF^2(x)\right]\Big|_0^1$$

$$=\frac{1}{2}m^3+\frac{1}{6}m^3-\frac{1}{2}m^3=\frac{1}{6}m^3.$$

解法二 利用对称性.将累次积分化为三重积分,原积分也即$\iiint\limits_{\Omega}f(x)f(y)f(z)\mathrm{d}x\mathrm{d}y\mathrm{d}z$,其中

$$\Omega=\{(x,y,z)\mid 0\leqslant x\leqslant z\leqslant y\leqslant 1\}.$$

由于积分值与表示积分变量的符号无关,可以在积分表达式及Ω的表达式中任意替换x,y,

z 而不改变积分值.按照排列规律,这样的替换共有 $3!=6$ 种.这些替换不会改变被积表达式,但会改变积分区域,因而会得到包含 Ω 在内的6个不同的积分区域.容易看出这些区域合在一起组成了正方体 $\Omega_0=\{(x,y,z)\mid 0\leqslant x,y,z\leqslant 1\}$.因而

$$\iiint_{\Omega} f(x)f(y)f(z)\mathrm{d}x\mathrm{d}y\mathrm{d}z=\frac{1}{6}\iiint_{\Omega_0} f(x)f(y)f(z)\mathrm{d}x\mathrm{d}y\mathrm{d}z$$

$$=\frac{1}{6}\left(\int_0^1 f(x)\mathrm{d}x\right)^3=\frac{1}{6}m^3.$$

例 11　求证:$\frac{3}{2}\pi<\iiint_{\Omega}\sqrt[3]{x+2y-2z+5}\mathrm{d}v<3\pi$,其中 Ω 为 $x^2+y^2+z^2\leqslant 1$.

证明　首先求 $f=x+2y-2z+5$ 在 $x^2+y^2+z^2\leqslant 1$ 上的最大值与最小值.在 $x^2+y^2+z^2<1$ 的内部,由于 $f'_x=1\neq 0,f'_y=2\neq 0,f'_z=-2\neq 0$,故 f 在 $x^2+y^2+z^2<1$ 上无驻点.在 $x^2+y^2+z^2=1$ 上应用 Lagrange 乘数法,令

$$F=x+2y-2z+5+\lambda(x^2+y^2+z^2-1),$$

由 $F'_x=1+2\lambda x=0,F'_y=2+2\lambda y=0,F'_z=-2+2\lambda y=0,F'_\lambda=x^2+y^2+z^2-1=0$,

解得 $P_1\left(\frac{1}{3},\frac{2}{3},-\frac{2}{3}\right),P_2\left(-\frac{1}{3},-\frac{2}{3},\frac{2}{3}\right),f\left(\frac{1}{3},\frac{2}{3},-\frac{2}{3}\right)=8,f\left(-\frac{1}{3},-\frac{2}{3},\frac{2}{3}\right)=2$.故

$$\sqrt[3]{2}\leqslant\sqrt[3]{f}=\sqrt[3]{x+2y-2z+5}\leqslant\sqrt[3]{8}=2,$$

即 $\sqrt[3]{2}\iiint_{\Omega}\mathrm{d}v\leqslant\iiint_{\Omega}\sqrt[3]{x+2y-2z+5}\leqslant 2\iiint_{\Omega}\mathrm{d}v$,则

$$\frac{3}{2}\pi<\sqrt[3]{2}\times\frac{4}{3}\pi\leqslant\iiint_{\Omega}\sqrt[3]{x+2y-2z+5}\leqslant 2\times\frac{4}{3}\pi<3\pi.$$

例 12　三个有相同半径的正圆柱,其对称轴两两正交,求它们公共部分的体积与表面积.

解　设三个圆柱的柱面方程为 $x^2+y^2=a^2,x^2+z^2=a^2,y^2+z^2=a^2$.由对称性,只要求第一卦限部分 $\frac{1}{2}$ 体积和 $\frac{1}{3}$ 面积,见图 9.55(a)(b).记 $D:x^2+y^2\leqslant a^2,y\geqslant 0,x\geqslant y$,则

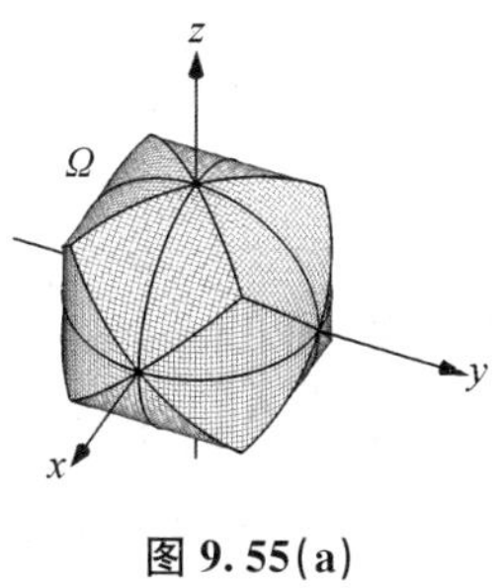

图 9.55(a)

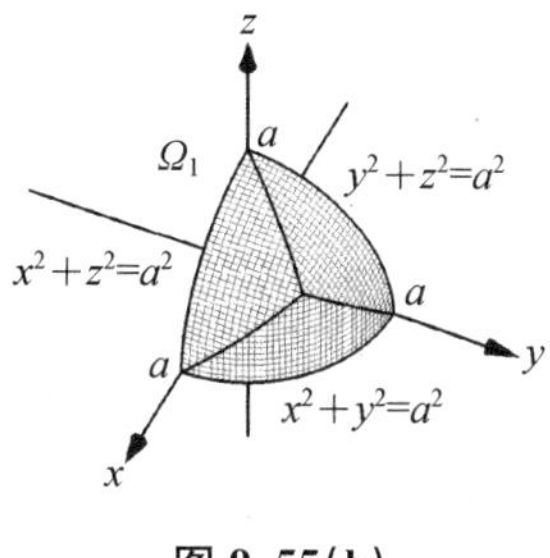

图 9.55(b)

$$\frac{V}{16}=\iiint_{\Omega_1}\mathrm{d}v=\iint_D\mathrm{d}x\mathrm{d}y\int_0^{\sqrt{a^2-x^2}}\mathrm{d}z=\int_0^{\frac{\pi}{4}}\mathrm{d}\theta\int_0^a\sqrt{a^2-r^2\cos^2\theta}\cdot r\mathrm{d}r$$

$$=\int_0^{\frac{\pi}{4}}\frac{-1}{3\cos^2\theta}(a^3\sin^3\theta-a^3)\mathrm{d}\theta=\frac{a^3}{3}\left(\tan\theta-\frac{1}{\cos\theta}-\cos\theta\right)\bigg|_0^{\frac{\pi}{4}}=\left(1-\frac{1}{\sqrt{2}}\right)a^3,$$

所求体积为 $V=8(2-\sqrt{2})a^3$.

$$\frac{A}{24}=\iint_D\sqrt{1+z_x^2+z_y^2}\,\mathrm{d}x\mathrm{d}y=\iint_D\frac{a}{\sqrt{a^2-x^2}}\mathrm{d}x\mathrm{d}y=\int_0^{\frac{\pi}{4}}\mathrm{d}\theta\int_0^a\frac{a}{\sqrt{a^2-r^2\cos^2\theta}}r\,\mathrm{d}r$$

$$=-\int_0^{\frac{\pi}{4}}\frac{a}{\cos^2\theta}(a\sin\theta-a)\mathrm{d}\theta=a^2\left(\tan\theta-\frac{1}{\cos\theta}\right)\bigg|_0^{\frac{\pi}{4}}=a^2(2-\sqrt{2}),$$

所求表面积为 $A=24(2-\sqrt{2})a^2$.

例 13 设函数 $f(x,y)$ 在单位圆盘上有连续的一阶偏导数,且在圆盘边界上取值为 0,证明:

$$\lim_{\varepsilon\to0^+}\iint_{D_\varepsilon}\frac{xf'_x+yf'_y}{x^2+y^2}\mathrm{d}x\mathrm{d}y=-2\pi f(0,0).$$

其中,D_ε 是圆环 $\varepsilon^2\leqslant x^2+y^2\leqslant1$.

证明 使用极坐标进行计算,注意到

$$f'_x=f'_\rho\frac{\partial\rho}{\partial x}+f'_\theta\frac{\partial\theta}{\partial x}=\frac{x}{\rho}f'_\rho-\frac{y}{\rho^2}f'_\theta.$$

同理,$f'_y=\dfrac{y}{\rho}f'_\rho+\dfrac{x}{\rho^2}f'_\theta$,于是 $xf'_x+yf'_y=\dfrac{x^2+y^2}{\rho}f'_\rho=\rho f'_\rho$,这样

$$\iint_{D_\varepsilon}\frac{xf'_x+yf'_y}{x^2+y^2}\mathrm{d}x\mathrm{d}y=\int_0^{2\pi}\mathrm{d}\theta\int_\varepsilon^1 f'_\rho\mathrm{d}\rho=\int_0^{2\pi}[f(\cos\theta,\sin\theta)-f(\varepsilon\cos\theta,\varepsilon\sin\theta)]\mathrm{d}\theta$$

$$=-\int_0^{2\pi}f(\varepsilon\cos\theta,\varepsilon\sin\theta)\mathrm{d}\theta.$$

再由积分中值定理及函数 $f(x,y)$ 的连续性,即证得结论.

例 14 设由螺线 $r=2\theta$ 与直线 $\theta=\dfrac{\pi}{2}$ 围成一平面薄片 D,它的面密度 $\rho=x^2+y^2$,求它的质量.

解 见图 9.56,

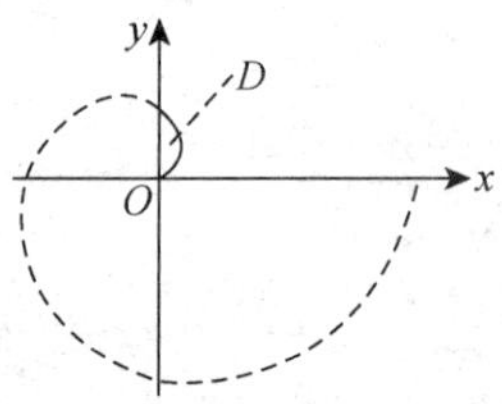

图 9.56

$$m=\iint_D\rho\,\mathrm{d}x\mathrm{d}y=\iint_D(x^2+y^2)\mathrm{d}x\mathrm{d}y=\int_0^{\frac{\pi}{2}}\mathrm{d}\theta\int_0^{2\theta}r^3\,\mathrm{d}r$$

$$=4\int_0^{\frac{\pi}{2}}\theta^4\,\mathrm{d}\theta=\frac{\pi^5}{40}.$$

例 15 已知单位立方体 $0\leqslant x\leqslant1,0\leqslant y\leqslant1,0\leqslant z\leqslant1$,在点 (x,y,z) 处的密度与该点到原点距离的平方成正比,求这立体的重心坐标.

解 $\rho=k(x^2+y^2+z^2)$,k 为常数.

$$M=\int_0^1\mathrm{d}x\int_0^1\mathrm{d}y\int_0^1 k(x^2+y^2+z^2)\mathrm{d}z=k\int_0^1\mathrm{d}x\int_0^1\left(x^2+y^2+\frac{1}{3}\right)\mathrm{d}y=k\int_0^1\left(x^2+\frac{2}{3}\right)\mathrm{d}x=k,$$

$$M_{yz}=\int_0^1\mathrm{d}x\int_0^1\mathrm{d}y\int_0^1 kx(x^2+y^2+z^2)\mathrm{d}z=k\int_0^1 x\left(x^2+\frac{2}{3}\right)\mathrm{d}x=\frac{7}{12}k.$$

则 $\bar{x}=\dfrac{M_{yz}}{M}=\dfrac{7}{12}$，同理可得：$\bar{y}=\dfrac{7}{12}$，$\bar{z}=\dfrac{7}{12}$. 重心坐标为 $\left(\dfrac{7}{12},\dfrac{7}{12},\dfrac{7}{12}\right)$.

例 16　设一由 $y=\ln x$，x 轴以及 $x=\mathrm{e}$ 所围成的均匀薄板，其密度为 $\rho=1$，求此板绕直线 $x=t$ 旋转的转动惯量 $I(t)$，并问 t 为何值时 $I(t)$ 最小？

解　$I(t)=\iint\limits_D(x-t)^2\mathrm{d}x\mathrm{d}y=\int_1^{\mathrm{e}}\mathrm{d}x\int_0^{\ln x}(x-t)^2\mathrm{d}y=\int_1^{\mathrm{e}}(x-t)^2\ln x\mathrm{d}x$

$$=\frac{1}{3}(x-t)^3\ln x\Big|_1^{\mathrm{e}}-\frac{1}{3}\int_1^{\mathrm{e}}(x-t)^3\,\frac{1}{x}\mathrm{d}x$$

$$=\frac{1}{3}(\mathrm{e}-t)^3-\frac{1}{3}\left(\frac{x^3}{3}-\frac{3x^2}{2}t+3xt^2-t^3\ln x\right)\Big|_1^{\mathrm{e}}$$

$$=t^2-\frac{1}{2}(\mathrm{e}^2+1)t+\frac{2}{9}\mathrm{e}^3+\frac{1}{9}.$$

$$I'(t)=\left[t^2-\frac{1}{2}(\mathrm{e}^2+1)t+\frac{2}{9}\mathrm{e}^3+\frac{1}{9}\right]'=2t-\frac{1}{2}(\mathrm{e}^2+1),$$

令 $I'(t)=0$，得 $t=\dfrac{1}{4}(\mathrm{e}^2+1)$，$I''(t)=2>0$，所以当 $t=\dfrac{1}{4}(\mathrm{e}^2+1)$ 时，$I(t)$ 为最小.

例 17　设函数 $f(x)$ 为定义在 $[0,+\infty)$ 上的连续函数且满足如下方程：

$$f(t)=\iiint\limits_{x^2+y^2+z^2\leqslant t^2}f(\sqrt{x^2+y^2+z^2})\mathrm{d}x\mathrm{d}y\mathrm{d}z+t^3,$$

求 $f(1)$.

解　使用球面坐标系计算积分，知题干中的方程也即

$$f(t)=4\pi\int_0^t f(r)r^2\mathrm{d}r+t^3,$$

它表明 $f(t)$ 具有连续的导函数. 在该方程两边同时求导，得到 $f'(t)=4\pi f(t)t^2+3t^2$，注意到 $f(0)=0$，于是有

$$\mathrm{e}^{-\frac{4\pi t^3}{3}}f'(t)-4\pi t^2\mathrm{e}^{-\frac{4\pi t^3}{3}}f(t)=\left(\mathrm{e}^{-\frac{4\pi t^3}{3}}f(t)\right)'=3\mathrm{e}^{-\frac{4\pi t^3}{3}}t^2,$$

$\mathrm{e}^{-\frac{4\pi}{3}}f(1)=3\int_0^1\mathrm{e}^{-\frac{4\pi}{3}t^3}t^2\mathrm{d}t=\dfrac{3}{4\pi}(1-\mathrm{e}^{-\frac{4\pi}{3}})$. 故 $f(1)=\dfrac{3}{4\pi}(\mathrm{e}^{\frac{4\pi}{3}}-1)$.

例 18　证明由 $x=a$，$x=b$，$y=f(x)$（$f(x)$ 为正值连续函数）及 x 轴所围成的平面图形绕 x 轴旋转一周所形成的立体对 x 轴的转动惯量（$\rho=1$）为

$$I_x=\frac{\pi}{2}\int_a^b f^4(x)\mathrm{d}x.$$

证明 曲线 $y=f(x)$ 绕 x 轴旋转一周所形成的旋转曲面为 $f(x)=\sqrt{y^2+z^2}$，设 $y=r\cos\theta, z=r\sin\theta$，则曲面在柱坐标系下的方程为 $r=f(x)$.

$$I_x=\iiint_{\Omega}(y^2+z^2)\mathrm{d}x\mathrm{d}y\mathrm{d}z=\int_a^b\mathrm{d}x\iint_{D_x}r^2 r\mathrm{d}r\mathrm{d}\theta=\int_a^b\mathrm{d}x\int_0^{2\pi}\mathrm{d}\theta\int_0^{f(x)}r^3\mathrm{d}r$$

$$=\int_a^b\frac{1}{4}\cdot 2\pi f^4(x)\mathrm{d}x=\frac{\pi}{2}\int_a^b f^4(x)\mathrm{d}x.$$

例 19 设 $f(x,y)$ 是连续函数且具有一阶连续偏导数，求证函数

$$w(x,y)=\frac{1}{2}\int_0^x\mathrm{d}u\int_{u-x+y}^{x+y-u}f(u,v)\mathrm{d}v$$

满足方程式

$$w_{xx}-w_{yy}=f(x,y).$$

证明 记 $F(x,y,u)=\int_{u-x+y}^{x+y-u}f(u,v)\mathrm{d}v$，则 $w(x,y)=\frac{1}{2}\int_0^x F(x,y,u)\mathrm{d}u$，于是由含参积分的求导公式，

$$w_x=\frac{1}{2}F(x,y,x)+\frac{1}{2}\int_0^x F_x(x,y,u)\mathrm{d}u$$

$$=\frac{1}{2}\int_y^y f(u,v)\mathrm{d}v+\frac{1}{2}\int_0^x[f(u,x+y-u)+f(u,u-x+y)]\mathrm{d}u$$

$$=\frac{1}{2}\int_0^x[f(u,x+y-u)+f(u,u-x+y)]\mathrm{d}u,$$

进而

$$w_{xx}=f(x,y)+\frac{1}{2}\int_0^x[f'_2(u,x+y-u)-f'_2(u,u-x+y)]\mathrm{d}u,$$

另一方面，

$$w_y=\frac{1}{2}\int_0^x F_y(x,y,u)\mathrm{d}u=\frac{1}{2}\int_0^x[f(u,x+y-u)-f(u,u-x+y)]\mathrm{d}u,$$

$$w_{yy}=\frac{1}{2}\int_0^x[f'_2(u,x+y-u)-f'_2(u,u-x+y)]\mathrm{d}u,$$

综合以上所得即证得所求的结论.

总习题九

1. 交换下列累次积分的积分顺序：

(1) $\int_{-1}^1\mathrm{d}x\int_{x^2+x}^{x+1}f(x,y)\mathrm{d}y$； (2) $\int_0^1\mathrm{d}y\int_0^{2y}f(x,y)\mathrm{d}x+\int_1^3\mathrm{d}y\int_0^{2y^2}f(x,y)\mathrm{d}x$.

2. 计算下列二重积分：

(1) $\iint\limits_D \sqrt{1-\sin^2(x+y)}\,\mathrm{d}x\mathrm{d}y$，其中 D 是由 $y=x$ 与 $y=0, x=\frac{\pi}{2}$ 围成的区域；

(2) $\iint\limits_D \frac{\mathrm{d}\sigma}{(a^2+x^2+y^2)^{\frac{3}{2}}}$，其中 $D: 0\leqslant x\leqslant a, 0\leqslant y\leqslant a$；

(3) $\iint\limits_D |y+\sqrt{3}x|\,\mathrm{d}x\mathrm{d}y, D: x^2+y^2\leqslant 1$.

*3. 设 $f(u)$ 连续，证明 $\iint\limits_{|x|+|y|\leqslant 1} f(x+y)\mathrm{d}\sigma=\int_{-1}^{1} f(u)\mathrm{d}u$.

*4. 设 $f(t)$ 为连续函数，证明 $\iint\limits_D f(x-y)\mathrm{d}\sigma=\int_{-A}^{A} f(t)(A-|t|)\mathrm{d}t$，其中 $D: |x|\leqslant\frac{A}{2}, |y|\leqslant\frac{A}{2}$，$A$ 为常数.

5. 计算下列三重积分：

(1) $\iiint\limits_\Omega (1+2x^3)\mathrm{d}x\mathrm{d}y\mathrm{d}z$，其中 Ω 是由曲面 $z=\sqrt{xy}$ 与平面 $x=1, y=0, y=9x$ 和 $z=0$ 所围成的区域；

(2) $\iiint\limits_\Omega z\mathrm{d}v$，其中 $\Omega: x^2+y^2+z^2\leqslant a^2, x^2+y^2+z^2\leqslant 2az(a>0)$；

(3) $\iiint\limits_\Omega z\sqrt{x^2+y^2}\mathrm{d}v$，其中 Ω 是由曲面 $y=\sqrt{2x-x^2}$ 与平面 $y=0, z=0, z=2$ 所围成的区域；

(4) $\iiint\limits_\Omega (x+y+z)^2\mathrm{d}v$，其中 $\Omega: x^2+y^2+z^2\leqslant 4, x^2+y^2\leqslant 3z^2, z\geqslant 0$.

6. 设 $f(u)$ 具有连续导数，$f(0)=0$，且 $\Omega(t): x^2+y^2+z^2\leqslant t^2$，求

$$\lim_{t\to 0^+}\frac{1}{\pi t^4}\iiint\limits_{\Omega(t)} f(\sqrt{x^2+y^2+z^2})\mathrm{d}x\mathrm{d}y\mathrm{d}z.$$

7. 求曲面 $z=\sqrt{x^2+y^2}$ 夹在两曲面 $x^2+y^2=y, x^2+y^2=2y$ 之间部分的面积.

8. 曲面 $z=13-x^2-y^2$ 割球面 $x^2+y^2+z^2=25$ 成三部分，求这三部分曲面面积之比.

9. 在斜边长为 a 的一切匀质直角三角形薄片中，求绕一直角边旋转的转动惯量最大的直角三角形薄片.

10. 设 $f(x)$ 在 $[0,1]$ 上连续，证明 $\int_0^1\mathrm{d}x\int_x^1\mathrm{d}y\int_x^y f(x)f(y)f(z)\mathrm{d}z=\frac{1}{3!}\left(\int_0^1 f(x)\mathrm{d}x\right)^3$.

补充内容：

数学家——华罗庚和陈省身

1. 华罗庚

华罗庚(1910.11.12—1985.6.12)，出生于江苏常州金坛区，祖籍江苏丹阳. 世界著名数学家，中国科

学院院士,美国国家科学院外籍院士,第三世界科学院院士,联邦德国巴伐利亚科学院院士.中国第一至第六届全国人大常委会委员.

华罗庚是中国解析数论、矩阵几何学、典型群、自守函数论与多元复变函数论等多方面研究的创始人和开拓者,也是中国在世界上最有影响力的数学家之一,被列为芝加哥科学技术博物馆中当今世界88位数学伟人之一.国际上以华氏命名的数学科研成果有“华氏定理”“华氏不等式”“华—王方法”等.

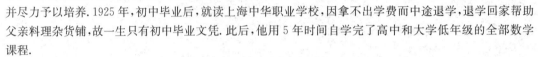

成长历程

华罗庚幼时爱动脑筋,因思考问题过于专心常被同伴们戏称为“罗呆子”.1922年,12岁从县城仁劬小学毕业后,进入金坛县立初中,王维克老师发现其数学才能,并尽力予以培养.1925年,初中毕业后,就读上海中华职业学校,因拿不出学费而中途退学,退学回家帮助父亲料理杂货铺,故一生只有初中毕业文凭.此后,他用5年时间自学完了高中和大学低年级的全部数学课程.

1927年秋,和吴筱元结婚.1929年冬,他不幸染上伤寒病,落下左腿终身残疾,走路要借助手杖.1929年,华罗庚受雇为金坛中学庶务员,并开始在上海《科学》等杂志上发表论文.1930年春,华罗庚在上海《科学》杂志上发表《苏家驹之代数的五次方程式解法不能成立之理由》轰动数学界.同年,清华大学数学系主任熊庆来,了解到华罗庚的自学经历和数学才华后,打破常规,让华罗庚进入清华大学图书馆担任馆员.1931年,在清华大学数学系担任助理.他自学了英、法、德、日文,在国外杂志上发表了3篇论文.

1933年,被破格提升为助教.1934年9月,被提升为讲师.

出国求学

1935年,数学家诺伯特·维纳(Norbert Wiener)访问中国,他注意到华罗庚的潜质,向当时英国著名数学家哈代(Hardy)极力推荐.1936年,华罗庚前往英国剑桥大学,度过了关键性的两年.这时他已经在华林问题(Waring's problem)上有了很多结果,而且在英国的哈代—李特伍德(Littlewood)学派的影响下受益.他至少有15篇文章是在剑桥的时期发表的,其中一篇关于高斯和的论文给他在世界上赢得了声誉.

毅然回国

1937年,华罗庚回到清华大学担任正教授,后来迁至昆明的国立西南联合大学直至1945年.1939年到1941年,在昆明的一个吊脚楼上,他写了20多篇论文,完成了第一部数学专著《堆垒素数论》.

1946年2月至5月,他应邀赴苏联访问.同年9月,在美国普林斯顿高等研究院访问.1947年,《堆垒素数论》在苏联出版俄文版,又先后在各国被翻译出版了德、英、日、匈牙利和中文版.1948年,被美国伊利诺依大学聘为正教授至1950年.

新中国成立后不久,华罗庚毅然决定放弃在美国的优厚待遇,奔向祖国的怀抱.1950年春,携夫人、孩子从美国经香港抵达北京,回到了清华园,担任清华大学数学系主任.1952年7月,受中国科学院院长郭沫若的邀请,成立了数学研究所,并担任所长.当年9月加入民盟.

1953年,他参加中国科学家代表团赴苏联访问,并出席了在匈牙利召开的二战后首次世界数学家代表大会,以及亚太和平会议、世界和平理事会会议.

1955年,被选聘为中国科学院学部委员(院士).1956年,他着手筹建中科院计算数学研究所,他的论文《典型域上的多元复变函数论》于1956年获国家自然科学一等奖,并先后出版了中、俄、英文版专著.

1958年,他担任中国科技大学副校长兼数学系主任,同年申请加入中国共产党.同年,他和郭沫若一起率中国代表团出席在新德里召开的“在科学、技术和工程问题上协调”的会议.

“文革”时期

“文革”开始后,正在外地推广“双法”的华罗庚被造反派急电召回北京写检查,接受批判.华罗庚凭个人的声誉,到各地借调了得力的人员组建“推广优选法、统筹法小分队”,亲自带领小分队到全国各地去推广

“双法”,所到之处,都掀起了科学实验与实践的群众性活动,取得了很大的经济效益和社会效益.

1969年,推出《优选学》一书,并将手稿作为国庆20周年的献礼送给了国务院.1970年4月,国务院根据周总理的指示,邀请了七个工业部的负责人听华罗庚讲优选法、统筹法.1975年8月,在大兴安岭推广“双法”时,从大兴安岭采伐场地来到哈尔滨,积劳成疾,第一次患心肌梗塞.他昏迷了6个星期,一度病危.

“文革”以后

粉碎“四人帮”后,华罗庚被任命为中国科学院副院长.他多年的著作成果相继正式出版.1979年5月,他到西欧作了七个月的访问,把自己的数学研究成果介绍给国际同行.1979年,当选为民盟中央副主席.1979年6月,被批准加入中国共产党.1982年11月,第二次患心肌梗塞症.

1983年10月,应美国加州理工学院邀请,华罗庚赴美作为期一年的讲学活动.在美期间,赴意大利里亚利特市出席第三世界科学院成立大会,并被选为院士.

1984年4月,在华盛顿出席了美国科学院授予他外籍院士的仪式,成为第一位获此殊荣的中国人.1985年4月,在全国政协六届三次会议上,被选为全国政协副主席.1985年6月3日,应日本亚洲文化交流协会邀请赴日本访问.

1985年6月12日下午4时,在东京大学数理学部讲演厅向日本数学界作主题为《理论数学及其应用》的演讲,由于突发急性心肌梗塞,于当日晚上10时9分逝世.

个人贡献

华罗庚早年的研究领域是解析数论,他在解析数论方面的成就尤其广为人知,国际间颇具盛名的“中国解析数论学派”即华罗庚开创的学派,该学派对于质数分布问题与哥德巴赫猜想做出了许多重大贡献.

华罗庚是中国解析数论、矩阵几何学、典型群、自守函数论等多方面研究的创始人和开拓者.他在多复变函数论,典型群方面的研究领先西方数学界10多年.他开创了国际上有名的“典型群中国学派”,并带领该学派达到世界一流水平.他培养出众多优秀青年,如王元、陈景润、万哲先、陆启铿、龚升等.

科研成果

在国际上以华氏命名的数学科研成果就有“华氏定理”“怀依—华不等式”“华氏不等式”“嘉当-布饶尔-华 定理”“华氏算子”“华-王方法”等.

20世纪40年代,他解决了高斯完整三角和的估计这一历史难题,得到了最佳误差阶估计;对G. H.哈代与J. E.李特尔伍德关于华林问题及E.赖特关于塔里问题的结果作了重大的改进,三角和研究成果被国际数学界称为“华氏定理”.

在代数方面,他证明了历史长久遗留的一维射影几何的基本定理;给出了体的正规子体一定包含在它的中心之中这个结果的一个简单而直接的证明,被称为嘉当-布饶尔-华定理.

他与王元教授合作在近代数论方法应用研究方面获重要成果,被称为“华-王方法”.

学术著作

华罗庚一生留下了10部著作:《堆垒素数论》《指数和的估价及其在数论中的应用》《多复变函数论中的典型域的调和分析》《数论导引》《典型群》(与万哲先合著)《从单位圆谈起》《数论在近似分析中的应用》(与王元合著)《二阶两个自变数两个未知函数的常系数线性偏微分方程组》(与他人合著)《优选学》及《计划经济范围最优化的数学理论》,其中8部为国外翻译出版,已列入20世纪数学的经典著作之列.此外,还有学术论文150余篇,科普作品《优选法评话及其补充》《统筹法评话及补充》等,辑为《华罗庚科普著作选集》.

主要荣誉

华罗庚为中国数学发展作出的贡献,使他被誉为“中国现代数学之父”“中国数学之神”“人民数学家”.他是在国际上享有盛誉的数学大师,他的名字在美国施密斯松尼博物馆与芝加哥科技博物馆等著名博物馆中,与少数经典数学家列在一起,被列为“芝加哥科学技术博物馆中当今世界88位数学伟人之一”.1948年当选为中央研究院院士.1955 年被选聘为中国科学院学部委员(院士).1982 年当选为美国科学院外籍院士.1983 年被选聘为第三世界科学院院士.1985 年当选为德国巴伐利亚科学院院士.被授予法国南锡大学、香港中文大学与美国伊利诺伊大学荣誉博士.他还是建国六十年来"感动中国一百人物之一".

2. 陈省身

陈省身,1911 年 10 月 28 日生于浙江嘉兴秀水县,美籍华裔数学大师,20 世纪伟大的几何学家.

1926 年,陈省身进入南开大学数学系.1934 年夏,他毕业于清华大学研究院,获硕士学位,成为中国自己培养的第一名数学研究生.1943 年发表《闭黎曼流形的高斯－博内公式的一个简单内蕴证明》《Hermitian 流形的示性类》.1963 年至 1964 年,陈省身担任美国数学会副主席.1995 年陈省身当选为首批中国科学院外籍院士.1999 年被聘为嘉兴学院首任名誉院长.

2004 年 12 月 3 日 19 时 14 分,陈省身在天津医科大学总医院逝世,享年 93 岁.

求学阶段

1911 年 10 月 28 日,陈省身生于浙江嘉兴秀水县.少年时就喜爱数学,觉得数学既有趣又较容易,并且喜欢独立思考,自主发展,常常"自己主动去看书,不是老师指定什么参考书才去看".从秀水中学毕业后,1922 年随父迁往天津,1923 年进入天津扶轮中学,1926 年从天津扶轮中学毕业.1926 年,陈省身进入南开大学数学系,该系的姜立夫教授对陈省身影响很大.在南开大学学习期间,他还为姜立夫当助教.

1930 年陈省身毕业于南开大学,1931 年考入清华大学研究院,成为中国国内最早的数学研究生之一.1932 年在孙光远博士指导下,他在《清华大学理科报告》发表了第一篇数学论文:关于射影微分几何的《具有一一对应的平面曲线对》.

1932 年 4 月应邀来华讲学的汉堡大学教授布拉希克(Blaschke)对陈省身影响也不小,使他确定了以微分几何为以后的研究方向.在清华,陈省身曾经听过杨振宁的父亲杨武之的课,并且做过当时还是本科生的杨振宁的教师.

1934 年夏,他毕业于清华大学研究院,获硕士学位,成为中国自己培养的第一名数学研究生.同年,获得中华文化教育基金会奖学金(一说受清华大学资助),赴布拉希克所在的汉堡大学数学系留学.

1935 年 10 月陈省身完成博士论文《关于网的计算》和《$2n$ 维空间中 n 维流形三重网的不变理论》,在汉堡大学数学讨论会论文集上发表.并于 1936 年 2 月获科学博士学位;毕业时奖学金还有剩余,同年夏得到中华文化基金会资助,于是又转去法国巴黎跟从嘉当(E. Cartan)研究微分几何.1936 年至 1937 年间在法国几何学大师 E·嘉当那里从事研究.E·嘉当每两个星期约陈省身去他家里谈一次,每次一小时."听君一席话,胜读十年书".大师面对面的指导,使陈省身学到了老师的数学语言及思维方式,终身受益.陈省身数十年后回忆这段紧张而愉快的时光时说,"年轻人做学问应该去找这方面最好的人".

工作阶段

1937 年夏离开法国经过美国回国,受聘为清华大学的数学教授.

1938 年,因抗战随学校内迁至云南昆明,任由北京大学、清华大学、南开大学合组的西南联合大学教授,讲授微分几何.

1943 年,应美国数学家奥斯瓦尔德·维布伦(O. Veblen)之邀,到普林斯顿高等研究院工作,为研究员.此后两年间,他发表了划时代的论文《闭黎曼流形的高斯－博内公式的一个简单内蕴证明》,《Hermitian 流形的示性类》.这是他一生中最重要的工作,奠定了他在数学史中的地位.

1946 年抗战胜利后,陈省身回到上海.

1948年,南京中央研究院数学研究所正式成立,陈省身任代理所长,主持数学所一切工作.他还入选中央研究院第一届院士.此后两三年中,他培养了一批青年拓扑学家.

1949年初,中央研究院迁往台湾,陈省身应普林斯顿高等研究院院长奥本海默之邀举家迁往美国.

1949年夏,在芝加哥大学接替了E. P. Lane的教授职位(E. P. Lane正是陈省身的硕士导师孙光远在美留学时的导师).

1960年,陈省身受聘为加州大学伯克利分校教授,直到1980年退休为止.

1961年,陈省身被美国科学院推举为院士,并加入美国国籍.

1963年至1964年间,担任美国数学会副主席.

1972年9月,陈省身首次偕夫人回到新中国,与当时中科院院长郭沫若等会见.

晚年生活

1981年陈省身在加州大学伯克利分校筹建以纯粹数学为主的数学研究所(MSRI),担任第一任所长,直到1984年.

邓小平复出后,中国数学界恢复了同外界的交流.陈省身也开始帮助推动中国数学的复苏.1977年9月26日,邓小平会见了陈省身.1984年8月25日,邓小平设午宴招待陈省身夫妇,支持他任南开大学数学所所长,鼓励他为发展中国数学做出努力.1984年中华人民共和国教育部聘请陈省身担任南开数学研究所所长(任期至1992年).

1985年10月17日南开数学研究所正式成立.陈省身随即以南开为基地,亲自主持举办学术活动,在中国数学界的支持下,培养了许多优秀的青年数学家.

1986年11月2日,邓小平设午宴招待陈省身夫妇.正是这次会见,引发了提高国内知识分子工资待遇、颁发国务院特殊津贴的措施.

1989年10月10日,刚当选几个月的中共中央总书记江泽民,在中南海会见陈省身夫妇,并设宴招待.后来,江泽民数次接见陈省身和夫人郑士宁.

1992年至2004年,陈省身任天津南开数学研究所名誉所长.

1995年陈省身当选为首批中国科学院外籍院士.1999年被聘为嘉兴学院首任名誉院长.

1998年他再次捐出100万美元建立“陈省身基金”,供南开数学所发展使用.

2000年他与夫人郑士宁回到母校南开大学定居,亲自为本科生讲课,指导研究生.

2001年开始,陈省身设想在南开大学建立国际数学研究中心,以招揽人才,推动南开数学学科的发展.副校长胡国定在2001年7月22日致信中央,以陈省身的名义申请建立国际数学研究中心.这件事得到了江泽民的支持.

2004年12月3日19时14分,陈省身在天津医科大学总医院逝世,享年93岁.

数学研究

陈省身是20世纪重要的微分几何学家,被誉为“现代微分几何之父”.早在40年代,陈省身结合微分几何与拓扑学的方法,完成了两项划时代的重要工作:高斯－博内－陈定理和Hermitian流形的示性类理论,为大范围微分几何提供了不可缺少的工具.这些概念和工具,已远远超过微分几何与拓扑学的范围,成为整个现代数学中的重要组成部分.

数学教育

陈省身曾先后任教于国立西南联合大学、芝加哥大学和加州大学伯克利分校,是原中央研究院数学所、美国国家数学研究所、南开数学研究所的创始所长.培养了包括廖山涛、吴文俊、丘成桐、郑绍远、李伟光等在内的著名数学家.其中,丘成桐是取得国际数学联盟的菲尔兹奖(Fields Medal)的第一个华人,也是继陈省身之后第二个获沃尔夫奖的华人.

社会影响

在那个国门初开的年代,数学家华罗庚、陈景润是人们心目中的英雄,家喻户晓.其实,那时陈省身早已在国际数学界声名鹊起,却为国人所不知.有人根据狄多涅(Dieudonne)的纯粹数学全貌和岩波数学百科全书、苏联出版的数学百科全书综合量化分析得出的二十世纪数学家排名中,陈省身先生(S.-S. Chern)排在第31位,华罗庚排在第90位,陈景润进入前1 500名.

陈省身在整体微分几何上的卓越成就,影响了整个数学的发展,被杨振宁誉为继欧拉、高斯、黎曼、嘉当之后又一里程碑式的人物.也许你没有听说过他,因为他很长时间都在美国工作,但是至少中国数学界应该是知道的,因为他早已蜚声海内外.

获奖记录

2004年首届邵逸夫奖数学奖(获奖);

2002年俄罗斯罗巴切夫斯基奖章(获奖);

1984年以色列沃尔夫数学奖(获奖);

1983年美国数学会的斯蒂尔终生成就奖(获奖);

1982年德国洪堡奖(获奖);

1976年美国国家科学奖(获奖);

1970年美国数学会的肖夫内奖(获奖).

第十章　曲线积分

爱因斯坦曾说过：提出一个问题往往比解决一个问题更为重要，因为解决一个问题也许只是一个数学上或实验上的技巧问题. 而提出新的问题、新的可能性，从新的角度看旧问题，却需要创造性的想像力，而且标志着科学的真正进步. 在前面曾提到，火箭将载人飞船送入太空预定轨道需要克服地球引力做功，火箭运行轨迹为曲线，那么火箭预先需要储备多少燃料？火箭克服地球引力所做的功该如何计算？这些都是火箭发射前需要解决的问题. 大家知道我国从"神州一号"到"神州十三号"的飞船全部发射成功，这其中严密的理论和成熟的技术，正是经过众多科研工作者不断提出问题和解决问题，历经无数个日夜才掌握和取得的. 国家的发展离不开数学人才的培养，正如拿破仑曾说过的：数学的发展和至善与国家的繁荣昌盛密切相关.

基于上述问题我们自然要问，积分的区域能否推广到一段曲线上？上一章已经把积分概念中积分范围从数轴上的一个区间推广到积分范围为平面或空间内的一个闭区域，从而分别得到了二重积分和三重积分. 本章将把积分范围进一步推广到平面或空间中的一段曲线弧，这样推广后的积分称为曲线积分.

本章将讨论积分区域为曲线情形下的两种类型曲线积分、其计算方法及两类曲线积分之间的联系.

10.1　第一型曲线积分

10.1.1　第一型曲线积分的基本概念

物理背景：曲线形构件的质量

设某曲线形构件在 xOy 面内为一曲线弧 L（如图 10.1），L 上任一点 (x,y) 处的线密度为 $\rho(x,y)$，求该构件的质量.

如果线密度为常数，则构件的质量就等于线密度与曲线长度的乘积. 但若线密度是变量，则需要采用微元法来求解构件的质量.

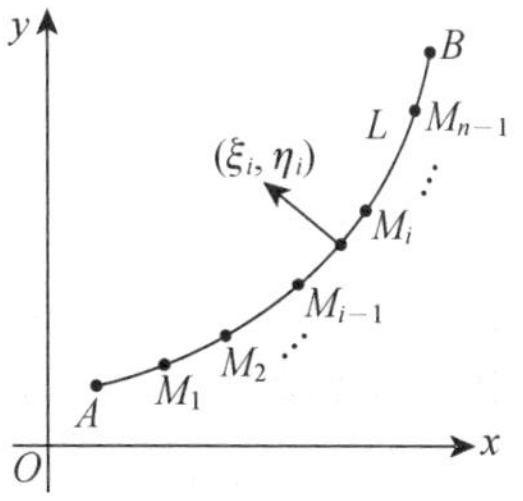

图 10.1

如图 10.1，将曲线 L 任意分割成 n 个小段，设分点依次为 $A=M_0,M_1,\cdots,M_{n-1},M_n=B$，任取其中的一小段构件 $\overset{\frown}{M_{i-1}M_i}$，其长度记为 Δs_i，当 Δs_i 很小时，$\overset{\frown}{M_{i-1}M_i}$ 上的线密度可近似地看作常数，用

$\widehat{M_{i-1}M_i}$ 上任一点(ξ_i,η_i)处的线密度 $\rho(\xi_i,\eta_i)$ 近似作为构件在$\widehat{M_{i-1}M_i}$ 上各点的线密度，于是可得$\widehat{M_{i-1}M_i}$ 段构件质量的近似值为 $\Delta m_i \approx \rho(\xi_i,\eta_i)\Delta s_i$，因此构件的质量 $m = \sum\limits_{i=1}^{n}\Delta m_i \approx \sum\limits_{i=1}^{n}\rho(\xi_i,\eta_i)\Delta s_i$，记 $\lambda = \max\limits_{1\leqslant i\leqslant n}\{\Delta s_i\}$，若当 $\lambda \to 0$ 时，$\lim\limits_{\lambda\to 0}\sum\limits_{i=1}^{n}\rho(\xi_i,\eta_i)\Delta s_i$ 存在，则显然有 $m = \lim\limits_{\lambda\to 0}\sum\limits_{i=1}^{n}\rho(\xi_i,\eta_i)\Delta s_i$. 这种和式的极限就是一种积分，抽象概括可得下面定义.

定义1 设 L 为 xOy 面内的一条光滑曲线弧，函数 $f(x,y)$ 在 L 上有界，将 L 任意分割成 n 个小段，中间分点依次记为 $M_1,\cdots,M_{n-1}$，记第 i 个小段的长度为 Δs_i，(ξ_i,η_i) 为第 i 个小段上任意取定的一点，作和数 $\sum\limits_{i=1}^{n}f(\xi_i,\eta_i)\Delta s_i$，记 $\lambda = \max\limits_{1\leqslant i\leqslant n}\{\Delta s_i\}$，若不论对 L 怎样划分，不论(ξ_i,η_i) 在弧段$\widehat{M_{i-1}M_i}$ 上如何选取，只要当 $\lambda\to 0$ 时，和数的极限总存在，就称此极限值 I 为函数 $f(x,y)$ 在曲线弧 L 上的**第一型曲线积分**(或称为**对弧长的曲线积分**)，也称 $f(x,y)$ 在曲线弧 L 上的**第一型曲线积分存在**，记作$\int_L f(x,y)\mathrm{d}s$，即

$$\int_L f(x,y)\mathrm{d}s = \lim_{\lambda\to 0}\sum_{i=1}^{n}f(\xi_i,\eta_i)\Delta s_i, \tag{10.1}$$

其中 $f(x,y)$ 称为**被积函数**，L 称为**积分弧段**. 当 L 为封闭曲线时，常将其记为$\oint_L f(x,y)\mathrm{d}s$.

当 $f(x,y)$ 在光滑曲线弧 L 上连续时，$\int_L f(x,y)\mathrm{d}s$ 是存在的(证明从略)，以后总假设 $f(x,y)$ 在 L 上连续.

由第一型曲线积分的定义可知：

若在光滑曲线弧 L 上 $f(x,y)\equiv 1$，则$\int_L 1\mathrm{d}s = s$(曲线 L 的长度).

若曲线线密度为 $\rho(x,y)$，则曲线形构件的质量为 $m = \int_L \rho(x,y)\mathrm{d}s$.

同样可得曲线形构件的重心坐标$(\overline{x},\overline{y})$ 为 $\overline{x} = \dfrac{\int_L x\rho(x,y)\mathrm{d}s}{\int_L \rho(x,y)\mathrm{d}s}$，$\overline{y} = \dfrac{\int_L y\rho(x,y)\mathrm{d}s}{\int_L \rho(x,y)\mathrm{d}s}$；平面曲线形构件对 x 轴、y 轴及原点的**转动惯量**分别为 $I_x = \int_L y^2\rho(x,y)\mathrm{d}s$，$I_y = \int_L x^2\rho(x,y)\mathrm{d}s$，$I_o = \int_L (x^2+y^2)\rho(x,y)\mathrm{d}s$.

由上可见，第一型曲线积分的定义与定积分的定义类似，从而第一型曲线积分也有与定积分类似的性质，下面不加证明给出几个常用的性质，假设以下曲线积分均存在：

性质1 $\int_L [\alpha f(x,y)+\beta g(x,y)]\mathrm{d}s = \alpha\int_L f(x,y)\mathrm{d}s + \beta\int_L g(x,y)\mathrm{d}s$，其中 α,β 为常数.

性质2 设 L 由两段光滑曲线 L_1,L_2 合成(记为 $L = L_1 + L_2$)，则

$$\int_L f(x,y)\mathrm{d}s=\int_{L_1} f(x,y)\mathrm{d}s+\int_{L_2} f(x,y)\mathrm{d}s.$$

注：若曲线 L 可由有限段光滑的曲线段构成，就称 L 是**分段光滑的**，在以后的讨论中总假定 L 是光滑或分段光滑的.

性质 3　若在 L 上，$f(x,y)\leqslant g(x,y)$，则$\int_L f(x,y)\mathrm{d}s\leqslant\int_L g(x,y)\mathrm{d}s$.

特别地，有$\left|\int_L f(x,y)\mathrm{d}s\right|\leqslant\int_L |f(x,y)|\mathrm{d}s$.

性质 4　设函数 $f(x,y)$ 在光滑曲线 L 上连续，L 的弧长为 s，则存在$(\xi,\eta)\in L$，使得

$$\int_L f(x,y)\mathrm{d}s=f(\xi,\eta)\cdot s.$$

上述第一型曲线积分的定义可类似地推广到积分弧段为空间曲线弧 L 的情形，即函数 $f(x,y,z)$ 在空间曲线弧 L 上的第一型曲线积分（对弧长的曲线积分）为

$$\int_L f(x,y,z)\mathrm{d}s=\lim_{\lambda\to 0}\sum_{i=1}^{n} f(\xi_i,\eta_i,\zeta_i)\Delta s_i. \tag{10.2}$$

10.1.2　第一型曲线积分的计算

定理 1　设 L 为一简单的光滑平面曲线，其参数方程为$\begin{cases}x=x(t)\\ y=y(t)\end{cases}(\alpha\leqslant t\leqslant\beta)$，其中 $x(t),y(t)$ 具有一阶连续导数，且 $x'^2(t)+y'^2(t)\neq 0$，函数 $f(x,y)$ 在 L 上连续，则

$$\int_L f(x,y)\mathrm{d}s=\int_\alpha^\beta f[x(t),y(t)]\sqrt{x'^2(t)+y'^2(t)}\,\mathrm{d}t \tag{10.3}$$

证　在区间$[\alpha,\beta]$中任意插入 $n-1$ 个点 $t_1,t_2,\cdots,t_{n-1}$，使 $\alpha=t_0<t_1<t_2<\cdots<t_{n-1}<t_n=\beta$，则曲线 L 被分成 n 个子弧段(Δs_i)，由于 L 是光滑的，故由弧长公式有 $\Delta s_i=\int_{t_{i-1}}^{t_i}\sqrt{x'^2(t)+y'^2(t)}\,\mathrm{d}t$，并且被积函数$\sqrt{x'^2(t)+y'^2(t)}$ 连续，故由积分中值定理可得 $\Delta s_i=\sqrt{x'^2(\tau_i)+y'^2(\tau_i)}\Delta t_i$，其中 $\tau_i\in[t_{i-1},t_i]$，令 $x(\tau_i)=\xi_i$，$y(\tau_i)=\eta_i$，则点 $M_i(\xi_i,\eta_i)$ 应位于子弧段(Δs_i) 上. 作和式

$$\sum_{i=1}^{n} f(\xi_i,\eta_i)\Delta s_i=\sum_{i=1}^{n} f[x(\tau_i),y(\tau_i)]\sqrt{x'^2(\tau_i)+y'^2(\tau_i)}\Delta t_i \tag{10.4}$$

因为 $f(x,y)$ 在 L 上连续，故线积分$\int_L f(x,y)\mathrm{d}s$ 存在. 因此，无论对 L 如何划分，点 M_i 在(Δs_i) 上如何选取，当$(\Delta s_i)(i=1,2,\cdots,n)$的最大长度$\lambda\to 0$时，形如(10.4)式左端的和式都趋于$\int_L f(x,y)\mathrm{d}s$. 从而对于上述用 $x(\tau_i)=\xi_i$，$y(\tau_i)=\eta_i$ 这一特殊选取的点 $M_i(\xi_i,\eta_i)$，也必有$\int_L f(x,y)\mathrm{d}s=\lim\limits_{\lambda\to 0}\sum\limits_{i=1}^{n} f(\xi_i,\eta_i)\Delta s_i$.

另一方面，由于 $f[x(t),y(t)]\sqrt{x'^2(t)+y'^2(t)}$ 在区间$[\alpha,\beta]$ 上连续，根据定积分的定

义和存在定理可知

$$\lim_{\lambda\to 0}\sum_{i=1}^{n} f[x(\tau_i),y(\tau_i)]\sqrt{x'^2(\tau_i)+y'^2(\tau_i)}\Delta t_i=\int_{\alpha}^{\beta} f[x(t),y(t)]\sqrt{x'^2(t)+y'^2(t)}\mathrm{d}t \tag{10.5}$$

综上所述,式(10.3)成立.

对于上述计算公式有几点需要说明:

(1) 公式(10.3)表明,在计算第一型曲线积分$\int_L f(x,y)\mathrm{d}s$时,由于(x,y)在曲线L上变化,故必须满足曲线L的方程,从而只要将弧长微元看作弧微分,将积分路径L的参数方程代入被积函数$f(x,y)$,然后计算所得定积分即可.

(2) 由于弧长Δs_i总是正的,从而要求$\Delta t_i>0$,于是公式(10.3)右端定积分的上限β必须**大于**下限α.

(3) 如果积分曲线L由直角坐标方程$y=y(x)$,$a\leqslant x\leqslant b$给出(其中$y=y(x)$在$[a,b]$上具有一阶连续导数),则可将它看成参数方程$x=x$,$y=y(x)$,$a\leqslant x\leqslant b$,从而由(10.3)可得$\int_L f(x,y)\mathrm{d}s=\int_a^b f[x,y(x)]\sqrt{1+y'^2(x)}\mathrm{d}x$.

同理,若曲线L由直角坐标方程$x=x(y)$,$c\leqslant y\leqslant d$给出(其中$x=x(y)$在$[c,d]$上具有一阶连续导数),则有$\int_L f(x,y)\mathrm{d}s=\int_c^d f[x(y),y]\sqrt{1+x'^2(y)}\mathrm{d}y$.

若曲线L由极坐标方程$r=r(\theta)$,$\alpha\leqslant\theta\leqslant\beta$给出(其中$r=r(\theta)$在$[\alpha,\beta]$上具有一阶连续导数),则有$\int_L f(x,y)\mathrm{d}s=\int_\alpha^\beta f[r(\theta)\cos\theta,r(\theta)\sin\theta]\sqrt{r^2(\theta)+r'^2(\theta)}\mathrm{d}\theta$.

(4) 如果曲线L为一条空间光滑曲线,它的参数方程为$\begin{cases}x=x(t)\\y=y(t)\\z=z(t)\end{cases}$,$(\alpha\leqslant t\leqslant\beta)$,$f(x,y,z)$在$L$上连续,那么可用类似的方法将曲线积分$\int_\Gamma f(x,y,z)\mathrm{d}s$化成定积分

$$\int_\Gamma f(x,y,z)\mathrm{d}s=\int_\alpha^\beta f[x(t),y(t),z(t)]\sqrt{x'^2(t)+y'^2(t)+z'^2(t)}\mathrm{d}t. \tag{10.6}$$

例 1 计算积分$I=\int_L(x^2+y^2)\mathrm{d}s$,其中$L$是中心在原点、半径为$R$的上半圆周(如图10.2).

解 **法一** 积分路径L的参数方程为$\begin{cases}x=R\cos t,\\y=R\sin t,\end{cases}$$(0\leqslant t\leqslant\pi)$,所以

$$I=\int_0^\pi(R^2\cos^2 t+R^2\sin^2 t)\sqrt{(-R\sin t)^2+(R\cos t)^2}\mathrm{d}t=R^3\int_0^\pi\mathrm{d}t=\pi R^3.$$

法二 积分路径L的方程为$x^2+y^2=R^2$,$y\geqslant 0$,所以

$$I=\int_L R^2\mathrm{d}s=R^2\int_L\mathrm{d}s=\pi R^3.$$

上式最后一个等式用到了$\int_L \mathrm{d}s =$ 曲线 L 的长度，即半圆周的周长.

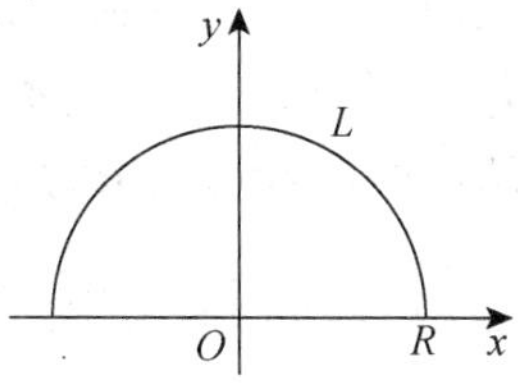

图 10.2

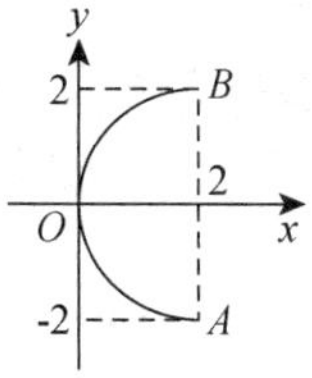

图 10.3

例 2　计算积分 $I = \int_L y\,\mathrm{d}s$，其中 L 为抛物线 $y^2 = 2x$ 上介于点 $A(2,-2)$ 与点 $B(2,2)$ 之间的弧段(如图 10.3).

解　曲线 L 的方程可以化为 $x = \dfrac{y^2}{2}$，$-2 \leqslant y \leqslant 2$，从而

$$I = \int_{-2}^{2} y\sqrt{1 + x'^2(y)}\,\mathrm{d}y = \int_{-2}^{2} y\sqrt{1 - y^2}\,\mathrm{d}y = 0.$$

注：由于积分曲线 L 关于 x 轴对称且函数 $f(x,y) = y$ 关于变量 y 为奇函数，可直接得 $I = 0$.

例 3　计算积分 $I = \oint_L \mathrm{e}^{x+y}\,\mathrm{d}s$，其中 L 为 $A(1,0)$，$B(0,1)$，$O(0,0)$ 三点所围的三角形边界.

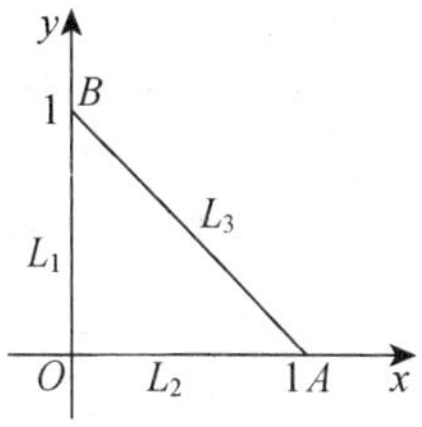

图 10.4

解　将曲线 L 分为三段：L_1，L_2，L_3(如图 10.4)，于是

$$I = \int_{L_1} \mathrm{e}^{x+y}\,\mathrm{d}s + \int_{L_2} \mathrm{e}^{x+y}\,\mathrm{d}s + \int_{L_3} \mathrm{e}^{x+y}\,\mathrm{d}s.$$

因为 $L_1: x = 0, 0 \leqslant y \leqslant 1$，所以$\int_{L_1} \mathrm{e}^{x+y}\,\mathrm{d}s = \int_0^1 \mathrm{e}^y\,\mathrm{d}y = \mathrm{e} - 1$.

因为 $L_2: y = 0, 0 \leqslant x \leqslant 1$，所以$\int_{L_2} \mathrm{e}^{x+y}\,\mathrm{d}s = \int_0^1 \mathrm{e}^x\,\mathrm{d}x = \mathrm{e} - 1$.

因为 $L_3: y = 1 - x, 0 \leqslant x \leqslant 1$，所以$\int_{L_3} \mathrm{e}^{x+y}\,\mathrm{d}s = \int_0^1 \mathrm{e}\sqrt{1 + (-1)^2}\,\mathrm{d}x = \sqrt{2}\mathrm{e}$.

于是 $I = (2 + \sqrt{2})\mathrm{e} - 2$.

例 4　计算积分 $I = \int_L \sqrt{z}\,\mathrm{d}s$，其中 L 的方程为$\begin{cases} z = x^2 + y^2, \\ y = x, \end{cases}$$(0 \leqslant x \leqslant 1)$.

解　以 x 为参数可得 L 的参数方程为$\begin{cases} x = x, \\ y = x, \quad (0 \leqslant x \leqslant 1), \\ z = 2x^2, \end{cases}$于是

$$I = \int_0^1 \sqrt{2}x\sqrt{1^2 + 1^2 + (4x)^2}\,\mathrm{d}x = \int_0^1 2x\sqrt{1 + 8x^2}\,\mathrm{d}x = \frac{13}{6}.$$

例 5 求一质量均匀分布的半径为 R,圆心角为 2α 的金属圆弧关于它的对称轴的转动惯量.

解 设圆弧的线密度为常数 λ,建立坐标系如图 10.5 所示,则圆弧 $\overset{\frown}{AB}$ 以极角 θ 为参数的参数方程为 $x=R\cos\theta, y=R\sin\theta, -\alpha\leqslant\theta\leqslant\alpha$. 于是所求转动惯量即为关于 x 轴的转动惯量,从而所求转动惯量为

$$I_x=\int_{\overset{\frown}{AB}}\lambda y^2\mathrm{d}s=\lambda\int_{-\alpha}^{\alpha}(R\sin\theta)^2\sqrt{(-R\sin\theta)^2+(R\cos\theta)^2}\mathrm{d}\theta$$
$$=\lambda R^3\int_{-\alpha}^{\alpha}\sin^2\theta\mathrm{d}\theta=\lambda R^3(\alpha-\sin\alpha\cos\alpha).$$

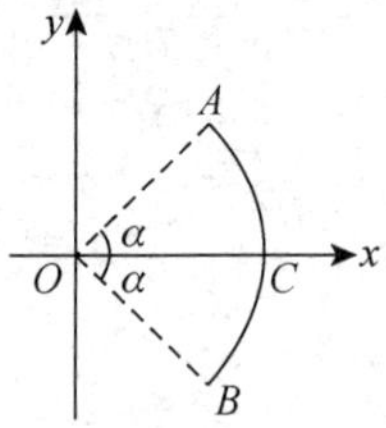

图 10.5

习题 10.1

1. 计算下列第一型曲线积分:

(1) $\int_L(x+y)\mathrm{d}s$,其中 L 为 $y=2x(0\leqslant x\leqslant 1)$;

(2) $\int_L x\mathrm{d}s$,其中 L 为抛物线段 $2y=x^2(0\leqslant x\leqslant 1)$;

(3) $\int_L(x^2+y^2)^n\mathrm{d}s$,其中 L 为圆周 $x^2+y^2=a^2(a>0)$;

(4) $\oint_L(x+y)\mathrm{d}s$,其中 L 为以(0,0),(1,0)和(0,1)为顶点的三角形的周界;

(5) $\oint_L\sqrt{x^2+y^2}\mathrm{d}s$,其中 L 为圆周 $x^2+y^2=ax$;

(6) $\int_L z\mathrm{d}s$,其中 L 为圆锥螺线 $x=t\cos t, y=t\sin t, z=t(0\leqslant t\leqslant t_0)$;

(7) $\oint_L x^2\mathrm{d}s$,其中 L 为圆周 $\begin{cases}x^2+y^2+z^2=4\\ z=\sqrt{3}\end{cases}$.

2. 有一铁丝成半圆形 $x=a\cos t, y=a\sin t(0\leqslant t\leqslant\pi)$,其上每一点的密度等于该点的纵坐标,求铁丝的质量.

3. 求线密度为 1 的均匀半圆弧 $y=\sqrt{R^2-x^2}(R>0)$ 的形心坐标及对 x 轴的转动惯量.

10.2 第二型曲线积分

10.2.1 第二型曲线积分的基本概念

物理背景:变力沿曲线所作的功

设有一质点在 xOy 面内从起点 A 沿光滑曲线弧 L 移动到终点 B(如图 10.6),在移动过

程中，该质点受到力 $\boldsymbol{F}(x,y)=P(x,y)\boldsymbol{i}+Q(x,y)\boldsymbol{j}$ 的作用，其中函数 $P(x,y)$，$Q(x,y)$ 在 L 上连续. 试求在上述移动过程中变力 $\boldsymbol{F}(x,y)$ 所做的功.

如果 $\boldsymbol{F}(x,y)$ 是常力，且质点从起点 A 沿直线 L 移动到终点 B，则 $\boldsymbol{F}(x,y)$ 所做的功为 $W=\boldsymbol{F}\cdot\overrightarrow{AB}$. 如果 $\boldsymbol{F}(x,y)$ 是变力，质点的运动轨迹是曲线弧 L，则需要采用微元法来求解所做的功.

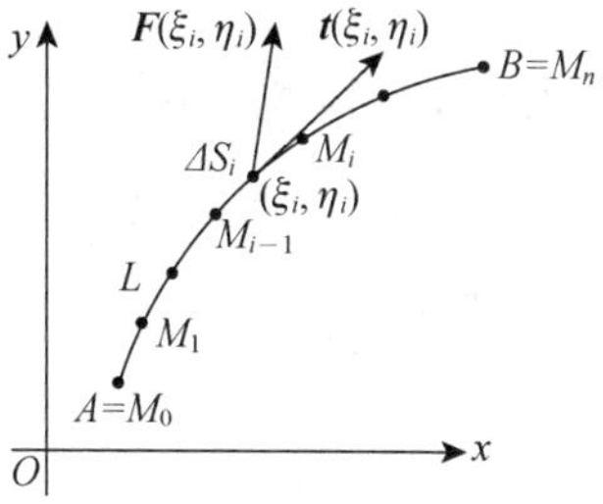

图 10.6

如图 10.6，将曲线 L 任意分割成 n 个小段，设分点依次为 $A=M_0,M_1,\cdots,M_{n-1},M_n=B$，任取其中的一小段有向小弧段 $\overset{\frown}{M_{i-1}M_i}$，其弧长为 Δs_i. 由于曲线弧段光滑，当 Δs_i 很小时，可以将 $\overset{\frown}{M_{i-1}M_i}$ 上的力 $\boldsymbol{F}(x,y)$ 近似看作常力，用 $\overset{\frown}{M_{i-1}M_i}$ 上任一点 (ξ_i,η_i) 处的力 $\boldsymbol{F}(\xi_i,\eta_i)$ 近似代替，小弧段 $\overset{\frown}{M_{i-1}M_i}$ 也可以近似看作长为 Δs_i 的有向直线段，其方向为小弧段 $\overset{\frown}{M_{i-1}M_i}$ 上点 (ξ_i,η_i) 处与曲线弧指向一致的切向量，其单位向量记为 $\boldsymbol{t}(\xi_i,\eta_i)$，故有 $\boldsymbol{t}(\xi_i,\eta_i)=\cos\alpha(\xi_i,\eta_i)\boldsymbol{i}+\cos\beta(\xi_i,\eta_i)\boldsymbol{j}$，其中 $\cos\alpha(\xi_i,\eta_i)$，$\cos\beta(\xi_i,\eta_i)$ 为点 (ξ_i,η_i) 处切向量的方向余弦，于是变力沿有向小弧段 $\overset{\frown}{M_{i-1}M_i}$ 所做的功 ΔW_i 近似地等于常力 $\boldsymbol{F}(\xi_i,\eta_i)$ 沿有向直线段所做的功 $\Delta W_i\approx\boldsymbol{F}(\xi_i,\eta_i)\cdot\boldsymbol{t}(\xi_i,\eta_i)\Delta s_i$，从而 $W=\sum\limits_{i=1}^{n}\Delta W_i\approx\sum\limits_{i=1}^{n}[\boldsymbol{F}(\xi_i,\eta_i)\cdot\boldsymbol{t}(\xi_i,\eta_i)\Delta s_i]$. 记 $\lambda=\max\limits_{1\leqslant i\leqslant n}\{\Delta s_i\}$，若当 $\lambda\to0$ 时，若上述和式的极限存在，则该极限就是变力 $\boldsymbol{F}(x,y)$ 沿有向曲线弧 L 所做的功，即 $W=\lim\limits_{\lambda\to0}\sum\limits_{i=1}^{n}[\boldsymbol{F}(\xi_i,\eta_i)\cdot\boldsymbol{t}(\xi_i,\eta_i)\Delta s_i]$. 由第一型曲线积分定义知，$W=\int_L\boldsymbol{F}\cdot\boldsymbol{t}\mathrm{d}s$，其中 $\boldsymbol{F}(x,y)=P(x,y)\boldsymbol{i}+Q(x,y)\boldsymbol{j}$，$\boldsymbol{t}(x,y)=\cos\alpha(x,y)\boldsymbol{i}+\cos\beta(x,y)\boldsymbol{j}$，于是

$$W=\int_L\boldsymbol{F}\cdot\boldsymbol{t}\mathrm{d}s=\int_L(P\cos\alpha+Q\cos\beta)\mathrm{d}s.$$

由功的物理意义可知，当改变上述运动路径方向时，其所做的功应该变号. 可见上述积分与曲线的方向有关，是一类特殊的第一型曲线积分，称之为第二型曲线积分. 将之抽象出来就得到下面的定义.

定义 1　设 L 为 xOy 面内以 A 为起点 B 为终点的一条有向光滑曲线弧，其上任一点 (x,y) 处单位切向量 $\boldsymbol{t}(x,y)=\cos\alpha(x,y)\boldsymbol{i}+\cos\beta(x,y)\boldsymbol{j}$，($\alpha$，$\beta$ 是 $\boldsymbol{t}$ 与 x 轴、y 轴正方向的夹角)，其方向与有向曲线弧方向一致，又设向量函数 $\boldsymbol{A}(x,y)=P(x,y)\boldsymbol{i}+Q(x,y)\boldsymbol{j}$，其中函数 $P(x,y)$，$Q(x,y)$ 在 L 上有界，若积分 $\int_L\boldsymbol{A}\cdot\boldsymbol{t}\mathrm{d}s=\int_L(P\cos\alpha+Q\cos\beta)\mathrm{d}s$ 存在，则称该积分为向量函数 $\boldsymbol{A}$ 沿有向曲线弧 L 的**第二型曲线积分**.

若记 $\mathrm{d}\boldsymbol{s}=\boldsymbol{t}\mathrm{d}s=(\cos\alpha,\cos\beta)\mathrm{d}s$，称为**弧微元向量**，其在 x 轴、y 轴上的投影分别为 $\mathrm{d}x$，$\mathrm{d}y$，则有 $\cos\alpha\mathrm{d}s=\mathrm{d}x$，$\cos\beta\mathrm{d}s=\mathrm{d}y$，即 $\mathrm{d}\boldsymbol{s}=(\mathrm{d}x,\mathrm{d}y)$. 从而

$$\int_L\boldsymbol{A}\cdot\boldsymbol{t}\mathrm{d}s=\int_L\boldsymbol{A}\cdot\mathrm{d}\boldsymbol{s}=\int_L(P\cos\alpha+Q\cos\beta)\mathrm{d}s=\int_LP\mathrm{d}x+Q\mathrm{d}y.$$

因此,第二型曲线积分也叫**对坐标的曲线积分**. 其中第一项$\int_L P(x,y)\mathrm{d}x$ 称为对坐标 x 的积分,第二项$\int_L Q(x,y)\mathrm{d}y$ 称为对坐标 y 的积分,$P(x,y)$ 和 $Q(x,y)$ 叫作被积函数,L 叫作积分弧段,各积分可以单独出现.

当 $P(x,y)$,$Q(x,y)$ 在有向光滑曲线弧 L 上连续时,第二型曲线积分$\int_L P(x,y)\mathrm{d}x$ 和 $\int_L Q(x,y)\mathrm{d}y$ 均存在(证明从略),以后总假设 $P(x,y)$,$Q(x,y)$ 在 L 上连续.

由第二型曲线积分的定义可知上述讨论的变力 $\boldsymbol{F}(x,y)=P(x,y)\boldsymbol{i}+Q(x,y)\boldsymbol{j}$ 沿有向光滑曲线弧 L 从起点 A 到终点 B 所做的功可以表示为

$$W=\int_L P(x,y)\mathrm{d}x+Q(x,y)\mathrm{d}y.$$

第二型曲线积分也有与定积分类似的性质,下面不加证明给出几个常用的性质,假设以下曲线积分均存在:

性质 1 $\int_L[\alpha P_1(x,y)+\beta P_2(x,y)]\mathrm{d}x=\alpha\int_L P_1(x,y)\mathrm{d}x+\beta\int_L P_2(x,y)\mathrm{d}x$;
$\int_L[\alpha Q_1(x,y)+\beta Q_2(x,y)]\mathrm{d}y=\alpha\int_L Q_1(x,y)\mathrm{d}y+\beta\int_L Q_2(x,y)\mathrm{d}y$,其中 α,β 为常数.

性质 2 设 L 由两段有向光滑曲线弧 L_1,L_2 合成(记为 $L=L_1+L_2$),则

$$\int_{L_1+L_2} P(x,y)\mathrm{d}x+Q(x,y)\mathrm{d}y=\int_{L_1} P(x,y)\mathrm{d}x+Q(x,y)\mathrm{d}y+\int_{L_2} P(x,y)\mathrm{d}x+Q(x,y)\mathrm{d}y.$$

性质 3 设 L 是有向光滑曲线,$-L$ 是与 L 方向相反的有向光滑曲线,则

$$\int_{-L} P(x,y)\mathrm{d}x+Q(x,y)\mathrm{d}y=-\int_L P(x,y)\mathrm{d}x+Q(x,y)\mathrm{d}y.$$

此性质告诉我们,第二型曲线积分与积分曲线弧的方向有关.

上述第二型曲线积分的定义可类似地推广到积分弧段为空间有向光滑曲线弧 L 的情形:

$$\int_L P(x,y,z)\mathrm{d}x=\lim_{\lambda\to 0}\sum_{i=1}^{n}P(\xi_i,\eta_i,\zeta_i)\Delta x_i,$$

$$\int_L Q(x,y,z)\mathrm{d}y=\lim_{\lambda\to 0}\sum_{i=1}^{n}Q(\xi_i,\eta_i,\zeta_i)\Delta y_i,$$

$$\int_L R(x,y,z)\mathrm{d}z=\lim_{\lambda\to 0}\sum_{i=1}^{n}R(\xi_i,\eta_i,\zeta_i)\Delta z_i.$$

10.2.2 第二型曲线积分的计算

与第一型曲线积分类似,第二型曲线积分也可以化为定积分来计算.

定理 1 设 L 为光滑的有向平面曲线,它的参数方程为$\begin{cases}x=x(t)\\ y=y(t)\end{cases}$,当参数 t 单调地由 α 变到 β 时,对应的点 $M(x,y)$ 从 L 的起点沿 L 运动到终点,$x(t)$,$y(t)$ 在以 α,β 为端点的闭区

间上具有一阶连续导数且 $x'^2(t)+y'^2(t)\neq 0$. 若函数 $P(x,y)$,$Q(x,y)$ 在 L 上连续,则有

$$\int_L P(x,y)\mathrm{d}x+Q(x,y)\mathrm{d}y=\int_\alpha^\beta \{P[x(t),y(t)]x'(t)+Q[x(t),y(t)]y'(t)\}\mathrm{d}t \tag{10.7}$$

证明从略.

对于上述计算公式有几点需要说明:

(1) 公式(10.7) 表明,在计算第二型曲线积分$\int_L P(x,y)\mathrm{d}x+Q(x,y)\mathrm{d}y$ 时,由于(x,y) 的积分路径在曲线 L 上变化,故必须满足曲线 L 的方程,从而只要将积分路径 L 的参数方程代入被积表达式 $P(x,y)\mathrm{d}x+Q(x,y)\mathrm{d}y$ 中,然后计算所得定积分即可.

(2) 在化为定积分时,定积分的下限 α 必须**对应 L** 的起点,上限 β 必须**对应 L** 的终点,与 α 和 β 的大小无关.

(3) 如果有向曲线 L 由直角坐标方程 $y=y(x)$ 给出,起点对应为 $x=a$,终点对应为 $x=b$(其中 $y=y(x)$ 在$[a,b]$ 上具有一阶连续导数),则可将它看成参数方程 $x=x$,$y=y(x)$,从而由(10.7) 可得

$$\int_L P(x,y)\mathrm{d}x+Q(x,y)\mathrm{d}y=\int_a^b \{P[x,y(x)]+Q[x,y(x)]y'(x)\}\mathrm{d}x.$$

同理,若曲线 L 由直角坐标方程 $x=x(y)$ 给出,起点对应为 $y=c$,终点对应为 $y=d$(其中 $x=x(y)$ 在$[c,d]$ 上具有一阶连续导数),则有

$$\int_L P(x,y)\mathrm{d}x+Q(x,y)\mathrm{d}y=\int_c^d \{P[x(y),x]x'(y)+Q[x(y),y]\}\mathrm{d}y.$$

(4) 如果曲线 L 为一条空间有向光滑曲线,它的参数方程为$\begin{cases}x=x(t)\\y=y(t)\\z=z(t)\end{cases}$,参数 t 对应起点为 α,终点为 β,$P(x,y,z)$、$Q(x,y,z)$ 和 $R(x,y,z)$ 在 L 上连续,那么可用类似的方法将曲线积分$\int_\Gamma P(x,y,z)\mathrm{d}x+Q(x,y,z)\mathrm{d}y+R(x,y,z)\mathrm{d}z$ 化成定积分

$$\begin{aligned}&\int_\Gamma P(x,y,z)\mathrm{d}x+Q(x,y,z)\mathrm{d}y+R(x,y,z)\mathrm{d}z\\=&\int_\alpha^\beta \{P[x(t),y(t),z(t)]x'(t)+Q[x(t),y(t),z(t)]y'(t)+R[x(t),y(t),z(t)]z'(t)\}\mathrm{d}t.\end{aligned}$$

例 1　计算积分 $I=\int_L xy\mathrm{d}x$,其中 L 为曲线 $y^2=x$ 上从 $A(1,-1)$ 到 $B(1,1)$ 的一段弧(图 10.7).

解　方法一　以 x 为参数,$y=\pm\sqrt{x}$,这时要将 L 拆分为 AO 弧和 OB 弧. 根据弧的方向从 A 到 B,所以在 AO 弧上,x 从 1 变到 0,在 OB 弧上,x 从 0 变到 1,于是

$$I=\int_{\overrightarrow{AO}} xy\mathrm{d}x+\int_{\overrightarrow{OB}} xy\mathrm{d}x=\int_1^0 x(-\sqrt{x})\mathrm{d}x+\int_0^1 x\sqrt{x}\mathrm{d}x=2\int_0^1 x^{3/2}\mathrm{d}x=\frac{4}{5}.$$

方法二 以 y 为参数,则 $x=y^2$,y 从 -1 变到 1,于是

$$I=\int_{-1}^{1} y^2 y(y^2)'\mathrm{d}y=2\int_{-1}^{1} y^4\mathrm{d}y=\frac{4}{5}.$$

注:显然,本例以 y 为参数时,对积分的计算较为简单.

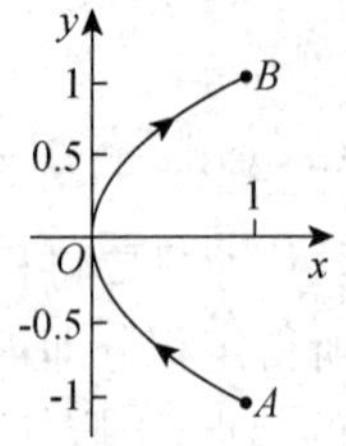

图 10.7

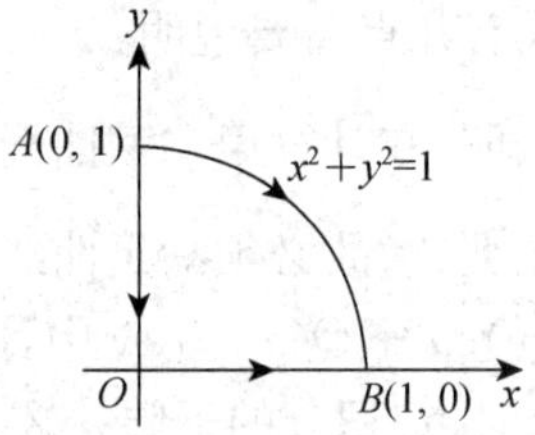

图 10.8

例 2 计算积分 $I=\int_L y^2\mathrm{d}x-x^2\mathrm{d}y$,其中起点为 $A(0,1)$,终点为 $B(1,0)$ 的积分路径 L 为:

(1) 单位圆周 $x^2+y^2=1$ 位于第一象限的部分;

(2) 从点 A 到点 $O(0,0)$ 再到点 B 的有向折线(如图 10.8).

解 (1) 单位圆周的参数方程为 $x=\cos t, y=\sin t$,方向 t 从$\frac{\pi}{2}$ 变到 0,于是

$$I=\int_{\frac{\pi}{2}}^{0}[\sin^2 t(-\sin t)-\cos^2 t\cos t]\mathrm{d}t=\int_{0}^{\frac{\pi}{2}}(\sin^3 t+\cos^3 t)\mathrm{d}t=\frac{4}{3}.$$

(2) 将积分路径 L 拆分成两直线段$\overrightarrow{AO}$ 和$\overrightarrow{OB}$. 在$\overrightarrow{AO}$ 上,直线方程为 $x=0$,以 y 为参数,y 从 1 变到 0;在$\overrightarrow{OB}$ 上,直线方程为 $y=0$,以 x 为参数,x 从 0 变到 1,于是

$$I=\int_{\overrightarrow{AO}} y^2\mathrm{d}x-x^2\mathrm{d}y+\int_{\overrightarrow{OB}} y^2\mathrm{d}x-x^2\mathrm{d}y=\int_{1}^{0}(-0)\mathrm{d}y+\int_{0}^{1}0\mathrm{d}x=0.$$

例 3 计算积分 $I=\int_L 2yx^3\mathrm{d}y+3x^2y^2\mathrm{d}x$,其中起点为 $O(0,0)$,终点为 $B(1,1)$ 的积分路径 L 为:

(1) 抛物线 $y=x^2$;

(2) 直线段 $y=x$;

(3) 依次连接 $O,A(1,0),B$ 的有向折线(如图 10.9).

解 (1) 以 x 为参数,x 从 0 变到 1,于是

$$I=\int_{0}^{1}(4x^6+3x^6)\mathrm{d}x=1.$$

(2) 以 x 为参数,x 从 0 变到 1,于是

$$I=\int_{0}^{1}(2x^4+3x^4)\mathrm{d}x=1.$$

(3) 将积分路径拆分成两直线段$\overrightarrow{OA}$和$\overrightarrow{AB}$. 在$\overrightarrow{OA}$上，直线方程为 $y=0$，以 x 为参数，x 从 0 变到 1；在$\overrightarrow{AB}$上，直线方程为 $x=0$，以 y 为参数，y 从 0 变到 1，于是

$$\begin{aligned} I &= \int_{\overrightarrow{OA}} 2yx^3\mathrm{d}y + 3x^2y^2\mathrm{d}x + \int_{\overrightarrow{AB}} 2yx^3\mathrm{d}y + 3x^2y^2\mathrm{d}x \\ &= \int_0^1 3x^2 \cdot 0\mathrm{d}x + \int_0^1 2y\mathrm{d}y = 1. \end{aligned}$$

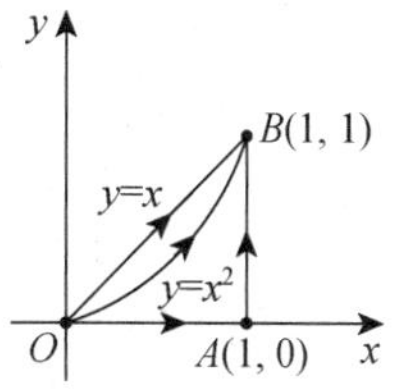

图 10.9

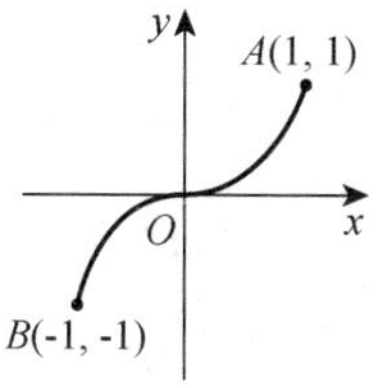

图 10.10

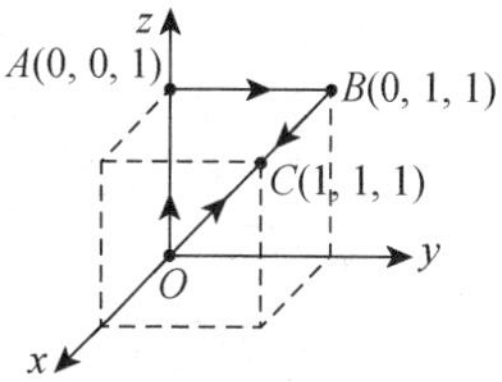

图 10.11

例 4　求质点在力 $\boldsymbol{F}=x^2\boldsymbol{i}-xy\boldsymbol{j}$ 的作用下沿曲线 $L: y=x^3$ 从点 $A(1,1)$ 移动到点 $B(-1,-1)$ 所做的功(如图 10.10).

解　积分曲线 L 的方程为 $y=x^3$，以 x 为参数，x 从 1 变到 -1，于是所求做功为

$$W = \int_L x^2\mathrm{d}x - xy\mathrm{d}y = \int_1^{-1}(x^2-3x^6)\mathrm{d}x = \frac{4}{21}.$$

例 5　计算积分 $I=\int_L (3x^2-6yz)\mathrm{d}x+(2y+3xy)\mathrm{d}y+(1-4xyz^2)\mathrm{d}z$，其中起点为 $O(0,0,0)$，终点为 $C(1,1,1)$ 的积分路径 L 为：

(1) 依次连接 $O, A(0,0,1), B(0,1,1), C$ 的有向折线(如图 10.11)；

(2) 连接 O, C 的有向线段(如图 10.11).

解　(1) 积分路径 L 拆分成三条有向直线段$\overrightarrow{OA}$、$\overrightarrow{AB}$和$\overrightarrow{BC}$. 在$\overrightarrow{OA}$上，$x=0, y=0$，以 z 为参数，z 从 0 变到 1；在$\overrightarrow{AB}$上，$x=0, z=1$，以 y 为参数，y 从 0 变到 1；在$\overrightarrow{BC}$上，$y=1, z=1$，以 x 为参数，x 从 0 变到 1. 于是

$$\begin{aligned} I &= \left(\int_{\overrightarrow{OA}} + \int_{\overrightarrow{AB}} + \int_{\overrightarrow{BC}}\right)(3x^2-6yz)\mathrm{d}x + (2y+3xy)\mathrm{d}y + (1-4xyz^2)\mathrm{d}z \\ &= \int_0^1 \mathrm{d}z + \int_0^1 2y\mathrm{d}y + \int_0^1 (3x^2-6)\mathrm{d}x = -3. \end{aligned}$$

(2) 积分路径 L 的方程为 $x=y=z$，以 x 为参数化为 $y=x, z=x$，x 从 0 变到 1，于是

$$I = \int_0^1 (3x^2-6x^2+2x+3x^2+1-4x^4)\mathrm{d}x = \frac{6}{5}.$$

由以上例题结果显示，有些第二型曲线积分的结果不仅与积分起点和终点有关，而且还与积分路径有关，有些第二型曲线积分的结果仅取决于起点和终点，与积分路径无关. 这是一个十分重要且有趣的问题，第二型曲线积分满足什么样的条件具有与积分路径无关的性质？这个问题将在下一节展开讨论.

习题 10.2

1. 计算下列第二型曲线积分：

(1) $\int_L y\mathrm{d}x+x\mathrm{d}y$，其中 L 为 $y=x$ 上从点 $(0,0)$ 到点 $(1,1)$ 的有向线段；

(2) $\int_L (x+y)\mathrm{d}x+(x-y)\mathrm{d}y$，其中 L 为 $y=x^2$ 上从点 $(0,0)$ 到点 $(1,1)$ 的有向弧段；

(3) $\oint_L y\mathrm{d}x-x\mathrm{d}y$，其中 L 为圆周 $x^2+y^2=a^2(a>0)$，且沿顺时针方向；

(4) $\int_L (x^2-2xy)\mathrm{d}x+(y^2-2xy)\mathrm{d}y$，其中 L 为抛物线 $y=x^2$ 上对应于 x 由 -1 增加到 1 的那一段；

(5) $\int_L xy\mathrm{d}x+(y-x)\mathrm{d}y$，其中 L 分别为 ① 直线 $y=x$；② 抛物线 $y^2=x$；③ 立方抛物线 $y=x^3$，上从点 $(0,0)$ 到点 $(1,1)$ 的那一段；

(6) $\oint_L y\mathrm{d}x-x\mathrm{d}y$，其中 L 为椭圆 $\dfrac{x^2}{a^2}+\dfrac{y^2}{b^2}=1$，取逆时针方向；

(7) $\oint_L xy\mathrm{d}x$，其中 L 是圆周 $(x-a)^2+y^2=a^2(a>0)$ 及 x 轴所围成的第一象限内的区域的整个边界曲线，取逆时针方向；

(8) $\int_L x\mathrm{d}x+y\mathrm{d}y+(x+y-1)\mathrm{d}z$，其中 L 为由起点 $A(1,1,1)$ 到终点 $B(1,3,4)$ 的直线段；

(9) $\int_L (y^2-z^2)\mathrm{d}x+2yz\mathrm{d}y-x^2\mathrm{d}z$，其中 L 为弧段 $x=t,y=t^2,z=t^3(0\leqslant t\leqslant 1)$ 依 t 增加的方向；

(10) $\oint_L (z-y)\mathrm{d}x+(x-z)\mathrm{d}y+(x-y)\mathrm{d}z$，其中 L 为椭圆 $\begin{cases}x^2+y^2=1\\ x-y+z=2\end{cases}$，且从 z 轴正方向看去为逆时针方向.

2. 设在椭圆 $x=a\cos t,y=b\sin t$ 上，每一点 M 都有作用力 $\boldsymbol{F}$，其大小等于从 M 到椭圆中心的距离，而方向指向椭圆中心. 今有质量为 m 的质点 P 在椭圆上沿逆时针方向移动，求：

(1) 当 P 点经历第一象限中的椭圆弧段时，$\boldsymbol{F}$ 所做的功；

(2) P 点走遍全椭圆时，$\boldsymbol{F}$ 所做的功.

3. 在过点 $O(0,0)$ 和点 $A(\pi,0)$ 的曲线段 $y=a\sin x(a>0)$ 中，求一条曲线 L，使沿该曲线的第二型曲线积分 $\int_L (1+y^3)\mathrm{d}x+(2x+y)\mathrm{d}y$ 取最小值.

4. 将第二型曲线积分 $\int_L P(x,y)\mathrm{d}x+Q(x,y)\mathrm{d}y$ 化为第一型曲线积分，其中曲线 L 为

(1) 从点 $(1,0)$ 到点 $(0,1)$ 的直线段；

(2) 从点 $(1,0)$ 到点 $(0,1)$ 的上半圆周.

5. 设 L 为曲线 $x=t, y=t^2, z=t^3$ 上对应于 t 从 0 变到 1 的曲线弧，把对坐标的曲线积分 $\int_L P\mathrm{d}x+Q\mathrm{d}y+R\mathrm{d}z$ 化为对弧长的曲线积分.

10.3　格林公式及其应用

10.3.1　格林公式

在介绍格林公式之前，先介绍有关平面区域的两个术语.

设 D 为一平面区域，若 D 内任意一条简单闭曲线所围成的区域都包含在 D 内，则称 D 为**平面单连通区域**，否则称为**复连通区域**. 通俗地讲，平面单连通区域就是不含有“洞”（包括点“洞”）的区域，而含有“洞”（或点“洞”）的区域则是复连通区域（如图 10.12）. 例如，$D_1=\{(x,y)\mid x^2+y^2<3\}$ 是单连通区域，$D_2=\{(x,y)\mid 1<x^2+y^2<3\}$ 与 $D_3=\{(x,y)\mid 0<x^2+y^2<3\}$ 是复连通区域.

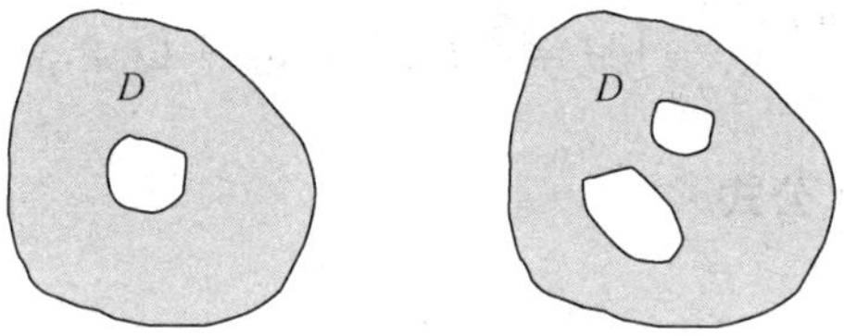

图 10.12

规定：简单封闭曲线 L 的正向为逆时针方向；区域 D 的边界正向为：当观察者沿区域边界行走时，区域 D 在他附近的部分始终位于他的左侧. 反之为负向. 例如，区域 $D_1=\{(x,y)\mid x^2+y^2<3\}$ 的边界的正向是圆周逆时针方向；区域 $D_2=\{(x,y)\mid 1<x^2+y^2<3\}$ 边界的正向是由它的外边界取逆时针方向和它的内边界取顺时针方向构成.

在一元函数积分学中，Newton-Leibniz 公式 $\int_a^b F'(x)\mathrm{d}x=F(b)-F(a)$ 表示函数 $F'(x)$ 在区间 $[a,b]$ 上的积分可以通过它的原函数 $F(x)$ 在区间端点上的值来表达. 该公式建立了一元被积函数在积分区域上的定积分与其原函数在积分区域边界上的值之间的密切关系. 试问：该公式能否推广到二元函数的积分上呢？若能够，其中的积分又是什么样的积分？下面来讨论这个问题.

设平面有界闭区域 D 是由一条光滑曲线 L 围成的单连通区域. 首先假设 D 既是 X-型区域又是 Y-型区域，即既可表示为 $D=\{(x,y)\mid y_1(x)\leqslant y\leqslant y_2(x), a\leqslant x\leqslant b\}$，又可表示为 $D=\{(x,y)\mid x_1(y)\leqslant x\leqslant x_2(y), c\leqslant y\leqslant d\}$. 如图 10.13 所示. 设 $P(x,y)$ 在 D 上具有一阶连续偏导数，对应于 Newton-Leibniz 公式，考察二重积分 $\iint_D \frac{\partial P}{\partial y}\mathrm{d}\sigma$ 与第二型曲线积分 $\oint_L P(x,y)\mathrm{d}x$ 的关系，其中 L 为区域 D 的正向边界. 根据这两种积分的计算方法，将它们分别

化成定积分可得

$$\iint_D \frac{\partial P}{\partial y}\mathrm{d}\sigma = \int_a^b \mathrm{d}x\int_{y_1(x)}^{y_2(x)} \frac{\partial P}{\partial y}\mathrm{d}y = \int_a^b [P(x,y_2(x)) - P(x,y_1(x))]\mathrm{d}x,$$

$$\begin{aligned}\oint_L P(x,y)\mathrm{d}x &= \int_{\widehat{AEB}} P\mathrm{d}x + \int_{\widehat{BCA}} P\mathrm{d}x = \int_a^b P(x,y_1(x))\mathrm{d}x + \int_b^a P(x,y_2(x))\mathrm{d}x \\ &= -\int_a^b [P(x,y_2(x)) - P(x,y_1(x))]\mathrm{d}x.\end{aligned}$$

从而可得二者之间确有与 Newton-Leibniz 公式含义类似的等式关系 $-\iint_D \frac{\partial P}{\partial y}\mathrm{d}\sigma = \oint_L P(x,y)\mathrm{d}x$.

另一方面,若假设 $Q(x,y)$ 在 D 上也具有一阶连续偏导数,由于 D 也是 Y- 型区域,同样可得 $\iint_D \frac{\partial Q}{\partial x}\mathrm{d}\sigma = \oint_L Q(x,y)\mathrm{d}y$.

将两式合并起来有

$$\iint_D \left(\frac{\partial Q}{\partial x} - \frac{\partial P}{\partial y}\right)\mathrm{d}\sigma = \oint_L P(x,y)\mathrm{d}x + Q(x,y)\mathrm{d}y.$$

这就是著名的**格林(Green)公式**.

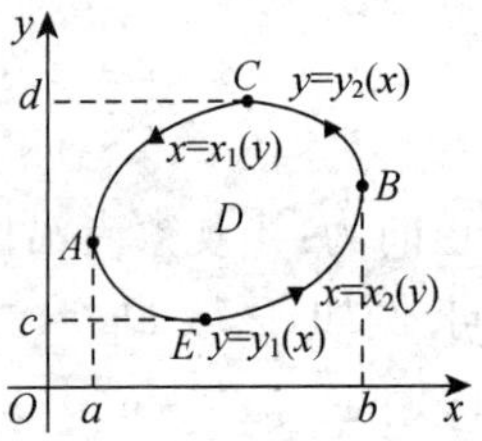

图 10.13

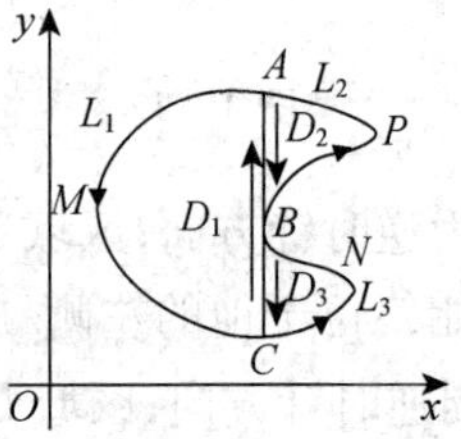

图 10.14

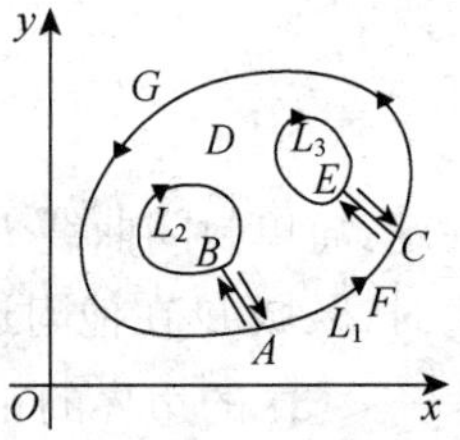

图 10.15

其次再讨论区域 D 不是上述类型的区域. 对于这种区域,可将 D 分割为若干个上述类型的子区域. 例如,对图 10.14 中的区域 D,可分割成三个上述类型的子区域 D_1,D_2 和 D_3. 由于在每个子区域上格林公式均成立,故对 $i=1,2,3$ 均有

$$\iint_{D_i} \left(\frac{\partial Q}{\partial x} - \frac{\partial P}{\partial y}\right)\mathrm{d}\sigma = \oint_{L_i} P(x,y)\mathrm{d}x + Q(x,y)\mathrm{d}y,$$

其中 L_i 为区域 D_i 的正向边界曲线. 从而

$$\sum_{i=1}^{3}\iint_{D_i} \left(\frac{\partial Q}{\partial x} - \frac{\partial P}{\partial y}\right)\mathrm{d}\sigma = \sum_{i=1}^{3}\oint_{L_i} P(x,y)\mathrm{d}x + Q(x,y)\mathrm{d}y.$$

注意到右端三个曲线积分相加时,相邻子区域的公共边界上的积分要在相反方向上各取一次,对应的积分值相消,因此根据积分的可加性可知格林公式仍然成立.

最后，若区域 D 由几条分段光滑的闭曲线 L 所围(见图 10.15)，可添加线段 AB，CE，使 D 的边界曲线由 AB，L_2，BA，AFC，CE，L_3，EC 及 CGA 构成，于是由刚才讨论的结论知

$$\iint_D\left(\frac{\partial Q}{\partial x}-\frac{\partial P}{\partial y}\right)\mathrm{d}x\mathrm{d}y=\left\{\int_{AB}+\int_{L_2}+\int_{BA}+\int_{AFC}+\int_{CE}+\int_{L_3}+\int_{EC}+\int_{CGA}\right\}\cdot(P\mathrm{d}x+Q\mathrm{d}y)$$
$$=\left(\oint_{L_1}+\oint_{L_2}+\oint_{L_3}\right)(P\mathrm{d}x+Q\mathrm{d}y)=\oint_L P\,\mathrm{d}x+Q\mathrm{d}y.$$

综上可得如下定理.

定理 1　设平面有界闭区域 D 由分段光滑的曲线 L 围成，函数 $P(x,y)$ 和 $Q(x,y)$ 在 D 上具有一阶连续偏导数，则有

$$\iint_D\left(\frac{\partial Q}{\partial x}-\frac{\partial P}{\partial y}\right)\mathrm{d}x\mathrm{d}y=\oint_L P\,\mathrm{d}x+Q\mathrm{d}y \tag{10.8}$$

其中 L 是区域 D 的正向边界曲线，公式(10.8) 称为**格林(Green) 公式**.

格林公式建立了平面区域 D 上二重积分与沿 D 边界曲线 L 的第二型曲线积分之间的密切联系. 它表明，函数 $\frac{\partial Q}{\partial x}$ 与 $\frac{\partial P}{\partial y}$ 在 D 上的二重积分可分别由它们的"原函数" $Q(x,y)$ 与 $P(x,y)$ 在 D 边界上的值确定. 在这个意义下，格林公式可以看作定积分的 Newton-Leibniz 公式在平面区域上的推广.

特别地，当 $P=-y,Q=x$ 时，$\frac{1}{2}\oint_L(-y)\mathrm{d}x+x\mathrm{d}y=\iint_D 1\mathrm{d}x\mathrm{d}y=S_D$ (S_D 表示区域 D 的面积). 若取 $Q=x,P=0$ 和 $Q=0,P=-y$ 同样可得平面区域 D 的面积计算公式

$$\oint_L x\mathrm{d}y=-\oint_L y\mathrm{d}x=\iint_D\mathrm{d}\sigma=S_D.$$

格林公式将沿封闭曲线的第二型曲线积分转化成二重积分，从而为第二型曲线积分提供了一种新的计算方法，这种方法常常是比较简便的.

例 1　计算积分 $I=\oint_L(xy^2+3y^4)\mathrm{d}y-(x^2y+2x^3)\mathrm{d}x$，其中 L 为圆周 $x^2+y^2=R^2$ 的逆时针方向.

解　由题意知，$P=-x^2y-2x^3$，$Q=xy^2+3y^4$，区域为 $D=\{(x,y)\mid x^2+y^2\leqslant R^2\}$，满足格林公式的条件，且 L 为区域 D 的正向边界，故由格林公式有

$$I=\iint_D\left(\frac{\partial Q}{\partial x}-\frac{\partial P}{\partial y}\right)\mathrm{d}x\mathrm{d}y=\iint_D(y^2+x^2)\mathrm{d}x\mathrm{d}y=\int_0^{2\pi}\mathrm{d}\theta\int_0^R r^2r\mathrm{d}r=\frac{\pi R^4}{2}.$$

例 2　计算积分 $I=\int_{\widehat{ABO}}(\mathrm{e}^x\sin y-5y)\mathrm{d}x+(\mathrm{e}^x\cos y+3x)\mathrm{d}y$，其中 $\widehat{ABO}$ 为由点 $A(a,0)$ 到点 $O(0,0)$ 的上半圆周 $x^2+y^2=ax$(如图 10.16).

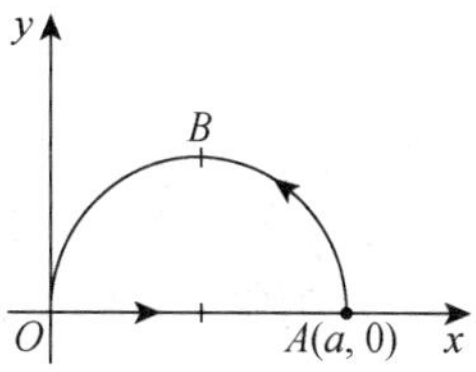

图 10.16

解　本题若直接利用第二型曲线积分的计算公式计算，将十分复杂，故考虑应用格林公式. 但是本题不满足格林公式封闭曲线的条

件,故需要添加辅助线形成封闭曲线. 在 Ox 轴作连接点 $O(0,0)$ 到点 $A(a,0)$ 的辅助线,它与上半圆周便构成封闭的半圆形 $ABOA$,于是 $\int_{\widehat{ABO}} = \oint_{\widehat{ABOA}} - \int_{\overrightarrow{OA}}$,其中 $\oint_{\widehat{ABOA}}$ 可利用格林公式.

$$
\begin{aligned}
&\oint_{\widehat{ABOA}} (e^x \sin y - 5y)dx + (e^x \cos y + 3x)dy \\
&= \iint_D \left(\frac{\partial Q}{\partial x} - \frac{\partial P}{\partial y}\right) dxdy \\
&= \iint_D [(e^x \cos y + 3) - (e^x \cos y - 5)] dxdy \\
&= \iint_D 8dxdy = 8 \cdot \frac{1}{2} \cdot \pi\left(\frac{a}{2}\right)^2 = \pi a^2.
\end{aligned}
$$

在 $\overrightarrow{OA}$ 上: $y=0$,以 x 为参数,x 从 0 变到 a,于是

$$\int_{\overrightarrow{OA}} (e^x \sin y - 5y)dx + (e^x \cos y + 3x)dy = 0.$$

综上可得 $I = \pi a^2 - 0 = \pi a^2$.

例 3 计算积分 $I = \oint_L \frac{xdy - ydx}{x^2 + y^2}$,其中 L 为一条分段光滑且不经过原点的连续简单闭曲线,其方向为逆时针方向.

解 记 L 所围成的闭区域为 D,令 $P = \frac{-y}{x^2+y^2}$,$Q = \frac{x}{x^2+y^2}$,由题意,L 不经过原点,因此原点可能在区域 D 内,也可能在区域 D 外,若原点在区域 D 内,则不满足格林公式具有一阶连续偏导数的条件,从而需要分情况讨论.

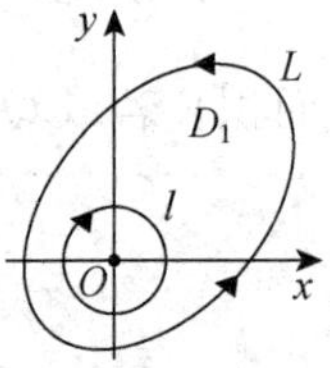

图 10.17

(1) 当 $(0,0) \notin D$ 时,$\frac{\partial Q}{\partial x} = \frac{y^2 - x^2}{(x^2+y^2)^2} = \frac{\partial P}{\partial y}$,满足格林公式的条件,于是由格林公式有 $I = \iint_D \left(\frac{\partial Q}{\partial x} - \frac{\partial P}{\partial y}\right) dxdy = 0$.

(2) 当 $(0,0) \in D$ 时(如图 10.17),由于 P,Q 的偏导数在原点无定义,故不能直接利用格林公式. 由于曲线 L 的不确定,下面设法在 D 内构造一个不含原点的复连通区域,使在该区域内能直接使用格林公式,从而将曲线 L 上的积分转移到复连通区域另一边界上的积分. 为此,选取 $r>0$ 足够小,作以原点 O 为圆心,r 为半径的圆周 $l: x^2+y^2=r^2$,使 l 全部位于 D 的内部,取顺时针方向(记为: $-l$),并记由 L 和 $-l$ 所围成的复连通区域为 D_1,则在区域 D_1 上满足格林公式的条件,于是利用格林公式有

$$\oint_{L-l} \frac{xdy - ydx}{x^2+y^2} = \iint_{D_1} \left(\frac{\partial Q}{\partial x} - \frac{\partial P}{\partial y}\right) dxdy = 0.$$

又 $\oint_{L-l} \frac{xdy - ydx}{x^2+y^2} = \oint_L \frac{xdy - ydx}{x^2+y^2} - \oint_l \frac{xdy - ydx}{x^2+y^2}$,从而有 $\oint_L \frac{xdy - ydx}{x^2+y^2} = \oint_l \frac{xdy - ydx}{x^2+y^2}$. 另

一方面，l 的参数方程为$\begin{cases} x = r\cos t \\ y = r\sin t \end{cases}$，$t$ 从 0 变到 2π，于是

$$\oint_l \frac{x\mathrm{d}y - y\mathrm{d}x}{x^2+y^2} = \int_0^{2\pi} \frac{r^2\cos^2\theta + r^2\sin^2\theta}{r^2}\mathrm{d}\theta = \int_0^{2\pi}\mathrm{d}\theta = 2\pi,$$

故 $I = \oint_l \dfrac{x\mathrm{d}y - y\mathrm{d}x}{x^2+y^2} = 2\pi$.

例 4　求椭圆$\dfrac{x^2}{a^2}+\dfrac{y^2}{b^2}=1(a>0,b>0)$ 所围成图形的面积 A.

解　令椭圆的正向边界为 L，化为参数方程为$\begin{cases} x = a\cos\theta \\ y = b\sin\theta \end{cases}$，$\theta$ 从 0 变到 2π，于是利用面积公式有

$$A = \frac{1}{2}\oint_L x\mathrm{d}y - y\mathrm{d}x = \frac{1}{2}\int_0^{2\pi}(ab\cos^2\theta + ab\sin^2\theta)\mathrm{d}\theta = \frac{1}{2}ab\int_0^{2\pi}\mathrm{d}\theta = \pi ab.$$

10.3.2　平面曲线积分与路径无关的条件

格林公式的另一个重要应用在于揭示了平面曲线积分与积分路径无关的条件. 一般来说第二型曲线积分$\int_L P(x,y)\mathrm{d}x + Q(x,y)\mathrm{d}y$ 的值与被积函数、积分路径以及起点与终点的位置有关. 然而在上一节中已经发现，有的第二型曲线积分其值与积分路径无关. 这种情况在物理学中经常碰到. 首先给出平面曲线积分与积分路径无关的定义.

定义 1　设函数 $P(x,y)$ 及 $Q(x,y)$ 在平面区域 D 内具有一阶连续偏导数，若对于 D 内任意给定的两点 A，B，及 D 内从点 A 到点 B 的任意两条有向曲线 L_1，L_2（见图 10.18）都有

$$\int_{L_1} P\mathrm{d}x + Q\mathrm{d}y = \int_{L_2} P\mathrm{d}x + Q\mathrm{d}y,$$

则称曲线积分$\int_L P\mathrm{d}x + Q\mathrm{d}y$ 在 D 内**与路径无关**，否则称积分在 D 内**与路径有关**.

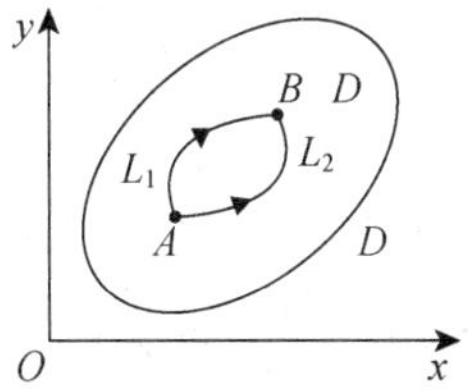

图 10.18

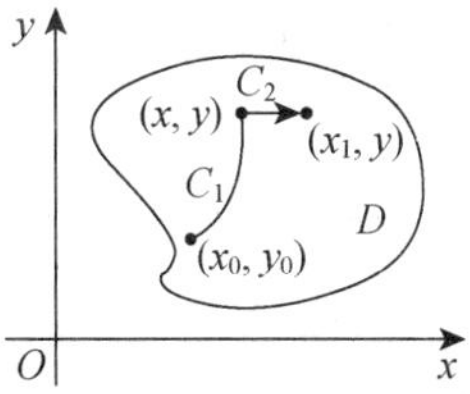

图 10.19

关于第二型曲线积分与积分路径无关的条件有如下定理：

定理 2　设 D 是一个平面单连通区域，函数 $P(x,y)$ 及 $Q(x,y)$ 在 D 内具有一阶连续偏导数，则下列命题等价：

(1) 曲线积分$\int_L P\mathrm{d}x + Q\mathrm{d}y$ 在 D 内与路径无关；

(2) 表达式 $P\mathrm{d}x+Q\mathrm{d}y$ 为某二元函数 $u(x,y)$ 的全微分；

(3) $\dfrac{\partial P}{\partial y}=\dfrac{\partial Q}{\partial x}$ 在 D 内恒成立；

(4) 对 D 内任一闭曲线 C，$\oint_C P\mathrm{d}x+Q\mathrm{d}y=0$.

证 (1)⇒(2) 取定 D 内一点 (x_0,y_0)，考虑从 (x_0,y_0) 到 D 内任一点 (x,y) 的曲线积分 $\int_L P\mathrm{d}x+Q\mathrm{d}y$，由于积分与路径无关，故可将积分写成 $\int_{(x_0,y_0)}^{(x,y)}P\mathrm{d}x+Q\mathrm{d}y$，它仅是终点坐标 x，y 的函数，记为 $u(x,y)=\int_{(x_0,y_0)}^{(x,y)}P\mathrm{d}x+Q\mathrm{d}y$. 又 $u(x_1,y)-u(x,y)=\int_{(x_0,y_0)}^{(x_1,y)}P\mathrm{d}x+Q\mathrm{d}y-\int_{(x_0,y_0)}^{(x,y)}P\mathrm{d}x+Q\mathrm{d}y$，由于积分与路径无关，不妨取 (x_0,y_0) 到 (x_1,y) 的路径为 (x_0,y_0) 到 (x,y) 的路径 C_1 和 (x,y) 到 (x_1,y) 的直线 C_2（如图 10.19），于是 $u(x_1,y)-u(x,y)=\int_{C_2}P\mathrm{d}x+Q\mathrm{d}y$，又在 C_2 上 $\mathrm{d}y=0$，因此 $\int_{C_2}P\mathrm{d}x+Q\mathrm{d}y=\int_{C_2}P\mathrm{d}x=\int_x^{x_1}P(x,y)\mathrm{d}x=P(\xi,y)(x_1-x)$（最后一个等式应用了积分中值定理），于是

$$\frac{\partial u}{\partial x}=\lim_{x_1\to x}\frac{u(x_1,y)-u(x,y)}{x_1-x}=\lim_{x_1\to x}P(\xi,y)=P(x,y).$$

同理可得 $\dfrac{\partial u}{\partial y}=Q(x,y)$，从而 $P\mathrm{d}x+Q\mathrm{d}y=\dfrac{\partial u}{\partial x}\mathrm{d}x+\dfrac{\partial u}{\partial y}\mathrm{d}y=\mathrm{d}u$.

(2)⇒(3) 设二元函数 $u(x,y)$ 满足 $\mathrm{d}u=P(x,y)\mathrm{d}x+Q(x,y)\mathrm{d}y$，由全微分公式得

$$\frac{\partial u}{\partial x}=P(x,y),\frac{\partial u}{\partial y}=Q(x,y).$$

由于 $P(x,y),Q(x,y)$ 具有一阶连续偏导数，因此 $\dfrac{\partial P}{\partial y}=\dfrac{\partial^2 u}{\partial x\partial y}=\dfrac{\partial^2 u}{\partial y\partial x}=\dfrac{\partial Q}{\partial x}$.

(3)⇒(4) 设 C 为 D 内任一闭曲线，C 所围的区域记为 D_1，则由格林公式有

$$\oint_C P\mathrm{d}x+Q\mathrm{d}y=\pm\iint_{D_1}\left(\frac{\partial Q}{\partial x}-\frac{\partial P}{\partial y}\right)\mathrm{d}x\mathrm{d}y=0.$$

(4)⇒(1) 设 A,B 为 D 内任意两点，L_1 和 L_2 为 D 内从点 A 到点 B 的任意两条曲线，则 $L_1+(-L_2)$ 是 D 内的闭曲线，因此 $\oint_{L_1+(-L_2)}P\mathrm{d}x+Q\mathrm{d}y=0$，即 $\oint_{L_1}P\mathrm{d}x+Q\mathrm{d}y-\oint_{L_2}P\mathrm{d}x+Q\mathrm{d}y=0$，从而

$$\oint_{L_1}P\mathrm{d}x+Q\mathrm{d}y=\oint_{L_2}P\mathrm{d}x+Q\mathrm{d}y.$$

即曲线积分 $\int_L P\mathrm{d}x+Q\mathrm{d}y$ 在 D 内与路径无关.

在定理的证明过程中不仅给出了表达式 $P\mathrm{d}x+Q\mathrm{d}y$ 为某二元函数 $u(x,y)$ 的全微分的

充要条件,同时还给出了利用 $P\mathrm{d}x+Q\mathrm{d}y$ 求解二元函数 $u(x,y)$ 的方法,即公式 $u(x,y)=\int_{(x_0,y_0)}^{(x,y)}P(x,y)\mathrm{d}x+Q(x,y)\mathrm{d}y$,也称 $u(x,y)$ 为 $P\mathrm{d}x+Q\mathrm{d}y$ 在 D 上的一个**原函数**. 由于其中的曲线积分与路径无关,所以可以选择便于计算的特殊路径,经常选择平行于坐标轴的折线段作为积分路径. 比如可选取从 (x_0,y_0) 到 (x,y) 的路径为折线 $\overrightarrow{M_0M_1}$,$\overrightarrow{M_1M}$(如图 10.20),于是

$$u(x,y)=\int_{x_0}^{x}P(x,y_0)\mathrm{d}x+\int_{y_0}^{y}Q(x,y)\mathrm{d}y+C.$$

如果选取从 (x_0,y_0) 到 (x,y) 的路径为折线 $\overrightarrow{M_0M_2}$,$\overrightarrow{M_2M}$(如图 10.20),于是

$$u(x,y)=\int_{y_0}^{y}Q(x_0,y)\mathrm{d}y+\int_{x_0}^{x}P(x,y)\mathrm{d}x+C,$$

其中起点 (x_0,y_0) 一般选为一些特殊点,如果 $(0,0)\in D$,常选 $(0,0)$ 为起点.

此外,设 (x_1,y_1),(x_2,y_2) 为 D 内任意两点,若 $u(x,y)$ 是 $P(x,y)\mathrm{d}x+Q(x,y)\mathrm{d}y$ 的任一原函数,由公式 $u(x,y)=\int_{(x_0,y_0)}^{(x,y)}P(x,y)\mathrm{d}x+Q(x,y)\mathrm{d}y$ 易得

$$\int_{(x_1,y_1)}^{(x_2,y_2)}P\mathrm{d}x+Q\mathrm{d}y=u(x_2,y_2)-u(x_1,y_1),$$

此公式也称为曲线积分的**牛顿－莱布尼兹公式.**

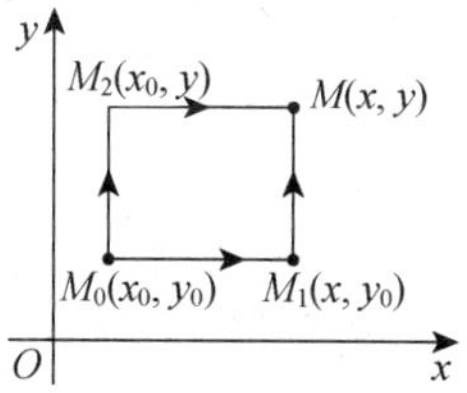

图 10.20

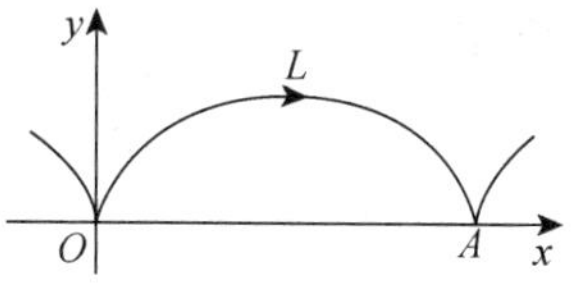

图 10.21

例 5　计算积分 $I=\int_L\cos(x+y^2)\mathrm{d}x+\left[2y\cos(x+y^2)-\frac{1}{\sqrt{1+y^4}}\right]\mathrm{d}y$,其中 L 为旋轮线 $x=a(t-\sin t)$,$y=a(1-\cos t)$ 上由点 $O(0,0)$ 到点 $A(2\pi a,0)$ 的有向弧段(如图 10.21).

解　此题若用第二型曲线积分的计算公式化为定积分来求解将相当麻烦. 同时此题中 $P=\cos(x+y^2)$,$Q=2y\cos(x+y^2)-\frac{1}{\sqrt{1+y^4}}$,$\frac{\partial P}{\partial y}=-2y\sin(x+y^2)=\frac{\partial Q}{\partial x}$,故所求积分与路径无关,从而可以选择一条便于计算的简单路径,取有向线段 $\overrightarrow{OA}$ 作为积分路径,从而有

$$I=\int_{\overrightarrow{OA}}\cos(x+y^2)\mathrm{d}x+\left[2y\cos(x+y^2)-\frac{1}{\sqrt{1+y^4}}\right]\mathrm{d}y=\int_0^{2\pi a}\cos x\mathrm{d}x=\sin(2\pi a).$$

例 6　计算 $\int_{(1,0)}^{(3,4)}\frac{x\mathrm{d}x+y\mathrm{d}y}{\sqrt{x^2+y^2}}$,积分路径为右半平面 $(x>0)$ 内的有向曲线.

解 由题意 $P=\dfrac{x}{\sqrt{x^2+y^2}}, Q=\dfrac{y}{\sqrt{x^2+y^2}}$，当 $(x,y)\neq(0,0)$ 时，$\dfrac{\partial P}{\partial y}=-\dfrac{2xy}{x^2+y^2}=\dfrac{\partial Q}{\partial x}$，故在右半平面 $(x>0)$ 内曲线积分与路径无关，又有 $\dfrac{x\mathrm{d}x+y\mathrm{d}y}{\sqrt{x^2+y^2}}=\mathrm{d}\sqrt{x^2+y^2}$，于是

$$\int_{(1,0)}^{(3,4)}\frac{x\mathrm{d}x+y\mathrm{d}y}{\sqrt{x^2+y^2}}=\int_{(1,0)}^{(3,4)}\mathrm{d}\sqrt{x^2+y^2}=\sqrt{x^2+y^2}\Big|_{(1,0)}^{(3,4)}=4.$$

例 7 选取 a,b 使表达式 $[(x+y+1)\mathrm{e}^x+a\mathrm{e}^y]\mathrm{d}x+[b\mathrm{e}^x-(x+y+1)\mathrm{e}^y]\mathrm{d}y$ 为某一函数的全微分，并求出这个函数.

解 由题意 $P=(x+y+1)\mathrm{e}^x+a\mathrm{e}^y, Q=b\mathrm{e}^x-(x+y+1)\mathrm{e}^y$，于是 $\dfrac{\partial P}{\partial y}=\mathrm{e}^x+a\mathrm{e}^y$，$\dfrac{\partial Q}{\partial x}=b\mathrm{e}^x-\mathrm{e}^y$. 若要 $P\mathrm{d}x+Q\mathrm{d}y$ 为某一函数的全微分，则有 $\dfrac{\partial P}{\partial y}=\dfrac{\partial Q}{\partial x}$，即 $\mathrm{e}^x+a\mathrm{e}^y=b\mathrm{e}^x-\mathrm{e}^y$，比较系数得 $a=-1, b=1$. 此时，曲线积分与路径无关，于是可取 $u(x,y)=\int_{(0,0)}^{(x,y)}P\mathrm{d}x+Q\mathrm{d}y$，进一步选择平行于坐标轴的折线段作为积分路径得

$$\begin{aligned}u(x,y)&=\int_0^x[(x+0+1)\mathrm{e}^x+(-1)\mathrm{e}^0]\mathrm{d}x+\int_0^y[\mathrm{e}^x-(x+y+1)\mathrm{e}^y]\mathrm{d}y+C\\&=\int_0^x[(x+1)\mathrm{e}^x-1]\mathrm{d}x+\int_0^y[\mathrm{e}^y-(x+y+1)\mathrm{e}^y]\mathrm{d}y+C\\&=[x\mathrm{e}^x-x]_0^x+[\mathrm{e}^xy-x\mathrm{e}^y-y\mathrm{e}^y]_0^y+C=(x+y)(\mathrm{e}^x-\mathrm{e}^y)+C.\end{aligned}$$

10.3.3 全微分方程

如果方程

$$P(x,y)\mathrm{d}x+Q(x,y)\mathrm{d}y=0 \tag{10.9}$$

的左端恰好是某个函数 $u=u(x,y)$ 的全微分，即

$$\mathrm{d}u(x,y)=P(x,y)\mathrm{d}x+Q(x,y)\mathrm{d}y$$

则称方程(10.9)为**全微分方程或恰当方程**. 此时，方程(10.9)可写为

$$\mathrm{d}u(x,y)=0,$$

因而 $u(x,y)=C$ 所确定的隐函数 $y=y(x)$ 就是方程(10.9)的通解，其中 C 为任意常数.

由定理 2 知，当函数 $P(x,y)$ 及 $Q(x,y)$ 在单连通区域 D 内具有一阶连续偏导数，并且满足 $\dfrac{\partial P}{\partial y}=\dfrac{\partial Q}{\partial x}$ 在 D 内恒成立，则方程(10.9)在 D 内为全微分方程，并且其通解可以表示为

$$\begin{aligned}u(x,y)&=\int_{(x_0,y_0)}^{(x,y)}P(x,y)\mathrm{d}x+Q(x,y)\mathrm{d}y=\int_{x_0}^{x}P(x,y_0)\mathrm{d}x+\int_{y_0}^{y}Q(x,y)\mathrm{d}y\\&=\int_{x_0}^{x}P(x,y)\mathrm{d}x+\int_{y_0}^{y}Q(x_0,y)\mathrm{d}y=C\end{aligned} \tag{10.10}$$

其中(x_0,y_0)为D内适当选定的点，对任意的$(x,y)\in D$.

例 8　求微分方程$(3x^2+6xy^2)\mathrm{d}x+(6x^2y+4y^3)\mathrm{d}y=0$的通解.

解　由题意有$P(x,y)=3x^2+6xy^2$，$Q(x,y)=6x^2y+4y^3$，且

$$\frac{\partial P}{\partial y}=12xy=\frac{\partial Q}{\partial x}$$

从而此微分方程为全微分方程，由原函数计算公式(10.10)，得此微分方程的通解为

$$u(x,y)=\int_0^x 3x^2\mathrm{d}x+\int_0^y(6x^2y+4y^3)\mathrm{d}y=x^3+3x^2y^2+y^4=C.$$

除了利用公式(10.10)以外，还可以用下面的方法求解全微分方程. 设此全微分方程的通解为$u(x,y)=C$，则其满足

$$\frac{\partial}{\partial x}u(x,y)=P(x,y)=3x^2+6xy^2,$$

故

$$u(x,y)=\int(3x^2+6xy^2)\mathrm{d}x=x^3+3x^2y^2+\varphi(y),$$

又因为$\frac{\partial}{\partial y}u(x,y)=Q(x,y)=6x^2y+4y^3$，所以

$$\frac{\partial}{\partial y}u(x,y)=6x^2y+\varphi'(y)=6x^2y+4y^3,$$

从而$\varphi'(y)=4y^3$，$\varphi(y)=y^4+C$，所以原方程的通解为

$$u(x,y)=x^3+3x^2y^2+y^4=C.$$

这种方法称为偏积分法.

在判定方程是全微分方程后，有时候采用”分项组合”的方法，先把那些本身已经构成全微分的项分离出来，再把剩下的项凑成全微分.

例 9　求方程$\frac{2x}{y^3}\mathrm{d}x+\frac{y^2-3x^2}{y^4}\mathrm{d}y=0$的通解.

解　因为$\frac{\partial P}{\partial y}=-\frac{6x}{y^4}=\frac{\partial Q}{\partial x}$，所以该方程是全微分方程，将题设方程重新组合

$$\frac{1}{y^2}\mathrm{d}y+\left(\frac{2x}{y^3}\mathrm{d}x-\frac{3x^2}{y^4}\mathrm{d}y\right)=\mathrm{d}\left(-\frac{1}{y}\right)+\mathrm{d}\left(\frac{x^2}{y^3}\right)=0$$

于是此方程的通解为$-\frac{1}{y}+\frac{x^2}{y^3}=C$.

另一方面如果方程

$$P(x,y)\mathrm{d}x+Q(x,y)\mathrm{d}y=0 \tag{10.11}$$

本身不是全微分方程，但在上述方程两端乘上因子 $\mu(x,y)(\neq 0)$ 后所得到的方程 $\mu P(x,y)\mathrm{d}x+\mu Q(x,y)\mathrm{d}y=0$ 是全微分方程，则称函数 $\mu(x,y)$ 为方程(10.11)的**积分因子**. 根据全微分方程的条件，积分因子应满足如下条件

$$\frac{\partial(\mu P)}{\partial y}=\frac{\partial(\mu Q)}{\partial x}.$$

一般来说，根据上式求解积分因子不是一件容易的事，这里我们不深入讨论. 但是在一些比较简单的情况下，我们常常可以通过观察法"凑"得积分因子. 比如方程

$$-y\mathrm{d}x+x\mathrm{d}y=0,$$

因为 $\mathrm{d}\left(\frac{y}{x}\right)=\frac{-y\mathrm{d}x+x\mathrm{d}y}{x^2}$，所以上述微分方程的一个积分因子为 $\mu(x,y)=\frac{1}{x^2}$. 将此微分方程两端同时乘以 $\mu(x,y)=\frac{1}{x^2}$ 得

$$\mathrm{d}\left(\frac{y}{x}\right)=\frac{-y\mathrm{d}x+x\mathrm{d}y}{x^2}=0$$

进而得 $\frac{y}{x}=C$，考虑到原方程 x 可以取零，故原微分方程的通解为 $y=Cx$.

例 10 求微分方程 $(x^2+y+x^3\cos y)\mathrm{d}x+\left(x^2y-x-\frac{x^4}{2}\sin y\right)\mathrm{d}y=0$ 的积分因子以及通解.

解 由题意有

$$\frac{\partial Q}{\partial x}=\frac{\partial}{\partial x}\left(x^2y-x-\frac{x^4}{2}\sin y\right)=2xy-1-2x^3\sin y,$$

$$\frac{\partial P}{\partial y}=\frac{\partial}{\partial y}(x^2+y+x^3\cos y)=1-x^3\sin y$$

于是 $\frac{\partial Q}{\partial x}\neq\frac{\partial P}{\partial y}$. 从而原微分方程不是全微分方程. 但是，若将原方程分项组合变形为

$$(y\mathrm{d}x-x\mathrm{d}y)+x^2(\mathrm{d}x+y\mathrm{d}y)+x^2\left(x\cos y\mathrm{d}x-\frac{x^2}{2}\sin y\mathrm{d}y\right)=0$$

将上式两端同时乘以 $\frac{1}{x^2}$ 后，有

$$\frac{y\mathrm{d}x-x\mathrm{d}y}{x^2}+(\mathrm{d}x+y\mathrm{d}y)+\left(x\cos y\mathrm{d}x-\frac{x^2}{2}\sin y\mathrm{d}y\right)=0 \tag{10.12}$$

即

$$-\mathrm{d}\left(\frac{y}{x}\right)+\mathrm{d}\left(x+\frac{1}{2}y^2\right)+\mathrm{d}\left(\frac{x^2}{2}\cos y\right)=0 \quad 或 \quad \mathrm{d}\left(-\frac{y}{x}+x+\frac{1}{2}y^2+\frac{x^2}{2}\cos y\right)=0$$

则方程(10.12)是全微分方程，且 $\mu=\dfrac{1}{x^2}$ 是原方程的积分因子. 进一步得到

$$-\frac{y}{x}+x+\frac{1}{2}y^2+\frac{x^2}{2}\cos y=C_1$$

故原微分方程的通解为 $x^3\cos y+2x^2+xy^2+Cx-2y=0$.

注意，求积分因子还有一些其他的方法，本节不作更多的讨论.

习题 10.3

1. 利用格林公式计算下列曲线积分

(1) $\oint_L (1-x^2)y\mathrm{d}x+x(1+y^2)\mathrm{d}y$，其中 L 为正向圆周 $x^2+y^2=R^2$；

(2) $\oint_L y\mathrm{d}x-x\mathrm{d}y$，其中 L 为 $x+y=1,x=0,y=0$ 围成的三角形正向边界；

(3) $\oint_L (y+\mathrm{e}^x)\mathrm{d}x+(x+1)\mathrm{d}y$，其中 L 为抛物线 $y=x^2$ 与直线 $x=1,y=0$ 围成区域的正向边界；

(4) $\oint_L (x+y)^2\mathrm{d}x+xy\mathrm{d}y$，其中 L 为曲线 $y=\sin x$ 与 $y=\sin 2x(0\leqslant x\leqslant\pi)$ 所围区域的顺时针方向的边界曲线；

(5) $\oint_L \dfrac{x\mathrm{d}y-y\mathrm{d}x}{x^2+y^2}$，其中 L 为椭圆 $\dfrac{x^2}{a^2}+\dfrac{y^2}{b^2}=1$，其方向为逆时针方向.

2. 验证下列曲线积分与路径无关，并求积分值

(1) $\int_{(0,0)}^{(1,1)}(x+1)\mathrm{d}y+y\mathrm{d}x$；

(2) $\int_{(1,-1)}^{(1,1)}(x-y)(\mathrm{d}x-\mathrm{d}y)$；

(3) $\int_{(1,0)}^{(2,1)}(2xy-y^4+3)\mathrm{d}x+(x^2-4xy^3)\mathrm{d}y$；

(4) $\int_{(2,1)}^{(1,2)}\dfrac{x\mathrm{d}y-y\mathrm{d}x}{x^2}$；

(5) $\int_{(0,0)}^{(1,1)}\dfrac{2x(1-\mathrm{e}^y)}{(1+x^2)^2}\mathrm{d}x+\dfrac{\mathrm{e}^y}{(1+x^2)}\mathrm{d}y$.

3. 验证下列各式为全微分，并求出它们的原函数

(1) $(2x+y)\mathrm{d}x+(x-2y)\mathrm{d}y$；

(2) $(3x^2y+8xy^2)\mathrm{d}x+(x^3+8x^2y+\mathrm{e}^y)\mathrm{d}y$；

(3) $(2x\cos y-y^2\sin x)\mathrm{d}x+(2y\cos x-x^2\sin y)\mathrm{d}y$；

(4) $(x+\ln y)\mathrm{d}x+\left(2y-\sin y+\dfrac{x}{y}\right)\mathrm{d}y$.

4. 求下列方程的通解

(1) $2xy\mathrm{d}x+(x^2-y^2)\mathrm{d}y=0$;

(2) $\mathrm{e}^{-y}\mathrm{d}x-(2y+x\mathrm{e}^{-y})\mathrm{d}y=0$;

(3) $(1+y^2\sin 2x)\mathrm{d}x-y\cos 2x\mathrm{d}y=0$;

(4) $(3x^2\mathrm{e}^y+3y^2)\mathrm{d}x+(x^3\mathrm{e}^y+6xy)\mathrm{d}y=0$.

5. 利用积分因子求下列方程的通解

(1) $(x^2-y^2-2y)\mathrm{d}x+(x^2+2x-y^2)\mathrm{d}y=0$;

(2) $y(2xy+\mathrm{e}^x)\mathrm{d}x-\mathrm{e}^x\mathrm{d}y=0$.

6. 试求常数 λ,使 $I=\int_{(x_0,y_0)}^{(x,y)}xy^\lambda\mathrm{d}x+x^\lambda y\mathrm{d}y$ 与路径无关,并求 I 的值.

7. (1) 求具有二阶连续导数的函数 $\varphi(x)$,使得 $\varphi(0)=0,\varphi'(0)=-1$,且对平面上任意封闭曲线 C 上的积分恒有 $\oint_C[3\varphi'(x)-2\varphi(x)+x\mathrm{e}^{3x}]y\mathrm{d}x+\varphi'(x)\mathrm{d}y=0$.

(2) 求 $\int_{(0,0)}^{(1,1)}[3\varphi'(x)-2\varphi(x)+x\mathrm{e}^{3x}]y\mathrm{d}x+\varphi'(x)\mathrm{d}y$ 的值.

*10.4 曲线积分的应用

曲线积分在场论中有着重要的应用. 若曲线积分 $\int_L\boldsymbol{F}\cdot\mathrm{d}\boldsymbol{s}$ 在区域 G 内与积分路径无关则称向量场 $\boldsymbol{F}$ 在区域 G 内为保守场. 平面曲线积分与路径无关的条件,可以为计算保守场中的曲线积分提供一种简便的方法.

定理 1 设 $\boldsymbol{F}=P(x,y)\boldsymbol{i}+Q(x,y)\boldsymbol{j}$ 是平面区域 G 内的一个向量场,若 $P(x,y),Q(x,y)$ 在 G 内连续,且存在一个数量函数 $f(x,y)$,使得 $\boldsymbol{F}=\nabla f(x,y)$,则 $\int_L\boldsymbol{F}\cdot\mathrm{d}\boldsymbol{s}$ 在 G 内与路径无关,且 $\int_L\boldsymbol{F}\cdot\mathrm{d}\boldsymbol{s}=f(B)-f(A)$,其中曲线 L 为 G 内以 A 和 B 为起点和终点的任意光滑曲线,$f(x,y)$ 称为 $\boldsymbol{F}$ 的势函数.

类似于一元定积分的微积分基本定理,此定理称为曲线积分的基本定理. 从定理中可以看到一个保守场沿曲线的积分仅依赖于它的势函数在路径两个端点的值,从而可以通过求解其势函数解决保守场中的曲线积分的问题. 另一方面也给出了区域 G 中曲线积分与路径无关的一个充分条件.

在其他实际问题中,若物体形状或者物体运动的路径为曲线状,那么在计算一些相关物理量的时候,也往往用到曲线积分. 下面我们用几个例子说明曲线积分在实际问题中的应用,其基本思想仍然是微元法.

例 1 设平面曲线 $L: y=\mathrm{e}^x, x\in\left(\frac{1}{2}\ln 3,\frac{1}{2}\ln 8\right)$,求曲顶柱面 $0\leqslant z\leqslant \mathrm{e}^{2x},(x,y)\in L$ 的面积.

解　该柱面底边为曲线 L，高是变化的. 故先在柱面的底边 L 上任取一段弧微元 $\mathrm{d}s$，在该微元上将曲顶柱面近似看作平顶柱面，由平顶柱面面积 = 底边长 × 高，得微元面积：$\mathrm{d}S = z\mathrm{d}s$，所以

$$S=\int_L z\mathrm{d}s=\int_L \mathrm{e}^{2x}\mathrm{d}s=\int_{\frac{1}{2}\ln 3}^{\frac{1}{2}\ln 8}\mathrm{e}^{2x}\sqrt{1+\mathrm{e}^{2x}}\mathrm{d}x=\frac{19}{3}.$$

例 2　设有一半圆弧 $C: x=R\cos\theta, y=R\sin\theta(0\leqslant\theta\leqslant\pi)$，其线密度为 $\rho=2\theta$，求它对原点处质量为 m 的质点的引力.

解　由于该弧段线密度函数不是一个常数，故采用微元法. 取半圆弧中任意一段弧的微元

$$\mathrm{d}s=\sqrt{(x'(\theta))^2+(y'(\theta))^2}\mathrm{d}\theta=R\mathrm{d}\theta.$$

该微元对原点处质点的引力(如图 10.22)，在沿 x 正方向与 y 正方向引力的微元分别为

$$\mathrm{d}F_x=k\frac{\rho\mathrm{d}s\cdot m}{R^2}\cos\theta=\frac{2km}{R}\theta\cos\theta\mathrm{d}\theta,\mathrm{d}F_y=k\frac{\rho\mathrm{d}s\cdot m}{R^2}\sin\theta=\frac{2km}{R}\theta\sin\theta\mathrm{d}\theta.$$

沿半圆弧进行曲线积分得

$$F_x=\int_C\frac{k\rho m}{R^2}\cos\theta\mathrm{d}s=\int_0^{\pi}\frac{2\,km}{R}\theta\cos\theta\mathrm{d}\theta=-\frac{4k}{R},$$

$$F_y=\int_C\frac{k\rho m}{R^2}\sin\theta\mathrm{d}s=\int_0^{\pi}\frac{2\,km}{R}\theta\sin\theta\mathrm{d}\theta=\frac{2k\pi}{R}.$$

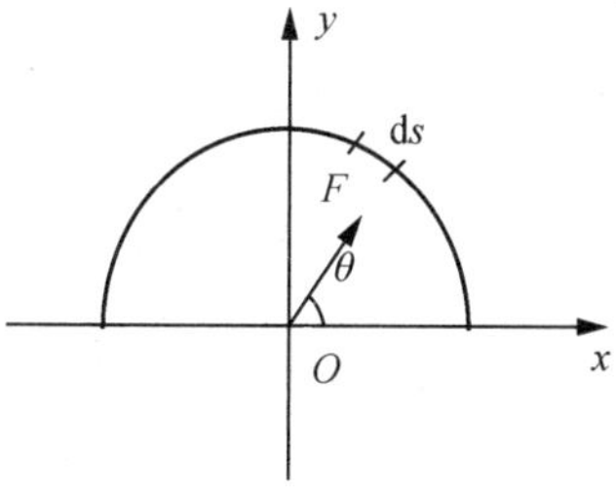

图 10.22

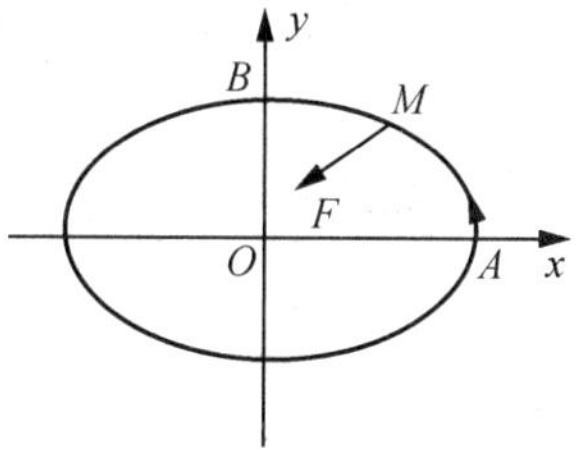

图 10.23

例 3　在椭圆 $x=a\cos\theta, y=b\sin\theta(0\leqslant\theta\leqslant 2\pi)$ 上每一点 M 有作用力 F，且力 F 的大小等于从点 M 到椭圆中心的距离，而方向朝着椭圆中心，质点 P 在力 F 作用下运动，求质点 P 由点 $A(a,0)$ 沿椭圆第一象限的弧移动到点 $B(0,b)$ 时力 F 所做的功.

解　由于作用力 F 随着质点的运动在不断改变，故采用微元法，在椭圆上任取有向弧微元 $\mathrm{d}s$，在该弧微元上将变力看作常力，由功的公式 $W=F\cdot s$，写出功微元的表示 $\mathrm{d}W=F\cdot\mathrm{d}s$，由题意在任意一点 $M(x,y)$ 上，对应的 $F=(-x,-y)=(-a\cos\theta,-b\sin\theta)$(如图 10.23). 沿着椭圆曲线从 A 到 B，所以

$$W=\int_C F\cdot\mathrm{d}s=\int_C F\cdot(\mathrm{d}x,\mathrm{d}y)$$

$$=\int_0^{\frac{\pi}{2}}(a^2-b^2)\cos\theta\sin\theta\mathrm{d}\theta=\frac{a^2-b^2}{2}.$$

例 4 设螺旋形弹簧的方程为 $x=a\cos\theta, y=a\sin\theta, z=b\theta(0\leqslant\theta\leqslant 2\pi)$,它的线密度为 $\rho=x^2+y^2+z^2$,求它关于 x 轴的重心坐标及关于 z 轴的转动惯量.

解 根据重心计算公式得:

$$\overline{x}=\frac{M_{yz}}{m}=\frac{\int_c x\rho\mathrm{d}s}{\int_c \rho\mathrm{d}s}=\frac{\int_c x(x^2+y^2+z^2)\mathrm{d}s}{\int_c x^2+y^2+z^2\mathrm{d}s}$$

$$=\frac{\int_0^{2\pi}a\cos\theta(a^2+b^2\theta^2)\sqrt{a^2+b^2}\mathrm{d}\theta}{\int_0^{2\pi}(a^2+b^2\theta^2)\sqrt{a^2+b^2}\mathrm{d}\theta}=\frac{6ab^2}{3a^2+4\pi^2b^2}.$$

根据转动惯量公式:

$$I_z=\int_c(x^2+y^2)\rho\mathrm{d}s=\int_c(x^2+y^2)(x^2+y^2+z^2)\mathrm{d}s$$

$$=\int_0^{2\pi}a^2(a^2+b^2\theta^2)\sqrt{a^2+b^2}\mathrm{d}\theta=\frac{2}{3}\pi a^2\sqrt{a^2+b^2}(3a^2+4b^2\pi^2).$$

例 5 求三维空间中的流场 $A=-yi+xj+ck$,(c 为常数)沿闭曲线 $L: z=1-\sqrt{x^2+y^2}, z=0$(从 z 轴正向看去,L 依逆时针方向)的环流量.

解 由第二类曲线积分的定义知,环流量为:

$$\Phi=\oint_L A\cdot\mathrm{d}s=\oint_L -y\mathrm{d}x+x\mathrm{d}y+c\mathrm{d}z.$$

将曲线 L 写为参数式:$x=\cos\theta, y=\sin\theta, z=0(\theta:0\to 2\pi)$,所以

$$\Phi=\int_0^{2\pi}-\sin\theta\mathrm{d}(\cos\theta)+\cos\theta\mathrm{d}(\sin\theta)=\int_0^{2\pi}(\sin^2\theta+\cos^2\theta)\mathrm{d}\theta=2\pi.$$

10.5 综合例题

例 1 设 L 为椭圆$\frac{x^2}{4}+\frac{y^2}{3}=1$,其周长记为 a,求 $I=\oint_L(2xy+3x^2+4y^2)\mathrm{d}s$.

解 由于曲线 L 的方程为$\frac{x^2}{4}+\frac{y^2}{3}=1$,即 $3x^2+4y^2=12$,所以

$$I=\oint_L(2xy+12)\mathrm{d}s=2\oint_L xy\mathrm{d}s+12\oint_L\mathrm{d}s,$$

其中第一部分积分，由于被积函数关于 x 为奇函数，积分曲线关于 y 轴对称，从而为零. 于是有 $I=12\oint_L \mathrm{d}s=12a$.

例 2　计算 $I=\int_L (x^2+2xy)\mathrm{d}y$，其中 L 是由 $A(a,0)$ 沿 $\dfrac{x^2}{a^2}+\dfrac{y^2}{b^2}=1(y\geqslant 0)$ 到 $B(-a,0)$ 的曲线段.

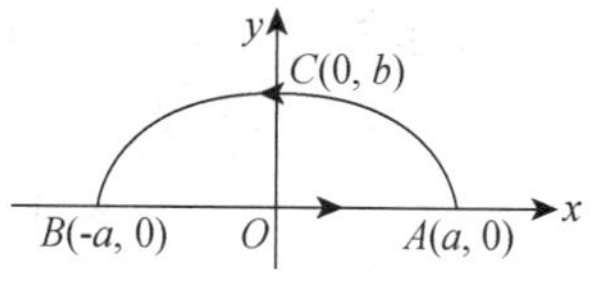

图 10.24

解　本题解法较多，可在直角坐标系下计算，分为取 x 为积分变量，取 y 为积分变量，亦可用参数方程 $x=a\cos t, y=b\sin t$ 计算，还可以利用格林公式计算，曲线如图 10.24.

法一　取 y 为积分变量，L 需分成两段：$x=\pm a\sqrt{1-\dfrac{y^2}{b^2}}$，有

$$I=\int_0^b\left[a^2\left(1-\frac{y^2}{b^2}\right)+2ay\sqrt{1-\frac{y^2}{b^2}}\right]\mathrm{d}y+\int_b^0\left[a^2\left(1-\frac{y^2}{b^2}\right)-2ay\sqrt{1-\frac{y^2}{b^2}}\right]\mathrm{d}y$$

$$=4a\int_0^b y\sqrt{1-\frac{y^2}{b^2}}\mathrm{d}y=\frac{4}{3}ab^2.$$

法二　取 x 为积分变量，L 的方程为 $y=b\sqrt{1-\dfrac{x^2}{a^2}}$，起点为 $x=a$，终点为 $x=-a$，则有

$$I=\int_a^{-a}(x^2+2xy)\left(-\frac{b^2x}{a^2y}\right)\mathrm{d}x=\frac{4}{3}ab^2.$$

法三　利用积分曲线的方程化简被积表达式的方法来求解，由于 $\dfrac{x^2}{a^2}+\dfrac{y^2}{b^2}=1$，故 $x^2=a^2\left(1-\dfrac{y^2}{b^2}\right)$，$y\mathrm{d}y=-\dfrac{b^2}{a^2}x\mathrm{d}x$，于是

$$\int_L x^2\mathrm{d}y=\int_L a^2\left(1-\frac{y^2}{b^2}\right)\mathrm{d}y=\int_0^0 a^2\left(1-\frac{y^2}{b^2}\right)\mathrm{d}y=0,$$

$$\int_L 2xy\mathrm{d}y=\int_L 2x\left(-\frac{b^2}{a^2}x\right)\mathrm{d}x=-\frac{2b^2}{a^2}\int_a^{-a}x^2\mathrm{d}x=\frac{4}{3}ab^2,$$

所以 $I=\dfrac{4}{3}ab^2$.

法四　将曲线 L 用参数方程 $x=a\cos t, y=b\sin t$ 表示，则有

$$I=\int_0^{\pi}(a^2\cos^2 t+2ab\sin t\cos t)b\cos t\mathrm{d}t=\frac{4}{3}ab^2.$$

法五　补充有向线段 $\overrightarrow{BA}$，在 $L+\overrightarrow{BA}$ 上由格林公式可得

$$\oint_{L+\overrightarrow{BA}}(x^2+2xy)\mathrm{d}y=\iint\limits_{\frac{x^2}{a^2}+\frac{y^2}{b^2}\leqslant 1,y\geqslant 0}(2x+2y)\mathrm{d}x\mathrm{d}y=\iint\limits_{\frac{x^2}{a^2}+\frac{y^2}{b^2}\leqslant 1,y\geqslant 0}2y\mathrm{d}x\mathrm{d}y=\frac{4}{3}ab^2.$$

在$\overrightarrow{BA}$上，$y=0$，x从$-a$到a，于是$\int_{\overrightarrow{BA}}(x^2+2xy)\mathrm{d}y=0$，从而

$$I=\oint_{L+\overrightarrow{BA}}(x^2+2xy)\mathrm{d}y-\int_{\overrightarrow{BA}}(x^2+2xy)\mathrm{d}y=\frac{4}{3}ab^2.$$

例 3 设$L:\begin{cases}x^2+y^2+z^2=a^2\\x-y=0\end{cases}(a>0)$，求$I=\int_L x^2\mathrm{d}s$.

解 平面$x-y=0$经过球$x^2+y^2+z^2=a^2$的中心，所以L是半径为a，中心为O的圆周. 设法找出L的参数方程，从L的方程中消去y，得到L在zOx平面上的投影曲线方程$L_1:\begin{cases}2x^2+z^2=a^2\\y=0\end{cases}$，这是一个椭圆，写出它的参数方程为$L_1:x=\frac{a}{\sqrt{2}}\cos t,y=0,z=a\sin t$，$0\leqslant t\leqslant 2\pi$，于是$L$的参数方程为$x=\frac{a}{\sqrt{2}}\cos t,y=\frac{a}{\sqrt{2}}\cos t,z=a\sin t,0\leqslant t\leqslant 2\pi$，从而有

$$I=\int_0^{2\pi}x^2(t)\sqrt{x'^2(t)+y'^2(t)+z'^2(t)}\mathrm{d}t=\int_0^{2\pi}\frac{1}{2}a^3\cos^2 t\mathrm{d}t=\frac{1}{2}a^3\pi.$$

例 4 计算曲线积分$I=\int_L\frac{-y}{x^2+y^2}\mathrm{d}x+\frac{x}{x^2+y^2}\mathrm{d}y$，其中$L$为摆线$\begin{cases}x=a(t-\sin t)-a\pi\\y=a(1-\cos t)\end{cases}(a>0)$从$t=0$到$t=2\pi$的一段.

解 设$P(x,y)=\frac{-y}{x^2+y^2}$，$Q(x,y)=\frac{x}{x^2+y^2}$，由于函数$P(x,y)$，$Q(x,y)$的形式与曲线$L$的方程不相配，曲线积分不宜直接用方程参数式化为定积分计算. 注意到当$(x,y)\neq(0,0)$时，有$\frac{\partial P(x,y)}{\partial y}=\frac{y^2-x^2}{(x^2+y^2)^2}=\frac{\partial Q(x,y)}{\partial x}$，因此该曲线积分在不含原点的单连通区域内与积分路径无关. 故在上半平面内作辅助曲线$L_1:x^2+y^2=(a\pi)^2,y\geqslant 0$，方向为从$(-a\pi,0)$到$(a\pi,0)$(如图 10.25). 由于在$L$和$L_1$之间的区域内有$\frac{\partial P(x,y)}{\partial y}=\frac{\partial Q(x,y)}{\partial x}$，所以利用格林公式有

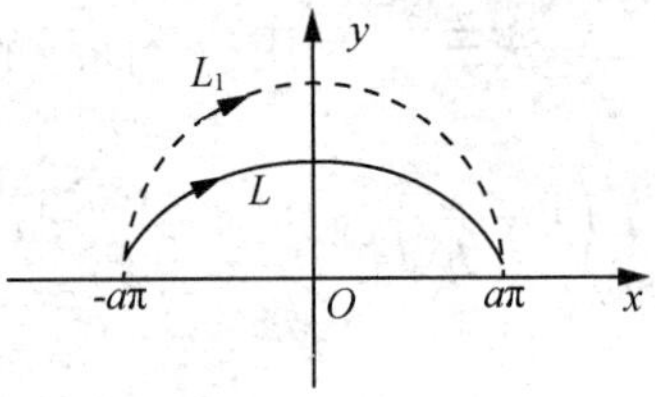

图 10.25

$$\begin{aligned}I&=\int_L\frac{-y}{x^2+y^2}\mathrm{d}x+\frac{x}{x^2+y^2}\mathrm{d}y=\int_{L_1}\frac{-y}{x^2+y^2}\mathrm{d}x+\frac{x}{x^2+y^2}\mathrm{d}y\\&=\int_\pi^0\frac{(a\pi)^2\sin^2 t+(a\pi)^2\cos^2 t}{(a\pi)^2}\mathrm{d}t=-\pi.\end{aligned}$$

例 5 设平面曲线L为$0\leqslant x\leqslant\pi,0\leqslant y\leqslant\sin x$的边界的正向，方向$\boldsymbol{n}$为曲线$L$的外

法线向量，函数 $f(x,y)=e^x(y-\sin y)$，$\dfrac{\partial f}{\partial n}$ 表示 f 沿方向 $\boldsymbol{n}$ 的方向导数，计算$\oint_L \dfrac{\partial f}{\partial n}ds$.

解　设 L 正向的单位切向量为 $\boldsymbol{\tau}^0=(\cos\alpha,\cos\beta)$（如图 10.26），则其单位外法向量为 $\boldsymbol{n}^0=(\cos\beta,-\cos\alpha)$，于是

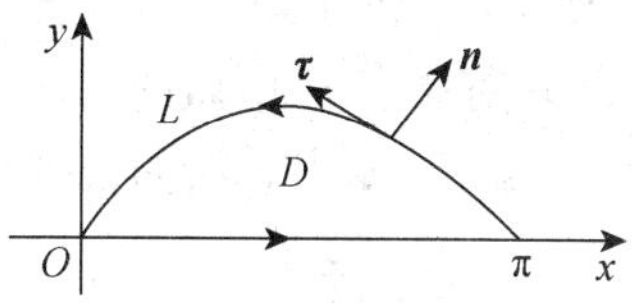

图 10.26

$$\oint_L \frac{\partial f}{\partial n}ds=\oint_L\left(\frac{\partial f}{\partial x}\cos\beta-\frac{\partial f}{\partial y}\cos\alpha\right)ds=\oint_L\frac{\partial f}{\partial x}dy-\frac{\partial f}{\partial y}dx$$
$$=\iint_D\left(\frac{\partial^2 f}{\partial x^2}+\frac{\partial^2 f}{\partial y^2}\right)dxdy=\iint_D e^x y\,dxdy=\int_0^\pi dx\int_0^{\sin x}e^x y\,dy$$
$$=\frac{1}{2}\int_0^\pi e^x\sin^2 x\,dx=\frac{1}{5}(e^\pi-1).$$

例 6　设曲线积分$\int_L xy^2dx+y\varphi(x)dy$ 与路径无关，其中 φ 具有连续的导数，且 $\varphi(0)=0$，求 $\varphi(x)$ 及 $u(x,y)=\int_{(0,0)}^{(x,y)}xy^2dx+y\varphi(x)dy$.

解　$P(x,y)=xy^2$，　$Q(x,y)=y\varphi(x)$，

$$\frac{\partial P}{\partial y}=\frac{\partial}{\partial y}(xy^2)=2xy,\quad \frac{\partial Q}{\partial x}=\frac{\partial}{\partial x}[y\varphi(x)]=y\varphi'(x),$$

因为积分与路径无关，所以$\dfrac{\partial P}{\partial y}=\dfrac{\partial Q}{\partial x}$.

从而 $y\varphi'(x)=2xy$ 即 $\varphi'(x)=2x$ 所以 $\varphi(x)=x^2+C$.

由 $\varphi(0)=0$，推得 $C=0$，所以 $\varphi(x)=x^2$. 取积分路线（如图 10.27），则

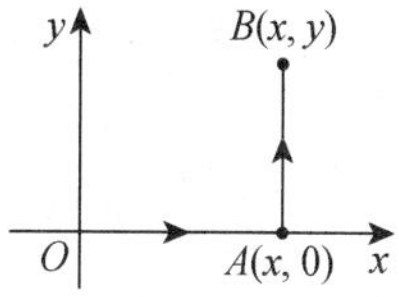

图 10.27

$$u(x,y)=\int_{(0,0)}^{(x,y)}xy^2dx+x^2ydy$$
$$=\int_{\overrightarrow{OA}}xy^2dx+x^2ydy+\int_{\overrightarrow{AB}}xy^2dx+x^2ydy$$
$$=0+\int_0^y x^2ydy=\frac{x^2y^2}{2}.$$

例 7　设 $P(x,y)$，$Q(x,y)$ 在光滑的有向曲线 L 上连续，C 为曲线弧 L 的弧长，而 $M=\max\sqrt{P^2+Q^2}$. 证明$\left|\int_L Pdx+Qdy\right|\leqslant CM$.

证　由两类曲线积分的联系和性质，有

$$\left|\int_L Pdx+Qdy\right|=\left|\int_L(P\cos\theta+Q\sin\theta)ds\right|\leqslant\int_L|P\cos\theta+Q\sin\theta|ds.$$

因为 $P\cos\theta+Q\sin\theta=(P,Q)\cdot(\cos\theta,\sin\theta)$，所以

$$|P\cos\theta+Q\sin\theta|\leqslant|(P,Q)||(\cos\theta,\sin\theta)|=\sqrt{P^2+Q^2}\leqslant M,$$

故$\left|\int_L Pdx+Qdy\right|\leqslant\int_L Mds=CM$，即$\left|\int_L Pdx+Qdy\right|\leqslant CM$.

例 8 质点 P 沿着以 AB 为直径的半圆周，从点 $A(1,2)$ 运动到点 $B(3,4)$ 的过程中受变力 F 的作用(如图 10.28)，F 的大小等于点 P 与原点 O 之间的距离，其方向垂直于线段 OP，且与 y 轴正向的夹角小于 $\pi/2$. 求变力 F 对质点 P 所做的功.

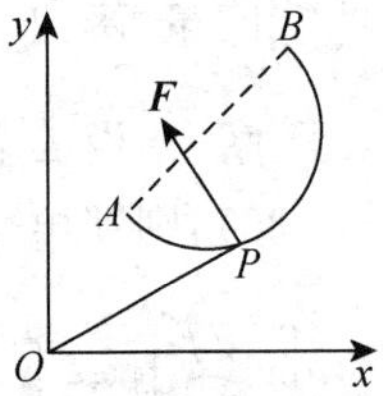

图 10.28

解 变力 F 沿曲线弧段 L_{AB} 从点 A 到点 B 所做的功可由第二型曲线积分解决. 设 $F = P(x,y)\boldsymbol{i} + Q(x,y)\boldsymbol{j}$，则功为 $W = \int_{L_{AB}} P(x,y)\mathrm{d}x + Q(x,y)\mathrm{d}y$. 本题的关键是求解 F. 设点 P 的坐标为 (x,y)，则 $\overrightarrow{OP} = x\boldsymbol{i} + y\boldsymbol{j}$，与 $\overrightarrow{OP}$ 垂直的向量 $\boldsymbol{F}$ 为 $k(y\boldsymbol{i} - x\boldsymbol{j})$ 的形状. 又由 $|\boldsymbol{F}| = |\overrightarrow{OP}| = \sqrt{x^2+y^2}$，有 $|k|\sqrt{x^2+y^2} = \sqrt{x^2+y^2}$，故 $|k| = 1$，又 $\boldsymbol{F}$ 与 y 轴正向夹角小于 $\pi/2$，故 j 前的系数应为正，从而 $k = -1$，于是 $\boldsymbol{F} = -y\boldsymbol{i} + x\boldsymbol{j}$，从而 $W = \int_{L_{AB}} -y\mathrm{d}x + x\mathrm{d}y$. 又弧 AB 的方程为 $x = 2+\sqrt{2}\cos\theta, y = 3+\sqrt{2}\sin\theta, -\frac{3}{4}\pi \leqslant \theta \leqslant \frac{1}{4}\pi$. 于是

$$W = \int_{-\frac{3}{4}\pi}^{\frac{\pi}{4}} [\sqrt{2}(3+\sqrt{2}\sin\theta)\sin\theta + \sqrt{2}(2+\sqrt{2}\cos\theta)\cos\theta]\mathrm{d}\theta = 2(\pi - 1).$$

例 9 设函数 $u(x,y), v(x,y)$ 在闭区域 D 上具有二阶连续偏导数，分段光滑的曲线 L 为 D 的正向边界曲线，证明：

(1) $\iint\limits_D v\Delta u\mathrm{d}x\mathrm{d}y = -\iint\limits_D \nabla u(x,y)\cdot\nabla v(x,y)\mathrm{d}x\mathrm{d}y + \oint_L v\frac{\partial u}{\partial \boldsymbol{n}}\mathrm{d}s$

(2) $\iint\limits_D (u\Delta v - v\Delta u)\mathrm{d}x\mathrm{d}y = \oint_L \left(u\frac{\partial v}{\partial \boldsymbol{n}} - v\frac{\partial u}{\partial \boldsymbol{n}}\right)\mathrm{d}s$

其中 $\frac{\partial u}{\partial \boldsymbol{n}}, \frac{\partial v}{\partial \boldsymbol{n}}$ 分别表示 $u(x,y), v(x,y)$ 沿 L 外法向量 $\boldsymbol{n}$ 的方向导数，符号 $\Delta = \frac{\partial^2}{\partial x^2} + \frac{\partial^2}{\partial y^2}$ 称为**二维拉普拉斯算子**.

证明 (1) 设曲线 L 上任意点处沿曲线正向的单位切向量为 $\boldsymbol{\tau} = (\cos\alpha, \cos\beta)$，则曲线在该点处的外法向量为 $\boldsymbol{n} = (\cos\beta, -\cos\alpha)$

因为 $$\oint_L v\frac{\partial u}{\partial \boldsymbol{n}}\mathrm{d}s = \oint_L v\left(\frac{\partial u}{\partial x}\cos\beta - \frac{\partial u}{\partial y}\cos\alpha\right)\mathrm{d}s = \oint_L \left(v\frac{\partial u}{\partial x}\mathrm{d}y - v\frac{\partial u}{\partial y}\mathrm{d}x\right),$$

由题意 $u(x,y), v(x,y)$ 有连续二阶偏导数，令 $P = -v\frac{\partial u}{\partial y}, Q = v\frac{\partial u}{\partial x}$ 运用格林公式得

$$\oint_L v\frac{\partial u}{\partial \boldsymbol{n}}\mathrm{d}s = \iint\limits_D \left[\frac{\partial}{\partial x}\left(v\frac{\partial u}{\partial x}\right) - \frac{\partial}{\partial y}\left(-v\frac{\partial u}{\partial y}\right)\right]\mathrm{d}x\mathrm{d}x = \iint\limits_D \left[\frac{\partial v}{\partial x}\frac{\partial u}{\partial x} + v\frac{\partial^2 u}{\partial x^2} + \frac{\partial v}{\partial y}\frac{\partial u}{\partial y} + v\frac{\partial^2 u}{\partial y^2}\right]\mathrm{d}x\mathrm{d}y,$$

整理并移项，即得结论式(1).

(2) 利用结论式(1) 有

$$\oint_L v\frac{\partial u}{\partial \boldsymbol{n}}\mathrm{d}s = \iint\limits_D v\Delta u\mathrm{d}x\mathrm{d}y + \iint\limits_D \nabla u(x,y)\cdot\nabla v(x,y)\mathrm{d}x\mathrm{d}y,$$

同理
$$\oint_L u\frac{\partial v}{\partial \boldsymbol{n}}\mathrm{d}s=\iint_D u\Delta v\mathrm{d}x\mathrm{d}y+\iint_D \nabla u(x,y)\cdot\nabla v(x,y)\mathrm{d}x\mathrm{d}y.$$

将上述两式相减，即得结论式(2).

总习题十

1. 计算下列曲线积分：

(1) $\oint_L(x+y)\mathrm{d}s$，其中 L 为连结点 $O(0,0)$，点 $A(1,0)$，点 $B(0,1)$ 的三角形围线 $OABO$.

(2) $\oint_L xy\mathrm{d}s$，其中 L 为 $|x|+|y|=1$.

(3) $\int_L\dfrac{z^2}{\sqrt{2x^2+y^2}}\mathrm{d}s$，其中 L 为柱面 $x^2+y^2=R^2$ 与 $z=y$ 的交线.

(4) $\int_L(x+2y+3z+4x^2)\mathrm{d}s$，其中 L 为 $x^2+y^2+z^2=a^2$ 与 $x+y+z=0$ 的交线.

(5) $\int_L x\mathrm{d}s$，其中 L 是星形线 $x=2\cos^3 t, y=2\sin^3 t$，从 $A(2,0)$，经 $C(0,2)$ 到 $B(-2,0)$ 的弧段 $\overset{\frown}{ACB}$.

2. 计算下列曲线积分：

(1) $\int_L(x^2+y^2)\mathrm{d}x+(x^2-y^2)\mathrm{d}y$，其中 L 是 $y=1-|1-x|$ 从 $O(0,0)$ 经 $A(1,1)$ 到 $B(2,0)$ 的折线段.

(2) $\oint_L y^2x\mathrm{d}y-x^2y\mathrm{d}x$，其中 L 是圆周 $x^2+y^2=a^2$ 沿顺时针方向.

(3) $\oint_L y^2x\mathrm{d}y-x^2y\mathrm{d}x$，其中 L 为以 $(1,0)$，$(0,1)$，$(-1,0)$ 为顶点的三角形的正向回路.

(4) $\int_L y\mathrm{d}x+z\mathrm{d}y+x\mathrm{d}z$，其中 L 为圆周 $\begin{cases}x^2+y^2+z^2=a^2\\x+z=a\end{cases}$，其指向沿着 z 轴正向看去是顺时针方向.

3. 设质点 P 所受的作用力为 F，其大小反比于 P 点到坐标原点 O 的距离，比例系数为 k，其方向指向坐标原点，试求质点 P 由点 $A(0,1)$ 沿曲线 $y=\cos x$ 到点 $B\left(\dfrac{\pi}{2},0\right)$ 时变力 F 所做的功.

4. 计算积分 $\int_L(x^2+2xy)\mathrm{d}y$，其中 L 是从点 $A(a,0)$ 沿 $\dfrac{x^2}{a^2}+\dfrac{y^2}{b^2}=1(y\geqslant 0)$ 到点 $B(-a,0)$ 的弧段.

5. 设函数 $Q(x,y)$ 在 xOy 平面上具有一阶连续偏导数，曲线积分 $\int_L 2xy\mathrm{d}x+Q(x,y)\mathrm{d}y$ 与路径无关，并且对任意 t 恒有 $\int_{(0,0)}^{(t,1)}2xy\mathrm{d}x+Q(x,y)\mathrm{d}y=\int_{(0,0)}^{(1,t)}2xy\mathrm{d}x+Q(x,y)\mathrm{d}y$，求 $Q(x,y)$.

6. 设函数 $f(x)$ 在 $(-\infty,+\infty)$ 内具有一阶连续导数，L 是上半平面 $(y>0)$ 内有向分段光滑曲线，其起点为 (a,b)，终点为 (c,d)，记 $I=\int_L \frac{1}{y}[1+y^2f(xy)]\mathrm{d}x+\frac{x}{y^2}[y^2f(xy)-1]\mathrm{d}y$

(1) 证明曲线积分 I 与路径 L 无关；(2) 当 $ab=cd$ 时，求 I 的值.

7. 选择 a,b 使 $\frac{(ax^2+2xy+y^2)\mathrm{d}x-(x^2+2xy+by^2)\mathrm{d}y}{(x^2+y^2)^2}$ 为某函数 $u=u(x,y)$ 的全微分，并求 $u=u(x,y)$.

补充内容：

数学家——陈景润和丘成桐

1. 陈景润

人物生平

1933 年 5 月 22 日，出生于福建省闽侯县.

1938—1948 年，先后在福州市三一小学、三元县小学、三元县立初中、福州市三一中学及英华中学就读.

1949 年夏高三上时提前考入厦门大学数学系.

1949 年至 1953 年，就读于厦门大学数学系.

大学毕业后，由政府分配至北京市第四中学任教.

1953—1954 年在北京四中任教，因口齿不清，被"停职回乡养病".

1954 年调回厦门大学任资料员，同时研究数论，对组合数学与现代经济管理、科学实验、尖端技术、人类生活的密切关系等问题也作了研究.

1955 年 2 月经当时厦门大学的校长王亚南先生推荐，担任厦门大学数学系助教.

1956 年，发表《塔内问题》，改进了华罗庚先生在《堆垒素数论》中的结果.

1957 年 9 月，由于华罗庚教授的重视，调入中国科学院数学研究所任研究实习员.

1960—1962 年，转入中科院大连化学物理所工作.

1962 年任助理研究员.

1965 年称自己已经证明"1＋2"，相关论文由师兄王元审查后于 1966 年 6 月在科学通报上发表.

1966 年发表《表大偶数为一个素数及一个不超过两个素数的乘积之和》(简称"1＋2")，成为哥德巴赫猜想研究史上的里程碑.

1973 年在《中国科学》发表了"1＋2"的详细证明并改进了 1966 年宣布的数值结果，立即在国际数学界引起了轰动，被公认为是对哥德巴赫猜想研究的重大贡献，是筛法理论的光辉顶点. 他的成果被国际数学界称为"陈氏定理"，写进美、英、法、苏、日等六国的许多数论书中. 这项工作还使他与王元、潘承洞在 1978 年共同获得中国自然科学奖一等奖.

1974 年被重病在身的周总理亲自推荐为四届人大代表，并被选为人大常委会委员.

1975 年 1 月，当选为第四届全国人大代表，后任五、六届全国人大代表.

1977 年被破格晋升为研究员.

1979 年完成论文《算术级数中的最小素数》，将最小素数从原有的 80 推进到 16，受到国际数学界好评.

1979 年应美国普林斯顿高等研究院之邀前往讲学与访问，受到外国同行的广泛关注.

1980 年当选中科院物理学数学部委员(院士).

1981 年 3 月当选为中国科学院学部委员(院士).

1988 年被定为一级研究员.

1992 年任《数学学报》主编,荣获首届华罗庚数学奖.

1996 年 3 月 19 日下午 1 点 10 分,在患帕金森氏综合征 10 多年之后,由于突发性肺炎并发症造成病情加重,陈景润终因呼吸循环衰竭逝世,终年 63 岁. 他为科学事业做出的最后一次奉献是:捐赠遗体供医院解剖.

主要成就

(1) 科研综述

陈景润一生主要从事解析数论方面的研究,并在哥德巴赫猜想研究方面取得国际领先的成果. 20 世纪 50 年代他对求解高斯圆内格点、球内格点、塔里问题与华林问题作了重要改进. 60 年代及之后对筛法及其有关重要问题作了深入研究,1966 年 5 月证明了命题"1 + 2",将 200 多年来人们未能解决的哥德巴赫猜想的证明大大推进了一步,这一结果被国际上誉为"陈氏定理". 其后他又对此作了改进.

1957 年,陈景润被调到中国科学院数学研究所工作,在新的起点,他更加刻苦钻研. 经过 10 多年的推算,在 1966 年 5 月,发表了他的论文《表大偶数为一个素数及一个不超过二个素数的乘积之和》. 论文发表,受到世界数学界和著名数学家的高度重视和称赞. 英国数学家哈伯斯坦和德国数学家黎希特把陈景润的论文写进数学书中,称为"陈氏定理".

(2) 学术论著

《算术级数中的最小素数》《表大偶数为一个素数及一个不超过二个素数的乘积之和》《数学趣味谈》《组合数学》《哥德巴赫猜想》《初等数论》

(3) 获奖记录

2019,全国"最美奋斗者" 称号;

2018,中国"改革先锋"(100 人);

2009,"100 位新中国成立以来感动中国人物" 之一;

1992,华罗庚数学奖;

1982,国家自然科学奖一等奖;

1982,何梁何利基金奖.

3. 人物评价

陈景润是在挑战解析数论领域 250 年来全世界智力极限的总和. 中国要是有一千个陈景润就了不得. (邓小平语)

陈景润先生做的每一项工作,都好像是在喜马拉雅山山巅上行走,危险,但是一旦成功,必定影响世人. (法国数学大师安德烈·韦伊语)

陈景润对数学的酷爱,情有独钟,而且有惊人毅力完成其数学研究,这是他本人最有价值的个性和素质. (《长春日报》评)

陈景润在逆境中潜心学习,忘我钻研,取得解析数论研究领域多项重大成果. 1973 年在《中国科学》发表了"1 + 2" 详细证明,引起世界巨大轰动,被公认是对哥德巴赫猜想研究的重大贡献,是筛法理论的光辉顶点,国际数学界称之为"陈氏定理",至今仍在"哥德巴赫猜想" 研究中保持世界领先水平. 他的先进事迹和奋斗精神,激励着一代代青年发愤图强,勇攀科学高峰.

2. 丘成桐

人物经历

丘成桐(Shing-Tung Yau),原籍广东省蕉岭县,1949 年出生于广东汕头,同年随父母移居中国香港,美籍华人.

丘成桐的母亲梁若琳,是梅城最后一位秀才梁伯聪之女,出身于红杏坊的书香门第,未出闺门就受到传统中华文化的熏陶,后来时常规劝与告诫子女不可对做人准则有任何逾越,希望他们将来名留史册. 这样的

激励,伴随了丘成桐的成长,丘成桐后来的刻苦自励与其父母良好而深刻的影响不无关系.

丘成桐的父亲曾在香港香江学院及香港中文大学的前身崇基学院任教.但在丘成桐14岁那年,其父亲突然辞世,一家人顿时失去经济来源,丘成桐不得不一边打工一边学习.丘成桐在香港培正中学就读时勤奋钻研数学,成绩优异.1966年入香港中文大学数学系,1969年提前修完四年课程,为美国加利福尼亚大学伯克利分校陈省身教授所器重,破格录取为研究生.在陈省身指导下,1971年获博士学位.

丘成桐的突出成绩和钻研精神为当时的美籍教授萨拉夫所赏识,萨拉夫力荐他到美国加利福尼亚大学伯克利分校攻读博士研究生.19岁的时候他来到美国加利福尼亚大学伯克利分校."21岁毕业时就注定要改变数学的面貌."这是在加利福尼亚大学洛杉矶分校希望把丘教授聘请过来系里讨论时,一个年纪很大的几何学家引用陈省身先生说的一句话.在伯克利学习期间他证明了卡拉比猜想、正质量猜想,开创了一个崭新的领域:几何分析.当年他只有28岁.也就是说,从入学伯克利到他在世界数学家大会做一小时报告之间相隔还不到10年.在他做报告的那一年,陈景润先生也同时被邀请做45分钟的报告.

20世纪70年代左右的伯克利分校是世界微分几何的中心,云集了许多优秀的几何学家和年轻学者.在这里,丘成桐得到IBM奖学金,并师从著名微分几何学家陈省身.数学是奇妙的,也是生涩的.即使是立志在数学领域建功立业的年轻学生,能坚持到最后并出成果的,也是寥若晨星.丘成桐正可谓这样一颗"晨星".常常有这样的情景——偌大的教室中,听课的学生越来越少,最后竟然只剩下教授一人面对讲台下唯一的学生悉心教诲.这唯一的学生,就是丘成桐.到伯克利分校学习一年后,丘成桐便完成了他的博士论文,文中巧妙地解决了当时十分著名的"沃尔夫猜想".他对这个问题的巧妙解决,使当时的世界数学界意识到一个数学新星的出现.

1976年,丘成桐被提升为斯坦福大学数学教授.

1978年,他应邀在芬兰举行的世界数学大会上做题为《微分几何中偏微分方程作用》的学术报告.这一报告代表了20世纪80年代前后微分几何的研究方向、方法及其主流.这之后,他又解决了"正质量猜测"等一系列数学领域难题.

丘成桐的研究工作深刻又广泛,涉及微分几何的各个方面,成果累累.

1981年,他32岁时,获得了美国数学会的维布伦(Veblen)奖——这是世界微分几何界的最高奖项之一.

1982年,他被授予菲尔兹(Fields)奖章——这是世界数学界的最高荣誉.

1989年,美国数学会在洛杉矶举行微分几何大会,丘成桐作为世界微分几何的新一代领导人出任大会主席.命运是公平的,奖章、荣誉,授予了那个在教室中坚持到最后的人.但这并不会让丘成桐止步不前,他继续进行着大量繁杂的研究工作,并不断取得成就.坚韧、坚持、锲而不舍,这就是丘成桐的精神.著名数学家郑绍远先生回忆说,对于许多艰深的数学问题,丘成桐已思考近20年,虽然仍未解决,他还是没有轻易放弃思考.

1993年,丘教授返回母校香港中文大学,领导成立中大数学科学研究所,同时担任研究所所长,带领研究工作,并定期回港教学及指导研究生.

1994年,他又荣获了克劳福(Crawford)奖.

2003年,出任香港中文大学博文讲座教授.

2010年,获得沃尔夫数学奖,这是在阿贝尔奖出现前最接近诺贝尔奖的奖项,是数学界的终身成就奖.

2018年,被授予"马塞尔·格罗斯曼奖",以表彰其在证明广义相对论中总质量的正定性、完善"准局域质量"概念、证明"卡拉比猜想",以及在黑洞物理研究等工作中的巨大贡献.这是该物理大奖首次颁给华人数学家.

2019年,当选香港科学院名誉院士.

2020年1月,丘成桐获得“2019全球华侨华人年度人物”称号.同年6月,出任北京雁栖湖应用数学研究院院长.

2021年3月,担任清华大学求真书院院长.

主要成就

(1) 科研综述

丘成桐是公认的当代最具影响力的数学家之一.他的工作深刻变革并极大扩展了偏微分方程在微分几何中的作用,影响遍及拓扑学、代数几何、表示理论、广义相对论等众多数学和物理领域.

解决Calabi猜想,即一紧致Kahler流形的第一陈类$\leqslant 0$时,任一陈类的代表必有一Kahler度量使得其Ricci式等于此陈类代表.这在代数几何中有重要的应用.

与萧荫堂合作证明单连通Kahler流形若有非正截面曲率时必双全纯等价于复欧氏空间,并给出Frankel猜想一个解析的证明.

在各种Ricci曲率条件下估计紧黎曼流形上Laplace算子的第一与第二特征值.

1976年解决关于凯勒-爱因斯坦度量存在性的卡拉比猜想,其结果被应用在超弦理论中,对统一场论有重要影响.第一陈类为零的紧致凯勒流形称为卡拉比-丘流形,在数学与弦论中都很重要.作为应用,丘成桐还证明了塞梵利猜想,发现了Miyaoka-丘不等式.丘成桐对$c1>0$情形的凯勒-爱因斯坦度量存在性也作出了重要的贡献,猜想了它与代数几何中几何不变量理论意义下的稳定性的关系.这激发了Donaldson关于数量曲率与稳定性等一系列的重要工作.

与郑绍远合作证明实与复的Monge-Ampère方程解的存在性,并证明了高维闵科夫斯基问题,拟凸域的凯勒-爱因斯坦度量存在性问题.

丘成桐开创了将极小曲面方法应用于几何与拓扑研究的先河.通过对极小曲面在时空中行为的深刻分析,1978年他与R·舍恩合作解决了爱因斯坦广义相对论中的正质量猜想.

丘成桐与Karen Uhlenbeck合作证明了任意紧致凯勒流形上稳定丛的Hermitian-Einstein度量的存在性,推广了Donaldson关于射影代数曲面,以及Narasimhan和Seshadri关于代数曲线的结果.

丘成桐与Meeks合作解决了三维流形极小曲面一个著名的问题,即一条极值约当曲线的极小圆盘的Plateau问题的Douglas解,当边界曲线是一个凸边界的子集,那么它在三维空间中是嵌入的.他们接着证明这些嵌入极小曲面在有限群作用下是等变的.他们的工作与Thurston的工作相结合,可以推出著名的史密斯猜想.

丘成桐与连文豪、刘克峰合作证明了弦论学家提出的著名的镜对称猜想.这些公式给出了用对应的镜像流形上的Picard-Fuchs方程表示的一大类卡拉比-丘流形上有理曲线数目的显式表达.

丘成桐与刘克峰、孙晓峰合作证明曲线模空间上各种几何度量的等价性,被国际学术界命名为刘-孙-丘度量.

1984年与Uhlenbeck合作解决在紧致Kahler流形上稳定的全纯向量丛与Yang-Mills-Hermite度量是一一对应的猜想,并得出一个陈氏不等式.

丘成桐正在研究的镜流形,是Calabi-丘流形的一特殊情形,与理论物理的弦理论有密切关系,已引起数学界的广泛注意.

(2) 其他领域

丘成桐在物理学和工程学上都有非常重要的影响,他也因此被聘为哈佛大学的物理学终身教授,成为哈佛大学有史以来兼任数学系教授和物理系教授的唯一一人.丘成桐教授在工程学的各个分支做出了很重要的贡献,这些学科包括控制论、图论(应用到社会科学)、数据分析、人工智能和三维图像处理,丘成桐在这些方面已经发表了几十篇重要的论文,多次被工程学大会邀请做重要演讲和大会报告.

对中国的贡献

(1) 关心中国数学事业

丘成桐对中国的数学事业一直非常关心.

从1984年起,他先后招收了十几名来自中国的博士研究生,要为中国培养微分几何方面的人才.他的做法是,不仅要教给学生一些特殊的技巧,更重要的是教会他们如何领会数学的精辟之处.他的学生田刚,也于1996年获得了维布伦奖,被公认为世界最杰出的微分几何学家之一.

他热心于帮助发展中国的数学事业.自1979年以来多次到中国科学院进行高质量的讲学.由科学出版社出版的专著《微分几何》,内容主要是他的研究结果.1994年6月8日当选为首批中国科学院外籍院士.

虽然丘成桐是在香港长大的,但他出生于中国内地,深受中国传统文化的影响,并坚信帮助中国推动数学发展是自己的责任.在20世纪70年代中国对外开放后,丘成桐受到中国著名数学家华罗庚的邀请,于1979年访问中国.

为了帮助发展中国数学,丘成桐想尽了各种办法,与他钻研数学问题颇为相似.他培养来自中国的留学生,建立数学研究所与研究中心,组织各种层次的会议,发起各种人才培养计划,并募集大量资金.

(2) 建立研究所和研究中心

丘成桐建立的第一个数学研究所是1993年成立的香港中文大学数学研究所.第二个是1996年建立的北京晨兴数学中心.中心建立与运作的大部分经费都是丘成桐从香港晨兴基金会筹得的.第三个是建立于2002年的浙江大学数学科学中心.第四个2009年建立的清华大学数学研究中心.

丘成桐对这些研究机构,经常例行工作视察,做报告,指导学生,组织学术会议与暑期学校等.除了上述中国大陆三个研究中心,丘成桐对于台湾理论科学中心的建立以及台湾地区数学的发展也作出了重要的贡献.1997年,他受台湾新竹清华大学校长刘炯朗邀请,作为讲席教授访问一年.若干年后,他建议已是台湾科学委员会主席的刘炯朗,建立理论科学中心.该中心正式成立是在1998年.他担任该理论科学中心顾问委员会主任直到2005年.

(3) 发起国际华人数学家大会

为了增进华人数学家的交流与合作.丘成桐发起组织国际华人数学家大会.会议每三年一届.除了邀请报告外,还邀请几位非华裔数学家作"晨兴"讲座.每次大会的焦点是颁发"晨兴"数学奖,陈省身奖.第一届大会于1998年12月12—18日在北京晨兴数学中心召开.来自世界各地华人数学家的反响与支持非常热烈,有400多人与会.这是第一次在中国举行的重要数学国际会议.第二届大会于2001年在台湾召开,第三届大会2004年在香港举行,第四届大会2007年在浙江大学举行,第五届大会于2010年在清华大学举行.第六届大会于2013年在台湾大学举行.从第三届大会开始正式设立面向大学本科、硕士与博士生的新世界数学奖.

(4) 设立基金会和奖项

2003年9月15日,丘成桐在蕉岭设立"丘成桐奖教奖学基金",每年捐资1万元人民币作为蕉岭中学高考奖学金.

为了激发中学生对于数学研究的兴趣和创造力,培养和发现年轻的数学天才,2004年,丘成桐首先在香港成立了面向香港中学生的两年一届的"恒隆数学奖".

2005年,为了支持香港学校的通识教育,让学生和大众感受中华文化的博大精深,丘成桐拿出200万港币在母校香港中文大学设立了"丘镇英基金",基金利息作为香港中文大学中文系、历史系和哲学系邀请国际知名的文学、史学及哲学大师访港,以及学生交流的经费.

2007年,丘成桐先生成立"丘镇英基金",纪念父亲对崇基书院的贡献和对自己的培养,同时更为继承父亲"融合中国和西方文化"的愿望,支持和邀请世界顶尖级数学家来中国举办讲座和从事学术研究.

2007年7月26日,由丘成桐个人捐资成立、以他父亲的名字命名的中科院晨兴数学中心丘镇英基金会,种子基金为100万元人民币,主要用于邀请杰出的数学家来晨兴数学中心作研究、演讲等.

2008 年,丘成桐中学数学奖正式成立.

2010 年,丘成桐大学生数学竞赛正式设立.

2013 年,丘成桐中学科学奖正式设立.

2015 年 3 月,丘成桐数学科学中心在清华大学揭牌成立.

2015 年 10 月 11 日,丘成桐在梅州市蕉岭县联谊,并和蕉岭县商定在蕉岭成立丘成桐奖教奖学基金.

2018 年 5 月,清华大学增设"丘成桐数学英才班".

2018 年 12 月 22 日,"卡拉比-丘理论发展 40 年"国际会议在广东梅州市蕉岭县举行.

2020 年 11 月 28 日,卡拉比-丘(梅州蕉岭)数学大会在蕉岭丘成桐国际会议中心举行.

科研成果奖励

2019 年,"2018—2019 影响世界华人盛典"世界华人科技界的杰出代表和终生成就奖;

2018 年,马塞尔·格罗斯曼奖;

2010 年,以色列沃尔夫数学奖;

2003 年,中华人民共和国国际科学技术合作奖;

1997 年,美国国家科学奖章;

1994 年,瑞典皇家科学院克拉福德奖;

1991 年,德国 Humboldt 基金会研究;

1985 年,麦克阿瑟奖;

1984 年,《科学文摘》评选的美国 100 位 40 岁以下最具影响力的科学家;

1983 年,国际数学家大会菲尔兹奖;

1981 年,美国科学院 Carty 奖;

1981 年,美国数学会维布伦奖;

1980 年,John Simon Guggenheim 奖;

1979 年,美国加州年度杰出科学家;

1975—1976 年,斯隆研究奖.

第十一章　曲面积分

回顾一下前面学习过的所有积分，从一元函数定积分到第二型曲线积分，积分路径从一维有向闭区间变成了空间有向曲线段；从二重积分到三重积分再到第一型曲线积分，积分路径从二维平面区域变成了三维立体区域，再变成了空间曲线段. 这些积分不仅有具体的物理背景，还有明确的几何意义，它们都是通过分割、近似、求和、取极限的方法，利用局部均匀的方法去解决非均匀的问题. 这启发我们可以将人生的每个梦想分成若干个小的具体的目标，通过脚踏实地地完成一个一个小的目标，最终实现人生大梦想. 从发展的眼光来看，还可以将这个问题拓展下去，如果进一步将积分路径延伸为空间有向曲面和曲面块，是否也有跟第一型曲线积分和第二型曲线积分类似的积分呢?本章就讨论这种积分，进而介绍众多积分的内在联系和场论初步.

11.1　第一型曲面积分

11.1.1　第一型曲面积分的基本概念

类似于第一型曲线积分中曲线构件的质量，如果将构件扩展为空间的曲面形构件，同样可以求解其质量.

首先引进光滑曲面的概念：如果曲面上每一点 M 都有切平面，且点 M 的切平面的法向量随点 M 的连续移动而连续变化，就称该曲面为**光滑曲面**；如果曲面由有限个光滑曲面拼接而成，称为**分片光滑曲面**. 本节讨论的曲面都是光滑曲面或分片光滑曲面.

物理背景：曲面形构件的质量

设某曲面形构件在空间中为一曲面 Σ（如图 11.1），Σ 上任一点 (x,y,z) 处的质量密度为 $\rho(x,y,z)$，求该构件的质量.

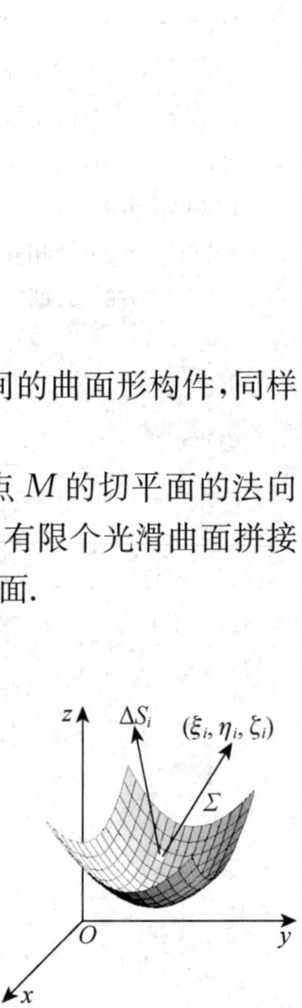

图 11.1

完全类似于曲线形构件质量的求解方法. 将曲面 Σ 任意分成 n 个小曲面块，其中第 i 个小曲面块记为 ΔS_i，其面积也记为 ΔS_i，在该区域中任意取点 (ξ_i,η_i,ζ_i)（如图 11.1），作和 $\sum\limits_{i=1}^{n}\rho(\xi_i,\eta_i,\zeta_i)\Delta S_i$，令 $\lambda=\max\limits_{1\leqslant i\leqslant n}\{\Delta S_i \text{ 的直径}\}$，取极限 $\lim\limits_{\lambda\to 0}\sum\limits_{i=1}^{n}\rho(\xi_i,\eta_i,\zeta_i)\Delta S_i$，若此极限存在，则其值就是曲面形构件的质量.

这种和式的极限就是一种积分，抽象概括可得如下定义.

定义 1　设曲面 Σ 光滑，函数 $f(x,y,z)$ 在 Σ 上有界，把 Σ 任意分成 n 小块，第 i 小块记为 ΔS_i（ΔS_i 同时也表示第 i 小块曲面的面积），在 ΔS_i 上任取一点 (ξ_i,η_i,ζ_i)，作和数 $\sum\limits_{i=1}^{n} f(\xi_i,\eta_i,\zeta_i)\cdot\Delta S_i$，记 $\lambda=\max\limits_{1\leqslant i\leqslant n}\{\Delta S_i\text{ 的直径}\}$，若不论对 Σ 怎样划分，也不论 (ξ_i,η_i,ζ_i) 在 ΔS_i 上如何选取，只要当 $\lambda\to 0$ 时，和数的极限总存在，就称此极限值 I 为 $f(x,y,z)$ 在曲面 Σ 上的**第一型曲面积分（或称为对面积的曲面积分）**，也称 $f(x,y,z)$ 在曲面 Σ 上的**第一型曲面积分存在**，记作

$$\iint\limits_{\Sigma} f(x,y,z)\mathrm{d}S=\lim_{\lambda\to 0}\sum_{i=1}^{n} f(\xi_i,\eta_i,\zeta_i)\Delta S_i, \tag{11.1}$$

其中 $f(x,y,z)$ 称为**被积函数**，Σ 称为**积分曲面**. 当 Σ 是封闭曲面时，常将其记为 $\oiint\limits_{\Sigma} f(x,y,z)\mathrm{d}S$.

当 $f(x,y,z)$ 在光滑曲面 Σ 上连续时，$\iint\limits_{\Sigma} f(x,y,z)\mathrm{d}S$ 是存在的（证明从略），下面总假设 $f(x,y,z)$ 在光滑曲面 Σ 上连续.

由第一型曲面积分的定义可知质量密度为 $\rho(x,y,z)$ 的曲面形构件的质量为 $m=\iint\limits_{\Sigma}\rho(x,y,z)\mathrm{d}S$. 同前面讨论，进一步利用微元法可得曲面形构件的**重心坐标** $(\bar{x},\bar{y},\bar{z})$ 为 $\bar{x}=\dfrac{\iint\limits_{\Sigma} x\rho(x,y,z)\mathrm{d}S}{\iint\limits_{\Sigma}\rho(x,y,z)\mathrm{d}S}$，$\bar{y}=\dfrac{\iint\limits_{\Sigma} y\rho(x,y,z)\mathrm{d}S}{\iint\limits_{\Sigma}\rho(x,y,z)\mathrm{d}S}$，$\bar{z}=\dfrac{\iint\limits_{\Sigma} z\rho(x,y,z)\mathrm{d}S}{\iint\limits_{\Sigma}\rho(x,y,z)\mathrm{d}S}$；曲面形构件对 x 轴、y 轴、z 轴及原点的**转动惯量**分别为 $I_x=\iint\limits_{\Sigma}(y^2+z^2)\rho(x,y,z)\mathrm{d}S$，$I_y=\iint\limits_{\Sigma}(z^2+x^2)\rho(x,y,z)\mathrm{d}S$，$I_z=\iint\limits_{\Sigma}(x^2+y^2)\rho(x,y,z)\mathrm{d}S$，$I_O=\iint\limits_{\Sigma}(x^2+y^2+z^2)\rho(x,y,z)\mathrm{d}S$.

第一型曲面积分与第一型曲线积分具有完全类似的性质，只是将第一型曲线积分中的曲线弧长改为曲面面积. 例如，设光滑曲面 Σ 可分成两片光滑曲面 Σ_1，Σ_2（记作 $\Sigma=\Sigma_1+\Sigma_2$），则有

$$\iint\limits_{\Sigma} f(x,y,z)\mathrm{d}S=\iint\limits_{\Sigma_1} f(x,y,z)\mathrm{d}S+\iint\limits_{\Sigma_2} f(x,y,z)\mathrm{d}S.$$

又如 $\iint\limits_{\Sigma}\mathrm{d}S=A$（曲面 Σ 的面积）. 其余的就不一一列出了.

11.1.2　第一型曲面积分的计算

利用在二重积分的应用中获得的曲面面积微元 $\mathrm{d}S$ 的表达式易得第一型曲面积分的计算方法.

定理 1 设光滑曲面 Σ 的方程为 $z=z(x,y)$，$(x,y)\in D_{xy}$，其中 D_{xy} 为 Σ 在 xOy 面上的投影域，$f(x,y,z)$ 在 Σ 上连续，则

$$\iint_{\Sigma} f(x,y,z)\mathrm{d}S=\iint_{D_{xy}} f[x,y,z(x,y)]\sqrt{1+z_x^2(x,y)+z_y^2(x,y)}\,\mathrm{d}x\mathrm{d}y \qquad (11.2)$$

证明方法与第一型曲线积分的计算方法类似，从略.

几点说明：

(1) 公式(11.2)表明，在计算第一型曲面积分 $\iint_{\Sigma} f(x,y,z)\mathrm{d}S$ 时，由于 (x,y,z) 的积分路径在曲面 Σ 上变化，故必须满足曲面 Σ 的方程，从而只要利用曲面面积微元的计算公式，将曲面方程 $z=z(x,y)$ 代入被积函数 $f(x,y,z)$ 中，然后计算所得二重积分即可.

(2) 如果 Σ 的方程为 $y=y(x,z)$，$(x,z)\in D_{zx}$，其中 D_{zx} 为 Σ 在 zOx 面上的投影域，则

$$\iint_{\Sigma} f(x,y,z)\mathrm{d}S=\iint_{D_{zx}} f[x,y(x,z),z]\sqrt{1+y_x^2(x,z)+y_z^2(x,z)}\,\mathrm{d}x\mathrm{d}z.$$

如果 Σ 的方程为 $x=x(y,z)$，$(y,z)\in D_{yz}$，其中 D_{yz} 为 Σ 在 yOz 面上的投影域，则

$$\iint_{\Sigma} f(x,y,z)\mathrm{d}S=\iint_{D_{yz}} f[x(y,z),y,z]\sqrt{1+x_y^2(y,z)+x_z^2(y,z)}\,\mathrm{d}y\mathrm{d}z.$$

例 1 计算曲面积分 $I=\iint_{\Sigma} z\mathrm{d}S$，其中 Σ 为圆锥面 $z=\sqrt{x^2+y^2}$ 介于平面 $z=1$ 和 $z=2$ 之间的部分(如图 11.2).

解 由题意曲面 Σ 的方程为 $z=\sqrt{x^2+y^2}$，其在 xOy 面上的投影区域(如图 11.2)为 $D_{xy}=\{(x,y)\mid 1\leqslant x^2+y^2\leqslant 4\}$，且 $z_x=\dfrac{x}{\sqrt{x^2+y^2}}$，$z_y=\dfrac{y}{\sqrt{x^2+y^2}}$，于是有

$$I=\iint_{D_{xy}}\sqrt{x^2+y^2}\sqrt{1+\frac{x^2}{x^2+y^2}+\frac{y^2}{x^2+y^2}}\,\mathrm{d}x\mathrm{d}y=\iint_{D_{xy}}\sqrt{2(x^2+y^2)}\,\mathrm{d}x\mathrm{d}y$$

$$=\sqrt{2}\int_0^{2\pi}\mathrm{d}\theta\int_1^2 r^2\mathrm{d}r=\frac{14\sqrt{2}}{3}\pi.$$

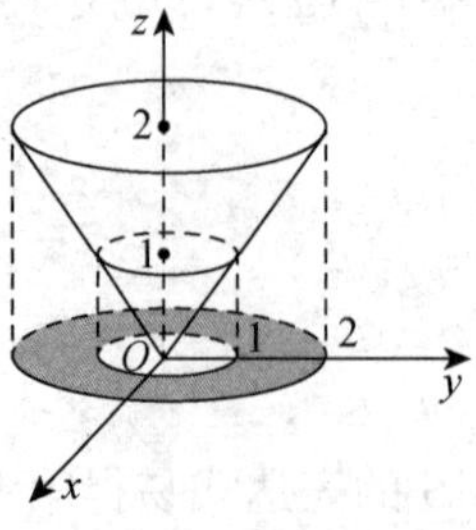

图 11.2

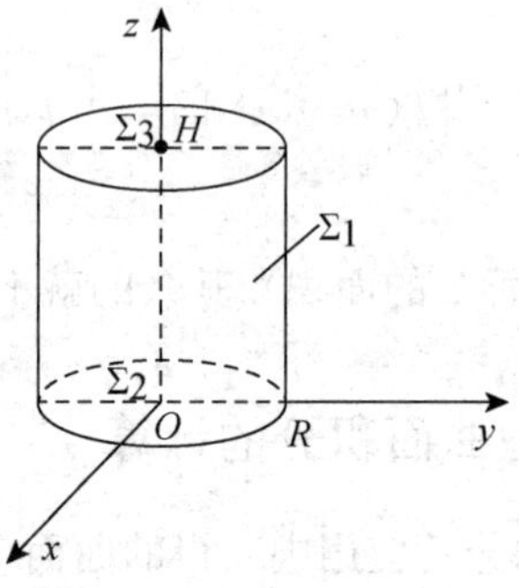

图 11.3

例 2　计算曲面积分 $I=\iint\limits_{\Sigma} z(x^2+y^2)\mathrm{d}S$，其中 Σ 是由圆柱面 $x^2+y^2=R^2$ 与平面 $z=0$，$z=H$ 围成的立体表面.

解　如图11.3，将曲面 Σ 分成三个部分 Σ_1、Σ_2 和 Σ_3，利用曲面积分关于积分曲面的可加性有

$$I=\iint\limits_{\Sigma_1} z(x^2+y^2)\mathrm{d}S+\iint\limits_{\Sigma_2} z(x^2+y^2)\mathrm{d}S+\iint\limits_{\Sigma_3} z(x^2+y^2)\mathrm{d}S.$$

对 Σ_2，方程为 $z=0$，故有 $\iint\limits_{\Sigma_2} z(x^2+y^2)\mathrm{d}S=0$.

对 Σ_3，方程为 $z=H$，其在 xOy 面上的投影区域为 $D_{xy}=\{(x,y)\mid x^2+y^2\leqslant R^2\}$，故有

$$\iint\limits_{\Sigma_3} z(x^2+y^2)\mathrm{d}S=\iint\limits_{D_{xy}} H(x^2+y^2)\mathrm{d}x\mathrm{d}y=H\int_0^{2\pi}\mathrm{d}\theta\int_0^R r^3\mathrm{d}r=\frac{\pi}{2}R^4H.$$

对 Σ_1，应考虑曲面在 yOz 面上的投影，但是曲面方程不易将 x 表示为 y，z 的关系式，从而又将其分为前后两片，前片 $\Sigma_{1前}$ 方程为 $x=\sqrt{R^2-y^2}$，$x_y=-\dfrac{y}{\sqrt{R^2-y^2}}$，$x_z=0$，其在 yOz 面上的投影区域为 $D_{yz}=\{(y,z)\mid -R\leqslant y\leqslant R,0\leqslant z\leqslant H\}$. 后片 $\Sigma_{1后}$ 方程为 $x=-\sqrt{R^2-y^2}$，$x_y=\dfrac{y}{\sqrt{R^2-y^2}}$，$x_z=0$，其在 yOz 面上的投影区域仍为 $D_{yz}=\{(y,z)\mid -R\leqslant y\leqslant R,0\leqslant z\leqslant H\}$，从而

$$\begin{aligned}\iint\limits_{\Sigma_1} z(x^2+y^2)\mathrm{d}S&=\iint\limits_{\Sigma_{1前}} z(x^2+y^2)\mathrm{d}S+\iint\limits_{\Sigma_{1后}} z(x^2+y^2)\mathrm{d}S\\&=2\iint\limits_{D_{yz}} zR^2\sqrt{1+\frac{y^2}{R^2-y^2}}\mathrm{d}y\mathrm{d}z=2R^3\int_0^H z\mathrm{d}z\int_{-R}^{R}\frac{\mathrm{d}y}{\sqrt{R^2-y^2}}=\pi R^3H^2.\end{aligned}$$

于是所求积分为 $I=\dfrac{\pi}{2}R^3H(2H+R)$.

从上例 Σ_1 中的积分计算过程可以看出，第一型曲面积分具有与定积分完全类似的对称性计算技巧，由于积分区域 Σ_1 关于 yOz 平面和 zOx 平面均对称，而被积函数 $z(x^2+y^2)$ 关于 x 和 y 都是偶函数，记 Σ_1 在第一卦限中部分为 S，从而

$$\iint\limits_{\Sigma_1} z(x^2+y^2)\mathrm{d}S=4\iint\limits_{S} z(x^2+y^2)\mathrm{d}S=4R^3\int_0^H z\mathrm{d}z\int_0^R\frac{\mathrm{d}y}{\sqrt{R^2-y^2}}=\pi R^3H^2.$$

例 3　求均匀上半球面的重心.

解　设上半球面 Σ 的方程为 $z=\sqrt{a^2-x^2-y^2}$，它在 xOy 面上的投影区域为 $D_{xy}=\{(x,y)\mid x^2+y^2\leqslant a^2\}$，由于球面是均匀的，所以其密度函数为常数 ρ，且由对称性知 $\overline{x}=\overline{y}=0$，又

$$\bar{z}=\frac{\iint\limits_{\Sigma}\rho z\,\mathrm{d}S}{\iint\limits_{\Sigma}\rho\,\mathrm{d}S}=\frac{\iint\limits_{D_{xy}}\rho\sqrt{a^2-x^2-y^2}\cdot\frac{a}{\sqrt{a^2-x^2-y^2}}\mathrm{d}x\mathrm{d}y}{\rho\cdot 2\pi a^2}=\frac{\rho a\cdot\pi a^2}{\rho\cdot 2\pi a^2}=\frac{a}{2},$$

故均匀上半球面的重心坐标为$\left(0,0,\frac{a}{2}\right)$.

习题 11.1

1. 计算下列第一型曲面积分

(1) $\iint\limits_{\Sigma}\left(2x+\frac{4}{3}y+z\right)\mathrm{d}S$,其中 Σ 为平面$\frac{x}{2}+\frac{y}{3}+\frac{z}{4}=1$在第一卦限中的部分;

(2) $\iint\limits_{\Sigma}(x+y+z)\mathrm{d}S$,其中 Σ 为上半球面 $z=\sqrt{R^2-x^2-y^2}\,(R>0)$;

(3) $\iint\limits_{\Sigma}(x^2+y^2)\mathrm{d}S$,其中 Σ 为 $z=\sqrt{x^2+y^2}$ 与 $z=1$ 围成的圆锥体的边界曲面;

(4) $\iint\limits_{\Sigma}\frac{\mathrm{d}S}{\sqrt{1-x^2-y^2}}$,其中 Σ 为锥面 $z=\sqrt{x^2+y^2}$ 被柱面 $z^2=x$ 所截得的有限部分;

(5) $\oiint\limits_{\Sigma}\frac{\mathrm{d}S}{(1+x+y)^2}$,其中 Σ 为平面 $x+y+z=1$ 及三个坐标面所围成的四面体的表面;

(6) $\iint\limits_{\Sigma}\frac{\mathrm{d}S}{r^2}$,其中 Σ 为圆柱面 $x^2+y^2=R^2$ 介于平面 $z=0$ 及 $z=H$ 之间的部分,r 为 Σ 上点到原点的距离.

2. 设球面三角形为 $x^2+y^2+z^2=R^2\,(x\geqslant 0,y\geqslant 0,z\geqslant 0,R>0)$,求此曲面的形心坐标.

3. 求平面 $x+y=1$ 上被坐标面与曲面 $z=xy$ 截下的在第一卦限部分的面积.

4. 求密度为常数 μ 的均匀半球面 $x^2+y^2+z^2=R^2\,(z\geqslant 0)$ 对 z 轴的转动惯量.

5. 设半径为 R 的球面 Σ,其球心位于定球面 $x^2+y^2+z^2=a^2\,(a>0)$ 上. 问 R 取何值时,球面 Σ 在定球面内部的那部分面积最大?

11.2 第二型曲面积分

11.2.1 第二型曲面积分的基本概念

在实际问题中经常会遇到流量的问题,比如在汛期,我们需要知道某水闸门在单位时间内流经的水流量是多少. 这个问题提炼出来就是向量沿有向曲面的积分问题. 为此,先引进曲面的侧向概念.

通常遇到的曲面有两个侧面.对于封闭曲面有内侧和外侧,对于非封闭曲面,有上侧和下侧,左侧和右侧,前侧和后侧等.这种曲面称为**双侧曲面**.其几何特征是,在此曲面上任取一点 P,并在该点引一法线(如图 11.4),选定其中一个法向量方向,当点 P 在曲面上连续移动而不越出它的边界再回到原来的位置时,其法向量的指向不变.否则称为**单侧曲面**(例如莫比乌斯带:将一长方形纸条的一端翻转后与另一端粘接所得的曲面,如图 11.5).本书仅限于讨论双侧曲面,并称指定了侧向的曲面为**有向曲面**.

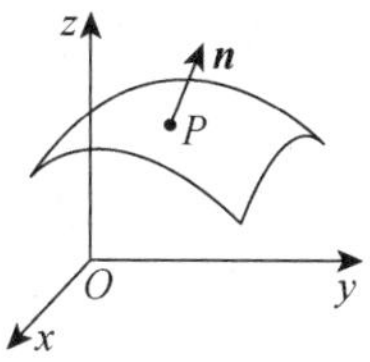

图 11.4

图 11.5

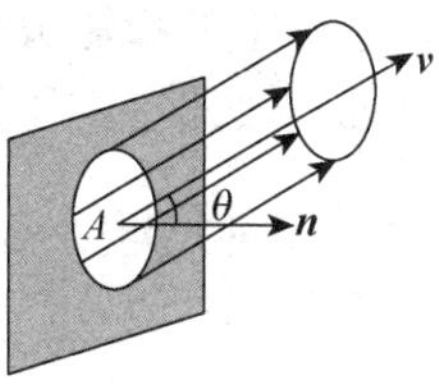

图 11.6

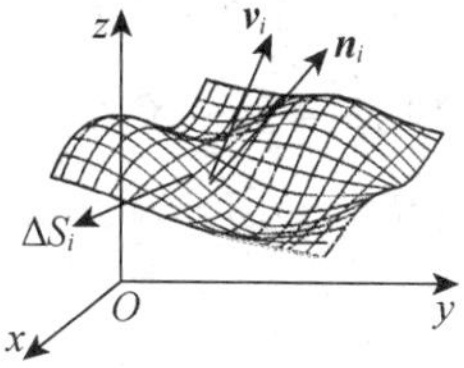

图 11.7

物理背景:不可压缩流体流向曲面指定侧的流量.

设有不可压缩的流体(密度为常数的流体)在空间区域 Ω 中流动,流体的速度为 $\boldsymbol{v}(x,y,z)=P(x,y,z)\boldsymbol{i}+Q(x,y,z)\boldsymbol{j}+R(x,y,z)\boldsymbol{k}$,物理中常把这种分布着流体速度的空间区域称为**流速场**.设 Σ 为 Ω 内一有向曲面,求流体通过 Σ 并流向 Σ 指定一侧的流量.

所求流量事实上就是单位时间内通过曲面 Σ 的流体的体积.若 Σ 是平面,其面积为 A,流速场中各点的流速 $\boldsymbol{v}(x,y,z)$ 是常向量 $\boldsymbol{v}$,那么流体在单位时间内通过 Σ 上的流量形成一个底面积为 A、斜高为 $|\boldsymbol{v}|$ 的斜柱体,其体积为 $A|\boldsymbol{v}|\cos\theta=A\boldsymbol{v}\cdot\boldsymbol{n}$,其中 $\boldsymbol{n}$ 为该平面指定侧向的单位法向量,θ 为速度 $\boldsymbol{v}$ 与 $\boldsymbol{n}$ 的夹角(如图 11.6),即单位时间内流体通过平面区域 Σ 流向 $\boldsymbol{n}$ 所指一侧的流量为 $\Phi=A\boldsymbol{v}\cdot\boldsymbol{n}$.容易看出,当 θ 为锐角时,流量值即为流体体积;当 θ 为直角时,流量为 0;当 θ 为钝角时,流量值为流体体积的相反值.

如果 Σ 是曲面,流速 $\boldsymbol{v}(x,y,z)$ 不是常向量,则需要利用微元法来解决.

将曲面 Σ 任意分成 n 个小块 $\Delta S_1,\Delta S_2,\cdots,\Delta S_n$,$\Delta S_i$ 的面积仍记为 ΔS_i,在 ΔS_i 上任取一点 (ξ_i,η_i,ζ_i),记该点处的流速及单位法向量分别为 $\boldsymbol{v}_i=\boldsymbol{v}(\xi_i,\eta_i,\zeta_i)$,$\boldsymbol{n}_i=\cos\alpha_i\boldsymbol{i}+\cos\beta_i\boldsymbol{j}+\cos\gamma_i\boldsymbol{k}$(如图 11.7),于是,当 ΔS_i 很小时,通过 ΔS_i 流向 Σ 指定侧的流量 $\Delta\Phi_i\approx\boldsymbol{v}_i\cdot\boldsymbol{n}_i\Delta S_i(i=1,2\cdots,n)$,因此,流量 $\Phi=\sum\limits_{i=1}^{n}\Delta\Phi_i\approx\sum\limits_{i=1}^{n}\boldsymbol{v}_i\cdot\boldsymbol{n}_i\Delta S_i$,记 $\lambda=\max\limits_{1\leqslant i\leqslant n}\{\Delta S_i$ 的直径$\}$,则当 $\lambda\to 0$ 时,$\Phi=\lim\limits_{\lambda\to 0}\sum\limits_{i=1}^{n}\boldsymbol{v}_i\cdot\boldsymbol{n}_i\Delta S_i$,由第一类曲面积分定义知 $\Phi=\iint\limits_{\Sigma}\boldsymbol{v}\cdot\boldsymbol{n}\mathrm{d}S$,其中 $\boldsymbol{v}(x,y,z)=P(x,y,z)\boldsymbol{i}+Q(x,y,z)\boldsymbol{j}+R(x,y,z)\boldsymbol{k}$,$\boldsymbol{n}=\cos\alpha\boldsymbol{i}+\cos\beta\boldsymbol{j}+\cos\gamma\boldsymbol{k}$,于是

$$\Phi=\iint\limits_{\Sigma}\boldsymbol{v}\cdot\boldsymbol{n}\mathrm{d}S=\iint\limits_{\Sigma}(P\cos\alpha+Q\cos\beta+R\cos\gamma)\mathrm{d}S.$$

显然当 $\boldsymbol{n}$ 改为相反方向时,流量 Φ 要改变符号,可见此积分与曲面的侧向有关,是特殊的第一型曲面积分,称为第二型曲面积分.将之抽象出来就得到如下定义.

定义 1 设 Σ 为空间区域 Ω 中一片可求面积的光滑有向曲面,曲面上任一点 (x,y,z) 处的单位法向量 $\boldsymbol{n}=\cos\alpha\boldsymbol{i}+\cos\beta\boldsymbol{j}+\cos\gamma\boldsymbol{k}$,$\boldsymbol{A}(x,y,z)=P(x,y,z)\boldsymbol{i}+Q(x,y,z)\boldsymbol{j}+R(x,y,

$z)\boldsymbol{k}$,其中函数 P,Q,R 在 Σ 上有界,若函数 $\boldsymbol{A}\cdot\boldsymbol{n}=P\cos\alpha+Q\cos\beta+R\cos\gamma$ 在 Σ 上的第一型曲面积分

$$\iint_{\Sigma}\boldsymbol{A}\cdot\boldsymbol{n}\mathrm{d}S=\iint_{\Sigma}(P\cos\alpha+Q\cos\beta+R\cos\gamma)\mathrm{d}S \tag{11.3}$$

存在,则称该积分为向量函数 $\boldsymbol{A}(x,y,z)$ 在有向曲面 Σ 上的**第二型曲面积分**.

若记 $\mathbf{d}\boldsymbol{S}=\boldsymbol{n}\mathrm{d}S=(\cos\alpha,\cos\beta,\cos\gamma)\mathrm{d}S$,称为有向曲面 Σ 的**有向曲面元**,它是一个向量,它在三个坐标面 yOz,zOx,xOy 上的投影分别为 $\mathrm{d}y\mathrm{d}z,\mathrm{d}z\mathrm{d}x,\mathrm{d}x\mathrm{d}y$,于是有 $\cos\alpha\mathrm{d}S=\mathrm{d}y\mathrm{d}z$,$\cos\beta\mathrm{d}S=\mathrm{d}z\mathrm{d}x$,$\cos\gamma\mathrm{d}S=\mathrm{d}x\mathrm{d}y$,即

$$\mathbf{d}\boldsymbol{S}=\boldsymbol{n}\mathrm{d}S=(\cos\alpha,\cos\beta,\cos\gamma)\mathrm{d}S=(\cos\alpha\mathrm{d}S,\cos\beta\mathrm{d}S,\cos\gamma\mathrm{d}S)=(\mathrm{d}y\mathrm{d}z,\mathrm{d}z\mathrm{d}x,\mathrm{d}x\mathrm{d}y).$$

从而

$$\iint_{\Sigma}\boldsymbol{A}\cdot\boldsymbol{n}\mathrm{d}S=\iint_{\Sigma}\boldsymbol{A}\cdot\mathbf{d}\boldsymbol{S}=\iint_{\Sigma}(P\cos\alpha+Q\cos\beta+R\cos\gamma)\mathrm{d}S=\iint_{\Sigma}P\mathrm{d}y\mathrm{d}z+Q\mathrm{d}z\mathrm{d}x+R\mathrm{d}x\mathrm{d}y.$$

因此,第二型曲面积分也称为**对坐标的曲面积分**. 又由第一型曲面积分的可加性有

$$\iint_{\Sigma}P\mathrm{d}y\mathrm{d}z+Q\mathrm{d}z\mathrm{d}x+R\mathrm{d}x\mathrm{d}y=\iint_{\Sigma}P\mathrm{d}y\mathrm{d}z+\iint_{\Sigma}Q\mathrm{d}z\mathrm{d}x+\iint_{\Sigma}R\mathrm{d}x\mathrm{d}y,$$

其中第一项 $\iint_{\Sigma}P\mathrm{d}y\mathrm{d}z$ 称为**对坐标 y 和 z 的积分**,第二项 $\iint_{\Sigma}Q\mathrm{d}z\mathrm{d}x$ 称为**对坐标 z 和 x 的积分**,第三项 $\iint_{\Sigma}R\mathrm{d}x\mathrm{d}y$ 称为**对坐标 x 和 y 的积分**. $P(x,y,z)$,$Q(x,y,z)$ 和 $R(x,y,z)$ 称为**被积函数**,Σ 称为**积分曲面**,各项可以单独出现. 当 Σ 是封闭曲面时,常将积分号记为 $\oiint_{\Sigma}$.

当 $P(x,y,z)$,$Q(x,y,z)$,$R(x,y,z)$ 在有向光滑曲面 Σ 上连续时,上述曲面积分存在(证明从略),下面总假设 $P(x,y,z)$,$Q(x,y,z)$,$R(x,y,z)$ 在 Σ 上连续.

由第二型曲面积分的定义可知流速场 $\boldsymbol{v}(x,y,z)=P(x,y,z)\boldsymbol{i}+Q(x,y,z)\boldsymbol{j}+R(x,y,z)\boldsymbol{k}$ 流经有向曲面 Σ 指定侧向的流量为

$$\Phi=\iint_{\Sigma}\boldsymbol{A}\cdot\boldsymbol{n}\mathrm{d}S=\iint_{\Sigma}P\mathrm{d}y\mathrm{d}z+Q\mathrm{d}z\mathrm{d}x+R\mathrm{d}x\mathrm{d}y.$$

第二型曲面积分也有与定积分类似的性质,下面不加证明给出几个常用的性质,假设以下曲面积分均存在:

性质 1 设 α,β 为常数,则

$$\iint_{\Sigma}[\alpha\boldsymbol{A}_1(x,y,z)+\beta\boldsymbol{A}_2(x,y,z)]\cdot\mathbf{d}\boldsymbol{S}=\alpha\iint_{\Sigma}\boldsymbol{A}_1(x,y,z)\cdot\mathbf{d}\boldsymbol{S}+\beta\iint_{\Sigma}\boldsymbol{A}_2(x,y,z)\cdot\mathbf{d}\boldsymbol{S}.$$

性质 2 设 Σ 可分成两片有向光滑曲面 Σ_1,Σ_2(记为 $\Sigma=\Sigma_1+\Sigma_2$),则

$$\iint_{\Sigma}\boldsymbol{A}\cdot\mathbf{d}\boldsymbol{S}=\iint_{\Sigma_1}\boldsymbol{A}\cdot\mathbf{d}\boldsymbol{S}+\iint_{\Sigma_2}\boldsymbol{A}\cdot\mathbf{d}\boldsymbol{S}.$$

性质 3　设 Σ 是有向光滑曲面，$-\Sigma$ 是与 Σ 相反侧向的有向光滑曲面，则

$$\iint_{-\Sigma}\boldsymbol{A}\cdot\mathbf{d}\boldsymbol{S}=-\iint_{\Sigma}\boldsymbol{A}\cdot\mathbf{d}\boldsymbol{S}.$$

即第二型曲面积分与积分曲面的侧向有关.

11.2.2　第二型曲面积分的计算

同第一型曲面积分类似，第二型曲面积分也可以化为二重积分来计算. 为简单起见，下面仅以积分 $\iint_{\Sigma}R(x,y,z)\mathrm{d}x\mathrm{d}y$ 为例，其中 $R(x,y,z)$ 在 Σ 上连续. 设 Σ 的方程为 $z=z(x,y)$，Σ 在 xOy 面上的投影区域为 D_{xy}，γ 为 Σ 指定侧向的单位法向量 $\boldsymbol{n}$ 与 z 轴正向的夹角，于是 Σ 的侧向可以用上侧（γ 是锐角）和下侧（γ 是钝角）来区分. 同时

$$\boldsymbol{n}=\pm\left(\frac{-z_x}{\sqrt{1+z_x^2+z_y^2}},\frac{-z_y}{\sqrt{1+z_x^2+z_y^2}},\frac{1}{\sqrt{1+z_x^2+z_y^2}}\right),$$

其中 Σ 为上侧时取“+”号，Σ 为下侧时取“−”号，即 $\cos\gamma=\pm\frac{1}{\sqrt{1+z_x^2+z_y^2}}$. 另一方面，点 (x,y,z) 在曲面 Σ 上变动，故它的坐标应满足 Σ 的方程，于是利用第一型曲面积分的计算公式可得

$$\begin{aligned}\iint_{\Sigma}R(x,y,z)\mathrm{d}x\mathrm{d}y&=\iint_{\Sigma}R(x,y,z)\cos\gamma\mathrm{d}S=\pm\iint_{\Sigma}R[x,y,z(x,y)]\frac{1}{\sqrt{1+z_x^2+z_y^2}}\mathrm{d}S\\&=\pm\iint_{D_{xy}}R[x,y,z(x,y)]\cdot\frac{1}{\sqrt{1+z_x^2+z_y^2}}\cdot\sqrt{1+z_x^2+z_y^2}\mathrm{d}x\mathrm{d}y\\&=\pm\iint_{D_{xy}}R[x,y,z(x,y)]\mathrm{d}x\mathrm{d}y,\end{aligned}$$

其中 Σ 为上侧时取“+”号，Σ 为下侧时取“−”号. 当 $\gamma=\frac{\pi}{2}$ 时，$\iint_{\Sigma}R(x,y,z)\mathrm{d}x\mathrm{d}y=0$.

对于另外两种曲面积分，当曲面 Σ 的方程可用 $x=x(y,z)$ 或 $y=y(z,x)$ 表示时，同样可得相应的计算公式，总结可得如下结论：

定理 1　设 Σ 为空间区域 Ω 中一片可求面积的光滑有向曲面，$P(x,y,z)$，$Q(x,y,z)$，$R(x,y,z)$ 在 Σ 上连续. 于是

（1）若 Σ 的方程为 $z=z(x,y)$，它在 xOy 面上的投影区域为 D_{xy}，则

$$\iint_{\Sigma}R(x,y,z)\mathrm{d}x\mathrm{d}y=\iint_{\Sigma}R(x,y,z)\cos\gamma\mathrm{d}S=\pm\iint_{D_{xy}}R[x,y,z(x,y)]\mathrm{d}x\mathrm{d}y\left(\gamma=\frac{\pi}{2}\text{ 时积分为零}\right),$$

其中 Σ 为上侧时取“+”号，Σ 为下侧时取“−”号.

（2）若 Σ 的方程为 $x=x(y,z)$，它在 yOz 面上的投影区域为 D_{yz}，则

$$\iint_{\Sigma} P(x,y,z)\mathrm{d}y\mathrm{d}z = \iint_{\Sigma} P(x,y,z)\cos\alpha\mathrm{d}S = \pm\iint_{D_{yz}} P[x(y,z),y,z]\mathrm{d}y\mathrm{d}z\left(\alpha=\frac{\pi}{2}\text{ 时积分为零}\right),$$

其中 Σ 为前侧时取"+"号,Σ 为后侧时取"−"号.

(3) 若 Σ 的方程为 $y=y(z,x)$,它在 zOx 面上的投影区域为 D_{zx},则

$$\iint_{\Sigma} Q(x,y,z)\mathrm{d}z\mathrm{d}x = \iint_{\Sigma} Q(x,y,z)\cos\beta\mathrm{d}S = \pm\iint_{D_{zx}} Q[x,y(z,x),z]\mathrm{d}z\mathrm{d}x\left(\beta=\frac{\pi}{2}\text{ 时积分为零}\right),$$

其中 Σ 为右侧时取"+"号,Σ 为左侧时取"−"号.

例 1 计算曲面积分 $I=\iint_{\Sigma} z\mathrm{d}x\mathrm{d}y$,其中 Σ 为球面 $x^2+y^2+z^2=R^2$ 的外侧在第一卦限的部分.

解 由题意可知 Σ 的方程为 $z=\sqrt{R^2-x^2-y^2}$,它在 xOy 面上的投影区域为 $D_{xy}=\{(x,y)\mid x^2+y^2\leqslant R^2,x\geqslant 0,y\geqslant 0\}$,其侧向指向上侧(如图 11.8),于是

$$I=\iint_{D_{xy}}\sqrt{R^2-x^2-y^2}\mathrm{d}x\mathrm{d}y=\int_0^{\pi/2}\mathrm{d}\theta\int_0^R\sqrt{R^2-r^2}r\mathrm{d}r=\frac{1}{6}\pi R^3.$$

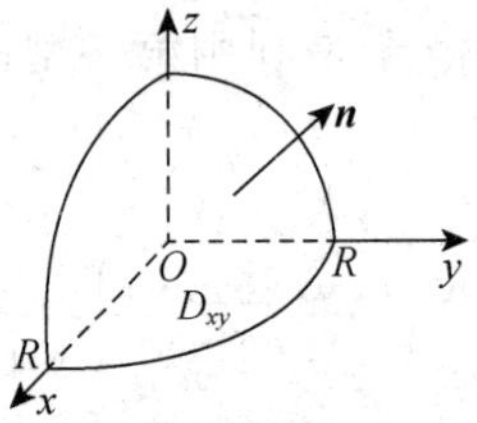

图 11.8

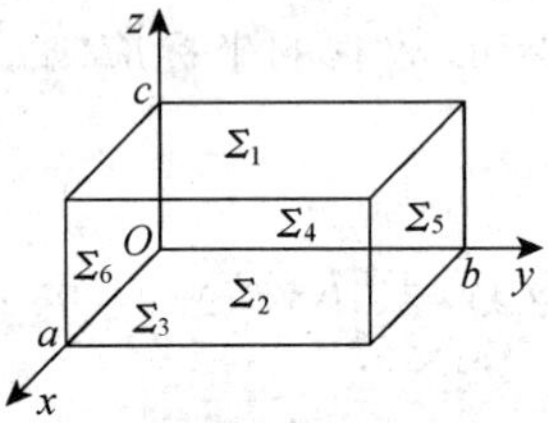

图 11.9

例 2 计算曲面积分 $I=\iint_{\Sigma} z^2\mathrm{d}x\mathrm{d}y$,其中 Σ 是长方体 $\Omega=\{(x,y,z)\mid 0\leqslant x\leqslant a,0\leqslant y\leqslant b,0\leqslant z\leqslant c\}$ 的整个表面的外侧.

解 将 Σ 分成六部分(见图 11.9).

$\Sigma_1:z=c(0\leqslant x\leqslant a,0\leqslant y\leqslant b)$ 的上侧;$\Sigma_2:z=0(0\leqslant x\leqslant a,0\leqslant y\leqslant b)$ 的下侧;

$\Sigma_3:x=a(0\leqslant y\leqslant b,0\leqslant z\leqslant c)$ 的前侧;$\Sigma_4:x=0(0\leqslant y\leqslant b,0\leqslant z\leqslant c)$ 的后侧;

$\Sigma_5:y=b(0\leqslant x\leqslant a,0\leqslant z\leqslant c)$ 的右侧;$\Sigma_6:y=0(0\leqslant x\leqslant a,0\leqslant z\leqslant c)$ 的左侧.

除 Σ_1,Σ_2 外,其余四片曲面在 xOy 面上的投影均为四段直线,因此,在这四个曲面上的积分均为零,所以

$$I=\iint_{\Sigma_1} z^2\mathrm{d}x\mathrm{d}y+\iint_{\Sigma_2} z^2\mathrm{d}x\mathrm{d}y=+\iint_{D_{xy}} c^2\mathrm{d}x\mathrm{d}y-\iint_{D_{xy}} 0^2\mathrm{d}x\mathrm{d}y=abc^2.$$

例 3 计算曲面积分 $I=\oiint_{\Sigma}(x^2+y^2)\mathrm{d}y\mathrm{d}z+z\mathrm{d}x\mathrm{d}y$,其中 Σ 为圆柱面 $x^2+y^2=1$ 与 $z=0$,$z=H(H>0)$ 所围成的圆柱体表面的外侧.

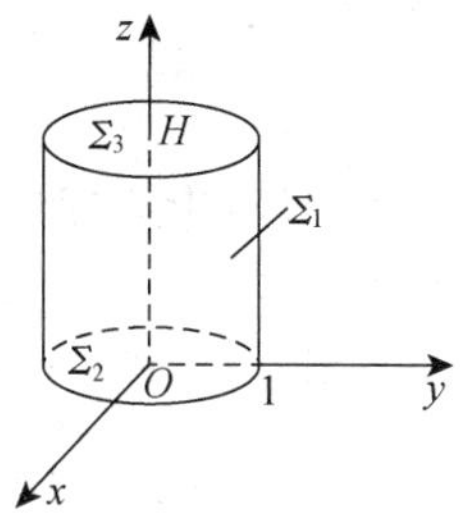

图 11.10

解　记 $I_1=\oiint\limits_{\Sigma}(x^2+y^2)\mathrm{d}y\mathrm{d}z$，$I_2=\oiint\limits_{\Sigma}z\mathrm{d}x\mathrm{d}y$. 将 Σ 分成三部分：圆柱面 Σ_1，下底面 Σ_2 和上底面 Σ_3（如图 11.10）.

对于 I_1，于是

$$I_1=\oiint\limits_{\Sigma_1}(x^2+y^2)\mathrm{d}y\mathrm{d}z+\oiint\limits_{\Sigma_2}(x^2+y^2)\mathrm{d}y\mathrm{d}z+\oiint\limits_{\Sigma_3}(x^2+y^2)\mathrm{d}y\mathrm{d}z.$$

由于 Σ_2 和 Σ_3 均垂直于 yOz 面，所以 $\oiint\limits_{\Sigma_2}(x^2+y^2)\mathrm{d}y\mathrm{d}z=\oiint\limits_{\Sigma_3}(x^2+y^2)\mathrm{d}y\mathrm{d}z=0$. 对于 $\oiint\limits_{\Sigma_1}(x^2+y^2)\mathrm{d}y\mathrm{d}z$，将 Σ_1 分成前后两片，分别记为 Σ_{11} 和 Σ_{12}，Σ_{11} 为前侧，Σ_{12} 为后侧，它们的方程分别为 $x=\sqrt{1-y^2}$，$x=-\sqrt{1-y^2}$，$|y|\leqslant 1$，在 yOz 面上的投影区域均为 $D_{yz}=\{(y,z)\mid |y|\leqslant 1,0\leqslant z\leqslant H\}$. 于是

$$\oiint\limits_{\Sigma_1}(x^2+y^2)\mathrm{d}y\mathrm{d}z=\iint\limits_{D_{yz}}\mathrm{d}y\mathrm{d}z-\iint\limits_{D_{yz}}\mathrm{d}y\mathrm{d}z=0.$$

从而 $I_1=0$.

对于 I_2，于是

$$I_2=\oiint\limits_{\Sigma_1}z\mathrm{d}x\mathrm{d}y+\oiint\limits_{\Sigma_2}z\mathrm{d}x\mathrm{d}y+\oiint\limits_{\Sigma_3}z\mathrm{d}x\mathrm{d}y.$$

由于 Σ_1 垂直于 xOy 面，所以 $\oiint\limits_{\Sigma_1}z\mathrm{d}x\mathrm{d}y=0$. Σ_2 的方程为 $z=0$，指向下侧；Σ_3 的方程为 $z=H$，指向上侧，它们在 xOy 面上的投影均为 $D_{xy}=\{(x,y)\mid x^2+y^2\leqslant 1\}$. 于是

$$\oiint\limits_{\Sigma_2}z\mathrm{d}x\mathrm{d}y=-\iint\limits_{D_{xy}}0\mathrm{d}x\mathrm{d}y=0,\oiint\limits_{\Sigma_3}z\mathrm{d}x\mathrm{d}y=\iint\limits_{D_{xy}}H\mathrm{d}x\mathrm{d}y=\pi H.$$

从而 $I_2=\pi H$.

综上 $I=I_1+I_2=\pi H$.

通过例 3 可以看出，当所求第二型曲面积分中含有多种积分形式时，需要分开来求解，并且还需要按要求将积分曲面向指定积分坐标面上投影，计算非常麻烦.

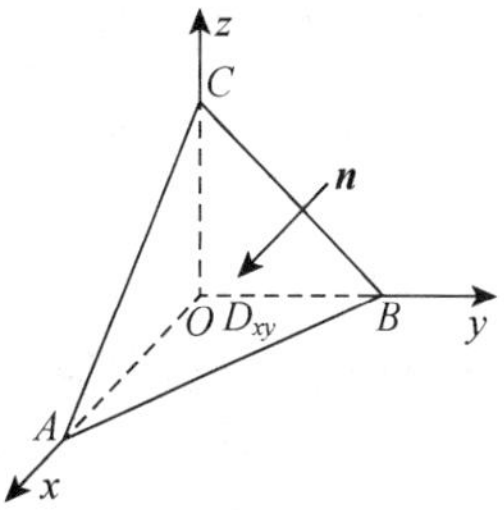

图 11.11

例 4　计算曲面积分 $I=\iint\limits_{\Sigma}x\mathrm{d}y\mathrm{d}z+y\mathrm{d}z\mathrm{d}x+z\mathrm{d}x\mathrm{d}y$，其中 Σ 为由 $A(1,0,0)$，$B(0,1,0)$，$C(0,0,1)$ 构成的三角形的下侧.

解　由题意可知积分曲面 Σ 的方程为 $x+y+z=1$（如图 11.11），其单位法向量 $\boldsymbol{n}=-\dfrac{1}{\sqrt{3}}(1,1,1)$.

法一 $\iint\limits_{\Sigma} z\mathrm{d}x\mathrm{d}y=-\iint\limits_{D_{xy}}(1-x-y)\mathrm{d}x\mathrm{d}y=-\int_0^1\mathrm{d}x\int_0^{1-x}(1-x-y)\mathrm{d}y=-\frac{1}{6}$.

所以,由对称性知$\iint\limits_{\Sigma} x\mathrm{d}y\mathrm{d}z+y\mathrm{d}z\mathrm{d}x+z\mathrm{d}x\mathrm{d}y=3\iint\limits_{\Sigma} z\mathrm{d}x\mathrm{d}y=-\frac{1}{2}$.

法二 由 $\mathrm{d}y\mathrm{d}z=\cos\alpha\mathrm{d}S=-\frac{1}{\sqrt{3}}\mathrm{d}S,\mathrm{d}z\mathrm{d}x=\cos\beta\mathrm{d}S=-\frac{1}{\sqrt{3}}\mathrm{d}S,\mathrm{d}x\mathrm{d}y=\cos\gamma\mathrm{d}S=-\frac{1}{\sqrt{3}}\mathrm{d}S$,所以

$$\begin{aligned}\iint\limits_{\Sigma} x\mathrm{d}y\mathrm{d}z+y\mathrm{d}z\mathrm{d}x+z\mathrm{d}x\mathrm{d}y&=-\frac{1}{\sqrt{3}}\iint\limits_{\Sigma}(x+y+z)\mathrm{d}S\\&=-\frac{1}{\sqrt{3}}\iint\limits_{\Sigma}\mathrm{d}S=-\frac{1}{\sqrt{3}}\iint\limits_{D_{xy}}\sqrt{1+1+1}\mathrm{d}x\mathrm{d}y\\&=-\iint\limits_{D_{xy}}\mathrm{d}x\mathrm{d}y=-\frac{1}{2},\end{aligned}$$

上式中$\iint\limits_{D_{xy}}\mathrm{d}x\mathrm{d}y$为投影区域的面积.

法三 由 $\mathrm{d}y\mathrm{d}z=\cos\alpha\mathrm{d}S=\frac{\cos\alpha}{\cos\gamma}\mathrm{d}x\mathrm{d}y=\mathrm{d}x\mathrm{d}y,\mathrm{d}z\mathrm{d}x=\cos\beta\mathrm{d}S=\frac{\cos\beta}{\cos\gamma}\mathrm{d}x\mathrm{d}y=\mathrm{d}x\mathrm{d}y$,所以

$$\iint\limits_{\Sigma} x\mathrm{d}y\mathrm{d}z+y\mathrm{d}z\mathrm{d}x+z\mathrm{d}x\mathrm{d}y=\iint\limits_{\Sigma}(x+y+z)\mathrm{d}x\mathrm{d}y=\iint\limits_{\Sigma}\mathrm{d}x\mathrm{d}y=-\iint\limits_{D_{xy}}\mathrm{d}x\mathrm{d}y=-\frac{1}{2}.$$

由例 4 看出,针对具体的积分曲面,可以选择适当的计算方法简化第二型曲面积分的计算. 例 4 中的法三可以推广到更一般情形.

若曲面Σ的方程为$z=z(x,y)$,它在xOy面上的投影区域为D_{xy},则其单位法向量可以表示为$\boldsymbol{n}=\pm\left(\frac{-z_x}{\sqrt{1+z_x^2+z_y^2}},\frac{-z_y}{\sqrt{1+z_x^2+z_y^2}},\frac{1}{\sqrt{1+z_x^2+z_y^2}}\right)$,其中$\Sigma$为上侧时取"+"号,$\Sigma$为下侧时取"−"号,即$\cos\alpha=\pm\frac{-z_x}{\sqrt{1+z_x^2+z_y^2}},\cos\beta=\pm\frac{-z_y}{\sqrt{1+z_x^2+z_y^2}},\cos\gamma=\pm\frac{1}{\sqrt{1+z_x^2+z_y^2}}$,于是

$$\begin{aligned}&\iint\limits_{\Sigma} P(x,y,z)\mathrm{d}y\mathrm{d}z+Q(x,y,z)\mathrm{d}z\mathrm{d}x+R(x,y,z)\mathrm{d}x\mathrm{d}y\\=&\iint\limits_{\Sigma}[P(x,y,z)\cos\alpha+Q(x,y,z)\cos\beta+R(x,y,z)\cos\gamma]\mathrm{d}S\\=&\iint\limits_{\Sigma}(P(x,y,z),Q(x,y,z),R(x,y,z))\cdot(\cos\alpha,\cos\beta,\cos\gamma)\mathrm{d}S\end{aligned}$$

$$=\pm\iint_{\Sigma}(P(x,y,z),Q(x,y,z),R(x,y,z))\cdot(-z_x,-z_y,1)\frac{\mathrm{d}S}{\sqrt{1+z_x^2+z_y^2}}$$

$$=\pm\iint_{D_{xy}}(P[x,y,z(x,y)],Q[x,y,z(x,y)],R[x,y,z(x,y)])\cdot$$

$$(-z_x,-z_y,1)\frac{1}{\sqrt{1+z_x^2+z_y^2}}\sqrt{1+z_x^2+z_y^2}\mathrm{d}x\mathrm{d}y$$

$$=\pm\iint_{D_{xy}}(P[x,y,z(x,y)],Q[x,y,z(x,y)],R[x,y,z(x,y)])\cdot(-z_x,-z_y,1)\mathrm{d}x\mathrm{d}y,$$

其中 Σ 为上侧时取“+”号，Σ 为下侧时取“-”号.

曲面 Σ 的方程表示为 $x=x(y,z)$ 和 $y=y(z,x)$ 时情况一样. 总结如下：

定理 2　设 Σ 为空间区域 Ω 中一片可求面积的光滑有向曲面，$P(x,y,z)$，$Q(x,y,z)$，$R(x,y,z)$ 在 Σ 上连续. 于是

(1) 若 Σ 的方程为 $z=z(x,y)$，它在 xOy 面上的投影区域为 D_{xy}，则

$$\iint_{\Sigma}P(x,y,z)\mathrm{d}y\mathrm{d}z+Q(x,y,z)\mathrm{d}z\mathrm{d}x+R(x,y,z)\mathrm{d}x\mathrm{d}y$$

$$=\pm\iint_{D_{xy}}(P[x,y,z(x,y)],Q[x,y,z(x,y)],R[x,y,z(x,y)])\cdot(-z_x,-z_y,1)\mathrm{d}x\mathrm{d}y,$$

其中 Σ 为上侧时取“+”号，Σ 为下侧时取“-”号.

(2) 若 Σ 的方程为 $x=x(y,z)$，它在 yOz 面上的投影区域为 D_{yz}，则

$$\iint_{\Sigma}P(x,y,z)\mathrm{d}y\mathrm{d}z+Q(x,y,z)\mathrm{d}z\mathrm{d}x+R(x,y,z)\mathrm{d}x\mathrm{d}y$$

$$=\pm\iint_{D_{yz}}(P[x(y,z),y,z],Q[x(y,z),y,z],R[x(y,z),y,z])\cdot(1,-x_y,-x_z)\mathrm{d}y\mathrm{d}z,$$

其中 Σ 为前侧时取“+”号，Σ 为后侧时取“-”号.

(3) 若 Σ 的方程为 $y=y(z,x)$，它在 zOx 面上的投影区域为 D_{zx}，则

$$\iint_{\Sigma}P(x,y,z)\mathrm{d}y\mathrm{d}z+Q(x,y,z)\mathrm{d}z\mathrm{d}x+R(x,y,z)\mathrm{d}x\mathrm{d}y$$

$$=\pm\iint_{D_{zx}}(P[x,y(z,x),z],Q[x,y(z,x),z],R[x,y(z,x),z])\cdot(-y_x,1,-y_z)\mathrm{d}z\mathrm{d}x,$$

其中 Σ 为右侧时取“+”号，Σ 为左侧时取“-”号.

该定理的优点在于只要给定了曲面 Σ 的显式表达式和侧向之后，对三种第二型曲面积分进行计算时无须向三个坐标平面分别投影，只需向同一个坐标平面上投影就可以将三种第二型曲面积分同时化成二重积分来求解.

例 5　计算积分 $\iint_{\Sigma}x\mathrm{d}y\mathrm{d}z+y\mathrm{d}z\mathrm{d}x+z\mathrm{d}x\mathrm{d}y$，其中 Σ 为上半球面 $z=\sqrt{1-x^2-y^2}$ 的上侧.

解 曲面Σ的方程为$z=\sqrt{1-x^2-y^2}$,其在xOy平面上的投影区域为$D_{xy}=\{(x,y)\mid x^2+y^2\leqslant 1\}$,且$z_x=\dfrac{-x}{\sqrt{1-x^2-y^2}}$,$z_y=\dfrac{-y}{\sqrt{1-x^2-y^2}}$,侧向为上侧,于是取"+"号,从而

$$\iint_{\Sigma} x\mathrm{d}y\mathrm{d}z+y\mathrm{d}z\mathrm{d}x+z\mathrm{d}x\mathrm{d}y=\iint_{D_{xy}}(x,y,\sqrt{1-x^2-y^2})\cdot(-z_x,-z_y,1)\mathrm{d}x\mathrm{d}y$$

$$=\iint_{D_{xy}}\frac{1}{\sqrt{1-x^2-y^2}}\mathrm{d}x\mathrm{d}y=\int_0^{2\pi}\mathrm{d}\theta\int_0^1\frac{r}{\sqrt{1-r^2}}\mathrm{d}r=2\pi.$$

习题 11.2

1. 计算下列第二型曲面积分

(1) $\iint_{\Sigma} z^2\mathrm{d}x\mathrm{d}y$,其中Σ为上半球面$x^2+y^2+z^2=R^2(z\geqslant 0)$的上侧;

(2) $\iint_{\Sigma}\dfrac{\mathrm{e}^z}{\sqrt{x^2+y^2}}\mathrm{d}x\mathrm{d}y$,其中Σ为锥面$z=\sqrt{x^2+y^2}$被平面$z=1$与$z=2$所截出的部分的外侧;

(3) $\iint_{\Sigma} y^2\mathrm{d}y\mathrm{d}z+z^2\mathrm{d}x\mathrm{d}y$,其中Σ为柱面$x^2+y^2=R^2$被平面$z=0$与$z=1$所截出的部分的外侧;

(4) $\oiint_{\Sigma} x^2\mathrm{d}y\mathrm{d}z+y^2\mathrm{d}z\mathrm{d}x+z^2\mathrm{d}x\mathrm{d}y$,其中Σ为球面$x^2+y^2+z^2=1$的外侧;

(5) $\iint_{\Sigma}(x^2+y^2)\mathrm{d}y\mathrm{d}z+z\mathrm{d}x\mathrm{d}y$,其中Σ为柱面$z=x^2+y^2$介于$z=0$与$z=1$之间的部分,其法向量正向与$z$轴的夹角大于$\pi/2$;

(6) $\iint_{\Sigma}(2x+y-z)\mathrm{d}x\mathrm{d}y$,其中Σ为平面$2x+y-z=3$介于$\dfrac{x^2}{a^2}+\dfrac{y^2}{b^2}=1$内的部分,且任一点的法向量为$\boldsymbol{n}=2\boldsymbol{i}+\boldsymbol{j}-\boldsymbol{k}$;

(7) $\iint_{\Sigma} y^2\mathrm{d}y\mathrm{d}z+z\mathrm{d}x\mathrm{d}y$,其中Σ为$z=1-x^2-y^2$在上半平面的部分,其法向量正向与$z$轴的夹角小于$\pi/2$.

2. 计算曲面积分$I=\iint_{\Sigma}[f(x,y,z)+x]\mathrm{d}y\mathrm{d}z+[2f(x,y,z)+y]\mathrm{d}z\mathrm{d}x+[f(x,y,z)+z]\mathrm{d}x\mathrm{d}y$,其中$f(x,y,z)$为连续函数,Σ为平面$x-y+z=1$在第四卦限部分的上侧.

3. 设$\boldsymbol{r}=(x,y,z)$,计算曲面积分$\iint_{\Sigma}\boldsymbol{r}\cdot\mathbf{d}\boldsymbol{S}$,其中Σ为:

(1) 圆柱$x^2+y^2\leqslant a^2,0\leqslant z\leqslant h$的侧表面,沿外侧;

(2) 球面 $x^2+y^2+z^2=R^2$，沿外侧.

11.3 高斯公式与斯托克斯公式

11.3.1 高斯公式

在第二型曲线积分中，通过将 Newton-Leibniz 公式推广到二重积分，得到了格林公式，从而建立了平面区域 D 上的二重积分与沿 D 的边界曲线 L 的第二型曲线积分之间的联系. 类似地，也可以将 Newton-Leibniz 公式推广到三重积分，建立空间区域 Ω 上的三重积分与沿 Ω 的边界曲面的第二型曲面积分之间的联系，得到另一个重要公式 —— 高斯公式.

定理 1 设空间区域 Ω 由分片光滑的闭曲面 Σ 围成，函数 $P(x,y,z)$、$Q(x,y,z)$、$R(x,y,z)$ 在 Ω 上具有一阶连续偏导数，则有

$$\oiint_{\Sigma} P\,\mathrm{d}y\mathrm{d}z+Q\,\mathrm{d}z\mathrm{d}x+R\,\mathrm{d}x\mathrm{d}y=\iiint_{\Omega}\left(\frac{\partial P}{\partial x}+\frac{\partial Q}{\partial y}+\frac{\partial R}{\partial z}\right)\mathrm{d}v, \tag{11.4}$$

其中 Σ 指向 Ω 的边界曲面的外侧. 或者

$$\oiint_{\Sigma}(P\cos\alpha+Q\cos\beta+R\cos\gamma)\,\mathrm{d}S=\iiint_{\Omega}\left(\frac{\partial P}{\partial x}+\frac{\partial Q}{\partial y}+\frac{\partial R}{\partial z}\right)\mathrm{d}v, \tag{11.5}$$

其中 $\cos\alpha,\cos\beta,\cos\gamma$ 为曲面 Σ 的外法线向量的方向余弦.

此公式称为**高斯(Gauss)公式**.

证 设闭区域 Ω 在 xOy 面上的投影区域为 D_{xy}，假定穿过 Ω 内部且平行于 z 轴的直线与 Ω 的边界曲面 Σ 的交点恰好是两个，这样 Σ 由 Σ_1，Σ_2 和 Σ_3 构成(如图 11.12)，其中上下两曲面为 $\Sigma_1: z=z_1(x,y),(x,y)\in D_{xy}$ 取下侧，$\Sigma_2: z=z_2(x,y),(x,y)\in D_{xy}$ 取上侧$[z_1(x,y)\leqslant z_2(x,y)]$，侧面 Σ_3 为以 D_{xy} 的边界曲线为准线，母线平行于 z 轴的柱面. 从而有

$$\oiint_{\Sigma}R(x,y,z)\mathrm{d}x\mathrm{d}y=\iint_{\Sigma_1}R(x,y,z)\mathrm{d}x\mathrm{d}y+\iint_{\Sigma_2}R(x,y,z)\mathrm{d}x\mathrm{d}y+\iint_{\Sigma_3}R(x,y,z)\mathrm{d}x\mathrm{d}y,$$

$$\iint_{\Sigma_1}R(x,y,z)\mathrm{d}x\mathrm{d}y=-\iint_{D_{xy}}R[x,y,z_1(x,y)]\mathrm{d}x\mathrm{d}y,\iint_{\Sigma_2}R(x,y,z)\mathrm{d}x\mathrm{d}y=\iint_{D_{xy}}R[x,y,z_2(x,y)]\mathrm{d}x\mathrm{d}y,$$

$$\iint_{\Sigma_3}R(x,y,z)\mathrm{d}x\mathrm{d}y=0(\Sigma_3\text{ 上点的法向量与 }z\text{ 轴垂直，所以积分为零}),$$

故

$$\oiint_{\Sigma}R(x,y,z)\mathrm{d}x\mathrm{d}y=\iint_{D_{xy}}\{R[x,y,z_2(x,y)]-R[x,y,z_1(x,y)]\}\mathrm{d}x\mathrm{d}y,$$

又由三重积分的计算方法有

$$\iiint_{\Omega}\frac{\partial R}{\partial z}\mathrm{d}v=\iint_{D_{xy}}\left\{\int_{z_1(x,y)}^{z_2(x,y)}\frac{\partial R}{\partial z}\mathrm{d}z\right\}\mathrm{d}x\mathrm{d}y=\iint_{D_{xy}}\{R[x,y,z_2(x,y)]-R[x,y,z_1(x,y)]\}\mathrm{d}x\mathrm{d}y,$$

比较两式可得

$$\iiint_{\Omega}\frac{\partial R}{\partial z}\mathrm{d}v=\oiint_{\Sigma}R(x,y,z)\mathrm{d}x\mathrm{d}y.$$

同理可证

$$\iiint_{\Omega}\frac{\partial P}{\partial x}\mathrm{d}v=\oiint_{\Sigma}P(x,y,z)\mathrm{d}y\mathrm{d}z,\iiint_{\Omega}\frac{\partial Q}{\partial y}\mathrm{d}v=\oiint_{\Sigma}Q(x,y,z)\mathrm{d}z\mathrm{d}x,$$

三式相加即得公式(11.4).

若曲面Σ与平行于坐标轴的直线的交点多于两个,可用光滑曲面将有界闭区域Ω分成若干个小区域,使得围成每个小区域的闭曲面满足定理的条件,从而高斯公式仍是成立的.

Ω由于是由分片光滑的曲面Σ围成的空间区域,所以包括有"洞"的区域.

同格林公式的应用一样,高斯公式可以大大简化某些第二型曲面积分的计算.

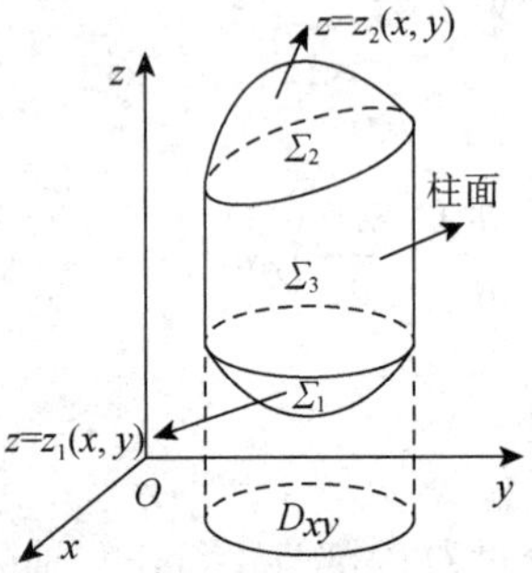

图 11.12

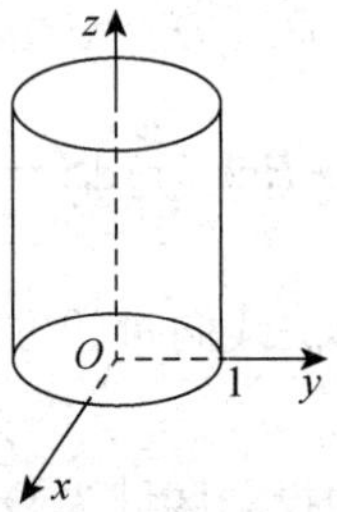

图 11.13

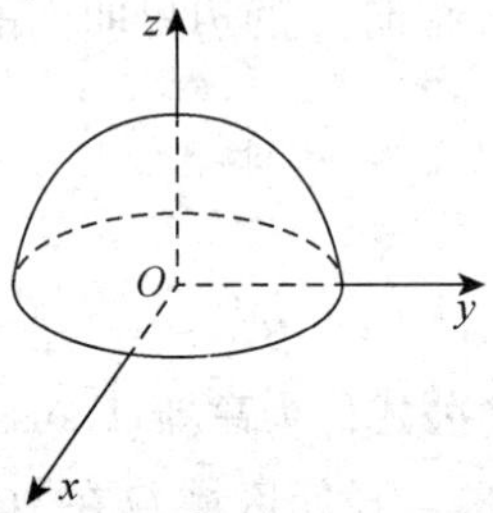

图 11.14

例 1 计算曲面积分 $I=\oiint_{\Sigma}(x-y)\mathrm{d}x\mathrm{d}y+(y-z)x\mathrm{d}y\mathrm{d}z$,其中$\Sigma$为柱面$x^2+y^2=1$及平面$z=0,z=3$所围成的空间闭区域$\Omega$的整个边界曲面的内侧(如图11.13).

解 此题如果直接用第二型曲面积分的计算方法来计算需要将Ω的整个边界曲面分成三块来计算,比较麻烦,若利用高斯公式来计算就非常简单.这里$P=(y-z)x,Q=0,R=x-y$,故$\frac{\partial P}{\partial x}=y-z,\frac{\partial Q}{\partial y}=0,\frac{\partial R}{\partial z}=0$,满足高斯公式的条件,$\Sigma$是$\Omega$的边界曲面的内侧,于是利用高斯公式得

$$I=-\iiint_{\Omega}(y-z)\mathrm{d}x\mathrm{d}y\mathrm{d}z=-\iiint_{\Omega}(r\sin\theta-z)r\mathrm{d}r\mathrm{d}\theta\mathrm{d}z=-\int_0^{2\pi}\mathrm{d}\theta\int_0^1\mathrm{d}r\int_0^3(r\sin\theta-z)r\mathrm{d}z=\frac{9\pi}{2}.$$

例 2 计算曲面积分 $I=\iint_{\Sigma}x^3\mathrm{d}y\mathrm{d}z+y^3\mathrm{d}z\mathrm{d}x+(z^3+x^2+y^2)\mathrm{d}x\mathrm{d}y$,其中$\Sigma$为上半球面$z=\sqrt{R^2-x^2-y^2}$的上侧(如图11.14).

解　由于Σ不是封闭曲面，不能直接利用高斯公式. 现补上xOy面上的圆域$\Sigma_1=\{(x,y)\mid x^2+y^2\leqslant R^2\}$，取下侧，从而$\Sigma$与$\Sigma_1$构成一封闭曲面，指向外侧，记它们围成的区域为$\Omega$，于是就可以利用高斯公式计算. 从而有

$$\begin{aligned}I&=\Big(\oiint\limits_{\Sigma+\Sigma_1}-\iint\limits_{\Sigma_1}\Big)[x^3\mathrm{d}y\mathrm{d}z+y^3\mathrm{d}z\mathrm{d}x+(z^3+x^2+y^2)\mathrm{d}x\mathrm{d}y]\\&=\iiint\limits_{\Omega}3(x^2+y^2+z^2)\mathrm{d}v-\iint\limits_{\Sigma_1}(x^2+y^2)\mathrm{d}x\mathrm{d}y\\&=3\int_0^{2\pi}\mathrm{d}\varphi\int_0^{\pi/2}\sin\theta\mathrm{d}\theta\int_0^R r^4\mathrm{d}r+\int_0^{2\pi}\mathrm{d}\theta\int_0^R r^3\mathrm{d}r\\&=\frac{6}{5}\pi R^5+\frac{1}{2}\pi R^4.\end{aligned}$$

例 3　计算$\oiint\limits_{\Sigma}\dfrac{x\mathrm{d}y\mathrm{d}z+y\mathrm{d}z\mathrm{d}x+z\mathrm{d}x\mathrm{d}y}{x^2+y^2+z^2}$，其中$\Sigma$是球体$\Omega$：$x^2+y^2+z^2\leqslant a^2$的边界曲面的外侧.

解　注意到被积函数在原点处无定义，所以不能直接应用高斯公式，又由于被积函数在球面$x^2+y^2+z^2=a^2$上取值，于是

$$\oiint\limits_{\Sigma}\frac{x\mathrm{d}y\mathrm{d}z+y\mathrm{d}z\mathrm{d}x+z\mathrm{d}x\mathrm{d}y}{x^2+y^2+z^2}=\oiint\limits_{\Sigma}\frac{x\mathrm{d}y\mathrm{d}z+y\mathrm{d}z\mathrm{d}x+z\mathrm{d}x\mathrm{d}y}{a^2},$$

此时的被积函数分别是$\dfrac{x}{a^2},\dfrac{y}{a^2},\dfrac{z}{a^2}$，它们在$\Omega$上具一阶连续偏导，故可利用高斯公式得

$$\oiint\limits_{\Sigma}\frac{x\mathrm{d}y\mathrm{d}z+y\mathrm{d}z\mathrm{d}x+z\mathrm{d}x\mathrm{d}y}{a^2}=\frac{1}{a^2}\iiint\limits_{\Omega}3\mathrm{d}v=\frac{1}{a^2}\cdot3\cdot\frac{4}{3}\pi a^3=4\pi a.$$

11.3.2　斯托克斯公式

斯托克斯公式是 Newton-Leibniz 公式对第二型曲面积分的推广，也是格林公式的推广. 格林公式建立了平面区域上的二重积分与其边界曲线上的曲线积分之间的联系，斯托克斯公式建立了沿有向曲面的曲面积分与沿该曲面的有向边界上的曲线积分之间的联系.

在引入斯托克斯公式之前，先对有向曲面Σ的侧向与其边界曲线L的方向作如下规定：当右手除拇指外的四指依L的绕行方向时，拇指所指的方向即有向曲面Σ的侧，这时称**L是有向曲面Σ的正向边界曲线**. 这个规定也称为**右手规则**.

定理 2　设L为分段光滑的空间有向闭曲线，Σ是以L为边界的分片光滑的有向曲面，L的正向与Σ的侧符合右手规则，函数$P(x,y,z)$，$Q(x,y,z)$，$R(x,y,z)$在包含曲面Σ在内的一个空间区域内具有一阶连续偏导数，则有

$$\oint_L P\mathrm{d}x+Q\mathrm{d}y+R\mathrm{d}z=\iint\limits_{\Sigma}\Big(\frac{\partial R}{\partial y}-\frac{\partial Q}{\partial z}\Big)\mathrm{d}y\mathrm{d}z+\Big(\frac{\partial P}{\partial z}-\frac{\partial R}{\partial x}\Big)\mathrm{d}z\mathrm{d}x+\Big(\frac{\partial Q}{\partial x}-\frac{\partial P}{\partial y}\Big)\mathrm{d}x\mathrm{d}y,\tag{11.6}$$

该公式称为**斯托克斯(Stokes)公式**.

证 先证$\iint\limits_{\Sigma}\frac{\partial P}{\partial z}\mathrm{d}z\mathrm{d}x-\frac{\partial P}{\partial y}\mathrm{d}x\mathrm{d}y=\oint_{L}P\mathrm{d}x$.

设曲面Σ与平行于z轴的直线相交不多于一点,Σ为曲面$z=f(x,y)$的上侧,Σ的正向边界曲线L在xOy面上的投影为有向闭曲线C,C所围的闭区域为D_{xy}(如图11.15),则有向曲面Σ的法向量的方向余弦为

$$\cos\alpha=-\frac{f_x}{\sqrt{1+f_x^2+f_y^2}},$$

$$\cos\beta=-\frac{f_y}{\sqrt{1+f_x^2+f_y^2}},$$

$$\cos\gamma=\frac{1}{\sqrt{1+f_x^2+f_y^2}}.$$

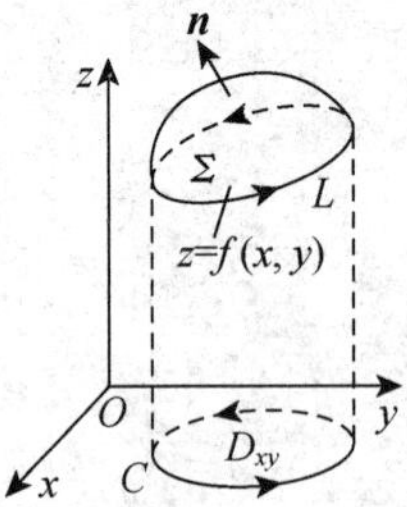

图 11.15

由于$\mathrm{d}z\mathrm{d}x=\cos\beta\mathrm{d}S$,$\mathrm{d}x\mathrm{d}y=\cos\gamma\mathrm{d}S$,故可推得$\mathrm{d}z\mathrm{d}x=\frac{\cos\beta}{\cos\gamma}\mathrm{d}x\mathrm{d}y=-f_y\mathrm{d}x\mathrm{d}y$,于是

$$\iint\limits_{\Sigma}\frac{\partial P}{\partial z}\mathrm{d}z\mathrm{d}x-\frac{\partial P}{\partial y}\mathrm{d}x\mathrm{d}y=-\iint\limits_{\Sigma}\left(\frac{\partial P}{\partial y}+\frac{\partial P}{\partial z}f_y\right)\mathrm{d}x\mathrm{d}y=-\iint\limits_{D_{xy}}\left(\frac{\partial P}{\partial y}+\frac{\partial P}{\partial z}f_y\right)\mathrm{d}x\mathrm{d}y.$$

再将$\oint_{L}P\mathrm{d}x$化为xOy面上的曲线积分后,由格林公式可得

$$\begin{aligned}\oint_{L}P(x,y,z)\mathrm{d}x&=\oint_{C}P[x,y,f(x,y)]\mathrm{d}x=-\iint\limits_{D_{xy}}\frac{\partial}{\partial y}\{P[x,y,f(x,y)]\}\mathrm{d}x\mathrm{d}y\\&=-\iint\limits_{D_{xy}}\left[\frac{\partial P}{\partial y}+\frac{\partial P}{\partial z}f_y\right]\mathrm{d}x\mathrm{d}y,\end{aligned}$$

比较以上两式可知

$$\iint\limits_{\Sigma}\frac{\partial P}{\partial z}\mathrm{d}z\mathrm{d}x-\frac{\partial P}{\partial y}\mathrm{d}x\mathrm{d}y=\oint_{L}P\mathrm{d}x.$$

如果曲面Σ取下侧,曲线L也相应改成反向,因此结论仍成立.

如果曲面Σ与平行于z轴的直线的交点多于一个,则可利用辅助曲线将曲面分成几部分,逐个应用公式并相加,由于沿辅助曲线而方向相反的两个曲线积分相加为零,所以对于这类曲面,结论仍然成立.

同理可证

$$\iint\limits_{\Sigma}\frac{\partial Q}{\partial x}\mathrm{d}x\mathrm{d}y-\frac{\partial Q}{\partial z}\mathrm{d}y\mathrm{d}z=\oint_{L}Q\mathrm{d}y,\iint\limits_{\Sigma}\frac{\partial R}{\partial y}\mathrm{d}y\mathrm{d}z-\frac{\partial R}{\partial x}\mathrm{d}z\mathrm{d}x=\oint_{L}R\mathrm{d}z.$$

三式相加即得斯托克斯公式.

为了便于记忆,斯托克斯公式常表示为如下形式:

$$\oint_L P\mathrm{d}x+Q\mathrm{d}y+R\mathrm{d}z=\iint_\Sigma \begin{vmatrix} \mathrm{d}y\mathrm{d}z & \mathrm{d}z\mathrm{d}x & \mathrm{d}x\mathrm{d}y \\ \dfrac{\partial}{\partial x} & \dfrac{\partial}{\partial y} & \dfrac{\partial}{\partial z} \\ P & Q & R \end{vmatrix}. \tag{11.7}$$

利用两类曲面积分之间的关系，斯托克斯公式也可表示为：

$$\oint_L P\mathrm{d}x+Q\mathrm{d}y+R\mathrm{d}z=\iint_\Sigma \begin{vmatrix} \cos\alpha & \cos\beta & \cos\gamma \\ \dfrac{\partial}{\partial x} & \dfrac{\partial}{\partial y} & \dfrac{\partial}{\partial z} \\ P & Q & R \end{vmatrix}\mathrm{d}S. \tag{11.8}$$

其中 $\boldsymbol{n}=(\cos\alpha,\cos\beta,\cos\gamma)$ 为有向曲面 Σ 在点 (x,y,z) 处沿指定侧向的单位法向量.

例 4　计算曲线积分 $I=\oint_L z\mathrm{d}x+x\mathrm{d}y+y\mathrm{d}z$，其中 L 为平面 $x+y+z=1$ 被三个坐标面截得的三角形区域的边界（如图 11.16），从 z 轴正向看，L 为逆时针方向.

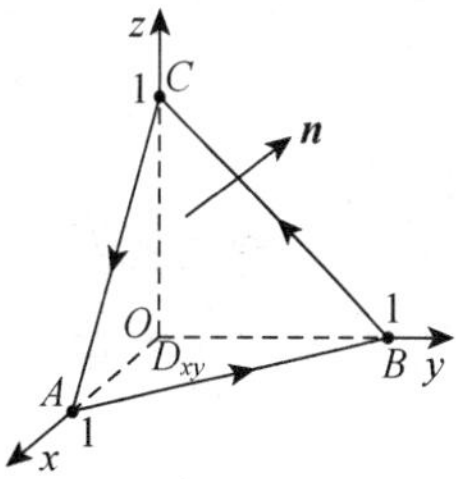

图 11.16

解　由题意，$P(x,y,z)=z,Q(x,y,z)=x,R(x,y,z)=y$，故 $\dfrac{\partial R}{\partial y}-\dfrac{\partial Q}{\partial z}=1,\dfrac{\partial P}{\partial z}-\dfrac{\partial R}{\partial x}=1,\dfrac{\partial Q}{\partial x}-\dfrac{\partial P}{\partial y}=1$，令 Σ 为三角形区域 ABC，取上侧，于是由斯托克斯公式可得

$$\begin{aligned} I&=\iint_\Sigma\left(\frac{\partial R}{\partial y}-\frac{\partial Q}{\partial z}\right)\mathrm{d}y\mathrm{d}z+\left(\frac{\partial P}{\partial z}-\frac{\partial R}{\partial x}\right)\mathrm{d}z\mathrm{d}x+\left(\frac{\partial Q}{\partial x}-\frac{\partial P}{\partial y}\right)\mathrm{d}x\mathrm{d}y \\ &=\iint_\Sigma \mathrm{d}y\mathrm{d}z+\mathrm{d}z\mathrm{d}x+\mathrm{d}x\mathrm{d}y, \end{aligned}$$

又由轮换对称性有 $\iint_\Sigma \mathrm{d}y\mathrm{d}z=\iint_\Sigma \mathrm{d}z\mathrm{d}x=\iint_\Sigma \mathrm{d}x\mathrm{d}y$，从而

$$I=3\iint_\Sigma \mathrm{d}x\mathrm{d}y=3\iint_{D_{xy}}\mathrm{d}x\mathrm{d}y=\frac{3}{2}.$$

例 5　计算曲线积分 $I=\oint_L (y^2+z^2)\mathrm{d}x+(x^2+z^2)\mathrm{d}y+(x^2+y^2)\mathrm{d}z$，其中曲线 L 是球面 $x^2+y^2+z^2=2Rx$ 与柱面 $x^2+y^2=2rx\,(0<r<R,z>0)$ 的交线，若从 z 轴的正方向看去，L 取逆时针方向（如图 11.17）.

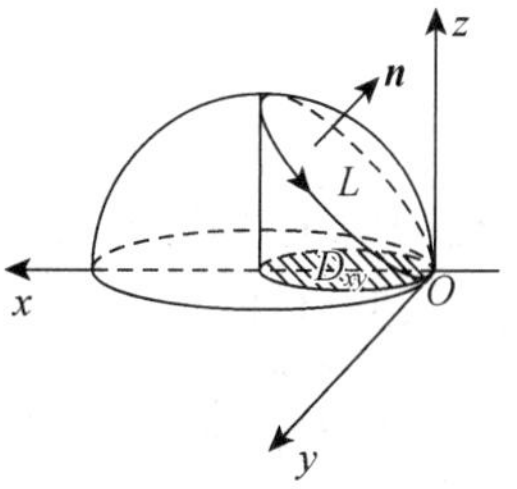

图 11.17

解　由题意有，$P(x,y,z)=y^2+z^2,Q(x,y,z)=x^2+z^2,R(x,y,z)=x^2+y^2$，令 Σ 为球面 $x^2+y^2+z^2=2Rx$ 上的被 L 所围成的部分，取上侧，Σ 的单位法向量为 $\boldsymbol{n}=(\cos\alpha,\cos\beta,\cos\gamma)=\dfrac{1}{R}(x-R,y,z)$，于是由斯托克斯公式可得

$$I=\iint_{\Sigma}\begin{vmatrix}\cos\alpha & \cos\beta & \cos\gamma\\ \dfrac{\partial}{\partial x} & \dfrac{\partial}{\partial y} & \dfrac{\partial}{\partial z}\\ P & Q & R\end{vmatrix}\mathrm{d}S=\iint_{\Sigma}\begin{vmatrix}(x-R)/R & y/R & z/R\\ \dfrac{\partial}{\partial x} & \dfrac{\partial}{\partial y} & \dfrac{\partial}{\partial z}\\ y^2+z^2 & z^2+x^2 & x^2+y^2\end{vmatrix}\mathrm{d}S$$

$$=2\iint_{\Sigma}\left[(y-z)\left(\frac{x}{R}-1\right)+(z-x)\frac{y}{R}+(x-y)\frac{z}{R}\right]\mathrm{d}S=2\iint_{\Sigma}(z-y)\mathrm{d}S,$$

由于 Σ 关于 xOz 面对称，所以 $\iint_{\Sigma}y\mathrm{d}S=0$，于是

$$I=2\iint_{\Sigma}z\mathrm{d}S=2\iint_{\Sigma}R\cos\gamma\mathrm{d}S=2\iint_{\Sigma}R\mathrm{d}x\mathrm{d}y=2\iint_{x^2+y^2\leqslant 2rx}R\mathrm{d}x\mathrm{d}y=2R\cdot\pi r^2=2\pi Rr^2.$$

习题 11.3

1. 利用高斯公式计算下列曲面积分：

(1) $\oiint_{\Sigma}x^2\mathrm{d}y\mathrm{d}z+y^2\mathrm{d}z\mathrm{d}x+z^2\mathrm{d}x\mathrm{d}y$，其中 Σ 为立方体 $0\leqslant x\leqslant a,0\leqslant y\leqslant a,0\leqslant z\leqslant a$ 的表面，沿外侧；

(2) $\oiint_{\Sigma}(x^2-yz)\mathrm{d}y\mathrm{d}z+(y^2-xz)\mathrm{d}z\mathrm{d}x+(z^2-xy)\mathrm{d}x\mathrm{d}y$，其中 Σ 为柱面 $x^2+y^2=a^2$ 与平面 $z=0$ 和 $z=b$ 所围的立体表面的内侧；

(3) $\iint_{\Sigma}x^3\mathrm{d}y\mathrm{d}z+y^3\mathrm{d}z\mathrm{d}x+z^3\mathrm{d}x\mathrm{d}y$，其中 Σ 为球面 $x^2+y^2+z^2=R^2$，沿外侧；

(4) $\iint_{\Sigma}(x^2-2xy)\mathrm{d}y\mathrm{d}z+(y^2-2yz)\mathrm{d}z\mathrm{d}x+(1-2xz)\mathrm{d}x\mathrm{d}y$，其中 Σ 为半球面 $z=\sqrt{R^2-x^2-y^2}$，沿上侧；

(5) $\iint_{\Sigma}(x^2\cos\alpha+y^2\cos\beta+z^2\cos\gamma)\mathrm{d}S$，其中 Σ 为锥体 $x^2+y^2\leqslant z^2,0\leqslant z\leqslant h$ 的表面，$\cos\alpha,\cos\beta,\cos\gamma$ 为 Σ 的外法线方向余弦.

2. 计算曲面积分 $\iint_{\Sigma}\frac{2}{y}f(xy^2)\mathrm{d}y\mathrm{d}z-\frac{1}{x}f(xy^2)\mathrm{d}z\mathrm{d}x+\left(x^2z+y^2z+\frac{1}{3}z^3\right)\mathrm{d}x\mathrm{d}y$，其中 $f(u)$ 具连续导数，Σ 为下半球面 $x^2+y^2+z^2=1(z\leqslant 0)$ 的上侧.

3. 利用斯托克斯公式计算下列曲线积分：

(1) $\oint_{L}y\mathrm{d}x+z\mathrm{d}y+x\mathrm{d}z$，其中 L 为圆周 $x^2+y^2+z^2=a^2,x+y+z=0$，若从 x 轴的正方向看去，该圆周取逆时针方向；

(2) $\oint_{L}(z-y)\mathrm{d}x+(x-z)\mathrm{d}y+(y-x)\mathrm{d}z$，其中 L 是从 $(a,0,0)$ 经 $(0,a,0)$ 和 $(0,0,a)$ 又回到 $(a,0,0)$ 的三角形；

(3) $\oint_L y\mathrm{d}x - 2xz\mathrm{d}y + 3yz^2\mathrm{d}z$，其中 L 为圆周 $x^2+y^2=2z, z=2$，若从 z 轴的正方向看去，该圆周取逆时针方向.

*11.4　场论初步

11.4.1　场的基本概念

如果在全部空间或部分空间里的每一点，都对应着某个物理量的一个确定的值，就说在这空间里确定了该物理量的场. 如果该物理量是数量，就称这个场为**数量场**；若为向量，就称这个场为**向量场**. 例如温度场、密度场、电位场等为数量场；而力场、速度场等为向量场.

由数量场的定义可知，分布在数量场中各点处的数量 u 是场中的点 M 的单值函数 $u=u(M)$，当取定了 $Oxyz$ 坐标系以后，它就成为点 M 的坐标 (x,y,z) 的函数，即 $u=u(x,y,z)$，即一个数量场可以用一个函数来表示. 下面假定该函数具有一阶连续偏导数.

在数量场中，为了直观地研究物理量 u 在场中的分布状况，常常需要考察场中有相同物理量的点，也就是使 $u(x,y,z)$ 取相同数值的各点：$u(x,y,z)=c$（c 为常数），该方程在几何上一般表示一曲面，称该曲面为数量场的**等值面**. 例如温度场中的等值面就是由温度相同的点所组成的等温面. 当等值面中的常数 c 取一系列不同的数值，就得到一系列不同的等值面. 这一族等值面充满了整个数量场所在的空间，而且互不相交. 通过数量场的每一点有一个等值面，一个点只在一个等值面上. 同理，在函数 $v=v(x,y)$ 所表示的平面数量场中，具有相同数值 c 的点，就组成此数量场的等值线 $v(x,y)=c$. 比如地形图上的等高线，地面气象图上的等温线、等压线等等，都是平面数量场中等值线的例子.

数量场的等值面或等值线，可以直观地帮助我们了解物理量在场中的分布状况. 例如根据地形图上等高线及其所标出的高度，可以了解到该地区地势的高低情况. 事实上，我们还可以根据等高线分布在各部分的稀密程度来判定该地区在各个方向上地势的陡度大小，在较密的方向陡度大些，在较稀的方向陡度小些.

向量场中分布在各点处的向量 $\boldsymbol{A}$ 是场中的点 M 的函数 $\boldsymbol{A}=\boldsymbol{A}(M)$. 当取定了 $Oxyz$ 坐标系以后，它就成为点 M 的坐标 (x,y,z) 的函数，即 $\boldsymbol{A}=\boldsymbol{A}(x,y,z)$，其坐标表示式为

$$\boldsymbol{A}=a_x(x,y,z)\boldsymbol{i}+a_y(x,y,z)\boldsymbol{j}+a_z(x,y,z)\boldsymbol{k},$$

其中函数 a_x, a_y, a_z 为向量 $\boldsymbol{A}$ 的三个坐标，下面都假定它们具有一阶连续偏导数.

在向量场中，为了直观地表示向量的分布状况，引入向量线的概念. 向量线是这样的曲线，在它上面每一点处，场的向量都位于该点处的切线上（如图 11.18）.

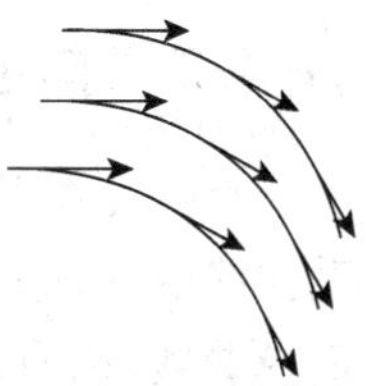

图 11.18

一般说来，向量场中的每一点均有一条向量线通过，所以向量线族也充满了整个向量场所在的空间. 如静电场中的电力线，磁场中的磁力线，流速场中的流速线，都是向量线的例子.

设 $M(x,y,z)$ 为向量线上任一点，其矢径为 $\boldsymbol{r}=x\boldsymbol{i}+y\boldsymbol{j}+z\boldsymbol{k}$，则微分为 $\mathrm{d}\boldsymbol{r}=\mathrm{d}x\boldsymbol{i}+\mathrm{d}y\boldsymbol{j}+\mathrm{d}z\boldsymbol{k}$ 为在点M处与向量线相切的向量，于是它必在M点处与场的矢量$\boldsymbol{A}=a_x\boldsymbol{i}+a_y\boldsymbol{j}+a_z\boldsymbol{k}$ 共线，因此有$\dfrac{\mathrm{d}x}{a_x}=\dfrac{\mathrm{d}y}{a_y}=\dfrac{\mathrm{d}z}{a_z}$，这就是向量线所满足的微分方程，解之可得向量线族. 如再利用过 M 点这个条件，即可求出过 M 点的向量线.

例 1 设一力场中的力为 $\boldsymbol{F}=-\mu y\boldsymbol{i}+\mu x\boldsymbol{j}+\mu h\boldsymbol{k}$，其中 μ,h 为常数，求其力线(即向量线).

解 力线的微分方程为$\dfrac{\mathrm{d}x}{-\mu y}=\dfrac{\mathrm{d}y}{\mu x}=\dfrac{\mathrm{d}z}{\mu h}$，由第一个等式有 $x\mathrm{d}x+y\mathrm{d}y=0$，积分得 $x^2+y^2=\lambda^2$，其中 λ 为积分常数. 因此力线在以 Oz 为轴的圆柱面上.

令 $x=\lambda\cos\theta, y=\lambda\sin\theta$，于是 $\mathrm{d}y=\lambda\cos\theta\mathrm{d}\theta$，代入第二个等式可得 $\mathrm{d}z=h\mathrm{d}\theta$，积分得 $z=h(\theta-\alpha)$，其中 α 为积分常数.

综上所得，所求力线为在圆柱面 $x^2+y^2=\lambda^2$ 上的螺旋线，其方程为 $x=\lambda\cos\theta, y=\lambda\sin\theta, z=h(\theta-\alpha)$.

前面学习过的函数的方向导数和函数的梯度都是场论的基本对象，函数 $u(x,y,z)$ 就表示一个数量场，它沿方向 $l=(\cos\alpha,\cos\beta,\cos\gamma)$ 的方向导数$\dfrac{\partial u}{\partial l}=\dfrac{\partial u}{\partial x}\cos\alpha+\dfrac{\partial u}{\partial y}\cos\beta+\dfrac{\partial u}{\partial z}\cos\gamma$就是一个数量场，它的梯度 $\mathbf{grad}u=\dfrac{\partial u}{\partial x}\boldsymbol{i}+\dfrac{\partial u}{\partial y}\boldsymbol{j}+\dfrac{\partial u}{\partial z}\boldsymbol{k}$ 是一个向量场.

引入一个向量微分算子$\nabla\equiv\boldsymbol{i}\dfrac{\partial}{\partial x}+\boldsymbol{j}\dfrac{\partial}{\partial y}+\boldsymbol{k}\dfrac{\partial}{\partial z}$，称为**哈密尔顿(Hamilton)算子**，记号∇是一个微分运算符号，其结果是一个向量. 其运算规则为

$$\nabla u=\left(\boldsymbol{i}\frac{\partial}{\partial x}+\boldsymbol{j}\frac{\partial}{\partial y}+\boldsymbol{k}\frac{\partial}{\partial z}\right)u=\frac{\partial u}{\partial x}\boldsymbol{i}+\frac{\partial u}{\partial y}\boldsymbol{j}+\frac{\partial u}{\partial z}\boldsymbol{k}=\mathbf{grad}u;$$

$$\nabla\cdot\boldsymbol{A}=\left(\boldsymbol{i}\frac{\partial}{\partial x}+\boldsymbol{j}\frac{\partial}{\partial y}+\boldsymbol{k}\frac{\partial}{\partial z}\right)\cdot(a_x\boldsymbol{i}+a_y\boldsymbol{j}+a_z\boldsymbol{k})=\frac{\partial a_x}{\partial x}+\frac{\partial a_y}{\partial y}+\frac{\partial a_z}{\partial z};$$

$$\nabla\times\boldsymbol{A}=\left(\boldsymbol{i}\frac{\partial}{\partial x}+\boldsymbol{j}\frac{\partial}{\partial y}+\boldsymbol{k}\frac{\partial}{\partial z}\right)\times(a_x\boldsymbol{i}+a_y\boldsymbol{j}+a_z\boldsymbol{k})=\begin{vmatrix}\boldsymbol{i}&\boldsymbol{j}&\boldsymbol{k}\\\dfrac{\partial}{\partial x}&\dfrac{\partial}{\partial y}&\dfrac{\partial}{\partial z}\\a_x&a_y&a_z\end{vmatrix}$$

$$=\left(\frac{\partial a_z}{\partial y}-\frac{\partial a_y}{\partial z}\right)\boldsymbol{i}+\left(\frac{\partial a_x}{\partial z}-\frac{\partial a_z}{\partial x}\right)\boldsymbol{j}+\left(\frac{\partial a_y}{\partial x}-\frac{\partial a_x}{\partial y}\right)\boldsymbol{k}.$$

11.4.2 向量场的通量与散度

首先介绍两个常用术语：(1) 具有连续转动切线的曲线称为**光滑曲线**；(2) 具有连续转动法线的曲面称为**光滑曲面**. 为方便起见，把由有限多段不相交的光滑曲线连成的曲线称为**简单曲线**，由有限块不相交的光滑曲面连成的曲面称为**简单曲面**. 以下所讨论的曲线均为简单曲线，曲面均为简单曲面. 此外，规定曲面的法向指向曲面正侧. 如果曲面是封闭的，按习

惯取其外侧为正侧. 这种规定了正侧的曲面称为**有向曲面**.

设给定一向量场 $\boldsymbol{A}(M)$,沿其中某一有向曲面 Σ 的曲面积分 $\Phi=\iint\limits_{\Sigma}\boldsymbol{A}\cdot\mathrm{d}\boldsymbol{S}$ 称为向量场 $\boldsymbol{A}(M)$ 向正侧穿过曲面 Σ 的**通量**(也叫**流量**).

若 $\boldsymbol{A}=\boldsymbol{A}_1+\boldsymbol{A}_2+\cdots+\boldsymbol{A}_n=\sum\limits_{i=1}^{n}\boldsymbol{A}_i$,则有 $\Phi=\iint\limits_{\Sigma}\boldsymbol{A}\cdot\mathrm{d}\boldsymbol{S}=\iint\limits_{\Sigma}\left(\sum\limits_{i=1}^{n}\boldsymbol{A}_i\right)\cdot\mathrm{d}\boldsymbol{S}=\sum\limits_{i=1}^{n}\iint\limits_{\Sigma}\boldsymbol{A}_i\cdot\mathrm{d}\boldsymbol{S}=\sum\limits_{i=1}^{n}\Phi_i$,即通量是可以叠加的.

若设 $\boldsymbol{A}=a_x\boldsymbol{i}+a_y\boldsymbol{j}+a_z\boldsymbol{k}$,则由第二型曲面积分可得

$$\Phi=\iint\limits_{\Sigma}\boldsymbol{A}\cdot\mathrm{d}\boldsymbol{S}=\iint\limits_{\Sigma}a_x\mathrm{d}y\mathrm{d}z+a_y\mathrm{d}x\mathrm{d}z+a_z\mathrm{d}x\mathrm{d}y.$$

例 2 点电荷 q 在真空中产生一个静电场,这里 q 既表示电荷大小,也表示所在位置,场中任何一点 M 处的电场强度 $\boldsymbol{E}=\dfrac{q}{r^2}\boldsymbol{r}_0$,其中 r 是点 M 到点电荷 q 的距离,$\boldsymbol{r}_0$ 是从 q 指向 M 的单位向量. 设 Σ 是以 q 为中心,以 R 为半径的球面,求通过 Σ 的电通量.

解 取球面 Σ 的法向指向外侧,半径为 R,则通过 Σ 的电通量为 $N=\iint\limits_{\Sigma}\boldsymbol{E}\cdot\mathrm{d}\boldsymbol{S}$,因为 $\boldsymbol{E}$ 的方向与 $\mathrm{d}\boldsymbol{S}$ 的方向一致,所以 $\boldsymbol{E}\cdot\mathrm{d}\boldsymbol{S}=E\mathrm{d}S$,于是 $N=\iint\limits_{\Sigma}\boldsymbol{E}\cdot\mathrm{d}\boldsymbol{S}=\iint\limits_{\Sigma}\dfrac{q}{R^2}\mathrm{d}S=\dfrac{q}{R^2}\iint\limits_{\Sigma}\mathrm{d}S=4\pi q.$

这是电学中的一个重要结论:点电荷 q 在真空中产生静电场,通过以 q 为中心的任何球面的电通量都等于 $4\pi q$.

设一向量场 $\boldsymbol{A}=a_x\boldsymbol{i}+a_y\boldsymbol{j}+a_z\boldsymbol{k}$,$\Omega$ 为一闭曲面 Σ 所包围的空间区域,$\boldsymbol{n}$ 为曲面上外法线,由高斯公式得

$$\oint\!\!\!\!\!\!\iint\limits_{\Sigma}\boldsymbol{A}\cdot\mathrm{d}\boldsymbol{S}=\iiint\limits_{\Omega}\left(\frac{\partial a_x}{\partial x}+\frac{\partial a_y}{\partial y}+\frac{\partial a_z}{\partial z}\right)\mathrm{d}v,$$

其中 $\dfrac{\partial a_x}{\partial x}+\dfrac{\partial a_y}{\partial y}+\dfrac{\partial a_z}{\partial z}$ 称为向量 $\boldsymbol{A}$ 的**散度**,它是一个数量场,记为 $\mathrm{div}\boldsymbol{A}=\dfrac{\partial a_x}{\partial x}+\dfrac{\partial a_y}{\partial y}+\dfrac{\partial a_z}{\partial z}$.

于是高斯公式可以写为 $\oint\!\!\!\!\!\!\iint\limits_{\Sigma}\boldsymbol{A}\cdot\mathrm{d}\boldsymbol{S}=\iiint\limits_{\Omega}\mathrm{div}\boldsymbol{A}\mathrm{d}v$. 这是高斯公式的向量形式,它说明:向量 $\boldsymbol{A}$ 通过闭曲面 Σ 的通量等于这个向量的散度在 Σ 所围区域上的三重积分.

根据定义,向量场在一给定点处的散度是一数量,散度的全体构成一数量场.

上面给出的散度的定义好像与坐标轴的选择有关,其实不然,下面给出散度的另一形式定义. 设 M 为区域中任一点,作一包含 M 点在内的任一封闭曲面 Σ,设其所包围的空间区域为 Ω,其体积为 V,则由高斯公式有 $\oint\!\!\!\!\!\!\iint\limits_{\Sigma}\boldsymbol{A}\cdot\mathrm{d}\boldsymbol{S}=\iiint\limits_{\Omega}\mathrm{div}\boldsymbol{A}\mathrm{d}v$,于是有 $\dfrac{\oint\!\!\!\!\!\!\iint\limits_{\Sigma}\boldsymbol{A}\cdot\mathrm{d}\boldsymbol{S}}{V}=\dfrac{\iiint\limits_{\Omega}\mathrm{div}\boldsymbol{A}\mathrm{d}v}{V}$,由积分中值定理,$\iiint\limits_{\Omega}\mathrm{div}\boldsymbol{A}\mathrm{d}v=\mathrm{div}\boldsymbol{A}(\xi,\eta,\zeta)V$,其中 $(\xi,\eta,\zeta)\in\Omega$,从而有 $\dfrac{\oint\!\!\!\!\!\!\iint\limits_{\Sigma}\boldsymbol{A}\cdot\mathrm{d}\boldsymbol{S}}{V}=\mathrm{div}\boldsymbol{A}(\xi,\eta,\zeta)$,

令 $V\to 0$,从而得 $\operatorname{div}\boldsymbol{A}\big|_M=\lim\limits_{V\to 0}\dfrac{\oiint\limits_{\Sigma}\boldsymbol{A}\cdot\mathbf{d}\boldsymbol{S}}{V}$.

可见散度与坐标轴的选取无关,且散度表示场中一点处的通量对体积的变化率,也就是在该点处对一个单位体积所穿过的通量,称为该点处**源的强度**. 因此当 $\operatorname{div}\boldsymbol{A}>0$ 时,表示在该点处散发通量,称点 M 为**源**;当 $\operatorname{div}\boldsymbol{A}<0$ 时,表示在该点吸收通量,称点 M 为**穴**;当 $\operatorname{div}\boldsymbol{A}=0$ 时,称为**无源场**.

由散度的定义易有下面的结论:

推论 1 $\operatorname{div}\boldsymbol{A}=\nabla\cdot\boldsymbol{A}$.

推论 2 若在封闭曲面 Σ 内处处有 $\operatorname{div}\boldsymbol{A}=0$,则 $\oiint\limits_{\Sigma}\boldsymbol{A}\cdot\mathbf{d}\boldsymbol{S}=0$.

推论 3 若在场内某些点(或区域上)有 $\operatorname{div}\boldsymbol{A}\neq 0$ 或 $\operatorname{div}\boldsymbol{A}$ 不存在,而在其他的点上都有 $\operatorname{div}\boldsymbol{A}=0$,则穿出包围这些点(或区域)的任一封闭曲面的通量都相等,即为一常数.

例 3 由点电荷 q 在真空中所产生的静电场为 $\boldsymbol{E}$,设这个点电荷在原点上,求除原点外空间各点 (x,y,z) 处的 $\operatorname{div}\boldsymbol{E}$.

解 在空间中 (x,y,z) 处,$\boldsymbol{E}=\dfrac{q}{r^2}\boldsymbol{r}_0$,其中 $\boldsymbol{r}_0=\dfrac{x\boldsymbol{i}+y\boldsymbol{j}+z\boldsymbol{k}}{r}$,$r=\sqrt{x^2+y^2+z^2}$,所以电场强度 $\boldsymbol{E}$ 又可以写为 $\boldsymbol{E}=\dfrac{q}{(x^2+y^2+z^2)^{3/2}}(x\boldsymbol{i}+y\boldsymbol{j}+z\boldsymbol{k})$,于是

$$\operatorname{div}\boldsymbol{E}=q\left\{\frac{\partial}{\partial x}\left[\frac{x}{(x^2+y^2+z^2)^{3/2}}\right]+\frac{\partial}{\partial y}\left[\frac{y}{(x^2+y^2+z^2)^{3/2}}\right]+\frac{\partial}{\partial z}\left[\frac{z}{(x^2+y^2+z^2)^{3/2}}\right]\right\}=0,$$

它表示除原点外,电场的散度处处为零,即为一无源场.

由推论 3 和例 2 的结果,可知电场穿过任何包含点电荷 q 在内的封闭曲面 Σ 的电通量等于 q,即 $\Phi_e=\oiint\limits_{\Sigma}\boldsymbol{E}\cdot\mathbf{d}\boldsymbol{S}=q$. 由通量的可加性,若有 n 个点电荷 $q_1,q_2,\cdots,q_n$ 分布在不同的 n 个点上,则穿出包围这 n 个点电荷在内的任一封闭曲面 Σ 的电通量 Φ_e 就可以看成是由 Σ 内每一点电荷 $q_i(i=1,2,\cdots,n)$ 所产生并传出 Σ 的电通量 $\Phi_i=q_i$ 的代数和,即 $\Phi_e=\sum\limits_{i=1}^{n}\Phi_i=\sum\limits_{i=1}^{n}q_i=Q$. 此结果说明:穿出任一封闭曲面 Σ 的电通量,等于其内各点电荷的代数和. 这就是电学上著名的高斯定理.

11.4.3 向量场的环量与旋度

设给定一向量场 $\boldsymbol{A}(M)$,沿场中某一封闭有向曲线 L 的曲线积分 $I=\oint_L\boldsymbol{A}\cdot\mathbf{d}\boldsymbol{s}$ 称为向量场按所取方向沿曲线 L 的**环量**.

若 $\boldsymbol{A}=a_x\boldsymbol{i}+a_y\boldsymbol{j}+a_z\boldsymbol{k}$,由第二型曲线积分可得

$$I=\oint_L \boldsymbol{A}\cdot \mathbf{d}\boldsymbol{s}=\oint_L a_x\mathrm{d}x+a_y\mathrm{d}y+a_z\mathrm{d}z.$$

设闭曲线 L 为某一曲面 Σ 的边界，由斯托克斯公式，向量 $\boldsymbol{A}$ 沿闭曲线 L 的环量可表示为曲面积分

$$I=\oint_L a_x\mathrm{d}x+a_y\mathrm{d}y+a_z\mathrm{d}z=\iint_\Sigma\left(\frac{\partial a_z}{\partial y}-\frac{\partial a_y}{\partial z}\right)\mathrm{d}y\mathrm{d}z+\left(\frac{\partial a_x}{\partial z}-\frac{\partial a_z}{\partial x}\right)\mathrm{d}z\mathrm{d}x+\left(\frac{\partial a_y}{\partial x}-\frac{\partial a_x}{\partial y}\right)\mathrm{d}x\mathrm{d}y,$$

称向量 $\left(\frac{\partial a_z}{\partial y}-\frac{\partial a_y}{\partial z},\frac{\partial a_x}{\partial z}-\frac{\partial a_z}{\partial x},\frac{\partial a_y}{\partial x}-\frac{\partial a_x}{\partial y}\right)$ 为向量 $\boldsymbol{A}$ 的**旋度**（也称**涡旋量**），记为 $\mathbf{rot}\boldsymbol{A}$.

即 $\mathbf{rot}\boldsymbol{A}=\begin{vmatrix}\boldsymbol{i} & \boldsymbol{j} & \boldsymbol{k}\\ \frac{\partial}{\partial x} & \frac{\partial}{\partial y} & \frac{\partial}{\partial z}\\ a_x & a_y & a_z\end{vmatrix}$.

于是斯托克斯公式可写为 $\oint_L \boldsymbol{A}\cdot \mathbf{d}\boldsymbol{s}=\iint_\Sigma(\mathbf{rot}\boldsymbol{A})\cdot \mathbf{d}\boldsymbol{S}$，这是斯托克斯公式的向量形式，它说明：向量 $\boldsymbol{A}$ 沿闭曲线 L 的环量等于它的旋度 $\mathbf{rot}\boldsymbol{A}$ 通过以 L 为边界所张的任意曲面 Σ 的通量.

与散度一样，旋度与坐标的选择无关，为了说明这个事实，下面给出旋度的另一形式定义. 设 M 为区域中任一点，作一包含 M 点在内的任一平面封闭曲线 L，设其所包围的平面区域为 Σ，其面积为 σ，则由斯托克斯公式得 $\oint_L \boldsymbol{A}\cdot \mathbf{d}\boldsymbol{s}=\iint_\Sigma(\mathbf{rot}\boldsymbol{A})\cdot \mathbf{d}\boldsymbol{S}$，于是有 $\frac{\oint_L \boldsymbol{A}\cdot \mathbf{d}\boldsymbol{s}}{\sigma}=\frac{\iint_\Sigma(\mathbf{rot}\boldsymbol{A})\cdot \mathbf{d}\boldsymbol{S}}{\sigma}$，由积分中值定理，$\iint_\Sigma(\mathbf{rot}\boldsymbol{A})\cdot \mathbf{d}\boldsymbol{S}=\mathbf{rot}\boldsymbol{A}(\xi,\eta,\zeta)\sigma$，从而有 $\frac{\oint_L \boldsymbol{A}\cdot \mathbf{d}\boldsymbol{s}}{\sigma}=\mathbf{rot}\boldsymbol{A}(\xi,\eta,\zeta)$，令 $\sigma\to 0$，从而得 $\mathbf{rot}\boldsymbol{A}\big|_M=\lim\limits_{\sigma\to 0}\frac{\oint_L \boldsymbol{A}\cdot \mathbf{d}\boldsymbol{s}}{\sigma}$，可见旋度与坐标的选取无关.

例 4　一刚体绕过原点 O 的轴 l 转动（如图 11.19），其角速度 $\boldsymbol{\omega}=(\omega_1,\omega_2,\omega_3)$ 为常向量，刚体中各点处都有线速度 $\boldsymbol{v}(M)$，构成一线速度场. 求此线速度场 $\boldsymbol{v}(M)$ 的旋度.

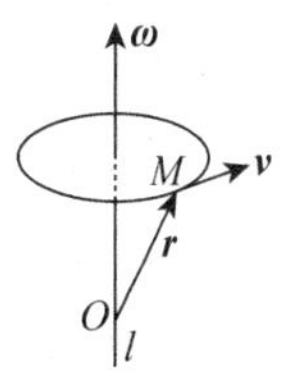

图 11.19

解　设点 M 的矢径为 $\boldsymbol{r}=(x,y,z)$，则由刚体运动学知，点 M 处的线速度为

$$\boldsymbol{v}=\boldsymbol{\omega}\times\boldsymbol{r}=\begin{vmatrix}\boldsymbol{i} & \boldsymbol{j} & \boldsymbol{k}\\ \omega_1 & \omega_2 & \omega_3\\ x & y & z\end{vmatrix}=(\omega_2 z-\omega_3 y,\omega_3 x-\omega_1 z,\omega_1 y-\omega_2 x),$$

从而

$$\mathbf{rot}\boldsymbol{v}=\begin{vmatrix}\boldsymbol{i} & \boldsymbol{j} & \boldsymbol{k}\\ \dfrac{\partial}{\partial x} & \dfrac{\partial}{\partial y} & \dfrac{\partial}{\partial z}\\ \omega_2 z-\omega_3 y & \omega_3 x-\omega_1 z & \omega_1 y-\omega_2 x\end{vmatrix}=(2\omega_1,2\omega_2,2\omega_3)=2\boldsymbol{\omega}.$$

可见,在刚体旋转构成的线速度场中,任一点M处的旋度,除去一个常数因子外,恰好就是刚体旋转的角速度,这就是为什么称 **rotA** 为旋度的原因.

设$\mathbf{A}(M)(M\in G\subseteq\mathbf{R}^3)$为一连续的空间向量场,若线积分$\int_A^B\mathbf{A}(M)\cdot\mathbf{d}\boldsymbol{s}$的值在$G$内与积分路径无关,其中$A$、$B$为$G$内任意两点,称$\mathbf{A}$为**保守场**.若在$G$内恒有$\mathbf{rotA}=\mathbf{0}$,称$\mathbf{A}$为**无旋场**.若存在定义在$G$上的三元函数$u=u(x,y,z)$,使用$\mathbf{A}=\nabla u$,称$\mathbf{A}$为**有势场**,并称$u$为场$\mathbf{A}$的**势函数**或**位函数**.

仿第二型曲线积分的结论有下列结论:

定理1 设G为空间一维单连通区域,$\mathbf{A}=(P,Q,R)$是以G为场域的向量场,P,Q,R在G上具有一阶连续偏导数,则下列四个命题等价:

(1) $\mathbf{A}$为一无旋场,即在G内恒有$\dfrac{\partial R}{\partial y}=\dfrac{\partial Q}{\partial z},\dfrac{\partial P}{\partial z}=\dfrac{\partial R}{\partial x},\dfrac{\partial Q}{\partial x}=\dfrac{\partial P}{\partial y}$.

(2) 沿G内任一分段光滑的简单闭曲线L的环量$\oint_L\mathbf{A}\cdot\mathbf{d}\boldsymbol{s}=\oint_L P\mathrm{d}x+Q\mathrm{d}y+R\mathrm{d}z=0$.

(3) $\mathbf{A}$是一个保守场,即在G内线积分$\int_A^B\mathbf{A}\cdot\mathbf{d}\boldsymbol{s}$与积分路径无关.

(4) $\mathbf{A}$是一个有势场,即在G内$P\mathrm{d}x+Q\mathrm{d}y+R\mathrm{d}z$是某一三元函数$u$的全微分.

如果在向量场$\mathbf{A}$中恒有$\mathrm{div}\mathbf{A}=0$与$\mathbf{rotA}=\mathbf{0}$,称此向量场为**调和场**.换言之,调和场是指既无源又无旋的向量场.例如在原点的点电荷q所产生的静电场中,除去点电荷所在的原点外,电场强度$\boldsymbol{E}$就形成一个调和场.

设向量场$\mathbf{A}$为调和场,由定义有$\mathbf{rotA}=\mathbf{0}$,因此存在函数u满足$\mathbf{A}=\mathbf{grad}u$,由定义$\mathrm{div}\mathbf{A}=0$,于是有$\mathrm{div}(\mathbf{grad}u)=0$.在直角坐标系中,由于$\mathbf{grad}u=\dfrac{\partial u}{\partial x}\boldsymbol{i}+\dfrac{\partial u}{\partial y}\boldsymbol{j}+\dfrac{\partial u}{\partial z}\boldsymbol{k}$,因而上式成为$\dfrac{\partial^2 u}{\partial x^2}+\dfrac{\partial^2 u}{\partial y^2}+\dfrac{\partial^2 u}{\partial z^2}=0$,这是一个二阶偏微分方程,叫做**拉普拉斯(Laplace)方程**,满足拉普拉斯方程的函数叫做**调和函数**.

拉普拉斯引进了一个微分算子:$\Delta=\dfrac{\partial^2}{\partial x^2}+\dfrac{\partial^2}{\partial y^2}+\dfrac{\partial^2}{\partial z^2}$,叫做**拉普拉斯算子**.它与哈密尔顿算子$\nabla$的关系是$\Delta=\nabla\cdot\nabla=\nabla^2$.于是拉普拉斯方程可以写为$\Delta u=0$,其中的$\Delta u$也叫做**调和量**.

习题 11.4

1. 求$\mathrm{div}\mathbf{A}$在给定点处的值:

(1) $\mathbf{A}=x^3\boldsymbol{i}+y^3\boldsymbol{j}+z^3\boldsymbol{k}$在$M(1,0,-1)$处;

(2) $\boldsymbol{A}=4x\boldsymbol{i}-2xy\boldsymbol{j}+z^2\boldsymbol{k}$ 在 $M(1,1,3)$ 处；

(3) $\boldsymbol{A}=xyz\boldsymbol{r},\boldsymbol{r}=x\boldsymbol{i}+y\boldsymbol{j}+z\boldsymbol{k}$ 在 $M(1,3,2)$ 处.

2. 求向量场 $\boldsymbol{A}$ 从内穿出所给闭曲面 Σ 的通量：

(1) $\boldsymbol{A}=x^3\boldsymbol{i}+y^3\boldsymbol{j}+z^3\boldsymbol{k}$，$\Sigma$ 为球面 $x^2+y^2+z^2=a^2$；

(2) $\boldsymbol{A}=(x-y+z)\boldsymbol{i}+(y-z+x)\boldsymbol{j}+(z-x+y)\boldsymbol{k}$，$\Sigma$ 为椭球面 $\dfrac{x^2}{a^2}+\dfrac{y^2}{b^2}+\dfrac{z^2}{c^2}=1$.

3. 设 $\boldsymbol{a}$ 为常向量，$\boldsymbol{r}=x\boldsymbol{i}+y\boldsymbol{j}+z\boldsymbol{k}$，$r=|\boldsymbol{r}|$，求下列各式之值：

(1) $\nabla\cdot(r\boldsymbol{a})$；　(2) $\nabla\cdot(r^2\boldsymbol{a})$；　(3) $\nabla\cdot(r^n\boldsymbol{a})$($n$ 为正整数)；　(4) $\nabla\cdot\left(\dfrac{\boldsymbol{r}}{r^3}\right)$.

4. 求向量场 $\boldsymbol{A}=-y\boldsymbol{i}+x\boldsymbol{j}+c\boldsymbol{k}$($c$ 为常数) 沿下列曲线的环量：

(1) 圆周 $x^2+y^2=R^2,z=0$；

(2) 圆周 $(x-2)^2+y^2=R^2,z=0$.

5. 求下列向量场的旋度：

(1) $\boldsymbol{A}=x^2\boldsymbol{i}+y^2\boldsymbol{j}+z^2\boldsymbol{k}$；(2) $\boldsymbol{A}=yz\boldsymbol{i}+zx\boldsymbol{j}+xy\boldsymbol{k}$；(3) $\boldsymbol{A}=P(x)\boldsymbol{i}+Q(y)\boldsymbol{j}+R(z)\boldsymbol{k}$.

6. 设 $\boldsymbol{A}=3y\boldsymbol{i}+2z^2\boldsymbol{j}+xy\boldsymbol{k}$，$\boldsymbol{B}=x^2\boldsymbol{i}-4\boldsymbol{k}$，求 $\mathbf{rot}(\boldsymbol{A}\times\boldsymbol{B})$.

11.5　本章知识应用简介

例 1　车灯线光源的计算.

安装在汽车头部的车灯的形状为一抛物面，车灯的对称轴水平地指向正前方，其开口半径 36 mm，深度 21.6 mm. 经过车灯的焦点，在与对称轴相垂直的水平方向，对称地放置长度为 4 mm 的线光源，线光源均匀分布. 在焦点 F 正前方 25 m 处的 A 点放置一测试屏，屏与 FA 垂直. 试计算直射光总功率与反射光总功率.

首先我们假设：(1) 线光源各点发光均匀分布；(2) 光波在传播、反射过程中能量没有损失；(3) 线光源长度比直径大得多，线光源直径忽略不计；(4) 反射光只考虑一次反射，灯的内表面是理想的(光滑的)；(5) 不考虑光的衍射现象.

表示反射光源强弱的基本物理量有光源的功率，光源的功率是单位时间内光源发出的总能量，单位为瓦特. 表示可见光在空间强度的物理量是光强度，光强度是光波传播的空间某一位置的能流密度对时间的平均值，即单位时间内通过垂直于光传播方向的单位面积中的能量对时间的平均值，单位为瓦特 / 米^2，能流密度沿光波传播方向. 这样，通过一定面积的光能量就是在该面上的功率，即 $\Delta W=\boldsymbol{I}\cdot\Delta\boldsymbol{S}$.

点光源在空间形成球面光，其光强度随空间点到点光源的距离增大而减少，与距离的平方成反比关系. 若点光源的总功率为 W_0，则在距离光源 r 处，光强度为 $\boldsymbol{I}\propto\dfrac{W_0}{4\pi r^2}\boldsymbol{r}$，$\boldsymbol{r}$ 为沿径向方向的单位向量. 对线光源在空间形成的光强的计算，可把线光源看作是很多点光源连成一条线形成的，线光源在空间某点处产生的光强是很多点光源在该处产生的光强的叠加而成.

建立空间直角坐标系,坐标原点在线光源的中心点上,Y 轴与线光源重合,X 轴垂直于线光源且沿水平方向,Z 轴竖直向上,设空间任意一点 $M(x,y,z)$,其向量表示为 $\boldsymbol{r}=x\boldsymbol{i}+y\boldsymbol{j}+z\boldsymbol{k}$.

设线光源功率为 W,在线光源上任取一线元,其长度为 $\mathrm{d}y_0$,这一小段光源近似看作点光源,坐标位置为 y_0,其功率为 $\frac{w\mathrm{d}y_0}{2a}$,设线元到空间点 $M(x,y,z)$ 的向量为 $\boldsymbol{r}_0$,原点到空间点 $M(x,y,z)$ 的向量为 $\boldsymbol{r}$,原点到线元的位置向量为 $y_0\boldsymbol{j}$,由向量关系得

$$\boldsymbol{r}_0=x\boldsymbol{i}+(y-y_0)\boldsymbol{j}+z\boldsymbol{k},r_0^2=x^2+(y-y_0)^2+z^2.$$

线元在空间 M 点产生的光强为:$\mathrm{d}\boldsymbol{I}=\frac{w\mathrm{d}y_0}{8\pi a r_0^3}\boldsymbol{r}_0$,代入上式得线元在空间 M 点产生的光强在直角坐标系中的表达式为

$$\mathrm{d}\boldsymbol{I}=\frac{w}{8\pi a}\frac{x\boldsymbol{i}+(y-y_0)\boldsymbol{j}+z\boldsymbol{k}}{(x^2+(y-y_0)^2+z^2)^{3/2}}\mathrm{d}y_0,$$

即上式在直角坐标系中的分量式为

$$\mathrm{d}I_x=\frac{w}{8\pi a}\frac{x}{(x^2+(y-y_0)^2+z^2)^{3/2}}\mathrm{d}y_0,$$

$$\mathrm{d}I_y=\frac{w}{8\pi a}\frac{y-y_0}{(x^2+(y-y_0)^2+z^2)^{3/2}}\mathrm{d}y_0,$$

$$\mathrm{d}I_z=\frac{w}{8\pi a}\frac{z}{(x^2+(y-y_0)^2+z^2)^{3/2}}\mathrm{d}y_0.$$

整个线光源在 A 点产生的光强度就是各点光源光强度的叠加,在数学上表现为对上式的积分,光强度在直角坐标系中的分量式为

$$I_x=\frac{w}{8\pi a}\int_{-a}^{a}\frac{x}{(x^2+(y-y_0)^2+z^2)^{3/2}}\mathrm{d}y_0,$$

$$I_y=\frac{w}{8\pi a}\int_{-a}^{a}\frac{y-y_0}{(x^2+(y-y_0)^2+z^2)^{3/2}}\mathrm{d}y_0,$$

$$I_z=\frac{w}{8\pi a}\int_{-a}^{a}\frac{z}{(x^2+(y-y_0)^2+z^2)^{3/2}}\mathrm{d}y_0.$$

计算得

$$I_x=\frac{w}{8\pi a}\left[\frac{x(y+a)}{(x^2+z^2)(x^2+(y+a)^2+z^2)^{1/2}}-\frac{x(y-a)}{(x^2+z^2)(x^2+(y-a)^2+z^2)^{1/2}}\right],$$

$$I_y=\frac{w}{8\pi a}\left[\frac{1}{(x^2+(y-a)^2+z^2)^{1/2}}-\frac{1}{(x^2+(y+a)^2+z^2)^{1/2}}\right],$$

$$I_z=\frac{w}{8\pi a}\left[\frac{z(y+a)}{(x^2+z^2)(x^2+(y+a)^2+z^2)^{1/2}}-\frac{z(y-a)}{(x^2+z^2)(x^2+(y-a)^2+z^2)^{1/2}}\right].$$

线光源在空间形成的光强向量场为 $\boldsymbol{I}=I_x\boldsymbol{i}+I_y\boldsymbol{j}+I_z\boldsymbol{k}$，则整个线光源在 M 点产生的光强度的大小为 $I=\sqrt{I_x^2+I_y^2+I_z^2}$，代入相应值即可得出光强度 $\boldsymbol{I}$ 的大小．

在光强场中通过有向曲面 dS 的光通量（即光的功率）为 $\mathrm{d}w=\boldsymbol{I}\cdot\mathrm{d}\boldsymbol{S}=\boldsymbol{I}\cdot\boldsymbol{n}\mathrm{d}S$，由于直射光是线光源直接从抛物面口径截面射出，该截面用 Σ_1 表示，且 Σ_1 在平面 $x=0.0066$ 上，任取 Σ 中一小块有向面元 dS，则其单位法向量为 $\boldsymbol{n}=(\cos\alpha,\cos\beta,\cos\gamma)=(1,0,0)$，这样就有

$$\boldsymbol{I}\cdot\boldsymbol{n}=I_x\cos\alpha+I_y\cos\beta+I_z\cos\gamma.$$

直射光的功率为 $W_1=\iint\limits_{\Sigma_1}\boldsymbol{I}\cdot\mathbf{d}\boldsymbol{S}=\iint\limits_{\Sigma_1}\boldsymbol{I}\cdot\boldsymbol{n}\mathrm{d}S=\iint\limits_{\Sigma_1}I_x\mathrm{d}S$. 由 I_x 在 $x=0.0066$ 平面（抛物面口径截面）上的等高图可知，上式是对面积的曲面积分，可转化为 Σ_1 在 yOz 面上投影 D_{yz} 的二重积分，二重积分的区域为 $y^2+z^2\leqslant R^2$，R 为抛物线的口半径，$R=0.036$ m，代入 I_x 的表达式，然后采用极坐标代换得

$$\begin{aligned}W_1=&\frac{w}{8\pi a}\iint\limits_{D_{yz}}\left(\frac{0.0066(r\cos\theta+a)}{(0.0066^2+r^2\sin^2\theta)\sqrt{0.0066^2+(r\cos\theta+a)^2+r^2\sin^2\theta}}-\right.\\&\left.\frac{0.0066(r\cos\theta-a)}{(0.0066^2+r^2\sin^2\theta)\sqrt{0.0066^2+(r\cos\theta-a)^2+r^2\sin^2\theta}}\right)r\,\mathrm{d}r\mathrm{d}\theta\\=&0.40977(\text{瓦特})\end{aligned}$$

反射光是线光源发出的光经抛物面反射的光（一次），所以反射光的功率 W_2 就等于在向量场 $I(x,y,z)$ 通过抛物面的总通量，旋转抛物面记为 Σ_2，其方程为 $y^2+z^2=2p(x+0.015)$，$x_y=y/p$，$x_z=z/p$，则 $\sqrt{1+x_y^2+x_z^2}=\dfrac{\sqrt{p^2+y^2+z^2}}{p}$. 对 Σ_2 上任意一点 (x,y,z) 处的法向量 $\boldsymbol{n}=(-1,y/p,z/p)$，得单位法向量

$$\boldsymbol{n}_0=(\cos\alpha,\cos\beta,\cos\gamma)=\left(\frac{-p}{\sqrt{p^2+y^2+z^2}},\frac{y}{\sqrt{p^2+y^2+z^2}},\frac{z}{\sqrt{p^2+y^2+z^2}}\right)$$

由光通量公式 $\mathrm{d}w=\boldsymbol{I}\cdot\mathbf{d}\boldsymbol{S}$ 知 $W_2=\iint\limits_{\Sigma_2}\boldsymbol{I}\cdot\mathbf{d}\boldsymbol{S}=\iint\limits_{\Sigma_2}\boldsymbol{I}\cdot\boldsymbol{n}_0\mathrm{d}S$，于是反射光的功率为

$$W_2=\iint\limits_{\Sigma_2}\frac{-pI_x}{\sqrt{p^2+y^2+z^2}}\mathrm{d}S+\iint\limits_{\Sigma_2}\frac{yI_y}{\sqrt{p^2+y^2+z^2}}\mathrm{d}S+\iint\limits_{\Sigma_2}\frac{zI_z}{\sqrt{p^2+y^2+z^2}}\mathrm{d}S$$

上式为一个对面积的曲面积分，可转化为 Σ_2 在 yOz 面上投影 D_{yz} 的二重积分，二重积分的区域为 $y^2+z^2\leqslant R^2$，R 为抛物线的口半径，$R=0.036$ m，同前面讨论，代入 I_x，I_y 和 I_z 的表达式，利用极坐标计算得 $W_2=0.59023$ 瓦特．

〔本内容参考文献：张若峰，刘保义．转换曲面积分在光的反射问题中的成功应用．阜阳师范学院学报（自然科学版），2003 年，Vol. 20，No. 2〕

例 2　大气污染

扩散是一种物理现象,指的是因物质浓度不均匀,物质会由浓度高的地方向浓度低的地方转移.如气体的扩散、液体的渗透等.扩散问题往往遵循类似于传热定律的规律,因而在许多情况下建立的扩散问题的数学模型类似于热传导方程.下面建立大气污染模型.

设 $u(x,y,z,t)$ 表示空间某点 (x,y,z) 在 t 时刻污染物的浓度,任取空间一闭曲面 S,其围成区域为 Ω.由于扩散,通过 S 从 t 到 $t+\Delta t$ 时间内流入 Ω 的烟尘质量为

$$M_1=\int_t^{t+\Delta t}\oiint_S\left(a^2\frac{\partial u}{\partial x}\cos\alpha+b^2\frac{\partial u}{\partial y}\cos\beta+c^2\frac{\partial u}{\partial z}\cos\gamma\right)\mathrm{d}S\mathrm{d}t,$$

其中 α、β、γ 分别为曲面 S 上点 (x,y,z) 处外法线向量的方向角,a^2,b^2,c^2 为三个方向上的扩散系数.由高斯公式得

$$M_1=\int_t^{t+\Delta t}\iiint_\Omega\left(a^2\frac{\partial^2 u}{\partial x^2}+b^2\frac{\partial^2 u}{\partial y^2}+c^2\frac{\partial^2 u}{\partial z^2}\right)\mathrm{d}x\mathrm{d}y\mathrm{d}z\mathrm{d}t.$$

由于吸收衰减,在 t 到 $t+\Delta t$ 时间内,Ω 内烟尘的减少量为

$$M_2=\int_t^{t+\Delta t}\iiint_\Omega ku\,\mathrm{d}x\mathrm{d}y\mathrm{d}z\mathrm{d}t\text{(其中 }k\text{ 为吸收衰减系数)}.$$

由于空气流动,烟尘随风从 t 到 $t+\Delta t$ 时间内飘出 S 的质量为

$$M_3=\int_t^{t+\Delta t}\oiint_S(pu\cos\alpha+qu\cos\beta+ru\cos\gamma)\mathrm{d}S\mathrm{d}t.$$

其中 (p,q,r) 为风向向量,由高斯公式得

$$M_3=\int_t^{t+\Delta t}\iiint_\Omega\left(p\frac{\partial u}{\partial x}+q\frac{\partial u}{\partial y}+r\frac{\partial u}{\partial z}\right)\mathrm{d}x\mathrm{d}y\mathrm{d}z\mathrm{d}t.$$

设 $Q(x,y,z,t)$ 为点 (x,y,z) 上 t 时刻单位体积单位时间内的烟尘排放量,S 内从 t 到 $t+\Delta t$ 时间共排放烟尘量为

$$M_4=\int_t^{t+\Delta t}\iiint_\Omega Q(x,y,z,t)\mathrm{d}x\mathrm{d}y\mathrm{d}z\mathrm{d}t.$$

同时,由于浓度变化引起 S 内烟尘质量的增加量为

$$M_5=\iiint_\Omega[u(x,y,z,t+\Delta t)-u(x,y,z,t)]\mathrm{d}x\mathrm{d}y\mathrm{d}z=\int_t^{t+\Delta t}\iiint_\Omega\frac{\partial u}{\partial t}\mathrm{d}x\mathrm{d}y\mathrm{d}z\mathrm{d}t.$$

由于质量守恒,因此 $M_5=M_1-M_2-M_3+M_4$,即

$$\frac{\partial u}{\partial t}=a^2\frac{\partial^2 u}{\partial x^2}+b^2\frac{\partial^2 u}{\partial y^2}+c^2\frac{\partial^2 u}{\partial z^2}-ku-p\frac{\partial u}{\partial x}-q\frac{\partial u}{\partial y}-r\frac{\partial u}{\partial z}+Q(x,y,z,t).$$

初始条件为 $u(x,y,z,0)$,即为大气污染的数学模型,在无风($p=q=r=0$)、Ω 内无污染源

$(Q=0)$、也不吸收$(k=0)$并且 $a=b=c$ 的情况下，以上模型就是热传导方程.

〔本节内容参考文献：王世杰. 曲面积分在数学建模上的应用研究. 河北建筑工程学院学报，2008，Vol. 26，No. 1〕

11.6　综合例题

例 1　计算 $I=\oiint\limits_{\Sigma} x\mathrm{d}S$，其中 Σ 为圆柱面 $x^2+y^2=1$ 及平面 $z=x+2$，$z=0$ 所围成的区域的整个边界曲面.

解　如图 11.20，曲面 Σ 由 Σ_1、Σ_2、Σ_3 三部分组成，于是 $I=\iint\limits_{\Sigma_1} x\mathrm{d}S+\iint\limits_{\Sigma_2} x\mathrm{d}S+\iint\limits_{\Sigma_3} x\mathrm{d}S.$

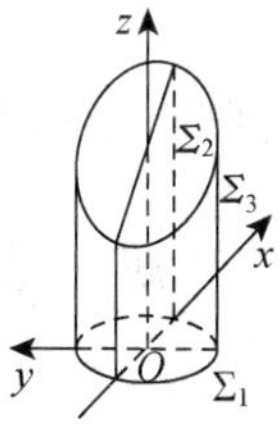

图 11.20

$$\iint\limits_{\Sigma_1} x\mathrm{d}S=\iint\limits_{D_{xy}} x\mathrm{d}\sigma=0,\iint\limits_{\Sigma_2} x\mathrm{d}S=\iint\limits_{D_{xy}}\sqrt{2}x\mathrm{d}\sigma=0,$$

其中 $D_{xy}:x^2+y^2\leqslant 1$.

Σ_3 是圆柱面 $x^2+y^2=1$ 被平面 $z=x+2$ 及 $z=0$ 所截部分，计算 $\iint\limits_{\Sigma_3} x\mathrm{d}S$ 有两种方法：

法一　将 Σ_3 分成前后两块，即 $x=\pm\sqrt{1-y^2}$. 后面一块的投影区域为 $D_{yz}:0\leqslant z\leqslant 2+\sqrt{1-y^2}$，$-1\leqslant y\leqslant 1$，前面一块的投影区域为 $D'_{yz}:0\leqslant z\leqslant 2-\sqrt{1-y^2}$，$-1\leqslant y\leqslant 1$，则有

$$\begin{aligned}\iint\limits_{\Sigma_3} x\mathrm{d}S&=\iint\limits_{D_{yz}}\sqrt{1-y^2}\sqrt{1+\frac{y^2}{1-y^2}}\mathrm{d}y\mathrm{d}z+\iint\limits_{D'_{yz}}(-\sqrt{1-y^2})\sqrt{1+\frac{y^2}{1-y^2}}\mathrm{d}y\mathrm{d}z\\&=\iint\limits_{D_{yz}}\mathrm{d}y\mathrm{d}z-\iint\limits_{D'_{yz}}\mathrm{d}y\mathrm{d}z=\int_{-1}^{1}\mathrm{d}y\int_{0}^{2+\sqrt{1-y^2}}\mathrm{d}z-\int_{-1}^{1}\mathrm{d}y\int_{0}^{2-\sqrt{1-y^2}}\mathrm{d}z=\pi.\end{aligned}$$

法二　将 Σ_3 分成左右两块，即 $y=\pm\sqrt{1-x^2}$，其投影区域相同，都为梯形区域 $D_3:0\leqslant z\leqslant x+2$，$-1\leqslant x\leqslant 1$，则有

$$\iint\limits_{\Sigma_3} x\mathrm{d}S=\iint\limits_{D_3} x\sqrt{1+\frac{x^2}{1-x^2}}\mathrm{d}x\mathrm{d}z+\iint\limits_{D_3} x\sqrt{1+\frac{x^2}{1-x^2}}\mathrm{d}x\mathrm{d}z=2\int_{-1}^{1}\mathrm{d}x\int_{0}^{x+2}\frac{x}{\sqrt{1-x^2}}\mathrm{d}z=\pi.$$

所以 $I=\iint\limits_{\Sigma_1} x\mathrm{d}S+\iint\limits_{\Sigma_2} x\mathrm{d}S+\iint\limits_{\Sigma_3} x\mathrm{d}S=\pi.$

例 2　求面密度为常数 ρ 的均匀抛物面壳 $z=2-(x^2+y^2)(z\geqslant 0)$ 的重心坐标.

解　由抛物面 $z=2-(x^2+y^2)$ 的对称性和均匀性知，重心坐标中 $\overline{x}=0$，$\overline{y}=0$，下求 $\overline{z}$.

记抛物面为Σ,其在xOy平面上的投影区域为$D_{xy}:x^2+y^2\leqslant 2$,于是

$$M=\iint_{\Sigma}\rho\mathrm{d}S=\rho\iint_{D_{xy}}\sqrt{1+4x^2+4y^2}\,\mathrm{d}x\mathrm{d}y=\rho\int_0^{2\pi}\mathrm{d}\theta\int_0^{\sqrt{2}}r\sqrt{1+4r^2}\,\mathrm{d}r=\frac{13\pi}{3}\rho.$$

$$\begin{aligned}M_{xOy}&=\iint_{\Sigma}\rho z\,\mathrm{d}S=\rho\iint_{D_{xy}}[2-(x^2+y^2)]\sqrt{1+4x^2+4y^2}\,\mathrm{d}x\mathrm{d}y\\&=\rho\int_0^{2\pi}\mathrm{d}\theta\int_0^{\sqrt{2}}r(2-r^2)\sqrt{1+4r^2}\,\mathrm{d}r=\frac{37\pi}{10}\rho,\end{aligned}$$

所以$\bar{z}=\dfrac{M_{xOy}}{M}=\dfrac{111}{130}$,从而所求重心坐标为$\left(0,0,\dfrac{111}{130}\right)$.

例 3 设Σ为椭球面$\dfrac{x^2}{2}+\dfrac{y^2}{2}+z^2=1$的上半部分,点$P(x,y,z)\in\Sigma$,$\pi$为$\Sigma$在点$P$处的切平面,$\rho(x,y,z)$为点$O(0,0,0)$到平面$\pi$的距离,求$I=\displaystyle\iint_{\Sigma}\frac{z}{\rho(x,y,z)}\mathrm{d}S$.

解 设(X,Y,Z)为π上任意一点,则平面π的方程为$\dfrac{xX}{2}+\dfrac{yY}{2}+zZ=1$,由点到平面的距离公式可知$\rho(x,y,z)=\dfrac{1}{\sqrt{\dfrac{x^2}{4}+\dfrac{y^2}{4}+z^2}}$.$\Sigma$的上半部分方程为$z=\sqrt{1-\left(\dfrac{x^2}{2}+\dfrac{y^2}{2}\right)}$,

$\dfrac{\partial z}{\partial x}=-\dfrac{x}{2\sqrt{1-\left(\dfrac{x^2}{2}+\dfrac{y^2}{2}\right)}}$,$\dfrac{\partial z}{\partial y}=-\dfrac{y}{2\sqrt{1-\left(\dfrac{x^2}{2}+\dfrac{y^2}{2}\right)}}$,$\mathrm{d}S=\sqrt{1+\left(\dfrac{\partial z}{\partial x}\right)^2+\left(\dfrac{\partial z}{\partial y}\right)^2}\,\mathrm{d}x\mathrm{d}y=$

$\dfrac{\sqrt{4-x^2-y^2}}{2\sqrt{1-\left(\dfrac{x^2}{2}+\dfrac{y^2}{2}\right)}}\mathrm{d}x\mathrm{d}y$,其在$xOy$面上的投影域为$D:x^2+y^2\leqslant 2$,于是有

$$I=\iint_{\Sigma}\frac{z}{\rho(x,y,z)}\mathrm{d}S=\frac{1}{4}\iint_{D}(4-x^2-y^2)\mathrm{d}\sigma=\frac{1}{4}\int_0^{2\pi}\mathrm{d}\theta\int_0^{\sqrt{2}}(4-r^2)r\mathrm{d}r=\frac{3}{2}\pi.$$

例 4 设Σ为上半球面$z=\sqrt{a^2-x^2-y^2}\,(a>0)$的上侧,计算曲面积分$I=\displaystyle\iint_{\Sigma}(x^3+az^2)\mathrm{d}y\mathrm{d}z+(y^3+ax^2)\mathrm{d}z\mathrm{d}x+(z^3+ay^2)\mathrm{d}x\mathrm{d}y$.

解 记Σ_1为平面$z=0(x^2+y^2\leqslant a^2)$,方向为下侧,$\Omega$为$\Sigma$与$\Sigma_1$所围成的空间区域,于是

$$\begin{aligned}I&=\left(\oiint_{\Sigma+\Sigma_1}-\iint_{\Sigma_1}\right)[(x^3+az^2)\mathrm{d}y\mathrm{d}z+(y^3+ax^2)\mathrm{d}z\mathrm{d}x+(z^3+ay^2)\mathrm{d}x\mathrm{d}y]\\&=\iiint_{\Omega}3(x^2+y^2+z^2)\mathrm{d}x\mathrm{d}y\mathrm{d}z+\iint_{x^2+y^2\leqslant a^2}ay^2\mathrm{d}x\mathrm{d}y\end{aligned}$$

$$= 3\int_0^{2\pi}\mathrm{d}\theta\int_0^{\frac{\pi}{2}}\sin\varphi\mathrm{d}\varphi\int_0^a r^4\mathrm{d}r + a\int_0^{2\pi}\sin^2\theta\mathrm{d}\theta\int_0^a r^3\mathrm{d}r = \frac{29}{20}\pi a^5.$$

例 5　设 Σ 为有向曲面 $z = x^2 + y^2 (0 \leqslant z \leqslant 1)$，其法向量与 z 轴正向的夹角为锐角. 计算曲面积分 $I = \iint\limits_{\Sigma}(2x+z)\mathrm{d}y\mathrm{d}z + z\mathrm{d}x\mathrm{d}y$.

解　法一　应用高斯公式.

以 Σ_1 表示法向量指向 z 轴负向的有向平面 $z = 1(x^2+y^2 \leqslant 1)$，于是 Σ_1 在 xOy 平面上的投影区域为 $D = \{(x,y) \mid x^2+y^2 \leqslant 1\}$，则

$$\iint\limits_{\Sigma_1}(2x+z)\mathrm{d}y\mathrm{d}z + z\mathrm{d}x\mathrm{d}y = -\iint\limits_{D}\mathrm{d}x\mathrm{d}y = -\pi.$$

令 Ω 表示由 Σ 和 Σ_1 所围成的空间区域，则由高斯公式有

$$\oiint\limits_{\Sigma+\Sigma_1}(2x+z)\mathrm{d}y\mathrm{d}z + z\mathrm{d}x\mathrm{d}y = -\iiint\limits_{\Omega}(2+1)\mathrm{d}v = -3\int_0^{2\pi}\mathrm{d}\theta\int_0^1 r\mathrm{d}r\int_{r^2}^1\mathrm{d}z = -\frac{3}{2}\pi.$$

因此 $I = \left(\iint\limits_{\Sigma+\Sigma_1} - \iint\limits_{\Sigma_1}\right)[(2x+z)\mathrm{d}y\mathrm{d}z + z\mathrm{d}x\mathrm{d}y] = -\dfrac{\pi}{2}$.

法二　设 D_{yz}，D_{xy} 分别表示 Σ 在 yOz 平面、xOy 平面上的投影区域，则 $D_{yz}: y^2 \leqslant z \leqslant 1, -1 \leqslant y \leqslant 1$；$D_{xy}: x^2+y^2 \leqslant 1$，于是

$$\begin{aligned}
I &= -\iint\limits_{D_{yz}}(2\sqrt{z-y^2}+z)\mathrm{d}y\mathrm{d}z + \iint\limits_{D_{yz}}(-2\sqrt{z-y^2}+z)\mathrm{d}y\mathrm{d}z + \iint\limits_{D_{xy}}(x^2+y^2)\mathrm{d}x\mathrm{d}y \\
&= -4\iint\limits_{D_{yz}}\sqrt{z-y^2}\mathrm{d}y\mathrm{d}z + \iint\limits_{D_{xy}}(x^2+y^2)\mathrm{d}x\mathrm{d}y \\
&= -4\int_{-1}^1\mathrm{d}y\int_{y^2}^1\sqrt{z-y^2}\mathrm{d}z + \int_0^{2\pi}\mathrm{d}\theta\int_0^1 r^3\mathrm{d}r = -\pi + \frac{\pi}{2} = -\frac{\pi}{2}.
\end{aligned}$$

法三　因为 Σ 的方程为 $z = x^2+y^2(0 \leqslant z \leqslant 1)$，所以 $\dfrac{\partial z}{\partial x} = 2x$，$\dfrac{\partial z}{\partial y} = 2y$，其在 xOy 平面上的投影区域为 $D_{xy}: x^2+y^2 \leqslant 1$，于是

$$\begin{aligned}
I &= \iint\limits_{D_{xy}}(2x+x^2+y^2, 0, x^2+y^2)\cdot(-z_x, -z_y, 1)\mathrm{d}x\mathrm{d}y \\
&= \iint\limits_{D_{xy}}(-3x^2-2x^3-2xy^2+y^2)\mathrm{d}x\mathrm{d}y \\
&= \int_0^{2\pi}\mathrm{d}\theta\int_0^1(-3r^2\cos^2\theta - 2r^3\cos^3\theta - 2r^3\sin^2\theta\cos\theta + r^2\sin^2\theta)r\mathrm{d}r = -\frac{\pi}{2}.
\end{aligned}$$

例 6　计算 $I = \oiint\limits_{\Sigma}x^3\mathrm{d}y\mathrm{d}z + \left[\dfrac{1}{z}f\left(\dfrac{y}{z}\right)+y^3\right]\mathrm{d}z\mathrm{d}x + \left[\dfrac{1}{y}f\left(\dfrac{y}{z}\right)+z^3\right]\mathrm{d}x\mathrm{d}y$，其中 $f\left(\dfrac{y}{z}\right)$ 一阶连续可导，Σ 为 $x>0$ 的锥面 $y^2+z^2-x^2=0$ 与球面 $x^2+y^2+z^2=1$，x^2+y^2+

$z^2=4$ 所围立体表面的外侧.

解 记 $P=x^3,Q=\frac{1}{z}f\left(\frac{y}{z}\right)+y^3,R=\frac{1}{y}f\left(\frac{y}{z}\right)+z^3$,$\Sigma$ 围成的立体为 Ω,由高斯公式得

$$I=3\iiint_{\Omega}(x^2+y^2+z^2)\mathrm{d}v.$$

取球面坐标变换:$y=r\sin\varphi\cos\theta,z=r\sin\varphi\sin\theta,x=r\cos\varphi$,则 $|J|=r^2\sin\varphi$,于是

$$I=3\int_0^{2\pi}\mathrm{d}\theta\int_0^{\frac{\pi}{4}}\mathrm{d}\varphi\int_1^2 r^4\sin\varphi\mathrm{d}r=\frac{93}{5}(2-\sqrt{2})\pi.$$

例 7 计算曲面积分 $I=\iint_{\Sigma}(x^3+z)\mathrm{d}y\mathrm{d}z+(y^3+x)\mathrm{d}z\mathrm{d}x+\mathrm{d}x\mathrm{d}y$,其中 Σ 是曲线 $\begin{cases}z=1-x^2,\\ y=0\end{cases}$ $(|x|\leqslant 1)$ 绕 z 轴旋转一周得到的曲面的上侧.

解 由题意得 Σ 的方程为 $z=1-x^2-y^2(z\geqslant 0)$,令 Σ_1 为 $z=0(x^2+y^2\leqslant 1)$,且为下侧,其在 xOy 面上的投影区域记为 D,$\Sigma+\Sigma_1$ 所围的立体域记为 Ω,由高斯公式可得

$$\begin{aligned}I&=\left(\oiint_{\Sigma+\Sigma_1}-\iint_{\Sigma_1}\right)[(x^3+z)\mathrm{d}y\mathrm{d}z+(y^3+x)\mathrm{d}z\mathrm{d}x+\mathrm{d}x\mathrm{d}y]\\&=3\iiint_{\Omega}(x^2+y^2)\mathrm{d}v+\iint_{D}\mathrm{d}x\mathrm{d}y=3\int_0^{2\pi}\mathrm{d}\theta\int_0^1 r^3\mathrm{d}r\int_0^{1-r^2}\mathrm{d}z+\pi=\frac{3}{2}\pi.\end{aligned}$$

例 8 设稳定流动的不可压缩流体的速度场为 $\boldsymbol{v}(x,y,z)=(x+y+z)\boldsymbol{k}$,有向曲面 Σ 为 $x^2+y^2=az(0\leqslant z\leqslant a)$ 被平面 $z=a$ 所截下部分的下侧,求流体流过 Σ 的流量.

解 由第二型曲面积分的物理意义可知,流体流过 Σ 的流量为 $\Phi=\iint_{\Sigma}(x+y+z)\mathrm{d}x\mathrm{d}y$,又 Σ 的方程可表示为 $z=\frac{1}{a}(x^2+y^2)$,其在 xOy 面上的投影区域为 $D_{xy}:x^2+y^2\leqslant a^2$,于是

$$\Phi=-\iint_{D_{xy}}\left(x+y+\frac{x^2+y^2}{a}\right)\mathrm{d}x\mathrm{d}y=-\int_0^{2\pi}\mathrm{d}\theta\int_0^a\left[r(\cos\theta+\sin\theta)+\frac{r^2}{a}\right]r\mathrm{d}r=-\frac{\pi a^3}{2}.$$

例 9 确定常数 λ,使在右半平面 $x>0$ 上的向量 $\boldsymbol{A}(x,y)=2xy(x^4+y^2)^{\lambda}\boldsymbol{i}-x^2(x^4+y^2)^{\lambda}\boldsymbol{j}$ 为某二元函数 $u(x,y)$ 的梯度,并求 $u(x,y)$.

解 令 $P(x,y)=2xy(x^4+y^2)^{\lambda},Q(x,y)=-x^2(x^4+y^2)^{\lambda}$,求解 $u(x,y)$ 使 $\mathbf{grad}u(x,y)=\boldsymbol{A}(x,y)$ 等价于求解 $u(x,y)$ 满足 $\mathrm{d}u(x,y)=2xy(x^4+y^2)^{\lambda}\mathrm{d}x-x^2(x^4+y^2)^{\lambda}\mathrm{d}y$,从而有 $\frac{\partial Q}{\partial x}=\frac{\partial P}{\partial y}$,即 $4x(x^4+y^2)^{\lambda}(\lambda+1)=0$,解得 $\lambda=-1$,于是 $\boldsymbol{A}(x,y)=\frac{2xy}{x^4+y^2}\boldsymbol{i}-\frac{x^2}{x^4+y^2}\boldsymbol{j}$.
利用第二型曲线积分与路径无关得

$$u(x,y)=\int_{(1,0)}^{(x,y)}\frac{2xy}{x^4+y^2}\mathrm{d}x-\frac{x^2}{x^4+y^2}\mathrm{d}y+C$$

$$=\int_1^x \frac{2x\cdot 0}{x^4+0^2}\mathrm{d}x-\int_0^y \frac{x^2}{x^4+y^2}\mathrm{d}y+C=-\arctan\frac{y}{x^2}+C.$$

例 10　计算曲线积分 $I=\oint_L (y^2-z^2)\mathrm{d}x+(2z^2-x^2)\mathrm{d}y+(3x^2-y^2)\mathrm{d}z$，其中 L 是平面 $x+y+z=2$ 与柱面 $|x|+|y|=1$ 的交线，从 z 轴正向看去，L 为逆时针方向.

解　**法一**　利用斯托克斯公式，取平面 $x+y+z=2$ 被 L 所围成的部分为 Σ，按照斯托克斯公式的规定，取它的方向向上，于是 Σ 的方程为 $z=2-x-y$，$\frac{\partial z}{\partial x}=-1$，$\frac{\partial z}{\partial y}=-1$，其在 xOy 平面上的投影区域为 D_{xy}：$|x|+|y|\leqslant 1$，从而有

$$I=\iint_\Sigma (-2y-4z)\mathrm{d}y\mathrm{d}z+(-2z-6x)\mathrm{d}z\mathrm{d}x+(-2x-2y)\mathrm{d}x\mathrm{d}y$$

$$=\iint_{D_{xy}}(-2y-4(2-x-y),-2(2-x-y)-6x,-2x-2y)\cdot(1,1,1)\mathrm{d}x\mathrm{d}y$$

$$=-2\iint_{D_{xy}}(x-y+6)\mathrm{d}x\mathrm{d}y=-2\iint_{D_{xy}}(x-y)\mathrm{d}x\mathrm{d}y-12\iint_{D_{xy}}\mathrm{d}x\mathrm{d}y=-24.$$

上面最后一个等式中，由于积分区域 D_{xy} 关于 x 轴和 y 轴均对称，被积函数中 x 关于 x 为奇函数，y 关于 y 为奇函数，所以积分 $\iint_{D_{xy}}(x-y)\mathrm{d}x\mathrm{d}y=0$.

法二　取绷在 L 上的曲面为 $z=2-x-y$，记 L_1 为 L 在 xOy 面上的投影，D_{xy} 为 L_1 所围成的区域，于是代入原积分得

$$I=\oint_{L_1}[y^2-(2-x-y)^2]\mathrm{d}x+[2(2-x-y)^2-x^2]\mathrm{d}y+(3x^2-y^2)(-\mathrm{d}x-\mathrm{d}y)$$

$$=\oint_{L_1}(-4x^2+y^2-2xy+4x+4y-4)\mathrm{d}x+(-2x^2+3y^2+4xy-8x-8y+8)\mathrm{d}y$$

$$\xlongequal{\text{格林公式}}-2\iint_{D_{xy}}(x-y+6)\mathrm{d}x\mathrm{d}y=-24.$$

法三　用参数式：L：$z=2-x-y$，$|x|+|y|=1$.

当 $x\geqslant 0,y\geqslant 0$ 时，L_1：$y=1-x$，$z=2-x-y=1$，x 从 1 到 0，于是

$$I_1=\int_{L_1}(y^2-z^2)\mathrm{d}x+(2z^2-x^2)\mathrm{d}y+(3x^2-y^2)\mathrm{d}z$$

$$=\int_1^0[(1-x)^2-1+(2-x^2)(-1)]\mathrm{d}x=\frac{7}{3}.$$

当 $x\leqslant 0,y\geqslant 0$ 时，L_2：$y=1+x$，$z=1-2x$，x 从 0 到 -1，于是

$$I_2=\int_{L_2}(y^2-z^2)\mathrm{d}x+(2z^2-x^2)\mathrm{d}y+(3x^2-y^2)\mathrm{d}z=\int_0^{-1}(2x+4)\mathrm{d}x=-3.$$

当 $x\leqslant 0,y\leqslant 0$ 时，L_3：$y=-1-x$，$z=3$，x 从 -1 到 0，于是

$$I_3=\int_{L_3}(y^2-z^2)\mathrm{d}x+(2z^2-x^2)\mathrm{d}y+(3x^2-y^2)\mathrm{d}z=\int_{-1}^{0}(2x^2+2x-26)\mathrm{d}x=-\frac{79}{3}.$$

当 $x\geqslant 0, y\leqslant 0$ 时，$L_4: y=x-1, z=3-2x, x$ 从 0 到 1，于是

$$I_4=\int_{L_4}(y^2-z^2)\mathrm{d}x+(2z^2-x^2)\mathrm{d}y+(3x^2-y^2)\mathrm{d}z=\int_{0}^{1}(-18x+12)\mathrm{d}x=3.$$

综上有 $I=I_1+I_2+I_3+I_4=-24$.

总习题十一

1. 计算曲面积分 $\iint\limits_{\Sigma}|xyz|\mathrm{d}S$，其中 Σ 为抛物面 $z=x^2+y^2$ 被平面 $z=1$ 所截下的部分.

2. 计算曲面积分 $\iint\limits_{\Sigma}(x+y+z)\mathrm{d}S$，其中 Σ 是平面 $y+z=a$ 被圆柱面 $x^2+y^2=a^2$ 所截得的部分.

3. 求球壳 $x^2+y^2+z^2=R^2$ 的质量，此球壳面密度为 $\rho(x,y)=\sqrt{x^2+y^2}$.

4. 计算曲面积分 $\iint\limits_{\Sigma}x\mathrm{d}y\mathrm{d}z+y\mathrm{d}z\mathrm{d}x+z\mathrm{d}x\mathrm{d}y$，其中 Σ 为锥面 $z=1-\sqrt{x^2+y^2}\,(z\geqslant 0)$ 的上侧.

5. 计算曲面积分 $\iint\limits_{\Sigma}(x-y)\mathrm{d}x\mathrm{d}y+(z-y)x\mathrm{d}y\mathrm{d}z$，其中 Σ 为 $\frac{x^2}{4}+y^2\leqslant 1\,(0\leqslant z\leqslant 3)$ 的外表面.

6. 计算曲面积分 $\iint\limits_{\Sigma}x^3\mathrm{d}y\mathrm{d}z+x^2y\mathrm{d}z\mathrm{d}x+x^2z\mathrm{d}x\mathrm{d}y$，其中 Σ 为柱面 $x^2+y^2=R^2$ 被 $z=0$，$z=h$ 所截部分的外侧.

7. 计算曲面积分 $\iint\limits_{\Sigma}z^2\mathrm{d}x\mathrm{d}y$，其中 Σ 为 $(x-a)^2+(y-b)^2+(z-c)^2=R^2$ 的外表面.

8. 求向量 $\boldsymbol{v}=(yz+x, zx+y, xy+z)$ 通过曲面 Σ 的流量，其中 Σ 为柱面 $x^2+y^2=a^2$ 被平面 $z=0, z=h\,(h>0)$ 截下的部分，外侧为正侧.

补充内容：

数学史上的三次危机

从哲学上来看，矛盾是无处不在的，即便以确定无疑著称的数学也不例外. 数学中有大大小小的许多矛盾，例如正与负、加与减、微分与积分、有理数与无理数、实数与虚数等. 在整个数学发展过程中，还有许多深刻的矛盾，例如有穷与无穷、连续与离散、存在与构造、逻辑与直观、具体对象与抽象对象、概念与计算等.

在数学史上，贯穿着矛盾的斗争与解决. 当矛盾激化到涉及整个数学的基础时，就会产生数学危机. 而危机的解决，往往能给数学带来新的内容、新的发展，甚至引起革命性的变革.

数学的发展就经历过三次关于基础理论的危机.

第一次数学危机

从某种意义上来讲，现代意义下的数学，也就是作为演绎系统的纯粹数学，来源予古希腊毕达哥拉斯学派.它是一个唯心主义学派，兴旺的时期为公元前500年左右.他们认为，“万物皆数”（指整数），数学的知识是可靠的、准确的，而且可以应用于现实的世界，数学的知识由纯粹的思维而获得，不需要观察、直觉和日常经验.

整数是在对于对象的有限整合进行计算的过程中产生的抽象概念.日常生活中，不仅要计算单个的对象，还要度量各种量，例如长度、重量和时间.为了满足这些简单的度量需要，就要用到分数.于是，如果定义有理数为两个整数的商，那么有理数系包括所有的整数和分数，所以对于进行实际量度是足够的.

有理数有一种简单的几何解释.在一条水平直线上，标出一段线段作为单位长，如果令它的左端点和右端点分别表示数0和1，则可用这条直线上的间隔为单位长的点的集合来表示整数，正整数在0的右边，负整数在0的左边.以q为分母的分数，可以用每一单位间隔分为q等分的点表示.于是，每一个有理数都对应着直线上的一个点.

古代数学家认为，这样能把直线上所有的点用完.但是，毕氏学派大约在公元前400年发现：直线上存在不对应任何有理数的点.特别是，他们证明了：这条直线上存在点p不对应于有理数，这里距离op等于边长为单位长的正方形的对角线.于是就必须发明新的数对应这样的点，并且因为这些数不可能是有理数，只好称它们为无理数.无理数的发现，是毕氏学派的最伟大成就之一，也是数学史上的重要里程碑.

无理数的发现，引起了第一次数学危机.首先，对于全部依靠整数的毕氏哲学，这是一次致命的打击.其次，无理数看来与常识似乎相矛盾.在几何上的对应情况同样也是令人惊讶的，因为与直观相反，存在不可通约的线段，即没有公共的量度单位的线段.由于毕氏学派关于比例定义假定了任何两个同类量是可通约的，所以毕氏学派比例理论中的所有命题都局限在可通约的量上，这样，他们的关于相似形的一般理论也失效了.

“逻辑上的矛盾”是如此之大，以致于有一段时间，他们费了很大的精力将此事保密，不准外传.但是人们很快发现不可通约性并不是罕见的现象.泰奥多勒斯指出，面积等于3、5、6、……17的正方形的边与单位正方形的边也不可通约，并对每一种情况都单独予以了证明.随着时间的推移，无理数的存在逐渐成为人所共知的事实.

诱发第一次数学危机的一个间接因素是之后“芝诺悖论”的出现，它更增加了数学家们的担忧：数学作为一门精确的科学是否还有可能?宇宙的和谐性是否还存在?

在大约公元前370年，这个矛盾被毕氏学派的欧多克斯通过给比例下新定义的方法解决了.他的处理不可通约量的方法，出现在欧几里得《原本》第5卷中，并且和狄德金于1872年绘出的无理数的现代解释基本一致.今天中学几何课本中对相似三角形的处理，仍然反映出由不可通约量而带来的某些困难和微妙之处.

第一次数学危机表明，几何学的某些真理与算术无关，几何量不能完全由整数及其比来表示.反之，数却可以由几何量表示出来.整数的尊崇地位受到挑战，古希腊的数学观点受到极大的冲击.于是，几何学开始在希腊数学中占有特殊地位.同时也反映出，直觉和经验不一定靠得住，而推理证明才是可靠的.从此希腊人开始从“自明的”公理出发，经过演绎推理，并由此建立几何学体系.这是数学思想上的一次革命，是第一次数学危机的自然产物.

回顾在此以前的各种数学，无非都是“算”，也就是提供算法.即使在古希腊，数学也是从实际出发，应用到实际问题中去的.例如，泰勒斯预测日食、利用影子计算金字塔高度、测量船只离岸距离等等，都是属于计算技术范围的.至于埃及、巴比伦、中国、印度等国的数学，并没有经历过这样的危机和革命，也就继续走着以算为主，以用为主的道路.而由于第一次数学危机的发生和解决，希腊数学则走上完全不同的发展道路，形成了欧几里得《原本》的公理体系与亚里士多德的逻辑体系，为世界数学作出了另一种杰出的贡献.

但是，自此以后希腊人把几何看成了全部数学的基础，把数的研究隶属于形的研究，割裂了它们之间的密切关系.这样做的最大不幸是放弃了对无理数本身的研究,使算术和代数的发展受到很大的限制,基本理论十分薄弱.这种畸形发展的局面在欧洲持续了2000多年.

第二次数学危机

十七、十八世纪关于微积分发生的激烈的争论,被称为第二次数学危机.从历史或逻辑的观点来看,它的发生也带有必然性.

这次危机的萌芽出现在大约公元前450年,芝诺注意到由于对无限性的理解问题而产生的矛盾,提出了关于时空的有限与无限的四个悖论:

"两分法":向着一个目的地运动的物体,首先必须经过路程的中点,然而要经过这点,又必须先经过路程的1/4点……,如此类推以至无穷.结论是:无穷是不可穷尽的过程,运动是不可能的.

"阿基里斯(《荷马史诗》中的善跑的英雄)追不上乌龟":阿基里斯总是首先必须到达乌龟的出发点,因而乌龟必定总是跑在前头.这个论点同两分法悖论一样,所不同的是不必把所需通过的路程一再平分.

"飞矢不动":意思是箭在运动过程中的任一瞬时间必在一确定位置上,因而是静止的,所以箭就不能处于运动状态.

"操场或游行队伍":A、B两物体以等速向相反方向运动.从静止的c来看,比如说A、B都在1小时内移动了2千米,可是从A看来,则B在1小时内就移动了4千米.运动是矛盾的,所以运动是不可能的.

芝诺揭示的矛盾是深刻而复杂的.前两个悖论诘难了关于时间和空间无限可分,因而运动是连续的观点,后两个悖论诘难了时间和空间不能无限可分,因而运动是间断的观点.芝诺悖论的提出可能有更深刻的背景,不一定是专门针对数学的,但是它们在数学王国中却掀起了一场轩然大波.它们说明了希腊人已经看到"无穷小"与"很小很小"的矛盾,但他们无法解决这些矛盾.其后果是,希腊几何证明中从此就排除了无穷小.

经过许多人多年的努力,终于在17世纪晚期,形成了无穷小演算——微积分这门学科.牛顿和莱布尼兹被公认为是微积分的奠基者,他们的功绩主要在于:把各种有关问题的解法统一成微分法和积分法;有明确的计算步骤;微分法和积分法互为逆运算.由于运算的完整性和应用的广泛性,微积分成为当时解决问题的重要工具.同时,关于微积分基础的问题也越来越严重.关键问题就是无穷小量究竟是不是零?无穷小及其分析是否合理?由此而引起了数学界甚至哲学界长达一个半世纪的争论,造成了第二次数学危机.

无穷小量究竟是不是零?两种答案都会导致矛盾.牛顿对它曾作过三种不同解释:1669年说它是一种常量;1671年又说它是一个趋于零的变量;1676年它被"两个正在消逝的量的最终比"所代替.但是,他始终无法解决上述矛盾.莱布尼兹曾试图用和无穷小量成比例的有限量的差分来代替无穷小量,但是他也没有找到从有限量过渡到无穷小量的桥梁.

英国大主教贝克莱于1734年写文章,攻击流数(导数)"是消失了的量的鬼魂……能消化得了二阶、三阶流数的人,是不会因吞食了神学论点就呕吐的."他说,用忽略高阶无穷小而消除了原有的错误,"是依靠双重的错误得到了虽然不科学却是正确的结果".贝克莱虽然也抓住了当时微积分、无穷小方法中一些不清楚不合逻辑的问题,不过他是出自对科学的厌恶和对宗教的维护,而不是出自对科学的追求和探索.

当时一些数学家和其他学者,也批判过微积分的一些问题,指出其缺乏必要的逻辑基础.例如,罗尔曾说:"微积分是巧妙的谬论的汇集."在那个勇于创造时代的初期,科学中逻辑上存在这样那样的问题,并不是个别现象.

18世纪的数学思想的确是不严密的、直观的,强调形式的计算而不管基础的可靠.其中特别是:没有清楚的无穷小概念,从而导数、微分、积分等概念不清楚;无穷大概念不清楚;发散级数求和的任意性等等;符号的不严格使用;不考虑连续性就进行微分,不考虑导数及积分的存在性以及函数可否展成幂级数等等.

直到19世纪20年代,一些数学家才比较关注于微积分的严格基础.从波尔查诺、阿贝尔、柯西、狄里赫利等人的工作开始,到威尔斯特拉斯、狄德金和康托的工作结束,中间经历了半个多世纪,基本上解决了矛盾,为数学分析奠定了一个严格的基础.

波尔查诺给出了连续性的正确定义；阿贝尔指出要严格限制滥用级数展开及求和；柯西在1821年的《代数分析教程》中从定义变量出发，认识到函数不一定要有解析表达式；他抓住极限的概念，指出无穷小量和无穷大量都不是固定的量而是变量，无穷小量是以零为极限的变量；并且定义了导数和积分；狄里赫利给出了函数的现代定义. 在这些工作的基础上，威尔斯特拉斯消除了其中不确切的地方，给出现在通用的极限的定义，连续的定义，并把导数、积分严格地建立在极限的基础上.

19世纪70年代初，威尔斯特拉斯、狄德金、康托等人独立地建立了实数理论，而且在实数理论的基础上，建立起极限论的基本定理，从而使数学分析建立在实数理论的严格基础之上.

第三次数学危机

数学基础的第三次危机是由1897年的突然冲击而出现的，从整体上看，到现在还没有解决到令人满意的程度. 这次危机是由于在康托的一般集合理论的边缘发现悖论造成的. 由于集合概念已经渗透到众多的数学分支，并且实际上集合论已经成了数学的基础，集合论中悖论的发现自然地引起了对数学的整个基本结构的有效性的怀疑.

1897年，福尔蒂揭示了集合论的第一个悖论；两年后，康托发现了很相似的悖论，它们涉及集合论中的结果. 1902年，罗素发现了一个悖论，它除了涉及集合概念本身外不涉及别的概念.

罗素，英国人，哲学家、逻辑学家、数学家. 1902年著述《数学原理》，继而与怀德海合著《数学原理》(1910年—1913年)，把数学归纳为一个公理体系，是划时代的著作之一. 他在很多领域都有大量著作，并于1950年获得诺贝尔文学奖. 他关心社会现象，参加和平运动，开办学校. 1968—1969年出版了他的自传.

罗素悖论曾被以多种形式通俗化，其中最著名的是罗素于1919年给出的，它讲的是某村理发师的困境. 理发师宣布了这样一条原则：他只给不自己刮胡子的人刮胡子. 当人们试图答复下列疑问时，就认识到了这种情况的悖论性质："理发师是否可以给自己刮胡子?" 如果他给自己刮胡子，那么他就不符合他的原则；如果他不给自己刮胡子，那么他按原则就该为自己刮胡子.

罗素悖论使整个数学大厦动摇了，无怪乎弗雷格在收到罗素的信之后，在他刚要出版的《算术的基本法则》第2卷本末尾写道："一位科学家不会碰到比这更难堪的事情了，即在工作完成之时，它的基础垮掉了. 当本书等待付印的时候，罗素先生的一封信把我就置于这种境地". 狄德金原来打算把《连续性及无理数》第3版付印，这时也把稿件抽了回来. 发现拓扑学中"不动点原理" 的布劳恩也认为自己过去做的工作都是"废话"，声称要放弃不动点原理.

自从在康托的集合论和发现上述矛盾之后，还产生了许多附加的悖论. 集合论的现代悖论与逻辑的几个古代悖论有关系. 例如公元前4世纪的欧伯利得悖论："我现在正在做的这个陈述是假的". 如果这个陈述是真的，则它是假的；然而，如果这个陈述是假的，则它又是真的了. 于是，这个陈述既不能是真的，又不能是假的，怎么也逃避不了矛盾. 更早的还有埃皮门尼德(公元前6世纪，克利特人)悖论："克利特人总是说谎的人". 只要简单分析一下，就能看出这句话也是自相矛盾的.

集合论中悖论的存在，明确地表示某些地方出了毛病. 自从发现它们之后，人们发表了大量关于这个课题的文章，并且为解决它们做过大量的尝试. 就数学而论，看来有一条容易的出路：人们只要把集合论建立在公理化的基础上，加以充分限制以排除所知道的矛盾.

第一次这样的尝试是策梅罗于1908年做出的，以后还有多人进行了加工. 但是，此程序曾受到批评，因为它只是避开了某些悖论，而未能说明这些悖论；此外，它不能保证将来不出现别种悖论.

另一种程序既能解释又能排除已知悖论. 如果仔细地检查就会发现：上面的每一个悖论都涉及一个集合 S 和 S 的一个成员 M(即 M 是靠 S 定义的). 这样的一个定义被称作是"非断言的"，而非断言的定义在某种意义上是循环的. 例如，考虑罗素的理发师悖论：用 M 标志理发师，用 S 标示所有成员的集合，则 M 被非断言地定义为"S 的给并且只给不自己刮胡子人中刮胡子的那个成员". 此定义的循环的性质是显然的——理发师的定义涉及所有的成员，并且理发师本身就是这里的成员. 因此，不允许有非断言的定义便可能是一种解决集合论的已知悖论的办法. 然而，对这种解决办法，有一个严重的责难，即包括非断言定义的那几部分数学是数学家很不愿丢弃的,例如定理"每一个具有上界的实数非空集合有最小上界(上确界)".

解决集合论的悖论的其他尝试,是从逻辑上去找问题的症结,这带来了逻辑基础的全面研究.

从1900年到1930年左右,数学的危机使许多数学家卷入一场大辩论当中.他们看到这次危机涉及数学的根本,因此必须对数学的哲学基础加以严密的考察.在这场大辩论中,原来不明显的意见分歧扩展成为学派的争论.以罗素为代表的逻辑主义、以布劳威为代表的直觉主义、以希尔伯特为代表的形式主义三大数学哲学学派应运而生.它们都是唯心主义学派,它们都提出了各自的处理一般集合论中的悖论的办法.他们在争论中尽管言语尖刻,好像势不两立,其实各自的观点都吸收了对方的看法而又有很多变化.1931年,哥德尔不完全性定理的证明暴露了各派的弱点,哲学的争论黯淡了下来.此后,各派力量沿着自己的道路发展演化.尽管争论的问题远未解决,但大部分数学家并不大关心哲学问题.直到近年,数学哲学问题才又激起人们的兴趣.

承认无穷集合、承认无穷级数,就好像一切灾难都出来了,这就是第三次数学危机的实质.尽管悖论可以消除,矛盾可以解决,然而数学的确定性却在一步一步地丧失.现代公理集合论中一大堆公理,简直难说孰真孰假,可是又不能把它们都消除掉,它们跟整个数学是血肉相连的.所以,第三次数学危机表面上解决了,实质上更深刻地以其他形式延续着.

数学中的矛盾既然是固有的,它的激烈冲突——危机就不可避免.危机的解决给数学带来了许多新认识、新内容,有时也带来了革命性的变化.把20世纪的数学同以前全部数学相比,内容要丰富得多,认识要深入得多.在集合论的基础上,诞生了抽象代数学、拓扑学、泛函分析与测度论,数理逻辑也兴旺发达成为数学有机体的一部分.古代的代数几何、微分几何、复分析现在已经推广到高维.代数数论的面貌也多次改变,变得越来越优美、完整.一系列经典问题完满地得到解决,同时又产生更多的新问题.特别是二次大战之后,新成果层出不穷,从未间断.数学呈现无比兴旺发达的景象,而这正是人们同数学中的矛盾、危机斗争的产物.

第十二章　无穷级数

无穷级数是研究探讨微积分的又一重要工具，也是逼近理论的重要内容之一，它在表达函数、研究函数的性质、计算函数值及求解微分方程等方面都有着重要的应用. 级数理论是建立在严密的极限理论之上的，它是数列极限的另一种表达形式，是无限项的求和. 无穷级数分为常数项级数与函数项级数. 常数项级数是函数项级数的特殊情形，也是函数项级数的基础. 本章先讨论常数项级数的基本概念、性质及相关级数的敛散性的判别法则，再研究函数项级数.

12.1　常数项级数

12.1.1　常数项级数的基本概念及其性质

一、常数项级数的基本概念

众所周知，有限个实数 $u_1,u_2,\cdots,u_n$ 相加，其和一定是一个实数. 那么自然会问“无限个实数相加”的和是否仍然为一个实数呢？为了回答这个问题，从一个有趣的寓言故事开始. 阿基里斯是古希腊神话中善跑的英雄. 在他和乌龟的竞赛中，他的速度为乌龟的 10 倍，为了公平，他让乌龟在前面 100 米跑，他在后面追. 当阿基里斯追到 100 米时，乌龟已经又向前爬了 10 米，于是，一个新的起点产生了. 阿基里斯必须继续追，而当他追到乌龟爬的这 10 米时，乌龟则又向前爬了 1 米，阿基里斯要再追上前面的 1 米，而乌龟又 ……. 就这样，乌龟给阿基里斯制造出无穷个起点，而它总能在起点与自己之间产生一个距离（当然距离会越来越小），但只要乌龟不停地奋力向前爬，阿基里斯就永远也追不上乌龟！显然这是荒谬的，这个故事就是著名的“芝诺悖论”. 产生此悖论的原因在于把有限的时间 T（或距离 S）分割成无穷段 t_1，$t_2,\cdots$（或 $S_1,S_2,\cdots$），造成这个过程随着时间的流逝永无止境的假象. 事实上故事中的总时间和总距离，虽然是无限项的和，但其实都是有限数. 至此，引入无穷级数的概念如下.

定义 1　给定一个数列 $u_1,u_2,\cdots,u_n,\cdots$ 依次用加号连接起来，即

$$u_1+u_2+\cdots+u_n+\cdots$$

称为**常数项无穷级数**，简称为**数项级数或级数**，记为 $\sum\limits_{n=1}^{\infty}u_n$，即

$$\sum_{n=1}^{\infty}u_n=u_1+u_2+\cdots+u_n+\cdots \tag{12.1}$$

其中第 n 项 u_n 称为级数的**一般项**或**通项**.

注意式(12.1)只是一个形式求和,还没有具体的意义.那么无穷多个数相加是什么意思?什么时候有意义?当它有意义时,和该如何求?下面,借助于数列极限的收敛与发散,将有限个实数的和过渡到无限个数的和,从而给出无穷级数的和的概念.

定义 2 称级数(12.1)的前 n 项之和

$$S_n = u_1 + u_2 + \cdots + u_n$$

为级数(12.1)的 n 项**部分和**.如果当 $n \to \infty$ 时,其部分和数列 $\{S_n\}$ 的极限存在,即 $\lim\limits_{n\to\infty} S_n = S$,则称**级数(12.1)收敛**,$S$ 为级数(12.1)的**和**,记为

$$\sum_{n=1}^{\infty} u_n = u_1 + u_2 + \cdots + u_n + \cdots = \lim_{n\to\infty} S_n = S.$$

若 $\lim\limits_{n\to\infty} S_n$ 不存在,则称**级数(12.1)发散**.

注:由定义可知,级数的敛散性等价于其部分和数列 $\{S_n\}$ 的极限是否存在.

利用上面的定义,研究以下 3 个无穷级数的收敛和发散.

例 1 $\sum\limits_{n=1}^{\infty} \dfrac{1}{2^{n-1}} = 1 + \dfrac{1}{2} + \dfrac{1}{2^2} + \cdots + \dfrac{1}{2^n} + \cdots = \lim\limits_{n\to\infty}\left(1 + \dfrac{1}{2} + \dfrac{1}{2^2} + \cdots + \dfrac{1}{2^{n-1}}\right)$

$= \lim\limits_{n\to\infty} \dfrac{1-\dfrac{1}{2^n}}{1-\dfrac{1}{2}} = 2$,所以 $\sum\limits_{n=1}^{\infty} \dfrac{1}{2^{n-1}}$ 是收敛的,其和为一个实数 2.

例 2 $\sum\limits_{n=1}^{\infty} n = 1 + 2 + \cdots + n + \cdots = \lim\limits_{n\to\infty}(1+2+3+\cdots+n) = \lim\limits_{n\to\infty} \dfrac{n(n+1)}{2} = +\infty$,所以 $\sum\limits_{n=1}^{\infty} n$ 不是一个实数,是发散的.

例 3 $\sum\limits_{n=1}^{\infty} (-1)^{n-1} = 1 - 1 + 1 - 1 + \cdots + (-1)^{n-1} + \cdots$,易见其部分和数列为

$$S_n = \begin{cases} 0, & n \text{ 为偶数}, \\ 1, & n \text{ 为奇数}. \end{cases}$$

显然其部分和数列 $\{S_n\}$ 发散,因而无穷级数发散.

由上 3 个具体的例子可以看出:无限个实数相加比有限个实数相加的运算法则要复杂很多,需要利用极限工具来分析.

定义 3 若级数 $\sum\limits_{n=1}^{\infty} u_n$ 收敛,其和是 S,称

$$r_n = S - S_n = u_{n+1} + u_{n+2} + \cdots$$

为级数 $\sum\limits_{n=1}^{\infty} u_n$ 的**余项**.

显然,级数 $\sum\limits_{n=1}^{\infty} u_n$ 收敛当且仅当 $\lim\limits_{n\to\infty} r_n = 0$.

例 4　证明级数

$$\frac{1}{1\cdot 6}+\frac{1}{6\cdot 11}+\frac{1}{11\cdot 16}+\cdots+\frac{1}{(5n-4)\cdot(5n+1)}+\cdots$$

收敛,并求其和.

证明　由于$\frac{1}{(5n-4)(5n+1)}=\frac{1}{5}\left(\frac{1}{5n-4}-\frac{1}{5n+1}\right)$,于是级数的部分和

$$\begin{aligned}S_n&=\frac{1}{1\cdot 6}+\frac{1}{6\cdot 11}+\frac{1}{11\cdot 16}+\cdots+\frac{1}{(5n-4)(5n+1)}\\&=\frac{1}{5}\left[\left(1-\frac{1}{6}\right)+\left(\frac{1}{6}-\frac{1}{11}\right)+\cdots+\left(\frac{1}{5n-4}-\frac{1}{5n+1}\right)\right]\\&=\frac{1}{5}\left(1-\frac{1}{5n+1}\right),\end{aligned}$$

所以

$$\lim_{n\to\infty}S_n=\lim_{n\to\infty}\frac{1}{5}\left(1-\frac{1}{5n+1}\right)=\frac{1}{5}.$$

因此所给级数收敛,且其和为$\frac{1}{5}$.

例 5　讨论**几何级数**(又称为**等比级数**)

$$\sum_{n=1}^{\infty}aq^{n-1}=a+aq+aq^2+\cdots+aq^{n-1}+\cdots(a\neq 0)$$

的敛散性.

解　当 $q\neq 1$ 时,由于

$$(1-q)(a+aq+aq^2+\cdots+aq^{n-1})=a(1-q^n),$$

于是其部分和

$$S_n=a+aq+aq^2+\cdots+aq^{n-1}=\frac{a(1-q^n)}{1-q}.$$

(1) 若 $|q|<1$,则有

$$\lim_{n\to\infty}S_n=\lim_{n\to\infty}\frac{a(1-q^n)}{1-q}=\frac{a}{1-q}.$$

即此时几何级数是收敛的,且其和是$\frac{a}{1-q}$.

(2) 若 $|q|>1$,有

$$\lim_{n\to\infty}S_n=\lim_{n\to\infty}\frac{a(1-q^n)}{1-q}=\infty,$$

即,此时几何级数是发散的.

(3) 若 $q=-1$,有部分和为 $S_n=a-a+a-a+\cdots+(-1)^n a$,即

$$S_n=\begin{cases}a, & \text{当 } n \text{ 为奇数时},\\ 0, & \text{当 } n \text{ 为偶数时},\end{cases}$$

当 $n\to\infty$ 时 $\{S_n\}$ 的极限不存在,所以此时几何级数发散.

特别地,当 $a=1$ 时,$\sum\limits_{n=1}^{\infty}(-1)^{n-1}$ 是发散的.

(4) 当 $q=1$ 时,部分和 $S_n=na$,$\lim\limits_{n\to\infty}S_n=\infty$,即此时几何级数发散.

综上所述:当 $|q|<1$ 时,几何级数收敛,且其和为 $\dfrac{a}{1-q}$;当 $|q|\geqslant 1$ 时,几何级数发散.

例 6 证明**调和级数** $\sum\limits_{n=1}^{\infty}\dfrac{1}{n}=1+\dfrac{1}{2}+\dfrac{1}{3}+\cdots+\dfrac{1}{n}+\cdots$ 发散.

证明 假设这个级数是收敛的,则它的部分和数列 $\{S_n\}$ 的极限存在,设 $\lim\limits_{n\to\infty}S_n=S$,则

$$\lim_{n\to\infty}(S_{2n}-S_n)=\lim_{n\to\infty}S_{2n}-\lim_{n\to\infty}S_n=S-S=0.$$

另一方面,注意到

$$S_{2n}-S_n=\frac{1}{n+1}+\frac{1}{n+2}+\cdots+\frac{1}{2n}>\underbrace{\frac{1}{2n}+\cdots+\frac{1}{2n}}_{n\text{项}}=\frac{1}{2},$$

故矛盾,所以调和级数是发散的.

例 5、例 6 是两个非常重要的级数,对后面级数敛散性的研究起着非常重要的作用,需熟练掌握.

二、收敛级数的性质

由于级数 $\sum\limits_{n=1}^{\infty}u_n$ 的收敛与它的部分和数列 $\{S_n\}$ 的极限存在是等价的,因此根据数列极限的性质,可以得到级数收敛的一些性质.

性质 1(级数收敛的必要条件) 如果级数 $\sum\limits_{n=1}^{\infty}u_n$ 收敛,则 $\lim\limits_{n\to\infty}u_n=0$.

证 由于级数 $\sum\limits_{n=1}^{\infty}u_n$ 收敛,则它的部分和数列 $\{S_n\}$ 的极限存在,设 $\lim\limits_{n\to\infty}S_n=S$,于是

$$\lim_{n\to\infty}u_n=\lim_{n\to\infty}(S_n-S_{n-1})=\lim_{n\to\infty}S_n-\lim_{n\to\infty}S_{n-1}=S-S=0.$$

推论 若 $\{u_n\}$ 不收敛或 $\lim\limits_{n\to\infty}u_n\neq 0$,则级数 $\sum\limits_{n=1}^{\infty}u_n$ 必发散.

例如,前面例 5(3) 中讨论的级数 $\sum\limits_{n=1}^{\infty}(-1)^{n-1}$,由于 $\{(-1)^{n-1}\}$ 不是无穷小,所以该级数发散.

注 $\lim\limits_{n\to\infty}u_n=0$ 只是级数 $\sum\limits_{n=1}^{\infty}u_n$ 收敛的必要条件,但非充分条件. 比如,例 6 中讨论的调

和级数$\sum\limits_{n=1}^{\infty}\frac{1}{n}$,其一般项$u_n=\frac{1}{n}\to 0(n\to\infty)$,但该级数是发散的.

性质2(线性性)　若级数$\sum\limits_{n=1}^{\infty}u_n$和$\sum\limits_{n=1}^{\infty}v_n$均收敛,且$\sum\limits_{n=1}^{\infty}u_n=S$,$\sum\limits_{n=1}^{\infty}v_n=T$,则对任意常数$\lambda$和$\mu$,级数$\sum\limits_{n=1}^{\infty}(\lambda u_n+\mu v_n)$也收敛,且

$$\sum_{n=1}^{\infty}(\lambda u_n+\mu v_n)=\lambda\sum_{n=1}^{\infty}u_n+\mu\sum_{n=1}^{\infty}v_n=\lambda S+\mu T.$$

证　设$\sum\limits_{n=1}^{\infty}u_n$和$\sum\limits_{n=1}^{\infty}v_n$的部分和分别为$S_n$和$T_n$,则级数$\sum\limits_{n=1}^{\infty}(\lambda u_n+\mu v_n)$的部分和为

$$\begin{aligned}W_n&=(\lambda u_1+\mu v_1)+(\lambda u_2+\mu v_2)+\cdots+(\lambda u_n+\mu v_n)\\&=\lambda(u_1+u_2+\cdots+u_n)+\mu(v_1+v_2+\cdots+v_n)=\lambda S_n+\mu T_n.\end{aligned}$$

于是,有

$$\lim_{n\to\infty}W_n=\lim_{n\to\infty}(\lambda S_n+\mu T_n)=\lambda\lim_{n\to\infty}S_n+\mu\lim_{n\to\infty}T_n=\lambda S+\mu T,$$

即$\sum\limits_{n=1}^{\infty}(\lambda u_n+\mu v_n)$也收敛,且$\sum\limits_{n=1}^{\infty}(\lambda u_n+\mu v_n)=\lambda\sum\limits_{n=1}^{\infty}u_n+\mu\sum\limits_{n=1}^{\infty}v_n=\lambda S+\mu T$.

注:(1) 性质2说明对收敛级数可进行加法和数乘运算.

(2) 若级数$\sum\limits_{n=1}^{\infty}u_n$和级数$\sum\limits_{n=1}^{\infty}v_n$均发散,但级数$\sum\limits_{n=1}^{\infty}(u_n+v_n)$未必发散.

例如,对任何非零常数a,级数$\sum\limits_{n=1}^{\infty}a$和$\sum\limits_{n=1}^{\infty}(-a)$均发散,但$\sum\limits_{n=1}^{\infty}[a+(-a)]=0+0+\cdots$收敛.

(3) 若级数$\sum\limits_{n=1}^{\infty}u_n$收敛,级数$\sum\limits_{n=1}^{\infty}v_n$发散,则级数$\sum\limits_{n=1}^{\infty}(u_n\pm v_n)$一定发散.

性质3　去掉、增加或改变级数的有限项,不改变级数的敛散性.

证　因为在级数中去掉或增加有限项都可以看作是改变有限项的特殊情况,所以下面仅讨论改变有限项的情形.

设级数$\sum\limits_{n=1}^{\infty}v_n$是级数$\sum\limits_{n=1}^{\infty}u_n$改变了有限项以后得到的新级数,则存在$N$,使得当$n>N$时,$u_n=v_n$,于是

$$\sum_{k=1}^{n}v_k=\sum_{k=1}^{N}v_k+\sum_{k=N+1}^{n}v_k=\sum_{k=1}^{N}(v_k-u_k)+\sum_{k=1}^{n}u_k.$$

由于$\sum\limits_{k=1}^{N}(v_k-u_k)$是一常数,因此$\left\{\sum\limits_{k=1}^{n}v_k\right\}$与级数$\sum\limits_{n=1}^{\infty}u_n$的部分和数列具有相同的敛散性,从而级数$\sum\limits_{n=1}^{\infty}v_n$和级数$\sum\limits_{n=1}^{\infty}u_n$具有相同的敛散性.

性质4(收敛级数的结合律)　收敛级数加括号后所得的级数仍然收敛,且其和不变.

证 设级数 $\sum_{n=1}^{\infty}u_n$ 收敛,其和为 S,记级数的部分和为 S_n,于是有 $\lim_{n\to\infty}S_n=S$. 将这个级数的项任意加括号,所得的新级数 $\sum_{n=1}^{\infty}v_n$ 为

$$(u_1+\cdots+u_{n_1})+(u_{n_1+1}+\cdots+u_{n_2})+\cdots+(u_{n_{k-1}+1}+\cdots+u_{n_k})+\cdots,$$

设新级数的部分和为 W_k,则

$$W_k=(u_1+\cdots+u_{n_1})+(u_{n_1+1}+\cdots+u_{n_2})+\cdots+(u_{n_{k-1}+1}+\cdots+u_{n_k})=S_{n_k}$$

可见数列 $\{W_k\}$ 是收敛数列 $\{S_n\}$ 的一个子列,于是 $\lim_{k\to\infty}W_k=\lim_{k\to\infty}S_{n_k}=S$,故新级数 $\sum_{n=1}^{\infty}v_n$ 收敛,且 $\sum_{n=1}^{\infty}v_n=S$.

注:若加括号后所成的级数收敛,则原级数未必收敛. 例如,级数

$$(1-1)+(1-1)+\cdots$$

是收敛的,但级数

$$1-1+1-1+\cdots$$

却是发散的.

推论 若一个级数加括号后所成的级数发散,则原级数必发散.

例 7 判断级数

$$\frac{1}{\sqrt{2}-1}-\frac{1}{\sqrt{2}+1}+\frac{1}{\sqrt{3}-1}-\frac{1}{\sqrt{3}+1}+\cdots+\frac{1}{\sqrt{n}-1}-\frac{1}{\sqrt{n}+1}+\cdots$$

的敛散性.

解 将该级数加括号后,得

$$\sum_{n=2}^{\infty}\left(\frac{1}{\sqrt{n}-1}-\frac{1}{\sqrt{n}+1}\right)=\sum_{n=2}^{\infty}\frac{2}{n-1}=\sum_{n=1}^{\infty}\frac{2}{n},$$

其通项为调和级数通项的 2 倍,因此发散. 由性质 4 的推论,原级数必发散.

例 8 计算级数 $\sum_{n=1}^{\infty}\frac{2n-1}{2^n}$.

解 设该级数的部分和数列为 $\{S_n\}$,则

$$\begin{aligned}S_n=2S_n-S_n&=2\sum_{k=1}^{n}\frac{2k-1}{2^k}-\sum_{k=1}^{n}\frac{2k-1}{2^k}=\sum_{k=0}^{n-1}\frac{2k+1}{2^k}-\sum_{k=1}^{n}\frac{2k-1}{2^k}\\&=1+\sum_{k=1}^{n-1}\frac{1}{2^{k-1}}-\frac{2n-1}{2^n},\end{aligned}$$

于是,有

$$\lim_{n\to\infty}S_n = 1+\sum_{n=1}^{\infty}\frac{1}{2^{n-1}} = 1+2=3.$$

注:例 8 所采用的方法即为“错位相减法”.

习题 12.1(一)

1. 写出下列级数的一般项:

(1) $\frac{1}{1\cdot 4}+\frac{1}{2\cdot 5}+\frac{1}{3\cdot 6}+\frac{1}{4\cdot 7}+\cdots$;

(2) $\frac{1}{2}+\frac{2}{2^2}+\frac{3}{2^3}+\frac{4}{2^4}+\cdots$;

(3) $\frac{\sqrt{x}}{2}+\frac{x}{2\cdot 4}+\frac{x\sqrt{x}}{2\cdot 4\cdot 6}+\frac{x^2}{2\cdot 4\cdot 6\cdot 8}+\cdots$;

(4) $\frac{a^2}{3}-\frac{a^3}{5}+\frac{a^4}{7}-\frac{a^5}{9}+\cdots$.

2. 求下列级数的和:

(1) $\sum_{n=1}^{\infty}\frac{1}{(3n-2)(3n+1)}$;　(2) $\sum_{n=1}^{\infty}\frac{1}{(n+1)(n+2)(n+3)}$;　(3) $\sum_{n=1}^{\infty}\frac{2n+1}{3^n}$.

3. 判断下列级数的敛散性:

(1) $\sum_{n=1}^{\infty}\sin\frac{n\pi}{3}$;　(2) $\sum_{n=1}^{\infty}\frac{1}{\sqrt[n]{n}}$;　(3) $\sum_{n=1}^{\infty}\left(\frac{3}{3n^2-1}+\left(\frac{\ln 3}{3}\right)^n\right)$;　(4) $\sum_{n=1}^{\infty}\ln\frac{n+1}{n}$.

4. 分别就 $\sum_{n=1}^{\infty}u_n$ 收敛和发散两种情况,讨论下列级数的敛散性:

(1) $\sum_{n=1}^{\infty}u_{n+100}$;　(2) $\sum_{n=1}^{\infty}(u_n+0.000\,01)$;　(3) $\sum_{n=1}^{\infty}\frac{1}{u_n}$.

5. 设 S_n 为级数 $\sum_{n=1}^{\infty}u_n$ 的部分和,如果 $\lim_{n\to\infty}S_{2n}=S$ 且 $\lim_{n\to\infty}u_n=0$,证明:级数 $\sum_{n=1}^{\infty}u_n$ 收敛.

6. 已知 $\lim_{n\to\infty}nu_n$ 存在,级数 $\sum_{n=1}^{\infty}n(u_n-u_{n-1})$ 收敛,证明:级数 $\sum_{n=1}^{\infty}u_n$ 收敛.

12.1.2　正项级数的审敛准则

一般情况下,利用定义去判断一个级数的敛散性是不容易的. 本节对于一类特殊的级数——正项级数,则可建立较多方便使用的判别法.

定义 1　若级数的一般项 $u_n\geqslant 0(n=1,2,\cdots)$,则称级数 $\sum_{n=1}^{\infty}u_n$ 为**正项级数.**

显然正项级数 $\sum_{n=1}^{\infty}u_n$ 的部分和数列 $\{S_n\}$ 是单调增加的.

若 $\{S_n\}$ 有上界,根据单调有界数列必有极限的原理可知 $\lim_{n\to\infty}S_n$ 存在,从而级数 $\sum_{n=1}^{\infty}u_n$ 收

敛. 反之,若$\lim\limits_{n\to\infty}S_n$存在,则$\{S_n\}$必有界,从而有上界.

如果$\{S_n\}$无上界,则$\lim\limits_{n\to\infty}S_n=+\infty$.

综上有下述定理:

定理 1 (1) 正项级数$\sum\limits_{n=1}^{\infty}u_n$收敛的充分必要条件是其部分和数列$\{S_n\}$有上界.

(2) 正项级数发散的充分必要条件是$\lim\limits_{n\to\infty}S_n=+\infty$.

例 1 考虑级数$\sum\limits_{n=1}^{\infty}\dfrac{1}{2^n+3^n}$的敛散性.

解 显然此级数为正项级数. 由于它的部分和

$$S_n=\sum_{k=1}^{n}\frac{1}{2^k+3^k}<\sum_{k=1}^{n}\frac{1}{2^k}=\frac{1}{2}\frac{1-\frac{1}{2^n}}{1-\frac{1}{2}}=1-\frac{1}{2^n}<1,n=1,2,\cdots$$

由定理 1 可得级数$\sum\limits_{n=1}^{\infty}\dfrac{1}{2^n+3^n}$收敛.

定理 2(比较判别法) 设有两个正项级数$\sum\limits_{n=1}^{\infty}u_n$和$\sum\limits_{n=1}^{\infty}v_n$满足$u_n\leqslant v_n(n=1,2,3,\cdots)$,则

(1) 若级数$\sum\limits_{n=1}^{\infty}v_n$收敛,则级数$\sum\limits_{n=1}^{\infty}u_n$也收敛;

(2) 若级数$\sum\limits_{n=1}^{\infty}u_n$发散,则级数$\sum\limits_{n=1}^{\infty}v_n$也发散.

证 设级数$\sum\limits_{n=1}^{\infty}u_n$和$\sum\limits_{n=1}^{\infty}v_n$的部分和分别为$S_n$和$T_n$,于是

$$S_n=u_1+u_2+\cdots+u_n\leqslant v_1+v_2+\cdots+v_n=T_n.$$

(1) 若级数$\sum\limits_{n=1}^{\infty}v_n$收敛,则由定理 1 可知$\{T_n\}$有上界,因此$\{S_n\}$亦有界,从而级数$\sum\limits_{n=1}^{\infty}u_n$收敛.

(2) 若级数$\sum\limits_{n=1}^{\infty}u_n$发散,则由定理 1 可知$\lim\limits_{n\to\infty}S_n=+\infty$,因此$\lim\limits_{n\to\infty}T_n=+\infty$,从而级数$\sum\limits_{n=1}^{\infty}v_n$发散.

由 12.1.1 节级数的性质 2 和性质 3,在级数的每一项同乘以一个非零的常数以及改变级数的有限项都不改变级数的敛散性,于是可将上述比较判别法的条件降低为:

推论 设有两个正项级数$\sum\limits_{n=1}^{\infty}u_n$和$\sum\limits_{n=1}^{\infty}v_n$,如果存在某正数$C$和正整数$N$,使得当$n>N$时,有$u_n\leqslant Cv_n$,那么

(1) 若级数$\sum\limits_{n=1}^{\infty}v_n$收敛,则级数$\sum\limits_{n=1}^{\infty}u_n$也收敛;

(2) 若级数$\sum_{n=1}^{\infty} u_n$发散,则级数$\sum_{n=1}^{\infty} v_n$也发散.

注:(1) 定理2及其推论表明,若要判断某一正项级数收敛,则需要构造一个通项较大的收敛级数;若要判断发散,则须构造一个通项较小的发散级数.

(2) 比较判别法是指对其通项进行比较(如$u_n \leqslant Cv_n$),而不是将两个级数整体比较(如$\sum_{n=1}^{\infty} u_n \leqslant \sum_{n=1}^{\infty} v_n$).

例2　讨论 ***p*- 级数**

$$\sum_{n=1}^{\infty} \frac{1}{n^p} = 1 + \frac{1}{2^p} + \frac{1}{3^p} + \cdots + \frac{1}{n^p} + \cdots$$

的敛散性.

解　显然此级数为正项级数.

当$p \leqslant 1$时,由于$\frac{1}{n^p} \geqslant \frac{1}{n}(n = 1,2,\cdots)$,而调和级数$\sum_{n=1}^{\infty} \frac{1}{n}$是发散的,由比较判别法知$p$-级数发散.

当$p > 1$时,由于当$n-1 < x \leqslant n$时,有$\frac{1}{n^p} \leqslant \frac{1}{x^p}$,故有

$$\int_{n-1}^{n} \frac{1}{n^p}\mathrm{d}x \leqslant \int_{n-1}^{n} \frac{1}{x^p}\mathrm{d}x,(n = 2,3,\cdots)$$

而$\int_{n-1}^{n} \frac{1}{n^p}\mathrm{d}x = \frac{1}{n^p}$,$\int_{n-1}^{n} \frac{1}{x^p}\mathrm{d}x = \frac{1}{p-1}\left[\frac{1}{(n-1)^{p-1}} - \frac{1}{n^{p-1}}\right]$,于是

$$\frac{1}{n^p} \leqslant \int_{n-1}^{n} \frac{1}{x^p}\mathrm{d}x \leqslant \frac{1}{p-1}\left[\frac{1}{(n-1)^{p-1}} - \frac{1}{n^{p-1}}\right],(n = 2,3,\cdots).$$

从而有

$$\begin{aligned} S_n &= 1 + \sum_{k=2}^{n} \frac{1}{k^p} \leqslant 1 + \sum_{k=2}^{n} \frac{1}{p-1}\left(\frac{1}{(k-1)^{p-1}} - \frac{1}{k^{p-1}}\right) \\ &= 1 + \frac{1}{p-1}\left[\left(1 - \frac{1}{2^{p-1}}\right) + \left(\frac{1}{2^{p-1}} - \frac{1}{3^{p-1}}\right) + \cdots + \left(\frac{1}{(n-1)^{p-1}} - \frac{1}{n^{p-1}}\right)\right] \\ &= 1 + \frac{1}{p-1}\left(1 - \frac{1}{n^{p-1}}\right) < 1 + \frac{1}{p-1}. \end{aligned}$$

所以,$\{S_n\}$有上界,由定理1知当$p > 1$时,p-级数收敛.

综上有:*p*- 级数$\sum_{n=1}^{\infty} \frac{1}{n^p}$,当$p \leqslant 1$时发散,当$p > 1$时收敛.

例3　判别下列级数的敛散性

(1) $\sum_{n=1}^{\infty}\left(1 - \cos\frac{a}{n}\right)(a > 0)$;　　　　(2) $\sum_{n=1}^{\infty} \sin\frac{\pi}{n}$.

解 (1) 因为 $0\leqslant 1-\cos\frac{a}{n}=2\sin^2\frac{a}{2n}\leqslant 2\cdot\left(\frac{a}{2n}\right)^2=\frac{a^2}{2}\cdot\frac{1}{n^2}$,而级数 $\sum\limits_{n=1}^{\infty}\frac{1}{n^2}$ 收敛且 $\frac{a^2}{2}>0$,由比较判别法可知 $\sum\limits_{n=1}^{\infty}\left(1-\cos\frac{a}{n}\right)$ 收敛.

(2) 由于当 $x\in\left[0,\frac{\pi}{2}\right]$ 时有 $\sin x\geqslant\frac{2}{\pi}x$,故当 $n\geqslant 2$ 时,成立

$$\sin\frac{\pi}{n}\geqslant\frac{2}{\pi}\cdot\frac{\pi}{n}=\frac{2}{n},$$

再注意到 $\sum\limits_{n=1}^{\infty}\frac{1}{n}$ 发散,由比较判别法知 $\sum\limits_{n=1}^{\infty}\sin\frac{\pi}{n}$ 发散.

例 4 设 $a_n<c_n<b_n$,且级数 $\sum\limits_{n=1}^{\infty}a_n$ 和级数 $\sum\limits_{n=1}^{\infty}b_n$ 均收敛,证明级数 $\sum\limits_{n=1}^{\infty}c_n$ 收敛.

证 因为 $a_n<c_n<b_n$,所以 $0<c_n-a_n<b_n-a_n$. 由于级数 $\sum\limits_{n=1}^{\infty}a_n$ 和级数 $\sum\limits_{n=1}^{\infty}b_n$ 均收敛,于是级数 $\sum\limits_{n=1}^{\infty}(b_n-a_n)$ 收敛,故由比较判别法有级数 $\sum\limits_{n=1}^{\infty}(c_n-a_n)$ 收敛,因此

$$\sum_{n=1}^{\infty}c_n=\sum_{n=1}^{\infty}[(c_n-a_n)+a_n]$$

收敛.

当 $p>1$ 时,从例 2 证明 p- 级数收敛的证明思想中,易得如下积分判别法.

定理 3(积分判别法)

设 $\sum\limits_{n=1}^{\infty}u_n$ 为正项级数,$f(x)$ 为定义在 $[1,+\infty)$ 上的非负单调减函数,且 $f(n)=u_n(n=1,2,\cdots)$,则级数 $\sum\limits_{n=1}^{\infty}u_n$ 与广义积分 $\int_1^{+\infty}f(x)\mathrm{d}x$ 有相同的敛散性.

证 令

$$v_n=\int_n^{n+1}f(x)\mathrm{d}x(n=1,2,\cdots).$$

设正项级数 $\sum\limits_{n=1}^{\infty}v_n$ 的部分和数列为 $\{S_n\}$,则对任意 $A>1$,存在正整数 n,使得 $n\leqslant A<n+1$. 于是,有

$$S_{n-1}\leqslant\int_1^A f(x)\mathrm{d}x\leqslant S_n.$$

当 $\{S_n\}$ 有界,即 $\sum\limits_{n=1}^{\infty}v_n$ 收敛,则有 $\lim\limits_{A\to+\infty}\int_1^A f(x)\mathrm{d}x$ 收敛,且由夹逼性知 $\sum\limits_{n=1}^{\infty}v_n=\int_1^{+\infty}f(x)\mathrm{d}x$;另一

方面，当$\{S_n\}$无界，即$\sum\limits_{n=1}^{\infty} v_n$发散到$+\infty$，则同样可得$\lim\limits_{A\to+\infty}\int_1^A f(x)\mathrm{d}x=+\infty$. 因此有

$$\int_1^{+\infty} f(x)\mathrm{d}x=\sum_{n=1}^{\infty}\int_n^{n+1} f(x)\mathrm{d}x=\int_1^2 f(x)\mathrm{d}x+\int_2^3 f(x)\mathrm{d}x+\cdots+\int_n^{n+1} f(x)\mathrm{d}x+\cdots.$$

又因为函数$f(x)$在$[1,+\infty)$上单调减少，所以有

$$u_{n+1}=f(n+1)\leqslant v_n=\int_n^{n+1} f(x)\mathrm{d}x\leqslant f(n)=u_n,(n=1,2,\cdots)$$

若$\sum\limits_{n=1}^{\infty} u_n$收敛，由比较判别法可知$\sum\limits_{n=1}^{\infty} v_n$收敛，即$\int_1^{+\infty} f(x)\mathrm{d}x$收敛.

若$\sum\limits_{n=1}^{\infty} u_n$发散，由比较判别法可知$\sum\limits_{n=1}^{\infty} v_n$发散，即$\int_1^{+\infty} f(x)\mathrm{d}x$发散.

同理由$\int_1^{+\infty} f(x)\mathrm{d}x$的敛散性可以推断$\sum\limits_{n=1}^{\infty} u_n$的敛散性. 于是，级数$\sum\limits_{n=1}^{\infty} u_n$与广义积分$\int_1^{+\infty} f(x)\mathrm{d}x$同敛散.

例 5　讨论级数$\sum\limits_{n=3}^{\infty}\dfrac{1}{n(\ln n)^p}$的敛散性.

解　令$f(x)=\dfrac{1}{x(\ln x)^p}(x\geqslant 3)$. 当$p\geqslant 1$时，显然$f(x)$在$[3,+\infty)$上非负单调减少，由于

$$\int_3^n f(x)\mathrm{d}x=\int_3^n\frac{1}{x(\ln x)^p}\mathrm{d}x\xlongequal{t=\ln x}\int_{\ln 3}^{\ln n}\frac{1}{t^p}\mathrm{d}t$$
$$=\begin{cases}\dfrac{1}{p-1}\left[\dfrac{1}{(\ln 3)^{p-1}}-\dfrac{1}{(\ln n)^{p-1}}\right], & p>1\\ \ln\ln n-\ln\ln 3, & p=1\end{cases},$$

可见当$p>1$时，广义积分$\int_3^{+\infty} f(x)\mathrm{d}x$收敛，由积分判别法知级数$\sum\limits_{n=3}^{\infty}\dfrac{1}{n(\ln n)^p}$收敛；当$p=1$时，广义积分$\int_3^{+\infty} f(x)\mathrm{d}x$发散，因此级数$\sum\limits_{n=3}^{\infty}\dfrac{1}{n(\ln n)^p}$发散.

当$p<1$时，因为$\dfrac{1}{n(\ln n)^p}>\dfrac{1}{n\ln n}(n\geqslant 3)$，由比较判别法知级数$\sum\limits_{n=3}^{\infty}\dfrac{1}{n(\ln n)^p}$发散.

当级数的通项表达式比较复杂时，寻找比较级数通常是困难的，所以常用它的极限形式.

定理 4(比较判别法的极限形式)　设有两个正项级数$\sum\limits_{n=1}^{\infty} u_n$和$\sum\limits_{n=1}^{\infty} v_n$满足$\lim\limits_{n\to\infty}\dfrac{u_n}{v_n}=l$，则

(1) 当 $0<l<+\infty$ 时，$\sum\limits_{n=1}^{\infty}u_n$ 和 $\sum\limits_{n=1}^{\infty}v_n$ 具有相同的敛散性；

(2) 当 $l=0$ 时，若 $\sum\limits_{n=1}^{\infty}v_n$ 收敛，则 $\sum\limits_{n=1}^{\infty}u_n$ 收敛；

(3) 当 $l=+\infty$ 时，若 $\sum\limits_{n=1}^{\infty}v_n$ 发散，则 $\sum\limits_{n=1}^{\infty}u_n$ 发散.

证　因为 $\lim\limits_{n\to\infty}\dfrac{u_n}{v_n}=l$，则 $\forall\varepsilon>0$，存在正整数 N，当 $n>N$ 时，有 $\left|\dfrac{u_n}{v_n}-l\right|<\varepsilon$，即有

$$(l-\varepsilon)v_n<u_n<(l+\varepsilon)v_n. \tag{12.2}$$

(1) 当 $0<l<+\infty$ 时，对于 $\varepsilon=\dfrac{l}{2}>0$，由(12.2)式，存在 N，当 $n>N$ 时，有 $\dfrac{l}{2}v_n<u_n<\dfrac{3l}{2}v_n$，则由比较判别法的推论知级数 $\sum\limits_{n=1}^{\infty}u_n$ 和 $\sum\limits_{n=1}^{\infty}v_n$ 具有相同的敛散性.

(2) 当 $l=0$ 时，对于 $\varepsilon=1$，由(12.2)式，存在 N，当 $n>N$ 时，有 $u_n<v_n$，则由比较判别法可知：若 $\sum\limits_{n=1}^{\infty}v_n$ 收敛，则 $\sum\limits_{n=1}^{\infty}u_n$ 收敛.

(3) 当 $l=+\infty$ 时，由 $\lim\limits_{n\to\infty}\dfrac{u_n}{v_n}=l=+\infty$，则存在 N，当 $n>N$ 时，有 $\dfrac{u_n}{v_n}>1$，即 $u_n>v_n$，则由比较判别法可知：若 $\sum\limits_{n=1}^{\infty}v_n$ 发散，则 $\sum\limits_{n=1}^{\infty}u_n$ 发散.

注：为了便于记忆，在使用比较判别法、比较判别法的推论和比较判别法的极限形式时，一般把级数 $\sum\limits_{n=1}^{\infty}u_n$ 视作要判断的目标级数，而把级数 $\sum\limits_{n=1}^{\infty}v_n$ 作为比较的参考级数.

例 6　判别下列级数的敛散性：

(1) $\sum\limits_{n=1}^{\infty}\ln\left(1+\dfrac{1}{n^3}\right)$；　(2) $\sum\limits_{n=1}^{\infty}\dfrac{1}{\sqrt[3]{2n^2-n+5}}$；　(3) $\sum\limits_{n=1}^{\infty}\dfrac{1}{2^n-n}$；　(4) $\sum\limits_{n=2}^{\infty}\dfrac{\ln n}{n^{\frac{5}{4}}}$.

解　(1) 因为 $\lim\limits_{x\to0}\dfrac{\ln(1+x)}{x}=1$，所以 $\lim\limits_{n\to\infty}\dfrac{\ln\left(1+\dfrac{1}{n^3}\right)}{\dfrac{1}{n^3}}=1$，而 p-级数 $\sum\limits_{n=1}^{\infty}\dfrac{1}{n^3}$ 为 $p=3>1$，所以收敛，由定理 4 知原级数收敛.

(2) 因为 $\lim\limits_{n\to\infty}\dfrac{\dfrac{1}{\sqrt[3]{2n^2-n+5}}}{\dfrac{1}{\sqrt[3]{n^2}}}=\lim\limits_{n\to\infty}\dfrac{\sqrt[3]{n^2}}{\sqrt[3]{2n^2-n+5}}=\dfrac{1}{\sqrt[3]{2}}$，而 p-级数 $\sum\limits_{n=1}^{\infty}\dfrac{1}{\sqrt[3]{n^2}}$ 为 $p=\dfrac{2}{3}<1$，所以发散，故原级数发散.

(3) 因为$\lim\limits_{n\to\infty}\dfrac{\dfrac{1}{2^n-n}}{\dfrac{1}{2^n}}=\lim\limits_{n\to\infty}\dfrac{2^n}{2^n-n}=1$,而$\sum\limits_{n=1}^{\infty}\dfrac{1}{2^n}$为公比为$q=\dfrac{1}{2}$的几何级数,是收敛的,故原级数收敛.

(4) 因为$\lim\limits_{n\to\infty}\dfrac{\dfrac{\ln n}{n^{\frac{5}{4}}}}{\dfrac{1}{n^{\frac{9}{8}}}}=\lim\limits_{n\to\infty}\dfrac{\ln n}{n^{\frac{1}{8}}}=0$,而$p$-级数$\sum\limits_{n=2}^{\infty}\dfrac{1}{n^{\frac{9}{8}}}$为$p=\dfrac{9}{8}>1$,是收敛的,故原级数收敛.

使用比较判别法或其极限形式,需要寻找一个比较级数作为参照系.若只利用级数本身的性质就可以判断级数的敛散性,则会更为方便.这就是下面介绍的判别法.

定理 5(比值判别法或 d'Alembert 判别法)

设正项级数$\sum\limits_{n=1}^{\infty}u_n$满足$\lim\limits_{n\to\infty}\dfrac{u_{n+1}}{u_n}=\rho$(或$+\infty$),则

(1) 当$\rho<1$时,级数$\sum\limits_{n=1}^{\infty}u_n$收敛;

(2) 当$\rho>1$(或$+\infty$)时,级数$\sum\limits_{n=1}^{\infty}u_n$发散;

(3) 当$\rho=1$时,级数$\sum\limits_{n=1}^{\infty}u_n$可能收敛也可能发散,即判别法失效.

证　因为$\lim\limits_{n\to\infty}\dfrac{u_{n+1}}{u_n}=\rho$(常数),则$\forall\varepsilon>0$,存在正整数$N$,当$n>N$时,有$\left|\dfrac{u_{n+1}}{u_n}-\rho\right|<\varepsilon$,即

$$\rho-\varepsilon<\frac{u_{n+1}}{u_n}<\rho+\varepsilon. \tag{12.3}$$

(1) 当$\rho<1$时,对于$\varepsilon=\dfrac{1-\rho}{2}>0$,则有$r=\rho+\varepsilon=\dfrac{1+\rho}{2}<1$,由(12.3)式,存在$N$,当$n>N$时,有$\dfrac{u_{n+1}}{u_n}<\rho+\varepsilon=r<1$,即$u_{n+1}<ru_n$,因此有

$$u_{N+2}<ru_{N+1},$$
$$u_{N+3}<ru_{N+2}<r^2u_{N+1},$$
$$\cdots\cdots$$
$$u_n<ru_{n-1}<\cdots<r^{n-N-1}u_{N+1}=\frac{u_{N+1}}{r^{N+1}}r^n,$$
$$\cdots\cdots$$

又级数$\sum_{n=1}^{\infty}\frac{u_{N+1}}{r^{N+1}}r^n$为公比为$r$的几何级数,且$0<r<1$,故其收敛,由比较判别法可知$\sum_{n=N+2}^{\infty}u_n$收敛,从而级数$\sum_{n=1}^{\infty}u_n$收敛.

(2) 当$\rho>1$时,对于$\varepsilon=\frac{\rho-1}{2}>0$,则有$\rho-\varepsilon=\frac{1+\rho}{2}>1$,由(12.3)式,存在$N$,当$n>N$时,有$1<\rho-\varepsilon<\frac{u_{n+1}}{u_n}$,即$u_{n+1}>u_n$,所以当$n>N$时,$\{u_n\}$是严格递增,又$u_n>0$,从而$\lim\limits_{n\to\infty}u_n\neq 0$,故级数$\sum_{n=1}^{\infty}u_n$发散.

当$\rho=+\infty$时,即$\lim\limits_{n\to\infty}\frac{u_{n+1}}{u_n}=+\infty$,则任取$M>1$,存在正整数$N$,当$n>N$时,有$\frac{u_{n+1}}{u_n}>M>1$,由上面讨论知$\lim\limits_{n\to\infty}u_n\neq 0$,于是级数$\sum_{n=1}^{\infty}u_n$发散.

(3) 当$\rho=1$时,级数$\sum_{n=1}^{\infty}u_n$可能收敛也可能发散.例如p-级数,无论p为何值都有

$$\lim_{n\to\infty}\frac{u_{n+1}}{u_n}=\lim_{n\to\infty}\frac{\frac{1}{(n+1)^p}}{\frac{1}{n^p}}=\lim_{n\to\infty}\left(\frac{n}{n+1}\right)^p=1,$$

但当$p>1$时级数收敛,而$p\leqslant 1$时级数发散.

注:(1) 从证明中可以得到:对于正项级数$\sum_{n=1}^{\infty}u_n$,当$\frac{u_{n+1}}{u_n}>1$时,则级数必发散.但若$\frac{u_{n+1}}{u_n}<1$,级数未必收敛,例如$\sum_{n=1}^{\infty}\frac{1}{n}$.

(2) 如果正项级数$\sum_{n=1}^{\infty}u_n$收敛,未必成立$\lim\limits_{n\to\infty}\frac{u_{n+1}}{u_n}<1$.

例如$u_n=\frac{2+(-1)^n}{2^n}$,由于$u_n=\frac{2+(-1)^n}{2^n}\leqslant\frac{3}{2^n}$,由比较判别法知$\sum_{n=1}^{\infty}u_n$收敛.而$\lim\limits_{n\to\infty}\frac{u_{n+1}}{u_n}=\frac{1}{2}\lim\limits_{n\to\infty}\frac{2+(-1)^{n+1}}{2+(-1)^n}$,记$a_n=\frac{u_{n+1}}{u_n}$,则有$\lim\limits_{n\to\infty}a_{2n}=\frac{1}{6}$,$\lim\limits_{n\to\infty}a_{2n+1}=\frac{3}{2}$,可见$\lim\limits_{n\to\infty}\frac{u_{n+1}}{u_n}$不存在.

例 7 判别下列级数的敛散性:

(1) $\sum_{n=1}^{\infty}\frac{2^n}{n^{100}}$; (2) $\sum_{n=1}^{\infty}\frac{5n-2}{3^n}$; (3) $\sum_{n=1}^{\infty}\frac{3}{n(2n+1)}$.

解 (1) 因为

$$\lim_{n\to\infty}\frac{u_{n+1}}{u_n}=\lim_{n\to\infty}\frac{\frac{2^{n+1}}{(n+1)^{100}}}{\frac{2^n}{n^{100}}}=2\lim_{n\to\infty}\left(\frac{n}{n+1}\right)^{100}=2>1,$$

由比值判别法知所给级数发散.

(2) 因为

$$\lim_{n\to\infty}\frac{u_{n+1}}{u_n}=\lim_{n\to\infty}\frac{\dfrac{5(n+1)-2}{3^{n+1}}}{\dfrac{5n-2}{3^n}}=\frac{1}{3}\lim_{n\to\infty}\frac{5n+3}{5n-2}=\frac{1}{3}<1,$$

由比值判别法知所给级数收敛.

(3) 由于

$$\lim_{n\to\infty}\frac{u_{n+1}}{u_n}=\lim_{n\to\infty}\frac{\dfrac{3}{(n+1)[2(n+1)+1]}}{\dfrac{3}{n(2n+1)}}=\lim_{n\to\infty}\frac{n(2n+1)}{(n+1)(2n+3)}=1,$$

从而比值判别法失效,必须改用其他方法来判断.由于

$$\lim_{n\to\infty}\frac{\dfrac{3}{n(2n+1)}}{\dfrac{1}{n^2}}=\lim_{n\to\infty}\frac{3n^2}{n(2n+1)}=\frac{3}{2},$$

而级数 $\sum\limits_{n=1}^{\infty}\dfrac{1}{n^2}$ 收敛,故所给级数收敛.

例 8　讨论级数 $\sum\limits_{n=1}^{\infty}\dfrac{a^n n!}{n^n}(a>0)$ 的敛散性.

解　由于

$$\lim_{n\to\infty}\frac{u_{n+1}}{u_n}=\lim_{n\to\infty}\frac{\dfrac{a^{n+1}(n+1)!}{(n+1)^{n+1}}}{\dfrac{a^n n!}{n^n}}=\lim_{n\to\infty}\frac{an^n}{(n+1)^n}=\lim_{n\to\infty}\frac{a}{\left(1+\dfrac{1}{n}\right)^n}=\frac{a}{\mathrm{e}},$$

于是当 $0<a<\mathrm{e}$ 时级数收敛;当 $a>\mathrm{e}$ 时级数发散.

当 $a=\mathrm{e}$ 时比值判别法失效.注意到数列 $\left\{\left(1+\dfrac{1}{n}\right)^n\right\}$ 是单调递增趋于 e,故有 $\left(1+\dfrac{1}{n}\right)^n<\mathrm{e}$,

所以 $\dfrac{u_{n+1}}{u_n}=\dfrac{\mathrm{e}}{\left(1+\dfrac{1}{n}\right)^n}>1$,从而由注(1) 知级数发散.综上,当 $0<a<\mathrm{e}$ 时级数收敛;而当 $a\geqslant\mathrm{e}$ 时级数发散.

定理 6(根值判别法或 Cauchy 判别法)

设正项级数 $\sum\limits_{n=1}^{\infty}u_n$ 满足 $\lim\limits_{n\to\infty}\sqrt[n]{u_n}=\rho$(或 $+\infty$),则

(1) 当 $\rho<1$ 时,级数 $\sum\limits_{n=1}^{\infty}u_n$ 收敛;

(2) 当 $\rho>1$(或 $+\infty$) 时,级数 $\sum\limits_{n=1}^{\infty}u_n$ 发散;

(3) 当 $\rho=1$ 时,级数 $\sum\limits_{n=1}^{\infty}u_n$ 可能收敛也可能发散,即判别法失效.

证 由 $\lim\limits_{n\to\infty}\sqrt[n]{u_n}=\rho$(常数),则 $\forall\varepsilon>0$,存在正整数 N,当 $n>N$ 时,有 $|\sqrt[n]{u_n}-\rho|<\varepsilon$,即

$$\rho-\varepsilon<\sqrt[n]{u_n}<\rho+\varepsilon \tag{12.4}$$

(1) 当 $\rho<1$ 时,对于 $\varepsilon=\dfrac{1-\rho}{2}>0$,则有 $r=\rho+\varepsilon=\dfrac{1+\rho}{2}<1$,由(12.4)式,存在 N,当 $n>N$ 时,有 $\sqrt[n]{u_n}<\rho+\varepsilon=r<1$,即 $u_n<r^n$. 又几何级数 $\sum\limits_{n=1}^{\infty}r^n(0<r<1)$ 收敛,由比较判别法可知 $\sum\limits_{n=N+1}^{\infty}u_n$ 收敛,从而级数 $\sum\limits_{n=1}^{\infty}u_n$ 收敛.

(2) 当 $\rho>1$ 时,对于 $\varepsilon=\dfrac{\rho-1}{2}>0$,则有 $\rho-\varepsilon=\dfrac{1+\rho}{2}>1$,由(12.4)式,存在 N,当 $n>N$ 时,有 $1<\rho-\varepsilon<\sqrt[n]{u_n}$,即 $u_n>1$,从而 $\lim\limits_{n\to\infty}u_n\neq0$,故级数 $\sum\limits_{n=1}^{\infty}u_n$ 发散.

当 $\rho=+\infty$ 时,同样可证明级数 $\sum\limits_{n=1}^{\infty}u_n$ 发散.

(3) 当 $\rho=1$ 时,级数 $\sum\limits_{n=1}^{\infty}u_n$ 可能收敛也可能发散.

仍以 p- 级数为例,无论 p 为何值都有

$$\lim_{n\to\infty}\sqrt[n]{u_n}=\lim_{n\to\infty}\sqrt[n]{\frac{1}{n^p}}=\lim_{n\to\infty}\left(\frac{1}{\sqrt[n]{n}}\right)^p=1,$$

但当 $p>1$ 时级数收敛,当 $p\leqslant1$ 时,级数发散.

比值判别法与根值判别法都不需要寻找比较级数. 但要注意当 $\rho=1$ 时,这两判别法均失效,需要寻找另外的判别方法来判别级数的敛散性.

例 9 判别下列级数的敛散性

(1) $\sum\limits_{n=1}^{\infty}\left(\dfrac{5n-1}{4n+3}\right)^n$; (2) $\sum\limits_{n=1}^{\infty}2^{-n-(-1)^n}$.

解 (1) 因为

$$\lim_{n\to\infty}\sqrt[n]{u_n}=\lim_{n\to\infty}\sqrt[n]{\left(\frac{5n-1}{4n+3}\right)^n}=\lim_{n\to\infty}\frac{5n-1}{4n+3}=\frac{5}{4}>1,$$

故所给级数发散.

(2) 因为

$$\lim_{n\to\infty}\sqrt[n]{u_n}=\lim_{n\to\infty}\sqrt[n]{2^{-n-(-1)^n}}=\lim_{n\to\infty}2^{\frac{-n-(-1)^n}{n}}=\frac{1}{2}<1,$$

故所给级数收敛.

思考:比值判别法与根值判别法,哪个适用范围更广?以$\sum\limits_{n=1}^{\infty}\frac{2+(-1)^n}{2^n}$为例思考.

习题 12.1(二)

1. 用比较判别法或其极限形式判别下列级数的敛散性:

(1) $\sum\limits_{n=20}^{\infty}\frac{0.01n}{3n^2-1\,000}$;　(2) $\sum\limits_{n=1}^{\infty}\sqrt[n]{n^2}\tan\frac{1}{n^2}$;　(3) $\sum\limits_{n=1}^{\infty}\frac{\sin nx}{2^n}$;

(4) $\sum\limits_{n=1}^{\infty}4^n\sin\frac{\pi}{5^n}$;　(5) $\sum\limits_{n=1}^{\infty}\frac{2+(-1)^n}{3^n}$;　(6) $\sum\limits_{n=2}^{\infty}\frac{100\sqrt{n}}{n^2-n}$;

(7) $\sum\limits_{n=1}^{\infty}(\sqrt{n^3+1}-\sqrt{n^3})$;　(8) $\sum\limits_{n=2}^{\infty}\frac{1}{n^{\frac{4}{5}}\ln n}$.

2. 用比值判别法或根值判别法判别下列级数的敛散性:

(1) $\sum\limits_{n=1}^{\infty}\frac{n^2}{2^n}$;　(2) $\sum\limits_{n=1}^{\infty}\frac{n!}{2^n}$;　(3) $\sum\limits_{n=1}^{\infty}\frac{(3n-1)!!}{(4n-1)!!}$;

(4) $\sum\limits_{n=1}^{\infty}\frac{n^n}{3^n n!}$;　(5) $\sum\limits_{n=1}^{\infty}\left(\frac{2n+1}{3n+1}\right)^{5n+1}$;　(6) $\sum\limits_{n=1}^{\infty}\left(\frac{n+1}{n}\right)^{n^2}$;

(7) $\sum\limits_{n=1}^{\infty}\left(\ln\frac{n+1}{n}\right)^n$;　(8) $\sum\limits_{n=1}^{\infty}\frac{(n!)^2}{2^{n^2}}$.

*3. 用积分判别法判别下列级数的敛散性:

(1) $\sum\limits_{n=1}^{\infty}\frac{1}{n^p}$;　(2) $\sum\limits_{n=3}^{\infty}\frac{1}{n(\ln n)(\ln\ln n)}$;　(3) $\sum\limits_{n=3}^{\infty}\frac{1}{n(\ln n)(\ln\ln n)^2}$.

4. 判别下列正项级数的敛散性:

(1) $\sum\limits_{n=1}^{\infty}\frac{3^n n!}{n^n}$;　(2) $\sum\limits_{n=1}^{\infty}\frac{n^2}{\left(2+\frac{1}{n}\right)^n}$;　(3) $\sum\limits_{n=1}^{\infty}\frac{n^2[(\sqrt{5})^n+(-2)^n]}{6^n}$;

(4) $\sum\limits_{n=1}^{\infty}\frac{n^2[\sqrt{5}+(-1)^n\cdot 2]^n}{6^n}$;　(5) $\sum\limits_{n=1}^{\infty}\frac{\sin^2 nx}{(2n+1)!!}$;　(6) $\sum\limits_{n=1}^{\infty}3^n\sin^2\frac{x}{2^n}$;

(7) $\sum\limits_{n=1}^{\infty}\frac{1}{n\left(1+\frac{1}{n}\right)^n}$;　(8) $\sum\limits_{n=1}^{\infty}\frac{1}{\sqrt[3]{n^2-n+1}}$;　(9) $\sum\limits_{n=1}^{\infty}\frac{(n+1)^n}{n^{n+1}}$;

(10) $\sum\limits_{n=1}^{\infty}\frac{\ln n}{n^{\frac{8}{7}}}$;　(11) $\sum\limits_{n=1}^{\infty}\left(\frac{2n}{2n+1}-\frac{2n-1}{2n}\right)$;

(12) $\sum_{n=1}^{\infty}\frac{n^{n+\frac{1}{n}}}{\left(n+\frac{1}{n}\right)^{n}}$; (13) $\sum_{n=1}^{\infty}\frac{n^{2}}{(2n+1)^{2}(2n+3)^{2}}$;

(14) $\sum_{n=1}^{\infty}\int_{0}^{\pi/n}\frac{\sin x}{1+x}\mathrm{d}x$.

5. 利用级数收敛的必要条件证明 $\lim_{n\to\infty}\frac{n^{n}}{(n!)^{2}}=0$.

12.1.3 交错级数与任意项级数的审敛准则

定义 1 若 $u_n>0(n=1,2,\cdots)$,称级数

$$\sum_{n=1}^{\infty}(-1)^{n-1}u_n=u_1-u_2+u_3-\cdots+(-1)^{n-1}u_n+\cdots$$

为**交错级数(或变号级数)**.

对交错级数我们有下列判别法.

定理 1(Leibniz 判别法) 若交错级数 $\sum_{n=1}^{\infty}(-1)^{n-1}u_n$ 满足

(1) $u_n\geqslant u_{n+1}(n=1,2,\cdots)$; (2) $\lim_{n\to\infty}u_n=0$.

则级数 $\sum_{n=1}^{\infty}(-1)^{n-1}u_n$ 收敛,且其和 $S\leqslant u_1$,其余项 r_n 的绝对值 $|r_n|\leqslant u_{n+1}$.

证 设级数 $\sum_{n=1}^{\infty}(-1)^{n-1}u_n$ 的前 n 项和为 S_n,于是

$$S_{2n}=(u_1-u_2)+(u_3-u_4)+\cdots+(u_{2n-1}-u_{2n}),$$

由条件(1)知 $(u_{2n-1}-u_{2n})\geqslant 0(n=1,2,\cdots)$,所以数列 $\{S_{2n}\}$ 单调增加.又

$$S_{2n}=u_1-(u_2-u_3)-\cdots-(u_{2n-2}-u_{2n-1})-u_{2n}\leqslant u_1 \qquad (12.5)$$

即 $\{S_{2n}\}$ 有上界,于是其极限存在,设 $\lim_{n\to\infty}S_{2n}=S$. 由于 $S_{2n+1}=S_{2n}+u_{2n+1}$,由条件(2)知 $\lim_{n\to\infty}u_{2n+1}=0$,于是

$$\lim_{n\to\infty}S_{2n+1}=\lim_{n\to\infty}(S_{2n}+u_{2n+1})=S+0=S,$$

因此 $\lim_{n\to\infty}S_n=S$,所以级数 $\sum_{n=1}^{\infty}(-1)^{n-1}u_n$ 收敛.又由式(12.5)可知 $S\leqslant u_1$.

类似的,对于交错级数 $\sum_{n=1}^{\infty}(-1)^{n-1}u_n$ 的余项绝对值有

$$\begin{aligned}|r_n|&=\left|\sum_{k=n+1}^{\infty}(-1)^{k-1}u_k\right|=|(-1)^{n}u_{n+1}+(-1)^{n+1}u_{n+2}+\cdots|\\&=u_{n+1}-u_{n+2}+u_{n+3}-u_{n+4}+\cdots\leqslant u_{n+1}.\end{aligned}$$

例 1　判别级数 $\sum_{n=1}^{\infty}\sin(\sqrt{n^2+1}\pi)$ 的敛散性.

解　由于

$$\sin(\sqrt{n^2+1}\pi)=(-1)^n\sin(\sqrt{n^2+1}-n)\pi=(-1)^n\sin\frac{\pi}{\sqrt{n^2+1}+n}.$$

易见 $\left\{\sin\frac{\pi}{\sqrt{n^2+1}+n}\right\}$ 单调减少且 $\lim_{n\to\infty}\sin\frac{\pi}{\sqrt{n^2+1}+n}=0$，由 Leibniz 判别法可知级数 $\sum_{n=1}^{\infty}\sin(\sqrt{n^2+1}\pi)$ 收敛.

对于任意项级数 $\sum_{n=1}^{\infty}u_n$，可先考虑其对应的正项级数.

定义 2　设 $\sum_{n=1}^{\infty}u_n$ 为任意项级数，若 $\sum_{n=1}^{\infty}|u_n|$ 收敛，则称级数 $\sum_{n=1}^{\infty}u_n$ **绝对收敛**.

例如级数 $\sum_{n=1}^{\infty}\frac{(-1)^{n-1}}{n^2}$，由于 $|u_n|=\frac{1}{n^2}$，而级数 $\sum_{n=1}^{\infty}\frac{1}{n^2}$ 收敛，故级数 $\sum_{n=1}^{\infty}\frac{(-1)^{n-1}}{n^2}$ 绝对收敛.

那么绝对收敛与收敛之间有什么关系呢？

定理 2　绝对收敛的级数必定收敛.

证　设级数 $\sum_{n=1}^{\infty}u_n$ 绝对收敛，即 $\sum_{n=1}^{\infty}|u_n|$ 收敛. 由于 $0\leqslant u_n+|u_n|\leqslant 2|u_n|$，且 $\sum_{n=1}^{\infty}2|u_n|$ 收敛，故由比较判别法可知 $\sum_{n=1}^{\infty}(u_n+|u_n|)$ 收敛，又 $\sum_{n=1}^{\infty}u_n=\sum_{n=1}^{\infty}[(u_n+|u_n|)-|u_n|]$，从而 $\sum_{n=1}^{\infty}u_n$ 收敛.

注　该定理的逆命题不成立，即收敛的级数未必绝对收敛. 例如级数 $\sum_{n=1}^{\infty}(-1)^{n-1}\frac{1}{n}$ 是收敛的，但 $\sum_{n=1}^{\infty}\left|(-1)^{n-1}\frac{1}{n}\right|=\sum_{n=1}^{\infty}\frac{1}{n}$ 却发散. 于是有定义：

定义 3　设 $\sum_{n=1}^{\infty}u_n$ 为任意项级数，若 $\sum_{n=1}^{\infty}|u_n|$ 发散，但 $\sum_{n=1}^{\infty}u_n$ 收敛，则称级数 $\sum_{n=1}^{\infty}u_n$ **条件收敛**.

于是全体数项级数就可以分为发散级数和收敛级数，而收敛级数又可以分为绝对收敛级数和条件收敛级数.

判别任意项级数 $\sum_{n=1}^{\infty}u_n$ 的敛散性可按如下步骤：

(1) 先考虑级数 $\sum_{n=1}^{\infty}|u_n|$，这是一个正项级数，可按正项级数的各种判别方法来判别其是否收敛. 当它收敛时，则原级数收敛. 当它发散时，不能判别原级数 $\sum_{n=1}^{\infty}u_n$ 的敛散性，进入下

一步；(2) 利用级数收敛发散的定义，或一般项是否趋于零等级数的性质来判别其是否收敛. 若是交错级数，可以利用 Leibniz 判别法来判别等等.

例 2 判别级数 $\sum_{n=1}^{\infty}(-1)^{n-1}\frac{1}{n^p}$ 的敛散性.

解 $\sum_{n=1}^{\infty}\left|(-1)^{n-1}\frac{1}{n^p}\right|=\sum_{n=1}^{\infty}\frac{1}{n^p}$，

当 $p>1$ 时，级数 $\sum_{n=1}^{\infty}\frac{1}{n^p}$ 收敛，从而原级数 $\sum_{n=1}^{\infty}(-1)^{n-1}\frac{1}{n^p}$ 绝对收敛；

当 $0<p\leqslant 1$ 时，级数 $\sum_{n=1}^{\infty}\frac{1}{n^p}$ 发散. 原级数 $\sum_{n=1}^{\infty}(-1)^{n-1}\frac{1}{n^p}$ 为交错级数，由于数列 $\left\{\frac{1}{n^p}\right\}$ 单调递减且 $\lim\limits_{n\to\infty}\frac{1}{n^p}=0$，由 Leibniz 判别法有 $\sum_{n=1}^{\infty}(-1)^{n-1}\frac{1}{n^p}$ 收敛，故原级数 $\sum_{n=1}^{\infty}(-1)^{n-1}\frac{1}{n^p}$ 为条件收敛；

当 $p\leqslant 0$ 时，由于

$$\lim_{n\to\infty}(-1)^{n-1}\frac{1}{n^p}=\begin{cases}\text{不存在}, & p=0,\\ \infty, & p<0,\end{cases}$$

从而原级数 $\sum_{n=1}^{\infty}(-1)^{n-1}\frac{1}{n^p}$ 发散.

例 3 判别下列级数是否收敛，若收敛是绝对收敛还是条件收敛?

(1) $\sum_{n=1}^{\infty}(-1)^{n-1}\frac{1}{\ln(1+n)}$；　(2) $\sum_{n=1}^{\infty}(-1)^{\frac{n(n-1)}{2}}\frac{n^2}{2^n}$；　(3) $\sum_{n=1}^{\infty}(-1)^{n+1}\frac{3^n}{2n+1}$.

解 (1) 由于 $\left|(-1)^{n-1}\frac{1}{\ln(1+n)}\right|=\frac{1}{\ln(1+n)}$，又 $\frac{1}{\ln(n+1)}>\frac{1}{n}$，而级数 $\sum_{n=1}^{\infty}\frac{1}{n}$ 发散，故级数 $\sum_{n=1}^{\infty}\left|(-1)^{n-1}\frac{1}{\ln(1+n)}\right|$ 发散. 注意到原级数是交错级数. 由于 $\frac{1}{\ln(n+1)}>\frac{1}{\ln(n+2)}(n=1,2,\cdots)$ 且 $\lim\limits_{n\to\infty}\frac{1}{\ln(n+1)}=0$，由 Leibniz 判别法可知级数 $\sum_{n=1}^{\infty}(-1)^{n-1}\frac{1}{\ln(1+n)}$ 收敛，于是原级数 $\sum_{n=1}^{\infty}(-1)^{n-1}\frac{1}{\ln(1+n)}$ 为条件收敛.

(2) 因为 $\left|(-1)^{\frac{n(n-1)}{2}}\frac{n^2}{2^n}\right|=\frac{n^2}{2^n}$，而 $\lim\limits_{n\to\infty}\sqrt[n]{\frac{n^2}{2^n}}=\frac{1}{2}<1$，于是原级数 $\sum_{n=1}^{\infty}(-1)^{\frac{n(n-1)}{2}}\frac{n^2}{2^n}$ 绝对收敛.

(3) 因为 $|u_n|=\left|(-1)^{n+1}\frac{3^n}{2n+1}\right|=\frac{3^n}{2n+1}$，而

$$\lim_{n\to\infty}\frac{|u_{n+1}|}{|u_n|}=\lim_{n\to\infty}\frac{\dfrac{3^{n+1}}{2(n+1)+1}}{\dfrac{3^n}{2n+1}}=\lim_{n\to\infty}3\cdot\frac{2n+1}{2n+3}=3>1,$$

于是级数$\sum_{n=1}^{\infty}\left|(-1)^{n+1}\frac{3^n}{2n+1}\right|$发散. 此外, 由$\lim_{n\to\infty}\frac{|u_{n+1}|}{|u_n|}=3>1$, 所以当$n$充分大时, $|u_{n+1}|>|u_n|$, 因此$\lim_{n\to\infty}|u_n|\neq 0$, 从而$\lim_{n\to\infty}u_n\neq 0$, 故原级数$\sum_{n=1}^{\infty}(-1)^{n+1}\frac{3^n}{2n+1}$也发散.

注:从例 3 的(2)(3) 中可见, 当$\lim_{n\to\infty}\frac{|u_{n+1}|}{|u_n|}=\rho<1$(或$\lim_{n\to\infty}\sqrt[n]{|u_n|}=\rho<1$) 时, 级数$\sum_{n=1}^{\infty}u_n$绝对收敛; 当$\rho>1$(或$+\infty$) 时, 不仅$\sum_{n=1}^{\infty}|u_n|$发散, 级数$\sum_{n=1}^{\infty}u_n$也必发散.

下面来研究绝对收敛级数的性质.

众所周知, 有限和的运算满足结合律、交换律和分配律. 收敛级数是无限和, 它的运算是否也满足结合律、交换律和分配律呢?在 12.1.1 节中, 收敛级数性质 4 已经证明了收敛级数是满足结合律的. 但是, 收敛级数一般是不满足交换律和分配律的.

例如交错级数

$$1-\frac{1}{2}+\frac{1}{3}-\frac{1}{4}+\frac{1}{5}-\frac{1}{6}+\frac{1}{7}-\frac{1}{8}+\cdots$$

条件收敛, 记其和为S, 即

$$S=1-\frac{1}{2}+\frac{1}{3}-\frac{1}{4}+\frac{1}{5}-\frac{1}{6}+\frac{1}{7}-\frac{1}{8}+\cdots.$$

将上式两边同乘以$\frac{1}{2}$, 得

$$\frac{1}{2}S=\frac{1}{2}-\frac{1}{4}+\frac{1}{6}-\frac{1}{8}+\frac{1}{10}-\frac{1}{12}+\frac{1}{14}-\frac{1}{16}+\cdots,$$

将以上两式相加得

$$\frac{3}{2}S=1+\frac{1}{3}-\frac{1}{2}+\frac{1}{5}+\frac{1}{7}-\frac{1}{4}+\frac{1}{9}+\frac{1}{11}-\frac{1}{6}+\cdots.$$

可见上式右端是由原级数交换次序得到的, 但其和为$\frac{3}{2}S$.

可见条件收敛级数是不满足交换律的. 事实上, 可证明:

* **定理 3(Riemann)**　若级数$\sum_{n=1}^{\infty}u_n$条件收敛, 则对于任意给定的S, 其中S为有限数、$+\infty$或$-\infty$, 适当交换$\sum_{n=1}^{\infty}u_n$的项后重新构成的新级数$\sum_{n=1}^{\infty}u_n'$收敛或发散于S, 这里当S为有限数时级数$\sum_{n=1}^{\infty}u_n'$收敛, 否则级数$\sum_{n=1}^{\infty}u_n'$发散.

而绝对收敛级数既满足交换律, 也满足分配律.

* **定理 4(绝对收敛级数的交换律)**

若级数 $\sum_{n=1}^{\infty} u_n$ 绝对收敛,则任意交换此级数各项次序后所成的新级数也绝对收敛,且其和不变.

下面来定义两个级数的乘积.

定义 4 两个级数 $\sum_{n=1}^{\infty} u_n$ 与 $\sum_{n=1}^{\infty} v_n$ 的**乘积级数**是所有乘积 $u_i v_j\ (i,j \in \mathbb{N}_+)$ 之和,记为 $\sum_{i,j=1}^{\infty} u_i v_j$. 特别地,如果按照下列顺序所组成的级数

$$u_1 v_1 + (u_1 v_2 + u_2 v_1) + (u_1 v_3 + u_2 v_2 + u_3 v_1) + \cdots \\ + (u_1 v_n + u_2 v_{n-1} + \cdots + u_{n-1} v_2 + u_n v_1) + \cdots$$

称为级数 $\sum_{n=1}^{\infty} u_n$ 和级数 $\sum_{n=1}^{\infty} v_n$ 的 **Cauchy 乘积.**

Cauchy 乘积的各项是按照下图所示的对角线写出:

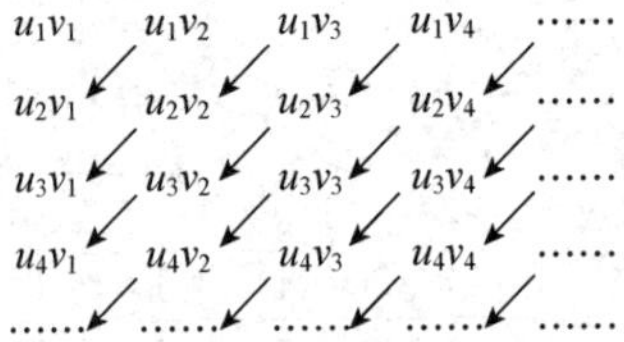

* **定理 5(绝对收敛级数的分配律)**

设级数 $\sum_{n=1}^{\infty} u_n$ 和级数 $\sum_{n=1}^{\infty} v_n$ 都绝对收敛,它们的和分别为 S 和 T,则它们的乘积级数 $\sum_{i,j=1}^{\infty} u_i v_j$ 也是绝对收敛的,其和为 ST. 特别地,Cauchy 乘积是绝对收敛的.

定理 5,6,7 证明从略.

习题 12.1(三)

1. 判别下列级数的敛散性. 如果收敛,是绝对收敛还是条件收敛?

(1) $\sum_{n=1}^{\infty} \frac{(-1)^n}{\sqrt{n}}$; (2) $\sum_{n=1}^{\infty} (-1)^n (n+1)\left(\frac{4}{5}\right)^n$;

(3) $\sum_{n=1}^{\infty} \frac{(-1)^n}{\sqrt{2n-1}}$; (4) $\sum_{n=1}^{\infty} (-1)^n \frac{\left(2+\frac{1}{n}\right)^n}{n^2}$;

(5) $\sum_{n=1}^{\infty} \frac{(-1)^n \ln n}{n}$; (6) $\sum_{n=1}^{\infty} (-1)^n \sqrt{\frac{n(n+1)}{(n+2)(n+3)}}$;

(7) $\sum_{n=1}^{\infty} (-1)^n \frac{3^{n^2}}{n!}$; (8) $\sum_{n=1}^{\infty} (-1)^n \frac{\sqrt{5}+(-2)^n}{6^n}$;

(9) $\sum_{n=2}^{\infty}\frac{(-1)^n}{\sqrt{n}+(-1)^n}$； (10) $1-\frac{1}{2}+\frac{1}{3^2}-\frac{1}{4}+\frac{1}{5^2}-\cdots$；

(11) $\sum_{n=1}^{\infty}\frac{x^n}{(1+x)(1+x^2)\cdots(1+x^n)}$.

2. 已知级数 $\sum_{n=1}^{\infty}(u_n-u_{n-1})$ 收敛，$\sum_{n=1}^{\infty}v_n$ 为收敛的正项级数，证明 $\sum_{n=1}^{\infty}u_nv_n$ 绝对收敛.

3. 判别级数 $\sum_{n=1}^{\infty}\sin(\pi\sqrt{n^2+1})$ 是否收敛？如果收敛，是绝对收敛还是条件收敛？

12.2 幂级数

幂级数是函数项级数中应用最广、结构最简单的特殊级数. 它在函数展开、函数性质研究、数值计算及微分方程求解等众多领域中有着广泛的应用. 本节先介绍函数项级数的基本概念，然后再讨论幂级数的收敛域与应用，并着重讨论如何将函数展开成幂级数.

12.2.1 函数项级数的基本概念

如果给定一个定义在区间 I 上的函数列

$$u_1(x),u_2(x),\cdots,u_n(x),\cdots,$$

将它们依次用加号连结起来

$$u_1(x)+u_2(x)+\cdots+u_n(x)+\cdots \tag{12.6}$$

称为定义在区间 I 上的**函数项级数**，记为 $\sum_{n=1}^{\infty}u_n(x)$. 而

$$S_n(x)=u_1(x)+u_2(x)+\cdots+u_n(x)$$

称为函数项级数(12.6)的部分和，也称为**前 n 项和**.

当 $x_0\in I$，如果数项级数 $\sum_{n=1}^{\infty}u_n(x_0)$ 收敛，即 $\lim_{n\to\infty}S_n(x_0)$ 存在，则称函数项级数 $\sum_{n=1}^{\infty}u_n(x)$ 在点 x_0 处收敛，x_0 称为该函数项级数的**收敛点**. 函数项级数 $\sum_{n=1}^{\infty}u_n(x)$ 所有收敛点的集合称为该函数项级数的**收敛域**.

设函数项级数 $\sum_{n=1}^{\infty}u_n(x)$ 的收敛域为 D，当 $x\in D$ 时，$\sum_{n=1}^{\infty}u_n(x)$ 收敛，其和记为 $S(x)$，称 $S(x)$ 是 $\sum_{n=1}^{\infty}u_n(x)$ 在收敛域 D 上的**和函数**. 称 $R_n(x)=S(x)-S_n(x)=\sum_{k=n+1}^{\infty}u_k(x)$ 为函数项级数 $\sum_{n=1}^{\infty}u_n(x)$ 的**余项**. 显然，对于收敛域上任一点 x，都有 $\lim_{n\to\infty}R_n(x)=0$.

显然,函数项级数在某点收敛就是数项级数的收敛.因此,可通过12.1节数项级数中已建立的敛散性判别方法来求解函数项级数的收敛域.

例1 求函数项级数$\sum_{n=1}^{\infty}\frac{(-1)^{n-1}}{n}\left(\frac{1-x}{1+x}\right)^n$的收敛域.

解 因为$u_n(x)=\frac{(-1)^{n-1}}{n}\left(\frac{1-x}{1+x}\right)^n$在$\mathbb{R}\setminus\{-1\}$上有定义,当$x\neq-1$时,由比值判别法,有

$$\frac{|u_{n+1}(x)|}{|u_n(x)|}=\frac{n}{n+1}\left|\frac{1-x}{1+x}\right|\to\frac{|1-x|}{|1+x|}(n\to\infty).$$

(1) 当$\left|\frac{1-x}{1+x}\right|<1$时,有$x>0$,此时级数绝对收敛;

(2) 当$\left|\frac{1-x}{1+x}\right|>1$时,有$x<0$,此时级数发散;

(3) 当$\left|\frac{1-x}{1+x}\right|=1$时,有$x=0$,此时级数为$\sum_{n=1}^{\infty}\frac{(-1)^{n-1}}{n}$,由Leibniz判别法知级数收敛.

所以,函数项级数$\sum_{n=1}^{\infty}\frac{(-1)^{n-1}}{n}\left(\frac{1-x}{1+x}\right)^n$在$[0,+\infty)$上收敛.

12.2.2 幂级数的收敛域及其运算性质

一、幂级数的收敛域

函数项级数中简单且应用广泛的一类是其每一项都是幂函数,它的形式为

$$\sum_{n=0}^{\infty}a_n(x-x_0)^n=a_0+a_1(x-x_0)+\cdots+a_n(x-x_0)^n+\cdots \tag{12.7}$$

称之为$(x-x_0)$**的幂级数**,其中$a_0,a_1,\cdots,a_n,\cdots$称为**幂级数的系数**.显然,幂级数可以看成是一个"无限次多项式",而它的部分和函数$S_n(x)$是一个$n-1$次多项式.

当$x_0=0$时,式(12.7)为

$$\sum_{n=0}^{\infty}a_nx^n=a_0+a_1x+a_2x^2+\cdots+a_nx^n+\cdots$$

称为x**的幂级数**.对于幂级数$\sum_{n=0}^{\infty}a_n(x-x_0)^n$,令$t=x-x_0$就转化为幂级数$\sum_{n=0}^{\infty}a_nt^n$,因此主要讨论$\sum_{n=0}^{\infty}a_nx^n$的收敛域.

显然,当$x=0$时,幂级数$\sum_{n=0}^{\infty}a_nx^n$总是收敛的,且其和为$a_0$.这说明幂级数的收敛域总是非空的.除零之外,幂级数还有哪些收敛点呢?下面是著名的挪威数学家Abel(1802—1829)给出的结论.

定理 1(Abel 定理)

(1) 如果级数 $\sum_{n=0}^{\infty} a_n x^n$ 在 $x = x_0$ 处收敛，则对于一切满足条件 $|x| < |x_0|$ 的 x，幂级数 $\sum_{n=0}^{\infty} a_n x^n$ 都绝对收敛；

(2) 如果级数 $\sum_{n=0}^{\infty} a_n x^n$ 在 $x = x_1$ 处发散，则对于一切满足条件 $|x| > |x_1|$ 的 x，幂级数 $\sum_{n=0}^{\infty} a_n x^n$ 都发散.

证　(1) 如果级数 $\sum_{n=0}^{\infty} a_n x^n$ 在 $x = x_0$ 处收敛，则有 $\lim_{n\to\infty} a_n x_0^n = 0$，从而数列 $\{a_n x_0^n\}$ 有界，即存在 M，使得 $|a_n x_0^n| \leqslant M(n = 0,1,2,3,\cdots)$. 因为

$$|a_n x^n| = \left|a_n x_0^n \cdot \frac{x^n}{x_0^n}\right| = |a_n x_0^n| \cdot \left|\frac{x}{x_0}\right|^n \leqslant M\left|\frac{x}{x_0}\right|^n,$$

对于满足 $|x| < |x_0|$ 的一切 x 有 $\left|\frac{x}{x_0}\right| < 1$，从而几何级数 $\sum_{n=0}^{\infty} M\left|\frac{x}{x_0}\right|^n$ 收敛，由比较判别法知 $\sum_{n=0}^{\infty} |a_n x^n|$ 收敛，即幂级数 $\sum_{n=0}^{\infty} a_n x^n$ 绝对收敛.

(2) 用反证法. 设级数在 $x = x_1$ 处发散，如果存在 x_2 满足 $|x_2| > |x_1|$，使得级数 $\sum_{n=0}^{\infty} a_n x_2^n$ 收敛，则由(1) 知 $\sum_{n=0}^{\infty} a_n x_1^n$ 收敛，矛盾. 所以当 $|x| > |x_1|$ 时，级数 $\sum_{n=0}^{\infty} a_n x^n$ 发散.

由 Abel 定理知道，若幂级数 $\sum_{n=0}^{\infty} a_n x^n$ 既有非零的收敛点 x_0，也有发散点 x_1，则在区间 $(-|x_0|, |x_0|)$ 内，幂级数 $\sum_{n=0}^{\infty} a_n x^n$ 点点绝对收敛；在区间 $[-|x_1|, |x_1|]$ 外，幂级数 $\sum_{n=0}^{\infty} a_n x^n$ 点点发散. 在数轴上，当点从 $|x_0|$ 向右移动到 $|x_1|$（或从 $-|x_0|$ 向左移动到 $-|x_1|$）时，一定能够找到一个收敛、发散的分界点 $R > 0$，使得幂级数 $\sum_{n=0}^{\infty} a_n x^n$ 在 $(-R,R)$ 内绝对收敛，在 $[-R,R]$ 外发散，由此引入幂级数收敛半径的概念.

定义 1　如果存在正数 $R(0 < R < +\infty)$，使得幂级数 $\sum_{n=0}^{\infty} a_n x^n$ 在 $(-R,R)$ 内绝对收敛，在 $[-R,R]$ 外发散，则称 R 为幂级数 $\sum_{n=0}^{\infty} a_n x^n$ 的**收敛半径**，$(-R,R)$ 为幂级数 $\sum_{n=0}^{\infty} a_n x^n$ 的**收敛区间.** 在端点 $x = \pm R$ 处，幂级数可能收敛也可能发散，此时幂级数的**收敛域**为如下四种情形之一：$(-R,R)$，$[-R,R)$，$(-R,R]$，$[-R,R]$.

如果幂级数 $\sum_{n=0}^{\infty} a_n x^n$ 只在 $x = 0$ 处收敛，称该幂级数的收敛半径 $R = 0$；如果幂级数 $\sum_{n=0}^{\infty} a_n x^n$ 在实数轴上处处都收敛，则称该幂级数的收敛半径 $R = +\infty$，此时收敛区间为

$(-\infty,+\infty)$.

例 2 已知幂级数$\sum\limits_{n=0}^{\infty}a_n(x-1)^n$在$x=-1$处收敛,在$x=3$处发散,求该级数的收敛半径、收敛区间和收敛域.

解 令$t=x-1$,则幂级数变为$\sum\limits_{n=0}^{\infty}a_nt^n$. 由幂级数$\sum\limits_{n=0}^{\infty}a_n(x-1)^n$在$x=-1$处收敛,即$t=-2$时,幂级数$\sum\limits_{n=0}^{\infty}a_nt^n$收敛,由Abel定理,当$|t|<2$时,幂级数$\sum\limits_{n=0}^{\infty}a_nt^n$绝对收敛;又幂级数$\sum\limits_{n=0}^{\infty}a_n(x-1)^n$在$x=3$处发散,即$t=2$时,幂级数$\sum\limits_{n=0}^{\infty}a_nt^n$发散,所以当$|t|>2$时,幂级数$\sum\limits_{n=0}^{\infty}a_nt^n$发散,因此该幂级数的收敛半径$R=2$,收敛区间为$|x-1|<2$,即$(-1,3)$,再由题设知收敛域为$[-1,3)$.

如何来求幂级数的收敛半径呢?下面给出计算收敛半径的常用方法.

定理 2 设幂级数$\sum\limits_{n=0}^{\infty}a_nx^n$满足$\lim\limits_{n\to\infty}\left|\dfrac{a_{n+1}}{a_n}\right|=\rho$(或$\lim\limits_{n\to\infty}\sqrt[n]{|a_n|}=\rho$),

则(1) 当$\rho\neq 0$时,该幂级数的收敛半径为$R=\dfrac{1}{\rho}$;

(2) 当$\rho=0$时,该幂级数的收敛半径为$R=+\infty$;

(3) 当$\rho=+\infty$时,该幂级数的收敛半径为$R=0$.

证 对于正项级数$\sum\limits_{n=0}^{\infty}|a_nx^n|$,当$x\neq 0$时,应用比值判别法,有

$$\lim_{n\to\infty}\frac{|a_{n+1}x^{n+1}|}{|a_nx^n|}=\lim_{n\to\infty}\frac{|a_{n+1}|}{|a_n|}|x|=\rho|x|,$$

(1) 如果$\rho\neq 0$,则当$\rho|x|<1$即$|x|<\dfrac{1}{\rho}$时,级数$\sum\limits_{n=0}^{\infty}a_nx^n$绝对收敛;当$\rho|x|>1$即$|x|>\dfrac{1}{\rho}$时,此时$n$充分大时,有$|a_{n+1}x^{n+1}|>|a_nx^n|$,所以级数$\sum\limits_{n=0}^{\infty}|a_nx^n|$的一般项$|a_nx^n|$不趋于零,从而$\lim\limits_{n\to\infty}a_nx^n\neq 0$,因此级数$\sum\limits_{n=0}^{\infty}a_nx^n$发散. 于是收敛半径$R=\dfrac{1}{\rho}$.

(2) 如果$\rho=0$,则当$x\neq 0$时,有$\lim\limits_{n\to\infty}\dfrac{|a_{n+1}x^{n+1}|}{|a_nx^n|}=0$,所以$\sum\limits_{n=0}^{\infty}a_nx^n$处处绝对收敛,因此$R=+\infty$.

(3) 如果$\rho=+\infty$时,则当$x\neq 0$时,有$\lim\limits_{n\to\infty}\dfrac{|a_{n+1}x^{n+1}|}{|a_nx^n|}=+\infty$,类似(1)可以证明$\sum\limits_{n=0}^{\infty}a_nx^n$处处发散,因此$R=0$.

对于$\lim\limits_{n\to\infty}\sqrt[n]{|a_n|}=\rho$,证明与上述类似.

例 3 求下列幂级数的收敛半径、收敛区间与收敛域:

(1) $\sum_{n=1}^{\infty}\frac{2^n}{n}x^n$；(2) $\sum_{n=0}^{\infty}\frac{(n!)^2}{(2n)!}x^n$；(3) $\sum_{n=1}^{\infty}\frac{(-1)^{n-1}}{n\cdot 3^n}x^{2n-1}$；(4) $\sum_{n=1}^{\infty}\frac{(-1)^n}{\sqrt{n}}(5x-10)^n$.

解　(1) 因为 $a_n=\frac{2^n}{n}$，所以 $\rho=\lim\limits_{n\to\infty}\sqrt[n]{|a_n|}=2$，收敛半径 $R=\frac{1}{2}$，收敛区间为 $\left(-\frac{1}{2},+\frac{1}{2}\right)$.

当 $x=\frac{1}{2}$ 时，级数为调和级数 $\sum\limits_{n=1}^{\infty}\frac{1}{n}$，发散；当 $x=-\frac{1}{2}$ 时，级数为交错级数 $\sum\limits_{n=1}^{\infty}\frac{(-1)^n}{n}$，收敛. 所以收敛域为 $\left[-\frac{1}{2},\frac{1}{2}\right)$.

(2) 因为 $a_n=\frac{(n!)^2}{(2n)!}$，$R=\lim\limits_{n\to\infty}\frac{|a_n|}{|a_{n+1}|}=\lim\limits_{n\to\infty}\frac{\left|\frac{(n!)^2}{(2n)!}\right|}{\left|\frac{[(n+1)!]^2}{(2n+2)!}\right|}=\lim\limits_{n\to\infty}\frac{(2n+2)(2n+1)}{(n+1)^2}=4$，所以收敛半径 $R=4$，收敛区间为 $(-4,4)$.

当 $x=4$ 时，级数为 $1+\sum\limits_{n=1}^{\infty}\frac{(2n)!!}{(2n-1)!!}$，注意到

$$\frac{(2n)!!}{(2n-1)!!}=\frac{2\cdot 4\cdot 6\cdot\cdots\cdot(2n)}{1\cdot 3\cdot 5\cdot\cdots\cdot(2n-1)}>1,$$

即，该级数一般项不趋于零，因此发散；当 $x=-4$ 时，级数为 $1+\sum\limits_{n=1}^{\infty}\frac{(-1)^n(2n)!!}{(2n-1)!!}$，类似可证该级数亦发散. 所以收敛域为 $(-4,4)$.

(3) 该级数只含奇次幂的项，故不能直接使用定理 2，应使用比值法来求出收敛半径.

$$\lim_{n\to\infty}\frac{|u_{n+1}(x)|}{|u_n(x)|}=\lim_{n\to\infty}\frac{\left|\frac{(-1)^n}{(n+1)\cdot 3^{n+1}}x^{2n+1}\right|}{\left|\frac{(-1)^{n-1}}{n\cdot 3^n}x^{2n-1}\right|}=\lim_{n\to\infty}\frac{n}{(n+1)\cdot 3}|x^2|=\frac{1}{3}|x^2|,$$

当 $\frac{1}{3}|x^2|<1$ 时，即 $|x|<\sqrt{3}$ 时，级数收敛；当 $\frac{1}{3}|x^2|>1$ 时，即 $|x|>\sqrt{3}$ 时，级数发散. 所以收敛半径 $R=\sqrt{3}$，收敛区间为 $(-\sqrt{3},\sqrt{3})$.

当 $x=\sqrt{3}$ 时，级数为交错级数 $\sum\limits_{n=1}^{\infty}\frac{(-1)^{n-1}}{n\cdot\sqrt{3}}$，故收敛；当 $x=-\sqrt{3}$ 时，级数仍为交错级数 $\sum\limits_{n=1}^{\infty}\frac{(-1)^n}{n\cdot\sqrt{3}}$，从而也收敛. 所以收敛域为 $[-\sqrt{3},\sqrt{3}]$.

(4) 因为幂级数可表示为 $\sum\limits_{n=1}^{\infty}\frac{(-1)^n 5^n}{\sqrt{n}}(x-2)^n$，令 $t=x-2$，则级数变为 $\sum\limits_{n=1}^{\infty}\frac{(-1)^n 5^n}{\sqrt{n}}t^n$，它的收敛半径为 $R=\lim\limits_{n\to\infty}\frac{|a_n|}{|a_{n+1}|}=\lim\limits_{n\to\infty}\frac{\sqrt{n+1}}{5\sqrt{n}}=\frac{1}{5}$，由 $|x-2|<\frac{1}{5}$ 得

原级数的收敛区间为$\left(\frac{9}{5},\frac{11}{5}\right)$.

当$x=\frac{11}{5}$时,原级数为$\sum_{n=1}^{\infty}\frac{(-1)^n}{\sqrt{n}}$,该级数收敛;当$x=\frac{9}{5}$时,原级数为$\sum_{n=1}^{\infty}\frac{1}{\sqrt{n}}$,该级数发散.所以原幂级数的收敛域为$\left(\frac{9}{5},\frac{11}{5}\right]$.

二、幂级数的运算

1. 幂级数的四则运算

设幂级数$\sum_{n=0}^{\infty}a_nx^n$与$\sum_{n=0}^{\infty}b_nx^n$的收敛半径分别为$R_1$和$R_2$,设$R=\min\{R_1,R_2\}$,则当$|x|<R$时,有如下加、减运算成立:

加法:$\sum_{n=0}^{\infty}a_nx^n+\sum_{n=0}^{\infty}b_nx^n=\sum_{n=0}^{\infty}(a_n+b_n)x^n$;

减法:$\sum_{n=0}^{\infty}a_nx^n-\sum_{n=0}^{\infty}b_nx^n=\sum_{n=0}^{\infty}(a_n-b_n)x^n$;

注:两个幂级数相加、减得到的幂级数,其收敛半径$R\geqslant\min\{R_1,R_2\}$.但当$R_1\neq R_2$时,$R=\min\{R_1,R_2\}$.

乘法:
$$\left(\sum_{n=0}^{\infty}a_nx^n\right)\left(\sum_{n=0}^{\infty}b_nx^n\right)=(a_0+a_1x+a_2x^2+\cdots)(b_0+b_1x+b_2x^2+\cdots)$$
$$=a_0b_0+(a_0b_1+a_1b_0)x+(a_0b_2+a_1b_1+a_2b_0)x^2+\cdots$$
$$=\sum_{n=0}^{\infty}\left(\sum_{k=0}^{n}a_kb_{n-k}\right)x^n,$$
上述级数的乘积称为幂级数的 **Cauchy 乘积**.

注:两个幂级数相乘得到的幂级数,其收敛半径$R\geqslant\min\{R_1,R_2\}$.

除法:
$$\frac{\sum_{n=0}^{\infty}a_nx^n}{\sum_{n=0}^{\infty}b_nx^n}=\frac{a_0+a_1x+a_2x^2+\cdots}{b_0+b_1x+b_2x^2+\cdots}=\sum_{n=0}^{\infty}c_nx^n$$

为求出幂级数$\sum_{n=0}^{\infty}c_nx^n$的系数$c_0,c_1,c_2,\cdots$,可用待定系数法.假设$b_0\neq0$,则利用乘法$\sum_{n=0}^{\infty}a_nx^n=\left(\sum_{n=0}^{\infty}b_nx^n\right)\left(\sum_{n=0}^{\infty}c_nx^n\right)$,比较等式两边系数,即:

$$a_0=b_0c_0\quad\Rightarrow\quad c_0=\frac{a_0}{b_0}$$
$$a_1=b_0c_1+b_1c_0\quad\Rightarrow\quad c_1=\frac{1}{b_0}(a_1-b_1c_0)$$
$$a_2=b_0c_2+b_1c_1+b_2c_0\quad\Rightarrow\quad c_2=\frac{1}{b_0}(a_2-b_1c_1-b_2c_0)$$
$$\cdots\qquad\qquad\cdots$$

注：相除后得到的幂级数$\sum\limits_{n=0}^{\infty} c_n x^n$的收敛半径很复杂，要比原来的两个幂级数的收敛半径$R_1$和$R_2$小很多.

例 4　求幂级数$\sum\limits_{n=1}^{\infty} \dfrac{3+(-1)^n}{n} x^n$的收敛半径.

解　对于幂级数$\sum\limits_{n=1}^{\infty} \dfrac{3}{n} x^n$，它的收敛半径$R=\lim\limits_{n\to\infty}\dfrac{|a_n|}{|a_{n+1}|}=\lim\limits_{n\to\infty}\dfrac{n+1}{n}=1$；对于幂级数$\sum\limits_{n=1}^{\infty} \dfrac{(-1)^n}{n} x^n$，它的收敛半径也为1，因此幂级数$\sum\limits_{n=1}^{\infty} \dfrac{3+(-1)^n}{n} x^n$的收敛半径至少是1. 因为当$x=1$时，级数$\sum\limits_{n=1}^{\infty} \dfrac{3}{n}$发散，$\sum\limits_{n=1}^{\infty} \dfrac{(-1)^n}{n}$收敛，所以幂级数$\sum\limits_{n=1}^{\infty} \dfrac{3+(-1)^n}{n} x^n$在$x=1$时发散，因此该幂级数的收敛半径就为1.

注：本例也可注意到

$$\frac{2}{n} \leqslant |a_n| \leqslant \frac{4}{n},$$

而$\lim\limits_{n\to\infty}\sqrt[n]{\dfrac{2}{n}}=\lim\limits_{n\to\infty}\sqrt[n]{\dfrac{4}{n}}=1$，于是由夹逼准则知$\lim\limits_{n\to\infty}\sqrt[n]{|a_n|}=1$，所以$R=1$.

2. *幂级数和函数的分析运算*

幂级数和函数的分析运算是指和函数在收敛域内的连续性、可导性与可积性，具体内容如下：

定理 3　设幂级数$\sum\limits_{n=0}^{\infty} a_n x^n$的收敛半径为$R$，和函数为$S(x)$，则

(1) $S(x)$在收敛区间$(-R,R)$内连续，如果幂级数$\sum\limits_{n=0}^{\infty} a_n x^n$还在端点$x=R$（或$x=-R$）处收敛，则$S(x)$在端点$x=R$处左连续（或$x=-R$处右连续）；

(2) $S(x)$在收敛区间$(-R,R)$内可导，且有逐项求导公式

$$S'(x)=\left(\sum_{n=0}^{\infty} a_n x^n\right)'=\sum_{n=0}^{\infty}(a_n x^n)'=\sum_{n=1}^{\infty} n a_n x^{n-1},\ x\in(-R,R).$$

逐项求导后得到的幂级数$\sum\limits_{n=1}^{\infty} n a_n x^{n-1}$和原幂级数$\sum\limits_{n=0}^{\infty} a_n x^n$有相同的收敛半径，但在端点处的敛散性不确定.

(3) $S(x)$在收敛区间内可积，且有逐项积分公式

$$\int_0^x S(t)\mathrm{d}t=\int_0^x \sum_{n=0}^{\infty} a_n t^n \mathrm{d}t=\sum_{n=0}^{\infty} a_n \int_0^x t^n \mathrm{d}t=\sum_{n=0}^{\infty}\frac{a_n}{n+1}x^{n+1},\ x\in(-R,R).$$

逐项积分后得到的幂级数$\sum\limits_{n=0}^{\infty}\dfrac{a_n}{n+1}x^{n+1}$和原幂级数$\sum\limits_{n=0}^{\infty} a_n x^n$有相同的收敛半径，但在端点处的敛散性不确定.

定理 3 告诉我们幂级数的和函数具有非常好的性质,它在收敛域上是连续的,在收敛区间内可以逐项求导和逐项积分,并且逐项求导和逐项积分后得到的新级数收敛半径不变.因此可以在收敛区间内反复求导,所以**幂级数的和函数具有任意阶导数,且收敛半径不变**.

根据定理 3,可以利用一些已知幂级数的和函数去计算与它相关的其他幂级数的和函数.比如

$$\sum_{n=0}^{\infty} x^n = 1+x+x^2+x^3+\cdots+x^n+\cdots = \frac{1}{1-x}, x \in (-1,1),$$

在上式中用 $-x$ 代替 x,则有

$$\sum_{n=0}^{\infty} (-1)^n x^n = 1-x+x^2-x^3+\cdots+(-1)^n x^n+\cdots = \frac{1}{1+x}, x \in (-1,1).$$

对上面两式分别在 $[0,x]$ 上逐项积分,则得

$$\sum_{n=1}^{\infty} \frac{x^n}{n} = x+\frac{x^2}{2}+\frac{x^3}{3}+\cdots+\frac{x^{n+1}}{n+1}+\cdots = -\ln(1-x), x \in (-1,1),$$

$$\sum_{n=1}^{\infty} \frac{(-1)^{n-1} x^n}{n} = x-\frac{x^2}{2}+\frac{x^3}{3}+\cdots+\frac{(-1)^n x^{n+1}}{n+1}+\cdots = \ln(1+x), x \in (-1,1).$$

在端点 $x=1$ 处级数 $\sum\limits_{n=1}^{\infty} \frac{x^n}{n}$ 变为 $\sum\limits_{n=1}^{\infty} \frac{1}{n}$,该级数发散,在 $x=-1$ 时,变为 $\sum\limits_{n=1}^{\infty} \frac{(-1)^{n-1}}{n}$,该级数收敛.于是有

$$\sum_{n=1}^{\infty} \frac{x^n}{n} = x+\frac{x^2}{2}+\frac{x^3}{3}+\cdots+\frac{x^{n+1}}{n+1}+\cdots = -\ln(1-x), x \in [-1,1).$$

同理可得

$$\sum_{n=1}^{\infty} \frac{(-1)^{n-1} x^n}{n} = x-\frac{x^2}{2}+\frac{x^3}{3}+\cdots+\frac{(-1)^n x^{n+1}}{n+1}+\cdots = \ln(1+x), x \in (-1,1].$$

例 5 求幂级数 $\sum\limits_{n=0}^{\infty} \frac{x^n}{n+1}$ 的和函数.

解 因为 $a_n = \frac{1}{n+1}$,所以 $R = \lim\limits_{n\to\infty} \frac{|a_n|}{|a_{n+1}|} = \lim\limits_{n\to\infty} \frac{n+1}{n} = 1$.

当 $x=-1$ 时,$\sum\limits_{n=0}^{\infty} \frac{x^n}{n+1}$ 为 $\sum\limits_{n=0}^{\infty} \frac{(-1)^n}{n+1}$,收敛;当 $x=1$ 时,$\sum\limits_{n=0}^{\infty} \frac{x^n}{n+1}$ 成为 $\sum\limits_{n=0}^{\infty} \frac{1}{n+1}$,发散.所以 $\sum\limits_{n=0}^{\infty} \frac{x^n}{n+1}$ 的收敛域为 $[-1,1)$.

当 $|x|<1$ 时,设级数 $\sum\limits_{n=0}^{\infty} \frac{x^n}{n+1}$ 的和函数为 $S(x)$,记 $f(x) = xS(x) = \sum\limits_{n=0}^{\infty} \frac{x^{n+1}}{n+1}$,则

$$f'(x) = \left(\sum_{n=0}^{\infty} \frac{x^{n+1}}{n+1}\right)' = \sum_{n=0}^{\infty} x^n = \frac{1}{1-x}$$

于是

$$f(x)=f(0)+\int_0^x f'(t)\mathrm{d}t=\int_0^x \frac{\mathrm{d}t}{1-t}=-\ln(1-x)$$

所以当 $x\neq 0$ 时，$S(x)=-\dfrac{1}{x}\ln(1-x)$.

由于幂级数 $\sum\limits_{n=0}^{\infty}\dfrac{x^n}{n+1}$ 在 $x=-1$ 处收敛，由定理3(1)知它的和函数在 $x=-1$ 处右连续，于是有

$$\sum_{n=0}^{\infty}\frac{(-1)^n}{n+1}=\lim_{x\to -1^+}S(x)=S(-1)=\ln 2,$$

所以幂级数 $\sum\limits_{n=0}^{\infty}\dfrac{x^n}{n+1}$ 的和函数为：

$$S(x)=\begin{cases}-\dfrac{\ln(1-x)}{x} & x\in[-1,1)\setminus\{0\}\\ 1 & x=0\end{cases}.$$

从例5可见，利用幂级数和函数的分析性质，可以计算一些数项级数的和.

例6　求幂级数 $\sum\limits_{n=1}^{\infty}nx^n$ 与 $\sum\limits_{n=1}^{\infty}n^2x^n$ 的和函数.

解　(1) 因为幂级数 $\sum\limits_{n=1}^{\infty}nx^n$ 的收敛半径 $R=\lim\limits_{n\to\infty}\dfrac{n}{n+1}=1$，所以当 $|x|<1$ 时，有

$$\sum_{n=1}^{\infty}nx^n=x\sum_{n=1}^{\infty}nx^{n-1}=x\sum_{n=1}^{\infty}(x^n)'=x\sum_{n=1}^{\infty}(x^n)'=x\left(\frac{x}{1-x}\right)'=\frac{x}{(1-x)^2}.\quad(12.8)$$

又 $\sum\limits_{n=1}^{\infty}nx^n$ 在 $x=\pm 1$ 时均发散，所以幂级数 $\sum\limits_{n=1}^{\infty}nx^n$ 的和函数为 $S(x)=\dfrac{x}{(1-x)^2}$，$x\in(-1,1)$.

(2) 因为幂级数 $\sum\limits_{n=1}^{\infty}n^2x^n$ 的收敛半径为 $R=\lim\limits_{n\to\infty}\dfrac{n^2}{(n+1)^2}=1$，又 $\sum\limits_{n=1}^{\infty}n^2x^n$ 在 $x=\pm 1$ 时均发散，所以 $\sum\limits_{n=1}^{\infty}n^2x^n$ 的收敛域为 $(-1,1)$.

当 $|x|<1$ 时，对式(12.8)逐项求导，得

$$\sum_{n=1}^{\infty}n^2x^{n-1}=\left(\frac{x}{(1-x)^2}\right)'=\frac{1+x}{(1-x)^3},$$

于是幂级数 $\sum\limits_{n=1}^{\infty}n^2x^n$ 的和函数为 $S(x)=\dfrac{x+x^2}{(1-x)^3}$，$x\in(-1,1)$.

例7　求数项级数 $\sum\limits_{n=0}^{\infty}\dfrac{1}{(2n+1)3^n}$ 的和.

解 考虑幂级数$\sum\limits_{n=0}^{\infty}\dfrac{x^{2n+1}}{2n+1}$,因为$\lim\limits_{n\to\infty}\dfrac{|u_{n+1}(x)|}{|u_n(x)|}=\lim\limits_{n\to\infty}\dfrac{2n+1}{2n+3}\cdot|x|^2=|x|^2$,所以$\sum\limits_{n=0}^{\infty}\dfrac{x^{2n+1}}{2n+1}$的收敛半径为$R=1$.当$|x|<1$时,设$S(x)=\sum\limits_{n=0}^{\infty}\dfrac{x^{2n+1}}{2n+1}$,逐项求导,得

$$S'(x)=\left(\sum_{n=0}^{\infty}\frac{x^{2n+1}}{2n+1}\right)'=\sum_{n=0}^{\infty}\left(\frac{x^{2n+1}}{2n+1}\right)'=\sum_{n=0}^{\infty}x^{2n}=\frac{1}{1-x^2},$$

于是

$$S(x)=S(0)+\int_0^x S'(t)\mathrm{d}t=\int_0^x\frac{\mathrm{d}t}{1-t^2}=\frac{1}{2}\ln\frac{1+x}{1-x},x\in(-1,1).$$

从而

$$\sum_{n=0}^{\infty}\frac{1}{(2n+1)3^n}=\sqrt{3}\sum_{n=0}^{\infty}\frac{\left(\frac{1}{\sqrt{3}}\right)^{2n+1}}{2n+1}=\sqrt{3}S\left(\frac{1}{\sqrt{3}}\right)=\frac{\sqrt{3}}{2}\ln\frac{\sqrt{3}+1}{\sqrt{3}-1}.$$

12.2.3 函数的幂级数展开

一、Taylor 级数

上节讨论的是幂级数的收敛域与和函数.现在来研究它的反问题,即给定一个函数$f(x)$,能否存在一个幂级数$\sum\limits_{n=0}^{\infty}a_n(x-x_0)^n$,使得在它的收敛区间内和函数恰好就为$f(x)$?如果存在这样的幂级数,就称**函数 $f(x)$ 能够展开成幂级数**.由于幂级数的和函数在收敛区间内具有任意阶导数,所以函数$f(x)$在x_0处能够展开成$x-x_0$的幂级数的必要条件是$f(x)$在x_0的邻域内具有任意阶导数.

由上册第三章 Taylor 公式知

$$f(x)=f(x_0)+f'(x_0)(x-x_0)+\frac{1}{2!}f''(x_0)(x-x_0)^2+\cdots+\frac{1}{n!}f^{(n)}(x_0)(x-x_0)^n+R_n(x)$$

其中$R_n(x)=\dfrac{1}{(n+1)!}f^{(n+1)}(\xi)(x-x_0)^{n+1}$为拉格朗日型余项,$\xi$介于$x_0$与$x$之间.

如果余项$R_n(x)$随着n的增加而减小,那么可以用 Taylor 多项式

$$P_n(x)=f(x_0)+f'(x_0)(x-x_0)+\frac{1}{2!}f''(x_0)(x-x_0)^2+\cdots+\frac{1}{n!}f^{(n)}(x_0)(x-x_0)^n$$

来近似逼近$f(x)$.由于$f(x)$在x_0处具有任意阶导数,因此将 Taylor 多项式中n趋于无穷,就得到幂级数

$$f(x_0)+f'(x_0)(x-x_0)+\frac{1}{2!}f''(x_0)(x-x_0)^2+\cdots+\frac{1}{n!}f^{(n)}(x_0)(x-x_0)^n+\cdots \tag{12.9}$$

称为 $f(x)$ 在 x_0 处的 **Taylor 级数.**

特别地,当 $x_0=0$ 时,Taylor 级数(12.9) 变为

$$f(0)+f'(0)x+\frac{1}{2!}f''(0)x^2+\cdots+\frac{1}{n!}f^{(n)}(0)x^n+\cdots$$

称为函数 $f(x)$ 的 **Maclaurin 级数.**

下面来讨论 Taylor 级数的收敛问题. 显然当 $x=x_0$ 时,Taylor 级数收敛. 但除 x_0 外,Taylor 级数是否一定收敛?如果收敛,是否一定收敛到 $f(x)$?

定理 1　如果函数 $f(x)$ 在 x_0 的某邻域 $U(x_0)$ 内有任意阶导数,则 $f(x)$ 在 $U(x_0)$ 内能够展成 Taylor 级数,即 $f(x)=\sum\limits_{n=0}^{\infty}\frac{f^{(n)}(x_0)}{n!}(x-x_0)^n$ 的充分必要条件是 $f(x)$ 的 Taylor 公式中的余项 $R_n(x)$ 在 $U(x_0)$ 内满足 $\lim\limits_{n\to\infty}R_n(x)=0$.

证　任取 $x\in U(x_0)$,则有以下的等价关系

$$f(x)=\sum_{n=0}^{\infty}\frac{f^{(n)}(x_0)}{n!}(x-x_0)^n\Leftrightarrow f(x)=\lim_{n\to\infty}\sum_{k=0}^{n}\frac{1}{k!}f^{(k)}(x_0)(x-x_0)^k$$

$$\Leftrightarrow\lim_{n\to\infty}\left[f(x)-\sum_{k=0}^{n}\frac{1}{k!}f^{(k)}(x_0)(x-x_0)^k\right]=0\quad\Leftrightarrow\lim_{n\to\infty}R_n(x)=0.$$

推论　如果函数 $f(x)$ 在 x_0 的某邻域 $U(x_0)$ 内有任意阶导数,并且存在常数 $M>0$,使得

$$|f^{(n)}(x)\leqslant M^n,n=0,1,2,\cdots.$$

则

$$f(x)=\sum_{n=0}^{\infty}\frac{1}{n!}f^{(n)}(x_0)(x-x_0)^n,x\in U(x_0).$$

证　因为

$$|R_n(x)|=\frac{1}{(n+1)!}|f^{(n+1)}(\xi)||x-x_0|^{n+1}\leqslant\frac{M^{n+1}}{(n+1)!}|x-x_0|^{n+1},n=1,2,3,\cdots$$

由于幂级数 $\sum\limits_{n=0}^{\infty}\frac{M^{n+1}}{(n+1)!}(x-x_0)^{n+1}$ 的收敛半径为 $R=+\infty$,因此它处处收敛,由级数收敛的必要条件知 $\lim\limits_{n\to\infty}\frac{M^{n+1}}{(n+1)!}(x-x_0)^{n+1}=0,x\in(-\infty,+\infty)$,从而有 $\lim\limits_{n\to\infty}|R_n(x)|=0$,故结论成立.

定理 2　如果函数 $f(x)$ 在 x_0 处可以展成幂级数,即

$$f(x)=\sum_{n=0}^{\infty}a_n(x-x_0)^n,x\in U(x_0),$$

则幂级数的展开式是唯一的,即为 Taylor 级数.

证 设

$$f(x)=\sum_{n=0}^{\infty}a_n(x-x_0)^n \qquad f(x)=\sum_{n=0}^{\infty}b_n(x-x_0)^n,x\in U(x_0),$$

利用幂级数的和函数在收敛区间内可任意求导,得到

$$a_n=\frac{f^{(n)}(x_0)}{n!},\text{且 } b_n=\frac{f^{(n)}(x_0)}{n!},n=0,1,2,\cdots.$$

可见 $a_n=b_n=\dfrac{f^{(n)}(x_0)}{n!}$. 所以展开式唯一,即为 Taylor 级数.

二、函数展开成幂级数

将函数 $f(x)$ 在 $x=x_0$ 处展开成幂级数,通常有两种方法.

1. 直接法

将函数 $f(x)$ 在 $x=x_0$ 处直接展开成幂级数,可以按照下列步骤进行:

(1) 计算函数 $f(x)$ 及其各阶导数在 $x=x_0$ 处的值

$$f^{(n)}(x_0),n=0,1,2,\cdots;$$

(2) 写出函数 $f(x)$ 在 $x=x_0$ 处的 Taylor 级数 $\sum\limits_{n=0}^{\infty}\dfrac{1}{n!}f^{(n)}(x_0)(x-x_0)^n$,并求出 Taylor 级数的收敛区间(或者收敛域);

(3) 在收敛区间内(或者收敛域内) 证明 $\lim\limits_{n\to\infty}|R_n(x)|=0$ 或 $f^{(n)}(x),n=0,1,2,\cdots$ 有界;

下面利用直接法,将几个基本初等函数展开成 Maclaurin 级数.

例 1 将函数 $f(x)=e^x$ 展开成关于 x 的幂级数.

解 因为 $f^{(n)}(x)=e^x,n=0,1,2,\cdots$,所以 $f^{(n)}(0)=1,n=0,1,2,\cdots$. 于是得到幂级数

$$1+x+\frac{1}{2!}x^2+\frac{1}{3!}x^3+\cdots+\frac{1}{n!}x^n+\cdots,$$

此幂级数的收敛半径为 $R=+\infty$.

对于任意的正数 X,因为 $|f^{(n)}(x)|=e^x\leqslant e^X,x\in[-X,X]$,由推论知

$$e^x=1+x+\frac{1}{2!}x^2+\frac{1}{3!}x^3+\cdots+\frac{1}{n!}x^n+\cdots,x\in[-X,X],$$

由于 X 是任意正数,故有

$$e^x=1+x+\frac{1}{2!}x^2+\frac{1}{3!}x^3+\cdots+\frac{1}{n!}x^n+\cdots,x\in(-\infty,+\infty).$$

例 2 将函数 $f(x)=\sin x$ 展开成关于 x 的幂级数.

解 因为 $f^{(n)}(x)=\sin\left(x+\dfrac{n\pi}{2}\right),n=0,1,2,\cdots$,所以 $f^{(n)}(0)$ 依次取值为 $0,1,0,-1,$

0,1,0,−1,…,于是得到幂级数

$$x-\frac{1}{3!}x^3+\frac{1}{5!}x^5-\frac{1}{7!}x^7+\cdots+\frac{(-1)^{n-1}}{(2n-1)!}x^{2n-1}+\cdots,$$

此幂级数的收敛半径为 $R=+\infty$.

对于任意实数 x，$|f^{(n)}(x)|=\left|\sin\left(x+\frac{n\pi}{2}\right)\right|\leqslant 1$，从而有

$$\sin x=x-\frac{1}{3!}x^3+\frac{1}{5!}x^5-\frac{1}{7!}x^7+\cdots+\frac{(-1)^{n-1}}{(2n-1)!}x^{2n-1}+\cdots,x\in(-\infty,+\infty).$$

例 3　将函数 $f(x)=(1+x)^\alpha$（α 为任意实数）展开成关于 x 的幂级数.

解　当 α 不是正整数时，$f^{(n)}(x)=\alpha(\alpha-1)\cdots(\alpha-n+1)(1+x)^{\alpha-n}$，$n=1,2,3,\cdots$，所以 $f(0)=1$，$f^{(n)}(0)=\alpha(\alpha-1)\cdots(\alpha-n+1)$，$n=1,2,3,\cdots$，于是得到幂级数

$$1+\alpha x+\frac{\alpha(\alpha-1)}{2!}x^2+\frac{\alpha(\alpha-1)(\alpha-2)}{3!}x^3+\cdots+\frac{\alpha(\alpha-1)\cdots(\alpha-n+1)}{n!}x^n+\cdots,$$

此级数的收敛半径为 $R=\lim\limits_{n\to\infty}\left|\frac{a_n}{a_{n+1}}\right|=\lim\limits_{n\to\infty}\left|\frac{n+1}{\alpha-n}\right|=1$，收敛区间为 $(-1,1)$.

由于证明余项趋于零比较困难，下面直接求该级数的和函数. 设级数 $1+\sum\limits_{n=1}^{\infty}\frac{\alpha(\alpha-1)\cdots(\alpha-n+1)}{n!}x^n$ 在区间 $(-1,1)$ 上的和函数为 $S(x)$，即

$$S(x)=1+\alpha x+\frac{\alpha(\alpha-1)}{2!}x^2+\cdots+\frac{\alpha(\alpha-1)\cdots(\alpha-n+1)}{n!}x^n+\cdots,x\in(-1,1).$$

在收敛区间 $(-1,1)$ 内，对和函数 $S(x)$ 逐项求导，得

$$S'(x)=\alpha+\alpha(\alpha-1)x+\frac{\alpha(\alpha-1)(\alpha-2)}{2!}x^2+\cdots+\frac{\alpha(\alpha-1)\cdots(\alpha-n+1)}{(n-1)!}x^{n-1}+\cdots$$

$$xS'(x)=\alpha x+\alpha(\alpha-1)x^2+\frac{\alpha(\alpha-1)(\alpha-2)}{2!}x^3+\cdots+\frac{\alpha(\alpha-1)\cdots(\alpha-n+1)}{(n-1)!}x^n+\cdots$$

于是

$$\begin{aligned}(1+x)S'(x)&=S'(x)+xS'(x)\\&=\alpha+\alpha^2x+\frac{\alpha^2(\alpha-1)}{2!}x^2+\cdots+\frac{\alpha^2(\alpha-1)\cdots(\alpha-n+1)}{n!}x^n+\cdots\\&=\alpha S(x),\end{aligned}$$

即 $\frac{S'(x)}{S(x)}=\frac{\alpha}{1+x}$，所以

$$\int_0^x\frac{S'(x)}{S(x)}\mathrm{d}x=\int_0^x\frac{\alpha}{1+x}\mathrm{d}x=\alpha\ln(1+x)\Big|_0^x=\ln(1+x)^\alpha,x\in(-1,1),$$

而左端

$$\int_0^x \frac{S'(x)}{S(x)}dx = \ln S(x)\Big|_0^x = \ln S(x) - \ln S(0) = \ln S(x), x \in (-1,1),$$

所以 $S(x) = (1+x)^\alpha, x \in (-1,1)$,即有

$$(1+x)^\alpha = 1 + \alpha x + \frac{\alpha(\alpha-1)}{2!}x^2 + \cdots + \frac{\alpha(\alpha-1)\cdots(\alpha-n+1)}{n!}x^n + \cdots, x \in (-1,1) \tag{12.10}$$

在端点 $x=\pm 1$ 处,幂级数 $1+\sum\limits_{n=1}^{\infty}\frac{\alpha(\alpha-1)\cdots(\alpha-n+1)}{n!}x^n$ 是否收敛与 α 的值有关.

当 α 为正整数 n 时,则对于任意的 $k>n$,有 $f^{(k)}(x)=0$. 这时函数 $(1+x)^\alpha$ 的 Maclaurin 级数就是我们熟知的 Newton 二项式展开公式,即

$$(1+x)^n = 1 + nx + \frac{n(n-1)}{2!}x^2 + \cdots + \frac{n!}{n!}x^n.$$

所以公式(12.10)通常也称为**二项式展开**.

特别地,当 $\alpha=-1, \alpha=\pm\frac{1}{2}$ 时,由(12.10)式,分别可以得到

$$\frac{1}{1+x} = 1 - x + x^2 - x^3 + \cdots + (-1)^n x^n + \cdots, x \in (-1,1);$$

$$\sqrt{1+x} = 1 + \frac{1}{2}x - \frac{1}{2\cdot 4}x^2 + \cdots + (-1)^{n-1}\frac{(2n-3)!!}{(2n)!!}x^n + \cdots, x \in [-1,1];$$

$$\frac{1}{\sqrt{1+x}} = 1 - \frac{1}{2}x + \frac{1\cdot 3}{2\cdot 4}x^2 - \cdots + (-1)^n\frac{(2n-1)!!}{(2n)!!}x^n + \cdots, x \in (-1,1].$$

2. 间接法

利用已知的幂级数展开式,通过变量代换、四则运算或逐项求导、逐项积分等方法,间接地求出其它函数的幂级数展开式,这种方法就是间接展开法.

例 4 将函数 $f(x)=\cos x$ 展开成关于 x 的幂级数.

解 由例 2 知 $\sin x = \sum\limits_{n=1}^{\infty}\frac{(-1)^{n-1}}{(2n-1)!}x^{2n-1}, x \in (-\infty,+\infty)$,利用幂级数的逐项求导公式,有

$$\cos x = (\sin x)' = \left(\sum_{n=1}^{\infty}\frac{(-1)^{n-1}}{(2n-1)!}x^{2n-1}\right)' = \sum_{n=0}^{\infty}\frac{(-1)^n}{(2n)!}x^{2n}, x \in (-\infty,+\infty),$$

即

$$\cos x = 1 - \frac{1}{2!}x^2 + \frac{1}{4!}x^4 - \cdots + \frac{(-1)^n}{(2n)!}x^{2n} + \cdots, x \in (-\infty,+\infty).$$

例 5 将函数 $f(x)=\ln(1+x)$ 展开成关于 x 的幂级数.

解 因为

$$f'(x)=[\ln(1+x)]'=\frac{1}{1+x}=1-x+x^2-\cdots+(-1)^nx^n+\cdots, x\in(-1,1).$$

所以，当 $x\in(-1,1)$ 时有

$$f(x)=f(0)+\int_0^x f'(t)\mathrm{d}t=\int_0^x\sum_{n=0}^{\infty}(-1)^nt^n\mathrm{d}t=\sum_{n=0}^{\infty}(-1)^n\int_0^x t^n\mathrm{d}t=\sum_{n=0}^{\infty}\frac{(-1)^n}{n+1}x^{n+1},$$

级数 $\sum\limits_{n=0}^{\infty}\frac{(-1)^n}{n+1}x^{n+1}$ 在 $x=1$ 时收敛，在 $x=-1$ 时，发散. 所以

$$\ln(1+x)=x-\frac{1}{2}x^2+\frac{1}{3}x^3-\cdots+\frac{(-1)^{n-1}}{n}x^n+\cdots, x\in(-1,1].$$

通过以上五个例题，我们得到五个常用的初等函数的 Maclaurin 级数展开式，同学们需熟练掌握.

$$\mathrm{e}^x=1+x+\frac{1}{2!}x^2+\frac{1}{3!}x^3+\cdots+\frac{1}{n!}x^n+\cdots, x\in(-\infty,+\infty);$$

$$\sin x=x-\frac{1}{3!}x^3+\frac{1}{5!}x^5-\frac{1}{7!}x^7+\cdots+\frac{(-1)^{n-1}}{(2n-1)!}x^{2n-1}+\cdots, x\in(-\infty,+\infty);$$

$$\cos x=1-\frac{1}{2!}x^2+\frac{1}{4!}x^4-\cdots+\frac{(-1)^n}{(2n)!}x^{2n}+\cdots, x\in(-\infty,+\infty);$$

$$\ln(1+x)=x-\frac{1}{2}x^2+\frac{1}{3}x^3-\cdots+\frac{(-1)^{n-1}}{n}x^n+\cdots, x\in(-1,1];$$

$$(1+x)^\alpha=1+\alpha x+\frac{\alpha(\alpha-1)}{2!}x^2+\cdots+\frac{\alpha(\alpha-1)\cdots(\alpha-n+1)}{n!}x^n+\cdots, x\in(-1,1).$$

例 6　将函数 $f(x)=\ln(10+x)$ 展开成关于 x 的幂级数.

解　因为

$$\begin{aligned}\ln(10+x)&=\ln 10+\ln\left(1+\frac{x}{10}\right)\\&=\ln 10+\frac{x}{10}-\frac{1}{2}\left(\frac{x}{10}\right)^2+\cdots+\frac{(-1)^{n-1}}{n}\left(\frac{x}{10}\right)^n+\cdots, \frac{x}{10}\in(-1,1],\end{aligned}$$

所以

$$\ln(10+x)=\ln 10+\frac{1}{10}x-\frac{1}{2\cdot 10^2}x^2+\cdots+\frac{(-1)^{n-1}}{n\cdot 10^n}x^n+\cdots, x\in(-10,10].$$

例 7　将函数 $f(x)=\frac{1}{x^2+5x+6}$ 展开成关于 $x+1$ 的幂级数.

解　因为 $f(x)=\frac{1}{x^2+5x+6}=\frac{1}{x+2}-\frac{1}{x+3}$，而

$$\frac{1}{x+2}=\frac{1}{1+(x+1)}=1-(x+1)+(x+1)^2-\cdots+(-1)^n(x+1)^n+\cdots, x\in(-2,0),$$

$$\frac{1}{x+3}=\frac{1}{2}\frac{1}{1+\frac{x+1}{2}}=\frac{1}{2}\left[1-\frac{x+1}{2}+\left(\frac{x+1}{2}\right)^2-\cdots+(-1)^n\left(\frac{x+1}{2}\right)^n+\cdots\right]$$

$$=\frac{1}{2}-\frac{1}{2^2}(x+1)+\frac{1}{2^3}(x+1)^2-\cdots+\frac{(-1)^n}{2^{n+1}}(x+1)^n+\cdots,x\in(-3,1),$$

所以

$$\frac{1}{x^2+5x+6}=\frac{1}{x+2}-\frac{1}{x+3}=\sum_{n=0}^{\infty}(-1)^n(x+1)^n-\sum_{n=0}^{\infty}\frac{(-1)^n}{2^{n+1}}(x+1)^n$$

$$=\sum_{n=0}^{\infty}(-1)^n\left(1-\frac{1}{2^{n+1}}\right)(x+1)^n,x\in(-2,0).$$

例 8 将函数 $f(x)=\sin^2 x$ 展开成关于 x 的幂级数.

解 因为

$$f'(x)=2\sin x\cos x=\sin 2x=\sum_{n=1}^{\infty}\frac{(-1)^{n-1}}{(2n-1)!}(2x)^{2n-1},x\in(-\infty,+\infty),$$

所以

$$f(x)=f(0)+\int_0^x f'(t)\mathrm{d}t=\int_0^x\left(\sum_{n=1}^{\infty}\frac{(-1)^{n-1}2^{2n-1}}{(2n-1)!}t^{2n-1}\right)\mathrm{d}t$$

$$=\sum_{n=1}^{\infty}\frac{(-1)^{n-1}2^{2n-1}}{(2n)!}x^{2n},x\in(-\infty,+\infty).$$

即

$$\sin^2 x=x^2-\frac{2^3}{4!}x^4+\frac{2^5}{6!}x^6-\cdots+\frac{(-1)^{n-1}2^{2n-1}}{(2n)!}x^{2n}+\cdots,x\in(-\infty,+\infty).$$

例 9 假设 $f(x)=\arctan x$,求 $f^{(n)}(0)$.

解 因为

$$f'(x)=(\arctan x)'=\frac{1}{1+x^2}=\sum_{n=0}^{\infty}(-1)^n x^{2n},x\in(-1,1),$$

所以

$$f(x)=f(0)+\int_0^x f'(t)\mathrm{d}t=\int_0^x\left(\sum_{n=0}^{\infty}(-1)^n t^{2n}\right)\mathrm{d}t=\sum_{n=0}^{\infty}\frac{(-1)^n}{2n+1}x^{2n+1},x\in(-1,1).$$

若将 $f(x)=\arctan x$ 的幂级数展开式记为 $\sum\limits_{n=0}^{\infty}a_n x^n$,则由幂级数展开式的唯一性,有

$$a_{2n}=\frac{f^{(2n)}(0)}{(2n)!}=0,a_{2n+1}=\frac{f^{(2n+1)}(0)}{(2n+1)!}=\frac{(-1)^n}{2n+1},n=0,1,2,\cdots,$$

所以当 n 为偶数时,$f^{(n)}(0)=0$;当 n 为奇数时,$f^{(n)}(0)=(-1)^{\frac{n-1}{2}}(n-1)!$.

12.2.4　幂级数的应用

一、数值的近似计算

函数的幂级数展开，实际就是用多形式近似函数. 可以利用函数 $f(x)$ 的 n 次 Macraulin 多项式 $f(0)+f'(0)x+\frac{1}{2!}f''(0)x^2+\cdots+\frac{1}{n!}f^{(n)}(0)x^n$ 来近似代替 $f(x)$，由此引起的误差的绝对值为 $|R_n(x)|=\left|\sum\limits_{k=n+1}^{\infty}\frac{1}{k!}f^{(k)}(0)x^k\right|$.

例 1　求 e 的近似值，要求误差不超过 10^{-4}，并证明 e 是无理数.

解　由于 $e^x=1+x+\frac{1}{2!}x^2+\frac{1}{3!}x^3+\cdots+\frac{1}{n!}x^n+\cdots, x\in(-\infty,+\infty)$，故令 $x=1$，得

$$e=1+1+\frac{1}{2!}+\frac{1}{3!}+\cdots+\frac{1}{n!}+\frac{1}{(n+1)!}+\cdots,$$

用它的部分和 $S_n=1+1+\frac{1}{2!}+\frac{1}{3!}+\cdots+\frac{1}{n!}$ 近似代替数 e，则误差为

$$\begin{aligned}e-S_n&=\frac{1}{(n+1)!}+\frac{1}{(n+2)!}+\frac{1}{(n+3)!}+\cdots\\&=\frac{1}{(n+1)!}\left(1+\frac{1}{n+2}+\frac{1}{(n+2)(n+3)}+\frac{1}{(n+2)(n+3)(n+4)}+\cdots\right)\\&<\frac{1}{(n+1)!}\left(1+\frac{1}{n+1}+\frac{1}{(n+1)^2}+\frac{1}{(n+1)^3}+\cdots\right)\\&=\frac{1}{(n+1)!}\cdot\frac{1}{1-\frac{1}{n+1}}=\frac{1}{n\cdot n!}.\end{aligned}\tag{12.11}$$

当 $n=7$ 时，误差 $e-S_n\leqslant\frac{1}{7\cdot 7!}=\frac{1}{35\,280}\approx 0.000\,028\,344\,7<10^{-4}$，于是

$$e\approx 1+1+\frac{1}{2!}+\frac{1}{3!}+\cdots+\frac{1}{7!}=\frac{1\,370}{504}\approx 2.718\,25\approx 2.718\,3.$$

如果 e 是有理数，不妨设 $e=\frac{p}{q}$，其中 $p,q\in\mathbb{N}_+$. 设部分和 $S_q=1+1+\frac{1}{2!}+\frac{1}{3!}+\cdots+\frac{1}{q!}$. 由不等式(12.11)，有

$$0<q!(e-S_q)<\frac{1}{q}\leqslant 1,$$

另一方面，$q!(e-S_q)=q!\left[\frac{p}{q}-\left(1+1+\frac{1}{2!}+\frac{1}{3!}+\cdots+\frac{1}{q!}\right)\right]$是一个正整数，矛盾. 所以 e 是无理数.

例 2 计算$\sqrt[3]{1\,050}$的近似值,精确到10^{-4}.

解 因为$\sqrt[3]{1\,050}=(1\,000+50)^{\frac{1}{3}}=10\left(1+\frac{1}{20}\right)^{\frac{1}{3}}$,所以在

$$(1+x)^{\alpha}=1+\alpha x+\frac{\alpha(\alpha-1)}{2!}x^2+\cdots+\frac{\alpha(\alpha-1)\cdots(\alpha-n+1)}{n!}x^n+\cdots,x\in(-1,1),$$

取$x=\frac{1}{20},\alpha=\frac{1}{3}$,则有

$$\sqrt[3]{1\,050}=10\cdot\left[1+\frac{1}{3}\cdot\frac{1}{20}+\frac{\frac{1}{3}\cdot\left(\frac{1}{3}-1\right)}{2!}\cdot\left(\frac{1}{20}\right)^2+\frac{\frac{1}{3}\cdot\left(\frac{1}{3}-1\right)\cdot\left(\frac{1}{3}-2\right)}{3!}\cdot\left(\frac{1}{20}\right)^3+\cdots\right]$$

$$=10\cdot\left(1+\frac{1}{3\cdot 20}-\frac{2}{2!\cdot 3^2\cdot 20^2}+\frac{2\cdot 5}{3!\cdot 3^3\cdot 20^3}-\cdots\right).$$

这是 Leibniz 型级数,其余项$|R_n|\leqslant u_{n+1}$,取$n=2$,则有

$$|R_2|\leqslant u_3=\frac{2\cdot 5}{3!\cdot 3^3\cdot 20^3}=\frac{1}{129\,600}\approx 7.716\,05\times 10^{-6}<10^{-4},$$

于是$\sqrt[3]{1\,050}\approx 10\cdot\left(1+\frac{1}{60}-\frac{1}{3\,600}\right)=\frac{3\,659}{360}\approx 10.163\,9.$

二、定积分的近似计算

有些连续函数如e^{-x^2},$\frac{\sin x}{x}$,$\frac{\cos x}{x}$,等,它们的原函数是不能用初等函数表示的,若用 Newton-Leibniz 定理,求它们在$[a,b]$区间上的定积分就不容易求出来.但是,利用幂级数的展开式,就可以近似地求出它们的定积分.

例 3 计算$\int_0^1 e^{-x^2}\,dx$的近似值,精确到10^{-3}.

解 因为

$$\int_0^1 e^{-x^2}\,dx=\int_0^1\left(\sum_{n=0}^{\infty}\frac{(-x^2)^n}{n!}\right)dx=\sum_{n=0}^{\infty}\frac{(-1)^n}{n!}\int_0^1 x^{2n}\,dx=\sum_{n=0}^{\infty}\frac{(-1)^n}{(2n+1)\cdot n!},$$

由于$\sum\limits_{n=0}^{\infty}\frac{(-1)^n}{(2n+1)\cdot n!}$是 Leibniz 型级数,所以余项$|R_n|\leqslant u_{n+1}$.取$n=4$,则有

$$|R_4|\leqslant u_5=\frac{1}{11\cdot 5!}=\frac{1}{1\,320}\approx 0.000\,757\,576<10^{-3},$$

于是

$$\int_0^1 e^{-x^2}\,dx\approx 1-\frac{1}{3}+\frac{1}{10}-\frac{1}{42}+\frac{1}{216}=\frac{5\,651}{7\,560}=0.747\,487\approx 0.747.$$

三、Euler 公式

如果将数项级数的项由实数扩展到复数，便可得到**复数项级数**

$$z_1+z_2+z_3+\cdots+z_n+\cdots \tag{12.12}$$

其中 $z_n=a_n+ib_n$ 为复数，a_n 为 z_n 的**实部**，b_n 为 z_n 的**虚部**，a_n, b_n 都是实数. 如果 z_n 的实部组成的级数

$$a_1+a_2+a_3+\cdots+a_n+\cdots$$

与虚部组成的级数

$$b_1+b_2+b_3+\cdots+b_n+\cdots$$

分别收敛于 a 与 b，则称级数(12.12) 收敛，且其和为 $a+ib$.

在 e^x 展开式 $\mathrm{e}^x=1+x+\frac{1}{2!}x^2+\frac{1}{3!}x^3+\cdots+\frac{1}{n!}x^n+\cdots, x\in(-\infty,+\infty)$ 中，将 x 用 ix 替代，得到

$$\begin{aligned}\mathrm{e}^{ix}&=1+ix+\frac{i^2}{2!}x^2+\frac{i^3}{3!}x^3+\cdots+\frac{i^n}{n!}x^n+\cdots\\&=\left(1-\frac{1}{2!}x^2+\frac{1}{4!}x^4-\frac{1}{6!}x^6+\cdots\right)+i\left(x-\frac{1}{3!}x^3+\frac{1}{5!}x^5-\frac{1}{7!}x^7+\cdots\right)\\&=\cos x+i\sin x,\end{aligned}$$

即

$$\mathrm{e}^{ix}=\cos x+i\sin x. \tag{12.13}$$

将(12.13) 式中的 x 换成 $-x$，则有

$$\mathrm{e}^{-ix}=\cos x-i\sin x \tag{12.14}$$

利用(12.13) 和(12.14) 两式，便有

$$\sin x=\frac{\mathrm{e}^{ix}-\mathrm{e}^{-ix}}{2i}, \cos x=\frac{\mathrm{e}^{ix}+\mathrm{e}^{-ix}}{2}. \tag{12.15}$$

式(12.13)、(12.14)、(12.15) 统称为 **Euler 公式.** 它揭示了三角函数与指数函数的关系.

若在(12.15) 式中，将 x 换成 ix，便有

$$\mathrm{sh}\,x=\frac{\mathrm{e}^x-\mathrm{e}^{-x}}{2}=-i\sin(ix), \mathrm{ch}\,x=\frac{\mathrm{e}^x+\mathrm{e}^{-x}}{2}=\cos(ix).$$

上面两式揭示了双曲正弦(余弦) 函数与正弦(余弦) 函数之间本质的联系.

习题 12.2

1. 求下列幂级数的收敛半径与收敛区间：

(1) $\sum_{n=0}^{\infty} nx^n$；

(2) $\sum_{n=0}^{\infty} \frac{x^n}{2n+1}$；

(3) $\sum_{n=0}^{\infty} \frac{x^n}{(2n)!!}$；

(4) $\sum_{n=1}^{\infty} \left(1+\frac{1}{n(2n+1)}\right)x^{2n}$；

(5) $\sum_{n=0}^{\infty} \frac{(2n)!!}{(2n+1)!!}x^n$；

(6) $\sum_{n=1}^{\infty} (1+2+3+\cdots+n)x^n$；

(7) $\sum_{n=1}^{\infty} \frac{x^{n^2}}{2^{n^2}}$；

(8) $\sum_{n=0}^{\infty} \frac{2^n+(-1)^n}{3^n}(x+4)^n$.

2. 求下列级数的收敛域：

(1) $\sum_{n=1}^{\infty} \frac{1}{3n+1}\left(\frac{1+x}{1-x}\right)^n$；

(2) $\sum_{n=1}^{\infty} (2n-1)!(x+1)^n$.

3. 求下列幂级数的和函数：

(1) $\sum_{n=1}^{\infty} nx^{n+1}$；

(2) $\sum_{n=0}^{\infty} \frac{x^{4n+1}}{4n+1}$；

(3) $\sum_{n=0}^{\infty} \frac{2^n+(-3)^n}{5^n}x^n$；

(4) $\sum_{n=1}^{\infty} \frac{x^n}{n(n+1)}$.

4. 求 $\sum_{n=1}^{\infty} \frac{n+1}{n}x^n$ 的收敛域及和函数，并求数项级数 $\sum_{n=1}^{\infty} \frac{n+1}{n\cdot 2^n}$ 的和.

5. 将下列函数展开成关于 x 的幂级数，并且指出幂级数的收敛域：

(1) $\operatorname{sh} x$；

(2) $\cos^2 x$；

(3) $\ln(10-x)$；

(4) $(1-x^2)\ln(1+x^2)$；

(5) $\arcsin x$；

(6) $\int_0^x \frac{\sin t}{t}\mathrm{d}x$.

6. 将 $\frac{\mathrm{d}}{\mathrm{d}x}\left(\frac{\mathrm{e}^x-1}{x}\right)$ 展开为关于 x 的幂级数，并且证明 $\sum_{n=1}^{\infty} \frac{n}{(n+1)!}=1$.

7. 将函数 $f(x)=\frac{1}{x}$ 展开成关于 $x+1$ 的幂级数.

8. 将函数 $f(x)=\sin x$ 展开成关于 $x-\frac{\pi}{4}$ 的幂级数.

9. 将函数 $f(x)=\frac{1}{x^2-x-6}$ 展开成关于 $x-1$ 的幂级数.

10. 利用函数的幂级数展开式求下列各数的近似值：

(1) $\sqrt{\mathrm{e}}$(精确到 10^{-3})；

(2) $\sqrt{80}$(精确到 10^{-4})；

(3) $\sin 18^\circ$(精确到 10^{-5});

(4) $\ln 3$(精确到 10^{-4}).

11. 利用被积函数的幂级数展开式求下列定积分近似值:

(1) $\int_0^1 \frac{\sin x}{x}\mathrm{d}x$(精确到 10^{-4});

(2) $\int_0^x \frac{\mathrm{d}x}{1+x^4}$(精确到 10^{-3});

(3) $\int_0^{\frac{1}{2}} \frac{\arctan x}{x}\mathrm{d}x$(精确到 10^{-3}).

12.3 Fourier 级数

12.3.1 三角级数与三角函数系的正交性

自然界中周期现象随处可见.例如时钟的钟摆、音叉的振动、昼夜的更替等,都是周期现象的实例.描述周期现象的函数 $f(x)$ 称为周期函数.正弦函数和余弦函数均是常见而简单的周期函数.例如简谐振动可以表示为

$$y = A\sin(\omega t+\varphi),$$

物理学研究表明,任何周期为 T 的复杂振动都可以分解成一系列以 T 为周期的简谐振动的叠加,即

$$f(t) = A_0 + \sum_{n=1}^{\infty} A_n \sin(\omega nt + \varphi_n), \tag{12.16}$$

将(12.16)式中的正弦函数 $A_n\sin(\omega nt+\varphi_n)$ 分解,有

$$A_n\sin(\omega nt+\varphi_n) = A_n\sin\varphi_n\cos\omega nt + A_n\cos\varphi_n\sin\omega nt.$$

记 $\omega t = x, A_0 = \frac{a_0}{2}, A_n\sin\varphi_n = a_n, A_n\cos\varphi_n = b_n, n=1,2,3,\cdots$,则(12.16)式的右端可以表示为

$$\frac{a_0}{2} + \sum_{n=1}^{\infty}(a_n\cos nx + b_n\sin nx). \tag{12.17}$$

形如(12.17)的级数称为**三角级数**,常数 $a_n, n=0,1,2,\cdots, b_n, n=1,2,3,\cdots$ 称为三角级数的系数.三角函数列

$$1,\cos x,\sin x,\cos 2x,\sin 2x,\cdots,\cos nx,\sin nx,\cdots \tag{12.18}$$

称为**三角函数系**,三角函数系中的任何一个函数都是以 2π 为周期的周期函数.因此,讨论函数列(12.18)只需在长为 2π 的一个区间上即可,通常选取 $[-\pi,\pi]$.

定义 1 设函数列$\{f_n(x)\}$是定义在区间$[a,b]$上的可积函数,若对于函数列$\{f_n(x)\}$中任意两个不同的函数$f_n(x),f_m(x)$,都有

$$\int_a^b f_n(x)f_m(x)\mathrm{d}x=0,$$

则称函数列$\{f_n(x)\}$为$[a,b]$上的**正交函数列或正交函数系**.

性质 1 三角函数系(12.18)是$[-\pi,\pi]$上的**正交函数系**.

事实上,对于每个正整数n和m,有

$$\int_{-\pi}^{\pi}1\cdot\cos nx\mathrm{d}x=0,\int_{-\pi}^{\pi}1\cdot\sin nx\mathrm{d}x=0,$$

$$\int_{-\pi}^{\pi}\cos nx\cdot\sin mx\mathrm{d}x=0,$$

$$\int_{-\pi}^{\pi}\cos nx\cdot\cos mx\mathrm{d}x=\begin{cases}0 & n\neq m\\ \pi & n=m\end{cases},\tag{12.19}$$

$$\int_{-\pi}^{\pi}\sin nx\cdot\sin mx\mathrm{d}x=\begin{cases}0 & n\neq m\\ \pi & n=m\end{cases}.$$

上述等式都可以通过直接计算定积分验证,现以(12.19)式为例验证如下:因为

$$\cos nx\cdot\cos mx=\frac{1}{2}[\cos(n+m)x+\cos(n-m)x],$$

于是当$n\neq m$时,有

$$\begin{aligned}\int_{-\pi}^{\pi}\cos nx\cdot\cos mx\mathrm{d}x&=\frac{1}{2}\int_{-\pi}^{\pi}[\cos(n+m)x+\cos(n-m)x]\mathrm{d}x\\&=\frac{1}{2}\left[\frac{\sin(n+m)x}{n+m}+\frac{\sin(n-m)}{n-m}\right]_{-\pi}^{\pi}\\&=0,\quad n\neq m,n,m=1,2,3,\cdots,\end{aligned}$$

当$n=m$时,有

$$\int_{-\pi}^{\pi}1^2\mathrm{d}x=2\pi,\int_{-\pi}^{\pi}\cos^2nx\mathrm{d}x=2\int_0^{\pi}\cos^2nx\mathrm{d}x=\int_0^{\pi}(\cos 2nx+1)\mathrm{d}x=\pi.$$

12.3.2 Fourier 级数与 Dirichlet 收敛定理

设$f(x)$是周期为2π的周期函数,在$[-\pi,\pi]$上可以展开成三角级数

$$f(x)=\frac{a_0}{2}+\sum_{n=1}^{\infty}(a_n\cos nx+b_n\sin nx)\tag{12.20}$$

那么该三角级数的系数$a_0,a_k,b_k(k=1,2,\cdots)$与其和函数$f(x)$有什么关系呢?

不妨假设三角级数(12.20)在$[-\pi,\pi]$上可逐项积分.利用三角函数系的正交性,有

$$\int_{-\pi}^{\pi} f(x)\mathrm{d}x = \int_{-\pi}^{\pi}\left[\frac{a_0}{2} + \sum_{n=1}^{\infty}(a_n\cos nx + b_n\sin nx)\right]\mathrm{d}x$$
$$= \frac{a_0}{2}\int_{-\pi}^{\pi}\mathrm{d}x + \sum_{n=1}^{\infty}\left(a_n\int_{-\pi}^{\pi}\cos nx\,\mathrm{d}x + b_n\int_{-\pi}^{\pi}\sin nx\,\mathrm{d}x\right) = a_0\pi,$$

因此

$$a_0 = \frac{1}{\pi}\int_{-\pi}^{\pi} f(x)\mathrm{d}x.$$

其次，求 $a_k(k \neq 0)$.

在式(12.20)左右两边同乘以 $\cos kx$，再在$[-\pi,\pi]$上积分，右端逐项积分. 利用三角函数系的正交性，有

$$\int_{-\pi}^{\pi} f(x)\cos kx\,\mathrm{d}x = \int_{-\pi}^{\pi}\left[\frac{a_0}{2}\cos kx + \sum_{n=1}^{\infty}(a_n\cos nx\cos kx + b_n\sin nx\cos kx)\right]\mathrm{d}x$$
$$= \frac{a_0}{2}\int_{-\pi}^{\pi}\cos kx\,\mathrm{d}x + \sum_{n=1}^{\infty}\left(a_n\int_{-\pi}^{\pi}\cos nx\cos kx\,\mathrm{d}x + b_n\int_{-\pi}^{\pi}\sin nx\cos kx\,\mathrm{d}x\right)$$
$$= a_k\pi, k = 1,2,3,\cdots,$$

因此

$$a_k = \frac{1}{\pi}\int_{-\pi}^{\pi} f(x)\cos kx\,\mathrm{d}x.$$

最后，求 b_k.

在式(12.20)左右两边同乘以 $\sin kx$，再在$[-\pi,\pi]$上积分，右端逐项积分. 利用三角函数系的正交性，有

$$\int_{-\pi}^{\pi} f(x)\sin kx\,\mathrm{d}x = \int_{-\pi}^{\pi}\left[\frac{a_0}{2}\sin kx + \sum_{n=1}^{\infty}(a_n\cos nx\sin kx + b_n\sin nx\sin kx)\right]\mathrm{d}x$$
$$= \frac{a_0}{2}\int_{-\pi}^{\pi}\sin kx\,\mathrm{d}x + \sum_{n=1}^{\infty}\left(a_n\int_{-\pi}^{\pi}\cos nx\sin kx\,\mathrm{d}x + b_n\int_{-\pi}^{\pi}\sin nx\sin kx\,\mathrm{d}x\right)$$
$$= b_k\pi, k = 1,2,3,\cdots.$$

因此

$$b_k = \frac{1}{\pi}\int_{-\pi}^{\pi} f(x)\sin kx\,\mathrm{d}x.$$

由此可见，如果函数 $f(x)$ 在$[-\pi,\pi]$上可以展开成三角级数(12.20)式，则其系数 $a_0, a_k, b_k, (k = 1,2,\cdots)$ 与 $f(x)$ 有如下关系：

定义 1　设函数 $f(x)$ 在$[-\pi,\pi]$上可积，则

$$\begin{cases} a_n = \dfrac{1}{\pi}\displaystyle\int_{-\pi}^{\pi} f(x)\cos nx\,\mathrm{d}x, n = 0,1,2,\cdots \\ b_n = \dfrac{1}{\pi}\displaystyle\int_{-\pi}^{\pi} f(x)\sin nx\,\mathrm{d}x, n = 1,2,3,\cdots \end{cases} \tag{12.21}$$

称为函数 $f(x)$ 的 **Fourier 系数**,此时的三角级数

$$f(x) \sim \frac{a_0}{2} + \sum_{n=1}^{\infty}(a_n \cos nx + b_n \sin nx)$$

称为 $f(x)$ 的 **Fourier 级数.**

显然,一个周期为 2π 的函数 $f(x)$,如果在一个周期上可积,利用(12.21)式总可以求得 a_n、b_n,于是就能够写出它的 Fourier 级数. 但是,这个 Fourier 级数在 $[-\pi,\pi]$ 是否收敛?如果收敛,它是否就以 $f(x)$ 为和函数呢?下面不加证明给出 Fourier 级数的收敛定理.

定理 1(Dirichlet 收敛定理)

设 $f(x)$ 是以 2π 为周期的周期函数,如果 $f(x)$ 在一个周期内满足:

(1) 连续或只有有限个第一类间断点;

(2) 至多只有有限个极值点.

则 $f(x)$ 的 Fourier 级数收敛,并且

(1) 当 x 是 $f(x)$ 的连续点时,级数收敛于 $f(x)$;

(2) 当 x 是 $f(x)$ 的间断点时,级数收敛于 $\dfrac{f(x+0)+f(x-0)}{2}$.

Dirichlet 收敛定理表明:函数展开成 Fourier 级数的条件要比函数展开成幂级数的条件(存在任意阶导数)低的多.

例 1 设 $f(x)$ 是以 2π 为周期的周期函数,$f(x)$ 在一个周期上的表达式为:$f(x)=\begin{cases}0, & -\pi \leqslant x < 0 \\ 1, & 0 \leqslant x < \pi\end{cases}$,将 $f(x)$ 展开成 Fourier 级数.

解 显然 $f(x)$ 满足 Dirichlet 收敛定理的条件,所以可以展成 Fourier 级数.

$$a_0 = \frac{1}{\pi}\int_{-\pi}^{\pi} f(x)\mathrm{d}x = \frac{1}{\pi}\int_0^{\pi} 1\mathrm{d}x = 1,$$

$$a_n = \frac{1}{\pi}\int_{-\pi}^{\pi} f(x)\cos nx\,\mathrm{d}x = \frac{1}{\pi}\int_0^{\pi}\cos nx\,\mathrm{d}x = \frac{1}{n\pi}\sin nx\Big|_0^{\pi} = 0, n = 1,2,3\cdots,$$

$$b_n = \frac{1}{\pi}\int_{-\pi}^{\pi} f(x)\sin nx\,\mathrm{d}x = \frac{1}{\pi}\int_0^{\pi}\sin nx\,\mathrm{d}x = -\frac{1}{n\pi}\cos nx\Big|_0^{\pi} = \frac{1-(-1)^n}{n\pi},$$

$$=\begin{cases}\dfrac{2}{n\pi}, & n = 1,3,5,\cdots, \\ 0, & n = 2,4,6,\cdots.\end{cases}$$

则

$$f(x) \sim \frac{1}{2} + \frac{2}{\pi}\left[\sin x + \frac{1}{3}\sin 3x + \frac{1}{5}\sin 5x + \cdots + \frac{1}{2n-1}\sin(2n-1)x + \cdots\right].$$

根据 Dirichlet 收敛定理,函数 $f(x)$ 在 $x \neq k\pi (k \in \mathbb{Z})$ 都连续(如图 12.1(a)),因此有

$$f(x) = \frac{1}{2} + \frac{2}{\pi}\sum_{n=1}^{\infty}\frac{1}{2n-1}\sin(2n-1)x, x \neq k\pi, k \in \mathbb{Z}.$$

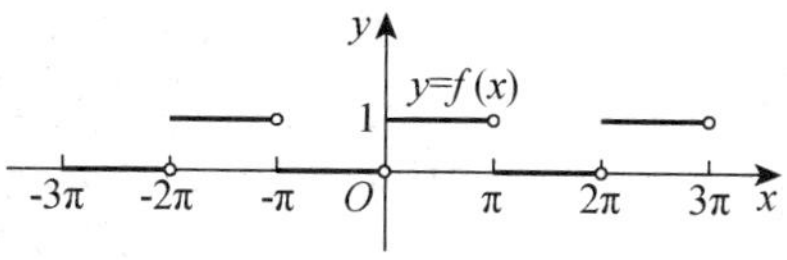

图 12.1(a)

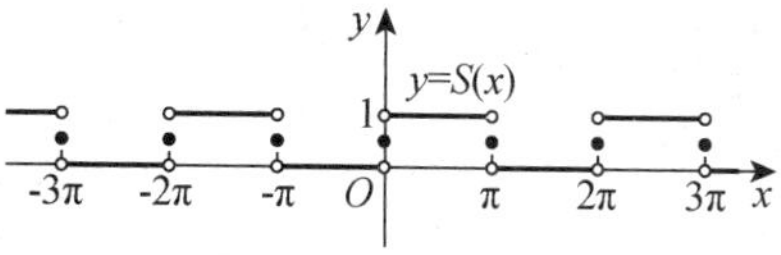

图 12.1(b)

若要求 $f(x)$ 的 Fourier 级数的和函数 $S(x)$，则由 Dirichlet 收敛定理，有

$$S(x)=\frac{1}{2}+\frac{2}{\pi}\sum_{n=1}^{\infty}\frac{1}{2n-1}\sin(2n-1)x=\begin{cases}f(x), & x\neq k\pi\\ \frac{1}{2}, & x=k\pi\end{cases}k\in\mathbb{Z}.$$

和函数图形见 12.1(b).

若取 $x=\frac{\pi}{2}$，则有

$$1=\frac{1}{2}+\frac{2}{\pi}\sum_{n=1}^{\infty}\frac{1}{2n-1}\sin\left(n\pi-\frac{\pi}{2}\right)=\frac{1}{2}+\frac{2}{\pi}\sum_{n=1}^{\infty}\frac{(-1)^{n-1}}{2n-1},$$

即

$$\frac{\pi}{4}=\sum_{n=1}^{\infty}\frac{(-1)^{n-1}}{2n-1}=1-\frac{1}{3}+\frac{1}{5}-\frac{1}{7}+\frac{1}{9}-\cdots.$$

这样不仅获得了数项级数 $1-\frac{1}{3}+\frac{1}{5}-\frac{1}{7}+\frac{1}{9}-\cdots$ 的和，而且得到了 π 的一个理论上的数值计算公式：$\pi=4\sum_{n=1}^{\infty}\frac{(-1)^{n-1}}{2n-1}$. 只是由于 Leibniz 级数 $1-\frac{1}{3}+\frac{1}{5}-\frac{1}{7}+\frac{1}{9}-\cdots$ 的收敛速度太慢，上述理论上的数值计算公式并没有什么实际的使用价值.

注：如果 $f(x)$ 并不是 2π 周期函数，仅仅只在区间 $[-\pi,\pi]$ 上有定义且满足收敛定理的条件，可以先将函数以 2π 为周期延拓到整个数轴上，依然再将 $f(x)$ 展开成 Fourier 级数.

例 2　将 $f(x)=x,-\pi\leqslant x<\pi$ 展开成以 2π 为周期的 Fourier 级数.

解　先将函数 $f(x)$ 以 2π 为周期延拓到整个数轴上（如图 12.2），则延拓后的函数满足 Dirichlet 收敛定理，所以可以展成 Fourier 级数.

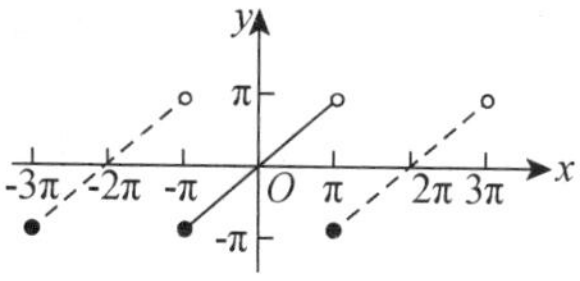

图 12.2

$$a_n=\frac{1}{\pi}\int_{-\pi}^{\pi}f(x)\cos nx\,dx=\frac{1}{\pi}\int_{-\pi}^{\pi}x\cos nx\,dx=0, n=0,1,2,\cdots,$$

$$b_n=\frac{1}{\pi}\int_{-\pi}^{\pi}f(x)\sin nx\,dx=\frac{1}{\pi}\int_{-\pi}^{\pi}x\sin nx\,dx=\frac{2}{\pi}\int_{0}^{\pi}x\sin nx\,dx$$

$$=-\frac{2}{n\pi}x\cos nx\Big|_0^{\pi}+\frac{2}{n\pi}\int_0^{\pi}\cos nx\,dx=(-1)^{n-1}\frac{2}{n}+\frac{2}{n^2\pi}\sin nx\Big|_0^{\pi}$$

$$=\frac{(-1)^{n-1}\cdot 2}{n}, n=1,2,3,\cdots,$$

则

$$f(x)\sim 2\left(\sin x-\frac{1}{2}\sin 2x+\frac{1}{3}\sin 3x-\frac{1}{4}\sin 4x+\cdots\right).$$

由于 $f(x)$ 在$(-\pi,\pi)$ 内连续,所以

$$f(x)=2\left(\sin x-\frac{1}{2}\sin 2x+\frac{1}{3}\sin 3x-\frac{1}{4}\sin 4x+\cdots\right),-\pi<x<\pi.$$

在端点 $x=\pm\pi$,$f(x)$ 的 Fourier 级数收敛于

$$\frac{f(-\pi+0)+f(\pi-0)}{2}=0.$$

所以 $f(x)$ 的 Fourier 级数的和函数 $S(x)$ 在$[-\pi,\pi]$上为

$$S(x)=\begin{cases}f(x), & x\in(-\pi,\pi),\\ 0, & x=\pm\pi.\end{cases}$$

注:从例 2 看出,当 $f(x)$ 是奇函数时,Fourier 级数中只含有正弦函数.

例 3 将 $f(x)=|x|,-\pi\leqslant x<\pi$ 展开成以 2π 为周期的 Fourier 级数.

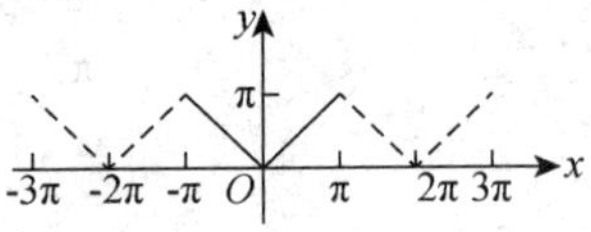

图 12.3

解 先将函数 $f(x)$ 以 2π 为周期延拓到整个数轴上(如图 12.3),则延拓后的函数满足 Dirichlet 收敛定理,所以可以展成 Fourier 级数.

$$a_0=\frac{1}{\pi}\int_{-\pi}^{\pi}f(x)\mathrm{d}x=\frac{1}{\pi}\int_{-\pi}^{\pi}|x|\mathrm{d}x=\frac{2}{\pi}\int_0^{\pi}x\mathrm{d}x=\frac{1}{\pi}x^2\Big|_0^{\pi}=\pi,$$

$$\begin{aligned}a_n&=\frac{1}{\pi}\int_{-\pi}^{\pi}f(x)\cos nx\mathrm{d}x=\frac{1}{\pi}\int_{-\pi}^{\pi}|x|\cos nx\mathrm{d}x=\frac{2}{\pi}\int_0^{\pi}x\cos nx\mathrm{d}x\\&=\frac{2}{n\pi}x\sin nx\Big|_0^{\pi}-\frac{2}{n\pi}\int_0^{\pi}\sin nx\mathrm{d}x=\frac{2}{n^2\pi}\cos nx\Big|_0^{\pi}=\frac{2}{n^2\pi}(\cos n\pi-1)\\&=\begin{cases}-\dfrac{4}{n^2\pi}, & n=1,3,5,\cdots,\\ 0, & n=2,4,6,\cdots.\end{cases}\end{aligned}$$

$$b_n=\frac{1}{\pi}\int_{-\pi}^{\pi}f(x)\sin nx\mathrm{d}x=\frac{1}{\pi}\int_{-\pi}^{\pi}|x|\sin nx\mathrm{d}x=0,n=1,2,3,\cdots.$$

所以

$$f(x)=\frac{1}{2}-\frac{\pi}{2}\left(\cos x+\frac{1}{3^2}\cos 3x+\frac{1}{5^2}\cos 5x+\cdots\right).$$

由于 $f(x)$ 在$[-\pi,\pi]$ 上连续,所以

$$|x|=\frac{\pi}{2}-\frac{4}{\pi}\left(\cos x+\frac{1}{3^2}\cos 3x+\frac{1}{5^2}\cos 5x+\cdots\right),-\pi\leqslant x\leqslant\pi.$$

若取 $x=0$,则有

$$\frac{\pi^2}{8}=1+\frac{1}{3^2}+\frac{1}{5^2}+\cdots+\frac{1}{(2n-1)^2}+\cdots,$$

记

$$\sigma=1+\frac{1}{2^2}+\frac{1}{3^2}+\frac{1}{4^2}+\cdots,$$

则

$$\begin{aligned}\sigma&=\left(1+\frac{1}{3^2}+\frac{1}{5^2}+\frac{1}{7^2}+\cdots\right)+\left(\frac{1}{2^2}+\frac{1}{4^2}+\frac{1}{6^2}+\cdots\right)\\&=\frac{\pi^2}{8}+\frac{1}{2^2}\left(1+\frac{1}{2^2}+\frac{1}{3^2}+\frac{1}{4^2}\right)+\cdots=\frac{\pi^2}{8}+\frac{1}{4}\sigma,\end{aligned}$$

解得

$$\sigma=1+\frac{1}{2^2}+\frac{1}{3^2}+\frac{1}{4^2}+\cdots=\frac{\pi^2}{6}.$$

注:(1) 从例 3 看出,当 $f(x)$ 是偶函数时,Fourier 级数中只含有余弦函数.(2) 利用 Fourier 级数,可以求一些重要的数项级数的和.

12.3.3　正弦级数与余弦级数

从上一节例 2、例 3 中,我们看到:

(1) 如果 $f(x)$ 是奇函数,则 $f(x)$ 的 Fourier 级数只含正弦函数,并且此时的 Fourier 系数为:

$$\begin{cases}a_n=0, & n=0,1,2,\cdots\\ b_n=\dfrac{2}{\pi}\displaystyle\int_0^{\pi}f(x)\sin nx\,\mathrm{d}x, & n=1,2,3,\cdots\end{cases}$$

称该 Fourier 级数为**正弦级数.**

(2) 如果 $f(x)$ 是偶函数,则 $f(x)$ 的 Fourier 级数只含余弦函数,并且此时的 Fourier 系数为:

$$\begin{cases}a_n=\dfrac{2}{\pi}\displaystyle\int_0^{\pi}f(x)\cos nx\,\mathrm{d}x, & n=0,1,2,\cdots\\ b_n=0, & n=1,2,3,\cdots\end{cases}$$

称该 Fourier 级数为**余弦级数.**

如果函数 $f(x)$ 仅在$[0,\pi]$上有定义,则可以先将函数 $f(x)$ 奇(或偶) 延拓到$(-\pi,\pi)$上,再以 2π 为周期延拓到整个实数轴上,这样 $f(x)$ 延拓后就是以 2π 为周期的奇函数(或偶函数),从而可以将 $f(x)$ 展开成正弦级数(或余弦级数).

例 1 将函数 $f(x)=1+x, 0\leqslant x\leqslant \pi$ 分别展开成正弦级数和余弦级数.

解 (1) 先求正弦级数.

将函数 $f(x)$ 延拓为$(-\pi,\pi)$上的奇函数(图 12.4(a)),再以 2π 为周期延拓到整个实数轴上,则

$$b_n=\frac{2}{\pi}\int_0^{\pi}f(x)\sin nx\,\mathrm{d}x=\frac{2}{\pi}\int_0^{\pi}(1+x)\sin nx\,\mathrm{d}x=\frac{2}{\pi}\left[-\frac{(1+x)\cos nx}{n}\right]\Bigg|_0^{\pi}+\frac{2}{n\pi}\int_0^{\pi}\cos nx\,\mathrm{d}x$$

$$=\frac{2[1-(1+\pi)\cos n\pi]}{n\pi}+\frac{2\sin nx}{n^2\pi}\Bigg|_0^{\pi}=\begin{cases}\dfrac{4+2\pi}{n\pi}, & n=1,3,5,\cdots,\\ -\dfrac{2}{n}, & n=2,4,6,\cdots.\end{cases}$$

因为 $f(x)$ 在区间$(0,\pi)$内连续,于是

$$1+x=\frac{4+2\pi}{\pi}\sin x-\sin 2x+\frac{4+2\pi}{3\pi}\sin 3x-\frac{1}{2}\sin 4x+\cdots, 0<x<\pi.$$

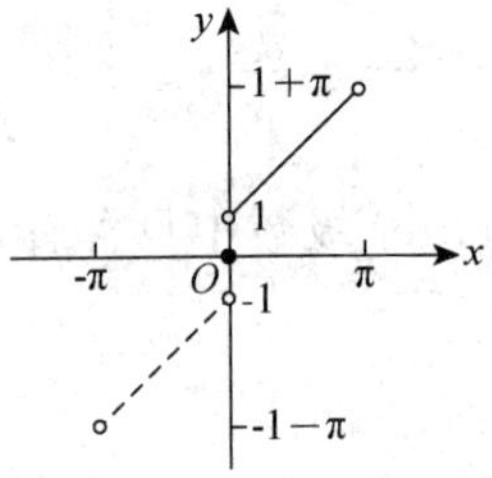

图 12.4(a)

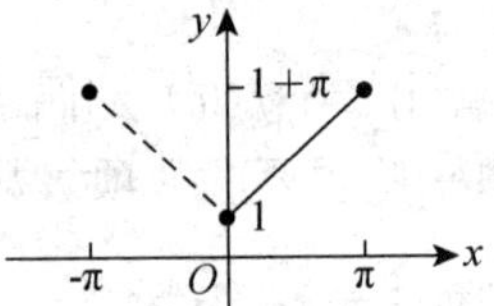

图 12.4(b)

(2) 再求余弦级数.

将函数 $f(x)$ 延拓为$(-\pi,\pi)$上的偶函数(图 12.4(b)),则

$$a_0=\frac{2}{\pi}\int_0^{\pi}f(x)\mathrm{d}x=\frac{2}{\pi}\int_0^{\pi}(1+x)\mathrm{d}x=2+\pi,$$

$$a_n=\frac{2}{\pi}\int_0^{\pi}f(x)\cos nx\,\mathrm{d}x=\frac{2}{\pi}\int_0^{\pi}(1+x)\cos nx\,\mathrm{d}x=\frac{2}{\pi}\left[\frac{(1+x)\sin nx}{n}\Bigg|_0^{\pi}-\frac{1}{n}\int_0^{\pi}\sin nx\,\mathrm{d}x\right]$$

$$=\frac{2}{n^2\pi}\cos nx\Bigg|_0^{\pi}=\frac{2[(-1)^n-1]}{n^2\pi}=\begin{cases}-\dfrac{4}{n^2\pi}, & n=1,3,5,\cdots,\\ 0, & n=2,4,6,\cdots.\end{cases}$$

因为 $f(x)$ 在区间$[0,\pi]$上连续,于是

$$1+x=1+\frac{\pi}{2}-\frac{4}{\pi}\left(\cos x+\frac{1}{3^2}\cos 3x+\frac{1}{5^2}\cos 5x+\frac{1}{7^2}\cos 7x+\cdots\right), 0\leqslant x\leqslant \pi.$$

12.3.4 周期为 2*l* 的函数的 Fourier 级数

在实际问题中,周期函数的周期往往不是 2π. 一般地,如果 $f(x)$ 是以 $2l$ 为周期的周期

函数，作变量代换 $x=\frac{lt}{\pi}$，则 $f(x)$ 化为以 2π 为周期的周期函数 $\varphi(t)$：

$$f(x)=f\left(\frac{lt}{\pi}\right)=\varphi(t).$$

当 $f(x)$ 在 $[-l,l]$ 满足 Dirichlet 收敛定理的条件时，$\varphi(t)$ 在 $[-\pi,\pi]$ 也满足，因此其 Fourier 系数为

$$a_n=\frac{1}{\pi}\int_{-\pi}^{\pi}\varphi(t)\cos nt\,\mathrm{d}t=\frac{1}{\pi}\int_{-\pi}^{\pi}f\left(\frac{lt}{\pi}\right)\cos nt\,\mathrm{d}t\overset{x=\frac{lt}{\pi}}{=}\frac{1}{l}\int_{-l}^{l}f(x)\cos\frac{n\pi x}{l}\mathrm{d}x,n=0,1,2,\cdots.$$

同理有

$$b_n=\frac{1}{l}\int_{-l}^{l}f(x)\sin\frac{n\pi x}{l}\mathrm{d}x,n=1,2,3,\cdots.$$

于是以 $2l$ 为周期的函数 $f(x)$ 的 Fourier **级数**为：

$$f(x)=\varphi(t)\sim\frac{a_0}{2}+\sum_{n=1}^{\infty}(a_n\cos nt+b_n\sin nt)=\frac{a_0}{2}+\sum_{n=1}^{\infty}\left(a_n\cos\frac{n\pi x}{l}+b_n\sin\frac{n\pi x}{l}\right),$$

其中 Fourier **系数**为：

$$\begin{cases}a_n=\frac{1}{l}\int_{-l}^{l}f(x)\cos\frac{n\pi x}{l}\mathrm{d}x, & n=0,1,2,\cdots,\\ b_n=\frac{1}{l}\int_{-l}^{l}f(x)\sin\frac{n\pi x}{l}\mathrm{d}x, & n=1,2,3,\cdots.\end{cases}$$

如果 $f(x)$ 是以 $2l$ 为周期的奇函数，则 $f(x)$ 的 Fourier 系数为：

$$\begin{cases}a_n=0, & n=0,1,2,\cdots\\ b_n=\frac{2}{l}\int_{0}^{l}f(x)\sin\frac{n\pi x}{l}\mathrm{d}x, & n=1,2,3,\cdots\end{cases}$$

如果 $f(x)$ 是以 $2l$ 为周期的偶函数，则 $f(x)$ 的 Fourier 系数为：

$$\begin{cases}a_n=\frac{2}{l}\int_{0}^{l}f(x)\cos\frac{n\pi x}{l}\mathrm{d}x, & n=0,1,2,\cdots\\ b_n=0, & n=1,2,3,\cdots\end{cases}$$

例 1　设 $f(x)$ 是周期为 6 的函数，$f(x)$ 在 $(-3,3)$ 上的表达式为

$$f(x)=\begin{cases}0, & -3<x\leqslant 0\\ 6, & 0<x\leqslant 3\end{cases},$$

将 $f(x)$ 展开成 Fourier 级数.

解　因为 $f(x)$ 的周期为 6，所以 $l=3$. 则

$$a_0=\frac{1}{3}\int_{-3}^{3}f(x)\mathrm{d}x=\frac{1}{3}\int_{0}^{3}6\mathrm{d}x=6,$$

$$a_n=\frac{1}{3}\int_{-3}^{3}f(x)\cos\frac{n\pi x}{3}\mathrm{d}x=2\int_{0}^{3}\cos\frac{n\pi x}{3}\mathrm{d}x=\frac{6}{n\pi}\sin\frac{n\pi x}{3}\Big|_0^3=0,n=1,2,3,\cdots,$$

$$b_n=\frac{1}{3}\int_{-3}^{3}f(x)\sin\frac{n\pi x}{l}\mathrm{d}x=2\int_{0}^{3}\sin\frac{n\pi x}{3}\mathrm{d}x=-\frac{6}{n\pi}\cos\frac{n\pi x}{3}\Big|_0^3$$

$$=\frac{6[1-(-1)^n]}{n\pi}=\begin{cases}\dfrac{12}{n\pi}, & n=1,3,5,\cdots,\\ 0, & n=2,4,6,\cdots.\end{cases}$$

由于 $f(x)$ 在 $(-3,0)$、$(0,3)$ 内连续,在 $x=3k,k\in\mathbb{Z}$ 处间断.于是由 Dirichlet 收敛定理知

$$f(x)=3+\frac{12}{\pi}\left(\sin\frac{\pi x}{3}+\frac{1}{3}\sin\pi x+\frac{1}{5}\sin\frac{5\pi x}{3}+\cdots\right),-\infty<x<+\infty,x\neq 3k,k\in\mathbb{Z}.$$

例 2 将 $f(x)=1-x^2,-1\leqslant x\leqslant 1$ 展开成以 2 为周期的 Fourier 级数.

解 将函数 $f(x)$ 以 2 为周期延拓到整个实数轴上,因此 $l=1$.由于 $f(x)$ 是 $[-1,1]$ 上的偶函数,则

$$a_0=2\int_0^1 f(x)\mathrm{d}x=2\int_0^1(1-x^2)\mathrm{d}x=\frac{4}{3},$$

$$a_n=2\int_0^1 f(x)\cos n\pi x\mathrm{d}x=2\int_0^1(1-x^2)\cos n\pi x\mathrm{d}x$$

$$=\frac{2}{n\pi}(1-x^2)\sin n\pi x\Big|_0^1+\frac{4}{n\pi}\int_0^1 x\sin n\pi x\mathrm{d}x=-\frac{4}{n^2\pi^2}x\cos n\pi x\Big|_0^1+\frac{4}{n^2\pi^2}\int_0^1\cos n\pi x\mathrm{d}x$$

$$=\frac{(-1)^{n-1}4}{n^2\pi^2}+\frac{4}{n^3\pi^3}\sin n\pi x\Big|_0^1=(-1)^{n-1}\frac{4}{n^2\pi^2},n=1,2,3,\cdots,$$

由于 $f(x)$ 在 $[-1,1]$ 上连续,于是根据 Dirichlet 收敛定理有

$$1-x^2=\frac{2}{3}+\frac{4}{\pi^2}\left(\cos\pi x-\frac{1}{2^2}\cos 2\pi x+\frac{1}{3^2}\cos 3\pi x-\cdots\right),-1\leqslant x\leqslant 1.$$

例 3 将 $f(x)=\cos x,0\leqslant x\leqslant\frac{\pi}{2}$ 展开成以 π 为周期的正弦级数.

解 先将函数 $f(x)$ 延拓为 $\left(-\frac{\pi}{2},\frac{\pi}{2}\right)$ 上的奇函数,再以 π 为周期延拓到整个实数轴上,因此 $l=\frac{\pi}{2}$,则

$$b_n=\frac{4}{\pi}\int_0^{\frac{\pi}{2}}\cos x\sin 2nx\mathrm{d}x=\frac{2}{\pi}\int_0^{\frac{\pi}{2}}[\sin(2n+1)x+\sin(2n-1)x]\mathrm{d}x$$

$$=-\frac{2}{\pi}\left[\frac{1}{2n+1}\cos(2n+1)x+\frac{1}{2n-1}\cos(2n-1)x\right]_0^{\frac{\pi}{2}}$$

$$=\frac{2}{\pi}\left(\frac{1}{2n+1}+\frac{1}{2n-1}\right)=\frac{8n}{(4n^2-1)\pi},n=1,2,3,\cdots.$$

由于 $f(x)$ 在 $\left(0,\frac{\pi}{2}\right)$ 上连续，于是根据 Dirichlet 收敛定理有

$$\cos x=\frac{8}{\pi}\left(\frac{1}{3}\sin 2x+\frac{2}{15}\sin 4x+\frac{3}{35}\sin 6x+\cdots\right),0<x\leqslant\frac{\pi}{2}.$$

例 4　设 $f(x)=\mathrm{e}^x,0\leqslant x\leqslant 2$ 以 4 为周期的正弦级数的和函数为 $S(x)$，求 $S(0)$，$S(10)$ 和 $S\left(-\frac{15}{2}\right)$.

解　因为 $S(x)$ 是 $f(x)=\mathrm{e}^x,0\leqslant x\leqslant 2$ 展成的正弦级数的和函数，所以 $S(-x)=-S(x)$. 又因为 $f(x)$ 展开的正弦级数的周期为 4，于是

$$S(0)=0,$$

$$S(10)=S(10-4\times 2)=S(2)=\frac{f(2-0)+f(2+0)}{2}=0,$$

$$S\left(-\frac{15}{2}\right)=-S\left(\frac{15}{2}\right)=-S\left(\frac{15}{2}-4\times 2\right)=S\left(\frac{1}{2}\right)=f\left(\frac{1}{2}\right)=\mathrm{e}^{\frac{1}{2}}.$$

*12.3.5　定义在有限区间[a,b]上的函数的 Fourier 级数

假设 $f(x)$ 是定义在有限区间[a,b]上满足收敛定理条件的函数. 先将 $f(x)$ 以 $b-a$ 为周期延拓到整个实数轴上. 由于周期函数在一个周期上的积分与积分的起点无关，所以其 Fourier 系数可按 $l=\frac{b-a}{2}$ 计算如下：

$$\begin{cases}a_n=\dfrac{2}{b-a}\displaystyle\int_a^b f(x)\cos\frac{2n\pi x}{b-a}\mathrm{d}x, & n=0,1,2,\cdots,\\ b_n=\dfrac{2}{b-a}\displaystyle\int_a^b f(x)\sin\frac{2n\pi x}{b-a}\mathrm{d}x, & n=1,2,3,\cdots.\end{cases}$$

由此展成的 Fourier 级数为

$$f(x)\sim\frac{a_0}{2}+\sum_{n=1}^{\infty}\left(a_n\cos\frac{2n\pi x}{b-a}+b_n\sin\frac{2n\pi x}{b-a}\right).$$

Fourier 级数的和函数 $S(x)$ 在 (a,b) 内收敛到 $\frac{f(x+0)+f(x-0)}{2}$，在区间端点

$$S(a)=S(b)=\frac{f(a+0)+f(b-0)}{2}.$$

习题 12.3

1. 设 $f(x)$ 是以 2π 为周期的周期函数，$f(x)$ 在一个周期上的表达式为 $f(x)=\frac{\pi}{2}-x$，

$-\pi \leqslant x < \pi$,求 $f(x)$ 的 Fourier 级数,并求对应的和函数及其图形.

2. 将 $f(x)=\begin{cases}-1, & -\pi \leqslant x < -\dfrac{\pi}{2} \\ \dfrac{2}{\pi}x, & -\dfrac{\pi}{2} \leqslant x < \dfrac{\pi}{2} \\ 1, & \dfrac{\pi}{2} \leqslant x < \pi\end{cases}$ 展开成以 2π 为周期的 Fourier 函数.

3. 将函数 $f(x)=\begin{cases}3x-1, & -\pi < x \leqslant 0 \\ 2x+1, & 0 < x \leqslant \pi\end{cases}$ 展开成以 2π 为周期的 Fourier 级数.

4. (1) 设 $f(x)$ 是以 2π 为周期的连续函数,证明 $f(x)$ 的 Fourier 系数可以用下列公式计算:

$$\begin{cases}a_n = \dfrac{1}{\pi}\displaystyle\int_0^{2\pi} f(x)\cdot \cos nx\,\mathrm{d}x, & n=0,1,2,\cdots, \\ b_n = \dfrac{1}{\pi}\displaystyle\int_0^{2\pi} f(x)\cdot \sin nx\,\mathrm{d}x, & n=1,2,3,\cdots.\end{cases}$$

(2) 将 $f(x)=x^2, x \in (0,2\pi]$ 展开成以 2π 为周期的 Fourier 级数.

5. 将函数 $f(x)=\dfrac{\pi - x}{2}, 0 \leqslant x \leqslant \pi$ 分别展开成正弦级数和余弦级数.

6. 将函数 $f(x)=2x^2, 0 \leqslant x \leqslant \pi$ 分别展开成正弦级数和余弦级数.

7. 将函数 $f(x)=x^3, 0 \leqslant x \leqslant \pi$ 展开为余弦级数,并由此计算级数 $\sum\limits_{n=1}^{\infty} \dfrac{1}{n^4}$ 的和.

8. 设周期为 1 的函数 $f(x)$ 在一个周期上的表达式为 $f(x)=1-x^2, -\dfrac{1}{2} \leqslant x < \dfrac{1}{2}$,试将 $f(x)$ 展开成 Fourier 级数.

9. 设函数 $f(x)=\begin{cases}2x+1, & -3 \leqslant x < 0 \\ 1, & 0 \leqslant x < 3\end{cases}$,试将 $f(x)$ 展开成周期为 6 的 Fourier 级数.

10. 将函数 $f(x)=\begin{cases}x, & 0 \leqslant x < \dfrac{l}{2} \\ l-x, & \dfrac{l}{2} \leqslant x < l\end{cases}$ 分别展开成正弦级数和余弦级数.

12.4 本章知识应用简介

级数除了是高等数学的主要研究对象和重要研究工具,在现实生活中也有较多应用,比如可用来研究银行存款的问题.

例 设银行存款年利率为 $r=0.05$,并按年复利计算.某基金会希望通过存款 A 万元实现第一年提取 19 万元,第二年提取 28 万元,第 n 年提取 $(10+9n)$ 万元,并能按此规律一直提款下去，问 A 至少应为多少万元？

解　一年后有 $A(1+r)$ 万元存款，若要提取 19 万元，则 $A(1+r)\geqslant 19$，因此

$$A\geqslant\frac{19}{1+r},$$

同理，若要两年后的存款 $[A(1+r)-19](1+r)\geqslant 28$，则

$$A\geqslant\frac{19}{1+r}+\frac{28}{(1+r)^2},$$

如此递推，第 n 年要提取 $(10+9n)$ 万元，则

$$A\geqslant\frac{19}{1+r}+\frac{28}{(1+r)^2}+\cdots+\frac{10+9n}{(1+r)^n},$$

若要一直提款下去，则

$$A\geqslant\frac{19}{1+r}+\frac{28}{(1+r)^2}+\cdots+\frac{10+9n}{(1+r)^n}+\cdots=\sum_{n=1}^{\infty}\frac{10+9n}{(1+r)^n}.$$

由于

$$\sum_{n=1}^{\infty}\frac{10+9n}{(1+r)^n}=\sum_{n=1}^{\infty}\frac{10}{(1+r)^n}+\sum_{n=1}^{\infty}\frac{9n}{(1+r)^n}=10\cdot\frac{\frac{1}{1+r}}{1-\frac{1}{1+r}}+9\sum_{n=1}^{\infty}\frac{n}{(1+r)^n}$$

$$=200+9\sum_{n=1}^{\infty}\frac{n}{(1+r)^n},$$

在例 6 式(12.8) 中，取 $x=\dfrac{1}{1+r}$，得到

$$9\sum_{n=1}^{\infty}\frac{n}{(1+r)^n}=9\cdot\frac{\frac{1}{1+r}}{\left(1-\frac{1}{1+r}\right)^2}=\frac{9(1+r)}{r^2}=3\,780,$$

因此，最初至少存款 A 为 $200+3\,780=3\,980$(万元).

12.5　综合例题

例 1　选择题：

(1) 下列选项正确的是(　　).

(A) 若 $\sum\limits_{n=1}^{\infty}u_n$ 收敛，则 $\sum\limits_{n=1}^{\infty}(u_{2n-1}+u_{2n})$ 收敛

(B) 若$\sum\limits_{n=1}^{\infty}(u_{2n-1}+u_{2n})$收敛,则$\sum\limits_{n=1}^{\infty}u_n$收敛

(C) 若$\sum\limits_{n=1}^{\infty}u_n$收敛,则$\sum\limits_{n=1}^{\infty}(u_{2n-1}-u_{2n})$收敛

(D) 若$\sum\limits_{n=1}^{\infty}(u_{2n-1}-u_{2n})$收敛,则收$\sum\limits_{n=1}^{\infty}u_n$收敛

(2) 若级数$\sum\limits_{n=1}^{\infty}a_n$收敛,则(　　).

(A) $\sum\limits_{n=1}^{\infty}|a_n|$收敛　　(B) $\sum\limits_{n=1}^{\infty}(-1)^n a_n$收敛

(C) $\sum\limits_{n=1}^{\infty}a_n a_{n+1}$收敛　　(D) $\sum\limits_{n=1}^{\infty}\dfrac{a_n+a_{n+1}}{2}$收敛

(3) 设常数$\lambda>0$,且级数$\sum\limits_{n=1}^{\infty}a_n^2$收敛,则级数$\sum\limits_{n=1}^{\infty}(-1)^n\dfrac{|a_n|}{\sqrt{n^2+\lambda}}$(　　).

(A) 发散　　(B) 条件收敛　　(C) 绝对收敛　　(D) 收敛性与λ有关

(4) 设$\sum\limits_{n=1}^{\infty}a_n$条件收敛,则$x=\sqrt{3}$与$x=3$依次是级数$\sum\limits_{n=1}^{\infty}na_n(x-1)^n$的(　　).

(A) 收敛点,收敛点　(B) 收敛点,发散点　(C) 发散点,收敛点　(D) 发散点,发散点

(5) 设$f(x)=\sum\limits_{n=1}^{\infty}\dfrac{x^{2n}}{n!}$,则$\int_0^x tf(t)\mathrm{d}t=$(　　).

(A) $\dfrac{f(x)}{2}$　　(B) $\dfrac{f(x)-1}{2}$　　(C) $\dfrac{1-f(x)}{2}$　　(D) $\dfrac{f(x)+1}{2}$

解　(1) 因为收敛的级数任意加括号后所得的新级数仍然收敛,故(A)正确.(B)反例:$u_n=(-1)^n$.(C)反例:$u_n=\dfrac{(-1)^n}{n}$.(D)反例:$u_n=1$.

(2) 已知$\sum\limits_{n=1}^{\infty}a_n$收敛,故$\sum\limits_{n=1}^{\infty}\dfrac{a_n}{2}$和$\sum\limits_{n=1}^{\infty}\dfrac{a_{n+1}}{2}$都收敛,所以(D)正确.(A)、(B)反例:$a_n=\sum\limits_{n=1}^{\infty}\dfrac{(-1)^n}{n}$.(C)反例:$a_n=\sum\limits_{n=1}^{\infty}\dfrac{(-1)^n}{\sqrt{n}}$.

(3) 由于$\left|(-1)^n\dfrac{|a_n|}{\sqrt{n^2+\lambda}}\right|\leqslant\dfrac{1}{2}\left(a_n^2+\dfrac{1}{n^2+\lambda}\right)$,而$\sum\limits_{n=1}^{\infty}a_n^2$与$\sum\limits_{n=1}^{\infty}\dfrac{1}{n^2+\lambda}$均收敛,所以(C)正确.

(4) 由于$\sum\limits_{n=1}^{\infty}na_n(x-1)^n$与$\sum\limits_{n=1}^{\infty}a_n(x-1)^n$收敛区间一样,令$x-1=t$,则$\sum\limits_{n=1}^{\infty}na_n(x-1)^n$与$\sum\limits_{n=1}^{\infty}a_nt^n$收敛区间相同.当$t=1$时由$\sum\limits_{n=1}^{\infty}a_n$条件收敛知$\sum\limits_{n=1}^{\infty}a_nt^n$的收敛半径为1.所以$\sum\limits_{n=1}^{\infty}a_n(x-1)^n$是收敛区间为$|x-1|<1$,即$(0,2)$,选项(B)正确.

(5) 由于$f(x)=\mathrm{e}^{x^2}$,所以$\int_0^x tf(t)\mathrm{d}t=\int_0^x t\mathrm{e}^{t^2}\mathrm{d}t=\dfrac{1}{2}\mathrm{e}^{t^2}\Big|_0^x=\dfrac{1}{2}(\mathrm{e}^{x^2}-1)=\dfrac{1}{2}(f(x)-$

1),故选(B).

例 2　证明:(1) 级数 $\sum\limits_{n=1}^{\infty}(u_n - u_{n-1})$ 收敛的充要条件是 $\lim\limits_{n\to\infty}u_n$ 存在. (2) Euler 数 $\lim\limits_{n\to\infty}\left(1+\frac{1}{2}+\frac{1}{3}+\cdots+\frac{1}{n}-\ln n\right)$是存在的. (3) 级数$\sum\limits_{n=1}^{\infty}\frac{(-1)^{n-1}}{n}=\ln 2$.

证　(1) 设级数$\sum\limits_{n=1}^{\infty}(u_n - u_{n-1})$的部分和为 S_n,则

$\sum\limits_{n=1}^{\infty}(u_n - u_{n-1})$ 收敛

$\Leftrightarrow \lim\limits_{n\to\infty}S_n = \lim\limits_{n\to\infty}[(u_1-u_0)+(u_2-u_1)+\cdots+(u_n-u_{n-1})] = \lim\limits_{n\to\infty}(u_n-u_0)$ 存在

$\Leftrightarrow \lim\limits_{n\to\infty}u_n$ 存在.

(2) 设 $u_n = 1+\frac{1}{2}+\frac{1}{3}+\cdots+\frac{1}{n}-\ln n$,则 $u_n - u_{n-1} = \frac{1}{n}+\ln\left(1-\frac{1}{n}\right)$,因为

$$u_n - u_{n-1} = \frac{1}{n}+\ln\left(1-\frac{1}{n}\right)\sim-\frac{1}{2n^2}(n\to\infty),$$

可见$\sum\limits_{n=1}^{\infty}(u_n - u_{n-1})$收敛,由(1) 知$\lim\limits_{n\to\infty}u_n = \lim\limits_{n\to\infty}\left(1+\frac{1}{2}+\frac{1}{3}+\cdots+\frac{1}{n}-\ln n\right)$存在.

(3) 设$\lim\limits_{n\to\infty}\left(1+\frac{1}{2}+\frac{1}{3}+\cdots+\frac{1}{n}-\ln n\right)=c$,则

$$1+\frac{1}{2}+\frac{1}{3}+\cdots+\frac{1}{n}=\ln n+c+\alpha,$$

其中$\lim\limits_{n\to\infty}\alpha=0$.

设$\sum\limits_{n=1}^{\infty}\frac{(-1)^{n-1}}{n}$的部分和为 T_n,则

$$\begin{aligned}T_{2n} &= 1-\frac{1}{2}+\frac{1}{3}-\frac{1}{4}+\cdots+\frac{1}{2n-1}-\frac{1}{2n}\\ &= 1+\frac{1}{2}+\frac{1}{3}+\frac{1}{4}+\cdots+\frac{1}{2n-1}+\frac{1}{2n}-2\left(\frac{1}{2}+\frac{1}{4}+\cdots+\frac{1}{2n}\right)\\ &= 1+\frac{1}{2}+\frac{1}{3}+\frac{1}{4}+\cdots+\frac{1}{2n-1}+\frac{1}{2n}-\left(1+\frac{1}{2}+\cdots+\frac{1}{n}\right)\\ &= \ln 2n+c+\alpha-(\ln n+c+\beta)\end{aligned}$$

其中$\lim\limits_{n\to\infty}\alpha=0$,$\lim\limits_{n\to\infty}\beta=0$. 所以有$\lim\limits_{n\to\infty}T_{2n}=\ln 2$ 又因为$\lim\limits_{n\to\infty}T_{2n+1}=\lim\limits_{n\to\infty}\left(T_{2n}+\frac{1}{2n+1}\right)=\ln 2$,因此$\lim\limits_{n\to\infty}T_n=\ln 2$,即

$$\sum_{n=1}^{\infty}\frac{(-1)^{n-1}}{n}=\ln 2.$$

例 3 设数列$\{a_n\}$,$\{b_n\}$满足$0<a_n<\frac{\pi}{2}$,$0<b_n<\frac{\pi}{2}$,$\cos a_n-a_n=\cos b_n$,且$\sum\limits_{n=1}^{\infty}b_n$收敛.证明:(1) $\lim\limits_{n\to\infty}a_n=0$;(2) $\sum\limits_{n=1}^{\infty}\frac{a_n}{b_n}$收敛.

证 (1) 由题设$a_n=\cos a_n-\cos b_n>0$,因为$0<a_n<\frac{\pi}{2}$,$0<b_n<\frac{\pi}{2}$,由$\cos x$单调递减知$0<a_n<b_n$.又$\sum\limits_{n=1}^{\infty}b_n$收敛,所以$\lim\limits_{n\to\infty}b_n=0$.由夹逼准则得$\lim\limits_{n\to\infty}a_n=0$.

(2) 因为
$$a_n=\cos a_n-\cos b_n=2\sin\frac{b_n-a_n}{2}\sin\frac{b_n+a_n}{2}$$
$$\leqslant 2\cdot\frac{b_n-a_n}{2}\cdot\frac{b_n+a_n}{2}=\frac{b_n^2-a_n^2}{2}\leqslant\frac{b_n^2}{2},$$
所以
$$\frac{a_n}{b_n}\leqslant\frac{b_n}{2},$$
由正项级数的比较判别法,得$\sum\limits_{n=1}^{\infty}\frac{a_n}{b_n}$收敛.

例 4 设$\alpha>1$,$a_n>0(n=1,2,\cdots)$,记$S_n=\sum\limits_{k=1}^{n}a_k(n=1,2,\cdots)$,证明$\sum\limits_{n=1}^{\infty}\frac{a_n}{S_n^{\alpha}}$收敛.

证明 因$\{S_n\}$严格单增及$\alpha>1$,于是有
$$\frac{a_n}{S_n^{\alpha}}=\frac{S_n-S_{n-1}}{S_n^{\alpha}}<\int_{S_{n-1}}^{S_n}\frac{1}{t^{\alpha}}\mathrm{d}t(n\geqslant 2).$$
设$T_n=\sum\limits_{k=1}^{n}\frac{a_k}{S_k^{\alpha}}$,则
$$T_n=\frac{a_1}{a_1^{\alpha}}+\sum_{k=2}^{n}\frac{a_k}{S_k^{\alpha}}=\frac{1}{a_1^{\alpha-1}}+\int_{S_1}^{S_n}\frac{1}{t^{\alpha}}\mathrm{d}t<\frac{1}{a_1^{\alpha-1}}+\int_{a_1}^{+\infty}\frac{1}{t^{\alpha}}\mathrm{d}t<+\infty,$$
从而级数$\sum\limits_{n=1}^{\infty}\frac{a_n}{S_n^{\alpha}}$收敛.

例 5 讨论级数$\sum\limits_{n=1}^{\infty}\left(\frac{b}{a_n}\right)^n$的敛散性,其中$\lim\limits_{n\to\infty}a_n=a$,且$a_n$,$b$均为正数.

解 若$a=0$,则
$$\lim_{n\to\infty}\sqrt[n]{u_n}=\lim_{n\to\infty}\sqrt[n]{\left(\frac{b}{a_n}\right)^n}=\lim_{n\to\infty}\frac{b}{a_n}=+\infty,$$
由根值判别法知所给级数发散.

若 $a>0$,则

$$\lim_{n\to\infty}\sqrt[n]{u_n}=\lim_{n\to\infty}\sqrt[n]{\left(\frac{b}{a_n}\right)^n}=\frac{b}{a},$$

当 $b<a$ 时,所给级数收敛;当 $b>a$ 时,级数发散.

当 $b=a$ 时,根值判别法失效,此时级数为 $\sum\limits_{n=1}^{\infty}\left(\dfrac{a}{a_n}\right)^n$,敛散性不定.

例如 $a_n=a=1$,级数为 $\sum\limits_{n=1}^{\infty}1$,发散.

又如 $a_n=\dfrac{1}{\cos\dfrac{1}{\sqrt[4]{n}}}$,则 $\lim\limits_{n\to\infty}a_n=1$,级数 $\sum\limits_{n=1}^{\infty}\left(\dfrac{a}{a_n}\right)^n=\sum\limits_{n=1}^{\infty}\left(\cos\dfrac{1}{\sqrt[4]{n}}\right)^n$. 由于

$$\left(\cos\frac{1}{\sqrt[4]{n}}\right)^n=\mathrm{e}^{n\ln\cos\frac{1}{\sqrt[4]{n}}}\sim\mathrm{e}^{n\left(\cos\frac{1}{\sqrt[4]{n}}-1\right)}\sim\mathrm{e}^{-\frac{\sqrt{n}}{2}}\ (n\to\infty),$$

因为当 n 充分大时有 $\sqrt{n}>4\ln n$,所以 $\mathrm{e}^{-\frac{\sqrt{n}}{2}}<\mathrm{e}^{-2\ln n}=\dfrac{1}{n^2}$,由比较判别法知 $\sum\limits_{n=1}^{\infty}\mathrm{e}^{-\frac{\sqrt{n}}{2}}$ 收敛,再由极限判别法知 $\sum\limits_{n=1}^{\infty}\left(\dfrac{a}{a_n}\right)^n=\sum\limits_{n=1}^{\infty}\left(\cos\dfrac{1}{\sqrt[4]{n}}\right)^n$ 收敛.

例 6　设 $a_0=0,a_{n+1}=\sqrt{2+a_n}$,判断级数 $\sum\limits_{n=1}^{\infty}(-1)^{n-1}\sqrt{2-a_n}$ 的敛散性,是绝对收敛还是条件收敛?

解　显然数列 $\{a_n\}$ 单调递增,利用数学归纳法容易证明 $\{a_n\}$ 有上界 2,所以 $\lim\limits_{n\to\infty}a_n$ 存在,设为 a. 对递推式 $a_{n+1}=\sqrt{2+a_n}$ 两边求极限,可得 $a=2$.

设 $u_n=(-1)^{n-1}\sqrt{2-a_n}$,则

$$\lim_{n\to\infty}\left|\frac{u_{n+1}}{u_n}\right|=\lim_{n\to\infty}\frac{\sqrt{2-a_{n+1}}}{\sqrt{2-a_n}}=\lim_{n\to\infty}\frac{\sqrt{2-\sqrt{2+a_n}}}{\sqrt{2-a_n}}=\lim_{n\to\infty}\frac{1}{\sqrt{2+\sqrt{2+a_n}}}=\frac{1}{2}<1,$$

所以 $\sum\limits_{n=1}^{\infty}(-1)^{n-1}\sqrt{2-a_n}$ 绝对收敛.

例 7　设级数 $\sum\limits_{n=1}^{\infty}a_n$ 条件收敛,极限 $\lim\limits_{n\to\infty}\dfrac{a_{n+1}}{a_n}=r$,求 r 值,并举一满足该条件的例子.

解　由 $\lim\limits_{n\to\infty}\dfrac{a_{n+1}}{a_n}=r$ 知 $\lim\limits_{n\to\infty}\left|\dfrac{a_{n+1}}{a_n}\right|=|r|$,由于 $\sum\limits_{n=1}^{\infty}a_n$ 条件收敛,所以 $|r|\geqslant 1$.

若 $|r|>1$,则当 n 充分大时 $\left|\dfrac{a_{n+1}}{a_n}\right|>1$,即数列 $\{|a_n|\}$ 严格递增,所以 $\lim\limits_{n\to\infty}|a_n|\neq 0$,因此 $\lim\limits_{n\to\infty}a_n\neq 0$,此时 $\sum\limits_{n=1}^{\infty}a_n$ 发散,与 $\sum\limits_{n=1}^{\infty}a_n$ 收敛矛盾.

若$r=1$,则当n充分大时,数列$\{a_n\}$同号,于是$\sum\limits_{n=1}^{\infty}a_n$条件收敛也就是绝对收敛,矛盾.故$r$只能等于$-1$.例如:$\sum\limits_{n=1}^{\infty}(-1)^{n-1}\frac{1}{n}$就是满足条件的一例.

例8 设$u_n\neq 0(n=1,2,\cdots)$且$\lim\limits_{n\to\infty}\frac{n}{u_n}=1$,试问级数$\sum\limits_{n=1}^{\infty}(-1)^{n+1}\left(\frac{1}{u_n}+\frac{1}{u_{n+1}}\right)$是否收敛?若收敛,是条件收敛还是绝对收敛?

解 因为$\lim\limits_{n\to\infty}\frac{n}{u_n}=1$,则当$n$充分大时有$u_n>0$,于是有

$$\lim_{n\to\infty}\frac{\left|(-1)^{n+1}\left(\frac{1}{u_n}+\frac{1}{u_{n+1}}\right)\right|}{\frac{1}{n}}=\lim_{n\to\infty}\frac{\frac{1}{u_n}+\frac{1}{u_{n+1}}}{\frac{1}{n}}=2,$$

所以级数$\sum\limits_{n=1}^{\infty}\left(\frac{1}{u_n}+\frac{1}{u_{n+1}}\right)$发散.

考虑原级数的部分和$S_n=\sum\limits_{k=1}^{n}(-1)^{k+1}\left(\frac{1}{u_k}+\frac{1}{u_{k+1}}\right)=\frac{1}{u_1}+(-1)^{n+1}\frac{1}{u_{n+1}}$.

因为$\lim\limits_{n\to\infty}\frac{1}{u_{n+1}}=\lim\limits_{n\to\infty}\frac{n+1}{u_{n+1}}\cdot\frac{1}{n+1}=0$,所以$\lim\limits_{n\to\infty}S_n=\frac{1}{u_1}$,可见原级数收敛,因此原级数是条件收敛.

注:本例中的级数虽为交错级数,但由于无法判断数列$\left\{\frac{1}{u_n}+\frac{1}{u_{n+1}}\right\}$是否单调递减,因此不能用Leibniz判别法.

例9 设$a_n=\int_0^{\frac{\pi}{4}}\tan^n x\,\mathrm{d}x,n=1,2,\cdots$.

(1) 求级数$\sum\limits_{n=1}^{\infty}\frac{a_n+a_{n+2}}{n}$的和;

(2) 设$\lambda>0$,证明级数$\sum\limits_{n=1}^{\infty}\frac{a_n}{n^\lambda}$收敛.

证 (1) $a_n+a_{n+2}=\int_0^{\frac{\pi}{4}}\tan^n x\,\mathrm{d}x+\int_0^{\frac{\pi}{4}}\tan^{n+2}x\,\mathrm{d}x=\int_0^{\frac{\pi}{4}}\tan^n x\,\mathrm{d}\tan x=\frac{1}{n+1}$,

于是

$$\sum_{n=1}^{\infty}\frac{a_n+a_{n+2}}{n}=\sum_{n=1}^{\infty}\frac{1}{n(n+1)}=1;$$

(2) 由$a_n>0$及$a_n+a_{n+2}=\frac{1}{n+1}$,可知$a_n<\frac{1}{n+1}<\frac{1}{n}$,于是$\frac{a_n}{n^\lambda}<\frac{1}{n^{1+\lambda}}$,由于$\sum\limits_{n=1}^{\infty}\frac{1}{n^{1+\lambda}}$收敛,可知$\sum\limits_{n=1}^{\infty}\frac{a_n}{n^\lambda}$收敛.

例 10　求幂级数$\sum\limits_{n=1}^{\infty}\dfrac{[3+(-1)^n]^n}{n}x^n$的收敛半径.

解　考虑幂级数的偶数项$\sum\limits_{n=1}^{\infty}\dfrac{4^{2n}}{2n}x^{2n}$与奇数项$\sum\limits_{n=1}^{\infty}\dfrac{2^{2n-1}}{2n-1}x^{2n-1}$.

对于偶数项$\sum\limits_{n=1}^{\infty}\dfrac{4^{2n}}{2n}x^{2n}$，设$u_n(x)=\dfrac{4^{2n}}{2n}x^{2n}$，由于

$$\lim_{n\to\infty}\frac{|u_{n+1}(x)|}{|u_n(x)|}=\lim_{n\to\infty}\frac{4^2\cdot 2n}{2n+2}|x|^2=16|x|^2,$$

所以由$16|x|^2$推得幂级数$\sum\limits_{n=1}^{\infty}\dfrac{4^{2n}}{2n}x^{2n}$的收敛半径$R_1=\dfrac{1}{4}$.

对于奇数项$\sum\limits_{n=1}^{\infty}\dfrac{2^{2n-1}}{2n-1}x^{2n-1}$，设$u_n(x)=\dfrac{2^{2n-1}}{2n-1}x^{2n-1}$，由于

$$\lim_{n\to\infty}\frac{|u_{n+1}(x)|}{|u_n(x)|}=\lim_{n\to\infty}\frac{2^2(2n-1)}{2n+1}|x|^2=4|x|^2,$$

所以由$4|x|^2<1$推得幂级数$\sum\limits_{n=1}^{\infty}\dfrac{2^{2n-1}}{2n-1}x^{2n-1}$的收敛半径$R_2=\dfrac{1}{2}$.

因为$R_1\neq R_2$，所以原幂级数的收敛半径为$R=\min\{R_1,R_2\}=\dfrac{1}{4}$.

例 11　求幂级数$\sum\limits_{n=0}^{\infty}\dfrac{4n^2+4n+3}{2n+1}x^{2n}$的收敛域与和函数.

解　设$u_n=\dfrac{4n^2+4n+3}{2n+1}$，则$\lim\limits_{n\to\infty}\dfrac{u_{n+1}}{u_n}=1$. 幂级数$\sum\limits_{n=0}^{\infty}\dfrac{4n^2+4n+3}{2n+1}x^{2n}$在$x=\pm1$时发散，所以它的收敛域为$(-1,1)$.

在$(-1,1)$内，有$\sum\limits_{n=0}^{\infty}\dfrac{4n^2+4n+3}{2n+1}x^{2n}=\sum\limits_{n=0}^{\infty}(2n+1)x^{2n}+2\sum\limits_{n=0}^{\infty}\dfrac{1}{2n+1}x^{2n}$.

因为

$$\sum_{n=0}^{\infty}(2n+1)x^{2n}=\sum_{n=0}^{\infty}(x^{2n+1})'=\left(\sum_{n=0}^{\infty}x^{2n+1}\right)'=\left(\frac{x}{1-x^2}\right)'=\frac{1+x^2}{(1-x^2)^2},$$

当$x\neq0$时，$\sum\limits_{n=0}^{\infty}\dfrac{1}{2n+1}x^{2n}=\dfrac{1}{x}\sum\limits_{n=0}^{\infty}\displaystyle\int_0^x t^{2n}\mathrm{d}t=\dfrac{1}{x}\int_0^x\sum_{n=0}^{\infty}t^{2n}\mathrm{d}t=\dfrac{1}{x}\int_0^x\dfrac{\mathrm{d}t}{1-t^2}=\dfrac{1}{2x}\ln\dfrac{1-x}{1+x}$,

当$x=0$时，$\sum\limits_{n=0}^{\infty}\dfrac{4n^2+4n+3}{2n+1}x^{2n}=3$.

综上

$$\sum_{n=0}^{\infty}\frac{4n^2+4n+3}{2n+1}x^{2n}=\begin{cases}\dfrac{1+x^2}{(1-x^2)^2}+\dfrac{1}{x}\ln\dfrac{1-x}{1+x}, & 0<|x|<1,\\ 3, & x=0.\end{cases}$$

例 12 试将 $f(x)=\begin{cases}\dfrac{1+x^2}{x}\arctan x, & x\neq 0,\\ 1, & x=0\end{cases}$ 展开成 x 的幂级数,并求 $\sum\limits_{n=1}^{\infty}\dfrac{(-1)^n}{1-4n^2}$.

解 当 $x\in[-1,1]$ 时,$\arctan x=\sum\limits_{n=0}^{\infty}(-1)^n\dfrac{x^{2n+1}}{2n+1}$,于是

$$\frac{1+x^2}{x}\arctan x=(1+x^2)\sum_{n=0}^{\infty}(-1)^n\frac{x^{2n}}{2n+1}=\sum_{n=0}^{\infty}(-1)^n\frac{x^{2n}}{2n+1}+\sum_{n=0}^{\infty}(-1)^n\frac{x^{2n+2}}{2n+1}$$
$$=1+\sum_{n=1}^{\infty}(-1)^n\frac{x^{2n}}{2n+1}+\sum_{n=1}^{\infty}(-1)^{n-1}\frac{x^{2n}}{2n-1}=1+\sum_{n=1}^{\infty}\frac{(-1)^n2}{1-4n^2}x^{2n}.$$

令 $x=1$,得 $\sum\limits_{n=1}^{\infty}\dfrac{(-1)^n}{1-4n^2}=\dfrac{\pi}{4}-\dfrac{1}{2}$.

例 13 试将 $f(x)=\dfrac{1}{4}\ln\dfrac{1+x}{1-x}+\dfrac{1}{2}\arctan x-x$ 展开成 x 的幂级数.

解 由于 $f'(x)=\dfrac{1}{4}\left(\dfrac{1}{1+x}+\dfrac{1}{1-x}\right)+\dfrac{1}{2}\cdot\dfrac{1}{1+x^2}-1=\dfrac{1}{1-x^4}-1=\sum\limits_{n=1}^{\infty}x^{4n}$, $|x|<1$,

所以

$$f(x)=f(x)-f(0)=\int_0^x f'(t)\mathrm{d}t=\int_0^x\sum_{n=1}^{\infty}t^{4n}\mathrm{d}t$$
$$=\sum_{n=1}^{\infty}\int_0^x t^{4n}\mathrm{d}t=\sum_{n=1}^{\infty}\frac{x^{4n+1}}{4n+1},\ |x|<1.$$

例 14 试将幂级数 $\sum\limits_{n=1}^{\infty}(-1)^n n(x-1)^{n-1}$ 的和函数展开成 $x-2$ 的幂级数.

解 先求得幂级数的收敛域为 $(0,2)$. 在收敛域内,有

$$\sum_{n=1}^{\infty}(-1)^n n(x-1)^{n-1}=\sum_{n=1}^{\infty}[(-1)^n(x-1)^n]'=\left(\sum_{n=1}^{\infty}(-1)^n(x-1)^n\right)'=\left(\frac{1-x}{x}\right)'$$
$$=-\frac{1}{x^2}=\left(\frac{1}{x}\right)'=\left(\frac{1}{2+(x-2)}\right)'=\frac{1}{2}\left(\frac{1}{1+\frac{x-2}{2}}\right)',$$
$$=\frac{1}{2}\left[\sum_{n=0}^{\infty}(-1)^n\left(\frac{x-2}{2}\right)^n\right]'=\sum_{n=1}^{\infty}\frac{(-1)^n n}{2^{n+1}}(x-2)^{n-1}.$$

总习题十二

1. 选择题:

(1) 下列选项正确的是(　　).

(A) 若 $\sum\limits_{n=1}^{\infty}a_n^2$ 与 $\sum\limits_{n=1}^{\infty}b_n^2$ 都收敛,则也收敛

(B) 若$\sum\limits_{n=1}^{\infty}|a_nb_n|$收敛，则$\sum\limits_{n=1}^{\infty}a_n^2$与$\sum\limits_{n=1}^{\infty}b_n^2$都收敛

(C) 若正项级数$\sum\limits_{n=1}^{\infty}a_n$发散，则$a_n\geqslant\dfrac{1}{n}$

(D) 若正项级数$\sum\limits_{n=1}^{\infty}a_n$收敛，且$a_n\geqslant b_n, n\in\mathbf{N}$，则$\sum\limits_{n=1}^{\infty}b_n$也收敛

(2) 设$\sum\limits_{n=1}^{\infty}(a_n+b_n)$收敛，则(　　).

(A) $\sum\limits_{n=1}^{\infty}a_n$与$\sum\limits_{n=1}^{\infty}b_n$均收敛　　(B) $\sum\limits_{n=1}^{\infty}a_n$与$\sum\limits_{n=1}^{\infty}b_n$中至少有一个收敛

(C) $\sum\limits_{n=1}^{\infty}a_n$与$\sum\limits_{n=1}^{\infty}b_n$不一定都收敛　　(D) $\sum\limits_{n=1}^{\infty}|a_n+b_n|$收敛

(3) 若级数$\sum\limits_{n=1}^{\infty}(u_{2n-1}+u_{2n})$收敛，则(　　).

(A) $\sum\limits_{n=1}^{\infty}u_n$收敛　　(B) $\sum\limits_{n=1}^{\infty}u_n$未必收敛　　(C) $\lim\limits_{n\to\infty}u_n=0$　　(D) $\sum\limits_{n=1}^{\infty}u_n$发散

(4) 设a_n非负且单调递减趋于零，$S_n=\sum\limits_{k=1}^{n}a_k$无界，则幂级数$\sum\limits_{n=1}^{n}a_n(x-1)^n$的收敛域是(　　).

(A) $(-1,1]$　　(B) $[-1,1)$　　(C) $(0,2]$　　(D) $[0,2)$

(5) 设$f(x)=\begin{cases}x, & 0\leqslant x\leqslant\dfrac{1}{2}\\ 2-2x, & \dfrac{1}{2}<x<1\end{cases}$，它的傅里叶级数的和函数$S(x)=\dfrac{a_0}{2}+\sum\limits_{n=1}^{\infty}a_n\cos n\pi x, x\in\mathbf{R}$，其中$a_n=2\int_0^1 f(x)\cos n\pi x\mathrm{d}x(n=0,1,2,\cdots)$，则$S\left(-\dfrac{15}{2}\right)=$(　　).

(A) $\dfrac{1}{2}$　　(B) $-\dfrac{1}{2}$　　(C) $\dfrac{3}{4}$　　(D) $-\dfrac{3}{4}$

2. 填空题：

(1) 设幂级数$\sum\limits_{n=0}^{\infty}a_nx^n$的收敛半径为8，和函数为$S(x)$，则幂级数$\sum\limits_{n=0}^{\infty}a_nx^{3n+1}$的收敛半径是________，和函数是________；幂级数$\sum\limits_{n=0}^{\infty}\dfrac{a_n}{n+1}x^n$的收敛半径是________，和函数是________；幂级数$\sum\limits_{n=1}^{\infty}na_nx^n$的收敛半径是________，和函数是________.

(2) 设幂级数$\sum\limits_{n=0}^{\infty}a_n(x+2)^n$在$x=0$处收敛，在$x=-4$处发散，则幂级数$\sum\limits_{n=0}^{\infty}a_n(x-3)^n$收敛域是________.

(3) 幂级数$\sum\limits_{n=1}^{\infty}\dfrac{(x+2)^n}{n}$的收敛域是________，和函数是________.

(4) 级数$\sum_{n=1}^{\infty}\left(x^n+\frac{1}{2^n x^n}\right)$的收敛域是________，和函数是________.

(5) 假设 $f(x)=\ln(1+x)$，则 $f^{(27)}(0)=$ ________.

(6) 级数$\sum_{n=1}^{\infty}\frac{n+1}{n!}$ 的和 $S=$ ________.

(7) 如果函数 $f(x)=\sum_{n=0}^{\infty}a_n x^n$，$-R<x<R$，则 $\varphi(x)=\frac{f(x)-f(-x)}{2}$ 的麦克劳林级数是________.

(8) 周期为 2 的函数 $f(x)$ 在一个周期内的表达式为 $f(x)=x$，$-1\leqslant x\leqslant 1$，$f(x)$ 的傅立叶级数的和函数为 $S(x)$，则 $S(0)=$ ________，$S\left(\frac{3}{2}\right)=$ ________，$S(-5)=$ ________.

(9) 设 $x^2=\sum_{n=0}^{\infty}a_n\cos nx\ (x\in[-\pi,\pi])$，则傅立叶系数 $a_2=$ ________.

3. 判别下列级数的敛散性：

(1) $\sum_{n=1}^{\infty}n\tan\frac{\pi}{2^{n+1}}$；　(2) $\sum_{n=1}^{\infty}\frac{\sin\frac{\pi}{n}}{n+1}$；　(3) $\sum_{n=1}^{\infty}\frac{(n!)^2}{(2n)!}$；

(4) $\sum_{n=1}^{\infty}\frac{2^n\cdot n!}{n^n}$；　(5) $\sum_{n=2}^{\infty}\frac{1}{\ln n}$；　(6) $\sum_{n=1}^{\infty}\frac{\left(\frac{n+1}{n}\right)^{n^2}}{2^n}$；

(7) $\sum_{n=1}^{\infty}\frac{1}{[\ln(1+n)]^n}$；　(8) $\sum_{n=1}^{\infty}\frac{1}{1+a^n}(a>0)$.

4. 判别下列级数的敛散性.如果收敛，是绝对收敛还是条件收敛？

(1) $\sum_{n=1}^{\infty}(-1)^n\left(1-\cos\frac{a}{n}\right)$；　(2) $\sum_{n=1}^{\infty}(-1)^{n+1}\frac{n}{2+1}$；

(3) $\sum_{n=1}^{\infty}(-1)^{n-1}\frac{n^2}{3^n}$；　(4) $\sum_{n=1}^{\infty}(-1)^n(\sqrt{n+1}-\sqrt{n})$.

5. 证明：若级数$\sum_{n=1}^{\infty}u_n^2$和级数$\sum_{n=1}^{\infty}v_n^2$都收敛，则级数$\sum_{n=1}^{\infty}|u_n v_n|$、$\sum_{n=1}^{\infty}(u_n+v_n)^2$、$\sum_{n=1}^{\infty}\frac{|u_n|}{n}$都收敛.

6. 设正项数列$\{u_n\}$单调减少，且$\sum_{n=1}^{\infty}(-1)^n u_n$发散，证明级数$\sum_{n=1}^{\infty}\left(\frac{1}{u_n+1}\right)^n$收敛.

7. 设级数$\sum_{n=1}^{\infty}u_n$收敛，且$\lim_{n\to\infty}\frac{u_n}{v_n}=1$，问$\sum_{n=1}^{\infty}v_n$是否收敛？

8. 求下列函数项级数的收敛域：

(1) $\sum_{n=1}^{\infty}\frac{(-1)^{n-1}}{n+x^2}$；　(2) $\sum_{n=1}^{\infty}\frac{1}{n^{3x-1}}$；　(3) $\sum_{n=1}^{\infty}\frac{\sin(2n-1)x}{(2n-1)^2}$.

9. 求下列幂级数的收敛域及和函数：

(1) $1+\sum_{n=1}^{\infty}\frac{x^{2n}}{(2n)!!}$；　(2) $\sum_{n=1}^{\infty}\frac{n^2}{n!}x^n$；　(3) $\sum_{n=0}^{\infty}\frac{n^2+1}{2^n n!}x^n$.

10. 将下列函数展开为 $x-x_0$ 的幂级数，并指出收敛域.

(1) $f(x)=\frac{1+2x}{5+3x}$，$x_0=0$；

(2) $f(x)=\lg x$，$x_0=2$；

(3) $\frac{x^4}{(1+x)^2}$，$x_0=0$.

11. 把 $f(x)=\mathrm{acrtan}\frac{1-2x}{1+2x}$ 展开成 x 的幂级数，并求 $\sum_{n=0}^{\infty}\frac{(-1)^n}{2n+1}$ 的和.

12. 设函数 $f(x)=\begin{cases}\frac{x+6}{3}, & -3\leqslant x\leqslant 0\\ \frac{x}{3}, & 0\leqslant x<3\end{cases}$，试将 $f(x)$ 展开成以 6 为周期的傅立叶级数.

补充内容：

国际数学大奖——菲尔兹奖和沃尔夫奖

1. 菲尔兹奖：数学界的诺贝尔奖

菲尔兹奖正面

菲尔兹奖背面

菲尔茨(Fields)奖是1936年开始颁发的.菲尔兹奖是以已故的加拿大数学家、教育家J·C·菲尔兹(Fields)的姓氏命名的.

J·C·菲尔兹，1863年5月14日生于加拿大渥大华.他11岁丧父，18岁丧母，家境不算太好.菲尔兹17岁进入多伦多大学攻读数学，24岁时在美国的约翰·霍普金斯大学获博士学位，26岁任美国阿勒格尼大学教授.1892年他到巴黎、柏林学习和工作，1902年回国后执教于多伦多大学.菲尔兹于1907年当选为加拿大皇家学会会员.他还被选为英国皇家学会、苏联科学院等许多科学团体的成员.

菲尔兹强烈地主张数学发展应是国际性的，他对于数学国际交流的重要性，对于促进北美洲数学的发展都抱有独特的见解并满腔热情地作出了很大的贡献.为了使北美洲数学迅速发展并赶上欧洲，是他第一个在加拿大推进研究生教育，也是他全力筹备并主持了1924年在多伦多召开的国际数学家大会(这是在欧洲之外召开的第一次国际数学家大会).正是这次大会使他过分劳累，从此健康状况再也没有好转，但这次大会对于促进北美的数学发展和数学家之间的国际交流，确实产生了深远的影响.当他得知这次大会的经费有结余时,他就萌发了把它作为基金设立一个国际数学奖的念头.他为此积极奔走于欧美各国谋求广泛支持,并打算于1932年在苏黎世召开的第九次国际数学家大会上亲自提出建议.但不幸的是未等到大会开幕他就去世了.菲尔兹在去世前立下了遗嘱,把自己留下的遗产加到上述剩余经费中以作为设奖基金,由多伦多大学数学系转交给第九次国际数学家大会,大会立即接受了这一建议.

菲尔兹本来要求奖金不要以个人、国家或机构来命名,而用"国际奖金"的名义.但是,参加国际数学家大会的数学家们为了赞许和缅怀菲尔兹的远见卓识、组织才能和他为促进数学事业的国际交流所表现出的无私奉献的伟大精神,一致同意将该奖命名为菲尔兹奖.

第一次菲尔兹奖颁发于1936年,当时并没有在世界上引起多大注意.连许多数学专业的大学生也未必知道这个奖,科学杂志也不报道获奖者及其业绩.然而30年以后的情况就完全不一样了.每次国际数学家大会的召开,从国际上权威性的数学杂志到一般性的数学刊物,都争相报导获奖人物.菲尔兹奖的声誉不断提高,终于被人们确认:对于青年人来说,菲尔兹奖是国际上最高的数学奖.

菲尔兹奖的一个最大特点是奖励年轻人,只授予40岁以下的数学家(这一点在刚开始时似乎只是个不成文的规定,后来则正式作出了明文规定),授予那些能对未来数学发展起到重大作用的人.

菲尔兹奖包含一枚金质奖章和1 500美元的奖金,奖章的正面是阿基米德的浮雕头像.就奖金数目来说与诺贝尔奖相比可以说是微不足道,但为什么在人们的心目中,它的地位竟如此崇高呢?主要原因有三:第一,它是由数学界的国际权威学术团体——国际数学联合会主持,从全世界第一流的青年数学家中评定、遴选出来的;第二它是在每隔四年才召开一次的国际数学家大会上隆重颁发的,且每次获奖者仅2~4名(一般只有2名),因此获奖的机会比诺贝尔奖还要少;第三,也是最根本的一条是由于得奖人的出色才干,赢得了国际性的声誉.正如本世纪德国著名数学家C·H·外尔,对1954年两位获奖者的评介:他们"所达到的高度是自己未曾想到的","自己从未见过这样的明星在数学天空中灿烂升起","数学界为你们二位所做的工作感到骄傲".菲尔兹奖对青年数学家来说是世界上最高的国际数学奖.

菲尔兹奖的授奖仪式,都在每次国际数学家大会开幕式上隆重举行,先由执委会主席(即评委会主席)宣布获奖名单,全场掌声雷动.接着由东道国的重要人物(当地市长、所在国科学院院长甚至国王、总统)或评委会主席或众望所归的著名数学家授予奖章和奖金.最后由一些权威数学家分别、逐一简要评介得奖人的主要数学成就.

从1936年到2014年的获奖名单如下:

2018年,Caucher Birkar,Peter Scholze,Alessio Figalli,Akshay Venkatesh

2014年,阿图尔·阿维拉(Artur Avila),曼纽尔·巴尔加瓦(Manjul Bhargava),马丁·海尔(Martin Hairer),玛利亚姆·莫兹坎尼(Maryam Mirzakhani)

2010年,2010年菲尔兹奖的年轻数学家分别是越南的吴宝珠(Ngo BaoChau)、法国的塞德里克·维拉尼(Cedric Villani)、以色列的埃隆·林登施特劳斯(Elon Lindenstrauss)以及俄罗斯的斯坦尼斯拉夫·斯米尔诺夫(Stansilav Smirnov)

2006年 Andrei Okounkov(安德烈·欧克恩科夫),Grigori Perelman(格里高利·佩雷尔曼),Terence Tao(陶哲轩), Wendelin Werner(温德林·沃纳)

2002年 洛朗·拉佛阁,弗拉基米尔·沃沃斯基

1998年 C·T·麦克马兰,A·高尔斯,R·E·博切尔兹,M·孔采维奇

1994年 E·齐尔曼诺夫,J·C·约克兹,P·L·利翁斯,J·布尔干

1990年 森重文,F·R·J·沃恩,E·威腾,V·德里费尔德

1986年 M·弗里德曼,G·法尔廷斯,S·唐纳森

1982年 丘成桐,W·瑟斯顿,A·孔涅

1978年 C·费弗曼,G·A·马古利斯,D·奎伦,D·德利涅

1974年 D·B·芒福德,E·邦别里

1970 年 J·G·.汤普森,S·P·诺维科夫,广中平佑,A·贝克

1966 年 M·F·阿蒂亚,S·斯梅尔,A·格罗腾迪克,P·J·科恩

1962 年 J·W·米尔诺,L·V·赫尔曼德尔

1958 年 R·托姆,K·F·罗斯

1954 年 J·P·塞尔,小平邦彦

1950 年 A·塞尔伯格,L·施瓦尔茨

1936 年 J·道格拉斯,L·V·阿尔福斯

2. 沃尔夫奖

1976 年 1 月 1 日,R·沃尔夫(Ricardo Wolf)及其家族捐献一千万美元成立了沃尔夫基金会,其宗旨主要是为了促进全世界科学、艺术的发展.

R·沃尔夫 1887 年生于德国,其父是德国汉诺威城的一位五金商人,也是该城犹太社会的名流.沃尔夫曾在德国研究化学,并获得博士学位.第一次世界大战前移居古巴.他用了将近 20 年的时间,经过大量试验,历尽艰辛,成功地发明了一种从熔炼废渣中回收铁的方法,从而成为百万富翁.1961—1973 年他曾任古巴驻以色列大使,以后定居以色列.他是沃尔夫基金会的倡导者和主要捐献人.沃尔夫于 1981 年逝世.基金会的理事会主席由以色列政府官员担任.评奖委员会由世界著名科学家组成.沃尔夫基金会设有:数学、物理、化学、医学、农业五个奖项(1981 年又增设艺术奖).1978 年开始颁发,通常是每年颁发一次,每个奖的奖金为 10 万美元,可以由几人分得.

沃尔夫奖具有终身成就性质,是世界最高成就奖之一.

华裔沃尔夫奖得主:吴健雄(物理,1978),陈省身(数学,1983),杨祥发(农业,1991),袁隆平(农业,2004),钱永健(医学,2004)

从设奖开始在数学领域获奖名单如下:

1978 年,盖尔范特(莫斯科大学),Carl Siegel(哥廷根大学)

1979 年,让·勒雷(法兰西学会),安德烈·韦伊(普林斯顿高等研究院)

1980 年,昂利·嘉当(法兰西学会),科尔莫格罗夫(莫斯科大学)

1981 年,阿尔福斯,Ocsar Zariski(哈佛大学)

1982 年,哈斯勒·惠特尼(普林斯顿高等研究院),Mark Krein(乌克兰科学院)

1983 年,陈省身(伯克利加州大学),埃德什(匈牙利学院)

1984 年,小平邦彦(日本科学院)

1985 年,Hans Lewy(伯克利加州大学)

1986 年,塞缪尔·艾伦伯格(哥伦比亚大学),塞尔伯格(普林斯顿高等研究院)

1987 年,伊藤清(京都大学),Peter Lax(纽约大学)

1988 年,Friedrich Hirzebruch(马克斯·普朗克研究所和波恩大学),Lars Hormander(隆德大学)

1989 年,Alberto Calderon(芝加哥大学),约翰·米尔诺(普林斯顿高等研究院)

1990 年,Ennio de Giorgi(比萨高师),Ilya Piatetski－Shapiro(特拉维夫大学)

1991 年,没有颁奖

1992 年,Lennart Carleson(乌普萨拉大学和洛杉矶加州大学),John Thompson(剑桥大学)

1993 年,Mikhael Gromov(法国高等科学研究院),Jacques Tits(法兰西学院)

1994/5 年,Jurgen Moser(苏黎世联邦高工)

1995/6 年,罗伯特·朗兰兹(普林斯顿高等研究院),安德鲁·怀尔斯(普林斯顿大学)

1996/7 年,Joseph Keller(斯坦福大学),Yakov Sinai(普林斯顿大学和朗道理论物理研究所)

1998 年,没有颁奖

1999年,Laszlo Lovasz(耶鲁大学),Elias Stein(普林斯顿大学)

2000年,拉乌·勃特(哈佛大学),让一皮埃尔·塞尔(法兰西学院)

2001年,阿诺尔德(Steklov数学研究所和巴黎大学),Saharon Shelah(希伯莱大学)

2002/3年,佐藤干夫(京都大学),John Tate(德州大学奥斯汀分校)

2004年,没有颁奖

2005年,Gregory Margulis(耶鲁大学),诺维柯夫(马里兰大学和朗道理论物理研究所)

2006/7年,斯蒂芬·斯梅尔(伯克利加州大学),哈里·弗斯滕伯格(耶路撒冷希伯来大学)

2008年,皮埃尔·德利涅(普林斯顿高等研究院),菲利普·格里菲斯 Phillip Griffiths(普林斯顿高等研究院),大卫·芒福德(布朗大学)

2009年,没有颁奖

2010年,丘成桐(哈佛大学,香港中文大学,浙江大学),丹尼斯·苏利文(Dennis Sullivan)(石溪大学)

2011年,没有颁奖

2012年,Michael Aschbacher(美国加州理工学院),Luis Caffarelli(美国得克萨斯大学奥斯汀分校)

2013年,George Mostow(美国耶鲁大学数学系),Michael Artin(美国麻省理工学院数学系)

2014年,Peter Sarnak(美国普林斯顿高级研究所)

2015年,加拿大数学家 James Arthur(1944—　)

2016年,没有颁数学奖

2017年,Charles Fefferman(普林斯顿大学),Richard Schoen(UC Irvine)

2018年:没有颁数学奖

2019年:没有颁数学奖

2020年,Yakov Eliashberg(斯坦福大学);Simon K. Donaldson(伦敦帝国理工学院与美国西蒙斯几何与物理中心)

部分习题参考答案

第七章

习题 7.1

1. 不是. $\boldsymbol{\alpha}^0=\frac{1}{3}\boldsymbol{i}+\frac{2}{3}\boldsymbol{j}-\frac{2}{3}\boldsymbol{k}$

2. 不存在

3. $\left(\frac{\sqrt{3}}{3},\frac{\sqrt{3}}{3},\frac{\sqrt{3}}{3}\right),\boldsymbol{\alpha}=\left(\frac{2\sqrt{3}}{3},\frac{2\sqrt{3}}{3},\frac{2\sqrt{3}}{3}\right)$

4. $A(-3,-5,9)$

5. $\boldsymbol{\alpha}_1,\boldsymbol{\alpha}_5,\boldsymbol{\alpha}_6$ 共线;$\boldsymbol{\alpha}_2,\boldsymbol{\alpha}_4,\boldsymbol{\alpha}_8$ 共线;$\boldsymbol{\alpha}_3,\boldsymbol{\alpha}_7$ 共线

6. $M(-3,4,4),|OM|=\sqrt{41}$

7. $a=-10,b=1,|\alpha|=2\sqrt{30},\cos\alpha=-\frac{\sqrt{30}}{6},\cos\beta=\frac{\sqrt{30}}{15},\cos\gamma=-\frac{\sqrt{30}}{30}$

8. $|AB|=\sqrt{29},\cos\alpha=-\frac{2\sqrt{29}}{29},\cos\beta=-\frac{3\sqrt{29}}{29},\cos\gamma=\frac{4\sqrt{29}}{29},\overrightarrow{AB}^0=\pm\left(-\frac{2\sqrt{29}}{29},-\frac{3\sqrt{29}}{29},\frac{4\sqrt{29}}{29}\right)$

9. $(3,2,-3)$

10. $\left(1,\frac{5}{3},\frac{1}{3}\right)$

11. $(x-x_0)^2+(y-y_0)^2+(z-z_0)^2=1$,以点$(x_0,y_0,z_0)$为球心,半径为 1 的球面.

习题 7.2

1. (1) $-1,(7,-4,3)$;(2) $(-84,48,-36)$;(3) $-\frac{\sqrt{3}}{15}$

2. $(4,-2,4)$

3. $\frac{2}{3}\pi$

4. $-\frac{3}{2}$

5. $\pm\left(\frac{3\sqrt{17}}{17},-\frac{2\sqrt{17}}{17},-\frac{2\sqrt{17}}{17}\right)$

6. (1) $\sqrt{6}, 5\sqrt{6}$;(2) $5\sqrt{5}$;(3) 不垂直

7. $5\lambda+\mu=0$

8. (1) $(0,-8,-24)$;(2) $(0,-1,-1)$;(3) 2

10. (1) 不共面;(2) 共面;(3) 不共面

11. 不在同一平面内,体积为 1

习题 7.3

1. (1) $2x+9y-6z-121=0$;(2) $3x-5y-2z-21=0$;(3) $7x+y-2z-15=0$;(4) $x+y+z=5$;(5) $2x-11y-16z+4=0$;(6) $2x-2y-3z-6=0$;(7) $2y+5z=0$;(8) $18x-3y+7z=0$

2. $\frac{\pi}{6}$

3. 4

4. $C=-6$ 平行;$C=-6, D=-5/2$ 重合;$C=10/3$ 垂直

5. (1) $\frac{x-4}{3}=y-3=\frac{z+2}{-1}$;(2) $\frac{x-2}{0}=y-6=\frac{z+5}{0}$;(3) $\frac{x}{-2}=\frac{y-2}{3}=\frac{z-4}{1}$;(4) $\frac{x-2}{-7}=\frac{y}{-2}=\frac{z+1}{8}$;(5) $\frac{x-1}{0}=\frac{y-2}{-1}=\frac{z+1}{-2}$;(6) $\frac{x-3}{2}=\frac{y+2}{3}=\frac{z-5}{-1}$;(7) $\frac{x-1}{1}=\frac{y-2}{1}=\frac{z-4}{-5}$;(8) $\frac{x+3}{17}=\frac{y-5}{80}=\frac{z-9}{92}$

6. $8x-9y-22z-59=0$

7. $\frac{\pi}{6}$

8. (1) 平行;(2) 垂直;(3) 重合;(4) 垂直

9. $(-12,-4,18)$

10. $\frac{3\sqrt{2}}{2}$

11. $\begin{cases}17x+31y-37z-117=0\\4x-y+z-1=0\end{cases}$

习题 7.4

1. $6x-2y-8z+18=0$

2. $x-2y-2=0$

3. $x^2+y^2+z^2-2x+4y-4z+5=0$

4. $(x-1)^2+(y+2)^2+(z-4)^2=18$

5. (1) 球心为$(-1,2,0)$,半径为 $2\sqrt{2}$ 的球面;(2) 球心为$(1/2,-1,1)$,半径为 $3/2$ 的球面

6. (1) $3x^2-2(y^2+z^2)=6, 3(x^2+z^2)-2y^2=6$;(2) $2(x^2+y^2)+1=z$;(3) $4x^2+9(y^2+z^2)=36, 4(x^2+y^2)+9z^2=36$

7. (1) $\begin{cases} x = 2\sqrt{2}\cos\theta, \\ y = \sqrt{2}\cos\theta, \\ z = \sqrt{10}\sin\theta; \end{cases}$ (2) $\begin{cases} x = 1 + 2\cos\theta, \\ y = 2\sin\theta, \\ z = -1. \end{cases}$

8. (1) xOy 面：$\begin{cases} 2x^2 + y^2 - 2y = 0, \\ z = 0; \end{cases}$ yOz 面：$\begin{cases} z = 2y, \\ x = 0; \end{cases}$ xOz 面：$\begin{cases} 4z = 8x^2 + z^2, \\ y = 0. \end{cases}$

(2) xOy 面：$\begin{cases} 64x^2 + 64y^2 = 495, \\ z = 0; \end{cases}$ yOz 面：$\begin{cases} z = \dfrac{23}{8}, \\ x = 0; \end{cases}$ xOz 面：$\begin{cases} z = \dfrac{23}{8}, \\ y = 0. \end{cases}$

9. $\begin{cases} 2x + 12y - z + 16 = 0 \\ x - 2y = -4 \end{cases}$, $\begin{cases} 2x + 12y - z + 16 = 0 \\ x + 2y = 8 \end{cases}$

***10.** $(3x - 2z - 2)(3y + z - 1) = 18$

***11.** $\dfrac{(x-z)^2}{4} - \dfrac{(z+y)^2}{9} = 1$

总习题七

1. $\dfrac{\boldsymbol{\alpha}^0 + \boldsymbol{\beta}^0}{|\boldsymbol{\alpha}^0 + \boldsymbol{\beta}^0|}$

2. $\left(-\dfrac{8}{3}, 0, 0\right)$

3. $\sqrt{30}$

4. $x = 16$

5. $z = -4, \dfrac{\pi}{4}$

6. 65

7. $\left(\dfrac{17}{8}, \dfrac{31}{16}, -\dfrac{39}{16}\right)$

9. $6x + 5y + 7z - 37 = 0$

10. $5\sqrt{3}x + 9y - 12z + 36 = 0$

11. $x + 2y + 1 = 0$

12. $\dfrac{x+1}{16} = \dfrac{y}{19} = \dfrac{z-4}{28}$

13. $D = 9, \dfrac{x}{-5} = \dfrac{y}{11} = \dfrac{z-3}{13}$

14. 35/42

15. (1) 共面不平行，交点为$(1, -2, 5)$，$2x - 8y - 5z + 7 = 0$；(2) 不共面，$\dfrac{5\sqrt{6}}{6}$

16. xOy 面：$\begin{cases} x^2 - x + y^2 - y = 0, \\ z = 0; \end{cases}$ yOz 面：$\begin{cases} z - (y-1)^2 = (1 - z - y)^2, \\ x = 0; \end{cases}$ xOz 面：$\begin{cases} z - (x-1)^2 = (1 - z - x)^2, \\ y = 0. \end{cases}$

第八章

习题 8.1

1. $f(x,y)=\frac{x^2(1-y)}{1+y}$. **2.** $f(x)=x^2+9$.

3. (1) $D=\{(x,y)\mid 2k\pi-\frac{\pi}{2}\leqslant x\leqslant 2k\pi+\frac{\pi}{2},k\in\mathbf{Z}\}$;

(2) $D=\{(x,y)\mid y>x^2$ 且 $x^2+y^2\leqslant 1\}$;

(3) $a>1$ 时, $D=\{(x,y)\mid x^2+y^2\geqslant 1\}$, $0<a<1$ 时, $D=\{(x,y)\mid 0<x^2+y^2\leqslant 1\}$;

(4) $D=\{(x,y)\mid -y^2\leqslant x\leqslant y^2,y\neq 0\}$;

(5) $D=\{(x,y)\mid a^2\leqslant x^2+y^2+z^2<b^2\}$;

(6) $D=\{(x,y,z)\mid z^2\leqslant x^2+y^2$ 且 $x^2+y^2\neq 0\}$.

5. (1) 0; (2) 0; (3) e^3; (4) 0; (5) 0; (6) $\frac{1}{2}$.

6. (1) 不存在; (2) 0; (3) 不存在.

7. (1) $\{(x,y)\mid y^2+2x-1=0\}$;

(2) $D=\{(x,y)\mid x+y=1,x^2+y^2\leqslant 4\}\cup\{(x,y)\mid x+y=0,x^2+y^2\leqslant 4\}$.

8. (1) 不连续; (2) 连续.

习题 8.2

1. (1) $\frac{\partial z}{\partial x}=\frac{x}{\sqrt{x^2+y^2}},\frac{\partial z}{\partial y}=\frac{y}{\sqrt{x^2+y^2}}$;

(2) $\frac{\partial S}{\partial u}=\frac{1}{u\sqrt{\ln(u^2v)}}$, $\frac{\partial S}{\partial v}=\frac{1}{2v\sqrt{\ln(u^2v)}}$;

(3) $\frac{\partial z}{\partial x}=\frac{2}{y}\csc\frac{2x}{y},\frac{\partial z}{\partial y}=-\frac{2x}{y^2}\csc\frac{2x}{y}$;

(4) $\frac{\partial z}{\partial x}=y^2(1+xy)^{y-1}$, $\frac{\partial z}{\partial y}=(1+xy)^y\left[\ln(1+xy)+\frac{xy}{1+xy}\right]$;

(5) $\frac{\partial u}{\partial s}=2(s+t^2)^{2s}\left[\ln(s+t^2)+\frac{s}{s+t^2}\right],\frac{\partial u}{\partial t}=4st(s+t^2)^{2s-1}$;

(6) $\frac{\partial u}{\partial x}=\frac{2z(2x-3y)^{z-1}}{1+(2x-3y)^{2z}},\frac{\partial u}{\partial y}=-\frac{3z(2x-3y)^{z-1}}{1+(2x-3y)^{2z}},\frac{\partial u}{\partial z}=\frac{(2x-3y)^z\ln(2x-3y)}{1+(2x-3y)^{2z}}$;

(7) $\frac{\partial z}{\partial x}=2xy\sec^2(x^2y)-y\sin(2xy),\frac{\partial z}{\partial y}=x^2\sec^2(x^2y)-x\sin(2xy)$.

2. $f_x(x,1)=2x+\frac{1}{\sqrt{x-x^2}},f_y(0,y)=0$.

4. $\frac{5\pi}{6}$.

5. $u_x = -\frac{\sin xz}{x}, u_y = \frac{\sin yz}{y}, u_z = \frac{\sin yz - \sin xz}{z}$.

6. (1) $\frac{\partial^2 z}{\partial x^2} = \frac{-2x^2 + 2y}{(x^2 + y^2)^2}, \frac{\partial^2 z}{\partial x \partial y} = \frac{-2x}{(x^2 + y^2)^2} = \frac{\partial^2 z}{\partial y \partial x}, \frac{\partial^2 z}{\partial y^2} = -\frac{1}{(x^2 + y^2)^2}$;

(2) $\frac{\partial^2 u}{\partial x^2} = \frac{-2xy}{(x^2 + y^2)^2}, \frac{\partial^2 u}{\partial y^2} = \frac{2xy}{(x^2 + y^2)^2}, \frac{\partial^2 u}{\partial x \partial y} = \frac{x^2 - y^2}{(x^2 + y^2)^2} = \frac{\partial^2 u}{\partial y \partial x}$;

(3) $\frac{\partial^2 z}{\partial x^2} = e^x(\cos y + 2\sin y + x\sin y), \frac{\partial^2 z}{\partial y^2} = -e^x(\cos y + x\sin y), \frac{\partial^2 z}{\partial x \partial y} = e^x(\cos y - \sin y$ $+ x\cos y) = \frac{\partial^2 z}{\partial y \partial x}$.

(4) $\frac{\partial^2 z}{\partial x^2} = y^x \ln^2 y, \frac{\partial^2 z}{\partial y^2} = x(x-1)y^{x-2}, \frac{\partial^2 z}{\partial x \partial y} = y^{x-1}(1 + x\ln y) = \frac{\partial^2 z}{\partial y \partial x}$.

7. $f_{xx}(1,0,-1) = 12, f_{xy}(1,0,-1) = -6, f_{yyz}(1,1,2) = 8$.

习题 8.3

1. (1) $dz = e^x[\cos(x+y) - \sin(x+y)]dx - e^x\sin(x+y)dy$;

(2) $dz = \frac{1}{y\sqrt{y^2 - x^2}}(ydx - xdy)$;

(3) $du = \frac{1}{x}dx + \frac{2}{y}dy + \frac{3}{z}dz$;

(4) $dz = \frac{1}{2}(x^2 + y^2 - x + 1)^{-\frac{1}{2}}[(2x-1)dx + 2ydy]$;

(5) $dz = \ln 2 \cdot 2^{x-y}(dx - dy)$;

(6) $du = \frac{3x^2 dx + \ln 2 \cdot 2^y dy + 3\sec^2 3z dz}{x^3 + 2^y + \tan 3x}$.

2. $0.04e$.

3. $\frac{1}{25}(-2dx - 4dy + 5dz)$.

4. (1) B;(2) D;(3) C.

6. (1) 1.08;(2) 2.95.

7. 55.3 cm^3.

8. 0.124 cm.

10. (3) D_0 的相对误差为 0.32%,绝对误差为 0.026 g/cm^3.

习题 8.4

1. $e^{\sin t - 2t^3}(\cos t - 6t^2)$.

2. $\frac{3x^2 e^{x^3}}{1 + e^{2x^3}}$.

3. $e^{ax}\sin x$.

4. $\frac{\partial z}{\partial x} = \frac{1}{y}\sin\frac{x(3x-2y)}{y} + \frac{2x(3x-y)}{y^2}\cos\frac{x(3x-2y)}{y}$,

$$\frac{\partial z}{\partial y}=-\frac{x}{y^2}\left[\sin\frac{x(3x-2y)}{y}+\frac{3x^2}{y}\cos\frac{x(3x-2y)}{y}\right].$$

5. $\frac{dz}{dx}=\frac{1}{e^x+e^y}(e^x+x^2e^y+e^y)$.

6. (1) $\frac{\partial z}{\partial x}=f'_1+2xf'_2,\frac{\partial z}{\partial y}=2yf'_1+f'_2$;

(2) $\frac{\partial z}{\partial x}=f'_1-ye^{-xy}f'_2-\frac{y}{x^2}f'_3,\frac{\partial z}{\partial y}=-xe^{-xy}f'_2+\frac{1}{x}f'_3$;

(3) $\frac{\partial u}{\partial x}=f+xf'+yg',\frac{\partial u}{\partial y}=xf'+g+yg'$.

8. (1) $\frac{\partial^2 z}{\partial x^2}=2f'+4x^2f'',\frac{\partial^2 z}{\partial x\partial y}=4xyf'',\frac{\partial^2 z}{\partial y^2}=2f'+4y^2f''$;

(2) $\frac{\partial^2 z}{\partial x^2}=f''_{11}+\frac{2}{y}f''_{13}+\frac{1}{y^2}f''_{33}$,

$\frac{\partial^2 z}{\partial x\partial y}=f''_{12}-\frac{x}{y^2}f''_{13}+\frac{1}{y}f''_{32}-\frac{x}{y^3}f''_{33}-\frac{1}{y^2}f'_3$,

$\frac{\partial^2 z}{\partial y^2}=f''_{22}-\frac{2x}{y^2}f''_{23}+\frac{x^2}{y^4}f''_{33}+\frac{2x}{y^3}f'_3$.

9. $dz=yx^{y-1}f'_u dx+(f'_u x^y\ln x+f'_v)dy$,

$\frac{\partial^2 z}{\partial x\partial y}=f'_u x^{y-1}+f'_u yx^{y-1}\ln x+yx^{y-1}(f''_{uu}x^y\ln x+f''_{uv})$.

11. $dz=(f'_1+yf'_2)dx+(xf'_2-2yf'_1)dy$.

习题 8.5

1. (1) $\frac{2xy^3-e^x}{\cos y-3x^2y^2}$; (2) $\frac{x+y}{x-y}$; (3) $\frac{xy\ln y-y^2}{xy\ln x-x^2}$

2. $-\frac{6(x^2+xy+y^2)}{(x+2y)^3}$.

3. (1) $\frac{\partial z}{\partial x}=\frac{yz-x^2}{z^2-xy};\frac{\partial z}{\partial y}=\frac{3xz-6y^2+2}{3z^2-3xy}$.

(2) $\frac{\partial z}{\partial x}=\frac{1}{\ln z-\ln y+1},\frac{\partial z}{\partial y}=\frac{z}{y(\ln z-\ln y+1)}$.

4. $\frac{\partial z}{\partial x}=-\frac{F'_1+2xF'_2}{F'_1+2zF'_2},\frac{\partial z}{\partial y}=-\frac{F'_1+2yF'_2}{F'_1+2zF'_2}$.

6. $\frac{\partial z}{\partial x}=-\frac{2x}{2z-f'},\frac{\partial z}{\partial y}=-\frac{2y-f+\frac{z}{y}f'}{2z-f'}$.

8. $\frac{4x^4y^4z^3}{(1-z^4)^3}$.

9. $\frac{2y^2ze^z-2xy^3z-y^2z^2e^z}{(e^z-xy)^3}$.

10. (1) $\frac{\partial y}{\partial x}=\frac{z-3x}{3y-2z},\frac{\partial z}{\partial x}=\frac{2x-y}{3y-2z}$

(2) $\frac{\partial y}{\partial x}=-\frac{x(2+z)}{y(1+z)},\frac{\partial z}{\partial x}=\frac{x}{1+z}$.

(3) $\frac{\partial u}{\partial x}=\frac{-uf'_1(2yvg'_2-1)-f'_2g'_1}{(xf'_1-1)(2yvg'_2-1)-f'_2g'_1},\frac{\partial v}{\partial x}=\frac{g'_1(xf'_1+uf'_1-1)}{(xf'_1-1)(2yvg'_2-1)-f'_2g'_1}$.

(4) $\frac{\partial u}{\partial x}=\frac{\sin v}{e^u(\sin v-\cos v)+1},\frac{\partial u}{\partial y}=\frac{-\cos v}{e^u(\sin v-\cos v)+1}$

$\frac{\partial v}{\partial x}=\frac{\cos v-e^u}{u[e^u(\sin v-\cos v)+1]},\frac{\partial v}{\partial y}=\frac{\sin v+e^u}{u[e^u(\sin v-\cos v)+1]}$.

11. $\frac{1}{2}\left[\frac{v}{u(u+v)}+\frac{u}{v(u+v)}\right]f'+\frac{1}{2}\frac{u}{v(u+v)}\varphi'$.

习题 8.6

1. 0.

2. $5+\frac{\sqrt{2}}{2}$.

3. $\frac{13\ln 2}{12\sqrt{5}}-\frac{1}{6\sqrt{5}}$.

4. $\frac{1}{ab}\sqrt{2(a^2+b^2)}$.

5. $\mathrm{grad}u\,|_M=\left(\frac{2}{9},\frac{4}{9},-\frac{4}{9}\right),|\mathrm{grad}u(1,2,-2)|=\frac{2}{3}$,不存在.

6. 沿$(1,-4,2)$方向最大,最大值为$\sqrt{21}$.

习题 8.7

1. (1) 切线方程:$x-\left(\frac{\pi}{2}-1\right)=y-1=\frac{z-2\sqrt{2}}{\sqrt{2}}$,

法平面方程:$x+y+\sqrt{2}z-\frac{\pi}{2}-4=0$.

(2) 切线方程:$\frac{x-\frac{1}{2}a}{-a}=\frac{y-\frac{1}{2}b}{0}=\frac{z-\frac{\sqrt{2}}{2}c}{\frac{\sqrt{2}}{2}c}$,

法平面方程:$ax-\frac{\sqrt{2}}{2}cz-\frac{1}{2}(a^2-c^2)=0$.

2. 切线方程:$\frac{x-a}{-\sqrt{2}}=\frac{y-a}{0}=\frac{z-\sqrt{2}a}{1}$,法平面方程:$\sqrt{2}x-z=0$.

3. $P_1\left(-1,\frac{1}{3},-\frac{2}{27}\right)$和$P_2\left(2,\frac{4}{3},\frac{16}{27}\right)$.

4. (1) 切平面方程:$x-y-z+2=0$,法线方程:$\frac{x-1}{-1}=y-1=z-2$.

(2) 切平面方程:$8x+2y+5z+4=0$,法线方程:$\frac{x+1}{8}=\frac{y-2}{2}=\frac{z}{5}$.

5. $\left.\frac{\partial u}{\partial \boldsymbol{l}}\right|_{(1,2,-2)}=-\frac{16}{243}$或$\frac{16}{243}$.

6. $-\frac{400}{\sqrt{101}}$.

7. (1) $x-y+z-\frac{5}{2}=0$和$x-y+z+\frac{5}{2}$; (2) $\frac{3}{2\sqrt{3}},\frac{13}{2\sqrt{3}}$.

习题 8.8

1. (1) 当$a>0$时,(a,a)为极大值点,极大值a^3;当$a<0$时,(a,a)为极小值点;当$a=0$时,没有极值;(2) $\left(\frac{1}{2},-1\right)$为极小值点,极小值为$-\frac{\mathrm{e}}{2}$;(3) $(3,-1)$为极小值点,极小值为-8;(4) 驻点为$(0,0)$,$(2,0)$,$(0,-6)$,$(2,-6)$均不是极值点,$(1,-3)$为极小值点,极小值为-9.

2. (1) 最大值为$f(2,0)=f(-2,0)=4$,最小值为$f(0,2)=f(0,-2)=-4$;(2) 最大值$f(1,0)=f(-1,0)=f(0,-1)=f(0,1)=1$,最小值$f(0,0)=0$;(3) 最大值为$\frac{3}{2}\sqrt{3}$,最小值为0.

3. 等边三角形.

4. $\left(\frac{8}{5},\frac{16}{5}\right)$.

5. $z\left(\frac{1}{2},\frac{1}{2}\right)=\frac{1}{4}$

6. 当长,宽都是$\sqrt[3]{2a}$,高为$\frac{1}{2}\sqrt[3]{2a}$时,表面积最小.

7. 最长距离为$\sqrt{9+5\sqrt{3}}$,最短距离为$\sqrt{9-5\sqrt{3}}$.

8. $\sqrt{3}$.

9. $(1,-2,3)$,$d=\sqrt{6}$. 10. 点$(1,2)$,最短距离为$d=\frac{3}{2}\sqrt{2}$.

***习题 8.9**

1. $f(x,y)=2+3(x-1)+11(y+2)+(x-1)^2+4(x-1)(y+2)-3(y+2)^2+(x-1)^3+2(x-1)^2(y+2)$.

2. $f(x,y)=y+xy-\frac{1}{2}y^2+\frac{1}{2}x^2y-\frac{1}{2}xy^2+\frac{1}{3}y^3+\frac{\mathrm{e}^{\theta x}}{24}\left[x^4\ln(1+\theta y)+\frac{4x^3y}{1+\theta y}-\frac{6x^2y^2}{(1+\theta y)^2}+\frac{8xy^3}{(1+\theta y)^3}-\frac{6y^4}{(1+\theta y)^4}\right]$,$0<\theta<1$.

3. 5.034 014 4.

总习题八

1. (1) 充分,必要;(2) 必要,充分;(3) 充分;(4) 充分;(5) 充分.

2. ABDCC.

3. $f_x(x,y)=\begin{cases}\dfrac{2x[y(x^2+y^2)\cos(x^2y)-\sin(x^2y)]}{(x^2+y^2)^2}, & x^2+y^2\neq 0,\\ 0, & x^2+y^2=0,\end{cases}$,

$f_y(x,y)=\begin{cases}\dfrac{x^2(x^2+y^2)\cos(x^2y)-2y\sin(x^2y)}{(x^2+y^2)^2}, & x^2+y^2\neq 0,\\ 0, & x^2+y^2=0.\end{cases}$

4. (1) $z_x=\arcsin\dfrac{y}{x}-\dfrac{y}{\sqrt{x^2-y^2}}$，$z_y=\dfrac{x}{\sqrt{x^2-y^2}}$，$z_{xx}=\dfrac{y^3}{x(x^2-y^2)^{3/2}}$，$z_{xy}=-\dfrac{y^2}{(x^2-y^2)^{3/2}}$，$z_{yy}=\dfrac{xy}{(x^2-y^2)^{3/2}}$；

(2) $z_x=\dfrac{3x^2y}{x^3+y}$，$z_y=\ln(x^3+y)+\dfrac{y}{x^3+y}$，$z_{xx}=\dfrac{3xy(2y-x^3)}{(x^3+y)^2}$，$z_{xy}=\dfrac{3x^5}{(x^3+y)^2}$，$z_{yy}=\dfrac{2x^3+y}{(x^3+y)^2}$.

5. 函数在点(0,0)连续、偏导数存在以及可微.

7. $z_{xx}=f''_{11}+2e^x\cos y\cdot f''_{13}+e^{2x}\cos^2 y\cdot f''_{33}+e^x\cos y\cdot f'_3$；

$z_{xy}=f''_{12}-e^x\sin y\cdot f''_{13}+e^x\cos y\cdot f''_{32}-e^{2x}\sin y\cos y\cdot f''_{33}-e^x\sin y\cdot f'_3$.

8. $z_x=\dfrac{3x^2}{f'\left(\dfrac{z}{y}\right)-2z}$，$z_y=\dfrac{2y-f\left(\dfrac{z}{y}\right)+\dfrac{z}{y}f'\left(\dfrac{z}{y}\right)}{f'\left(\dfrac{z}{y}\right)-2z}$.

9. $\dfrac{\partial u}{\partial x}=f'_1+f'_3\cdot\left(\dfrac{1}{y}\varphi'_1+2xy\varphi'_2\right)$，$\dfrac{\partial u}{\partial y}=f'_2+f'_3\cdot\left(-\dfrac{x}{y^2}\varphi'_1+x^2\varphi'_2\right)$.

10. $\left.\dfrac{\partial z}{\partial x}\right|_{(0,0)}=-5$，$\left.\dfrac{\partial z}{\partial y}\right|_{(0,0)}=1$.

11. $a=2,b=-1$ 或 $a=-1,b=2$.

12. 点$\left(-\dfrac{5}{7},\dfrac{4}{7},\dfrac{11}{7}\right)$，法线方程为$\dfrac{x+\frac{5}{7}}{2}=\dfrac{y-\frac{4}{7}}{-3}=z-\dfrac{11}{7}$，切平面方程为 $2x-3y+z+\dfrac{11}{7}=0$.

13. 切线方程为 $x-1=\dfrac{y-1}{-6}=\dfrac{z-1}{5}$，法平面方程为 $x-6y+5z=0$.

14. $\pm\dfrac{\sqrt{3}}{3}$.

15. $\dfrac{3\sqrt{2}}{8}$.

16. $\dfrac{11}{7}$.

17. $\theta=\arccos\left(-\dfrac{8}{9}\right)$.

18. 由$\begin{cases}f'_x(x,y)=-8x(y-x^2)^2-x^6=9,\\ f'_y(x,y)=4(y-x^2)-2y=0,\end{cases}$解得驻点为 $P_1(0,0)$，$P_2(-2,8)$. 又 $A=$

$f_{xx}=-8y+24x^2-6x^5$, $B=f_{xy}=-8x$, $C=f_{yy}=2$, $\Delta=B^2-AC=16y+16x^2+12x^5$, 在点 $P_2(-2,8)$ 处, $\Delta=-192<0$, $A=224>0$, 因此 $f(-2,8)=-\frac{96}{7}$ 为极小值. 在点 $P_1(0,0)$ 处, $\Delta=0$, 无法判定 $P_1(0,0)$ 是否是极值点. 因 $f(0,y)=y^2>0(y\neq 0)$, $f(x,x^2)=-x^4\left(\frac{1}{7}x^3+1\right)<0(x\to 0)$, 于是 $f(0,0)$ 不是极值.

19. $\frac{133}{24}$.

20. $\left(\frac{4}{5},\frac{3}{5},\frac{35}{12}\right)$.

第九章

习题 9.1

1. $\frac{1}{4}$; 2. (1) $I_1>I_2$; (2) $I_1<I_2$; (3) $I_1>I_2$; (4) $I_1<I_2$; (5) $I_1=I_2$.

3. (1) $0<I<4$; (2) $0<I<\pi^2$; (3) $8\pi(1-\sqrt{2})<I<8\pi(1+\sqrt{2})$; (4) $8<I<8\sqrt{2}$.

4. 提示：利用积分估值定理，连续函数最值定理及介值定理证明.

5. (1) $\int_0^4 dx\int_0^{\frac{4-x}{2}} f(x,y)dy=\int_0^2 dy\int_0^{4-2y} f(x,y)dx$;

(2) $\int_{-2}^0 dx\int_{2+x}^{\sqrt{4-x^2}} f(x,y)dy=\int_0^2 dy\int_{-\sqrt{4-y^2}}^{y-2} f(x,y)dx$;

(3) $\int_1^2 dx\int_{\frac{1}{x}}^{x} f(x,y)dy=\int_{\frac{1}{2}}^1 dy\int_{\frac{1}{y}}^2 f(x,y)dx+\int_1^2 dy\int_y^2 f(x,y)dx$;

(4) $\int_{-1}^1 dx\int_{1-\sqrt{1-x^2}}^{1+\sqrt{1-x^2}} f(x,y)dy=\int_0^2 dy\int_{-\sqrt{2y-y^2}}^{\sqrt{2y-y^2}} f(x,y)dx$.

6. (1) $\int_0^1 dx\int_0^{x^2} f(x,y)dy$; (2) $\int_0^1 dy\int_{\sqrt{y}}^{3-2y} f(x,y)dx$;

(3) $\int_{-1}^0 dy\int_{-\sqrt{1-y^2}}^{\sqrt{1-y^2}} f(x,y)dx+\int_0^1 dy\int_{-\sqrt{1-y}}^{\sqrt{1-y}} f(x,y)dx$;

(4) $\int_0^1 dy\int_0^{\sqrt{2y}} f(x,y)dx+\int_1^{\sqrt{3}} dy\int_0^{\sqrt{3-y^2}} f(x,y)dx$.

7. (1) $\frac{17}{36}$; (2) 2; (3) $-\frac{3\pi}{2}$; (4) $\frac{45}{8}$.

8. (1) $\frac{6}{55}$; (2) $e-e^{-1}$; (3) $\frac{13}{6}$; (4) $\frac{e}{4}(2e-3)$; (5) $2a^{\frac{3}{2}}\left(\sqrt{2}-\frac{4}{3}\right)$; (6) $\frac{\pi}{4}+\frac{1}{3}$.

9. (1) $\cos 1-\cos 2$; (2) $\frac{3\sin 1}{20}$; (3) $\frac{2(2\sqrt{2}-1)}{9}$; (4) $\frac{4}{\pi^3}(\pi+2)$.

10. (1) $\int_{-\frac{\pi}{2}}^{\frac{\pi}{2}} d\theta \int_1^2 f(r\cos\theta, r\sin\theta) r dr$;(2) $\int_0^{\pi} d\theta \int_0^{2\sin\theta} f(r\cos\theta, r\sin\theta) r dr$;

(3) $\int_0^{\frac{\pi}{2}} d\theta \int_{\frac{2}{\cos\theta+\sin\theta}}^{2} f(r\cos\theta, r\sin\theta) r dr$;

(4) $\int_0^{\frac{\pi}{2}} d\theta \int_0^{\frac{1}{\cos\theta+\sin\theta}} f(r\cos\theta, r\sin\theta) r dr + \int_{\frac{\pi}{2}}^{\pi} d\theta \int_0^1 f(r\cos\theta, r\sin\theta) r dr$.

11. (1) $\frac{\pi a^4}{8}$;(2) $\frac{a^3}{6}[\sqrt{2}+\ln(1+\sqrt{2})]$;(3) $\sqrt{2}-1$;(4) $\frac{3\pi a^4}{4}$.

12. (1) $\frac{2a^3}{9}(3\pi-4)$;(2) $-6\pi^2$;(3) $\frac{\pi a^4}{8}$;(4) $\frac{3\pi^2}{64}$;(5) $\frac{\pi}{2}$;(6) $\frac{ab\pi}{3}$.

13. (1) $\frac{a^2}{3}(3\sqrt{3}-\pi)$;(2) $\frac{3\pi a^2}{2}$.

14. 5.

15. $\frac{3\pi a^4}{32}$.

16. $3\sqrt{6}\pi$.

17. $-\frac{2}{5}$.

18. (1) $\frac{\pi^4}{3}$;(2) $\frac{7\ln 2}{3}$;(3) $e-e^{-1}$;(4) $\frac{1}{5}\left(\frac{1}{a}-\frac{1}{b}\right)(q-p)$.

19. 提示:令:$x=-u, y=v$,用二重积分换元法证明.

20. 提示:$\left(\int_a^b f(x)dx\right)^2 = \iint\limits_{\substack{a\leqslant x\leqslant b\\ a\leqslant y\leqslant b}} f(x)f(y)dxdy$

21. 提示:交换二次积分的次序.

习题 9.2

1. (1) $\int_{-1}^{1} dx \int_{-\sqrt{1-x^2}}^{\sqrt{1-x^2}} dy \int_{x^2+2y^2}^{2-x^2} f(x,y,z)dz$. (2) $\int_0^1 dx \int_{x^2}^{1} dy \int_{-\sqrt{y-x^2}}^{\sqrt{y-x^2}} f(x,y,z)dz$.

(3) $\int_{-1}^{1} dy \int_0^{\frac{1-y^2}{2}} dx \int_x^{1-\sqrt{x^2+y^2}} f(x,y,z)dz$. (4) $\int_{-1}^{1} dx \int_{x^2}^{1} dy \int_0^{x^2+y^2} f(x,y,z)dz$.

2. (1) $\frac{1}{364}$. (2) $e-2$. (3) 0.

3. (1) $-2\sqrt{3}\pi$. (2) $\frac{\pi^2}{16}-\frac{1}{2}$.

4. (1) $\frac{1}{8}$. (2) 2π. (3) $\frac{(16\sqrt{2}-19)\pi}{15}$. (4) 336π.

5. (1) $\frac{32}{15}-\frac{4\sqrt{2}}{3}$. (2) $\frac{4\pi(b^5-a^5)}{15}$. (3) $\frac{5\pi}{12}$. (4) $\frac{abc\pi^2}{4}$.

6. $F'(t)=4\pi t^2 f(t^2)$.

7. $4\pi f(0,0,0)$.

8. 提示：令 $x=u, y=v, z=-w$，用三重积分换元法证明.

习题 9.3

1. $\frac{11}{30}, \left(\frac{13}{11}, \frac{16}{33}\right)$.

2. $\frac{7e^8+1}{64}$.

3. $\frac{5\pi a^3}{3}k$.

4. $M=\frac{\pi^5}{40}$，$I_0=\frac{\pi^7}{84}$.

5. $2a^2(\pi-2)$.

6. π.

7. $M=\frac{8\pi}{5}$，$I_x=\frac{128\pi}{189}$.

8. $\left(\frac{3}{4}, 3, \frac{8}{5}\right)$.

习题 9.4

1. (1) $\frac{\pi}{2}$； (2) $\frac{3}{7}$；(3) $\frac{15}{4}$；(4) $f(b)-f(a)$.

2. (1) $\frac{3}{x}\ln(1+x^3)$；(2) $\frac{\cos x}{3}(\cos x-\sin x)(1+2\sin 2x)$；(3) $3x^2\arctan x^2-2x\arctan x+\frac{1}{2}\ln\frac{x^2+1}{x^4+1}$；(4) $2xe^{-x^5}-e^{-x^3}-\int_x^{x^2}y^2e^{-xy^2}dy$.

3. $x(2-3y^2)f(xy)+\frac{x}{y^2}f\left(\frac{x}{y}\right)+x^2y(1-y^2)f'(xy)$.

总习题九

1. (1) $\int_{-\frac{1}{4}}^{0}dy\int_{-\frac{\sqrt{1+4y}+1}{2}}^{\frac{\sqrt{1+4y}-1}{2}}f(x,y)dx+\int_0^2dy\int_{y-1}^{\frac{\sqrt{1+4y}-1}{2}}f(x,y)dx$；

(2) $\int_0^2dx\int_{\frac{x}{2}}^{3}f(x,y)dy+\int_2^{18}dx\int_{\sqrt{\frac{x}{2}}}^{3}f(x,y)dy$.

2. (1) $\frac{\pi}{2}-1$；(2) $\frac{\pi}{6a}$；(3) $\frac{8}{3}$.

5. (1) 12；(2) $\frac{5\pi a^4}{24}$；(3) $\frac{32}{9}$；(4) $\frac{32\pi}{5}$.

6. $f'(0)$.

7. $\frac{3\sqrt{2}\pi}{4}$.

8. $1:7:2$.

9. $\frac{a}{2}, \frac{\sqrt{3}a}{2}$.

10. 提示：参考 9.5 综合例题 9.

第十章

习题 10.1

1. (1) $\frac{3\sqrt{5}}{2}$. (2) $\frac{1}{3}(2\sqrt{2}-1)$. (3) $2\pi a^{2n+1}$. (4) $1+\sqrt{2}$. (5) $2a^2$. (6) $\frac{(2+t_0)^{\frac{3}{2}}}{3}-\sqrt{2}$. (7) π.

2. $2a^2$.

3. $\left(0,\frac{2R}{\pi}\right)$, $\frac{1}{2}\pi R^3$.

习题 10.2

1. (1) 1. (2) 1. (3) $2\pi a^2$. (4) $-\frac{14}{15}$. (5) ① $\frac{1}{3}$. ② $\frac{17}{30}$. ③ $-\frac{1}{20}$. (6) $-2\pi ab$.

(7) $-\frac{\pi a^3}{2}$. (8) 10. (9) 1/35. (10) 2π.

2. (1) $\frac{1}{2}(a^2-b^2)$. (2) 0.

3. $y=\sin x$.

4. (1) $\int_L \frac{\sqrt{2}}{2}[-P(x,y)+Q(x,y)]\mathrm{d}s$. (2) $\int_L -yP(x,y)+xQ(x,y)\mathrm{d}s$.

5. $\int_L \frac{P+2tQ+3t^2R}{\sqrt{1+4t^2+9t^4}}\mathrm{d}s$.

习题 10.3

1. (1) $\frac{\pi R^4}{2}$. (2) -1. (3) 0. (4) $4\pi-\frac{21}{16}\sqrt{3}$. (5) 2π.

2. (1) 2. (2) -2. (3) 5. (4) 3/2. (5) $(\mathrm{e}-1)/2$.

3. (1) x^2+xy-y^2+C. (2) $x^3y+4x^2y^2+\mathrm{e}^y+C$.

(3) $y^2\cos x+x^2\cos y+C$. (4) $\frac{x^2}{2}+y^2+\cos y+x\ln y+C$.

4. (1) $x^2y-\frac{y^3}{3}+C=0$.　(2) $x\mathrm{e}^{-y}-y^2+C=0$.

(3) $x-\frac{1}{2}y^2\cos 2x+C=0$. (4) $x^3\mathrm{e}^y+3xy^2+C=0$.

5. (1) 积分因子 $u(x,y)=\frac{1}{x^2-y^2}$，通解为：$x+y+\ln\frac{x+y}{x-y}+C=0$.

(2) 积分因子 $u(x,y)=\frac{1}{y^2}$，通解为：$x^2+\frac{\mathrm{e}^x}{y}+C=0$.

6. $\lambda = 2, I = \frac{1}{2}(x^2y^2 - x_0^2y_0^2)$.

7. (1) $\varphi(x) = \frac{3}{4}e^x + \left(\frac{x}{2} - \frac{3}{4}\right)e^{3x}$, (2) $\frac{3}{4}e - \frac{1}{4}e^3$.

总习题十

1. (1) $1+\sqrt{2}$. (2) 0. (3) πR^2. (4) $\frac{8}{3}\pi a^3$. (5) 0.

2. (1) 4/3. (2) $-\frac{\pi a^4}{2}$. (3) 1/3. (4) $-\frac{1}{2}\sqrt{2}a^2\pi$.

3. $-k\ln\frac{\pi}{2}$.

4. $\frac{4}{3}ab^2$.

5. $x^2 + 2y - 1$.

6. (1) 证明略. (2) 当 $I = \frac{c}{d} - \frac{a}{b}$.

7. $a = b = -1, u(x,y) = \frac{x-y}{x^2+y^2} + C$.

第十一章

习题 11.1

1. (1) $4\sqrt{61}$; (2) πR^3; (3) $\frac{\pi}{2}(1+\sqrt{2})$; (4) $(\pi-2)\sqrt{2}$; (5) $\frac{3-\sqrt{3}}{2} + (\sqrt{3}-1)\ln 2$;

(6) $2\pi\arctan\frac{H}{R}$

2. $\bar{x} = \bar{y} = \bar{z} = \frac{R}{2}$

3. $\frac{\sqrt{2}}{6}$

4. $\frac{4}{3}\mu\pi R^4$

5. $\frac{4a}{3}$

习题 11.2

1. (1) $\frac{\pi R^4}{2}$; (2) $-2\pi(e^2 - e)$; (3) 0; (4) 0; (5) $-\pi/2$; (6) $-3\pi ab$; (7) $\pi/2$

2. 1/2

3. (1) $2\pi a^2 h$; (2) $4\pi R^3$.

习题 11.3

1. (1) $3a^4$;(2) $-\pi a^2b^2$;(3) $\frac{12}{5}\pi R^5$;(4) $\pi R^2\left(1-\frac{R^2}{2}\right)$;(5) $\frac{\pi}{2}h^4$

2. $-\frac{2}{5}\pi$

3. (1) $-\sqrt{3}\pi a^2$;(2) $3a^2$;(3) -20π

习题 11.4

1. (1) 6;(2) 8;(3) 36

2. (1) $\frac{12}{5}\pi a^5$;(2) $4\pi abc$

3. (1) $\frac{1}{r}\boldsymbol{a}\cdot\boldsymbol{r}$;(2) $2\boldsymbol{a}\cdot\boldsymbol{r}$;(3) $nr^{n-2}\boldsymbol{a}\cdot\boldsymbol{r}$;(4) 0.

4. (1) $2\pi R^2$;(2) $2\pi R^2$

5. (1) 0;(2) 0;(3) 0

6. $4z(xz-4)\boldsymbol{j}+3x^2y\boldsymbol{k}$

总习题十一

1. $\frac{125\sqrt{5}-1}{420}$

2. $\sqrt{2}\pi a^3$

3. π^2R^3

4. π

5. 9π

6. πR^4h

7. $\frac{8}{3}c\pi R^3$

8. $2\pi a^2h$

第十二章

习题 12.1(一)

1. (1) $\frac{1}{n(n+3)}$;(2) $\frac{n}{2^n}$;(3) $\frac{x^{\frac{n}{2}}}{2\cdot4\cdot6\cdots(2n)}$;(4) $(-1)^{n-1}\frac{a^{n+1}}{2n+1}$.

2. (1) $\frac{1}{3}$; (2) $\frac{1}{12}$;(3) 2.

3. (1) 因为$\lim\limits_{n\to\infty}\sin\frac{n\pi}{3}\neq0$, 所以发散;(2) 发散; (3) 收敛; (4) 发散.

4. 当$\sum_{n=1}^{\infty}u_n$收敛时:(1) 收敛;(2) 发散;(3) 发散. 当$\sum_{n=1}^{\infty}u_n$发散时:(1) 发散;(2) 不定;(3) 不定.

5. 证明略

6. 证明略

习题 12.1(二)

1. (1) 发散;(2) 收敛;(3) 收敛;(4) 收敛;(5) 收敛;(6) 收敛;(7) 收敛;(8) 发散.

2. (1) 收敛;(2) 发散;(3) 收敛; (4) 收敛; (5) 收敛; (6) 发散;(7) 收敛; (8) 收敛.

3. (1) $p>1$时收敛;$p\leqslant 1$时发散;(2) 发散; (3) 收敛.

4. (1) 发散;(2) 收敛; (3) 收敛; (4) 收敛; (5) 收敛; (6) 收敛; (7) 发散;(8) 发散;(9) 发散;(10) 收敛; (11) 收敛; (12) 发散; (13) 收敛;(14) 收敛.

5. 证明略

习题 12.1(三)

1. (1) 条件收敛;(2) 绝对收敛;(3) 条件收敛;(4) 发散;(5) 条件收敛;(6) 发散;(7) 发散;(8) 绝对收敛;(9) 发散;(10) 发散;(11) $x\neq -1$时,绝对收敛.

3. $u_n=\sin(\pi\sqrt{n^2+1})=(-1)^n\sin\dfrac{\pi}{\sqrt{n^2+1}+n}$,条件收敛.

习题 12.2

1. (1) $1,(-1,1)$;(2) $1,[-1,1)$;(3) $+\infty,(-\infty,+\infty)$;(4) $1,(-1,1)$;(5) $1,[-1,1)$;(6) $1,(-1,1)$;(7) $2,(-2,2)$;(8) $\dfrac{3}{2},\left(-\dfrac{11}{2},-\dfrac{5}{2}\right)$.

2. (1) $(-\infty,0)$;(2) 仅在$x=-1$处收敛.

3. (1) $\dfrac{x^2}{(1-x)^2}\quad(-1,1)$; (2) $\dfrac{1}{2}\arctan x+\dfrac{1}{4}\ln\dfrac{1+x}{1-x}\quad(-1,1)$;

(3) $\dfrac{5}{5-2x}+\dfrac{5}{5+3x}\quad\left(-\dfrac{5}{3},\dfrac{5}{3}\right)$;

(4) $\begin{cases}1 & x=1\\ \dfrac{x+\ln(1-x)-x\ln(1-x)}{x} & -1\leqslant x<0 \text{ 且 } 0<x<1.\\ 0 & x=0\end{cases}$

4. $(-1,1)$, $\dfrac{x}{1-x}-\ln(1-x)$, $1+\ln2$.

5. (1) $\sum_{n=1}^{\infty}\dfrac{x^{2n-1}}{(2n-1)!}\quad(-\infty,+\infty)$; (2) $1+\sum_{n=1}^{\infty}\dfrac{(-1)^n2^{2n-1}x^{2n}}{(2n)!}\quad(-\infty,+\infty)$;

(3) $\ln10-\sum_{n=1}^{\infty}\dfrac{x^n}{10^n n}\quad[-10,10)$; (4) $x^2+\sum_{n=2}^{\infty}\dfrac{(-1)^{n-1}}{n(n-1)}x^{2n}\quad[-1,1]$;

(5) $x+\sum_{n=1}^{\infty}\dfrac{(2n-1)!!}{(2n+1)(2n)!!}x^{2n+1}\quad[-1,1]$; (6) $\sum_{n=0}^{\infty}\dfrac{(-1)^nx^{2n+1}}{(2n+1)(2n+1)!}\,(-\infty,+\infty)$.

6. $\sum_{n=1}^{\infty}\frac{n}{(n+1)!}x^{n-1}\quad(-\infty,\infty)$， 取 $x=1$.

7. $-\sum_{n=0}^{\infty}(x+1)^{n}\quad(-2,0)$.

8. $\frac{1}{\sqrt{2}}\left[1+\left(x-\frac{\pi}{4}\right)-\frac{\left(x-\frac{\pi}{4}\right)^{2}}{2!}-\frac{\left(x-\frac{\pi}{4}\right)^{3}}{3!}+\frac{\left(x-\frac{\pi}{4}\right)^{4}}{4!}+\frac{\left(x-\frac{\pi}{4}\right)^{5}}{5!}-\cdots\right]$,
$(-\infty,\infty)$.

9. $-\frac{1}{5}\sum_{n=0}^{\infty}\left(\frac{1}{2^{n+1}}+\frac{(-1)^{n}}{3^{n+1}}\right)(x-1)^{n}\quad(-1,3)$.

10. (1) 1.649;(2) 8.9443;(3) 0.30902;(4) 1.0986.

11. (1) 0.9461;(2) 0.4940;(3) 0.4872.

习题 12.3

1. $f(x)=\frac{\pi}{2}+\sum_{n=1}^{\infty}\frac{(-1)^{n}2}{n}\sin nx$， $x\neq(2k+1)\pi, k\in\mathbf{Z}$; 和函数 $S(x)=\begin{cases}f(x), & x\neq(2k+1)\pi,\\ \frac{\pi}{2}, & x=(2k+1)\pi.\end{cases}\quad k\in\mathbf{Z}$.

2. $f(x)=\sum_{n=0}^{\infty}2\left\{\frac{(-1)^{\frac{n-1}{2}}[1-(-1)^{n}]}{n^{2}\pi^{2}}+\frac{(-1)^{n-1}}{n\pi}\right\}\sin nx\quad -\pi<x<\pi$.

3. $f(x)=-\frac{\pi}{4}+\sum_{n=1}^{\infty}\frac{1}{n^{2}\pi}[1-(-1)^{n}]\cos nx+\frac{1}{n\pi}[2-(-1)^{n}(5\pi+2)]\sin nx$
$0<|x|<\pi$.

4. (2) $f(x)=\frac{4\pi^{2}}{3}+\sum_{n=1}^{\infty}\left(\frac{4}{n^{2}}\cos nx-\frac{4\pi}{n}\sin nx\right)$, $x\in(0,2\pi)$.

5. $\frac{\pi-x}{2}=\sum_{n=1}^{\infty}\frac{1}{n}\sin nx\quad 0<x\leqslant\pi$,

$\frac{\pi-x}{2}=\frac{\pi}{4}+\frac{2}{\pi}\sum_{n=1}^{\infty}\frac{1}{(2n-1)^{2}}\cos(2n-1)x\quad 0\leqslant x\leqslant\pi$.

6. $2x^{2}=-\frac{4}{\pi}\sum_{n=1}^{\infty}\left[\frac{2}{n^{3}}-(-1)^{n}\left(\frac{2}{n^{3}}-\frac{\pi^{2}}{n}\right)\right]\sin nx\quad 0\leqslant x<\pi$;

$2x^{2}=\frac{2\pi^{2}}{3}+8\sum_{n=1}^{\infty}\frac{(-1)^{n}}{n^{2}}\cos nx\quad 0\leqslant x\leqslant\pi$.

7. $x^{3}=\frac{\pi^{3}}{4}+6\sum_{n=1}^{\infty}\left(\frac{(-1)^{n}\pi}{n^{2}}-\frac{2((-1)^{n}-1)}{n^{4}\pi}\right)\cos nx$, $0\leqslant x\leqslant\pi$, $\frac{\pi^{4}}{90}$.

8. $f(x)=\frac{11}{12}+\frac{1}{\pi^{2}}\sum_{n=1}^{\infty}\frac{(-1)^{n-1}}{n^{2}}\cos 2n\pi x\quad -\infty<x<+\infty$.

9. $f(x)=-\frac{1}{2}+\sum_{n=1}^{\infty}\left\{\frac{6}{n^{2}\pi^{2}}[1-(-1)^{n}]\cos\frac{n\pi x}{3}+\frac{(-1)^{n-1}6}{n\pi}\sin\frac{n\pi x}{3}\right\}\quad x\neq 6k+3\quad k$

$\in \mathbf{Z}$.

10. $f(x)=\frac{4l}{\pi^2}\sum_{n=1}^{\infty}\frac{1}{n^2}\sin\frac{n\pi}{2}\sin\frac{n\pi x}{l}\quad 0\leqslant x\leqslant l$;

$f(x)=\frac{l}{4}+\frac{2l}{\pi^2}\sum_{n=1}^{\infty}\frac{1}{n^2}\left[2\cos\frac{n\pi}{2}-1-(-1)^n\right]\cos\frac{n\pi x}{l}\quad 0\leqslant x\leqslant l$.

总习题十二

1. ACBDC

2. (1) 2, $xS(x^3)$;8, $\frac{1}{x}\int_0^x S(t)\mathrm{d}t$;8, $xS'(x)$.

(2) $(1,5]$.

(3) $-3\leqslant x<-1$, $-\ln(-x-1)$.

(4) $\frac{1}{2}<|x|<1$, $\frac{x}{1-x}+\frac{1}{2x-1}$.

(5) $26!$.

(6) $2\mathrm{e}-1$.

(7) $\sum_{n=1}^{\infty}a_{2n-1}x^{2n-1}$.

(8) $S(0)=0$; $S\left(\frac{3}{2}\right)=-\frac{1}{2}$; $S(-5)=0$.

(9) $a_2=\frac{2}{\pi}\int_0^{\pi}x^2\cos 2x\mathrm{d}x=1$.

3. (1) 收敛;(2) 收敛;(3) 收敛;(4) 收敛;(5) 发散;(6) 发散;(7) 收敛;(8) $a>1$ 时收敛,$a\leqslant 1$ 时发散.

4. (1) 绝对收敛;(2) 发散;(3) 绝对收敛;(4) 条件收敛.

8. (1) $(-\infty,+\infty)$; (2) $\left(\frac{2}{3},+\infty\right)$; (3) $(-\infty,+\infty)$.

9. (1) $(-\infty,+\infty)$, $\mathrm{e}^{\frac{x^2}{2}}$;

(2) $(-\infty,+\infty)$, $x(x+1)\mathrm{e}^x$;

(3) $(-\infty,+\infty)$, $\left(1+\frac{x}{2}+\frac{x^2}{4}\right)\mathrm{e}^{\frac{x}{2}}$.

10. (1) $\frac{2}{3}-\frac{7}{15}\sum_{n=1}^{\infty}\frac{(-1)^{n-1}3^{n-1}}{5^{n-1}}x^{n-1}\quad -\frac{5}{3}<x<\frac{5}{3}$;

(2) $\frac{\ln 2}{\ln 10}+\frac{1}{\ln 10}\sum_{n=1}^{\infty}\frac{(-1)^{n-1}}{n2^n}(x-2)^n\quad 0<x\leqslant 4$;

(3) $\sum_{n=1}^{\infty}(-1)^{n-1}nx^{n+3}\quad (-1,1)$.

11. $f(x)=\frac{\pi}{4}-2\sum_{n=0}^{\infty}\frac{(-4)^n}{2n+1}x^{2n+1}, x\in\left[-\frac{1}{2},\frac{1}{2}\right]$; $\sum_{n=0}^{\infty}\frac{(-1)^n}{2n+1}=\frac{\pi}{4}$.

12. $f(x)=1-\frac{2}{\pi}\sum_{n=1}^{\infty}\frac{1}{n}\sin\frac{n\pi x}{3}\quad x\in[-3,0)\cup(0,3]$.